Josef Ehmer · Ursula Ferdinand · Jürgen Reulecke (Hrsg.)

Herausforderung Bevölkerung

Josef Ehmer · Ursula Ferdinand
Jürgen Reulecke (Hrsg.)

Herausforderung Bevölkerung

Zu Entwicklungen des modernen Denkens über die Bevölkerung vor, im und nach dem „Dritten Reich"

VS VERLAG FÜR SOZIALWISSENSCHAFTEN

Bibliografische Information Der Deutschen Nationalbibliothek
Die Deutsche Nationalbibliothek verzeichnet diese Publikation in der Deutschen Nationalbibliografie; detaillierte bibliografische Daten sind im Internet über <http://dnb.d-nb.de> abrufbar.

1. Auflage Juni 2007

Lektorat: Monika Mülhausen

Der VS Verlag für Sozialwissenschaften ist ein Unternehmen von Springer Science+Business Media.
www.vs-verlag.de

Umschlaggestaltung: KünkelLopka Medienentwicklung, Heidelberg
Druck und buchbinderische Verarbeitung: Krips b.v., Meppel
Gedruckt auf säurefreiem und chlorfrei gebleichtem Papier
Printed in the Netherlands

ISBN 978-3-531-15556-2

Laudatio – Rainer Mackensen

Josef Schmid

Der Ausdruck Emeritus will einem gar nicht über die Lippen, wenn von Rainer Mackensen die Rede ist. Das untrügliche Gefühl, eine aktive Persönlichkeit damit nicht ins rechte Licht gesetzt zu haben, verstärkt sich noch einmal bei dem Gedanken, ihn zum 80. Geburtstag beglückwünschen zu können. Rainer Mackensen ist in der *scientific community* bis auf den heutigen Tag sichtbar und präsent wie in jeder Phase seiner akademischen Laufbahn. Er legte wert darauf, in ihm einen Menschen des deutschen Ostens zu sehen, wo ihn die Karriereschritte seines Vaters hinführten und wo er herangewachsen war. Dass er als 17-jähriger eingezogen und als 19-jähriger aus der Kriegsgefangenschaft entlassen wurde, erfährt man aus seiner Vita. Er machte nie den Eindruck einer Privatperson. Man konnte ihn nur „unterwegs" kennen lernen – auf einem Kongress, auf einer Tagung, von einer Kommission oder einem Symposium kommend. Bis 1992, dem Jahr seiner offiziellen Emeritierung, erlebten ihn die Studenten der TU Berlin. Mackensen hat hier eine Soziologie des Raumes und der Technik vertreten, die er selbst als raumsprengend auffasste.

Die zentrale Schnittmenge seiner soziologischen Interessen und Fachauffassung ergibt eine Soziologie der Bevölkerungsvorgänge. Selbst durch die weitgesteckten Forschungsinteressen an Raum-, Siedlungs- und Stadtsoziologie, in enger Verbindung zu Technik und Verkehr, Regionalplanung, Umwelt und Medizinsoziologie kommt, wie eine Quersumme des jeweils Erarbeiteten, eine Bevölkerungswissenschaft zum Vorschein. Noch während des Promotionsstudiums geht Rainer Mackensen 1954 als Assistent in die „Dortmunder Sozialforschungsstelle", wie sie allgemein genannt wird, an der Universität Münster. Nach einem zweijährigen *Fellowship* in den USA 1961 bis 1962 kehrte er als Referent, Abteilungsleiter und Vorstandsmitglied an die „Sozialforschungsstelle" zurück. Mackensen absolviert die akademischen Stationen Ulm, Münster und Berlin, habilitiert 1967 in Münster mit der Venia „Soziologie und Bevölkerungslehre" und wird schließlich zum Ordinarius für Soziologie an der TU Berlin ernannt. Seine Ausbildung in Bevölkerungssoziologie war so gründlich, dass sie nicht auf bloße Lektüre, etwa der 1953 erschienenen „Bevölkerungslehre" von Gerhard Mackenroth zurückzuführen sein kann. Es war gewiss Gunter Ipsen, der als Direktor, oder besser *Spiritus rector* der Dortmunder Forschungsstelle, hier einen Einfluss ausgeübt hat, denn er vertrat selbst eine raum- und wirtschafts-soziologische Bevölkerungslehre, von der alle seine Mitarbeiter anteilig profitierten. Doch seit Mackenroths Tod 1955 war dieses Fach verwaist, weder in Forschung und Lehre, von Politik und Öffentlichkeit ganz zu schweigen, fanden sich noch Spuren.

Daran änderten auch markante Bevölkerungsbewegungen vorerst nichts, wie der Nachkriegsbabyboom, der rasche Geburtenabsturz ab 1965 bis 1973 und die Erscheinungen, die man heute einem Zweiten demographischen Übergang zurechnet: unübersichtlich geratene Paarbeziehungen und Heiratsverhältnisse, ein Geburtenaufkommen, das unter der Zahl der Sterbefälle liegt und um ein ganzes Drittel unterhalb des Niveaus, das zum Ersatz der Elterngeneration nötig wäre. Eine Zunahme von Menschen in den hohen und höchsten Altersstufen kündigte sich an. Die Gastarbeiterwanderung veränderte allmählich ihr Profil: Familiennachzug und Asyl wurden zu üblichen Zuwanderungsschienen. Das Wort Geburtenrückgang tauchte erstmals seit der Zwischenkriegszeit wieder auf. Eine erste Bevölkerungsvorausberechnung, noch zaghaft und hausintern erstellt, sprach von Alterung und Verschiebung der demographischen Gewichte zum Pensionsalter hin.

Mit einer gewissen Beklemmung blickt man auf die Jahre 1965 bis 1975, die von unerwarteten Ausschlägen der natürlichen Bevölkerungsbewegung markiert waren. Denn von sozialwissenschaftlicher Seite gab es kaum eine urteilende, schlussfolgernde Aussage zu diesem Komplex. Dass das Demographische eine soziale und politische Zäsur eingeleitet hatte, wagte oder wusste niemand zu sagen.

So war es ein Glücksfall, dass Rainer Mackensen 1976 die Initiative ergriff für einen Arbeitskreis „Bevölkerungsentwicklung“ an der Werner-Reimers-Stiftung in Bad Homburg. Dort trafen sich dann zweimal jährlich eine universitär und behördlich angesiedelte Stammgruppe von Personen, die mit Bevölkerungsfragen befasst war, mit eingeworbenen und nicht selten eingeflogenen Experten und Scholaren. Der bis 1980 fortgeführten Arbeits- und Gesprächsrunde gelang ein gleichgewichtiges Verarbeiten von Demostatistik, sozialwissenschaftlicher Empirie und Theoriearbeit; letztere begann als Rekonstruktion von Ansätzen der Wohlstandstheoretiker, von Werner Sombart bis Gerhard Mackenroth und als Arbeit an Konzeptionen, welche die Gruppe selbst hervorbrachte und mit denen sie mindestens zwei bis drei Tagungen der *Deutschen Gesellschaft für Bevölkerungswissenschaft* bestritt.

Es waren nicht zuletzt Arbeiten von Rainer Mackensen, die der Arbeit zugrunde gelegt werden konnten. Sein Hauptproblem – und die Mitglieder der Gruppe haben es zu dem ihrigen gemacht – war die „demostatistische Indikation“ gesellschaftlicher Vorgänge und die „Ausdrucksanalogie“ von Sozialstrukturen und Bevölkerungsstrukturen. Vom demographischen Übergang sprach er damals schon hellsichtig nur in der Mehrzahl, von „Übergängen“ und ihrer Vielgestaltigkeit, welche die Vorstellung von fest gefügten Epochen auflösen.

Die Referentenliste der Bad Homburger Tage trägt die Namen erstklassiger in- und ausländischer Sozialwissenschaftler und Demographen und zeigt zugleich Mackensens Ansehen und wissenschaftliche Verbindungen. Die Art, wie er theoretische Weiterentwicklung geradezu forderte und dabei Toleranz walten ließ, um kreative Gedankenarbeit nicht zu behindern, ist in die Strebungen seiner „späten Schüler“ eingegangen, die nun nicht ohne Dankbarkeit auf diesen Teil ihres Wesens blicken, wohl wissend, wer den Grundstein dafür gelegt hat.

Diese Arbeit fand ihre Krönung und ihren sichtbaren Abschluss mit der IUSSP-Konferenz zur Fertilitätsforschung (*Determinants of Fertility Trends – Theories Reexamined,* 1982, herausgegeben mit Charlotte Höhn), die im Hause der Werner-Reimers-Stiftung stattfinden konnte und alles zusammenführte, was in Familien- und Nachwuchsforschung weltweit Rang und Namen besaß.

Die bald darauf an Universität und Forschungseinrichtungen abgewanderten Mitglieder dieses Arbeitszusammenhangs waren mit dem denkbar besten Rüstzeug ausgestattet: mit den großen Linien deutscher klassischer Sozialökonomik, die Bevölkerung einschloss, und die internationale Demographie, wie sie im INED in Paris, dem NIDI im Haag und an den großen Universitätsstädten der angelsächsischen Welt, Australien eingeschlossen, beheimatet ist.

Als Organisator von Sessionen auf internationalen Kongressen konnte Rainer Mackensen auf Deutschland bezogene Erkenntnisse über demographisches Verhalten referieren lassen. Auf der IUSSP-Konferenz 1981 in Manila wurde ein *„Low-Fertility-Syndrom"* vorgestellt, dessen wesentliche Komponenten sind: eine Instabilität (post)moderner Ehen und Partnerschaften, die Reduktion des Kinderwunsches auf eine psychisch-emotionale Motivation zur Elternschaft und sodann die staatlich-kollektivistische soziale Sicherung, die dem Einzelnen zwar einen monetären Beitrag abverlangt, ihm aber die Notwendigkeit eines regenerativen Beitrags zum Erhalt eines kollektiv-genealogischen Sicherungssystems, wie das Umlageverfahren, nicht mehr anschaulich und einsichtig vor Augen führt. Unvergessen ist auch die Tagung der Britischen Gesellschaft für Bevölkerungsforschung 1983 in Essex. Sie bot Gelegenheit, die damals neuesten Familienverhältnisse zu präsentieren, die sich zum Abbild diversifizierter Lebensstile fortentwickelt hatten.

Rainer Mackensen hat auch als Präsident der damals noch westdeutschen Gesellschaft für Bevölkerungswissenschaft nicht nachgelassen einzuschärfen, dass Bevölkerungswissenschaft selbst keine Summe von Ergebnissen, sondern ständig in Bewegung ist, jedoch von einem relativ stabilen Fragenprogramm zusammengehalten wird:

> „Der demostatistische Befund hat gesellschaftstheoretische Konsequenzen. Er zeigt zunächst eine Veränderung der Familienverfassung an, die ein neues Verhältnis zwischen Familie und Gesellschaft belegt. Er weist darüber hinaus auf ein Verhältnis zwischen Sozial- und Gesellschaftsstruktur einerseits und Kultursystem andererseits hin, das nicht den gängigen soziologischen Theorien zu entsprechen scheint. Das zwingt, wenn die Behauptung eines nachhaltigen, allgemeinen und andauernden Wandels der Generativen Strukturen nicht widerlegt wird, auch zu einer Überprüfung der soziologischen Theorien nachindustrieller Gesellschaft."

Diese Feststellung hat Rainer Mackensen auf dem 21. Deutschen Soziologentag 1982 in Bamberg, in der Arbeitsgruppe „Demographische Strukturen im Postindustrialismus", getroffen. Sie enthält im Grunde den Fragenkatalog, der in Anwendung kommt, sobald ein Umbruch, eine „Revolution auf leisen Sohlen", von der Demographie ausgeht und das bisherige Selbstverständnis eines Gemeinwesens zur Revision zwingt. Die Fragestellung ist es dann, welche die Einheit und Relevanz der Bevölkerungswissenschaft herstellt und nicht mehr ein vorübergehender Theoriebau.

Das wiedervereinte Deutschland sieht Rainer Mackensen in raumplanerischen Aktivitäten, darunter in Umweltwissenschaft und bei Mitarbeit in der Deutschen Gesellschaft für Humanökologie (DGH). Ein ganz bestimmtes Erkenntnisinteresse entwickelte Rainer Mackensen an einer Geschichte der Bevölkerungswissenschaft der Neuesten Zeit, hier vordringlich unter dem Nationalsozialismus. Noch im Jahre 2000 organisiert Rainer Mackensen (zusammen mit Jürgen Reulecke) die Projektgruppe »Ursprünge, Arten und Folgen des Konstrukts ›Bevölkerung‹ vor, im und nach dem ›Dritten Reich‹« (SPP 1106) unter dem Dach der Deutschen Forschungsgemeinschaft. Die enge Verstrickung einer biologisch gerichteten Bevölkerungswissenschaft mit dem deutschen Verhängnis im 20. Jahrhundert bloßzulegen, war Rainer Mackensen ein tiefinnerstes Anliegen, jenseits eines rein historischen Erkenntnisgewinns. Die Projektarbeit erbrachte eine Reihe aufschlussreicher Publikationen, von denen einige von seiner tätigen Mitarbeit zeugen.

So haben wir in Rainer Mackensen einen Mann vor uns, der uns vor Jahrzehnten zusammengeführt und mit einer Aufgabe versehen hat, der lange nicht anzusehen war, dass sich nicht zuletzt an ihr das Schicksal von Kontinenten entscheiden würde. In den seltenen Fällen, in denen Rainer Mackensen selbst nicht Hand anlegen konnte, war und blieb er der große Organisator, Anreger und Richtungweiser. Vorbildlich waren seine stoische Gelassenheit und Ungerührtheit, mit der er allfällige Tücken und Enttäuschungen des akademischen Betriebs zu ertragen wusste. Das hebt ihn beinahe über das Menschlich-Allzumenschliche hinaus und ist ein Lob, in das die vielen, die ihm und seinem nimmermüden fachlichen Eifer zu danken haben, gerne und von Herzen einstimmen.

Ad multos annos!

Inhaltsverzeichnis

Zur Einführung[1]

Josef Ehmer, Ursula Ferdinand, Jürgen Reulecke

Der vorliegende Band versammelt Forschungsergebnisse zur Geschichte der Bevölkerungswissenschaft(en) aus dem DFG-Schwerpunktprogramm »Ursprünge, Arten und Folgen des Konstrukts ›Bevölkerung‹ vor, im und nach dem ›Dritten Reich‹« (SPP 1106). Das Schwerpunktprogramm entstand vor allem dank der Initiativen des Jubilars Rainer Mackensen, dem die hier versammelten Autor(inn)en mit ihren Beiträgen Dank und Glückwünsche zum 80. Geburtstag aussprechen.

Die moderne Bevölkerungswissenschaft war von Anfang an mit historischen Veränderungen, teilweise radikalen gesellschaftlichen Umbrüchen konfrontiert. Das ›Denken über die Bevölkerung‹ passte sich diesen Veränderungen an, war verbunden mit methodischen Innovationen und vielfältigen Konfliktfeldern. Diese betrafen unter anderem die disziplinäre Deutungshoheit von demographischen Variablen bzw. Prozessen wie die Klärung der Beziehungen zwischen Bevölkerungstheorie, -statistik und -politik. Die mit der multidisziplinären Erfassung des politischen Objekts Bevölkerung verbundenen ›Herausforderung(en)‹ kennzeichnen die Geschichte und den Stand der Bevölkerungswissenschaft(en) und seit mehr als 300 Jahren sowohl die methodischen und inhaltlichen Innovationen als auch die national unterschiedlichen Denkstile dieser Disziplin. Im 20. Jahrhundert stellt der Schulterschluss zwischen den Bevölkerungsforschungen und -wissenschaft(en) mit der mörderischen Bevölkerungs-, Rassen-, Gesundheits-, Raum- wie Familienpolitik im ›Dritten Reich‹ die wesentliche Herausforderung für diese Wissenschaft – nicht nur in Deutschland – dar.

Facetten dieser Geschichte werden hier dargestellt. Sie umfassen zunächst im 19. und frühen 20. Jahrhundert Aspekte fachlicher Entwicklungen und wissenschaftlicher Bemühungen in Deutschland: die Entwicklung der Todesursachenstatistik, die Beziehung zwischen Demographie und Geschichtswissenschaft sowie das Wirken Ferdinand Tönnies' (1855-1936) als Statistiker, Soziograph und Soziologe.[2] Dem folgen Beiträge, die sich neben der Klärung des Begriffs Bevölkerung mit spezifischen Herausforderungen an das bevölkerungswissenschaftliche Denken beschäftigen – Weltverstädterungsprozesse, Frauenemanzipation, Geburtenrückgang, soziale Ungleichheit.[3] Der engen Verflochtenheit zwischen Wissenschaft und Politik widmet sich der darauf folgende Abschnitt: die Rezeption des medizinalpolizeylichen Projekts des pfälzischen Mediziners Franz Anton May (1742-1814) durch den in den ersten 30 Jahren des 20. Jahrhunderts renommierten Sozialhygieniker Alfons Fischer (1873-1936), die juridische Verankerung von Ehegesundheitszeugnissen in der Weimarer Republik, das Konzept des ›Wertes des Menschen‹ und seine Ausformung

---

1 Die Herausgeber bedanken sich für die Unterstützung bei der technischen Umsetzung dieses Bandes bei Andrea Mackensen und Christoph Wichtmann sowie bei den Mitarbeiter(inne)n der Arbeitsgruppe ›Bevölkerungsfragen‹ Rainer Mackensens – Heike Görzig, Michael Engberding und Ursula Ferdinand.

2 Beiträge von Lee et al., Ehmer und Engberding.

3 Beiträge von Schmid, Schäfers, Khalatbari, Ferdinand und Gutberger.

in der Psychiatrie nach dem Ersten Weltkrieg sowie Popularisierungen normativer Werte im ›Denken über die Bevölkerung‹ und deren Verankerung in Schulbüchern.[4]

Den Gestaltungen und Ausformungen der Bevölkerungswissenschaft(en) und -forschungen im nationalsozialistischen Deutschland gehen Beiträge zur Agrarsoziologie, zu Wirken und Denken des Humangenetikers Othmar von Verschuer (1896-1969) sowie des Ökonomen und Soziologen Gerhard Mackenroth (1903-1955) nach.[5] Die Ausstrahlung der Politik und des zeitgenössischen Bevölkerungsdenkens mit deren Ausprägungen und Gestaltungen im süd-ost-europäischen Raum wird am Beispiel rumänischer Bevölkerungsexperten gezeigt.[6]

Dass die vielfältigen Prägungen der Bevölkerungswissenschaft(en) und -forschungen auch nach 1945 Herausforderungen blieben, mitnichten eine ›Stunde Null‹ in dieser Disziplin einläuteten, zeigen die Beiträge zur bundesrepublikanischen Geschichte: die Erfassung der Vertriebenenzahlen, die Suche nach der Verortung der ›Bevölkerungsgeschichte‹ in der ›Deutschen Gesellschaft für Bevölkerungswissenschaft‹ sowie die Arbeiten der Sozialforschungsstelle in Dortmund.[7] Anders als in der Bundesrepublik rangen in DDR Bevölkerungswissenschaftler mit dem marxistischen Erbe bei der Suche nach einer (sozialistischen) Bevölkerungstheorie.[8] Während ein Beitrag aktuelle Debatten in der deutschen Bildungs- und Familienpolitik um den individuellen und kollektiven Nutzen von Kindern kritisch hinterfragt, verweisen die beiden folgenden zum einem auf das Problem der heutigen Einschätzungen bevölkerungswissenschaftlicher Leistungen aus der Retrospektive, zum anderen auf eine in Deutschland weitgehend aus dem Bewusstsein der Öffentlichkeit und der Fachwelt verdrängte (durchaus noch aktuelle) Wechselbeziehung zwischen Statistik und Genozid.[9]

Die Beiträge des Bandes ergeben einen bunten Strauß, der der Vielfalt der Interessen des Jubilars entspricht. Seine Autorinnen und Autoren waren bzw. sind – in dieser oder jener Form – am oben erwähnten DFG-Schwerpunktprogramm »Ursprünge, Arten und Folgen des Konstrukts ›Bevölkerung‹ vor, im und nach dem ›Dritten Reich‹« (SPP 1106) beteiligt. Rainer Mackensen hat dieses Schwerpunktprogramm zu Ende der 1990er Jahre initiiert.[10] In seiner Laufzeit zwischen 2001 und 2007[11] verkörperte und verkörpert er das intellektuelle, soziale und organisatorische Kraftzentrum des SPP auf eine Weise, die allen Beteiligten unvergesslich bleiben wird. Von den ersten Zusammenkünften im Rahmen des Schwerpunktprogramms an trat Rainer Mackensen uns – den Beteiligten – als *grand old man* der deutschen Sozialwissenschaft mit internationaler Reputation gegenüber, und zugleich als das absolute Gegenteil eines ›deutschen Mandarins‹: völlig frei von Allüren, frei von jeglicher Form der Eitelkeit, frei aber auch von Beliebigkeit und stets mit Energie die Ziele des Schwerpunkts verfolgend. Zu seinem Konzept gehörte der intensive Kontakt innerhalb des SPP, der eine große Gruppe mehrmals im Jahr zum intellektuellen Austausch zusammenführte und -führt: Lehrstuhlinhaber und Doktoranden, habilitierte Universitäts-

4 Beiträge Mauerer, Kesper-Biermann, Halling et al., Petermann und Cromm.
5 Beiträge Klingemann, Kröner, Henßler und Reulecke.
6 Beitrag Wedekind.
7 Beirtäge Haar, Pinwinkler und Schnitzler.
8 Beitrag Karlsch.
9 Beiträge Nauck; Lausecker und Tesfaye.
10 Mackensen 1998; vom Brocke 1998.
11 Erste Zwischenergebnisse enthalten Mackensen 2002; Mackensen 2004; Mackensen/Reulecke 2005; Mackensen 2006 sowie mehrere Monographien und Sammelbände der am SPP Beteiligten.

angehörige und freiberufliche Forscher, und nicht zuletzt die Gutachter der DFG. Dies war und ist eine bunte Gruppe von Alten und Jungen, von Männern und Frauen, von arrivierten Wissenschaftlern und Wissenschaftlerinnen und solchen ganz am Beginn ihrer Karriere, von Vertretern unterschiedlicher Fächer wie theoretischer und methodischer Neigungen. Nicht zuletzt verkörpern die Beteiligten am SPP ein breites Spektrum an politischen Orientierungen und an individuellen Motiven zur Erforschung des Verhältnisses von Bevölkerungswissenschaft und Politik, sei es in der Geschichte, im „Dritten Reich" oder in der Gegenwart.

Diese hätte, so mochte man am Beginn befürchten, eine explosive Mischung werden können, oder auch Anlass geben können zur Verdrängung aller Unterschiede und zu bleierner Langeweile vorgetäuschter Harmonie. Rainer Mackensen ist es zu danken, dass weder das eine noch das andere eintrat und das Schwerpunktprogramm zu einem höchst produktiven Prozess der gemeinsamen Arbeit, der Kommunikation und des Austauschs wurde. Er schuf eine Atmosphäre der Offenheit und des gegenseitigen Respekts, in der das Argument zählte und zählt, unabhängig vom Status und der Sichtweise des oder der Argumentierenden. Darüber hinaus war und ist Rainer Mackensen – wenn er denn gefragt wird – bereit, auch sich selbst zu historisieren: Die Reflexionen über sein eigenes wissenschaftliches Leben und Tun gehörten zu den Höhepunkten der Schwerpunkttagungen, sei es in öffentlichen Plenardiskussionen, sei es im kleineren Kreis beim abendlichen Wein.

Der Anteil der älteren Menschen steigt, und für nicht wenige Demographen ist dieser Prozess der ›Alterung‹ oder gar ›Überalterung‹ der Gesellschaft ein nicht unwillkommener Anlass, ihrer Disziplin und ihrer eigenen Arbeit erhöhte Bedeutung zuzuweisen. Rainer Mackensen erinnert uns daran, dass Altern ein höchst ambivalenter Prozess ist, in dem sich Erfahrungen des Verlustes und der Einschränkung schwer vermeiden lassen, in dem aber auch enorme produktive Kräfte freigesetzt werden können. In seinen frühen 70-ern hat er das Schwerpunktprogramm der DFG initiiert, und nun leitet er es über seinen 80. Geburtstag hinaus. Von seinen langen wissenschaftlichen Erfahrungen, von seiner Lebensweisheit und Weltklugheit haben wir, die mehr oder weniger Jüngeren, über die Jahre hinweg ungemein profitiert.

Literatur

Mackensen. Rainer ed. 1998: Bevölkerungsfragen auf Abwegen der Wissenschaften. Zur Geschichte der Bevölkerungswissenschaft in Deutschland im 20. Jahrhundert, Opladen.

Mackensen, Rainer ed. 2002: Bevölkerungslehre und Bevölkerungspolitik vor 1933, Opladen.

Mackensen, Rainer ed. 2004: Bevölkerungslehre und Bevölkerungspolitik im ›Dritten Reich‹, Opladen.

Mackensen, Rainer, Reulecke, Jürgen eds. 2005: Das Konstrukt ›Bevölkerung‹ vor, im und nach dem ›Dritten Reich‹, Wiesbaden.

Mackensen, Rainer ed. 2006: Bevölkerungsforschung und Politik in Deutschland im 20. Jahrhundert, Wiesbaden.

Vom Brocke, Bernhard 1998: Bevölkerungswissenschaft – Quo vadis? Möglichkeiten und Problem einer Geschichte der Bevölkerungswissenschaft in Deutschland, Opladen.

Frühe Aspekte fachlicher Entwicklungen und Bevölkerungswissenschaftlicher Bemühungen

Zur Entwicklung der Todesursachenstatistik in Preußen im 19. und frühen 20. Jahrhundert

Robert Lee, Michael C. Schneider und Jörg Vögele

Zu den zentralen Aufgaben jeder Bevölkerungsstatistik zählt die Erfassung der Todesursachen. In Deutschland reicht dieses Interesse zum Teil weit in die Zeit vor der Gründung der ersten Statistischen Bureaus zurück, blieb aber lange wenig systematisch und vor allem auch wenig einheitlich. Dieser Beitrag verfolgt die Frage, wie sich im größten Territorialstaat des späteren Deutschen Reiches, Preußen, die Todesursachenstatistik entfaltet hat und wie sich diese im Vergleich zu anderen deutschen Staaten entwickelte. Ferner wird gefragt, wie sich diese vom Preußischen Statistischen Bureau organisierte Statistik zur reichsweiten Gesundheitspolitik seit den 1870-er Jahren verhielt, die im Kaiserlichen Gesundheitsamt organisatorisch verortet worden war.[1]

Die historische Entwicklung der amtlichen Statistik zeigt generell, dass es weder selbstverständlich ist, welche Tatbestände erhoben werden, noch, nach welchen Kriterien dies geschieht. Vielmehr sind die tatsächlich erhobenen Merkmale Niederschlag von komplizierten Aushandlungsprozessen verschiedener Akteure, keineswegs nur innerhalb des Statistischen Bureaus. Spätestens seit Mitte der 1850-er Jahre wuchs beispielsweise das Interesse an einer detaillierteren Medizinalstatistik auch in der Medizinalabteilung des Kultusministeriums sowie im Innenministerium.[2] Erst in späteren Jahren wurde deutlich, dass die medizinischen Ressourcen vor allem auf dem Lande nicht ausreichten, um über eine mehr als nur grobe Kategorisierung der Todesursachen hinauszugelangen, zumal die Menschen in den meisten Fällen ohne ärztliche Begleitung starben.[3]

Schon im späten 16. Jahrhundert hatte man begonnen, in verschiedenen Teilen Deutschlands vereinzelt Todesursachen in die Pfarreiregister einzutragen: Diese Praxis wurde in Preußen nach der schweren Pest-Epidemie zwischen 1708 und 1710 obligatorisch. In diesem Zusammenhang hat Preußen eine wichtige Rolle bei der allgemeinen Entwicklung der Todesursachenstatistik gespielt. In Berlin und Breslau haben die städtischen Behörden schon im zweiten bzw. dritten Jahrzehnt des 18. Jahrhunderts Sterblichkeitslisten veröffentlicht; einzelne Provinzen haben auch verhältnismäßig früh Todesursachenlisten zusammengestellt und herausgegeben. Spätestens im Lauf der zweiten Hälfte des 18. Jahrhunderts wurde die Registrierung von Todesursachen als eine Staatsangelegenheit betrachtet.[4] Unter dem „Einfluss von Süßmilch" und im Rahmen eines steigenden Interesses an medizinischen Topographien wurde in Preußen die Registrierung von Todesursachen wei-

---

1 Zu einem weiter gefassten historischen Überblick über die Entwicklung der Todesursachenstatistik in Europa vgl. Alter & Carmichael 1999. Vgl. zur Praxis in Bayern: Stolberg 1999, sowie in Deutschland: Kintner 1999. Vgl. noch Tutzke 1969. Aus urbanisierungshistorischer Perspektive vgl. Vögele 2001, 87ff und passim.

2 Vgl. z.B. v. Raumer an v. Westphalen v. 16.2.1855 [Abschrift], v. Westphalen an Dieterici (Direktor des Statistischen Bureaus) v. 25.2.1855 [Abschrift], beides GStA PK, HA I, Rep. 77, Tit. 94, 80, Bd. 1, Bl. 130-133.

3 Vgl. z.B. Leidinger et al. 1997, die eine auch im späten Kaiserreich regional noch sehr unterschiedliche Praxis der Todesursachendokumentation konstatieren.

4 Kisskalt 1925, 165; Boeckh 1863, 5.

ter verbessert, sowohl durch einen Runderlass von 1766 als auch durch das Allgemeine Landrecht von 1794. Die Gründung des Königlichen Statistischen Bureaus (1805) hat diese Entwicklung zwar anfangs befördert; mit der Ausdehnung Preußens nach 1815 erwies es sich jedoch als unmöglich, ein differenziertes Todesursachenschema auch in den Westprovinzen einzuführen,[5] so dass Preußen allmählich wieder hinter den erreichten Stand zurückfiel.

Die Lage in anderen Staaten Deutschlands war noch weniger zufrieden stellend. Coburg zum Beispiel hat 1781 ein verhältnismäßig einfaches Klassifikationssystem eingeführt mit an den Symptomen orientierten Angaben nur über allgemeine Krankheiten. Erst im Jahre 1803 haben die Bayerischen Behörden eine Übersicht über die vorherrschenden Krankheiten aufgrund von Daten aus den Pfarrei-Registern verlangt: Kreisärzte wurden ab 1809 ersucht, alle Todesfälle nach Alter, Geschlecht und Krankheit zu registrieren.[6] Nach der Mitte des 19. Jahrhunderts waren viele Staaten in der Lage, regelmäßig eine Todesursachen-Statistik zu veröffentlichen, jedoch war die Praxis weder einheitlich noch flächendeckend. Hessen hat niemals eine ausreichende Todesursachen-Statistik zusammengestellt bzw. veröffentlicht, und nur zehn Staaten waren bereit, Daten für die Zusammenstellung einer Reichsstatistik der Todesursachen einzureichen.[7] Es gab weiterhin schwerwiegende Differenzen bei der Klassifizierung von Todesursachen, bei der Registrierung von Todesursachen durch Ärzte oder Laien und bei der Anwendung einer verlässlichen Leichenschau.[8]

Eine fachmännisch ausgeführte Leichenschau war in Hamburg seit 1820 obligatorisch, in Württemberg seit 1822, in Hessen seit 1829, in Bayern seit 1839 und in Sachsen seit 1850. In Preußen dagegen war dies nicht gesetzlich vorgeschrieben; hier erfolgten die Angaben auf dem Totenschein nach Auskunft der Angehörigen oder Verwandten.[9] Trotz verschiedener politischer Bestrebungen, eine obligatorische, fachmännisch ausgeführte postmortem Untersuchung im Gesetz zu verankern, gelang dies in Preußen erst 1933.[10] Dennoch hatten einige preußische Großstädte bereits seit 1871 mittels Polizeiverordnungen auf solche Untersuchungen bestanden,[11] und um die Jahrhundertwende waren sie in allen Großstädten eingeführt worden.[12] Ab dem Jahr 1910 schließlich verlangte die Rheinprovinz als einzige preußische Provinz eine obligatorische Leichenschau.[13] Insgesamt lebten in Preußen selbst im Jahr 1926 immer noch 30 Prozent der Bevölkerung in Gemeinden oder Gebieten ohne einen solchen Standard.[14]

In den deutschen wie auch in den internationalen Klassifikationsschemata lag der Schwerpunkt auf akuten und chronischen Infektionskrankheiten (Atmungsorgane, Verdauungsorgane) – mit besonderer Betonung der typischen Kinderkrankheiten, wie Masern und Röteln, Scharlach, Diphtherie und Krupp[15] sowie Keuchhusten – und zunehmend auch auf

---

5 Guttstadt 1879, 153.
6 Kerschensteiner 1886; Krinner 1928.
7 Kohler 1991, 295.
8 Lee 2003.
9 Prinzing 1906, 323ff; Heimann 1906, 20f.
10 Walter, 1971, 72.
11 Dies waren Berlin, Breslau, Elberfeld, Königsberg, Stettin, Frankfurt am Main. Vgl. Kintner 1999.
12 Siehe die Zusammenstellung der Orte über 15.000 Einwohner, die im Jahr 1901 die Sterbefälle nicht auf der Basis ärztlicher Totenscheine berichteten, bei Mayet 1903, 164.
13 Walter 1971, 80.
14 Kintner 1999.
15 Nach Rosen war ›Krupp‹ ein populärer Ausdruck für Infektionskrankheiten des Atemtrakts bei Kindern, die häufig lediglich Symptome von Diphtherie darstellten. Vgl. Rosen 1973, Bd. 2, 666, (Anm. 86).

den modernen Zivilisationskrankheiten wie Herz-Kreislauf-Erkrankungen und Krebs. Die Haupttodesursachen der Zeit, gastrointestinale Störungen, also Magen-Darm-Krankheiten (z.B. Durchfall), die vor allem Säuglinge betrafen, und Erkrankungen der Atmungsorgane (inkl. Tuberkulose), wurden ebenso registriert wie die klassischen Infektionskrankheiten. Zu letzteren zählten etwa die Pocken, die epidemiologisch gesehen gegen Ende des 19. Jahrhunderts keine Rolle mehr spielten, oder auch die Cholera, die lediglich noch von lokaler Bedeutung war. Beide wurden jedoch als „skandalisierte" Krankheiten noch bis ins 20. Jahrhundert hinein in vielen statistischen Landes- und Städteämtern als Krankheitsrubriken fortgeschrieben.

Nach der Einrichtung des Kaiserlichen Gesundheitsamtes 1876 veröffentlichte dieses die Todesursachenstatistik für das Reich und griff dabei auf die sehr unterschiedlich klassifizierten Datenlieferungen der statistischen Ämter, darunter auch Daten des Königlichen Preußischen Statistischen Bureaus, zurück (Tabelle 1).[16] Dieses ältere abgekürzte System hatte 18 einzelne Nummern und war bis zum Jahr 1904 in Gebrauch (Tabelle 2).

[16] Vgl. jetzt zur Medizinalstatistik des Kaiserlichen Gesundheitsamtes Hüntelmann 2005, 381-429. Der Umstand, dass sowohl Statistiker als auch Mediziner den Zugriff auf die Medizinalstatistik beanspruchten, führte allerdings häufig zu Divergenzen, sowohl in späteren Jahren in Deutschland, wie sogleich deutlich werden wird, als auch auf internationaler Ebene. Zu diesem letzteren Aspekt vgl. Borowy 2003. Die folgenden Abschnitte konzentrieren sich auf die Todesursachenstatistik; die parallel verlaufenden Verhandlungen zum Aufbau und zur Modifizierung einer umfassenden, reichsweiten Medizinalstatistik können hier nicht behandelt werden. Vgl. dazu Hüntelmann 2005, 384-387.

Todesursache	**Andere Definition**
Pocken (P/S/W/Bad/SKG/HB/EL)	Blattern (Bay/H/HH)
Scharlach (alle Staaten)	
Keuchhusten (alle Staaten)	
Diphtherie u. Krupp (P/Bay/S/W/HH/EL)	Rachenbräune u. Krupp (Bad), Rachendiphteritis u. Krupp (SKG), Diphtheritis, Bräune, Krupp (HB)
Typhus (P/H)	Typhus u. Flecktyphus (Bay/HH), Abdominaltyphus (S/W/Bad), Unterleibtyphus (SKG/HB)
Masern (S/W/Bad/H/HB/HH)	Masern und Rötheln (Bay/SKG/EL),
Ruhr (alle Staaten)	
Cholera nostras (Bay)	Einheimischer Brechdurchfall (P), Brechdurchfall (Bad), Darmkatarrh u. Brechdurchfall (SKG), Durchfall u. Brechdurchfall (HB), Durchfall, Brechdurchfall der Kinder (HH), keine Definition (S/W)
Diarrhoe der Kinder (P)	Kinderdurchfall (Bad), keine Definition (S/W)
Lungentuberkulose (P)	Lungenschwindsucht (S/Bad/H/SKG/HB/HH/EL), Allgemeine Tuberkulose (P)
Krämpfe (P)	Krämpfe der Kinder (HH), Krämpfe überhaupt (HB), Fraisen, Eklampsie der Kinder (Bay), Eklampsie der Kinder (Bad), Lebensschwäche, Konvulsionen und Eklampsie (EL), Keine Definition (S/W/H/SKG)
Apoplexie (P/H/SKG)	Hirnschlagfluss (Bay), Hirnschlag (EL), Gehirnschlag (Bad), Schlaganfall (HB), Schlagfluss (HH), keine Definition (S/W)

Tabelle 1: Die Klassifizierung von einzelnen Todesursachen in verschiedenen deutschen Staaten, 1890.[17]

[17] Staatsarchiv Bremen, 3-M, 1, d, 8.
Anmerkung: P = Preußen; Bay = Bayern; S = Sachsen; W = Württemberg; Bad = Baden; H = Hessen; SKG = Sachsen-Koburg-Gotha; HB = Bremen; HH = Hamburg; EL = Elsaß-Lothringen.

Bis 1904:

Diphtherie und Krupp
Keuchhusten
Scharlach
Masern
Typhus
a) Seltenere gemeingefährliche Ansteckungskrankheiten
b) Übertragbare Tierkrankheiten
a) Tuberkulose der Lungen
b) Tuberkulose anderer Organe
Lungenentzündung
Andere entzündliche Krankheiten der Atmungsorgane
Magen- und Darmkatarrh, Atrophie der Kinder
a) Kindbettfieber
b) Andere Folgen der Geburt
Neubildung
Angeborene Lebensschwäche
Altersschwäche
Verunglückungen
Selbstmord
Sonstige benannte Krankheiten
Todesursache nicht angegeben

ab 1904:

Angeborene Lebensschwäche (im 1. Monat)
Altersschwäche (über 60 Jahre)
a) Kindbettfieber
b) Andere Folgen (Fehlgeburt) oder des Kindbetts
Scharlach
Masern und Röteln
Diphtherie und Krupp
Keuchhusten
Typhus
Übertragbare Tierkrankheiten
a) Rose (Erysipel)
b) Andere Wundinfektionskrankheiten
a) Tuberkulose der Lungen (Lungenschwindsucht)
b) Tuberkulose anderer Organe
c) Akute allgemeine Miliartuberkulose
Lungenentzündung
Influenza
Andere übertragbare Krankheiten
Andere Krankheiten der Atmungsorgane
Krankheiten der Kreislauforgane
Gehirnschlag
Andere Krankheiten des Nervensystems
a) Magen- und Darmkatarrh, Brechdurchfall
b) Andere Krankheiten der Verdauungsorgane
c) Blinddarmentzündung (seit 1907)
Krankheiten der Harn- und Geschlechtsorgane (ausgen. Kindbettfieber und vener. Krankheiten)
a) Krebs
b) Andere Neubildungen
a) Selbstmord
b) Mord, Totschlag, Hinrichtung
c) Verunglückung oder andere gewaltsame Einwirkung.
Andere benannte Todesursachen
Todesursache nicht angegeben

Tabelle 2: Das abgekürzte Todesursachenverzeichnis des Kaiserlichen Gesundheitsamts in älterer und neuerer Fassung.[18]

[18] Quelle: Würzburger 1909-1914.

In Preußen erfolgte nach längeren Beratungen mit dem Erlass des Ministeriums der Geistlichen, Unterrichts- und Medizinal-Angelegenheiten und des Ministeriums des Innern vom April 1904 eine größere Revision der Todesursachenerfassung (Tabelle 2).[19] Maßgabe war es dabei, einerseits den neuesten wissenschaftlichen Stand zu berücksichtigen, aber auch ein einheitliches System für die Industrienationen zu entwerfen. Letzteres scheiterte jedoch, und so blieben selbst innerhalb des Deutschen Reiches große Unterschiede bestehen.

Ein wesentlicher Streitpunkt zwischen dem Preußischen Statistischen Bureau und dem Kaiserlichen Gesundheitsamt lag in der Frage begründet, ob das Bureau auch künftig die Zahlen zur Kreisebene an das Gesundheitsamt weiterleiten sollte, zumal diese ohnehin jährlich in der „Preußischen Statistik" veröffentlicht würden. Das Kaiserliche Gesundheitsamt war hingegen daran interessiert, die Daten jeweils rasch zu erhalten, um sie verwerten und der Gesundheitspolitik zur Verfügung stellen zu können.[20] Auf ein enges geographisches Raster der Erfassung und damit gerade auf die Kreisebene legte das Amt vor allem deshalb Wert, damit es die Ausbreitung von Seuchen rasch erkennen konnte. Hinzu kam die Hoffnung, auf der Basis einer Statistik bis auf die Kreisebene auch die Ursachen von Erkrankungen eingrenzen zu können:

> „Die Erfahrung hat gelehrt daß [sic!] die verschiedenartigsten Einflüsse dabei ins Auge zu fassen sind, wie u.a. die Wasserversorgung, die Ernährung, die Beseitigung der Abfallstoffe, die Wohnungen, die Dichtigkeit des Zusammenwohnens, der Beruf, weil gerade die wichtigsten Krankheiten mehr oder weniger durch soziale Mißstände bedingt werden. Die unentbehrliche Grundlage der epidemiologischen Krankheitserforschung bildet der möglichst eingehende statistische Nachweis, wo die Krankheiten sich finden und in welcher Häufigkeit sie an den verschiedenen Stellen auftreten. Erst wenn man darüber unterrichtet ist, kann man versuchen, in die meist verwickelten Verhältnisse Klarheit zu bringen, um alsdann in Erfüllung der praktischen Aufgaben der staatlichen Gesundheitspflege Abhilfe zu schaffen. Dazu bedarf es aber der Kenntnis der Sterblichkeitsvorgänge in den einzelnen Kreisen."[21]

Die Statistik sollte in den Augen des Kaiserlichen Gesundheitsamtes somit unverkennbar eine solide Grundlage für die öffentliche Gesundheitspflege darstellen.

Zunächst setzte sich das Gesundheitsamt mit dieser Argumentation offenbar durch. Der Hinweis des Reichsamts des Innern auf den unvermeidlichen Reputationsverlust, „wenn für alle außerpreußischen Bundesstaaten die Zahlenangaben nach wie vor auch für die kleineren Bezirke veröffentlicht würden", Preußen aber die Zahlen nur für die Provinzebene lieferte, mag dabei eine Rolle gespielt haben.[22]

Der finanzielle Druck auf das Bureau wuchs während der nachfolgenden Jahre immer stärker, so dass Preußen beispielsweise seit 1916 auf die Veröffentlichung der Todesursa-

---

19 Vgl. ›Preußen. Erlaß, betr. die Neubearbeitung des Verzeichnisses der Krankheiten und Todesursachen‹ 1904; Preussische Statistik, 1905, VI-XVI.

20 Vgl. hierzu und zum Folgenden: Präsident des Kaiserlichen Gesundheitsamtes an Staatssekretär des Innern betr. Mitteilung der preußischen Todesursachenstatistik an das Gesundheitsamt v. 3.11.1904, GStA PK, HA I, Rep. 77, 3910, Bl. 68-73r.

21 Ebd., Bl. 70 (Hervorhebungen i. Orig.).

22 Vgl. Reichskanzler (Reichsamt des Innern) an Kultus- und Innenminister vom 8.12.1904, GStA PK, HA I, Rep. 77, 3910, Bl. 74.

chen nach Kreisen verzichtete.[23] In den Jahren der Weimarer Republik wurde es aufgrund der prekären finanziellen Lage des Staates immer schwieriger, auch nur den erreichten Stand der medizinalstatistischen Erfassung beizubehalten. Vor dem Hintergrund eines immer stärkeren internationalen Trends zur Vereinheitlichung der Todesursachenstatistik brachte dies Preußen in eine unangenehme Situation.[24] So war etwa die Einführung eines international bereits verbreiteten Verzeichnisses der Todesursachen für die entsprechende Statistik 1930 aufgrund der damit verbundenen hohen Kosten stark gefährdet. Dies veranlasste den Präsidenten des Preußischen Statistischen Landesamtes zu einer ausführlichen Denkschrift, in der er die Notwendigkeit dieser Statistik ausführlich begründete. Nur die regelmäßige Erhebung der Todesursachen ermögliche es beispielsweise, über Jahre und Jahrzehnte hinweg die Wirksamkeit von Maßnahmen der Krankheitsbekämpfung zu beurteilen und dieselben eventuell neu auszurichten.[25] Auch das internationale Ansehen spielte eine Rolle in der Argumentation: Aus dem Handbuch des Internationalen Statistischen Instituts

> „ergibt sich, daß es keinen Kulturstaat bis zu Haiti hinunter gibt, der nicht eine Todesursachenstatistik durchführt. Bei dieser Sachlage scheint es mir sehr bedenklich, auf die preußische Todesursachenstatistik, wie es geplant ist, zu verzichten."[26]

Auch das Reichsministerium des Innern (RMdI) unterstützte die Annahme des internationalen Todesursachenverzeichnisses, wie es anlässlich einer internationalen Konferenz im Oktober 1929 in Paris „von 39 Ländern der Erde" beschlossen worden war.[27] Aber auch aus sachlichen Gründen hielt das RMdI die Übernahme des im Vergleich zum deutschen Verzeichnis wesentlich detaillierteren und den aktuellen Stand der medizinischen Wissenschaft eher widerspiegelnden internationalen Verzeichnisses für dringend geboten. Allein dadurch, dass 1928 noch 126.500 Sterbefälle (was etwa einem Sechstel aller Sterbefälle entsprochen habe) unter der Grobrubrik „Krankheiten der Kreislauforgane" zusammengefasst waren,

> „wird es unmöglich, die Bedeutung der einzelnen Krankheiten des Herzens und der Blutgefässe zu erkennen und dadurch die Ursachen zu ermitteln, aus denen die Zahl der Sterbefälle an Krankheiten der Kreislauforgane ständig angewachsen ist."[28]

Insgesamt werde den Infektionskrankheiten, der seuchenpolizeilichen und bakteriologischen Tradition folgend, gegenüber den Organerkrankungen ein zu hohes Gewicht beige-

---

23 Vgl. Konrad Saenger (Direktor des Preußischen Statistischen Landesamts) an Minister für Volkswohlfahrt betr. Herausgabe der Medizinalstatistischen Nachrichten v. 25.3.1926, GStA PK, HA I, Rep. 77, 3910, Bl. 181f.

24 Ohne dass dieser Trend bereits flächendeckend Gewähr für eine verläßliche Todesursachenstatistik geboten hätte, vgl. Lee 2005.

25 Vgl. Präsident des Preußischen Statistischen Landesamts (Saenger) an Minister für Volkswohlfahrt [Abschrift] v. 17.11.1930, GStA PK, HA I, Rep. 77, 3910, Bl. 187f.

26 Vgl. ebd.

27 Vgl. RMdI u.a. an verschiedene preußische und Reichsministerien, das Reichsgesundheitsamt und das Statistische Reichsamt betr. Todesursachenstatistik v. 14.11.1930, GStA PK, HA I, Rep. 77, 3910, Bl. 192f.

28 Vgl. RMdI u.a. an verschiedene preußische und Reichsministerien, das Reichsgesundheitsamt und das Statistische Reichsamt betr. Todesursachenstatistik v. 14.11.1930, GStA PK, HA I, Rep. 77, 3910, Bl. 192-205, „Begründung", Zitat Bl. 195r.

messen.[29] Ein neues Verzeichnis allein garantierte indes noch nicht die nötigen Voraussetzungen für eine verlässliche Todesursachenstatistik, insbesondere eine ärztliche Beteiligung an der Feststellung der Todesursache. Ungeachtet der in dieser Hinsicht nach wie vor bestehenden Defizite sei aber die

> „Neuordnung der Todesursachenstatistik [...] auch unabhängig von dem Anschluß an internationale Bestrebungen für die deutschen Zwecke im Interesse planwirtschaftlicher Arbeit auf dem Gebiete der Gesundheitspolitik unbedingt notwendig."[30]

In der Tat gelang es den Statistikern im Verein mit den beteiligten Fachressorts, gegenüber dem Finanzminister die Einführung des internationalen Todesursachenverzeichnisses ab 1932 durchzusetzen.[31] Trotz der Pionierrolle Preußens zählte das Deutsche Reich zu den letzten europäischen Staaten, die das internationale Klassifikationssystem übernahmen (Tabelle 3).

Land	**detailliertes ITV**	**verkürztes ITV**
Belgien		1903
Bulgarien		1925
England und Wales	1911	
Frankreich	1900 (Paris)	1900
Holland	1901	
Irland	1921	
Litauen		1925
Luxemburg		1924
Polen		1909
Portugal		1901
Schottland	1921	
Spanien	1900	
Türkei		1924

Tabelle 3: Die Einführung des internationalen Todesursachenverzeichnisses (ITV).[32]

Finanzielle Gründe hatten im Übrigen auch den Ausschlag für den Beschluss gegeben, die Medizinalstatistik auf Reichsebene 1925 vom Reichsgesundheitsamt auf das Statistische Reichsamt zu übertragen und dort mit der Bevölkerungsstatistik organisatorisch zu ver-

29 Vgl. ebd.
30 Vgl. ebd., Bl. 201r-204; Zitat Bl. 205.
31 Vgl. Niederschrift über kommissarische Besprechung im RMdI über eine Neuordnung der deutschen Todesursachenstatistik am 6.12.1930, GStA PK, HA I, Rep. 77, 3910, Bl. 224-230; Niederschrift über kommissarische Beratung im RMdI über die Neuordnung der deutschen Todesursachenstatistik am 12.5.1931, ebd., Bl. 250-252. Im Gegenzug wurde eine Vereinfachung der Heilanstaltenstatistik beschlossen, vgl. ebd.
32 Huber 1930, 7.

schmelzen. Gefordert hatte dies von Seiten der Statistiker insbesondere Friedrich Burgdörfer, der zu dieser Zeit im Statistischen Reichsamt für die Volkszählungen zuständig war.[33] Interessiert an dieser Kompetenzverlagerung war allerdings nicht allein die Konferenz der Reichs- und Landesstatistiker, sondern vor allem der Reichssparkommissar, der die staatliche Verwaltung intensiv auf Doppelarbeit hin durchforstete und auch aus diesem Grund den Wechsel in der Zuständigkeit für die Medizinalstatistik maßgeblich betrieb.[34]

Insgesamt zeigt der Verlauf der Auseinandersetzungen um den Charakter und den Ort der Todesursachenstatistik, dass diese Erhebung keineswegs den jeweiligen medizinischen Wissensstand ungebrochen widerspiegelte, sondern vielmehr auch Ausdruck der finanziellen Möglichkeiten eines Staates sowie der Kompromisse zwischen den beteiligten Akteuren war.

Literatur

Alter, George C.; Carmichael, Ann G. 1999: Classifying the Dead: Toward a History of the Registration of Causes of Death, in: Journal of the History of Medicine and Allied Sciences 54, 114-132.

Boeckh, Richard 1863: Allgemeine Übersicht der Veröffentlichungen aus der administrativen Statistik, Berlin.

Borowy, Iris 2003: Counting death and disease: classification of death and disease in the interwar years, 1919–1939, in: Continuity and Change 18, 457-481.

GStA - Geheimes Staatsarchiv - Stiftung Preußischer Kulturbesitz, HA I, Rep. 77.

Guttstadt, Albert 1879: Die Statistik der Todesursachen in Preußen. Ein Beitrag zur Leichenschau-Frage, in: Zeitschrift des königlichen Preussischen Statistischen Bureaus, 153-160.

Heimann, Georg 1906: Die Zuverlässigkeit der amtlichen Erhebungen über die Todesursachen, besonders in Berlin, in: Medizinische Klinik 2, 20-24.

HessStA Darmstadt, G 13, 203.

Huber, Michel 1930: La quatrième revisioin décennale des nomenclatures nosologiques internationales, in: Journal de la Société de Statistisque de Paris, 1930, 3-26.

Hüntelmann, Axel C. 2005: Gesundheitspolitik im Kaiserreich und in der Weimarer Republik. Das Reichsgesundheitsamt von 1876-1933, Diss. phil. Universität Bremen.

Kerschensteiner, Josef von 1886: Zur Geschichte der Mortalitätsstatistik in Bayern, in: Münchener Medicinische Wochenschrift 33, 541-542.

Kintner, Hallie J. 1999: Recording the Epidemiologic Transition in Germany, 1816-1934, in: Journal of the History of Medicine and Allied Sciences 54, 167-189.

Kisskalt, Karl 1925: Über historisch-medizinische Statistik, in: Archiv für Geschichte der Medizin 17, 165-170.

Kohler, Walter F. 1991: Quellen zur Statistik des Gesundheitswesens in Deutschland (1815-1939), in: Fischer, Wolfram; Kunz, Andreas eds.: Grundlagen der Historischen Statistik von Deutschland. Quellen, Methoden, Forschungsziele, Opladen, 275-298.

Krinner, Leopold 1928: Bevölkerungsstatistische Erhebungen in bayerischen Landgemeinden und Pfarreien (Deutsche Gaue, Sonderheft 124), Kaufbeuren.

---

33 Vgl. Statistisches Reichsamt. Niederschrift der Konferenz der Reichs- und Landesstatistiker über die Vereinfachung und Reform der amtlichen Statistik, Baden-Baden, 4.-6.6.1924, HessStA Darmstadt, G 13, 203, hier 21-27. Keineswegs stand Burgdörfer hier allein; vgl. z.B. den im Vorfeld der Entscheidung von Emil Roesle publizierten Artikel, in dem er die Notwendigkeit der Betreuung der Medizinalstatistik durch die Reichsstatistik begründete: Roesle 1924, 101ff.

34 Vgl. dazu jetzt Hüntelmann 2005, 394-396.

Lee, Robert W. 2003: The politics of demographic data: federal autonomy and the standardization of mortality statistics in nineteenth-century Germany, in: Sitzungsberichte der Leibniz-Sozietät 62, 6, 157-161.

Lee, Robert W. 2005: Cause-of-death Classification in Interwar Europe and the Quality of Mortality Data, in: Borowy, Iris; Gruner, Wolf D. eds.: Facing Illness in Troubled Times. Health in Europe in the Interwar Years, 1918-1939, Frankfurt a.M. u.a., 17-44.

Leidinger, Barbara; Lee, W. Robert; Marschalck, Peter 1997: Enforced Convergence: Political Change and Cause-of-Death-Registration in the Hansestadt Bremen, 1860-1914, in: Continuity and Change 12, 221-246.

Mayet, Paul 1903: 25 Jahre Todesursachenstatistik, in: Vierteljahreshefte zur Statistik des Deutschen Reiches 3, 162-177.

Preußen. Erlaß, betr. die Neubearbeitung des Verzeichnisses der Krankheiten und Todesursachen, in: Veröffentlichungen des Kaiserlichen Gesundheitsamtes 28 (1904), 645-651.

Preussische Statistik 189 (1905), VI-XVI.

Prinzing, Friedrich 1906: Handbuch der medizinischen Statistik, Jena.

Roesle: Emil 1924: Korreferat zu Wilhelm Hecke: Die Einfügung der Medizinalstatistik in die Bevölkerungsstatistik, in: Deutsches Statistisches Zentralblatt 16, Sp. 101-108.

Rosen, George 1973: Disease, Debility, and Death, in: Dyos, Harold J.; Wolff, Michael eds.: The Victorian City: images and realities, 2 Bde., London, Bd. 2, 625-667.

Staatsarchiv Bremen, 3-M, 1, d, 8.

Stolberg, Michael 1999: National Statistics on the Causes of Death in Nineteenth-Century Bavaria, in: Journal of the History of Medicine and Allied Sciences 54, 201-225.

Tutzke, Dietrich 1969: Die Entwicklung der Geburts- und Sterbestatistik einschließlich der Todesursachenstatistik, in: Schriftenreihe für Geschichte der Naturwissenschaften, Technik und Medizin 6, 93-110.

Vögele, Jörg 2001: Sozialgeschichte städtischer Gesundheitsverhältnisse während der Urbanisierung, Berlin.

Walter, Roland 1971: Die Leichenschau und das Sektionswesen. Grundzüge der Entwicklung von ihren Anfängen bis zu den Bemühungen um eine einheitliche Gesetzgebung, Med. Diss., Düsseldorf.

Würzburger, Eugen 1909-1914: Die Bearbeitung der Statistik der Bevölkerungsbewegung durch die Statistischen Ämter im Deutschen Reiche (=Allgemeines statistisches Archiv, Bd. 7, Ergänzungsheft), 45-55.

„Historische Bevölkerungsstatistik“, Demographie und Geschichtswissenschaft

Josef Ehmer

I. Einleitung

Alle Versuche zur Rekonstruktion der Geschichte der Bevölkerungsforschung in Deutschland enthalten explizit oder implizit eine vergleichende Perspektive, nämlich die Frage nach Besonderheiten deutscher Bevölkerungswissenschaften im Vergleich zu den Entwicklungen in anderen Wissenschaftskulturen, vor allem in Frankreich, Großbritannien und den Vereinigten Staaten. Für das 20. Jahrhundert stehen dabei – zumindest für die jüngere Forschung – die Beziehungen zur Bevölkerungs- und Vernichtungspolitik des nationalsozialistischen Regimes im Zentrum.[46] Im Zusammenhang damit – aber auch unabhängig davon – werden immer wieder auch theoretische und methodische Besonderheiten der Bevölkerungswissenschaften in Deutschland postuliert und diskutiert.[47] Diese Diskussionen beziehen sich auf einen langen historischen Zeitraum, der vom 17. bis in das 20. Jahrhundert reicht. Die Frage nach nationalen Unterschieden der Theoriebildung ist dabei besonders schwierig, dient doch schon der Begriff der „Bevölkerungstheorie“ zur Beschreibung sehr unterschiedlicher Praktiken; dieses Thema soll hier nicht weiter verfolgt werden.[48] In Bezug auf Methoden scheint dagegen relativ breite Übereinstimmung in der Annahme zu bestehen, dass die deutsche Bevölkerungsforschung weniger Interesse an der Entwicklung quantifizierender Verfahren und statistischer Methoden hatte, als die angelsächsische und französische. Für Alain Desrosières trifft dies schon für die ersten Anfänge der Bevölkerungswissenschaften zu:

> „Der Gegensatz zwischen der deutschen deskriptiven Statistik und der englischen politischen Arithmetik ist ein klassisches Thema von Arbeiten, deren Gegenstand die Geschichte der Statistik oder der Demographie ist.“[49]

Zu einem ähnlichen Befund gelangte Rainer Mackensen mit Blick auf das 19. und 20. Jahrhundert. Er konstatiert für Deutschland eine stärkere Trennung der Sozialwissenschaften von den Natur- und Technikwissenschaften als in England und den USA und in der Folge ein

---

46 Vgl. Mackensen & Reulecke 2005, 2-10.

47 Mackensen 2006.

48 Der Jüngeren Historischen Schule der Nationalökonomie, die im ausgehenden 19. und beginnenden 20. Jahrhundert den wichtigsten Ort des Bevölkerungsdenkens in Deutschland bildete, wird in der Regel „Verzicht auf Theoriebildung“ attestiert. Z.B. Köllmann, 1986, 12. Auf der anderen Seite erscheint ihre historisch-empirische Orientierung und vor allem ihr Denken in Entwicklungsstufen aber auch als Beitrag zu einer spezifisch deutschen Bevölkerungstheorie, zu einem „historisch und soziologisch begründeten Bevölkerungsbe-griff“, der als „deutsches Produkt“ angesehen werden könne. Vgl. Henßler & Schmid 2007, 8, sowie insbesondere 115-131.

49 Desrosières 2005, 21f, 28.

„geringeres Niveau an mathematischen Kenntnissen und Fertigkeiten [...]. Dementsprechend wurde auch die Sozialstatistik und Bevölkerungsanalyse nicht (oder kaum) als mathematische, sondern vielmehr als numerische (arithmetische) betrieben – mit Ausnahme einiger Spezialisten (wie Boeckh, Lexis u.a.).“[50]

Für Desrosières ist das unterschiedliche Interesse an statistischen Methoden mit der Bevorzugung spezifischer Daten und historischer Quellen verknüpft: auf der einen Seite vitalstatistische Daten und Kirchenregister, auf der anderen Seite Globalzahlen der Bevölkerungsgröße und Volkszählungen:

„Vom Standpunkt der Akkumulation statistischer Techniken steht fest, dass die englische politische Arithmetik entsprechende Werkzeuge hinterlassen hat: die Auswertung der Kirchenregister über Taufen, Heiraten und Sterbefälle (Graunt, 1662), die Aufstellung von Sterbetafeln und die Berechnung der Lebenserwartung (Huygens, 1669) sowie Bevölkerungsschätzungen auf der Grundlage von Stichproben mit der Berechnung des ›zu befürchtenden Fehlers‹ (Laplace 1785). Dagegen hat die deutsche Statistik, die einen formalen Rahmen für die globale Beschreibung der Macht der Staaten lieferte, keinen besonderen Wert auf quantitative Methoden gelegt und nichts Vergleichbares hinterlassen.“[51]

Im Folgenden werden diese Fragen an die historische Bevölkerungsforschung in Deutschland gerichtet. Welche Fragestellungen, historische Quellen und quantifizierende Verfahren wurden in der Entwicklung von „Bevölkerungsgeschichte“ und „Historischer Demographie“ bevorzugt? Die Ausgangshypothese lautet, dass auch in der historischen Forschung eine spezifisch deutsche Tradition „deskriptiver Statistik“ bestand, die in der „Historischen Bevölkerungsstatistik“ des späten 19. Jahrhunderts eine besonders deutliche Ausprägung erfuhr, aber auch noch in der zweiten Hälfte des 20. Jahrhunderts weiter wirkte.

II. Bevölkerungsdaten und Geschichtswissenschaft

In den Bevölkerungsdiskursen der frühen Neuzeit waren historische Überlegungen in vieler Hinsicht präsent. Ein Bedürfnis nach einer quantitativ fundierten Bevölkerungsgeschichte hat sich allerdings erst im Zusammenhang mit aktuellen Interessen an der zahlenmäßigen Erfassung der Bevölkerung entwickelt. Nach vielen Vorläufern, vor allem in Stadtstaaten und kleineren Territorien vom 15. Jahrhundert an, lässt sich seit dem späten 17. Jahrhundert in den entwickelten Staaten Europas ein gesteigertes Bedürfnis nach genauen Bevölkerungsdaten beobachten. Dieses Bedürfnis hatte staatliche und zivilgesellschaftliche Wurzeln. Das staatliche Interesse an verlässlichen Bevölkerungsdaten ist allgemein bekannt und von der Geschichtsschreibung seit langem erforscht. Es ist Teil der Wirtschaftstheorien und -politiken des Merkantilismus, die in einer großen und wachsenden Bevölkerung die wesentliche Grundlage der Macht des Staates (bzw. des ihn repräsentierenden Fürsten) er-

---

50 Mackensen 2006, 194.

51 Desrosiéres 2005, 28, bindet dieses Argument eng an die politischen Funktionen und Möglichkeiten der deutschen Bevölkerungsstatistik: einerseits der politische Bedarf an flächendeckenden Bevölkerungszahlen, andererseits das Volkszählungswesen der absolutistischen Staaten, das derartige Zahlen bereitstellte. In England seien dagegen – zumindest im 18. Jh. – Volkszählungen als „Ruin [...] der Freiheiten des englischen Volkes“ verstanden worden, was die Statistiker zur Entwicklung von Schätzmethoden zwang. Desrosières entwickelt hier eine anregende Perspektive, die allerdings einen entscheidenden Mangel aufweist: Süßmilch kommt in seiner Konstruktion der deutschen Traditionslinie nicht vor!

blickten. Für die Verwaltungspraxis war ein möglichst genaues Bild der Zahl und der wirtschaftlichen Leistungskraft der besteuerbaren Untertanen von großer Bedeutung. Das Hauptinteresse galt der Bevölkerungszahl des gesamten Staates. In diesem Zusammenhang entstanden Projekte und Versuche von Volkszählungen bzw. Bevölkerungsberechnungen in großen Flächenstaaten wie England und Frankreich im ausgehenden 17. Jahrhundert, zur Mitte des 18. Jahrhunderts auch in Schweden (1749) und in der Habsburgermonarchie (1754).[52]

Die zweite, zivilgesellschaftliche Wurzel des Interesses an genauen Bevölkerungsdaten vom späten 17. Jahrhundert an hat in der Geschichtsforschung geringeres Interesse gefunden, fehlt aber in keiner Geschichte der Demographie im Zusammenhang mit der Entwicklung statistischer Techniken. Es handelt sich um die Erstellung von Sterbetafeln und um die Berechnung altersspezifischer Lebenserwartungen, die John Graunt (1620-1674) im Jahr 1662 mit seinen „Natural and Political Observations upon the Bills of Mortality" einleitete, und die meist als „historisch ältestes Modell demographischer Forschung" bzw. als „Prototyp der modernen demographischen Analyse" angesehen werden.[53] Die Interessen der englischen „Politischen Arithmetik" des späten 17. Jahrhunderts waren breit gefächert, aber nicht nur am Staat orientiert, sondern auch an den Bedürfnissen von Versicherungsgesellschaften, vor allem von Lebensversicherungen, und von Staatsanleihen, die lebenslang verzinst waren. Ihre empirische Basis bestand überwiegend in Daten zur Bevölkerungsbewegung, die aus Kirchenbüchern erschlossen wurden. In Deutschland knüpfte zur Mitte des 18. Jahrhunderts vor allem Johann Peter Süßmilch (1707-1767) an diese Traditionen an.[54]

Interesse an einer weiter zurückreichenden Bevölkerungsgeschichte war bei beiden Richtungen der aktuellen Bevölkerungsforschung um 1700 vorhanden, stand aber nicht im Vordergrund.[55] Die „Politischen Arithmetiker" rekonstruierten längere vitalstatistische Datenreihen, etwa um die Auswirkungen von Pestzügen studieren zu können oder Jahre mit besonders hoher Mortalität zu identifizieren oder auch aus methodischen Gründen, etwa für die Ermittlung von Mortalitätsdaten über die Lebensspanne einer Geburtskohorte hinweg.[56] Trotzdem warf die quantifizierende Bevölkerungsforschung im frühen 18. Jahrhundert neue

52 Vgl. Dupâquier 1997; Hutchinson 1967; Ehmer 2005. In Frankreich hatte Sébastien Vauban (1633-1707, Ingenieur, Marschall und Generalinspektor der Festungen) 1694 eine Zählung initiiert, deren Ergebnisse er in den folgenden Jahren überprüfte, z.T. korrigierte und schließlich 1707 im Rahmen eines Steuerprojekts („Project d'une dixme royale") veröffentlichte; vgl. Hutchinson 1967, 452, sowie Goubert 1973, 32-45. In England nahm der Statistiker Gregory King (1648-1712, Mitglied der Royal Society) in den 1690-er Jahren eine Berechnung der Bevölkerung für das Jahr 1688 vor. Sein Interesse galt neben Geburts-, Sterbe- und Heiratsziffern und der Bevölkerungszahl vor allem einer quantitativen Bestimmung der englischen Sozialstruktur, verbunden mit der Schätzung des jährlichen Einkommens der einzelnen sozialen Gruppen. King erstellte nicht nur eine sozial erstaunlich differenzierte Bevölkerungsstatistik – die in ihren Grundzügen bis heute anerkannt wird –, sondern kann auch als Vorläufer einer Art volkwirtschaftlicher Gesamtrechnung angesehen werden; vgl. Laslett 1965, 31-37, 268.

53 Graunt 1665. Zitat von Vögele 2007. Vgl. weiter Desroières 2005, 21f; Hutchinson 1967, 45ff.

54 Süßmilch hat bekanntlich die englische politische Arithmetik des späten 17. Jahrhunderts genau gekannt, dem deutschen Publikum näher gebracht, ihre Methoden für die Analyse von Kirchenbüchern übernommen und – seiner eigenen Meinung nach – sogar verbessert. Vgl. Süßmilch 1765, Teil 2, 487ff (§§552-566). U.a. übersetzte und veröffentlichte Süßmilch auch Gregory Kings oben erwähnte Tabelle zur englischen Sozialstruktur 1688 (ebd., 497). Vgl. dazu auch Dinkel 2006.

55 Graunt z.B. versuchte, aus den von ihm für London ermittelten Wachstumsraten den Zeitpunkt des Beginns der Menschheit durch die göttliche Schöpfung zu berechnen; Graunt 1665, 128; Hutchinson 1967, 46.

56 Graunt z.B. rekonstruierte Datenreihen von 1592, dem Beginn der Erstellung und Veröffentlichung von wöchentlichen „Bills of Mortality" in der Stadt London, bis 1662.

Fragen für die Geschichtswissenschaft auf. Charakteristisch dafür sind Voltaires „Nouvelles Considération sur l'histoire" von 1744:

> „Vielleicht kommt es in der Manier, Geschichte zu schreiben, bald zu einem Wandel, wie er in der Physik geschehen ist. Die neuen Entdeckungen haben die alten Systeme hinfällig gemacht. [....] Es ist gut, dass es über alles Archive gibt, so dass man sie bei Bedarf konsultieren kann; und ich betrachte gegenwärtig alle großen Bücher als Lexika. Aber nachdem ich drei- oder viertausend Schlachtbeschreibungen und den Inhalt von einigen hundert Traktaten gelesen hatte, fand ich, dass ich im Grunde nicht besser unterrichtet war. Ich erfuhr von nichts anderem als von Ereignissen. Ich kenne weder die Franzosen und Sarazenen besser durch die Schlacht Karl Martells noch die Tartaren und Türken durch den Sieg, den Tamerlan über Bajazet davontrug. Ich würde gern erfahren, welche Kräfte ein Land vor einem Krieg besaß und ob dieser Krieg sie vergrößerte oder verminderte. War Spanien vor der Eroberung der Neuen Welt reicher als heute? War es zur Zeit Karls V. stärker bevölkert als unter Philipp IV.? Warum zählte Amsterdam vor zweihundert Jahren kaum zwanzigtausend Seelen? Warum hat es heute zweihundertvierzigtausend Einwohner? Wie viel mehr ist England heute bevölkert als unter Heinrich VIII.? Sollte es wahr sein, was man in den „Persischen Briefen" sagt, dass der Erde Menschen fehlen, und dass sie im Vergleich zur Zeit vor zweitausend Jahren entvölkert ist? [...] Da haben wir schon einen der Gegenstände der Neugier dessen, der als Bürger und Philosoph geschichtliche Werke liest." [57]

Derartige Appelle für eine Erneuerung der Geschichtswissenschaft durch demographische Fragen und Daten blieben aber Programm. Praktische Versuche der Rekonstruktion von langen historischen Reihen demografischer Daten finden sich in der zweiten Hälfte des 18. Jahrhunderts durchaus an verschiedenen Orten, sie wurden aber nicht in die allgemeine Geschichte integriert und von Historikern erst hundert Jahre später beachtet.[58] Erst in der zweiten Hälfte des 19. Jahrhunderts begann eine „Historische Bevölkerungsstatistik" als Teil einer allgemeinen „Historischen Statistik" zu einer tatsächlichen Herausforderung für die akademische Geschichtswissenschaft zu werden.

III. Karl Bücher und Julius Beloch als Repräsentanten der „Historischen Bevölkerungsstatistik"

Der Begriff der „Historischen Bevölkerungsstatistik" wurde als Fachbegriff etabliert von Karl-Theodor von Inama-Sternegg (1843-1908, Staatswissenschaftler und Statistiker in München, Innsbruck, Prag und Wien, schließlich Präsident der Statistischen Zentralkommission der Habsburgermonarchie und Leiter ihrer Volkszählungen 1880 und 1900) – eine als akademischer Wissenschaftler und amtlicher Statistiker gleichermaßen prägende Figur.[59] Für Inama-Sternegg war die Erstellung möglichst langer historischer Datenreihen

57 Zit. nach Le Goff 1990, 26-28. Mit den „Persischen Briefen" bezieht sich Voltaire auf die „Lettres persanes" (1721) von Montesquieu, der vermutete, dass zu seiner Zeit in Europa nur ein Zehntel der antiken Bevölkerung lebte. Er löste damit eine lebhafte Debatte aus, an der sich – mit kritischen Einwänden – auch David Hume beteiligte (Hume 1752).

58 Im Jahr 1775 veröffentlich etwa der Florentiner Marco Lastri eine Bevölkerungsgeschichte von Florenz 1451-1774, die auf der Auswertung der Kirchenbücher des Baptisteriums San Giovanni beruhte; ähnlich auch Behrends 1771. Vgl. Ehmer 2005, 101.

59 Inama-Sternegg 1886.

eine der Aufgaben der Statistik, von der auch die Fachhistoriker profitieren würden. Insbesondere die Bevölkerungsstatistik sei unerlässlich, um die gesellschaftlichen Verhältnisse des Mittelalters und der frühen Neuzeit verstehen zu können.[60] Auch im Rückblick wurde die Bevölkerungsstatistik als bedeutendster Teil der „Historischen Statistik" wahrgenommen.[61]

Zwei besonders interessante Vertreter der „Historischen Bevölkerungsstatistik" in den letzten Jahrzehnten des 19. Jahrhunderts waren der Nationalökonom Karl Bücher (1847-1930) und der Althistoriker Karl Julius Beloch (1854-1929). Karl Bücher hatte in den Altertumswissenschaften promoviert, sich dann aber der Volkswirtschaftslehre zugewandt. 1881 habilitierte er sich an der Universität München für Nationalökonomie und Statistik.[62] Nach ersten Professuren in Dorpat, Basel und an der Technischen Hochschule Karlsruhe wurde er 1892 nach Leipzig berufen, wo er bis 1917 lehrte. Sein Werk umfasst ein breites Spektrum von wirtschafts- und sozialgeschichtlichen sowie von wirtschaftswissenschaftlichen Themen. Sein am häufigsten (auch von Inama-Sternegg, siehe oben) zitierter Beitrag zur Bevölkerungsgeschichte ist die umfangreiche Abhandlung über die Bevölkerungsgeschichte Frankfurts im 14. und 15. Jahrhundert.[63]

Karl Julius Beloch war der Sohn eines schlesischen Rittergutsbesitzers und hielt sich schon als Jugendlicher – aufgrund eines Bronchialleidens – längere Zeit in Italien auf. Nach dem Studium der Altertumswissenschaften und der Archäologie an den Universitäten Palermo, Rom und Heidelberg habilitierte er sich 1877 in Rom für Alte Geschichte. 1879 wurde er in Rom auf ein Extraordinariat, einige Jahre später auf ein Ordinariat berufen. Berufungen an deutsche Universitäten scheiterten mehrmals am Widerstand Theodor Mommsens, mit dem Beloch heftige wissenschaftliche Fehden ausfocht. 1912 wurde er doch nach Leipzig berufen, das er aber schon ein Jahr später – nun wegen des Gesundheitszustandes seiner Frau – wieder verließ, um auf seine römische Professur zurückzukehren. Sein Werk umfasst viele Aspekte der griechisch-römischen Antike, darunter eine umfangreiche Studie über „Die Bevölkerung der griechisch-römischen Welt" (Leipzig 1886). Im Vorwort stellte Beloch sein Verständnis von „Historischer Bevölkerungsstatistik" dar: „Die Wirtschaftsgeschichte ist als Wissenschaft erst im Entstehen. Ja ihr vielleicht wichtigster Zweig, die historische Bevölkerungslehre, hat überhaupt bisher eine wissenschaftliche Behandlung noch nicht gefunden!" Zwar gäbe es Einzelforschungen, aber keine Darstellungen der Bevölkerungsbewegung in größeren Gebieten und über längere Zeiträume hinweg.[64]

Noch wichtiger sind Belochs Arbeiten zur spätmittelalterlichen und frühneuzeitlichen Bevölkerungsgeschichte Italiens. Kleinere Teilergebnisse dieser Forschungen wurden ab 1888 in französischen, deutschen und italienischen Zeitschriftenaufsätzen veröffentlicht. An einer zusammenfassenden Darstellung der „Bevölkerungsgeschichte Italiens" hatte Beloch bis zu seinem Tod gearbeitet und sie nahezu fertiggestellt.[65] Die Publikation erfolgte allerdings erst viele Jahre nach Belochs Tod in drei Bänden, von denen die ersten beiden von seinem Schüler Gaetano De Sanctis bearbeitet und 1937 und 1939 herausgegeben wurden, der dritte erst – nachdem auch De Sanctis verstorben war – von Luigi Pareti und

60 Ebd., 388.
61 Müller 1921, 9.
62 Schefold 1988, 242ff.
63 Bücher 1886.
64 Beloch 1886, V, VII.
65 Beloch 1961, Vorwort zu Band III, VI.

Wolfgang Hagemann 1961.[66] Belochs Forschungen zur „Bevölkerung der griechisch-römischen Welt“ wurden schon von seinen Zeitgenossen stark beachtet und zum Teil heftig kritisiert. Karl Bücher z.B. stand in seiner eigenen Abhandlung „Zur griechischen Wirtschaftsgeschichte“ den von Beloch ermittelten Daten äußerst ablehnend gegenüber, da sie seiner Meinung nach auf unglaubwürdigen zeitgenössischen Schätzungen beruhten. „Die am Schlusse des Buches gegebene statistische Tabelle der Gesamtbevölkerung Griechenlands um 432 v. Chr. ist das reine Kartenhaus, das bei einem kritischen Hauch in sich zusammenfällt.“[67] Trotz dieses vernichtenden Urteils werden Belochs Studien zur antiken Wirtschafts- und Bevölkerungsgeschichte in den Altertumswissenschaften und in der Demographie bis heute diskutiert.[68] Seine wesentlich umfangreicheren und empirisch fundierteren Forschungen zur italienischen Bevölkerungsgeschichte der frühen Neuzeit haben dagegen nur wenig Aufmerksamkeit gefunden – auch wenn sie bis heute als Grundgerüst der italienischen Bevölkerungsgeschichte dienen.[69] Die Ergebnisse von Archivstudien für eine Bevölkerungsgeschichte Europas, die Beloch in verschiedenen westeuropäischen Staaten und in Skandinavien begonnen hatte, sind nie veröffentlicht worden.[70]

Sowohl Bücher wie auch Beloch betrachteten die Geschichte der Bevölkerung und insbesondere ihre sorgfältige zahlenmäßige Erfassung als wesentlichen Beitrag zur Modernisierung der historischen Forschung. Karl Bücher war – wie auch die anderen Vertreter der Jüngeren Historischen Schule der deutschen Nationalökonomie – davon überzeugt, „dass die Erforschung der städtischen Socialgebilde des Mittelalters und ihrer politisch-wirtschaftlichen Organisation den Schlüssel bieten muss zum historischen Verständnis der modernen Gesellschaft.“[71] Forschungen zur Wirtschaftsgeschichte und zur historischen Statistik seien bisher allerdings fast nur von Nationalökonomen durchgeführt worden, die aber mit den Techniken der historischen Quellenforschung nicht ausreichend vertraut und in ihrem Denken zu sehr der Gegenwart verhaftet wären. Deshalb würde der Geschichtsforschung eine Hinwendung zu diesen Themen

> „wohl anstehen. Wenigstens will mich manchmal bedünken, als ob dieselbe heute mehr als je der bedenklichen Neigung folgte, hinter dem bestimmenden Einflusse, welche einzelne hervorragende Persönlichkeiten auf die äußere Geschichte der Völker üben, die gewaltigen Kräfte zurückzusetzen, welche in den großen Massenbewegungen der Gesellschaft still und langsam wirken, und die schließlich den Entwicklungsgang der Menschheit doch allein nachhaltig bestimmen.“[72]

Die Bevölkerungsgeschichte sah Bücher als Teil dieser „großen Massenbewegungen“ an.

Beloch ging noch einen Schritt weiter. Seine Antrittsvorlesung an der Universität Leipzig im Dezember 1912 hatte zum Ziel, Bevölkerungsgeschichte als unverzichtbaren Teil der historischen Forschung darzustellen. Darüber hinaus war sie aber ein Plädoyer für

---

66 Beloch 1937 Bd. I, 1939 Bd. II, 1961 Bd. III.

67 Bücher 1922, 8.

68 Vgl. etwa die Verweise auf Beloch in den entsprechenden Kapiteln bei Bardet & Dupâquier 1997, insbesondere 109-110 und 120-121. Vgl. weiter Bowersock 1997.

69 Siehe dazu weiter unten die Verwendung von Belochs Daten in der neuesten italienischen Bevölkerungsgeschichte.

70 Vgl. dazu und zu allen übrigen lebensgeschichtlichen Angaben die autobiographische Skizze: Beloch 1926, 18f, 27.

71 Bücher 1886, IX. Vgl. dazu Schefold 1988; Backhaus 2000.

72 Bücher 1886, XI.

eine – wie man es später nennen würde – quantifizierende Geschichtsschreibung überhaupt.[73] Nur sie könne die Geschichte zu einer Wissenschaft im strengen Sinn machen. Sein Überblick über die europäische Bevölkerungsentwicklung vom antiken Griechenland bis zum Ende des 19. Jahrhunderts schließt mit den Sätzen:

> „Nur durch ziffernmäßige Erfassung konnten diese Verhältnisse zur konkreten Anschauung gebracht, die Entwicklung, die sich darin ausspricht, in objektiver Weise gewertet werden. Und dasselbe gilt von allen oder doch den meisten anderen Zweigen des Staats- und Wirtschaftslebens. Selbst die geistigen Strömungen sind in viel höherem Maße der statistischen Behandlung zugänglich als die meinen, die in der Geschichte nichts anderes sehen, als ein Bündel Heldenbiographien. Freilich, bis zur Erreichung dieser Ziele ist noch ein weiter Weg. Aber erst wenn dieser Weg durchmessen sein wird [...] kann die Geschichte das werden, was sie heute noch nicht ist, wenigstens noch nicht im vollen Sinne des Wortes, was sie aber werden muss, eine Wissenschaft.“[74]

IV. „Historische Bevölkerungsstatistik“ und akademische Geschichtsforschung

Trotz der Ambitionen einzelner Nationalökonomen und Historiker spielten Bevölkerungsgeschichte und historisch-demographische Themen in der akademischen Geschichtswissenschaft des 19. Jahrhunderts eine äußert geringe Rolle. Behandelt wurden sie vor allem in der entstehenden „Wirtschafts- und Sozialgeschichte“ oder auch „Kulturgeschichte“, die eine thematische Ausweitung und methodische Neuorientierung der historischen Forschung anstrebte und Beziehungen zu den Sozialwissenschaften suchte. Ich möchte dies illustrieren am Beispiel der ersten einschlägigen Fachzeitschrift im deutschsprachigen Raum, der 1893 in Wien gegründeten „Zeitschrift für Social- und Wirtschaftsgeschichte“, der Vorläuferin der bis heute erscheinenden „Vierteljahrschrift für Sozial- und Wirtschaftsgeschichte“ (VSWG). Die Zeitschrift wurde gegründet von einer Gruppe junger, oppositioneller Wissenschaftler mit dem im Vorwort zur ersten Nummer formulierten Ziel, einem „gemeinsamen Bedürfnis der Geschichtsforschung und der Sozialwissenschaft Rechnung (zu) tragen und die wirtschaftlichen Ursachen historischer Veränderungen aufklären (zu) helfen“.[75]

Die Bevölkerungsgeschichte war ein Teil dieses Programms. In den meisten Bänden der Zeitschrift, die zwischen 1893 und 1900 erschienen, waren bevölkerungsgeschichtliche Aufsätze vertreten, die dem Paradigma der „Historischen Bevölkerungsstatistik“ entsprechen. Typisch dafür war etwa ein Aufsatz von Filippo Virgilii über die Bevölkerung von Siena im 16., 17. und 18. Jahrhundert.[76] Es ging zunächst darum, archivalische Quellen über den Stand und die Entwicklung der Bevölkerung zu suchen, also in den Archiven Bevölkerungsverzeichnisse der verschiedensten Art ausfindig zu machen. Aus diesen Quellen wurden dann Einwohnerzahlen und deren Entwicklung rekonstruiert, wobei das Interesse vor allem den Gesamtzahlen galt. In weiterer Folge wurden auch die in den zeitgenössischen Quellen vorhandenen sozialen Differenzierungen einbezogen, die auf der unterschiedlichen Rechtsstellung verschiedener Bevölkerungsgruppen beruhten: Dabei ging es

---

73 Beloch 1913.
74 Ebd, 337.
75 Ehmer & Müller 1989, 110ff.
76 Virgilii 1900.

um die Unterscheidung zwischen den Einwohnern der Stadt und des ländlichen Umlands; zwischen Männern und Frauen, zwischen Erwachsenen, Knaben und Mädchen; sowie um Dienstboten, Geistliche und Juden. Ein wichtiger Teil dieser Forschungen bestand in der quellenkritischen Prüfung der Verzeichnisse und in der Rekonstruktion ihres Entstehungszusammenhangs.

Diese Form der „Historischen Bevölkerungsstatistik" wurde im späten 19. und frühen 20. Jahrhundert zu einem Teil der Wirtschafts- und Sozialgeschichte und darüber hinaus zu einem Thema der Geschichtsforschung insgesamt. Im deutschsprachigen Raum stieß diese Entwicklung aber auch auf Widerstand. Die „Zeitschrift für Social- und Wirtschaftsgeschichte" wurde 1900, nach sieben Jahrgängen, eingestellt und ab 1903 mit der „Vierteljahrschrift für Sozial- und Wirtschaftsgeschichte" fortgesetzt, die bis heute eine der beiden führenden wirtschaftshistorischen Zeitschriften des deutschen Sprachraums geblieben ist. Der starke Mann im Herausgebergremium wurde nun – bis zu seinem Tod 1927 – Georg von Below (1858-1927). Below war einer der streitbarsten Historiker seiner Zeit, aber mit einer Orientierung, die der Gründergruppe der „Zeitschrift für Social- und Wirtschaftsgeschichte" diametral entgegenstand: Er wandte sich vehement gegen „historische Soziologie", gegen Entwicklungsschemata jeder Art, gegen Quantifizierung und Statistik, und betonte umgekehrt die Individualität der historischer Ereignisse, die Bedeutung der Persönlichkeit. Staatspolitik stand für Below im Zentrum der Historiographie, Wirtschaftsgeschichte – zu der er durchaus Beiträge lieferte – sah er als verfassungsgeschichtliche Ergänzung.[77] Unter dem Einfluss von Below wurde nun Bevölkerungsgeschichte aus der VSWG verdrängt. Im ersten Band, 1903, findet sich noch ein – viel zitierter – Aufsatz des führenden belgischen Historikers Henri Pirenne über die Bevölkerungszählungen in Ypern 1412-1506. Pirenne bemühte sich dabei, den Zusammenhang zwischen dem Niedergang des Wollgewerbes im 15. Jahrhundert und der Bevölkerungsentwicklung zu untersuchen. Dieser Artikel war vielleicht schon von der Vorgängerredaktion eingeworben worden. In der neuen VSWG blieb er ein Solitär. Fast 30 Jahre lang, bis 1930, erschien in der VSWG – damals die einzige überregionale und unbestritten führende wirtschafts- und sozialhistorische Zeitschrift des deutschen Sprachraums – kein einziger bevölkerungsgeschichtlicher Aufsatz mehr. Demographische Themen wurden nur – und auch das nur sporadisch – im Rezensionsteil behandelt.[78]

V. Leistungen und Grenzen

Worin liegen nun die Leistungen und die Grenzen der deutschen „Historischen Bevölkerungsstatistik"? In ihren Zielen und in ihrer Praxis steht sie eindeutig in der Tradition der „deskriptiven Statistik". In seiner Abhandlung über die „Quellen der historischen Bevölkerungsstatistik" führte Inama-Sternegg ein breites Spektrum von Quellen an, darunter auch Kirchenbücher, kam aber doch zu dem Schluss, dass die Berechnung der Globalzahl der

77 Vgl. Cymorek 1998.

78 Jörn Sieglerschmidt 2004 hat in seinem Beitrag zur Festschrift der VSWG anlässlich ihres 100-jährigen Bestehens übrigens ausgezählt, dass in diesen 100 Jahren nur 27 Aufsätze erschienen sind, die in einem sehr weit gefassten Sinn der Bevölkerungsgeschichte zugerechnet werden können. Er rechnet dazu Aufsätze zur Familiengeschichte, zur Sozialgeschichte der Medizin etc. Bevölkerungsgeschichtliche Themen im engeren Sinn wurden in kaum einem Dutzend Aufsätzen behandelt. Ebd. Erstaunlicherweise ist den Herausgebern und Autoren dieses Jubiläumsbandes die Existenz der Vorgänger-Zeitschrift verborgen geblieben.

Bevölkerung einer Stadt oder eines Territoriums das erste und wichtigste Ziel der „Historischen Bevölkerungsstatistik" sei.[79] Dies entsprach in der Tat der Praxis der von ihm – und auch von Karl Bücher – als beispielhaft vorgestellten Studien. „Bevölkerung" wurde auf die Ermittlung und Diskussion von „Einwohnerzahlen" beschränkt und spielte in keiner dieser Arbeiten eine eigenständige Rolle.[80]

Auch Julius Beloch gehörte der Tradition der „deskriptiven Statistik" an. Im Unterschied zu allen anderen Vertretern der „Historischen Bevölkerungsstatistik" stand bei ihm aber die Bevölkerung im Zentrum seines Interesses, und zumindest gelegentlich ging er über die Einwohnerzahlen hinaus. In seiner „Bevölkerung der griechisch-römischen Welt" konstruierte er z.B. Überlebenstafeln und versuchte die wahrscheinliche altersspezifische Lebensdauer zu berechnen.[81] In seiner „Bevölkerungsgeschichte Italiens" wiederum geht es fast ausschließlich um die Ermittlung von Einwohnerzahlen, aber nicht nur weniger einzelner Städte – wie das in Deutschland üblich war – sondern des ganzen Landes. Seine Archivstudien stellen eine beeindruckende Leistung dar. Die von Beloch berechneten Bevölkerungsdaten waren von so hoher Qualität, dass sie bis heute von italienischen Forschern anerkannt und benützt werden.[82] Die letzte international beachtete Bevölkerungsgeschichte Italiens beruht für die Periode 1550 bis 1700 vollständig und ausschließlich auf Belochs Berechnungen, sowohl in Bezug auf die Gesamtbevölkerungszahl wie auch in Bezug auf die von ihm eingeführte regionale Unterscheidung zwischen „Oberitalien", der „Halbinsel" und den „Inseln".[83]

Quellensuche, -auswertung und deskriptive Darstellung bildeten den Kern der „Historischen Bevölkerungsstatistik" und bis heute ihren eigentlichen Wert. Ihre theoretischen und methodischen Ambitionen waren dagegen – trotz aller programmatischen Beteuerungen – gering. In Vorwörtern und Einleitungskapiteln wurde zwar postuliert, dass die Kenntnis der Bevölkerungsgeschichte unabdingbar für das Verständnis gesellschaftlicher Entwicklungen sei, weiterführende Reflexionen über die Art der Beziehung zwischen Bevölkerung, Wirtschaft und Gesellschaft finden sich dagegen sehr selten,[84] in theoretisch elaborierter Form überhaupt nicht. Beziehungen zur politischen, wirtschaftlichen oder auch nur Seuchen-Geschichte wurden wenn überhaupt mit Vorsicht und Zurückhaltung und eher oberflächlich hergestellt, weiterführende Interpretationen der gefundenen Daten wurden in der Regel vermieden. Auch Belochs Versuch einer theoretischen Begründung der Bevölkerungsgeschichte in seiner Leipziger Antrittsvorlesung von 1912 kam letztlich nicht darüber

[79] Inama-Sternegg 1886, 400.

[80] Dies trifft schon für Büchner 1886 zu, der zwar ausführlich die „Ermittlung der Volkszahl mittelalterlicher Städte" diskutiert, sich dann aber seinem eigentlichen Thema, der beruflichen und gewerblichern Gliederung, zuwendet. In einem weiteren der oft zitierten Beispiele, Schönberg 1879, widmen sich 13 von mehr als 500 Seiten der „Bevölkerungszahl der Stadt" (ebd., 510-522). Arnold 1854 behandelte auf 20 Seiten „Größe und Einwohnerzahl" im Abschnitt über das „Innere Leben der Städte im Mittelalter" und auch dies sehr unsystematisch (ebd., 142-161).

[81] Beloch 1886, 49ff.

[82] Vgl. Bellettini 1987.

[83] Pinto & Sonnino 1997. Die von Pinto & Sonnino in Tabelle 8 (ebd., 498) präsentierten Daten sind identisch mit jenen von Beloch 1886, Bd. 3, 352 und 354 (ohne dass Beloch als Quelle zitiert würde).

[84] So etwa bei Beloch 1886, der – im Unterschied zu den meisten seiner Zeitgenossen – die Abnahme des Bevölkerungswachstums des römischen Reichs nicht durch einen „Verfall der Sitten" erklärt, sondern mit dem Vordringen der Sklavenwirtschaft, welches das Wachstum der freien Bevölkerung hemmen würde. Ebd., 502-504.

hinaus, eine große „Volkszahl" als Voraussetzung für die „politische Geltung der Nationen" anzusehen.[85] Auch aktuelle demographische Fragen wurden nur selten aufgegriffen.[86]

Demographische Fragestellungen und Methoden, wie sie von der englischen „Politischen Arithmetik" des 17. Jahrhunderts und in Deutschland von Süßmilch zur Mitte des 18. Jahrhunderts entwickelt worden waren, spielten in der „Historischen Bevölkerungsstatistik" keine Rolle. Dieses Feld wurde vielmehr der Genealogie überlassen. Das Erstellen von Stammbäumen oder die Konstruktion von Abstammungslinien war natürlich schon lange in der akademischen Geschichtsforschung etabliert, in der Regel aber auf den Adel und die Oberschicht beschränkt.[87] Im ausgehenden 19. Jahrhundert entstand darüber hinaus eine Art „Volksgenealogie", die sich der Auswertung der Tauf-, Sterbe- und Heiratsregister in einzelnen Pfarren widmete. Daran waren vor allem Lokalhistoriker, unter ihnen viele Pfarrer und Lehrer, beteiligt, die schon 1896 auf der „Generalversammlung der deutschen Geschichts- und Alterthumsvereine" über ihre Aktivitäten berichteten. Diese Strömung stand im Zusammenhang mit den neuen biologistischen Denkmustern der Zeit, aber auch mit einer regionalen Ausformung des Nationalismus, dem „Heimatbewusstsein". Das Ziel der Gesamterfassung lokaler Bevölkerungen auf Grundlage von Pfarrregistern bestand u.a. im Nachweis der langfristigen Ortsansässigkeit bäuerlicher Familien.[88]

In den bevölkerungsgeschichtlichen Aufsätzen in der oben erwähnten „Zeitschrift für Social- und Wirtschaftsgeschichte" wurde die Forderung nach Ausweitung der Quellenbasis der „Historischen Bevölkerungsstatistik" und nach Einbeziehung von Kirchenbüchern ein einziges Mal erhoben. In einem Beitrag „Zur Bevölkerungsstatistik des Mittelalters" diskutierte Armin Tille (1870-1941) die geringe Kinderzahl in mittelalterlichen Städten und kam zu dem Schluss: „Eine völlig exakte Untersuchung bezüglich der Fruchtbarkeit der Ehen, Kindersterblichkeit und Geschlechtsverhältnis ist m.E. nur möglich auf Grund der frühesten städtischen Tauf-, Trau- und Sterberegister", von denen es aus dem ersten Drittel des 16. Jh.s bereits eine größere Zahl gäbe.[89] Von hier aus führte eine direkte Entwicklungslinie über die „biologische Erblichkeitsforschung" und „naturwissenschaftliche Familienkunde (Familienanthropologie)"[90] hin zur Rassen- und „Volkskörperforschung" der 1930-er Jahre.[91] Zugespitzt könnte man sagen: Während die „Historische Bevölkerungsstatistik" auf Theorien und demographische Methoden verzichtete, fanden die an der Auswer-

---

85 Beloch 1913, z.B. 331.

86 Aktuelle Bezüge wurden am ehesten hergestellt zu den zwei großen ideologischen Debatten des späten 19. Jahrhunderts, der „Frauenfrage" und der „Judenfrage". Karl Bücher 1886 diskutierte z.B. das vermutete zahlenmäßige Übergewicht der Frauen in den ma. Städten im Zusammenhang mit dem aktuellen Thema der Lebensgrundlage „überzähliger" Frauen. Da in vielen mittelalterlichen und frühneuzeitlichen Bevölkerungsverzeichnissen Juden – aufgrund ihres besonderen rechtlichen Status – extra ausgewiesen wurden (ebenso wie Geistliche, Militärpersonen oder Angehörige fürstlicher Haushalte), bildete die Erörterung der Zahl der Juden mitunter Anlass für antisemitische Überlegungen, wie z.B. bei Bücher, der in seiner Bevölkerungsgeschichte Frankfurts die Pogrome des Mittelalters ausschließlich auf jüdischen Wucher zurückführte. Da die Juden „die schwächste Stelle der mittelalterlichen Wirtschaftsordnung mit Geschick herauszufinden wussten, so tadle man wenigstens nicht, dass sie [...] auch die unangenehmen Konsequenzen derselben auf sich zu nehmen hatten." Ebd., 586f. Beloch, dessen autobiographische Skizze (ders. 1926) einige antisemitische Ausfälle enthält, hielt seine Bevölkerungsgeschichten frei von derartigen Aktualisierungen.

87 Vgl. Lorenz 1898.

88 Fuchs 2000, 238-241.

89 Tille 1897, 413ff.

90 Scheidt 1923.

91 Der oben erwähnte Armin Tille etwa bemühte sich Mitte der 1930-er Jahre im die Integration der „Bevölkerungsgenealogie" in die „Volkskörperforschung".

tung von Kirchenbüchern und an vitalstatistischen Daten interessierten Forscher eine geistige Heimat in der erbbiologischen Rassenforschung und später in der nationalsozialistischen „Volkslehre". Aus der Perspektive dieser Richtung hatte sich die „ältere historische Bevölkerungsstatistik" der „Atomisierung des Bevölkerungsbegriffs" und seiner Auflösung in eine „zählbare Menge gleichwertiger Individuen" schuldig gemacht.[92]

Ein Nachklang dieser Entwicklung ist in einer merkwürdigen Kontroverse zu sehen, die in den 1970-er und 1980-er Jahren die bundesrepublikanische historische Bevölkerungsforschung prägte. „Bevölkerungsgeschichte" und „Historische Demographie" standen sich hier in schroffem Gegensatz gegenüber.[93] Wolfgang Köllmann (1925-1997), der Vertreter der Bevölkerungsgeschichte, verstand diese als Teil der Strukturgeschichte und verortete sie „im Bereich demographischer Makroanalyse".[94] Die bevölkerungsgeschichtliche Praxis Köllmanns mit ihrer Betonung von Querschnittzählungen und Globaldaten kann durchaus in der Tradition der „Historischen Bevölkerungsstatistik" verortet werden.[95] Arthur E. Imhof dagegen vertrat ein Konzept von „Historischer Demographie", das auf der demographischen Mikroanalyse durch Auswertung von Kirchenbüchern beruhte. In heuristischer und methodischer Hinsicht orientierte er sich an der angelsächsischen, französischen und skandinavischen Forschung, in expliziter Abwendung von den „rassen- und bevölkerungsideologischen Exzessen der Nazi-Zeit".[96] Auch wenn die Konstruktion langer wissenschaftsgeschichtlicher Traditionslinien alles andere als unproblematisch ist, scheint der alte Unterschied zwischen einer „deutschen deskriptiven Statistik" und einer methodenorientierten angelsächsischen Demographie auch in dieser Kontroverse noch enthalten zu sein.

Literatur

Arnold, Wilhelm 1854: Verfassungsgeschichte der deutschen Freistädte, Hamburg, Gotha.

Backhaus, Jürgen G. ed. 2000: Karl Bücher: theory-history-anthropology-non market economies, Marburg.

Bardet, Jean-Pierre; Dupâquier, Jacques eds. 1997: Histoire des Populations de l'Europe, Bd. 1, Paris.

Behrends, Adolf 1771: Die Einwohner in Frankfurt am Mayn, Frankfurt am Main.

Bellettini, A. 1987: La popolazione italiana. Un profilo storico, Torino.

Beloch, Karl Julius 1886: Die Bevölkerung der griechisch-römischen Welt, Leipzig.

Beloch, Karl Julius 1913: Die Volkszahl als Faktor und Gradmesser der historischen Entwicklung, in: Historische Zeitschrift, 3. F. Bd. 15 = Bd. 111, 321-337.

Beloch, Karl Julius 1926: Karl Julius Beloch, in: Steinberg, Sigfried ed. 1926: Die Geschichtswissenschaft der Gegenwart in Selbstdarstellungen, Leipzig, 1-27.

Beloch, Karl Julius 1937: Die Bevölkerungsgeschichte Italiens, Bd. I: Grundlagen. Die Bevölkerung Siziliens und des Königreichs Neapel, Berlin, Leipzig; Bd. II: Die Bevölkerung des Kirchenstaates, Toskanas und der Herzogtümer am Po, Berlin 1939; Bd. III: Die Bevölkerung der Republik Venedig, des Herzogtums Mailand, Piemonts, Genuas, Corsicas und Sardiniens; Die Gesamtbevölkerung Italiens, Berlin 1961.

---

92 Keyser 1943, 13, 27.

93 Am deutlichsten ausgedrückt in den beiden Artikel von Köllmann 1986 und Imhof 1986. Vgl. auch Ehmer 2004, 57-62.

94 Köllmann 1986, 19. Vgl. zu Köllmann auch Pinwinkler 2006.

95 Diese empirische Praxis stand bei Köllmann aber in einer merkwürdigen Verbindung mit einer Loyalität gegenüber „völkischen" Bevölkerungstheorien, vor allem jenen seines Lehrers Gunther Ipsen. Vgl. Ehmer 2004, 59.

96 Imhof 1986, 45.

Bowersock, G. W. 1997: Beloch and the Birth of Demography, in: Transactions of the American Philological Association, 127, 373-379.
Bücher, Karl 1886: Die Bevölkerung von Frankfurt am Main im XIV. und XV. Jahrhundert. Socialstatistische Studien, Tübingen.
Bücher, Karl 1922: Beiträge zur Wirtschaftsgeschichte, Tübingen.
Cymorek, Hans 1998: Georg von Below und die deutsche Geschichtswissenschaft um 1900, Stuttgart.
Desrosières, Alain 2005: Die Politik der großen Zahlen. Eine Geschichte der statistischen Denkweisen, Berlin, Heidelberg.
Dinkel, Reiner Hans 2006: Süßmilch als Bevölkerungstheoretiker. Der Beitrag Süßmilchs zur Weiterentwicklung methodischer und theoretischer Aspekte der Demographie und dessen Rezeption im 19. Jahrhundert, Rostock 2006. (Diskussionspapier 04-2006; http://www.wiwi.uni-rostock.de/~demograf/PDFs/paper-dinkel-18.05.06.pdf; 19.03.2007).
Dupâquier, Jacques 1997: La connaissance démographique, in: Bardet & Dupâquier eds 1997, 218-138.
Ehmer, Josef 2004: Bevölkerungsgeschichte und Historische Demographie 1800-2000 (=Enzyklopädie deutscher Geschichte Bd. 71), München.
Ehmer, Josef 2005: Bevölkerung, in: Enzyklopädie der Neuzeit, Bd. 2, Tübingen, 94-119.
Ehmer, Josef, Müller; Albert 1989: Sozialgeschichte in Österreich. Traditionen, Entwicklungsstränge und Innovationspotential, in: Kocka, Jürgen ed. 1989: Sozialgeschichte im internationalen Überblick, Darmstadt, 109-140.
Ehmer, Josef; Lausecker, Werner; Pinwinkler, Alexander eds. 2006: Bevölkerungskonstruktionen in Geschichte, Sozialwissenschaften und Politiken des 20. Jahrhunderts. Transdisziplinäre und internationale Perspektiven (=Historical Social Research/Historische Sozialforschung, 31/4 – Sonderheft).
Fuchs, Brigitte 2000: Dark Continent – Mythen vom Ursprung. „Rasse“, „Volk“, Geschlecht und Sexualität in Österreich, phil. Diss. Universität Wien.
Goubert, Pierre 1973: The Ancien Régime. French Society 1600-1750, London.
Graunt, John 1662: Natural and political observations [sic] mentioned in a following index and made upon the bills of mortality, London.
Henßler, Patrick; Schmid, Josef 2007: Bevölkerungswissenschaft im Werden. Die geistigen Grundlagen der deutschen Bevölkerungssoziologie, Wiesbaden.
Hutchinson, E.P. 1967: The Population Debate. The Development of Conflicting Theories up to 1900, Boston.
Imhof, Arthur E. 1986: Historische Demographie, in: Schieder & Sellin eds. 1986, 32-63.
Inama-Sternegg, Karl Theodor von 1886: Die Quellen der historischen Bevölkerungsstatistik, in: Statistische Monatsschrift, 12, 387-408.
Keyser, Erich 1943: Bevölkerungsgeschichte Deutschlands, Leipzig.
Köllmann, Wolfgang 1986: Bevölkerungsgeschichte, in: Schieder & Sellin eds. 1986, 9-31.
Laslett, Peter 1965: The world we have lost, London.
Le Goff, Jacques 1990: Neue Geschichtswissenschaft, in: Le Goff, Jacques; Chartier, Roger; Revel, Jacques eds. 1990: Die Rückeroberung des historischen Denkens. Grundlagen der Neuen Geschichtswissenschaft, Frankfurt am Main, 11-61.
Lorenz, Ottokar 1898: Lehrbuch der gesamten wissenschaftlichen Genealogie, Berlin.
Mackensen, Rainer 2006: Bevölkerungslehre und Demographie. Unterschiede theoretischer Entwicklungen in kontinentaleuropäischen und angloamerikanischen Ländern 1930-1960, in: Ehmer et al. eds. 2006, 183-203.
Mackensen, Rainer; Reulecke, Jürgen 2005: Einleitung, in: dies. eds. 2005: Das Konstrukt ›Bevölkerung‹ vor, im und nach dem ›Dritten Reich‹, Wiesbaden, 2-10.
Müller, G. H. 1921: Historische Statistik, in: Deutsches Statistisches Zentralblatt, 1/2, 6-12.
Pinto, Giuliano; Sonnino, Eugenio 1997: L'Italien, in: Bardet & Dupâquier eds. 1997, 485-508.

Pinwinkler, Alexander 2006: „Bevölkerungsgeschichte“ in der frühen Bundesrepublik Deutschland: Konzeptionelle und institutionengeschichtliche Aspekte. Erich Keyser und Wolfgang Köllmann im Vergleich, in: Ehmer et al. eds. 2006, 64-100.

Scheidt, Walter 1923: Einführung in die naturwissenschaftliche Familienkunde (Familienanthropologie), München.

Schefold, Bertram 1988: Karl Bücher und der Historismus in der Deutschen Nationalökonomie, in: Hammerstein, Notker ed. 1988: Geschichtswissenschaft um 1900, Stuttgart, 239-268.

Schieder, Wolfgang; Sellin, Volker eds. 1986: Sozialgeschichte in Deutschland. Entwicklung und Perspektiven im internationalen Zusammenhang. Bd. II: Handlungsräume des Menschen in der Geschichte, Göttingen.

Schönberg, Gustav 1879: Finanzverhältnisse der Stadt Basel im 14. und 15. Jh., Tübingen.

Sieglerschmidt, Jörn 2004: Bevölkerungsgeschichte, in: Schulz, Günther; Buchheim, Christoph u.a. eds. 2004: Sozial- und Wirtschaftsgeschichte. Arbeitsgebiete – Probleme – Perspektiven. 100 Jahre Vierteljahrschrift für Sozial- und Wirtschaftsgeschichte (= VSWG Beiheft 169), Stuttgart, 249-282.

Süßmilch, Johann Peter [3]1765: Die göttliche Ordnung in den Veränderungen des menschlichen Geschlechts, aus der Geburt, dem Tode und der Fortpflanzung desselben erwiesen, Berlin.

Tille, Armin 1897: Zur Bevölkerungsstatistik des Mittelalters, in: Zeitschrift für Social- und Wirtschaftsgeschichte, 5, 411-416.

Virgilii, Filippo 1900: Die Bevölkerung von Siena im 16., 17. und 18. Jahrhundert, in: Zeitschrift für Social- und Wirtschaftsgeschichte, 7, 438-460.

Vögele, Jörg 2007: Mortalität, in: Enzyklopädie der Neuzeit, Bd. 8, Tübingen (im Druck).

Ferdinand Tönnies (1855-1936) – Statistiker, Soziograph und Soziologe –[1]

Michael Engberding

> „Für meine Person bekenne ich offen, daß ich, obgleich ich weit mehr durch meine Tätigkeit in der Soziologie dieses Sinnes [begriffskonstruktive formale Soziologie, ME] als durch diejenige in der Soziographie im alten Zeichen der Statistik bekannt geworden bin, daß ich die eine für eben so wichtig halte, wie die andere".[2]

Ferdinand Tönnies' – geboren am 26. Juli 1855 im Kirchspiel Oldenswort bei Eiderstedt im Herzogtum Schleswig – Bekanntheit ist wesentlich geprägt von seinem formalsoziologischen und kulturgeschichtlichen Theorem „Gemeinschaft und Gesellschaft".[3] Weitgehend unbeachtet blieben hingegen seine Arbeiten in der Statistik und Demographie sowie sein Versuch, die einzelwissenschaftliche Soziologie auf empirischer Grundlage zu begründen.[4]

Neuere Ergebnisse der Tönnies-Forschung erwähnen zwar Tönnies Forschungseifer für eine empirisch-induktive Begründung der Soziologie, behandeln dieses Betätigungsfeld – wenn überhaupt – aber nur am Rande.[5] Frank Osterkamp sucht in seiner Studie zu Tönnies „eine rekonstruktive Interpretation des systematischen Zusammenhangs der frühen Tönniesschen Theoriebildung zwischen der Habilitationsschrift von 1881 und dem Buch von 1887"[6] für den noch jungen Philosophen zu leisten. Tönnies' frühes Theoriekonzept der Begriffskonstruktionen von Gemeinschaft und Gesellschaft hatte nicht zuletzt zum Gegenstand, eine kontrollierte empirische Sozialforschung anzuleiten. Darauf stützte sich dann der reifere Tönnies, als er auf dem Ersten Deutschen Soziologentag 1910 für eine empirische Soziologie eintrat, für die er zunächst den Namen Demographie vorschlug.[7] Nach der Zäsur des Ersten Weltkriegs ließ er den Begriff der Demographie fallen. Er fand nun den Namen Soziographie für die empirische Soziologie zweckmäßiger und suchte diese, in Anlehnung an die alte deutsche Universitätsstatistik, als wissenschaftliche Statistik zu begründen.

Tönnies begeisterte sich bereits mit 23 Jahren für die Statistik. Er besuchte das Engel'sche Statistische Seminar von 1878 bis 1879, in der Zeit als er sich gerade in seine Hobbes-Forschungen vertiefte und bevor er seine Habilitation „Gemeinschaft und Gesell-

---

1 Ich bedanke mich bei Ursula Ferdinand, Heike Görzig und Meike Mieke für die Unterstützung und weiterführende Kritik bei Erstellung dieses Textes.
2 Tönnies 1929b, 556 (Herv. im Original).
3 Tönnies 1970.
4 Bellebaum 1966; Jacoby 1971; Oberschall 1965; Oberschall 1973.
5 Erwähnt seien nur: Bickel 1991; Merz-Benz 1995.
6 Osterkamp 2005, 6.
7 Tönnies 1911, 27ff; 33ff.

schaft (Theorem der Kulturphilosophie)" 1881 bei Benno Erdmann[8] an der Christian-Albrechts-Universität in Kiel einreichte.

> „Ich hegte längst ein lebhaftes Interesse für sogen. Bevölkerungs- und Moralstatistik, das Werk Oettingens [Alexander von (1827-1908), M.E.] war mir lieb geworden. Im Winter wollte ich in Berlin ins Statistische Seminar eintreten, das damals [...] beim königlichen statistischen Seminar in der Lindenstraße eingerichtet war."[9]

Der vorliegende Beitrag intendiert Tönnies als Statistiker, empirischen Soziologen und Soziographen vorzustellen. Das missachtet keineswegs dessen Leistungen auf dem Gebiet der Philosophie, Wissenschaftstheorie oder begriffskonstruktiven Soziologie. Die Zusammenbindung dieser Arbeiten mit seinen empirischen und sozialwissenschaftlichen sowie sozialpolitischen Ambitionen wäre Aufgabe einer breiteren wissenschaftsgeschichtlichen Studie zu Tönnies' allgemein zugrunde liegenden wissenschaftstheoretischen Konzeptionen. An dieser Stelle sollen Tönnies' empirische und induktive Seiten herausgestellt werden, um seinen Begriff der Soziographie, der die Diskussion um die empirische Sozialforschung im frühen 20. Jahrhundert anregte, zu klären und darzustellen.

I. Tönnies' statistische Praxis: Bemerkungen zur Kriminalstatistik, zur Enquête über den Hamburger Hafenstreik und zu seiner Korrelationsmethode

Anfang der 1890-er Jahre intendierte Tönnies einen alten Gedanken zu verwirklichen.

> „Eine große 'moralstatistische' Arbeite wollte ich unternehmen: streng empirische, induktive Forschung. Ich hatte schon des öfteren Moralstatistik gelesen und Übungen darüber gehalten."[10]

Nachdem er sein Hauptwerk „Gemeinschaft und Gesellschaft" 1887 erstmals veröffentlicht hatte, las Tönnies ab 1888 als Privatdozent an der Kieler Universität. In dieser Zeit begann er mit seiner moralstatistischen Arbeit, die er knapp vierzig Jahre lang mit wiederholten Unterbrechungen verfolgte. Seine Themenfelder umfassten Untersuchungen zur Kriminalstatistik[11], zum Selbstmord[12] sowie zur Agrarstatistik[13]. Als er seine kriminalstatistischen Arbeiten in den 1920-er Jahren endlich veröffentlichte, waren die Daten teilweise schon veraltet und stießen auf kein breites Interesse mehr. Der Berliner Professor für Statistik Ladislaus von Bortkiewicz[14] bezweifelte, ob „diese Untersuchungen prinzipiell irgendwie

---

8 Geb. 1851 in Guhrau bei Glogau, gest. 1921 in Berlin. Erdmann war Philosoph (Kantforscher). 1878 erhielt er eine außerordentliche Professur an der Universität Kiel, wo er 1879 zum Ordinarius ernannt wurde. 1884 wechselte er nach Breslau, 1890 nach Halle, 1898 nach Bonn und schließlich 1909 nach Berlin.

9 Tönnies 1922, 208.

10 Ebd., 217.

11 Tönnies 1924, Tönnies 1927b, Tönnies 1929c.

12 Tönnies 1927a.

13 Tönnies 1910. Weitere statistische Untersuchungen fertigte Tönnies zum Parteiwesen, den Konjunkturzyklen und der Bevölkerungsbewegung an.

14 Geb. 1868 in St. Petersburg, gest. 1931 in Berlin. Von Bortkiewicz war ein Vertreter der mathematischen Statistik (im Gegensatz zur deskriptiven „materiellen Statistik" als Ergebnislehre) in Deutschland und wendete wahrscheinlichkeitstheoretische Methoden auf die Versicherungsstatistik wie auf die Bevölkerungsleh-

von dem verschieden [sind], was sonst unter der Flagge der Moralstatistik segelt?“[15] Dem pflichtete Tönnies bei, doch verkannte von Bortkiewicz wenigstens zwei hervorzuhebende Eigenheiten dieser Arbeiten. Tönnies verwendete hier eine eigens entwickelte Methode zum Vergleich von statistischen Reihen und die Untersuchungen bezogen sich auf ein vorab definiertes geographisches Gebiet, nämlich auf sein Heimatland Schleswig-Holstein. Zwar konnte er mit dieser thematischen Eingrenzung kein größeres Fachpublikum erreichen, jedoch lag nach Tönnies' Ansicht der wesentliche Vorteil darin:

> „So wird auch für das empirisch soziologische Studium immer unser eigenes Land, in dem wir geboren und erzogen wurden, als der – abgesehen von allem Gefühlsverhältnis – rein intellektuell nächstliegende und am ehesten wirklich durchdringbare Gegenstand von selber sich darstellen.“[16]

Die räumliche Begrenzung sollte zudem eine möglichst sättigende Bestandsaufnahme statistischer Informationen zur Gewinnung möglichst gründlicher Erklärungen und Vergleiche bezwecken. Die Möglichkeit dafür bot sich ihm in Vollerhebungen überschaubarer geographischer Regionen.

> „Für die Demologie ist es viel wichtiger, alle lokal und zeitlich zusammengehörigen Tatsachen, mögen dieselben auch scheinbar völlig unabhängig voneinander sein, in irgendwelche Beziehung zueinander zu setzen, als bloß nach einem Gesichtspunkt hinsichtlich der einzelnen Tatsachen umfassende Vergleiche anzustellen. D.h. methodisch ist jenes wichtiger, es muß vorangehen. Vergleiche müssen auf möglichst gründlicher Untersuchung kleiner Bezirke zu einem gegeben Zeitpunkt beruhen.“[17]

Für eine derartig erschöpfende statistische Untersuchung beschränkte sich Tönnies nicht nur auf einen vordefinierten umgrenzten Raum. Vielmehr nutzte er neben den amtlichen statistischen Ergebnissen auch eigens gesammelte Erhebungsmaterialien, die er in seine Studien einfließen ließ:

> „Ich begab mich nach Rendsburg, dem Sitz einer Strafanstalt für Zuchthausgefangene, und habe dort teils in den Personalakten, teils in persönlichen Berührungen mit den Insassen ein großes Material gesammelt, das zur Ergründung der lokalen, beruflichen und geistigen Herkunft, teils des in Schleswig-Holstein einheimischen, teils des in diesem Lande strafbar gewordenen Verbrechertums dienen sollte“.[18]

Tönnies Aktivitäten als Sozialforscher umfasste auch eine Enquête zur Lage der Seeleute und Arbeiter in den Nord- und Ostseehäfen für den „Verein für Socialpolitik“. Ausgangspunkt dieser Untersuchung war der große Hamburger Streik 1896/97, den die Reedereien auf eine aktive sozialdemokratische Agitation zurückzuführen suchten. Da ihm der Zugang

---

re an. V. Bortkiewicz war Schüler von Wilhelm Lexis in Göttingen und Georg Friedrich Knapp in Straßburg. 1901 wurde er außerordentlicher Professor an der Berliner Universität, wo er 1920 eine ordentliche Professur erhielt. Ock. 1931.

15 Diskussionen 1931, 211.

16 Tönnies 1929b, 552.

17 Zitiert nach Jacoby 1971, 200. „Notizbuch, beginnend mit Eintragungen aus London und Oxford, August 1878, endend Leipzig, November 1879.“ Den Begriff der Demologie übernahm Tönnies von Ernst Engel, dessen Seminar er in dieser Zeit besuchte.

18 Tönnies 1922, 218.

zu amtlichen Statistiken aus politischen Gründen verwehrt wurde, trug Tönnies verschiedene Materialien aus Fragebögen, Interviews mit Sachverständigen, aus Briefwechseln, Seemannsverordnungen und Unfallverhütungsvorschriften zusammen[19], um zu erläutern, dass der Streik

> „ganz und gar in seinen eigenen Ursachen [beruhe], nämlich in den Zuständen, Erfahrungen, Beschwerden und Forderungen der beteiligten Arbeiter [...], in Beschwerden und Forderungen, deren inneren Gerechtigkeit der Hamburgische Senat durch Einsetzung seiner Kommission eine wenigstens präsumptive Anerkennung gegeben hat."[20]

Beide Beispiele veranschaulichen ausreichend, wie heterogen die Datengrundlage war, die Tönnies zum Zweck der Erforschung sozialer Zustände und Prozesse nutzte. Offensichtlich unterschieden sich die Tönnies'schen moralstatistischen Arbeiten allein schon aufgrund ihrer Materialsammlung von der damaligen Praxis der Moralstatistik, die ihre Datengrundlage ausschließlich aus der amtlichen Statistik bezog. Sie standen vielmehr in der Tradition herkömmlicher Enquêten, wo Massenerscheinungen durch Befragungen qualitativ erfasst und durch bevölkerungs- und sozialstatistisches Material ergänzt wurden. Für den Sozialwissenschaftler Tönnies war eine reine Zahlenstatistik unbefriedigend, seine Interessen lagen in einer Sozialforschung, die eine umfassende Beschreibung und Erklärung der sozialen Verhältnisse und historischen Prozesse ermöglichen sollte.

Tönnies entwickelte um 1894 eine Korrelationsmethode zum Vergleich statistischer Reihen, um die enge Verwobenheit individual- und sozialpathologischer Tatsachen mit der ökonomischen und demographischen Struktur und Dynamik des sozialen Lebens zu erklären und zu messen. Jedoch war die mathematische Fundierung seiner Korrelationsmethode, dem mathematischen Kenntnisstand der für Verwaltungsaufgaben ausgebildeten Statistiker in Deutschland entsprechend, gering. Ein Zustand, den Paul Flaskämper für die Situation der Statistik in Deutschland noch über vierzig Jahre später bemängelte und der sich erst in der Zeit nach dem II. Weltkrieg maßgeblich änderte.[21] Tönnies waren die Arbeiten der Biometriker in England durchaus bekannt und er würdigte

> „daß der englische Mathematiker und Philosoph Karl Pearson [...] eine Methode anwendet, durch die er Korrelationen zwischen statistischen Daten gewinnt, und daß er diese in Dezimalen der Einheit auszudrücken pflegt. Ich bin jedoch bis heute noch nicht zum vollen Verständnis seiner Methode gelangt, weil sie mehr Kenntnis der Differenzialrechnung voraussetzt, als ich sie leider besitze. Da aber die überwältigende Mehrheit der Statistiker in gleicher Lage sich befindet, so dürfte für diese mein Verfahren wenigstens den Vorzug größerer Einfachheit für sich in Anspruch nehmen."[22]

In Tönnies' Korrelationsmethode werden für zwei statistische Reihen jeweils benachbarte Einzelfälle nach Wertigkeiten zu Merkmalsgruppen auf ordinal skaliertem Messniveau zusammengefasst. Gleichgerichtetes oder gegensinniges Auftreten der beiden Merkmalsgruppen wird in einer Tabelle verzeichnet, wo jedes Tabellenfeld einen eigenen zuge-

19 Tönnies 1903, 511.

20 Tönnies 1897, 674.

21 Flaskämper 1940. Geb. 1868 in Leipzig, gest. 1979 Borghorst/Westfalen. Flaskämper studierte Biologie, Philosophie und Sozialwissenschaften. Schüler von Franz Žižek in Frankfurt, Prof. für Statistik 1941-1957 an der Universität Frankfurt/Main.

22 Tönnies 1909b, 281ff.

schriebenen Wert besitzt, diese Werte werden im letzten Schritt zu einer Summenzahl als Korrelationsmaß verrechnet. Vorbild für seine Korrelationsmethode waren die naturwissenschaftlichen exakten Methoden. Jedoch ging es Tönnies nicht darum messerscharfe Kausalitäten aufzudecken, sondern deduktive Schlussfolgerungen induktiv zu belegen, um Regelmäßigkeiten aufzeigen zu können. Dafür forderte Tönnies, dass qualitative Vergleiche in quantitative übergehen sollten, denn „nur an der Hand der Erfahrung kann man die Wahrscheinlichkeit irgendeines Ereignisses bestimmen".[23] Tönnies verglich daher seine Korrelationsmethode mit dem Prinzip der Wägung, wo es Übergewichte oder Gleichgewichte gibt.[24]

Tönnies' Korrelationsmethode wurde von seinen Schülern angewendet und verbreitet.[25] Sein Student Heinrich Striefler[26] unterzog seine Methode einem eingehenden Vergleich mit der von Karl Pearson[27] entwickelten.[28] Dabei würdigte er die von Tönnies - zu diesem Zeitpunkt bereits über 30 Jahre - erprobte Methode in zweifacher Hinsicht. Striefler beurteilte die geringe mathematische Fundierung als vorteilhaft für den mathematisch wenig geschulten deutschen amtlichen Statistiker und hob gegenüber der Pearson'schen Methode hervor:

> „Was also der T.'schen Methode an mathematischer Exaktheit fehlt [Pearsons Methode basierte auf metrischem Messniveau, M.E.], wird durch den Sinn sozial-statistischer Untersuchungen zu berücksichtigende bessere Anpassung an das (mathematisch nicht exakte) Material ersetzt."[29]

Ursache für die geringe Anerkennung und Rezeption der Tönnies'schen Korrelationsmethode lag aber nicht unbedingt in der mangelnden mathematischen Ausbildung der Statistiker in Deutschland. Bis an den Anfang des 20. Jahrhunderts bestand ein tiefer Graben zwischen der Statistik und Mathematik. Die amtlichen Statistiker standen den mathematischen Methoden nur allzu oft abneigend gegenüber.

> „Was endlich die Mathematik angeht, so braucht nur hervorgehoben zu werden, daß – was auch v. Mayr bereits ausspricht – mathematische Kenntnisse nicht nötig sind, um Statistik zu treiben, daß die elementare Arithmetik überall ausreicht, abgesehen von der Versicherungsstatistik."[30]

Darüber hinaus bedurfte es erst der sprachlichen Ausbildung der Wahrscheinlichkeitsrechnung, mit der die Konsistenz von Induktionen und Korrelationen in den Sozialwissenschaften anerkannt und verwendet werden konnten.[31]

---

23 Tönnies 1929a, 93.
24 Tönnies 1910, 288.
25 Unshelm 1921; Striefler 1946; Heberle 1963.
26 Ohne Lebensdaten.
27 Geb. 1857 in London, gest. 1936 in Coldharbour, Surrey. Pearson war Mathematiker und Philosoph.
28 Striefler 1931.
29 Ebd., 135.
30 Wolff 1911, 97.
31 Desrosières 2005, 312.

II. Wissenschaft oder Methode: Die Auseinandersetzung mit der „materiellen Statistik" Georg von Mayrs

Tönnies Beschäftigung mit der Statistik blieb nicht auf die Praxis beschränkt. Sie war auch Gegenstand einer scharfen Polemik mit dem Münchner Professor Georg von Mayr[32] um die Bedeutung der Statistik als Wissenschaft oder Methode. Tönnies war daran gelegen, die Statistik erst mit dem Namen Demographie und später mit dem Namen Soziographie in Anknüpfung an die alte Göttinger Universitätsstatistik der Staatenkunde wissenschaftlich zu begründen. Nach seiner Meinung könne sie so die empirische Grundlage für die Soziologie schaffen. Vehement kritisierte er die Versuche von Mayrs, die Statistik als (Gesellschafts-)Wissenschaft auf die exakte „Erforschung der sozialen Masse durch die erschöpfende Massenbeobachtung ihrer Elemente in Zahl und Maß"[33] zu begründen bzw. zu reduzieren.

Von Mayr intendierte, die Statistik als exakte empirische, d.h. die Zähl- und Messergebnisse systematisierende Gesellschaftswissenschaft zu etablieren. Zugleich suchte er ihr im Ausfächerungsprozess der Disziplinen auf dem weiten Feld der Staatswissenschaften einen fest zugewiesen Platz in der akademischen Landschaft zu geben.[34] Anders als von Mayr, der Statistik als exakte Wissenschaft von den sozialen Massen sah, hielt es Tönnies für nicht zulässig:

> „eine quantitative Bestimmung in den Begriff des Objekts einer Wissenschaft aufzunehmen. Ebensowenig wie das Wesen einer Wissenschaft durch das Moment der Anwendung einer Methode erschöpfend ausgedrückt werden kann."[35]

Wie in seinen praktischen Arbeiten befürwortete Tönnies neben den exakten Daten auch qualitatives Erhebungsmaterial einer gründlichen empirisch-statistischen Auswertung zuzuführen. Sein Ziel war es, an den Sinngehalt der „alten Statistik", d.h. der Statistik als der Sammlung von Staatsmerkwürdigkeiten, anzuknüpfen. Verantwortlich für den Untergang dieser „alten Statistik" war der „lose und oberflächliche Sprachgebrauch", der dazu führte, dass alles was „tabellarisch in Zahlen über irgendeine Erscheinung ausgedrückt"[36] werden konnte, fortan statistisch genannt wurde.

> „Es war ein Fortschritt der Statistik, den ihre konservativen Meister bekämpften, daß sie mit Vorliebe Zahlen in Tabellenform brachte und so ihre Vergleichbarkeit förderte. Aber die Proteste dagegen haben insofern Recht behalten, als diese Tabellenstatistik die Statistik des alten echten Sinnes untergraben und beinahe der Vergessenheit preisgegeben hat."[37]

---

[32] Geb. 1841 in Würzburg, gest. 1925 in Tutzing. Von Mayr war Professor in Straßburg und München, Leiter des statistischen Büros in München. 1869 gründete er die „Zeitschrift des bayerischen Statistischen Büros", war durch Mitgliedschaft und Vertreter Bayerns in der „Kommission zur weiteren Ausbildung der Statistik des Zollvereins" und Mitgestalter der zentralisierten Reichsstatistik im Kaiserreich. Von Mayr gründete 1890 das „Allgemeine Statistische Archiv", war Vorsitzender der „Deutschen Statistischen Gesellschaft" in der Zeit von 1911 bis 1925 und beförderte die Statistik als Wissenschaft.

[33] Mayr ^{2}1914, 8.

[34] Mayr 1921.

[35] Tönnies 1911, 34.

[36] Tönnies 1929a, 99. Tönnies bezieht sich in diesem Zusammenhang sowohl auf die englische *political arithmetic* als auch auf den *homme moyen* Quetelets.

[37] Ebd., 97f.

Auf dem Ersten Deutschen Soziologentag 1910 schlug Tönnies in Anlehnung an seinen Lehrer Ernst Engel[38] für eine wissenschaftliche Statistik den Begriff der Demographie[39] vor, der in Verbindung mit der Ethnographie alle „Zustände und Bewegungen des sozialen Lebens“[40] erfassen könne.

> „Wenn es nun schwerlich gelingen würde, den Begriff der Statistik als Wissenschaft von diesem Moment, dem Sprachgebrauch zum Trotze, loszureißen, so scheint es geraten [...] den Begriff der Statistik als Wissenschaft oder m.a.W. den Namen der Statistik für irgend eine Wissenschaft völlig aufzugeben und fallen zu lassen. [...] Es bieten sich die glücklich erfundenen Ausdrücke Demographie und Demologie dar, die freilich nach Ursprung und Gebrauch eine engere Beziehung teils auf die statistische Methode teils auf die Tatsachen der Bevölkerung haben.“[41]

Von Mayr widersetzte sich den Vorstellungen und Forderungen Tönnies. Er, der zwischen der wissenschaftlichen „materiellen Statistik“ und der „formalen Statistik“ als Methode unterschied, um die Statistik als die Wissenschaft von den quantitativen sozialen Massenerscheinungen zu begründen, sah in Tönnies einen „fanatischen Gegner“ der Statistik als Wissenschaft, „der gelegentlich die verhasste Wissenschaft durch eine Hintertüre unter anderen Namen wieder herein[führt]“.[42]

Von Mayr war mehr als nur ein Rivale in einem Wortstreit mit Tönnies. Er prägte nachhaltig die Entwicklung der Statistik in Deutschland: In Personalunion verband er die Herausgabe der zentralen Zeitschrift für Statistik, das „Allgemeine Statistische Archiv“ mit dem Vorsitz der „Deutschen Statistischen Gesellschaft“. Ob und inwiefern sein Verständnis von Statistik als sozialwissenschaftliche Ergebnislehre die Einführung mathematischer statistischer Methoden und damit die Ausrichtung der Statistik als methodische Disziplin in Deutschland behinderte – Fortschritte in der Entwicklung von Sterbetafeln zu versicherungsstatistischen Zwecken ausgenommen –, kann hier nicht eindeutig geklärt werden.[43] Sowohl die Ergebnislehre der Statistik als Wissenschaft von von Mayr als auch die Statistik in Anlehnung an die alte Universitätsstatistik von Tönnies prägten die Entwicklung der Statistik in Deutschland nachhaltig. Frühestens seit 1877[44] bis über seinen Tod 1925 hinaus war von Mayrs Entwurf der Statistik repräsentativ für die Statistik in Deutschland:

> „Was dabei noch besonders ins Gewicht fällt, v. Mayr hat mit diesen Arbeiten gleichzeitig die Statistik zu einer selbständigen Gesellschaftswissenschaft ausgebildet und auf eine beträchtliche Höhe geführt. [...] Beim Auftreten v. Mayrs lag die Statistik noch im Schlepptau der National-

---

38 Geb. 1821 und gest. 1896 in Dresden. Studium an der École des mines in Paris bei Le Play. In Belgien lernte Engel Adophe Quetelet kennen. 1850-1858 Leiter des „Königlich Sächsischen Statistischen Bureaus“ in Dresden, 1860-1882 Leiter des „Königlich Preußischen Statistischen Bureaus“, das er zentralistisch reformierte. Engel gründete in Berlin das „Statistische Seminar“ zur Ausbildung von Statistikern für die Staatsverwaltung.

39 Der Begriff Demographie stammt von Guillard 1855.

40 Tönnies 1911, 35.

41 Ebd., 34f (Herv. im Original).

42 Mayr ^{2}1914, 32, 338f.

43 Erwähnt sei lediglich, dass Repräsentanten der mathematisch ausgerichteten Statistik, wie z.B. von Bortkiewicz oder Wilhelm Lexis, kaum bis gar nicht in dem von von Mayr begründeten Statistischen Archiv publizierten, und dass auf den Jahrestagungen der Statistischen Gesellschaft 1922 zum ersten Mal, dann erst wieder 1934 und 1935, über mathematische Methoden in der Statistik diskutiert wurde. Vgl. hierzu Rinne 1991, 6f.

44 Mayr 1877.

ökonomie, hie und da auch der Geographie; Soziologie und Verwaltungslehre erhoben ebenfalls auf sie Anspruch."[45]

Vor solchen Epigonen war es freilich schwer eigene Ziele und Interessen durchzusetzen. Immer wieder artikulierte Tönnies, auch vor der Zunft der Statistiker, seine Auffassungen von den wissenschaftlichen Grundlagen der Statistik. Zudem bemühte er sich um eine Zusammenarbeit der Statistiker und der Soziologen mit dem Ziel, die Soziologie empirisch zu fundieren sowie die Statistik als empirische Gesellschaftswissenschaft zu etablieren:

> „Diejenigen, denen es wesentlich um die Erkenntnis des sozialen Lebens durch Beobachtung und Erforschung der Tatsachen, also nach der induktiven Methode, zu tun ist, die in der statistischen Methode, sofern sie anwendbar ist, ihren vollkommensten Ausdruck findet, – diese könnten sich wohl mit Recht empirische Soziologen nennen."[46]

Doch die Statistiker teilten Tönnies' Auffassungen nicht, sie polemisierten eher wie Johannes Müller[47]: „Wir hätten also Soziographie, die Statistik ist, wir hätten andere Soziographie, die nicht Statistik ist."[48]

III. Von der Demographie zur Soziographie

Um dem Missbrauch des Begriffs Statistik Abhilfe zu schaffen, arbeitete Tönnies an einer begrifflichen Erneuerung. Damit folgte er Johann Eduard Wappäus[49], der Jahre zuvor auf den unrichtigen Sprachgebrauch aufmerksam machte und für die förderliche Entwicklung der statistischen Wissenschaft die Einführung eines neuen Namens befürwortete. Zunächst favorisierte Tönnies den durch Engel von Achille Guillard[50] übernommenen Begriff Demographie. Allerdings implizierte dieser, schon durch Wappäus kritisiert, noch immer die reduktive Ausrichtung auf eine Methode der Massenbeobachtung, die nichts anderes ist als Bevölkerungsstatistik bzw. statistische Methode.[51]

Der Begriff Soziographie entsprach eher Tönnies' Streben, über das Sammeln reinen Faktenwissens zu Erkenntnissen des sozialen Lebens hinauszugehen. Er stellte erstmalig 1924 sein Konzept der Soziographie vor.[52] Sein früh verstorbener Schüler Kurt Albert Gerlach[53] hatte ihn mit diesem Begriff bekannt gemacht[54], der ihn vermutlich für empirisch-

---

45 Zahn 1925, 5.

46 Tönnies 1929b, 552.

47 Geb. 1889 in Königsberg, gest. 1946 in Weimar. Studierte 1908-1912 Wirtschafts- und Rechtswissenschaften. 1921 Direktor des Statistischen Landesamtes Thüringen. Habil. 1923 Lehrauftrag für Statistik, 1929 a.o. Prof. in Jena. Beging Selbstmord in sowjetischer Untersuchungshaft.

48 Müller in der Diskussion zu Tönnies' Vortrag. Diskussionen 1929, 580.

49 Geb. 1812 in Hamburg, gest. 1879 in Göttingen. 1845 a.o. Prof. und 1854 o. Prof. für Geographie und Statistik in Göttingen.

50 Guillard 1855.

51 Wappäus 1881.

52 Tönnies 1926. Dem Aufsatz liegt das Referat auf dem 5. Internationalen Philosophen-Kongress in Neapel 5.-9. Mai 1924 zugrunde.

53 Geb. 1886, gest. am 19. Oktober 1922 im Alter von 36 Jahren an Diabetes. Gerlach studierte Jura und Philosophie in Göttingen, studierte ab 1909 zunächst Naturwissenschaften, dann Nationalökonomie und schließlich wieder Jura in Kiel. 1911 promovierte er in Kiel bei Max Gebauer, Bernhard Harms und Tönnies; Habilitation 1913. Kriegsdienst ab 1914, aufgrund seiner Krankheit (Diabetes) 1916 entlassen. Ab WS 1916/17 Privatdozent in Kiel. 1919 ging Gerlach an die Technische Hochschule Aachen in Vertretung des

marxistisch ausgerichtete Studien verwendete. Letztendlich war es für Tönnies das „Verdienst von Prof. Steinmetz, ihm [dem Begriff Soziographie, M.E.] seinen Rang verliehen zu haben."[55] Zusammenziehend aus „soziale Geographie" bildete der Amsterdamer „soziale Geograph" Rudolf S. Steinmetz[56] das Kunstwort Soziographie, das er 1913 einführte.[57] Als Lehrstuhlinhaber für „politische Geographie" an der Amsterdamer Universität beabsichtigte Steinmetz zunächst, in Abgrenzung zur niederländischen Geographie die Soziographie als eigenständige empirisch-deskriptive Disziplin zu begründen. Erst später begriff er sie als empirisches und selbständiges Seitenstück zur theoretischen Soziologie.[58]

Nachdem Tönnies diesen für seine Sozialforschung geeigneten Begriff Soziographie gefunden und übernommen hatte, platzierte er in der zweiten Hälfte der 1920-er Jahre in verschiedenen Publikationsorganen eine Reihe programmatischer Kurzartikel über Zusammensetzung, Nutzen und Wert der Soziographie.[59] Sein Interesse war einerseits, ein breites interdisziplinäres Publikum für die empirische Sozialforschung, die anlehnend an die „alte Statistik" sich nicht mehr als Staatenbeschreibung, sondern als Gesellschaftsbeschreibung begreift, zu gewinnen. Andererseits intendierte er sein System der Soziologie empirisch zu fundieren.

IV. Begriffskonstruktive und empirische Soziologie

Tönnies' Absicht, mit dem frühen Theoriekonzept seiner Begriffskonstruktionen nicht zuletzt eine kontrollierte empirische Sozialforschung anzuleiten, war ein nicht unproblematisches Verhältnis von Theorie und Empirie immanent. Zwar hatte er die heuristische und wechselseitige Funktion von theoretischen Begriffen für die empirische Forschung erkannt, doch entbehrte seine Soziographie einer allgemeinen theoretischen Forschungsanleitung. Demzufolge erscheint die Verwendung des Theorems Gemeinschaft und Gesellschaft für eine theoretisch angeleitete empirische Sozialforschung zwar als kaum realisierbar, als forschungsleitende Begriffskonstruktionen hingegen schon.

Wissenschaftliche wie auch andere Begriffe sind für Tönnies Artefakte des Denkens, die gestützt auf Konventionen und durch kommunikative Übereinstimmung „soziale Geltung", d.h. allgemeine Gültigkeit erlangen:

Lehrstuhls von Franz Eulenburg. 1922 schlug Felix Weil, der Mäzen des „Instituts zur Erforschung des Marxismus" (später „Institut für Sozialforschung") Gerlach als Institutsleiter vor. Detlef Siegfried erläutert diese Konstellation: „Der Anstoß zur Institutsgründung kam von Gerlach, er entwickelte maßgeblich das wissenschaftlichen Konzept, warb um Unterstützung und gewann dafür seinen Freund Felix Weil sowie dessen gegenüber den Sozialwissenschaften ohnehin gebewilligen Vater, er führt die ersten Verhandlungen mit den verschiedenen Behörden". „Durch Gerlachs Tod verzögerte sich nicht nur die Gründung des Instituts für Sozialforschung – es wurde erst am 22. Juni 1924 feierlich eröffnet –, sondern es nahm auch inhaltlich eine etwas andere Richtung als geplant." Der Marxist Carl Grünberg, älter als Gerlach und historisch interessiert, wurde Gründungsdirektor. Siegfried 2004, 91, 97.

54 Tönnies 1931a, 201.

55 Ebd., 201.

56 Geb. 1862 in Breda, gest. 1940 in Amsterdam. 1895-1998 PD für Ethnologie in Utrecht und für Soziologie in Leiden. 1908 bis 1933 Prof. für Völkerkunde und politische Geographie (soziale Geographie) an der Universität Amsterdam.

57 Steinmetz 1913.

58 Steinmetz 1932; Reilingh 1967.

59 Tönnies 1928a; Tönnies 1928b; Tönnies 1928c; Tönnies 1931b.

> „So muß höchst mannigaltige Beschaffenheit der menschlichen Willen [gemeint sind Wesenwille und Kürwille, M.E.] nach der zwiefachen Betrachtung, ob es ihr realer oder imaginärer Wille ist, auf diese Normalbegriffe als auf gemeinsame Nenner bezogen und dadurch unter sich um so vergleichbarer werden.“[60]

Nach Tönnies benötigte jede Wissenschaft ein System von Begriffen. Für die Soziologie erachtete er nach naturwissenschaftlichem Vorbild konstruierte, mathematisch-synthetische Begriffe am zweckmäßigsten, denen er schon in seiner frühen Jugend den Namen Normalbegriffe gab.[61] Gegenüber Max Webers[62] Begriff des Idealtypus konstatierte er, „daß das 'Ideal' eine Vorstellung von etwas Vollendetem und Wertvollem mit sich führt, worauf Webers Ansicht nicht gerichtet“ war. Deswegen zog Tönnies es vor „den Begriff als Normalbegriff und seinen Gegenstand als ideellen Typus“[63] zu unterscheiden.

Tönnies suchte nach Begriffen, die als Maßstäbe dienen können, „um die Beziehungen zwischen Inhalten, die in der Erfahrung gegeben sind und verglichen werden sollen, auszudrücken.“[64]

> „[D]ie Soziologie [ist] in erster Linie eine philosophische Lehre [...] Als solche hat sie es wesentlich mit Begriffen zu tun, mit dem Begriffe des sozialen Lebens, mit den Begriffen sozialer Verhältnisse, sozialer Willensformen und sozialer Werte, sozialer Verbindungen, also unter anderen die Begriffe der Sitte des Rechtes, der Religion und der öffentlichen Meinung, der Kirche und des Staates; sie muß diese Begriffe bilden, d.h. sie für den Gebrauch zurecht machen, sie schmieden und behauen, um die Tatsachen der Erfahrung wie an Nägel daran zu hängen oder wie mit Klammern zu ergreifen; sie hat in diesem Bereiche nicht sowohl direkt die Erkenntnis der Tatsachen, sondern die zweckmäßigsten, tauglichsten Geräte für solche Erkenntnis herzustellen: eine überaus wichtige, von den bloßen Empiristen oft sehr zu ihrem Schaden gering geschätzte Aufgabe.“[65]

Er war sehr darauf bedacht, soziologische Begriffe für die Sozialforschung gebrauchsfertig zu konstruieren. Den Wert der Erkenntnisse der Sozialforschung für die Begriffsbildung setzte er als unproblematisch voraus. Begriffe als Gebilde des Denkens beruhen auf der Erfahrung und sind zugleich unabhängig von ihr. Derartige Begriffe waren demnach statisch konstruiert, die aus dem fortlaufenden Fluss der „dynamischen“ bzw. historischen Wirklichkeit anhand der Erfahrung gewonnen wurden und diese zugleich abbilden sollten. Zum Zusammenhang von soziologischer Theorie und Empirie konstatierte Tönnies, dass eine „beglaubigte Soziologie“ aber nur aus „unzähligen, methodisch-induktiven Forschungsergebnissen zusammengesetzt werden“[66] könne. Das sollte die Soziographie leisten, die aber bis zur Vollendung dieser Arbeit einem Patchwork gleichen würde. In seinem soziologischen System oblag es demnach der Empirie die Theorie zu bestätigen; die konstruktive Soziologie der Begriffe und Theorien bedurfte der deduktiven und induktiven Erkenntnisweisen zur Verifikation.[67]

---

60 Tönnies 1970. 133, (Herv. von mir).
61 Tönnies 1965, IV.
62 Geb. in Erfurt 1864, gest. 1920 in München. Nationalökonom und Soziologe.
63 Tönnies 1965, IV.
64 Tönnies 1909a, 90.
65 Tönnies 1911, 24.
66 Ebd., 28.
67 Tönnies 1926.

V. Resümee

Tönnies Propagierung statistischer Forschungsmethoden für eine empirisch ausgerichtete Soziologie fällt in seine spätere Schaffensphase der 1920-er Jahre; sein soziologisches Gesamtwerk schließt er mit einer Arbeit zur „reinen Soziologie", einer Fortführung von „Gemeinschaft und Gesellschaft" mit der „Geist der Neuzeit"[68] ab. Nach seinem Tod 1936 in Kiel fiel das Tönnies'sche Konzept der Soziographie nahezu der Vergessenheit anheim. In Deutschland und Österreich bedienten sich, neben seinen Schülern, andere dieses Begriffs. Sie bezogen sich aber nur ansatzweise auf Tönnies[69] oder entwickelten eigene und von Tönnies' Bestrebungen unabhängige soziographische Forschungsmethoden.[70]

Tönnies suchte als einer der wenigen Soziologen seiner Zeit die Auseinandersetzung mit der Statistik und ihrer Vertreter für eine fundierte Sozialforschung. In seinen eigenen Arbeiten sammelte er sehr unterschiedliche empirische Daten, exakte statistische Informationen und Ergebnisse qualitativer Erhebungen. Seinem Vorhaben, für soziologische statistische Forschung die Mitarbeit der Statistiker zu gewinnen, stand jedoch das wissenschaftliche Selbstverständnis der Statistiker als exakte Gesellschaftswissenschaftler gegenüber. Tönnies beabsichtigte die Statistiker für empirisch-soziologische Forschung zu gewinnen. Dafür kam ihm der Begriff der Soziographie gelegen. Er glaubte, dass dieser im Gegensatz zu Konzeptionen einer „materiellen Statistik" alleine wissenschaftlichen Anspruch erheben könne. Konsequenterweise führte dies zu einer Doppeldeutigkeit seines Vorhaben, hier Soziographie als empirische Soziologie und dort Soziographie als Statistik. Auch seine Korrelationsmethode fand bei der Mehrzahl der Statistiker keinen Anklang, die sich weiterhin auf exaktes Zählen sozialer Tatsachen und die Berechnung statistischer Mittelwerte konzentrierten. So interessierte sich z.B. von Mayr eher für die wissenschaftliche Etablierung der Statistik als Einzeldisziplin, die er in einer statistischen Ergebnislehre und nicht in der Mathematisierung oder Formalisierung der Statistik suchte.

Für die empirische Bestätigung der Soziologie regte Tönnies, der seit der Gründung 1909 bis zur Stilllegung 1933 den Vorsitz der Deutschen Gesellschaft für Soziologie innehatte, zusammen mit seinem Schüler und Schwiegersohn Rudolf Heberle[71] sowie mit Andreas Walther[72] die Gründung einer Untergruppe für Soziographie in der Gesellschaft an. Diese trat erstmalig auf dem 7. Deutschen Soziologentag 1930 in Berlin zusammen. Weitere Zusammenkünfte in der Gesellschaft konnten aufgrund der Machtergreifung der Nationalsozialisten nicht mehr stattfinden. Nichtsdestotrotz beschäftigten sich Walther und Heberle weiterhin mit soziographischer Forschung. Die Machtergreifung markierte kein Ende

68 Tönnies 1935.

69 Z.B. Geiger 1932.

70 Jahoda 1975. Ludwig Neundörfer gründete 1943 an der Universität Frankfurt ein der Wirtschafts- und Sozialwissenschaftlichen Fakultät angegliedertes soziographisches Forschungsinstitut. Dazu: Klingemann 1996, 87ff. Nicht nur bei Neundörfer fand der Begriff Soziographie im Dritten Reich häufige Verwendung zur Bezeichnung empirisch soziologischer Untersuchungen.

71 Geb. 1896 in Lübeck, gest. 1991 in Baton Rouge. Heberle studierte seit in der Zeit von 1915 bis 1923 in Göttingen, Freiburg, Marburg und Kiel, hier kreuzen sich die Wege Heberles und Tönnies', Nationalökonomie und Rechtswissenschaften. Dissertation 1925. Habilitation für Soziologie 1929. Danach Privatdozent an der Christian-Albrechts-Universität in Kiel. Emigration 1938 in die USA, dort erhält er im selben Jahr einen Lehrstuhl für Soziologie an der Louisiana State University, den er bis 1963 besetzt.

72 Geb. 1879 in Cuxhaven, gest. 1960 in Hamburg. 1920 erster Professor für Soziologie in Göttingen und ebenso in Hamburg ab 1926. 1944 emeritiert Walther wird aber von den Alliierten nach 1945 von allen akademischen Rechten entbunden. Näheres zu Walther siehe die materialreiche Darstellung von: Waßner 1986.

der Soziographie, sie fiel lediglich mit Tönnies' schwindendem persönlichem Engagement für die Soziographie zusammen.

Literatur

Bellebaum, Alfred 1966: Das soziologische System von Ferdinand Tönnies unter besonderer Berücksichtigung seiner soziographischen Untersuchungen, Meisenheim.
Bickel, Cornelius 1991: Ferdinand Tönnies. Soziologie als skeptische Aufklärung zwischen Historismus und Rationalismus, Opladen.
Desrosières, Alain 2005: Die Politik der großen Zahlen, Heidelberg.
Diskussionen 1929: Verhandlungen der Deutschen Statistischen Gesellschaft in Hamburg 6. September 1928, in: Allgemeines Statistisches Archiv, 18, 565-588.
Diskussionen 1931: Verhandlungen des Siebenten Deutschen Soziologentages vom 28. September bis 1. Oktober 1930 in Berlin, Tübingen.
Flaskämper, Paul 1940: Mathematische und nichtmathematische Statistik, in: Burgdörfer, Friedrich ed.: Die Statistik in Deutschland nach ihrem heutigen Stand. Ehrengabe für Friedrich Zahn, Berlin, 34-45.
Geiger, Theodor 1932: Die soziale Schichtung des deutschen Volkes, Stuttgart.
Guillard, Achille 1855: Statistique humaine ou Démographie comparée, Paris.
Heberle, Rudolf 1963: Landbevölkerung und Nationalsozialismus, Stuttgart.
Jacoby, Eduard Georg 1971: Die moderne Gesellschaft im sozialwissenschaftlichen Denken von Ferdinand Tönnies, Stuttgart.
Jahoda, Marie, Lazarsfeld, Paul Felix, Zeisel, Hans 1975: Die Arbeitslosen von Marienthal. Ein soziographischer Versuch über die Wirkungen langandauernder Arbeitslosigkeit, Frankfurt a. M.
Klingemann, Carsten 1996: Soziologie im Dritten Reich, Baden-Baden.
Mayr, Georg von 1877: Die Gesetzmäßigkeit im Gesellschaftsleben. Statistische Studien, München.
Mayr, Georg von 1921: Begriff und Gliederung der Staatswissenschaften. Zur Einführung in deren Studium, Tübingen.
Mayr, Georg von 21914: Theoretische Statistik, Tübingen.
Merz-Benz, Peter-Ulrich 1995: Tiefsinn und Scharfsinn. Ferdinand Tönnies' begriffliche Konstruktion der Sozialwelt, Frankfurt/ Main.
Oberschall, Anthony 1965: Empirical Social Research in Germany 1848-1914, Paris, The Hague.
Oberschall, Anthony 1973: The Empirical Sociology of Tönnies, in: Cahnman, Werner J. ed.: Ferdinand Tönnies. A New Evaluation, Leiden, 160-180.
Ock., K. 1931: Ladislaus von Bortkiewicz (Nachruf), in: Vossische Zeitung vom 16. Juli 1931.
Osterkamp, Frank 2005: Gemeinschaft und Gesellschaft. Über die Schwierigkeit einen Unterschied zu machen, Berlin.
Reilingh, H. D. de Vries 1967: Soziographie, in: König, René ed.: Handbuch der empirischen Sozialforschung, Stuttgart, 522-536.
Rinne, Horst 1991: 100 Jahre Allgemeines Statistisches Archiv. Rückblick, Biographien und Generalregister, Göttingen.
Siegfried, Detlef 2004: Das radikale Milieu. Kieler Novemberrevolution. Sozialwissenschaft und Linksradikalismus 1917-1922, Wiesbaden.
Steinmetz, Sebald Rudolf 1913: Die Stellung der Soziographie in der Reihe der Geisteswissenschaften, in: Archiv für Rechts- und Wirtschaftsphilosophie, 6, 492-501.
Steinmetz, Sebald Rudolf 1932: Die Soziologie als positive Spezialwissenschaft, in: Thurnwald, Richard ed.: Soziologie von Heute, Leipzig, 93-102.
Striefler, Heinrich 1931: Zur Methode der Rangkorrelation nach Tönnies, in: Deutsches Statistisches Zentralblatt, 23, 129-136 und 161-168.

Striefler, Heinrich 1946: Deutsche Wahlen in Bildern und Zahlen. Eine soziografische Studie über die Reichstagswahlen der Weimarer Republik, Düsseldorf.

Tönnies, Ferdinand 1897: Der Hamburger Strike von 1896/97, in: Archiv für soziale Gesetzgebung und Statistik, 10, 673-720.

Tönnies, Ferdinand 1903: Die Ostseehäfen Flensburg, Kiel, Lübeck, ed.: Schriften des Vereins für Socialpolitik. Die Lage der in der Seeschiffahrt beschäftigten Arbeiter, 509-614.

Tönnies, Ferdinand 1909a: Die Aufgabe der Soziologie, in: Monatsschrift für Soziologie, 1, 2, 89-91.

Tönnies, Ferdinand 1909b: Eine neue Methode der Vergleichung statistischer Reihen, in: Jahrbuch für Gesetzgebung, Verwaltung und Volkswirtschaft im Deutschen Reich., 33, 271-292.

Tönnies, Ferdinand 1910: Studie zur schleswig-holsteinischen Agrarstatistik, in: Archiv für Sozialwissenschaften und Sozialpolitik, 30, 285-332.

Tönnies, Ferdinand 1911: Wege und Ziele der Soziologie, in: Verhandlungen des Ersten Deutschen Soziologentages vom 19.-22. Oktober 1910 in Frankfurt a. M., 17-38.

Tönnies, Ferdinand 1922: Ferdinand Tönnies, in: Schmidt, Raymund ed.: Die Philosophie der Gegenwart in Selbstdarstellungen, Leipzig, 199-234.

Tönnies, Ferdinand 1924: Verbrechertum in Schleswig-Holstein, in: Archiv für Sozialwissenschaften und Sozialpolitik, 52, 761-805.

Tönnies, Ferdinand 1926: Einteilung der Soziologie, in: Tönnies, Ferdinand ed.: Soziologische Studien und Kritiken. Zweite Sammlung, Jena, 430-443.

Tönnies, Ferdinand 1927a: Der Selbstmord in Schleswig-Holstein, eine statistisch-soziologische Studie., Breslau.

Tönnies, Ferdinand 1927b: Verbrechertum in Schleswig-Holstein (Zweites Stück), in: Archiv für Sozialwissenschaften und Sozialpolitik, 58, 608-628.

Tönnies, Ferdinand 1928a: Statistik und Soziographie, in: Soziale Praxis, 37, 32, 751-752.

Tönnies, Ferdinand 1928b: Statistik und Soziographie, in: Forschungen und Fortschritte, 4, 16, 161.

Tönnies, Ferdinand 1928c: Statistik und Soziographie, in: Deutsches Statistisches Zentralblatt, 20, 9, 135-138.

Tönnies, Ferdinand 1929a: Die Statistik als Wissenschaft, in: Tönnies, Ferdinand ed.: Soziologische Studien und Kritiken. Dritte Sammlung, Jena, 85-116.

Tönnies, Ferdinand 1929b: Statistik und Soziographie, in: Allgemeines Statistisches Archiv, 18, 546-558.

Tönnies, Ferdinand 1929c: Verbrechertum in Schleswig-Holstein (Drittes Stück). Die schwere Kriminalität heim- und fremdbürtiger Männer in Schleswig-Holstein, in: Archiv für Sozialwissenschaften und Sozialpolitik, 61, 322-359.

Tönnies, Ferdinand 1931a: Soziographie, in: Verhandlungen des Siebenten Deutschen Soziologentages vom 28. September bis 1. Oktober in Berlin., VII., 196-207.

Tönnies, Ferdinand 1931b: Zur Statistik der Deutschen Reichstagswahlen, in: Deutsches Statistisches Zentralblatt, 23, 33-40.

Tönnies, Ferdinand 1935: Geist der Neuzeit, Leipzig.

Tönnies, Ferdinand 1965: Einführung in die Soziologie, Stuttgart.

Tönnies, Ferdinand 1970: Gemeinschaft und Gesellschaft. Grundbegriffe der reinen Soziologie, Darmstadt.

Unshelm, Erich 1921: Bevölkerungsproblem und Bevölkerungspolitik im neuen Staate, Giessen.

Wappäus, Johann Eduard 1881: Einleitung in das Studium der Statistik, Leipzig.

Waßner, Rainer 1986: Andreas Walther und das Seminar für Soziologie in Hamburg zwischen 1926 und 1945. Ein wissenschaftsbiographischer Umriss, in: Papcke, Sven ed.: Ordnung und Theorie. Beiträge zur Geschichte der Soziologie in Deutschland, Darmstadt, 386-420.

Wolff, Hellmuth 1911: Die Statistik als Wissenschaft, in: Zahn, Friedrich ed.: Die Statistik in Deutschland nach ihrem heutigen Stand. Georg von Mayr bei der Feier seines 70. Geburtstags am 12. Februar 1911 als Ehrengabe dargebracht, München, Berlin, 66-111.

Zahn, Friedrich 1925: Georg von Mayr 1841-1925, in: Allgemeines Statistisches Archiv, 15, 1-6.

Herausforderungen an das bevölkerungswissenschaftliche Denken

Zwei Welten – Der Bevölkerungsbegriff in der Soziologie und der Eugenik

Josef Schmid

I. Einleitung

Mit dem Bedeutungsgewinn der Demographie und dem Bedürfnis, ihre Wege auch zur Zeit der Nichtbeachtung durch Politik und Staat aufzuhellen, hat sich eine zentrale Frage ergeben: Wie war es möglich, dass 1945 die Regentschaft einer medizinisch-eugenischen, rassetheoretischen Bevölkerungswissenschaft zu Ende ging und schon 1953 eine sozialwissenschaftliche, umfangreiche Bevölkerungslehre vorgelegt werden konnte, die zugleich als letztes großes Werk deutscher historischer Soziologie gelten kann.

In einer kürzlich abgeschlossenen Arbeit über den Weg der Bevölkerungswissenschaft seit dem 19. Jahrhundert wurde diese Frage aufgegriffen. Ihre Beantwortung erforderte ein Eintauchen in die deutsche Geistesgeschichte ab den großen Umwälzungen des 19. Jahrhunderts. Doch da schob sich bald ein Keil zwischen deutscher Wirtschafts- und Sozialhistorie und einem mächtig gewordenen Darwinismus als normative Fortschrittsidee. Gegen 1900 setzte sich eine fundamentale Trennung der Sphären des Wissenschaftlich-Analytischen und Politischen im Bevölkerungsdenken durch. Dazu mussten aber theoriegeschichtliche und wissenssoziologische Voraussetzungen und sogar Vorarbeiten vorhanden gewesen sein, die es ermöglicht haben, dass bald nach 1945 eine von negativer Eugenik und Rassentheorie freie, sozialwissenschaftliche Bevölkerungswissenschaft erstellt und publiziert werden konnte. Ein historisch-soziologischer Bevölkerungsbegriff muss sich exklusiv herausgebildet haben und zwar nach strengen methodischen Maßstäben, denen sich deutsche Sozialwissenschaft vor und nach 1900 zu beugen hatte.

Alle Sozialwissenschaften haben Schwierigkeiten mit der methodischen Trennung von wertfreier Analyse des Gegebenen und der politischen Reaktion derjenigen, die einem Gemeinwohl verpflichtetet sind. Unter dem Eindruck der neukantianischen Erkenntnislehre (Wilhelm Windelband, Heinrich Rickert) und ihrer Rezeption in der deutschen klassischen Soziologie, besonders durch Max Weber, Georg Simmel und Werner Sombart kam es zu einem Methodenstreit, Werturteilsstreit und zu allfälligen Diskussionen um die Rolle des Individuums. Ihnen verdankt die Sozialwissenschaft ihre Problemlage und ihren Horizont.

Dabei gerät häufig eine noch größere Trennung aus dem Blickfeld, die dem methodischen Neu-Idealismus (Wilhelm Dilthey) und dem Neukantianismus badischer bzw. Heidelberger Prägung zu verdanken ist: Diejenige von Natur- und Kulturwissenschaft.[1]

Noch vor 1900 hatte eine aus dem Darwinismus stammende „Lebensphilosophie" den Status einer Weltbewegung erreicht und bedrohte nun erneut die gewonnene Klarheit um Natur und Kultur in der soziologischen Methodik. Eine Bevölkerungswissenschaft, die

---

1 Henßler & Schmid 2007, Kap. 6. Es wird ausdrücklich auf die darin verarbeiteten Materialien verwiesen, die – ebenso wie hier – auf die Relevanz einer Entstehung einer Bevölkerungssoziologie hin geprüft wurden, ohne den schon beinahe erschöpfend erforschten Gegensatz von Biologismus und Soziologismus und seine politische Instrumentalisierung nochmals aufzurollen.

zwar ihren heutigen Namen noch nicht gefunden hatte, aber schon ihre Inhalte, musste sich teilen: in eine historisch-soziologische Analyse und eine normativ-richtende, politische Getaltungslehre. Der Weg der letztgenannten in Eugenik, Rassenhygiene bis in aggressive Ausmerzepraktiken von Bevölkerungsgruppen im 20. Jahrhundert ist bekannt. Weniger bekannt ist, dass alle politischen Regimes Europas der Zwischenkriegszeit mit dem eugenischen Gedenken einer „Artverbesserung" vertraut waren und sich seiner bruchstückhaft bedient haben.

II. Bevölkerungssoziologie als verstehende Kulturwissenschaft

Bevölkerungssoziologie ist eine Frucht des Historismus und seiner erkenntnistheoretischen Klarstellung um 1900. Die Ältere Historische Schule der deutschen Nationalökonomie, die mit der Gründung des *Vereins für Socialpolitik*, 1872, zur „Jüngeren" oder „Ethischen Schule" geworden war, hatte die Bevölkerungsbewegung inhaltlich bei sich aufgenommen.

Wilhelm Dilthey gab den Anstoß zu einer Ordnung der Geisteswissenschaften: Er trennte verstehbare „Ereignisse" von erklärbaren „Tatsachen" und provozierte als erster eine „Lebensphilosophie", die wie ein erratischer Block die mühsam gesäuberte erkenntnistheoretische Landschaft störte.[2] Wilhelm Windelband und Heinrich Rickert schufen daraufhin die getrennten Sphären einer „Naturwissenschaft" und „Kulturwissenschaft". Der Badische Neukantianismus bestand geradezu dogmatisch (was ihm seine universitäre Machtstellung erlaubte) auf der Trennung von Natur- und Kulturwissenschaften (Heinrich Rickert). Das Urteil, es im Falle der Soziologie mit einer verstehenden Kulturwissenschaft zu tun zu haben, hatte sich durchgesetzt. Jede andere Deutung hätte die Isolierung vom Wissenschaftsbetrieb und den Identitätsverlust der inzwischen etablierten Disziplin bedeutet.

Eine nicht zu unterschätzende Rolle kommt der Pioniertat einer deutschen Kulturgeschichte durch Karl Lamprecht (1856-1915) zu. Die Konstruktion „kultur-psychologischer" Kategorien würde heute genauso schrecken wie damals um 1900; doch die Abkehr von einer Geschichte der Machtbewegungen, die ihn zum „Antipoden von Ranke" machte, bereitete den Weg für eine Sozialgeschichte und einer Historischen Soziologie im 20. Jahrhundert. Sein Institut für Kulturgeschichte und die daraus folgende „Leipziger Schule" sind ein Begriff dafür geworden.[3]

Nach ihrer erkenntnistheoretischen Festigung gingen die „historischen Wissenschaften" daran, ihre idealtypischen Epochenkonstruktionen mit Bewusstseinsstrukturen zu verbinden, welche die phänomenologische Philosophie und Wissenssoziologie inzwischen entwickelt hatten. Ein Weg wird verfolgt vom vormodernen Fatalismus bis zur gesteigerten Fähigkeit, das Schicksal in die eigene Hand zu nehmen, materiellen Engpässen vorzubeugen und zu bewältigen – mit Hilfe einer jeweils auf höherer Stufe organisierten Sozialität.

Ein nächster Etappenschritt in Richtung einer Komplettierung geschichtlicher Strukturen liegt nun auf der Hand: die Entdeckung nämlich, dass Gesellschafts- und Mentalitätswandel in demographischen Indikatoren eine Entsprechung finden und zur materiellen wie zur geistigen Seite des Wandels in enger Beziehung stehen. So verändert eine längere Le-

2 Dilthey 1961; Henßler & Schmid 2007, 67-88.
3 Lamprecht 1891-1909.

bensdauer, die knappste aller Ressourcen, das Denken und Handeln in einer Epoche nicht minder gründlich, als es Produktionszahlen und religiöse Einstellungen vermögen. Die demographischen Indikatoren zu Lebenserwartung, Sterblichkeit, Eheschließung und Wanderungen rücken den epochalen Idealtypus ein großes Stück an die „Wirklichkeit" heran. Mit der Bildung von Familien- und Lebenszyklen (die die Bevölkerungsvorgänge in nuce enthalten) lassen sich Bevölkerungsstrukturen mit ökonomisch-technischen Strukturen verbinden und rücken einen Idealtypus in Richtung „Realtypus".

Die Konstruktion historischer Epochen wird zum heuristischen Konzept, wenn die Kriterien Herrschaftsform, Besitz- und Arbeitsteilung, Produktionsform nun mit Bevölkerungsstrukturen verbunden werden. Sozialstruktur und Bevölkerungsstruktur wurzeln ineinander. Eine „generative Struktur" (Gerhard Mackenroth)[4] ist das wechselseitige, keinesfalls friktionslose Anpassungsergebnis auf der Bevölkerungsseite.

Diesen Vorgang hat Werner Sombart (1863-1941) in „Die Deutsche Volkswirtschaft im neunzehnten Jahrhundert"[5] in unübertroffener Weise beschrieben. Die erste Frucht einer makrosoziologischen Erklärung von Bevölkerungsvorgängen sind Geburtenrückgangstheorien, damals unter dem Namen „Wohlstandstheorien" (Paul Mombert, Julius Wolf, Lujo Brentano) konzipiert. Sie wurden möglich, als individuelle Rationalität der Grenznutzenschule der (subjektivistischen) Nationalökonomie in den geschlossenen Historismus einbrach und ihn in neuer Weise theoriefähig machte. Der Industrialismus war auch an einer Entwicklungsstufe angekommen, in dem das entscheidungsfähige und Lebenspläne schmiedende Wirtschaftssubjekt, der Einzelne, nicht mehr zu vernachlässigen war. Um Geburtenrückgang zu erklären, wurde der Einzelne erstmals in den Wandel der gesamten materiellen und immateriellen Kultur gestellt. Die Analyse der Bevölkerungsvorgänge hat damit zwei Ebenen der Forschung gewonnen, die sich sinnvoll in ihren Ergebnissen zu ergänzen haben.

Der historisch-soziologische Bevölkerungsbegriff unterstellt, dass die Bevölkerung den gesamten Vorgang der kulturellen Evolution begleitet und dabei in einem Abstimmungs- und Anpassungsverhältnis von ihr geprägt wird. Vom Strukturergebnis einer demographischen Analyse ist zumindest grob auf das gesellschaftliche Schicksal des Ganzen rückzuschließen, ist ein Entwicklungsstand zu erkennen. Sensible Indikatoren wie Kindersterblichkeit und Lebenserwartung können dies stützen.

Der historisch-soziologische Bevölkerungsbegriff lässt sich über Orte seiner Bewahrung hin nachzeichnen: Leipzig mit Hans Freyer; dann Kiel mit Ferdinand Tönnies, Rudolf Heberle (ab 1937 Baton Rouge, Louisiana), Gerhard Mackenroth und schließlich nach 1945 die „Sozialforschungsstelle Dortmund" unter Gunther Ipsen, und u. a. mit Karl-Martin Bolte, Gerhard Wurzbacher, Hans Linde und Rainer Mackensen. Es war Rainer Mackensen gelungen, die seit den 1950-er Jahren fossilierte sozial gerichtete Bevölkerungswissenschaft in einem Arbeitskreis der Werner-Reimers-Stiftung, Bad Homburg, ab 1975 wieder zu beleben und fortzuentwickeln.

4 Mackenroth 1953.
5 Sombart 1903.

III. Eugenik als normativ-medizinisches Paradigma in Sozialhygiene und Gesundheitspolitik

Hier muss gleich eingangs festgestellt werden, dass Eugenik und völkische Hygiene ihre Wurzeln schon vor 1900 schlugen und als gesamteuropäische Sozialbewegungen zu betrachten sind. Es geht darum, den Kontrast zum historischen Sozialdenken, den sie darstellen, herauszuarbeiten. Das Klima, in dem sich Eugenik, die Idee der Verbesserung der Volkskörper, entfalten konnte, ist nicht mit wenigen Strichen zu zeichnen. Der Liberalismus muss erfolgreich erscheinen, Humanität muss ihre ersten Einwände einstecken unter dem Signum von Dauerhaftigkeit, Lebensfähigkeit und Abwehrbereitschaft der modernen, industriellen Systeme; ein neu errichtetes Gesundheitswesen musste in den Verdacht geraten sein, gegen eiserne Lebensgesetze der Auslese der Besten und Ausmerze der Schwachen zu verstoßen. Es muss diese Zivilisationsstufe von einer Panik ergriffen worden sein, sich von den Naturgesetzen abzuhängen und einem schleichenden Tod aussterbender Arten entgegenzugehen. Dieses Credo war um 1900 in allen Lebenswissenschaften zumindest bekannt, wenn auch mit unterschiedlicher Intensität verfolgt und verwirklicht.[6]

Evolution, die Lehre von der Entstehung der Arten,[7] wurde auf der Grundlage eines unbestrittenen Fortschrittsdenkens und einer Nationenrivalität zur Lehre von der Erhaltung der Arten. Damit ging ein Sichtwechsel einher: Bevölkerungswissenschaft ist nicht mehr allein das Ergebnis geschichtlicher Vorgänge. Sie wird zur Lehre des Eingriffs in den Gegenstand Bevölkerung und will ihn ausrichten nach normativen Vorstellungen von Gesundheit, Tüchtigkeit und Willensstärke. Ein zivilisationskritisches Klima leistete dem Richtungswechsel Vorschub: der Humanismus der Zeit würde den Ausleseprozess der tüchtigsten und überlebensfähigsten Exemplare unterbinden, eine degenerative Involution des Menschengeschlechts einleiten und die Lebenskraft der Völker schwächen und zum Verschwinden bringen. Es liege nun am Menschen selbst, den Prozess der Höherentwicklung der Art, garantiert durch das Auslesewerk der Natur, in die Hand zu nehmen. Die Darwin'schen Lehren wurden zum volkshygienischen Programm einer Eugenik verbunden. Eugenik wurde ein Mittel gegen die Folgen einer degenerativen Humanität und für die „Verbesserung der Rasse" und die Herstellung „gesunder Volkskörper". Eugenik entwickelte sich zu einer gesamteuropäischen und den angelsächsischen Raum sogar bis heute durchdringende Doktrin.

Die Darwin'sche Idee positiver Auslese in Populationen hat sich parallel zu einer gesundheits- und bevölkerungspolitischen Erbschaft von Thomas Robert Malthus entwickelt: An Nachwuchs soll nur soviel in die Welt gesetzt werden, als von Eltern ernährt werden kann und – letztlich – ernährt werden will. Dieses Elendsbekämpfungsgebot, das auf die niederen Sozialschichten zielt, bekam den Namen „Neo"- oder „Neu-Malthusianismus". Der 1877 in London gegründeten *Malthusian League* galt Überbevölkerung als die Quelle von Armut, Unwissenheit, Verbrechen und Krankheit.[8] Zur Idee der Höherentwicklung hat

---

6 Sieferle 1989.

7 Das Original verlas Darwin im Jahr 1859 vor der Königlichen Linné-Gesellschaft unter dem Titel: „On the origin of species by means of natural selection or the preservation of Favoured races in the struggle for life." Darwin 31867.

8 Drysdale [anonym] 1871; Rutgers 1908; Ludwig Elster 1924 hielt einen Großteil der neomalthusianischen Schriften für wissenschaftlich wertlos. Der historische Wert liegt in ihrem Auftauchen und Vorhandensein

die Lehre von der Züchtung der Begabungen von Francis Galton (1822-1911) beigetragen. Er war es, der sie „Eugenics" nannte. Der Neomalthusianismus, der mehr auf moralische und gesunde Lebensführung gedrungen hatte, wurde zur Eugenik, sobald Fragen der Gattenwahl zum Zweck der „Züchtung" von wertvollem Nachwuchs ins Zentrum rückten.

Mit dem Ausdruck „Rassenhygiene" wurde deutlicher, was die reichlich akademischen Ausdrücke Eugenik oder gar Eubiotik oder Sozialbiologie noch verhüllten. Der Genetiker Alfred Ploetz (1860-1940) hatte ihn gebildet und 1905 die *Deutsche Gesellschaft für Rassenhygiene* gegründet. In der Anfangszeit wenig beachtet, hat das Ideengut dann doch alle relevanten gesellschaftlichen Gruppen in ihren Bann gezogen. Rasse war bestimmt als „Erhaltungseinheit des Lebens" und „homogene Zucht- und Fortpflanzungsgemeinschaft".[9] Eugenische, sozial- und rassenhygienische Vorstellungen dominierten nicht nur das Denken der Zeit, sondern gelangten zu wissenschaftlicher Anerkennung. Mit der Errichtung des öffentlichen Gesundheitswesens war die Idee, den „Volkskörper" von Volksgiften (Geschlechtskrankheiten, Prostitution, Alkohol) und Gebrechen (körperliche und geistige „Minderwertigkeit") und Fehlanpassung (asoziale Verhaltensweisen) zu reinigen, Teil einer fortschrittlichen Sozialpolitik geworden. Besonders die Sozialdemokratie und frühe Frauenbewegung, die schon einem ähnlichen neomalthusianischen Programm folgten, stützten diese Bewegung. Rassehygiene wurde zum Synonym für Entproletarisierung, sexuelle Aufklärung der Jugend und Frauenemanzipation. Ziel der Rassenhygiene war es, Maßnahmen verbindlich zu machen und einzuleiten, die zu einer körperlichen und geistigen „Hebung" der Rasse im Sinne einer *positiven Eugenik* beitrugen. Ihr entsprach der Maßnahmenkatalog zur *negativen Eugenik:* sie zielt auf die Elimination („Ausmerze") der Problemfälle, später „Rassenschädlinge" genannt. Die Fähigkeit zur charakterlichen und intellektuellen Entwicklung, ja zur Kulturfähigkeit überhaupt, wurde als ein Spezifikum der weißen Rasse angesehen.

Die Ausbreitung des „Rassenparadigmas" ist Ausdruck der raschen sozialen, politischen und wirtschaftlichen Veränderungen, die sich seit der Mitte des 19. Jahrhunderts abzeichneten. Man führte die irritierenden sozialen Verwerfungen der Industriegesellschaft auf biologische Ursachen und deren Vererbung im übermäßigen Nachwuchs niederer Bevölkerungsschichten zurück. Es sollte durch eine negative Gegenauslese der steigenden Zahl „rassisch Minderwertiger", und einer scheinbar drohenden Volksdegeneration, Einhalt geboten werden. Die Rassenunterschiede erklärten auch gleich allgemeine Weltbilder, mit dem Hinweis, dass nur die von Weißen besiedelten Räume entwickelt seien. Die imperialistische Weltkarte und ökonomisch-technisch-militärischen Rangkriterien konnten eine Werthierarchie der Rassen als Naturtatsache nur bestätigen. Diese Welterklärung war für breite Bevölkerungsschichten plausibel und selbst die etablierten Führungsschichten konnten sich in ihrem Herrschaftsanspruch bestätigt fühlen. Das Paradigma wirkte „als Resonanzboden für bildungsbürgerlich geprägte Deutungsmuster gesellschaftlicher Wirklichkeit."[10]

---

und markiert einen kulturellen Einschnitt, so in den Prozessen gegen Ärzte und Frauenrechtlerinnen wie Annie Besant (1847-1933).

9 Byer 1988, 30f.

10 Herbert 1990, 481; Thieme 1988, 50.

IV. Rassentheoretische Hybris – Rassenpolitischer Abgrund

Der Hinweis auf den sozialreformerischen Neo-Malthusianismus ist wichtig zum Verständnis dafür, dass sämtliche progressiven, vor allem kirchenfeindliche Kräfte in seinem Sinne wirkten, in ganz Westeuropa Niederlassungen errichteten, unter dem Namen Eugenik noch heute existieren und angesehene Fachzeitschriften herausgeben (z. B. *Eugenics Quarterly*). Auffällig war nur, wie NS-Deutschland nach 1933 die Dämme zur negativen Eugenik, zur „Ausmerze", mit entsprechenden Gesetzesvorgaben, eingerissen hatte. Bis Kriegsbeginn wurde ein Regime der ethnischen Säuberung verhängt, das dann in ein Menschenvernichtungs- und Umsiedlungsprogramm ab 1941 umschlug. Die sozialdarwinistische Formel des „jetzt oder nie" sollte ein für alle Mal die Machtextension des deutschen Volkes über einen Kontinent begründen. Das alleine hätte schon zur Erstellung von erwünschten Volksmerkmalen führen müssen, wenn sie nicht vor 1900 grob erstellt worden wären. Der theoretische Kopf des rassebiologischen Programms, Professor Otto Freiherr von Verschuer (1896-1969), konnte 1941 feststellen:

> „Der Führer des Deutschen Reiches ist der erste Staatsmann, der die Erkenntnisse der Erbbiologie und Rassenhygiene zu einem leitenden Prinzip in der Staatsführung gemacht hat."[11]

Bevölkerungssoziologie und medizinisch-biologische Eugenik unterliegen unvereinbaren Codierungen, selbst wenn demographische Phänomene dort wie da registriert werden müssen. Im ersten Fall zielt die Analyse auf einen gewordenen Zustand, der eine bestimmte Menschenzahl in ihren sozialen Bindungen und (Selbst)Erhaltungsbemühungen untersucht. Rassenhygiene unterwirft den herangewachsenen Bevölkerungszustand einer Prüfung, inwieweit Erbfaktoren und in zweiter Linie Umwelteinflüsse die erwünschte, für wertvoll erachtete Menschenzahl hervorgebracht haben. Nach (wissenschaftlich zweifelhaften) festgelegten Rassenmerkmalen wird darüber ein Urteil gefällt und zu „Verbesserung" der genealogischen Situation – behördlicherseits! – aufgefordert. Eugenik sorgte sich um Geburtenrückgang, Vergreisung, die Reproduktionsintensität bzw. Fertilität. Sie sieht darin das Werk der Modernität, die sie jedoch in Worte kleidet wie „individuellen Eudämonismus", „Entartung", „drohende Herrschaft der Minderwertigen", womit die höheren Kinderzahlen in den unteren Schichten gemeint sind.[12]

In dieser scheinbaren zivilen Form hat Eugenik weite Teile Europas, vor allem die nordisch-protestantisch-skandinavischen und angelsächsischen beeindruckt und zum Teil erobert.[13] Allein Hitler-Deutschland nutzte Kampfhandlungen und Besatzungsregime zur selektiven, programmatischen Menschenvernichtung. Die Zeitgeschichte ringt immer noch um die historische Einordnung dieser Vorgänge und schwankt zwischen Rückfall in die Barbarei, Zivilisationsbruch und Zeichen der Zeit: Moderne Massengesellschaften treiben die Zugehörigkeitskriterien auf die Spitze und vereinheitlichen sie, wie dies nur bei Stammeskulturen bzw. Naturvölkern üblich und möglich ist. Das bestärkt die Annahme, dass der Zivilisationsbruch den Gang der Zivilisation begleitet. Ihr geht aber eine Zivilisationsangst voraus und es ist die Angst vor Instinktverlust und Verlust von Naturkonstanten, die eine

11 Lund 2002, 324-338; Verschuer 1933.

12 Schreiner 1933.

13 Entsprechende Gesetzgebungen (Sterilisation, Heiratsverbote) waren lange nach dem Zweiten Weltkrieg und manche regionale Bestimmungen bis in die jüngste Zeit gültig.

Selbstbehauptung im Kampf der Arten und mit Rivalen und Feinden verbürgen. Die ersten beiden Leitsätze der *Deutschen Gesellschaft für Rassenhygiene* vom Oktober 1922 mögen dies unterstreichen:

> „(1) Die Hauptgefahr, die jeder Volksgemeinschaft droht, ist die Entartung, nämlich die Verarmung an wertvollen, leistungsfähigen Rassenelementen. (2) Ein Volk vermag den Daseinskampf nur zu bestehen, wenn es eine breite Masse körperlich und geistig wohlveranlagter, charaktervoller und sittlich tüchtiger Männer und Frauen besitzt.“ [14]

Die sozialgeschichtliche oder sogar wissenssoziologische Frage ist, wie es zu einem derartigen Klima kommt, in dem sich utopische, von Dekadenzobsessionen beherrschte Denkfiguren fest miteinander verknüpfen. Wir sind nicht sicher, dass sich Teile der Weltbevölkerung heute in einer ähnlichen Situation fühlen. Die Asiaten befinden sich in einem Aufbruch und sind von abendländischer Bedenklichkeit, die Menschennatur in Regie zu nehmen, am wenigsten berührt.[15]

Der Autor möchte in diesen Ausführungen eine gewisse Vorsicht gegenüber harscher Kritik an der Eugenik durchblicken lassen. Die Massenmorde bis in die Nachkriegszeit hinein sind hier außer jeder Diskussion. Doch es wird in Zukunft nicht mehr möglich sein, vom Standpunkt einer „unpolitischen“ Bevölkerungssoziologie aus sich den Entwicklungen um Humangenetik, Populationsgenetik, Gentechnologie methodisch so fern zu halten, wie ihr das gegenüber eugenischen, rassenhygienischen Programmen vor 1945 gelungen war. Sie sind inzwischen gesellschaftliche Wertfragen geworden, wühlen Ethik-Kommissionen auf und sind als Biologismus oder Naturalismus nicht mehr zu ignorieren.

Literaturverzeichnis

Byer, Doris 1988: Rassenhygiene und Wohlfahrtspflege. Zur Entstehung eines sozialdemokratischen Machtdispositivs in Österreich bis 1934, Frankfurt/M.

Darwin, Charles 31867: Die Entstehung der Arten im Thier- und Pflanzen-Reich durch natürliche Züchtung, oder Erhaltung der vervollkommneten Rassen im Kampfe um's Daseyn, [ins deutsche übersetzt von Bronn, H. G. und Carus, J. V.] Stuttgart.

Dilthey, Wilhelm 1961: Die Philosophie des Lebens, in: Nohl, Herman ed., Stuttgart.

Drysdale, George [anonym] 1871: Die Grundzüge der Gesellschaftswissenschaft oder die physische, geschlechtliche und natürliche Religion. Eine Darstellung der wahren Ursache und der Heilung der 3 Grundübel der Gesellschaft: Armuth, die Prostitution und die Ehelosigkeit. Von einem Doktor der Medizin, [deutsche Übersetzung nach der 30. engl. Auflage] Berlin.

Elster, Alexander 1926: Eugenik und Eubiotik, in: Elster, Ludwig; Weber, Adolf; Wieser, Friedrich eds.: Handwörterbuch der Staatswissenschaften, 3, Jena, 891-911.

Elster, Ludwig 1924: Das Bevölkerungslehre und Bevölkerungspolitik, in: Ludwig Elster et al. eds., Handwörterbuch der Staatswissenschaften, 2, Jena, 735-812.

Henßler, Patrick; Schmid, Josef 2007: Bevölkerungswissenschaft im Werden – die geistigen Grundlagen der Bevölkerungssoziologie, Wiesbaden.

Herbert, Ulrich 1990: Traditionen des Rassismus, in: Niethammer, Lutz ed.: Bürgerliche Gesellschaft in Deutschland. Frankfurt/M., 472-488.

---

[14] Siehe Alexander Elster 1926, 899f.

[15] Seit 1987 soll die Volksrepublik China ein Programm zur Reduzierung der Zahl behinderter Kinder in Spezialkliniken betreiben (Le Monde, 14. August 1987).

Künneth, Walter; Schreiner Helmuth eds. 1933: Die Nation vor Gott – Zur Botschaft der Kirche im Dritten Reich, Berlin.

Lamprecht, Karl 1891-1909: Deutsche Geschichte, 14 Bde., Berlin.

Lund, Alan A. 2002: Rassenkunde und Nationalsozialismus, in: vom Bruch, Rüdiger ed., Wissenschaften und Wissenschaftspolitik. Bestandsaufnahmen zu Formationen, Brüchen und Kontinuitäten im Deutschland des 20. Jahrhunderts, Stuttgart, 324-338.

Mackenroth, Gerhard 1953: Bevölkerungslehre – Theorie, Soziologie und Statistik der Bevölkerung, Berlin u.a.

Rutgers, Johannes 1908: Rassenverbesserung – Malthusianismus und Neumathusianismus, [übersetzt ins Deutsche von Martina G. Kramers]. Dresden, Leipzig.

Schreiner, Helmuth 1933: Möglichkeiten und Grenzen der Eugenik, in: Künneth & Schreiner eds., 54-73.

Sieferle, Rolf 1989: Die Krise der menschlichen Natur, Frankfurt/M.

Sombart, Werner 1903: Die deutsche Volkswirtschaft im neunzehnten Jahrhundert, Berlin.

Thieme, Frank 1988: Rassentheorien zwischen Mythos und Tabu, Frankfurt/M.

Verschuer, Otto Freiherr von 1933: Die Rasse als biologische Größe, in: Künneth & Schreiner eds., 24-37.

Bevölkerungsentwicklung und Weltverstädterungsprozess

Bernhard Schäfers

„Wird die Stadt verschwinden, oder wird sich der ganze Erdball in einen einzigen riesigen Bienenkorb von Stadt verwandeln – was ja nur eine andere Form des Verschwindens wäre?"

Lewis Mumford[1]

Seit der Industrialisierung und der mit ihr einsetzenden Bevölkerungsexplosion wird ein Land und ein Kontinent nach dem anderen in den Prozess der Verstädterung und – verstärkt seit ca. 1950 – der Weltverstädterung und Entstehung von Megastädten hineingezogen. Der nachfolgende Überblick soll die wichtigsten Etappen dieses Prozesses verdeutlichen.

I. Bevölkerungsentwicklung und Verstädterung

Über den Zusammenhang von Entwicklung der Weltbevölkerung und Verstädterung lassen sich für die letzten gut zweitausend Jahre folgende Merkmale und Größenangaben hervorheben: Für das 1. Jahrhundert n. Chr. werden für die gesamte Welt zwischen 200 und 400 Mio. Einwohner angenommen, für das Gebiet des heutigen Deutschlands ca. 1 Mio., um das Jahr 800 4,5 bis 5 Mio.[2]

Der etwa im 3. vorchristlichen Jahrtausend beginnende Prozess der Stadtbildung[3] führte – auf der Basis der im Neolithikum beginnenden Sesshaftwerdung – zu Bevölkerungsverdichtungen bis dahin ungekannten Ausmaßes. Gleichwohl ist die Zahl der wirklich großen Städte relativ gering; Tabelle 1 gibt hiervon einen Eindruck:

um 430 v.Chr.	Bev. in Tsd.	um 200 v.Chr.	Bev. in Tsd.	um 100 n. Chr.	Bev. in Tsd.
Athen	155	Rom	322	Rom	650
Syrakus	100	Alexandria	400	Alexandria	400
Memphis	100	Karthago	200	Karthago	200
Rom	150	Jerusalem	120	Korinth	100
Korinth	70	Antiochia	120	Cadiz	100
Jerusalem	50			Mailand	35
Sparta	40			(Trier)	30
				(Köln)	25-50

Tabelle 1: Größenangaben für Städte im Altertum.[4]

1 Mumford 1979, 1.
2 Henning 1974, 48.
3 Vgl. Schäfers 2006, 26ff; ders. 2004.
4 Chandler & Fox 1974 (dort im einzelnen Quellennachweis); für Köln vgl. Kolb 2005, 191.

Die Völkerwanderung seit Beginn des 4. Jahrhunderts war eine der Hauptursachen des Untergangs des (west-)römischen Reiches; ein starker Rückgang der Stadtbevölkerung und ein Niedergang zahlreicher Städte, z.B. auf deutschem Territorium, waren die Folge. Um das Jahr 1000 finden wir in Ostrom und im Einflussgebiet des Islam auf dem spanischen Subkontinent die größten Städte in Europa (Tab. 2).

Stadt	**Einwohner um 800 in Tsd.**	**Einwohner um 1000 in Tsd.**
Córdoba	160	450*
Konstantinopel	300	450
Rom	50	35
Sevilla (899)	35	90
Venedig	-	45
Toledo	25	31
Paris	25	20
Köln	15	-
Trier	15	-

Tabelle 2: Städte in Europa um die Jahre 800 und 1000.[5]

Um das Jahr 1150 begann eine Welle der Städtegründungen, die nicht nur für das spätere Deutschland, sondern auch viele andere europäische Länder von einzigartiger Bedeutung ist, denn mit ihr wird, bis auf wenige Ausnahmen, das noch heute vorhandene städtische System der Siedlungsstruktur grundgelegt. Der Städtehistoriker Heinz Stoob schätzte die Zahl der Neugründungen in Mitteleuropa für die Zeit von ca. 1150 bis 1450 auf etwa fünftausend.[6]

Trotz dieser enorm hohen Zahl von Stadtgründungen in einem relativ kurzen Zeitraum ist der Anteil der Stadtbevölkerung an der Gesamtbevölkerung relativ gering, was auch mit der Kleinmaßstäblichkeit der Städte – bei hoher Binnendifferenzierung durch Handel und Handwerke – zu tun hatte.

An der Relation Stadtbevölkerung/Gesamtbevölkerung, wie sie in Abbildung 1 zum Ausdruck kommt, änderte sich im Mittelalter und auch in der frühen Neuzeit wenig, zumindest nicht in Deutschland. Erst die Industrialisierung, die ja in den ersten einhundert Jahren ihres expansiven Verlaufs auch mit einer Bevölkerungsexplosion verknüpft war, führte zu völlig neuen Größenordnungen der Stadt und markiert den Beginn des sich immer stärker beschleunigenden Weltverstädterungsprozesses. (Tab. 3)

5 Chandler & Fox 1974; * Gesamtzahl für die verstädterte Zone.
6 Stoob 1979, 142, 157. Siehe auch Stoob 1979a und 1979b.

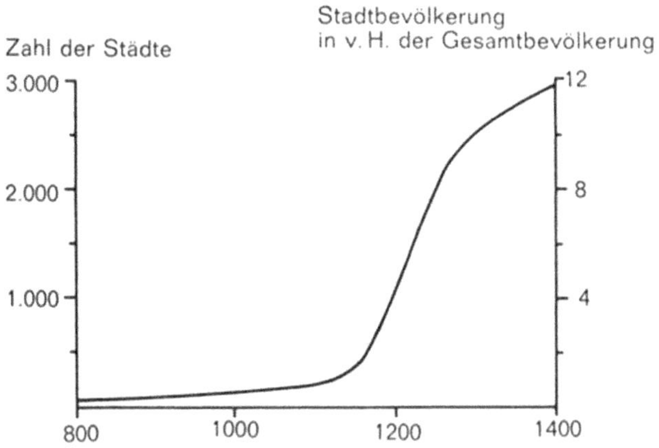

Abbildung 1: Zahl der Städte und Anteil der Stadtbevölkerung an der Gesamtbevölkerung von 800-1400 in Deutschland (Schätzung).[7]

Stadt	**Größe in Tausend**		
	1800	**1850**	**1900**
Amsterdam	201	225	510
Berlin	172	446	2424
Breslau	65	114	422
Brüssel	66	208	561
Dresden	61	97	440
Hamburg	130	193	895
Köln	41	95	437
Kopenhagen	100	136	462
Leipzig	32	63	532
Lille	55	96	475
Lyon	111	254	487
Mailand	134	193	491
Marseille	110	193	486
München	48	125	500
Paris	547	1414	3330
Rom	153	171	487
Wien	231	426	1662

Tabelle 3: Vergroßstädterung in Mitteleuropa.[8]

7 Henning 1974, 71.
8 Chandler & Fox 1974; Engelsing 1973; Brockhaus-Enzyklopädie in 20 Bänden.

II. Bevölkerungsexplosion und Weltverstädterung seit der Industrialisierung

Erst seit Beginn des 19. Jahrhunderts liegen relativ verlässliche Daten für die Weltbevölkerung und die Expansion der Stadtbevölkerung vor. Die Weltbevölkerung wird für diesen Zeitpunkt auf ca. eine Mrd. geschätzt. Tabelle 4 zeigt, dass die zeitlichen Abstände zum Erreichen der jeweils nächsten Milliarde deutlich geringer werden: Für die zweite Milliarde werden noch 123 Jahre benötigt; für das Wachstum von fünf auf sechs Milliarden lediglich noch 12 Jahre.

Jahr	Weltbevölkerung in Milliarden
1804	1
1927	2
1960	3
1974	4
1987	5
1999	6
2006	6,5

Tabelle 4: Zuwachs der Weltbevölkerung seit 1804.[9]

Diese Bevölkerungsexplosion ist mit einem Weltverstädterungsprozess völlig neuer Dimension verknüpft und führte zur Herausbildung von *Global Cities*[10], von *Megastädten* und Metropolitanregionen bisher nicht gekannter Größe und Häufigkeit: „Die Welt wird Stadt", heißt der Titel eines Werkes von Eckhart Ribbeck[11].

Im Editorial zum Sonderheft „Megastädte" der *Geographischen Rundschau* findet sich eine anschauliche Beschreibung des Phänomens Weltverstädterung:

> „Die Agglomeration Los Angeles ist doppelt so groß wie das Saarland, Städte wie Tokyo oder Mexiko City übertreffen die Niederlande oder Skandinavien an Einwohnern, jeder Quadratkilometer in Calcutta oder Bombay hat mehr Bewohner als mittlere Kreisstädte in Deutschland".[12]

Die zweite Hälfte des 20. und das erste Viertel des 21. Jahrhunderts werden nach Auffassung von Parviz Khalatbari „als ein einmaliges Kapitel in die demographische Geschichte der Menschheit eingehen".[13] Von 1950 bis zum Jahr 2030 wird die Weltbevölkerung von 2,5 Mrd. auf 8,5 Mrd. ansteigen, bei überproportionalem Anstieg der städtischen Bevölkerung von etwa 750 Mio. im Jahr 1950, 3 Mrd. im Jahr 2003 auf etwa 54,9 Mrd. im Jahr 2030[14]. Nachfolgendes Schaubild verdeutlicht das überproportionale Wachstum der städti-

---

9 Landeszentrale für Politische Bildung Baden-Württemberg, Politik und Unterricht 04/1998; www.dsw-online.de.

10 Sassen 1991.

11 Ribbeck 2005.

12 Geographische Rundschau 1996, 73.

13 Khalatbari 2000, 459.

14 BiB-Mitteilungen 3/2005, 24.

schen Bevölkerung gegenüber dem Wachstum der gesamten Weltbevölkerung seit dem Jahr 1900. (Abb. 2)

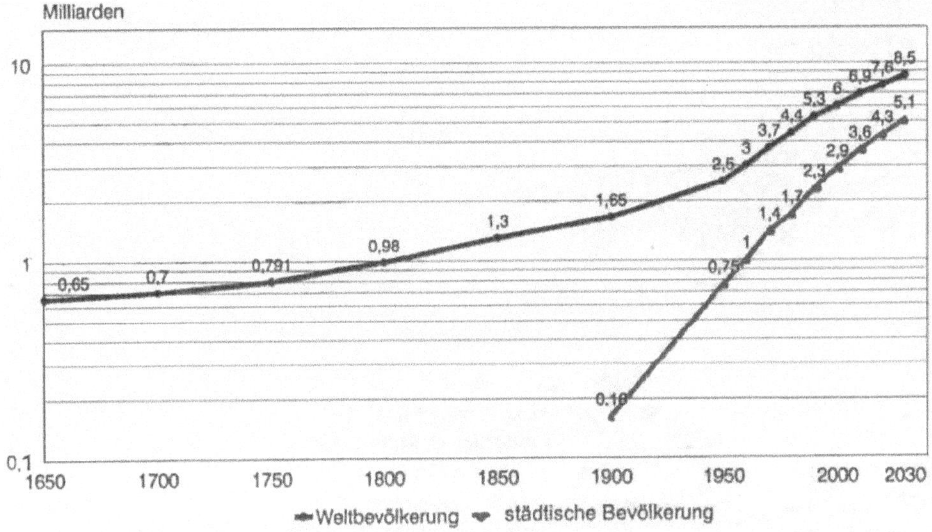

Abbildung 2: Weltbevölkerungswachstum (1650-2030) und Wachstum der städtischen Bevölkerung (1900-2030).[15]

Der Anteil der städtischen Bevölkerung an der Weltbevölkerung vergrößerte sich ständig: Betrug er 1900 ca. 10 % und 1950 ca. 30 %, so war er bis zum Jahr 2000 auf 47,4 % der Weltbevölkerung angestiegen und wird im Jahr 2030 über 60 % der Weltbevölkerung ausmachen.[16] Gab es im Jahr 1900 erst 20 Millionenstädte, von denen fünf – London, Paris, Berlin, Wien, St. Petersburg – in Europa lagen, so sind es gegenwärtig etwa 370. Von ihnen werden jene als *Megastädte* bezeichnet, die über fünf Millionen Einwohner haben.[17]

Eine besondere Herausforderung liegt in der Problematik, dass das städtische Bevölkerungswachstum im Lauf der nächsten Jahrzehnte verstärkt in den *Megastädten* der Schwellen- und besonders der Entwicklungsländer zu verzeichnen sein wird. (Abb. 3)

---

15 Khalatbari 2000, 460 (dort Verweis auf die Quellen im Einzelnen).
16 Khalatbari 2000, 460.
17 Zur Abgrenzung und im historischen Vergleich siehe Bronger 1996.

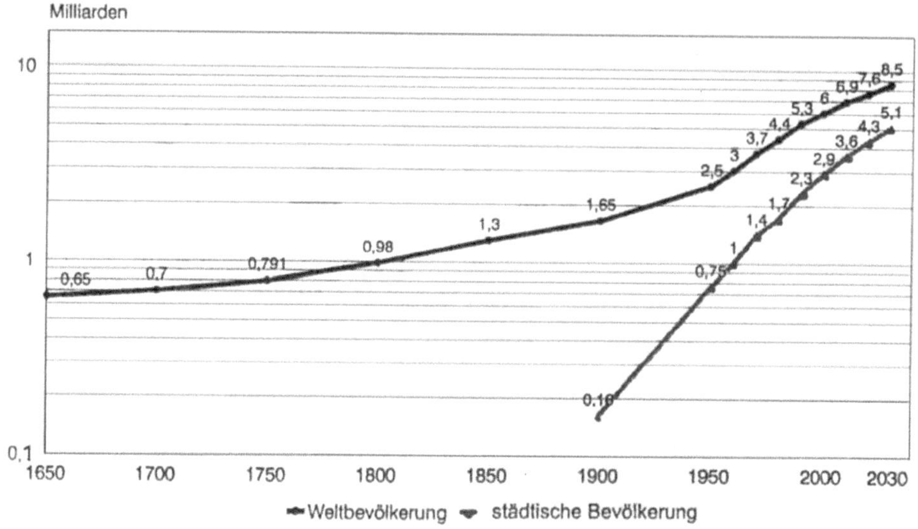

Abbildung 3: Das Bevölkerungswachstum der Zukunft findet in den Städten der Entwicklungsländer statt.[18]

Die Bilder von Rio de Janeiro sind typisch für den Weltverstädterungsprozess und zeigen die zwei Seiten einer Medaille: im Zentrum die hoch verdichtete Stadt, zumeist dominiert von Wolkenkratzern – im Umfeld und an der Peripherie Slums und Elendshütten der Zugewanderten und der Armutsbevölkerung.

Abbildung 4: Ansichten von Rio de Janeiro – Bürotürme und Favelas.[19]

[18] http://www.dsw-online.de/pdf/bev-wachstum_staedte.pdf (10.05.2006).

[19] Ribbeck 2005, 91, 97.

Dass diese Prozesse, die in unvorstellbar kurzer Zeit ablaufen, mit einer völligen Umstrukturierung der Bevölkerung und des Verhältnisses von Innenstadt und Außenbezirken verbunden sind, kann am Beispiel von Chicago gezeigt werden: 1960 hatte die Innenstadt 3,6 und 1990 2,8 Mio. Einwohner; im gleichen Zeitraum stieg die Einwohnerzahl der Vororte von 2,7 auf 4,5 Mio. Ebenso änderte sich im gleichen Zeitraum die ethnische Zusammensetzung der Bevölkerung: Der Anteil der Weißen fiel von 75 auf 43 %, der der Schwarzen stieg von 23 auf 36 %. Eine enorme Zunahme verzeichneten die Hispanics von 2 auf 18 % und die Asiaten von 1 auf 3 %.[20]

III. Globalisierung und Global Cities

Der Begriff *Globalisierung* ist nur dann aussagekräftig, wenn er die Spezifika einer neuen Form weltweiter Vernetzung und Abhängigkeit hervorhebt. Denn weltweite Handelsbeziehungen gab es schon zur Zeit des Römischen Weltreichs (bis nach China), verstärkt und erstmalig weltumspannend seit Ausdehnung der Kolonialreiche im 15. Jahrhundert.[21]

Das Besondere der gegenwärtigen, erst nach Beginn der „digitalen Revolution" ermöglichten Stufe der Globalisierung kann in folgenden Punkten gesehen werden[22]:

- die Zunahme transnationaler Unternehmen, Investitions- und Finanzströme;
- der über die neuen Medien ermöglichte Austausch von riesigen Datenmengen, Informationen und Arbeitsaufgaben zu jeder Zeit an jeden Ort der Erde;
- die Auswirkungen der globalisierten Formen von Arbeitsteilung auf die nationalen Volkswirtschaften, den Sozialstaat und die Migrationsströme (die sich überall auf die Städte konzentrieren);
- die praktisch mögliche und im rasanten Ausbau befindliche Erreichbarkeit jedes Individuums über E-Mail oder Telefon in Echtzeit.

Als 1991 von der New Yorker Stadtsoziologin Saskia Sassen der Band *The Global City* erschien, der bereits im Titel New York, London und Tokyo ins Zentrum der Weltökonomie stellte, wurde dies zunächst als Orientierungshilfe im Globalisierungs- und Weltverstädterungsprozess gesehen. Nicht mehr die Nationen steuern die Volkswirtschaften, sondern die in diesen neuen Weltmetropolen ansässigen Finanz- und Börsenzentren, die weltumspannenden Medienzentren und Werbeagenturen. *Global Cities*, so führte Saskia Sassen aus, seien in völlig neuer Art systematisch und hochgradig miteinander verknüpft. Schon aus den Börsennachrichten geht hervor, dass die drei genannten *Global Cities* die Zeitzonen der Welt umspannen und die Ergebnisse von Tokyo auch das Börsengeschehen in den beiden anderen Weltmetropolen beeinflussen. Als weiteres Charakteristikum der *Global Cities* nennt Sassen[23] deren Stellenwert als Standorte von Innovationen in den führenden Wirtschaftsbranchen. Abbildung 4 veranschaulicht die Konzentration der Wirtschaftszentren in Asien.

---

[20] Vgl. Wieland 1996.

[21] Zur Ausbreitung der kapitalistischen Weltmarktsysteme vgl. Wallerstein 1974/1980.

[22] Vgl. Beck 1997; Castells 2001; Fürstenberg & Oesterdiekhoff 2004.

[23] Sassen 1991, 3f. Siehe auch Sassen 1997.

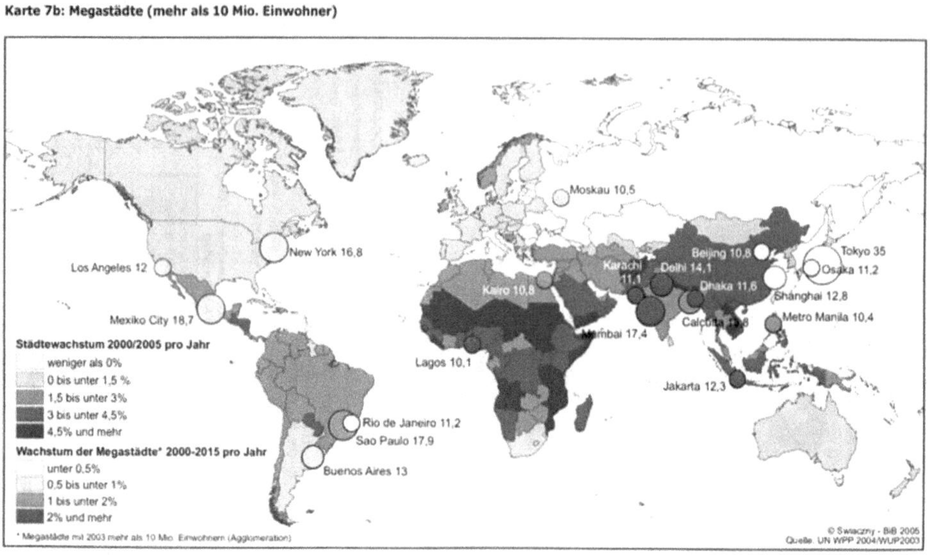

Abbildung 5: Megastädte mit mehr als 10 Mio. Einwohnern.[24]

IV. Schlussbemerkungen

Das „Antlitz der Erde", so zeigen es auch Satellitenbilder, ist mehr und mehr durch städtische Ballungsräume gekennzeichnet. Konnte man für die ersten Phasen der Stadtbildung und Verstädterung noch ein gewisses Gleichgewicht zwischen ökonomischer Basis von Stadt und Land voraussetzen – wobei selbst in Deutschland bis zu Beginn des 20. Jahrhunderts die agrarisch-ländliche Bevölkerung in der Mehrzahl war –, so ist durch die Industrialisierung der agrarischen Produktion und damit des beschleunigten Rückgangs der Agrarbevölkerung, durch Bevölkerungsverdopplungen in vielen Ländern der Dritten Welt nach 1950 in 20 bis 30 Jahren, durch Entwicklungen der „tertiären Verstädterung"[25] und des Leerlaufens weiter Gebiete und schließlich durch die Globalisierung von Handel und Verkehr ein Prozess in Gang gekommen, der aus der einführenden Frage von Lewis Mumford aus dem Jahr 1961 eine in der Mehrzahl der Fälle problematische Gewissheit macht: „Der ganze Erdball wird sich in einen riesigen Bienenkorb von Stadt verwandeln".

Dass dies in Deutschland wie in vielen anderen europäischen Ländern nicht mit der gebührenden Aufmerksamkeit wahrgenommen wird, hängt damit zusammen, dass hier die Städte kaum noch wachsen – zum Teil sogar schrumpfen – und dass die meisten dieser Städte die Qualitäten, die sich die Menschen von einer modernen und urbanen Lebensweise versprechen, weitgehend einzuhalten vermögen.

---

[24] BiB-Mitteilungen 03/2005, Karte 7b.

[25] Mackensen 1974, 141.

Literatur

Beck, Ulrich 1997: Was ist Globalisierung? Frankfurt/Main.
BIB-Mitteilungen 2005: Informationen aus dem Bundesinstitut für Bevölkerungsforschung beim Statistischen Bundesamt, 3.
Brockhaus-Enzyklopädie in 20 Bänden,
Bronger, Dirk 1996: Megastädte, in: Geographische Rundschau 2, 74-82.
Castells, Manuel 2001: Der Aufstieg der Netzwerkgesellschaft, Opladen (orig. amerik. 1996).
Chandler, Tertius; Fox, Gerald 1974: 3000 years of urban growth, New York.
Engelsing, Rolf 1973: Sozial- und Wirtschaftsgeschichte Deutschlands, Göttingen.
Fürstenberg, Friedrich; Oesterdiekhoff, Georg W. eds. 2004: Globalisierung ohne Grenzen? Soziologische Beiträge zum Entgrenzungsdiskurs, Hamburg.
Geographische Rundschau 1996: „Megastädte“, 2.
Henning, Friedrich-Wilhelm 1974: Das vorindustrielle Deutschland 800 bis 1800, Paderborn.
Khalatbari, Parviz 2000: Weltverstädterungsprozess – ein zentrales Problem des 21. Jahrhunderts, in: Zeitschrift für Bevölkerungswissenschaft 25, 459-476.
Kolb, Frank 2005: Die Stadt im Altertum, Düsseldorf.
Landeszentrale für politische Bildung 1998 Baden-Würtemberg, Politik und Unterricht 4, 1998.
Mackensen, Rainer 1974: Städte in der Statistik, in: Pehnt ed. 1974, 129-165.
Mumford, Lewis 1979: Die Stadt. Geschichte und Ausblick, 2 Bde., München (orig. amerik. 1961).
Pehnt, Wolfgang ed. 1974: Die Stadt in der Bundesrepublik, Stuttgart.
Ribbeck, Eckhart 2005: Die Welt wird Stadt. Stadtbilder aus Asien, Afrika und Lateinamerika, Berlin.
Sassen, Saskia 1991: The Global City: New York, London, Tokyo, Princeton/NJ.
Sassen, Saskia 1997: Metropolen des Weltmarkts. Die neue Rolle der Global Cities, (2. Aufl.) Frankfurt/Main, New York (orig. amerik. 1994).
Schäfers, Bernhard 2004: Die Stadt. Ursprünge der Globalisierung seit der Antike und ihre Entwicklung bis zur Gegenwart, in: Fürstenberg & Oesterdiekhoff eds. 2004, 233-257.
Schäfers, Bernhard 22006: Architektursoziologie. Grundlagen – Epochen – Themen, Wiesbaden.
Stoob, Heinz ed. 1979: Die Stadt. Gestalt und Wandel bis zum industriellen Zeitalter, Köln, Wien.
Stoob, Heinz 1979a: Die hochmittelalterliche Städtebildung im Okzident, in: Stoob ed. 1979, 131-156.
Stoob, Heinz 1979b: Stadtformen und städtisches Leben im Mittelalter, in: Stoob ed. 1979, 157-194.
Wallerstein, Immanuel 1974: The Modern World-System, Bd. I, New York et. al.
Wallerstein, Immanuel 1980: The Modern World-System, Bd. II, New York et. al.
Wieland, Leo 1996: Chicago ist die Quintessenz des Amerikanischen, in: FAZ vom 26.08.1996.

Wandlungsprozess der generativen Verhaltensweise in Europa

Parviz Khalatbari

„Die Geschichte der menschlichen Fruchtbarkeit ist die Geschichte der Frauenarbeit.“[1]

Karl Kautsky

Die zweite Hälfte des 20. Jahrhunderts war in Europa eine demographisch eigenartige Periode. Nach einem Anstieg der Geburtenrate in der Nachkriegsperiode beobachten wir seit etwa Anfang der 60-er Jahre einen ständigen Rückgang der Geburtenrate in den europäischen Ländern. Wenn auch mit unterschiedlicher Intensität vollzog sich der Prozess des tendenziellen Falls der Geburtenrate in allen Regionen Europas. So sank die Geburtenrate pro 1000 in der osteuropäischer Region von 25 1950/55 auf knapp 10 in den Jahren 2000/2005. Innerhalb von 50 Jahren hat sich die Geburtenrate in dieser Region mehr als halbiert. Im selben Zeitraum sank die Geburtenrate in Südeuropa von etwa 21 pro 1000 auf 10 pro 1000 und in den nord- und westeuropäischen Regionen von etwa 15 auf 10 pro 1000. Somit zeigen alle europäischen Regionen an der Jahrtausendwende eine Geburtenrate pro Tausend von etwa 10. Nach der Prognose der Vereinten Nationen wird die Geburtenrate in Europa in den nächsten 50 Jahren, also bis zum Jahre 2050, um diesen Wert pendeln.[2] Wie soll nun diese regressive Entwicklung verstanden werden?

Der Rückgang der Geburtenrate in den westeuropäischen Ländern ist kein neues Phänomen. Seit mehr als 100 Jahren, also seit den letzten Dekaden des 19. Jahrhunderts beobachten wir einen kontinuierlichen Rückgang der Geburtlichkeit in dieser Region. Allein im Zeitraum 1871/80 bis 1911/13 fiel die Geburtenrate in Deutschland z.B. von 39,1 auf 27 pro 1000. Dieselbe Tendenz ist auch in anderen europäischen Ländern zu beobachten.

Mehrere Wissenschaftler der Jahrhundertwende sind auf dieses neue demographische Phänomen in Europa aufmerksam geworden und sorgten für die Aufregung. Bereits 1916 widmete der Gynäkologe Ernst Bumm (1858-1925) seine Antrittsrede des Rektorates der Kgl. Friedrich-Wilhelm-Universität in Berlin dem „deutschen Bevölkerungsproblem.“ Er betrachtete schon damals die fallende Tendenz der Geburten nicht nur in Deutschland, sondern in allen europäischen Ländern, als eine

> „ernst zu nehmende[n] Erscheinung. Ihre Ursachen müssen allgemeiner, von Land und Rasse unabhängiger Natur sein, denn man beobachtet den gleichen Vorgang bei den verschiedenen Völkern der weißen Rasse und in allen Ländern, sobald eine gewisse Stufe des modernen Kulturlebens erreicht ist.“ [3]

---

1 Kautsky 1910, 156.
2 UN 2005, 598f.
3 Bumm 1916, 11.

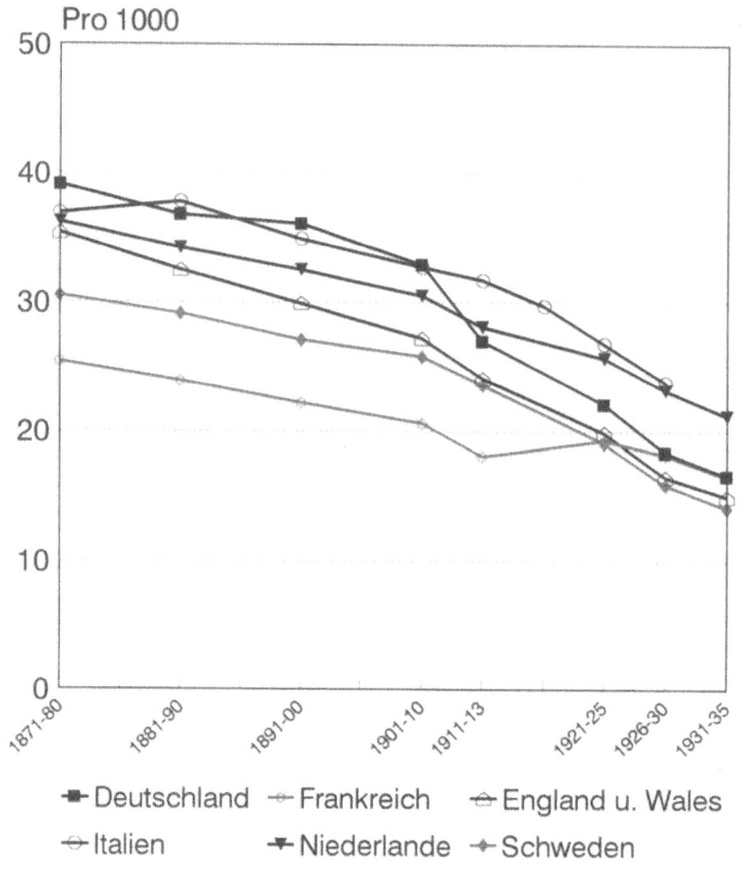

Abbildung 1: Rückgang der Geburtenrate in den westeuropäischen Ländern 1871/80-1931/35.[4]

Diese „ernst zu nehmende Erscheinung" setzte sich nach dem Ersten Weltkrieg weiter fort. Etwa Mitte der 1930-er erreichte die Geburtenrate in westeuropäischen Ländern ein Niveau, das um 20 pro 1000 lag. Im Zeitraum von etwa 50 Jahren hat sich die Geburtenrate in den europäischen Ländern fast halbiert. Dabei war das nicht das Ende: In der zweiten Hälfte des 20. Jahrhunderts erlebte die Geburtenrate in Europa eine weitere Halbierung.

4 Ungern-Sternberg & Schubnell 1950, 241.

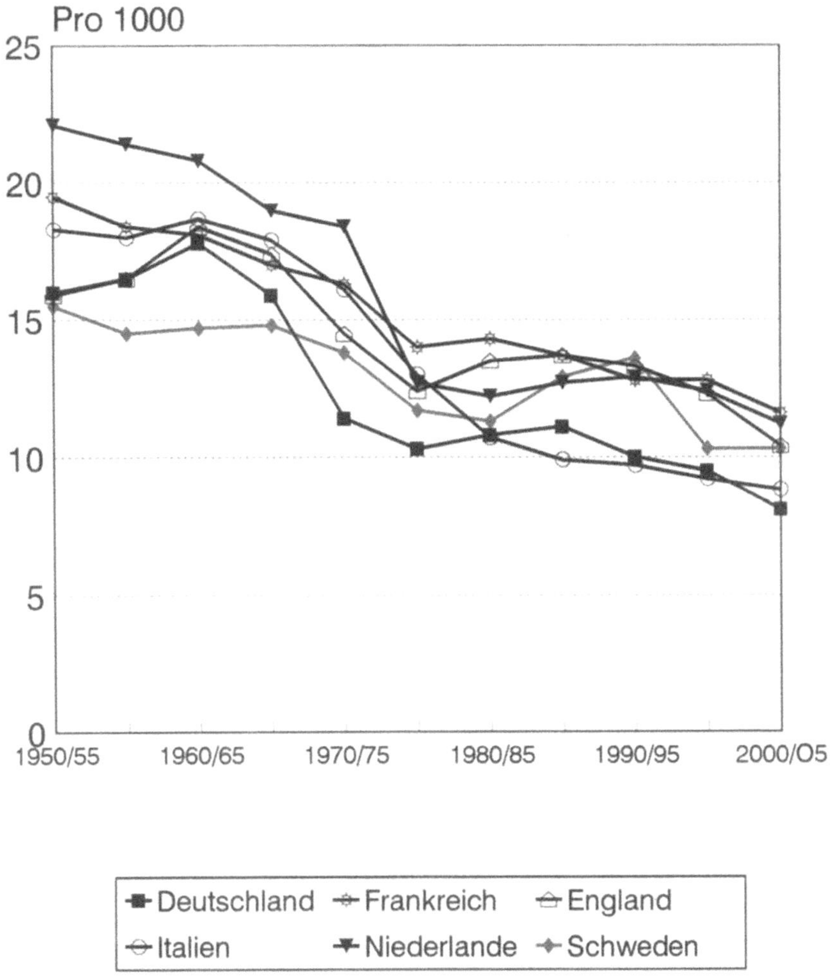

Abbildung 2: Rückgang der Geburtenrate 1950/55 bis 200/05[5]

Diese fallende Tendenz wird sich entsprechend der UNO Berechnungen bis zur Mitte des 21. Jahrhunderts (und vielleicht darüber hinaus) fortsetzen. Die kontinuierlich fallende Tendenz der Geburtlichkeit in Europa stellt ein seltsames demographisches Ereignis dar. Sie weicht von der eigentlichen Regel der Geburtenbewegung radikal ab, die in den letzten fünf- bis sechstausend Jahren das demographische Antlitz der Welt prägte.

In den vergangenen 6.000 Jahren war die Geburtenrate alles anders als ein regulärer und harmonischer Prozess. Sie war mal hoch und mal niedrig. Dennoch glätteten sich die Hochs und Tiefs: Man kann annehmen, dass die Geburtenrate ihre Kontinuität auf einer hohen Ebene bewahrte; um einen konstanten Wert von 40 pro 1000 pendelte. Diese lang haltende Kontinuität wurde nun in den letzten 250 Jahren plötzlich unterbrochen. Die Ge-

5 UN 2005.

burtenrate fällt und fällt, als ob „in die Volksseelen“ der Wille zur radikalen Einschränkung der Geburtenrate eingezogen sei.[6]

Der Geburtenrückgang in Europa ist eigentlich ein normaler (gesetzmäßiger) Prozess, der oft als ein Problem betrachtet wird. Wie soll dieser Prozess – die radikale Wandlung der generativen Verhaltensweise – verstanden werden?

Zur Klärung dieser Frage gehen wir von folgender theoretischen Überlegung aus: Die demographische Geschichte der heutigen Menschheit (homo sapiens sapiens) besteht, modellmäßig betrachtet, aus einer evolutionären Kontinuität mit zwei Unterbrechungen, zwei Sprüngen, zwei Transitionen und anschließender Fortsetzung der Kontinuität auf einer höheren Ebene.[7]

Die Unterbrechung der Kontinuität (die demographische Transition) kommt zwar in der Geschichte äußerst selten vor, dennoch ist sie kein ungewöhnliches demographisches Ereignis, dass eng mit der Umwälzung des Systems der Auseinandersetzung der Menschen mit der Natur verbunden ist.[8] Die sukzessiven Phasen der Kontinuität können ohne Einbeziehung der Transitionsphasen in unserer Betrachtung des demographischen Gesamtverlaufes nicht voll verstanden werden. Aber auch die Umkehrung trifft zu: Die Transitionsphasen können nicht begriffen werden, wenn man sie vom Gesamtprozess der Weltbevölkerungsbewegung in der Geschichte isoliert.

Das Verständnis der Dialektik von Kontinuität und Unterbrechung der Kontinuität der Bevölkerungsbewegung in der Geschichte bildet einen soliden Ausgangspunkt für die Ausarbeitung einer umfassenden Bevölkerungstheorie. Nun zurück zu unserer Sache mit einem Blick auf die Vergangenheit.

Die neolithische Revolution (agrarische Revolution) vor 10.000 Jahren war eine tiefe Zäsur in der Geschichte der Menschheit. Die Menschen begannen sich auf völlig neue Art und Weise und auf der Basis des Ackerbaus mit der Natur auseinanderzusetzen. Zum ersten Mal in der Geschichte produzierten sie ihren eigenen Bedarf an Nahrungsmitteln selbst und konnten sogar über ihren eigenen Bedarf hinaus ein Mehrprodukt produzieren. Dadurch wurde allmählich die Beschaffenheit der damaligen Welt von Grund auf verändert. Eine neue Kulturepoche brach über die Menschheit herein – die Geburt der Zivilisation kündigte sich an.

Die Erfinderinnen des Ackerbaus waren wahrscheinlich die Frauen. Sie waren auch über einige tausend Jahre die Herrinen des Feldes und Hauptproduzentin der Nahrungsmittel und konnten auch ihr sexuelles Leben als freie Menschen selbst bestimmen.[9] Diese Situation änderte sich allmählich im Zuge der technischen Entwicklungen in der Landwirtschaft von Grund auf.

Die Anwendung tierischer Arbeit revolutionierte die herkömmliche (primitive) Landwirtschaft. Die Erfindung des Pfluges bildete einen Eckpfeiler dieser neuen Revolution. Als die Ochsen vor den Pflug gespannt wurden, begann der „Ackerbau im heutigen Sinne.“[10] Damit begann der Übergang zu einer neuen Epoche – zur Epoche der Zivilisation. Mit der Entwicklung des Pfluges fand eine wesentliche Umwälzung in der landwirtschaftlichen Arbeitsweise mit erheblichen sozialen Konsequenzen statt: Die Feldarbeit war nun keine

6 Ebd., 13-14.

7 Eine Reihe von Wissenschaftlern hat dieses Modell als Grundlage ihrer Forschung verwendet. U.a. Deevey 1960; Desmond 1962; Durand 1972; Cipolla 1972; Sachsse 1978.

8 Vgl. Khalatbari 2006.

9 Siehe Bornemann 1975, 28.

10 Kautsky 1919, 44.

vorrangig weibliche Beschäftigung mehr; die Frauen wurden allmählich von ihrer Position verdrängt.

Die Zähmung und Leitung der Rinder und Pferde war Sache der Männer, damit auch die Arbeit des Pflügens:[11] Sie erforderte die ausreichende Muskelkraft, über die Männer verfügen. Rein physisch waren sie für die Ausführung des Ackerbaus prädestiniert und rückten damit in den Vordergrund; wurden nunmehr Hauptproduzenten der Nahrungsmittel.

In den agrarischen Gesellschaften bildete das Hauswesen die reproduktive Zelle der Gesellschaft. Es war eine überschaubare, kooperative und solidarische Einheit, in der mehrere Generationen zusammen lebten, wirkten und arbeiteten. Dabei stellten die entscheidenden Reproduktionsressourcen des Hauswesens die produktiven und generativen Leistungen der Frauen dar. Sie waren die wichtigen Arbeitskräfte zur Erzeugung der täglich notwendigen Lebensmittel. Kochen, Backen, Weben, Nähen usw. gehörten zu ihren normalen täglichen Aufgaben. Darüber hinaus sind sie die einzigen Produzentinnen, die in der Lage sind, neue, zukünftige Produzenten zu gebären. Die Frauen wurden daher die Trägerinnen zur Bewahrung der Kontinuität des Hauswesens von einer Generation zur anderen.

In den Agrargesellschaften herrschte bekanntlich der traditionelle Typ der Reproduktion, für den die Unkontrollierbarkeit der Sterblichkeit charakteristisch ist. Die häufige Herausbildung des periodischen Sterblichkeitsgipfels ist für diese Epoche ein normales demographisches Ereignis; die Sterberaten bei solchen Sterblichkeitsgipfel liegen bei 150 bis 300 und sogar bei 500 pro Tausend Einwohner.[12] Gleichzeitig ist es für diese Epoche charakteristisch, dass die Sterblichkeit nach den Katastrophen rapide sinkt: Sie bleibt mehrere Jahre und sogar für ein oder zwei Dekaden ungewöhnlich niedrig, wodurch die erlittenen Verluste relativ rasch ersetzt werden.[13] Im Durchschnitt oszillierte die Sterblichkeit um den hohen Wert von 40 pro 1000 im Jahr.

Unter den Bedingungen solch hoher Sterblichkeit ist selbst für die Realisierung der einfachen Populationserhaltung eine enorme reproduktive Leistung erforderlich.[14] Die Geburtlichkeit muss an das hohe Niveau der Sterblichkeit angepasst werden, sonst würde die Bevölkerung einfach aussterben. [15] Die Frauen sind in diesen Gesellschaften zwangsläufig zu härtestem „Gattungsdienst" verurteilt. Sie mussten faktisch ihre ganze physische Kraft einsetzen, um den demographischen Aufgaben nachzukommen: „Once married, people produced and brought up as many children as they could."[16]

Die Frauen wurden bereits als Kinder verheiratet. Da kein minderjähriges Mädchen in der Lage ist, einen Partner für die Lebensdauer selbst zu suchen, übernahmen dies die Eltern. Sie lieferten das unmündige Mädchen der Gewalt ihres Mannes aus. Die Ehe wurde als heilige Institution deklariert, damit jede Form einer freien oder außerehelichen Liebe zur Sünde und schwer bestraft.

---

11 Kautsky 1910a, 168.

12 Cipolla 1972, 71.

13 Habakkuk 1969, 274f.

14 Adam Smith 1963, 104, erzählt: „Mir ist des Öfteren erzählt worden, daß es im schottischen Hochland nichts Ungewöhnliches ist, wenn von den 20 Kindern, denen eine Mutter das Leben geschenkt hat, nur noch zwei leben."

15 Notestein 1945, 39.

16 Carr-Saunders 1915, 37.

Durch die enorme demographische Leistung verschonten die Frauen zwar die Menschheit vom Aussterben, beraubte sie aber unter anderem der Ausübung menschenwürdiger Sexualität, verdammte sie zu tierischer Sexualität.

Der Mensch ist ein Säugetier unter 4.300 anderen Säugetierarten auf unserer Erde. Bei allen Säugetieren (ausgenommen bei dem Menschen) ist der Zweck der Sexualität die Befruchtung. „Sex dient bei Menschen vorwiegend dem Vergnügen und nicht der Befruchtung.“[17] Das sexuelle Vergnügen ist natürlich und menschlich und hat die sexuelle Freiheit im wahrsten Sinne des Wortes als Voraussetzung.

In den Agrargesellschaften wurde die absolute Priorität zwangsläufig auf die Befruchtung gesetzt. Das Vergnügen, also der menschenspezifische Aspekt der Sexualität, wurde einseitig, d.h. nur den Frauen strikt untersagt.

Wenn die Frauen, neben ihren umfangreichen ökonomischen Aufgaben in der Hauswirtschaft, auch (und vor allem) den „normalen“ demographischen Aufgaben nachkommen sollten, dann blieb ihnen weder Zeit noch Kraft, um mit den Männern im gleichen Schritt zu marschieren. Sie rutschen weit hinter den Männern zurück.

Die absolute Dominanz der Männer über die Frauen führte zur Erniedrigung, Verachtung und Versklavung der Frauen. Die Frauen wurden ihrer Würde beraubt. Die Stellung der Frau in der Gesellschaft wurde für einen langen historischen Zeitabschnitt geprägt.[18]

Die industrielle Revolution des 18. Jahrhunderts kündigte das Ende der tausendjährigen traditionellen Kulturepoche an. Alle bis dahin geltenden Verhältnisse, Sozialgebilde, Organisationen, Vorstellungen und Werte wurden allmählich von Grund auf verändert. Es entstand eine völlig neue und sich entwickelnde Lebens-, Arbeits- und Denkweise; eine neue Kulturepoche mit ungeheuerer Dynamik.

Auch die demographischen Konsequenzen der industriellen Revolution waren im wahrsten Sinne des Wortes revolutionär. Die industrielle Revolution hat dem traditionellen Typus der Reproduktion die Grundlage entzogen. Die zehntausendjährige Kontinuität der Bevölkerungsbewegung wurde etwa Mitte des 18. Jahrhunderts in Europa unterbrochen. Die Reproduktion tritt in eine Transitionsphase ein, die bis heute noch nicht abgeschlossen ist.

Die demographische Transition begann mit dem irreversiblen Rückgang der Sterblichkeit. Im Zuge der ökonomischen, gesellschaftlichen und wissenschaftlichen Umwandlungen und Entwicklungen wurde seit Ende des 18. Jahrhunderts das traditionelle und unkontrollierbare Sterblichkeitsregime allmählich überholt. Die Sterblichkeit wurde zunehmend kontrollierbar. Die Sterberate sank ständig und stabilisierte sich schließlich auf einem niedrigen Niveau. Dies ist aus demographischer Sicht die Haupterrungenschaft der industriellen Revolution.

Dank der Kontrollierbarkeit der Sterblichkeit wird zum ersten Mal in der Geschichte die Erhaltung der Art mit geringem demographischen Aufwand gewährleistet. Zum ersten Mal in der Geschichte werden die Frauen von der Last sukzessiver Geburten befreit, ohne dass dadurch der Bestand der Art gefährdet wird. Die die Fruchtbarkeit fördernde traditionelle generative Verhaltensweise, die tausende von Jahren die hohe Sterblichkeit kompensierte und als arterhaltend wirkte, erwies sich nun als überflüssig. Sie musste durch eine neue, eher die Fruchtbarkeit beschränkende generative Verhaltensweise ersetzt werden.

---

17 Diamond 1998, 13.

18 Thomas von Aquino (1225-1274) führte die „Inferiorität“ des Weibes auf eine „Mangelhaftigkeit des Keimstoffes“ zurück.

Die Hauptvoraussetzung für diese radikale demographische Umwandlung war die umfassende Befreiung der Frauen von jenen wirtschaftlichen, gesetzlichen, sozialen, religiösen, und sexuellen Fesseln, die sie tausende Jahre unterdrückten, diskriminierten und zum härtesten Gattungsdienst verurteilten. Zwischen dem Prozess der weiblichen Befreiung oder Emanzipation und der Formierung und Entwicklung der modernen generativen Verhaltensweise besteht offensichtlich ein untrennbarer Zusammenhang.

Das Phänomen des Rückgangs der Geburtlichkeit wurde im letzten Jahrhundert von sehr unterschiedlichen Aspekten – ökonomischen, soziologischen, psychologischen, kulturellen, ideologischen etc. – beleuchtet. Dabei blieben aber der Prozess der weiblichen Emanzipation und seine Wirkung auf die demographischen Prozesse unterbeleuchtet.

In seinem Referat auf der 125. Tagung des Arbeitskreises Demographie (18. Mai 2006) hat Rainer Mackensen auf diese Tatsache hingewiesen: Trotz aller wissenschaftlicher Fortschritte ist die Frage der weiblichen Emanzipation in den letzten Jahren eher vernachlässigt worden. Selbst bei der Ausarbeitung der Theorie der demographischen Transition blieb diese erstaunlicherweise weitgehend unberücksichtigt.

Das Einbeziehen der weiblichen Emanzipation als ein wesentliches Element in der Theorie der demographischen Transition bereichert die Theorie und verstärkt ihre Aussagekraft.

Die industrielle Revolution hat die entscheidenden Voraussetzungen für die umfassende Befreiung der Frau geschaffen in dem sie die patriarchalische Hauswirtschaft als sozialökonomische Grundlage der traditionellen Männerherrschaft und der Frauendiskriminierung allmählich, aber gründlich zerstörte.

Aus ihren Trümmern entstand zum einem eine „moderne" Art der Männerherrschaft, die bis heute unsere Gesellschaften dominiert, aber ebenso allmählich ein neuer Typus von Frau mit einer historischen Mission: Die Wiederherstellung der Würde der Frau als freier Mensch. Es geht nicht nur um Gleichberechtigung zwischen Frauen und Männern. Es geht vielmehr um Schaffung einer neuen Gesellschaft, in der die weiblichen Werte bestimmend sind, also eine Gesellschaft, die humaner und gerechter ist als die bestehende, von Männern dominierte Gesellschaft.

Das unmittelbare Ergebnis der Auflösung der Hauswirtschaft war die zunehmende Einbeziehung der Frauen, wenn auch im Vergleich zu Männern als billigere Arbeitskräfte, in den industriell organisierten Arbeitsprozess. Das hatte bereits gravierende demographische Konsequenzen. Wirtschaftlich ist für die Arbeiterin jede Schwangerschaft und Geburt eine Erschwerung der Erwerbstätigkeit, eine Gefährdung des Verdienstes und eine Erschwerung der Arbeit durch die häuslichen Pflichten.[19] Das hat dazu geführt, dass die Arbeiterinnen nun selbständig entscheiden wollten, ob sie Mutter werden wollten oder nicht. Die Befreiung von herkömmlichen Formen im Bereich des Sexuellen und die Kindererzeugung setzen sich durch.[20] Das war ein erster Schritt in Richtung der Herausbildung der modernen generativen Verhaltensweise und der Realisierung des Anpassungsgesetzes.

Etwa am Ende des 19. Jahrhunderts waren bereits „ein Drittel aller Frauen" in Deutschland erwerbstätig.[21] Der Status von Frauen in der Gesellschaft wandelte sich trotz aller Widerstände allmählich. Die Frauen kämpften nun nicht nur für die gleichen Berufschancen, sondern selbstbewusster für ihre volle Gleichberechtigung, vor allem für ihre

19 Marcuse 1913, 59.
20 Ungern-Sternberg & Schubnell 1950, 284.
21 Vgl. Müller-Lyer 1921, 247.

politischen Rechte.[22] Es dauerte nicht sehr lange bis die Frauen in Europa das gesetzgeberische Monopol der Männer durchbrachen und das (aktive und passive) Wahlrecht erlangten. Das gab den Frauen die Möglichkeit, sich zunehmend in den ökonomischen, sozialen und politischen Angelegenheiten der Gesellschaft zu engagieren.

Der neue Status der Frau war nicht mit einer sukzessiven Abfolge von Schwangerschaften und vielen Kindern vereinbar. Die berufliche Tätigkeit der Frau erfährt durch Schwangerschaft, Geburt und Pflege von Kindern eine Hemmung. Die Zahl der Kinder pro Frau wurde bewusst und freiwillig beschränkt. Diese freiwillige Entscheidung der Frauen bewirkte vielleicht auch die beginnende sexuelle Revolution[23], die sich allerdings erst in der zweiten Hälfte des 20. Jahrhunderts fast in allen europäischen Ländern durchsetzte und die demographischen Verhältnisse mit bestimmte.

In der zweiten Hälfte des 20. Jahrhunderts setzte sich die fallende Tendenz der Geburtlichkeit in europäischen Ländern weiter fort. In manchen Ländern zeigt sie sogar ein Niveau, das unter der Sterblichkeit liegt. In mehreren europäischen Ländern ist die einfache Reproduktion nicht gesichert, und die Zahl dieser Länder nimmt zu. Die demographische Transition trat in eine neue Phase, die C. P. Blacker bereits 1947 als regressive Phase bezeichnete:

> „The phase is easy to recognise and define, for it is marked by an actual excess of deaths over births and, unless compensated by immigration, by a fall in numbers."[24]

Wie soll nun diese neue (regressive) Phase der demographischen Transition verstanden werden?

Die Fortschritte in den Naturwissenschaften, in Medizin, Chemie und Biologie, in der zweiten Hälfte des 20. Jahrhunderts haben zur Kontrollierbarkeit der Sterblichkeit beigetragen. Viele Menschen konnten nun ein hohes Alter erreichen. Die Lebenserwartung bei der Geburt hat die Grenze des „biblischen Alters" überschritten.[25]

Das Schwergewicht der Sterblichkeit verlagert sich allmählich ans Ende der Skala der altersspezifischen Sterblichkeitskurve. In den kommenden Dekaden ist daher nach der Vorausberechnung der Vereinten Nationen die Zunahme der Sterberate in europäischen Ländern zu erwarten.

Dabei setzte sich die fallende Tendenz der Geburtenrate in der zweiten Hälfte des 20. Jahrhunderts auffallend weiter fort, ein Prozess, der, so die UN-Vorausberechnung, auch in den nächsten 50 Jahren anhält. In der zweiten Hälfte des 20. Jahrhunderts kommt die weibliche Befreiung zu einem entscheidenden Durchbruch – zur sexuellen Gleichberechtigung.

Die sexuelle Emanzipation war vielleicht der revolutionärste Bestandteil des Komplexes des Emanzipationsprozesses. Sie war die entscheidende Abkehr von der „streng purita-

---

22 Bereits während der französischen Revolution haben die Frauen ihre Stimme für die politische Gleichberechtigung erhoben. „Die Frau hat das Recht, das Schafott zu besteigen, gleichermaßen muß ihr das Recht zugestanden werden, eine Rednertribüne zu besteigen." Olympe de Gouges ^{2}1969, 42.

23 Bereits 1936 prägte Wilhelm Reich den Begriff „sexuelle Revolution". Ders. 1936.

24 Blacker 1947, 97. Auch Herrmann Schubnell 1973, hat sich mit möglicher regressiver Phase der Bevölkerungsbewegung beschäftigt. Edward Rosset 1983, 151f, vertritt die Hypothese der fünften Phase der demographischen Transition.

25 Nach dem Alten Testament soll Methusalem 969 Jahre alt geworden sein. Da diese Angabe nach Mondjahren erfolgte, entspräche dies 78 Kalenderjahren und drei Monaten.

nischen" Moral, die sich bis ins Europa des 20. Jahrhunderts hinschleppte.[26] Zugleich war sie eine tiefgreifende gesellschaftliche Revolution, die die Kruste der tausende von Jahren anhaltenden Traditionen, Gewohntheiten und moralischen Wertvorstellungen durchbrach. Die Frau hat sich von jenen Fesseln der traditionellen Gesellschaft endgültig befreit, die ihr die Ausübung der menschenwürdigen Sexualität vorenthielt. Sie hat wieder Rechte über ihren Körper gewonnen und nahm sich Liebhaber oder wechselte ihren 'Ehepartner', so oft sie wollte. Das weibliche Geschlecht wollte nun ihre Jugendjahre und überhaupt ihr sexuelles Leben menschenwürdig gestalten, wie es die Natur verlangt. Die vorehelichen und außerehelichen Beziehungen wurden zur Selbstverständlichkeit gemacht. Die Sexualität wird nun vorwiegend dem Vergnügen und nicht der Befruchtung dienen und das trotz der Bibel.

Das moderne Kontrazeptiv trug zur Realisierung dieses Vorhaben entschieden bei. Sie ermöglichte die absolute Trennung der sexuellen Vergnügen von Befruchtung. Es wird also ein Schlussstrich unter das konventionellen Mann-Frau-Verhältnis gezogen."[27] Dass diese neue Situation bestimmte demographische Effekte nach sich zieht, dürfte selbstverständlich sein.

Die sexuelle Emanzipation hat also in der zweiten Hälfte des 20. Jahrhunderts ein mächtiger Antrieb erhalten. Woher kommt aber dieser Antrieb?

Nach Kriegsende haben die Frauen zum Aufbau des zerstörten Europas entschieden beigetragen. Sie haben die Männer ersetzt, die in Gefangenschaft geraten oder gefallen, krank oder arbeitsunfähig waren. Oft waren sie der Haushaltsvorstand, der die Familie zu ernähren hatte. Die objektiv entstandene Situation gab dem Prozess der weiblichen Emanzipation einen mächtigen Antrieb mit entscheidenden demographischen Konsequenzen.

Die Frauen haben mit ihrer schöpferischen Arbeit in der Nachkriegsperiode ihre gleichberechtigte Teilnahme am gesellschaftlichen Leben mit Nachdruck durchgesetzt. Damit haben sie die Gleichstellung der Frauen und Männer in Wirtschaft, Politik, Justiz, Wissenschaft, Bildung, Medien und sogar Militär weitgehend erfolgreich erreicht. Sie sind für die meisten dieser Arbeiten genauso qualifiziert wie die Männer.

In der bestehenden Gesellschaft können die Frauen überhaupt nur dann ihre schwer gewonnenen Positionen behaupten, wenn sie mit den Männern Schritt halten.[28] Das können sie tun, wenn sie kein Kind haben. In einer Gesellschaft, in der immer noch die Männer dominieren, können die Frauen sich nicht anderes verhalten, als sie sich verhalten.

Die Ellenbogengesellschaft wandelte die Frauen quasi zu „Männern" um.

Im Zuge der ökonomischen, sozialen, politischen und sexuellen Emanzipation verschob sich das Heiratsalter nach oben. Die Familie bildet sich mit Verspätung aus. Sie hat heute zudem einen Lebensplan: Junge Leute haben bestimmte Vorstellungen über ihre Zukunft. Wie etwa soll ihr weiteres Leben aussehen?

Wenn es endlich zur Familienbildung kommt, dann behindern die gesellschaftlichen Probleme die Anschaffung von Kindern. So wachsen z. B. in unserer konsumorientierten Gesellschaft die Konsumwünsche schneller als Lebensstandard oder das Einkommen. Diese Spanne bringt die bekannte Alternative Baby oder Auto. Aber nicht nur das: Die Unsicher-

---

26 „Jede Form einer freien, einer außerehelichen Liebe widersprach dem bürgerliche Anstand." Zweig 1970, 59.

27 Bornemann 1975, 28.

28 Karriere machen und angemessen entlohnt werden, das ist für Männer schon schwer, aber für Frauen oft gänzlich unmöglich. Frauen sind für die meisten Arbeiten genauso qualifiziert, haben aber keine Chance auf einen beruflichen Aufstieg und selbst wenn sie es schaffen sollten, verdienen sie immer noch weniger als Männer in vergleichbaren Positionen.

heit der Arbeitsplätze, drohende Arbeitslosigkeit und Ungewissheit der Zukunft kommen dazu.

Der Emanzipationsprozess hat seine Ziele nur teilweise erreicht. Die Frauen haben zwar gleiche Rechte und haben sich auch wichtige Schlüsselpositionen erobert. Aber eine humanere und gerechtere Gesellschaft, die durch die Präsenz der Frauen zu erwarten gewesen wäre, wurde nicht oder noch nicht erreicht: Denn in einer noch immer von Männern dominierten Welt konnten die weiblichen Werte wie Friede, Mütterlichkeit, Harmonie, Kooperation, Solidarität nicht zur Geltung kommen. Im Gegenteil wächst die soziale Ungleichheit, die Schere von arm und reich erweitert sich und die Gewalttätigkeit nimmt zu. Das Leben in dieser Gesellschaft wird immer unsicherer.

An dieser Situation kann keine bevölkerungspolitische Maßnahme groß etwas ändern.

Vielleicht hatte August Bebel recht als er sagte: Die Frauenfrage fällt mit dem grundsätzlichen Problem der Beseitigung der sozialen und ökonomischen Unterdrückung zusammen.

Literatur

Blacker, C. P. 1947: Stages in Population Growth, in: The Eugenics Review, 39, 3, 88-102.

Bornemann, Ernest 1975: Patriarchat. Ursprung und Zukunft unseres Gesellschaftssystems. Frankfurt/Main.

Bumm, Ernst 1916: Ueber das deutsche Bevölkerungsproblem: Rede zum Antritt des Rektorates der Königlichen Friedrich-Wilhelm-Universität in Berlin gehalten in der Aula am 15. Oktober 1916, Berlin.

Carr-Saunders, Alexander 1925: Population, London.

Cipolla, Carlo M. 1972: Wirtschaftsgeschichte und Weltbevölkerung, München.

Deevey, Edward Smith 1960: The human population, in: Scientific America, 203, 195-204.

Desmond, Annabell 1962: How many people have ever lived on earth?, in: Population Bulletin, 18, 1-19.

Diamond, Jared 1998: Warum macht Sex Spaß? Die Evolution der menschlichen Sexualität, München.

Durand, John 1971: The Modern Expansion of World Population, in: Detwyler, Thomas R. ed. 1971: Man's Impact in Environment, New York, 36-49.

Habakkuk, Hrothgar John 1969: English Population in the Eighteenth Century, in: The Sociological Quartely, 10, 2, 190-203.

Kautsky, Karl 1910: Vermehrung und Entwicklung in Natur und Gesellschaft, Stuttgart.

Kautsky, Karl 1910a: Sozialisierung in der Landwirtschaft, Berlin.

Kautsky, Karl 1919: Sozialisierung in der Landwirtschaft, Berlin.

Khalatbari, Parviz 2006: Demographie – eine Wissenschaft mit unterentwickelter Theorie!, in: Utopie Kreativ, 183, 23-36.

Marcuse, Julian 1913: Die Beschränkung der Geburtenzahl. Ein Kulturproblem, München.

Müller-Lyer, F. 1921: Die Familie, München.

Notestein, Frank W. 1945: Population – The Long View, in: Theodore W. Schultz ed. 1945: Food for the World, Chicago, 36-57.

Olympe de Gouges 21969: Schriften. Herausgegeben von Monika Dillier, Monika Mostowlansky, Regula Wyss, Basel, Frankfurt/ Main.

Rosset, Edward 1983: The Fifth Phase of Demographic Transition – Population Regression, in: Khalatbari, Parviz ed. 1983: Demographic Transition, Berlin, 149-159.

Sachsse, Hans 1978: Anthropologie der Technik, Ein Beitrag zur Stellung des Menschen in der Welt, Braunschweig.

Schubnell, Herrmann 1973: Der Geburtenrückgang in der Bundesrepublik Deutschland, Bonn – Bad Godesberg.

Smith, Adam 1963: Eine Untersuchung über das Wesen und die Ursachen des Reichtums der Nationen, Berlin.

UN 2005: World Population Prospects. The 2004 Revision, New York.

Ungern-Sternberg, Roderich von; Schubnell, Hermann 1950: Grundriss der Bevölkerungswissenschaft (Demographie), Stuttgart.

Zweig, Stefan 1970: Die Welt von Gestern. Erinnerung eines Europäers, Stuttgart.

Geburtenrückgangstheorien und »Geburtenrückgangs-Gespenster« 1900 – 1930

Ursula Ferdinand

I. Die Rückkehr eines Gespensts

In den deutschen Medien wird wieder einmal den Deutschen ein weltweiter statistischer ›Minimum-Rekord‹ in punkto Geburtenrate bescheinigt. Mit Inszenierungen des »Geburtenrückgangs-Gespensts« werden öffentlichkeitswirksam Ängste vor drohender Überfremdung, Überalterung oder Entvölkerung geschürt. Die Suche nach einer einheitlichen klärenden Theorie für das weltanschaulich-statistisch Verwebte führt hier zum Befund:

> „Theorien zum Geburtenrückgang gibt es in der Wissenschaft fast so viele wie Bevölkerungsforscher. Aber keinen Konsens. Unter den Forschern besteht nicht einmal Einigkeit darüber, was man überhaupt klären will."[1]

Es wird konstatiert, dass die durch den Nationalsozialismus zur Begründung von Eugenik und Rassenhygiene missbrauchte Demographie, die erst in den 1970-er Jahren wieder ihren Platz in der hiesigen Wissenschaftslandschaft fand, sich weitgehend als eine methodisch und theoretisch ›unterentwickelte‹ Disziplin erweist. Ehe die Demographie sich mit gesicherten Aussagen in die Debatte um den Geburtenrückgang einmischen sollte, müsse sie sich über einen multidisziplinären Austausch „erst neu erfinden":

> „Demografen, Soziologen und Psychologen [haben sich] zusammen mit Ökonomen, Anthropologen, Politologen und Forschern aus dem Bereich des Gender Mainstreaming an einen Tisch [zu] setzen, um mit dem Wissen aller Disziplinen neue Ideen zu entwickeln für das komplexe Forschungsfeld Mensch."[2]

Das »Gespenst des Geburtenrückgangs« und die mit ihm inszenierten Ängste mögen als PR-Produkte der aktuellen politischen Konjunktur medienwirksame Originalität beanspruchen oder einem neuen Konservatismus Raum geben, bleiben dennoch seltsam national gebunden. Sie scheinen – trotz des Hinweises auf die NS-Zeit – eher wie historisch anämische Konstruktionen. Ihnen fehlt der Bezug zur (internationalen) Geschichte des Faches mit seinen Diskussionslandschaften um den Geburtenrückgang. Die Frage, wie die Demographie überhaupt in diesen Zustand geraten ist, wird nicht gestellt. Doch ohne deren Beantwortung weist auch der empfohlene ›Königsweg‹ ins Leere.

Der Blick in die Geschichte zeigt, dass der Befund Vielfalt der Geburtenrückgangstheorien, noch der aufgezeigte ›Königsweg‹ des multi- oder interdisziplinären Austauschs über den Fragenkomplex der Fertilität und ihrer Determinanten ebenso wie das »Gespenst des Geburtenrückgangs« und die mit ihm bewegten Ängste keineswegs neu sind. Das soll im Folgenden beispielhaft bis um 1930 nachgezeichnet werden; zunächst werden internati-

---

1 Schwentker 2006, 31.
2 Ebd.

onale Entwicklungen zur Konsolidierung und Vereinheitlichung der Forschungen über den Gegenstand ›Bevölkerung‹, dann Diskussionsfelder um den Geburtenrückgang in Deutschland dieser Zeit skizziert. Mit der politischen Zäsur 1933 veränderten sich in Deutschland und international diese Wissenschaftslandschaften: Aus der Vielfalt verschwanden prominente Theorien. Zwar suchte man nach 1945 auf die verdrängten Ansätze wieder aufmerksam zu machen, sie in die internationalen Diskussionen zu integrieren, doch war diesen Bemühungen wenig Erfolg beschieden.

II. Internationale Diskussionen über den Geburtenrückgang

Seit der (statistischen) ›Entdeckung‹ des Geburtenrückgangs zunächst in Frankreich, dann in den anderen westlichen Ländern vor mehr als 100 Jahren gestaltete sich dessen theoretisch weit gefächerte Erfassung. Hier rangen Wissenschaftler fächerübergreifend – Eugenik, Medizin/Sozialhygiene, (Sozial-)Anthropologie, Statistik, Nationalökonomie/Sozialwissenschaften etc. – um die ›richtige‹ Erklärung der Ursachen dieses modernen Bevölkerungsproblems. Sie benannten unterschiedlichste Phänomene als wirksame Ursache der verringerten Kinderzahl. Mit dem damit vollzogenen Perspektivwechsel von der Übervölkerung auf den Geburtenrückgang wurde die Vorherrschaft der Malthusschen Bevölkerungstheorie gebrochen, zumindest modifiziert,[3] zugleich der naturalistischen Bevölkerungslehre eine voluntaristische gegenübergestellt.[4]

Gemeinsamer Ausgangspunkt aller Theorien waren die Fruchtbarkeitsunterschiede zwischen armer und reicher, städtischer und ländlicher Bevölkerung, zwischen den Klassen, Schichten, Berufsgruppen, Völkern oder ›Rassen‹. In der Folge avancierte die differentielle Fruchtbarkeit zum konstituierenden Element der bevölkerungstheoretischen Konzeptionen und zum Gegenstand bevölkerungswissenschaftlicher Analysen.[5] Zugleich prägten das zeithistorische Denken über nationalistische bzw. völkische, imperiale wie rassistische, sittliche und antifeministische Bewertungen des neuen demographischen Phänomens bzw. der Dynamik (nationaler) Bevölkerungsprozesse die Theorienbildung. Das verlieh den Diskussionen einen Facettenreichtum, der sowohl sexual- und sozialpolitische Themen wie Angstszenarien vor dem Untergang der westlichen Kultur als Folge des Geburtenrückgangs bzw. der differentiellen Fruchtbarkeit umfasste und ebenso methodologische und terminologische Diskussionen anstieß.[6]

Den Geburtenrückgang sahen liberale Reformer als Ausdruck eines unübersehbaren Wandels der sexualethischen Dimension der Malthusschen Bevölkerungsfrage, was für sie Anlass war, für individuelle und kollektive, sexuelle und reproduktive Rechte von Frauen und Männern zu streiten.[7] Zugleich beförderte der Ruf nach rationaler sozialer Kontrolle empirische Studien über die eugenischen Folgen differentieller Fruchtbarkeitsraten zwi-

---

3 Das heißt keineswegs, dass die Bevölkerungstheorie Thomas Robert Malthus (1766-1834) und das mit ihr verbundene Paradigma ›Übervölkerung‹ aus der Diskussion verschwand. Auch negiert das nicht, dass prominente Geburtenrückgangstheorien, sich auf Aspekte des Malthusschen Bevölkerungsgesetzes stützten. Siehe hierzu Bowen 1931 [1968]. Hinzuweisen ist auch, dass im Pro und Contra um den Neomalthusianismus und der *Birth Control* immer wieder auf Malthus verwiesen wurde. Siehe Ferdinand 1997.

4 Fetter 1894; vgl. Mombert 1929, 452.

5 Marschalck 1992, 21f; Cromm 1998, 230ff.

6 Hiller 1930;Westoff 1953; Cole 2000.

7 Siehe hierzu Ferdinand 1997; dies. 2007.

schen den Klassen, die oftmals die Furcht vor der Degeneration förderten.[8] Der Geburtenrückgang wurde als demographisch relevanter Ausdruck einer Krise von Kultur und Zivilisation bzw. als Zeugnis des Verfalls von Sittlichkeit und traditioneller Werte gesehen. Quantität und Qualität der Bevölkerung wurden als bedroht empfunden, was für viele Bevölkerungswissenschaftler staatliche Interventionen zur Regelung der Fruchtbarkeit als Korrektiv der vernachlässigten Gebärpflichten von Frauen bzw. bürgerlichen Familien gegenüber der Nation bzw. der Rasse oder Klasse dringlich machte.[9] Zudem schien der Geburtenrückgang den Verlust imperialer und demographischer Vorherrschaft der abendländischen Welt, damit auch potentielle internationale Konfliktfelder um begrenzte Ressourcen anzukündigen. Differierendes Bevölkerungswachstum – Übervölkerung dort und sinkende Bevölkerungszahlen hier – verwies darüber hinaus auf das ›Minenfeld‹ international ungeregelter Migrationsbewegungen.[10]

Vor diesem Hintergrund gestaltete sich die – durchaus national differierende – facettenreiche Geschichte der modernen Bevölkerungsforschung und -wissenschaft. Vor dem Ersten Weltkrieg erweiterten immer neue Erklärungsansätze deren Theorienvielfalt. Militaristische, imperialistische und nationalistische Bedrohungsszenarien verdichteten den vorgeblichen Bevölkerungsdruck an den nationalen Grenzen zum ›internationalen Wettgebären‹, während Warnungen vor einem ›Rassenselbstmord‹ in den westeuropäischen Ländern und den USA nicht verstummten.[11]

Nach den katastrophalen Erfahrungen des Ersten Weltkrieges suchten reformorientierte Bevölkerungswissenschaftler und Laien auf der internationalen Ebene sich von den nationalistischen oder völkischen ›Umarmungen‹ zu befreien. Sie forderten die Diskussionen über Bevölkerungsfragen in den Dienst der Weltfriedenssicherung zu stellen. Instrumente dafür meinten diese Aktivisten in der globalen Verpflichtung aller Nationen zur Einschränkung ihrer Geburtenrate, in einer international geregelten globalen Steuerung der Migration, in der Förderung der Erforschung von Verhütungsmitteln wie in weltweiten Maßnahmen der Demokratisierung des Zuganges zu ihnen zu finden.[12] Diesbezügliche Bestrebungen, in denen durchaus auch die Bevölkerung als ein lenkbarer Faktor gesehen wurde, trafen vielfach auf barschen Widerspruch.

In Frankreich, dem ›Mutterland‹ des Geburtenrückgangs, hatte früh die Angst vor wachsenden Bevölkerungszahlen Deutschlands die Akzeptanz der Ethik des Pronatalismus befördert, die in den 1920-er Jahren die Sozial- und Familiengesetzgebung mitgestaltete. Bevölkerungswissenschaftler drängten mit Plänen zur Eindämmung des Geburtenrückgangs zwecks ›Regeneration der Nation‹ auf die Verankerung bevölkerungspolitisch repressiver Maßnahmen. Sie hofften so, das Vordringen individueller Selbstbestimmung bei der Kinderzahl zu stoppen.[13] Japanische Politiker nutzten Argumente der Übervölkerung zur Rechtfertigung ihrer Expansionsgelüste, während im faschistischen Italien Benito Mus-

---

8 Thompson 1915.

9 Teitelbaum & Winter 1985.

10 Ellis 1912, 67ff; vgl. Ferdinand 2005; dies. 2005a.

11 Ross 1929, 182f, 289f.

12 Siehe Cooper 1926; Ross 1929, 184; Sanger 1938, 369ff. An dieser Stelle soll darauf verwiesen werden, dass sich nach dem Versailler Vertrag nationalistische Positionen auch in der Volkszählungspraxis der europäischen Länder niederschlugen bzw. die Diskussionen um Geburtenrückgang und Eugenik in den zentral- und südosteuropäischen Ländern mitbestimmten. Zum ersten Aspekt siehe Lee 2006; zum zweiten die Aufsätze in Turda & Weindling 2007.

13 So z.B. wurden 1920 gesetzlich Abtreibungen und die Werbung für Verhütungsmittel verboten. Overath 2006, 54f. Vgl. Black 1932; Duton 2002.

solini mit einer Bevölkerungspolitik zur ›demographischen Verjüngung‹ seinen Staatsbürgern einen vorderen Platz bei der „Neuverteilung der Erde" versprach.[14] Es verwundert kaum, dass auf internationalen Foren die Diskussionen über Bevölkerungsfragen immer wieder von Spannungen zwischen nationalistischen Positionen, die dem Bevölkerungswachstum der eigenen Nation zur Sicherung von deren Vorherrschaft bzw. zur Abwehr ›unerwünschter‹ Migranten zustimmten, und jenen universalistischen Positionen, die in der Lösung der globalen Bevölkerungsfragen, teilweise gekoppelt an die Einklage sexueller und reproduktiver Menschenrechte für Frauen und Männer, einen wichtigen Garanten für die Sicherung des Weltfriedens sahen, überschattet wurden.

Allgemein wurden Bevölkerungsfragen in den 1920-er Jahren global und national zu Topthemen der Politik und der Wissenschaften sowie Diskussionsschwerpunkt in vielfältigen (international agierenden) Reformbewegungen.[15] Die Einführung der Geburtenkontrolle in das theoretische ›Denken über die Bevölkerung‹ hatte Bevölkerung zu einem „manageable factor in human welfare" gemacht. Auf Basis der Vernunft, der Vorausschau und Selbstkontrolle bzw. durch Steuer- und Familienpolitik (Ledigensteuer, Mütterprämien etc.) schien die Bevölkerung manipulierbar.[16] Mit Blick auf differentielle Fruchtbarkeitsraten rückten Fragen nach den Beweggründen bzw. nach staatlicher Einflussnahme auf das generative Verhalten in den Vordergrund. In den bewertenden Studien über die nationale (genetische) Zukunft wie in den wissenschaftlich-politischen Diskussionen fand man aber keinen Konsens. Bevölkerungswissenschaftler jeglicher Couleur vertraten weiterhin „jeder seine eigene Meinung über die Ursachen des Geburtenrückgangs."[17] Bevölkerungspolitische Maßnahmen standen im Spannungsfeld individueller Freiheitsrechte und dem vorgeblichen prospektiven Gefahren abnehmender Geburtenzahlen im Kontext nationalistischer, imperialistischer Bestrebungen.[18]

In dieser Zeit erlebte auch die Furcht vor der Übervölkerung, mit ihr die Bevölkerungslehre Malthus' ein *revival*. John Maynard Keynes (1883-1946) schuf mit der Theorie der effektiven Nachfrage eine neue Basis für das Zusammentreffen von Ökonomie und Malthus' Bevölkerungstheorie.[19] Er prophezeite, dass das Bevölkerungsproblem sich anschickte, „das größte aller sozialen Probleme" zu werden,

> „ein Problem, das Menschen vielleicht in die tiefsten Instinkte und Gefühle der Menschen hineingreift, und das Menschen möglicherweise ebenso leidenschaftlich erregen wird, wie früher die religiösen Fragen."[20]

1927 gab man erneut der Hoffnung auf Überwindung nationalistisch geprägter Meinungsunterschiede auf der ersten Weltbevölkerungskonferenz in Genf Ausdruck.[21] Etwa 200 Delegierte – Ökonomen, Mediziner, Genetiker, Statistiker, Biologen, Soziologen, Mediziner etc. – aus 27 Ländern waren nach Genf gekommen, um die Bevölkerungswissenschaft über den ›Königsweg‹ des multi- bzw. interdisziplinären Austauschs methodisch und theo-

---

14 Ross 1929, 183; Salvemini 1929; ders. 1933. Vgl. C. Ipsen 1996; ders. 2003.

15 Zu unterschiedlichen Aspekten gibt es inzwischen eine breite Literatur. U.a. Ledbetter 1976; Adams 1990; Woycke 1988; Soloway 1995; Hall 2000; La Vergata 2000.

16 Fairchild 1932.

17 Wright 1924, 97ff.

18 Teitelbaum & Winter 1985; Marschalck 1989.

19 Keynes 1919; ders. 1972.

20 Keynes 1924, V.

21 Sanger 1927; dies. 1938; The World Population Conference 1927. Vgl. Ferdinand 1997a; dies. 2004.

retisch zu festigen und auszugestalten. Doch blieben die Beiträge und Diskussionen vielfach in nationalen Denkstile gefangen, divergierten vor allem in Fragen zu Maßnahmen und Bewertungen der Begrenzung des Bevölkerungswachstums und der Geburtenkontrolle:

„[...] the Americans, British, and Scandinavians admitted the need for limiting population; the Germans and Czechs concurred, although with less assurance; the Italian and Slav voices definitely opposed; the French, who practiced it at home, preached against it publicly. The papers of professor East and Fairchild came perilously near mentioning the forbidden word Malthusianism, but as for birth control, it was edge about like a bomb which might explode any moment.“[22]

Ebenso bestimmten nationale Denkstile die eugenischen Positionen. Französische Delegierte versperrten sich der „englischen Sichtweise“ von Eugenik, mit der das Bevölkerungsproblem als ein biologisches betrachtet und die Einbeziehung der Vererbungsprozesse in die Bevölkerungsforschung gefordert wurde. Das zielte für diese französischen Wissenschaftler auf die Abschaffung der Armen und nicht der Armut.[23] Für die deutsche Ärztin und Sexualreformerin Hertha Riese offenbarte sich in der „englischen Sichtweise“ eine allgemein übliche Vernachlässigung:

„In these interesting scientific questions of population, we women, on whom the increase in population depends, have not been asked for our opinion.“[24]

In der Retrospektive obsiegte für den NS-Statistiker Richard Korherr (*1903) auf der ersten Weltbevölkerungskonferenz das ›Wirtschaftliche, die falsche amerikanische Reichtumstheorie über das Leben‹, während den „Bejaher[n] des Lebens und des Kinderreichtums aus Deutschland, Frankreich, Belgien und Italien [...] nur Fronde“ überlassen worden seien.[25] Zeitgenössisch bemängelten Statistiker die Abwesenheit der „besten Vertreter der Bevölkerungsstatistik“ sowie die Hegemonie biologischer Fragen auf der Konferenz. Sie betonten, dass „das Studium des Bevölkerungswesens nicht von jenem der Bevölkerungspolitik getrennt werden darf.“[26] Demgegenüber klagten reformorientierte Wissenschaftler aufgrund der in empirischen Studien nachgewiesenen Angleichung der differentiellen Fruchtbarkeit zwischen den Klassen in Berlin, Stockholm, Holland und anderswo ein, dass die Kontrolle der Fruchtbarkeit zu einem bedeutenden medizinischen und eugenischen Aspekt zukünftiger Bevölkerungsforschungen, zu einem von Aberglauben und vom Tabu befreiten Subjekt ›wirklicher‹ Wissenschaft werde.[27]

In Genf 1927 zerstob letztlich die (politische) Hoffnung auf eine internationale Verpflichtung zu einer rationellen Fortpflanzungspolitik aller Staaten mit hohem Bevölkerungswachstum.[28] Nationalistische Haltungen, konfessionelle bzw. weltanschauliche Vor-

---

22 Sanger 1938, 387. Siehe auch The World Population Conference 1927, 287.

23 Sanger 1927, 343. Die Kritik richtete sich v.a. gegen den Vortrag des Eugenikers Ernst J. Lidbetter (1878-1962). Ders. 1927.

24 Sanger 1927, 337.

25 Korherr 1935/36, 338.

26 Ferenczi 1928, 566, 569.

27 Stone 1928, 59; Huxley 1928; Muller 1932.

28 Ähnliches galt auch für die Diskussionen über internationale Wanderungsprozesse. In dieser Frage kam man ebenfalls aufgrund nationaler Denkstile auf den Weltwanderungskonferenzen des Völkerbundes in Genf 1921, Rom 1925 und auf Kuba 1927 sowie auf dem Weltwanderungskongress der Gewerkschaften der Zweiten Internationale in London 1926 zu keinerlei bindenden internationalen Regelungen. Migration Questions 1927; Ferenczi 1930.

urteile gegenüber neomalthusianischen und *Birth Control*-Aktivitäten beförderten einen sittlich moralischen und medizinischen Konservatismus, mit dem die Frauen- und Sexuelle Frage, nicht aber eugenische Fragen, aus den bevölkerungswissenschaftlichen Diskussionen, , ausgeschlossen wurden. Die ›distinguierten‹ Wissenschaftler, die in Genf biologische Wachstumsgesetze wie die logistische Kurve Raymond Pearls (1895-1940), Optimumstheorien, Tragfähigkeit, über den Antagonismus zwischen maximaler Bevölkerungsdichte und menschlichem Wohlbefinden sowie divergente Aspekte der differentiellen Geburtenrate und internationaler Migrationsregelungen sowie Vererbung, Krankheit und Verarmung kontrovers diskutiert hatten, waren sich jedoch einig, eine permanente internationale Organisation zum multidisziplinären Studium der Bevölkerungsprobleme in strikter wissenschaftlicher Weise zu begründen.[29] Diese konstituierte sich dann als *International Union for the Scientific Investigation of Population Problems* (IUSIPP) 1928 in Paris.

Die IUSIPP blieb dem multidisziplinären Ringen um die Klärung von Begriffen, methodischer Verfahren zur Erfassung demographischer Prozesse sowie der Suche nach einer einheitlichen Bevölkerungstheorie verpflichtet. Sie beförderte demographische Forschungen ihrer Länderkomitees zu Bevölkerungswachstum, zu Änderungen in der Bevölkerungszusammensetzung (Altersstruktur, Verhältnis der Geschlechter etc.), zur Mobilität (internationale und innere Migration) wie zum Geburtenrückgang,[30] befreite aber diese Forschungen nicht von dem den Bevölkerungsfragen immanenten ›ideologischen Dilemmata‹. Von jedem hilfreichen Gesichtspunkt erhoffte man die Diskussion über die Bevölkerungswissenschaft zu bereichern, sie über die Kooperation zwischen Biologen, Soziologen, Anthropologen, Statistikern, Ökonomen, Agrarwissenschaftlern, Geographen und Historikern zu festigen.[31] Weiterhin gestalteten die Vielfalt der Bevölkerungstheorien, in der sich u.a. biologische, demographische, sozialwissenschaftliche, ökonomische wie eugenische Theorien tummelten, sowohl weltanschauliche und persönliche Ressentiments, vor allem nationale Denkstile.[32] Das bestimmte wiederum das Spannungsfeld der Vorstellungen zukünftiger (inter-)nationaler Bevölkerungspolitik, deren Ziele man an eine allgemeine ökonomische wie individuelle Wohlfahrtsteigerung bzw. mit nationalistischen, militaristischen/imperialistischen oder religiösen Bestrebungen band.[33]

Das blieb auch für die folgenden internationalen bevölkerungswissenschaftlichen Kongresse der IUSIPP 1931 in London, 1935 in Berlin und 1937 in Paris prägend. Retrospektiv meinte Frank Lorimer (1894-1985), dass die *Union* „was hampered by its nationalistic structure and the political vicissitudes of the interwar period."[34] Doch ist auffallend,

---

29 The World Population Conference 1927; Drysdale 1927; Wolfe 1928. Vgl. Lorimer 1971; Höhn 1989; Ferdinand 1997a; dies. 2004.

30 Das beförderte auch die Gründung von Institutionen, die sich mit Bevölkerungsfragen beschäftigten: In Polen wurde z.B. 1931 das Institut für wissenschaftliche Untersuchungen der Bevölkerungsprobleme in Warschau eingerichtet, in den USA gründete sich 1931 die *Population Association of America* (PAA) und entstanden *Research Center* sowie verschiedene Privatfunds; in Großbritannien wurde das *Population Investigation Committee* eingerichtet und seit den 1930-er Jahren Bevölkerungskurse an der *London School of Economics* in deren Sozialbiologischen Abteilung gehalten. Szulc 1934; Fairchild 1934.

31 Close 1932.

32 U.a. Duncan 1930. Vgl. Ferdinand 1997a; dies. 2004.

33 Spengler 1932.

34 Lorimer 1971, 89.

dass es als Demographie ausgewiesene Sektionen nur auf dem Pariser Kongress gab.[35] Dies war Spiegelbild einer spezifisch französischen Wissenschaftsentwicklung,[36] verwies gewiss auch auf zukünftige Entwicklungen, zeigte aber, dass um 1930 dem Begriff ›Demographie‹ innerhalb der IUSIPP allgemein keine große Bedeutung zukam. Der Demographie-Begriff war zu jener Zeit in Frankreich und Italien, nicht aber in Deutschland,[37] Skandinavien und in den englischsprachigen Ländern allgemein gebräuchlich.[38] In Großbritannien wurde er z.B. als neuer Begriff im Zusammenhang mit Prognosen über zukünftige Bevölkerungsentwicklungen erst Mitte der 1930-er Jahre in den Medien popularisiert.[39]

III. Geburtenrückgangsdiskurse in Deutschland

Auch in Deutschland war wichtiger Anlass für das ›Denken über die Bevölkerung‹ um 1930 die Feststellung einer veränderten Bevölkerungsdynamik, die seit etwa 1880[40] erkennbar geworden war. Die Aufnahme des Geburtenrückgangs als ›die grimmigste aller Krankheiten‹ in die politische Agenda in den 1910-er Jahren förderte statistische, wissenschaftliche und politische Debatten.[41] Nach 1918 richtete sich der Blick auf eine kompensatorische Politik durch selektive Fruchtbarkeitsförderung; die Wissenschaft beschäftigte sich mit „Störungen" der natürlichen Bevölkerungsdynamik.[42]

Zunächst aber hielten nach 1880 die meisten Ökonomen an Malthus' Bevölkerungslehre fest.[43] Um die Wende zum 20. Jahrhundert rangen einzelne Ökonomen um die Befreiung ihrer Disziplin von der Malthusschen Orthodoxie und erkannten die Bedeutung kultureller Faktoren auf dem Gebiet der Sexualität und Reproduktion.

Letztlich erforderte wie anderswo so auch in Deutschland die Erklärung des Geburtenrückgangs neue Konzepte: Vor dem Ersten Weltkrieg war eine Vielfalt von Geburtenrückgangstheorien entstanden; darunter prominent sozialwissenschaftliche Deutungen. Zu ihnen zählten die Wohlstandstheorie von Paul Mombert (1876-1938) und Lujo Brentano (1844-1931), die Urbanisierungstheorie von Karl Oldenberg (1864-1936) und die sozialwissenschaftliche Rationalisierungskonzeption Julius Wolfs (1862-1937).[44] Oldenbergs Theorie des strukturellen Wandels stützte sich auf die soziale Kapillaritätsthese des französischen Anthropologen Arsène Dumont (1841-1902).[45] Mombert suchte auf der Basis differenzier-

---

35 Auch der 1931 in Rom vom italienischen *Comitato italiano per lo studio dei della popolazione* veranstaltete internationale Kongress für Bevölkerungsforschung, der nicht unter dem Dach der IUSIPP stattfand, hatte als ›Demographie‹ ausgewiesene Sektionen.

36 Den Begriff prägte in Frankreich 1855 Archille Guillard (1799-1876). Dessen Schwiegersohn Louis Adolphe Bertillon (1821-1883) modifizierte ihn und machte den Begriff international innerhalb der Hygiene und Statistik bekannt. Innerhalb Frankreichs öffnete er sein Demographie-Projekt dann innerhalb der dortigen frühen Diskussionen um Entvölkerung und Dekadenz auch der Politik. Siehe Schweber 2006; vgl. Mackensen 2006a; Rosental 2006.

37 Der Begriff Demographie sowie das eigenständige Projekt hatte breite internationale Deutungsmacht in der Hygiene, auch in Deutschland. Siehe Ferdinand 2006.

38 Wolfe 1937, 85f.

39 Soloway 1995, 242.

40 Der zeitliche Beginn des Geburtenrückgangs war durchaus umstritten. Siehe Stinnes 1935, 17.

41 Ebd.; Weingart et al. 1988, 216ff.

42 Burgdörfer 1933.

43 Vgl. Bortkiewicz 1908; Mombert 1929, 302ff.

44 Siehe hierzu Marschalck 1992; Schmid 1976, 54ff; Cromm 1998.

45 Dumont 1890. Vgl. Müller-Lyer 1920, 134f; Overbeek 1974, 79ff.

ter Auswertungen umfangreicher Statistiken das ›neue generative Verhalten‹ zu erklären. Wolf stellte den Wandel des Zeugungswillens, den Bruch mit der Tradition, ins Zentrum seiner Rationalisierungsthese.[46]

Mit dem Blick auf die Fortpflanzung gaben diese Autoren die Malthussche enge Kopplung zwischen Sexualität, Ehe und Elternschaft auf und führten als entscheidendes Moment den menschlichen Willen ins ›Denken über die Bevölkerung‹ ein. Damit grenzten sie sich von physiologischen Erklärungen der (differentiellen) Fruchtbarkeit, die durch Thomas A. Doubleday (1790-1870) und Herbert Spencer (1820-1903), später durch Ärzte wie Alfred Blaschko (1858-1922) prominent waren.[47] Doch blieb in den soziologischen Diskussionen die soziale Bedingtheit der Sterblichkeit weitgehend im Hintergrund, auf die neben prominenten Sozialhygienikern Statistiker wie Arthur Geissler und Eugen Würzburger (1858-1938) aufmerksam gemacht hatten. Ihr Verweis auf die Effekte des Sinkens der Kindersterblichkeit auf die eheliche Fruchtbarkeit, wurde später Gegenstand von Kontroversen unter Statistikern.

Die Aufnahme des Geburtenrückgangs in die Agenda der Politik gab Anstoß zu Enqueten wie zu einer Flut von Publikationen zum Geburtenrückgang und regte ausführliche Debatten über Gesetzesentwürfe zur Steigerung der Geburtenrate an.[48] Dabei zeigte sich vor dem Ersten Weltkrieg – weltanschaulich übergreifend – das »Gespenst des Geburtenrückgangs« in verschiedenen Facetten. Sie reichten von der Klage, dass das (französische) »Zweikindersystem im Anmarsch« sei[49], bis hin zur Behauptung der Abnahme der Wehrfähigkeit des deutschen Volkes.

> „Ein Volk ohne starken Kinderzuwachs ist wie ein Tier, dessen natürliche Heilkraft verloren ist. Kinderbringende Völker können Niederlagen aushalten, ohne an ihnen zugrunde zu gehen, weil sie Wachstumskräfte in sich haben."[50]

Wenige wie der Soziologe Rudolf Goldscheid (1870-1931) wehrte nationalistische und militaristische Argumente mit dem Verweis ab, dass nicht Völker mit den höchsten Geburtenzahlen, sondern die mit der geringsten Sterblichkeit die Spitze der Kultur erklimmen werden.[51] Andere begrüßten den Übergang vom ›tierähnlichen Typus der Fortpflanzung und des Altersaufbaus‹ zum ›menschlichen Typus‹.[52] Demgegenüber verwarfen viele Bevölkerungswissenschaftler mit ›Finis Germaniae‹-Rufen die fortschreitende „Rationalisierung des Geschlechtslebens" als Sittenverderbnis. Im Kleid der Überfremdungsängste verkündeten sie, „daß die Botokuden und andere interessante Völkerschaften demnächst ihre Zeltlager in den verödeten Straßen Berlins aufschlagen werden."[53] Selbst die sozialdemokratische Parteiendoktrin blieb national gebunden, dem Glauben an die große Zahl (revolutionärer Soldaten) verpflichtet. Sozialdemokratische Politiker verwarfen die These, dass der Geburtenrückgang den „Kapitalismus an seinem Lebensmark treffe". Sie meinten, dass das ›Gespenst des Sozialismus‹ durch das des Gebärstreiks verdrängt worden sei, wehrten die-

46 Wolf 1912; ders. 1916, 384f; ders. 1928, 101. Siehe Ferdinand 2007a; dies. 2007b.
47 Siehe Freudenberg 1931; Sieferle 1989: 58ff; La Vergata 2000.
48 Jähnichen 2005; Weipert 2006.
49 Wolf 1913.
50 Naumann 1913, 101 (Herv. im Original).
51 Goldscheid 1911; Müller-Lyer 1920, 155.
52 Müller-Lyer 1920, 142.
53 So die kritische Feststellung von Würzburger 1914, 167.

sen als untaugliches sozialistisches Kampfmittel ab.[54] Ihre Doktrin – so ihre Kritiker – drängte die Frauenfrage auf das Gleis des Nebenwiderspruchs, degradierte Frauen zu ›Gebärmaschinen‹ zukünftiger Kämpfer des Proletariats.[55]

In protestantischen Reihen wurde der Geburtenrückgang als Ausdruck des natürlichen Degenerationsprozesses, der die proklamierten Weltmachtsansprüche des Deutschen Reiches gefährde, gesehen.[56] Für manchen Mediziner zeichnete der Geburtenrückgang die ›Unterfrüchtigkeit‹ großer Bevölkerungsteile bzw. den ›weißen Tod‹, der an den Pforten des deutschen Volkes auf Einlass drängte und dem vorgeblichen Vordringen der slawischen Nachbarvölker Raum gab.[57] Rassenhygieniker verdichteten die differentielle Fruchtbarkeit, Folge der sozial unterschiedlichen Ausbreitung neomalthusianischer Praktiken zur Geburtenverhütung, zur todbringenden Gefahr der

> „Selbstausmerzung der jeweils höchstkultivierten Völker, ein Vorgang, der zur Verarmung der Menschheit an begabteren Rassen und hierdurch zum Herabsinken von ihrer phylogenetisch erreichten Höhe führt."[58]

Während des Ersten Weltkrieges klagten sie dann die wirtschaftliche Berücksichtigung der ›Wiederherstellung der Rassentüchtigkeit‹ nach dem Krieg ein und prophezeiten die ›Proletarisierung unseres Nachwuchses‹ als Folge fehlender rassenhygienischer Bevölkerungspolitik.[59] Mit dem Verdammen der ›Sozialisierung der Bevölkerungspolitik‹ erhoben Rassenhygieniker die Kontraselektion zu einem innerpolitischen staatlichen Prinzip, um der Gestaltung des Bodenrechts wie des Siedlungswesens eine herausragende Bedeutung für die ›gesunde Fortpflanzung‹ des deutschen Volkes zu geben.

Nach dem Ersten Weltkrieg verschwand das »Gespenst des Geburtenrückgangs« keineswegs; im Gegenteil – es hielt

> „die Gemüter der Volkswirte, Politiker und Ärzte in seinem Bann. Ahnungsvolle Schwarzseher verkünden in allen Tonarten den ›Untergang des Abendlandes‹ als Folge des Aussterbens der Kulturvölker. Unsere Menschheit in Europa sei alt geworden, unfähig zur Verjüngung und Erneuerung. Der Völkertod sei naturgesetzlich [...]."[60]

Nun aber verwies die Tendenz sinkender Geburtenziffern auf das breite Eindringen der Praktiken der Geburtenkontrolle bzw. der Rationalisierung des Geschlechtslebens in der Arbeiterklasse – der Geburtenrückgang schien die ›ruhigen Bahnen‹ der Vorkriegszeit verlassen zu haben. Das beinahe vollständige Verschwinden des Zusammenhangs „Beutel schwer – Wiege leer // Batzen rar – Kinderschar" widersprach der damals prominenten Wohlstandstheorie.[61] Statistiker stritten, ob die Geburtenzahlen zwischen 1924-1928 auf eine veränderte Einstellung zum Kinde zurückzuführen seien.[62] Rassenhygieniker warnten

---

54 Quessel 1913, 1319; Unshelm 1924, 86ff; Jähnichen 2005, 229ff; Bryant 2007, 113.
55 Müller-Lyer 1920, 136ff; Ross 1929, 240.
56 Seeberg 1913. Vgl. Jähnichen 2005, 232ff.
57 U.a. Graßl 1914; Gruber 1914; Grotjahn 1914. Siehe Bryant 2007, 113f.
58 Schallmayer 1909, 224 (Herv. im Original).
59 Lenz 1916/18; Siemens 1916/18.
60 Kautsky 1924, 1.
61 Freudenberg 1931, 83f; Burgdörfer 1932, 60.
62 Hier sei insbesondere auf die Diskussion zwischen Burgdörfer und Würzburger verwiesen. Letzterer meinte diese v.a. auf demographische Ursachen – den durch die Kriegsverluste entstandenen Ausfall an Ehen, veränderte Altersgliederung der gebärfähigen Frauen, höheres Heiratsalter, den Wegfall der ›Ersatzkinder‹ auf-

vor dem Missbrauch des Präventivverkehrs als eine ungeheure Gefahr für die Erhaltung und Leistungsfähigkeit der Nation. Sie rangen um die Vorherrschaft ihres Paradigmas differentielle Fruchtbarkeit in der Bevölkerungslehre, verbanden Eugenik mit dem Versprechen des höchsten Triumphs der Menschlichkeit, dem Ersetzen des ›rohen Kampfes ums Dasein‹ durch eine zweckmäßige Zuchtwahl.[63] Damit drängten sie auf bevölkerungspolitische Maßnahmen, denen auch Mitglieder des deutschen IUSIPP-Komitees wie der Anthropologe Eugen Fischer (1874-1967) und der Statistiker Friedrich Burgdörfer (1890-1967) zustimmten.[64] Ersterer verwies mit der von der IUSIPP finanzierten Studie zur differentiellen Fruchtbarkeit am deutschen Volk auf deren außerordentlichen Bedeutung für ein Volk, „dessen Fortpflanzung man als die eines sterbenden Volkes bezeichnen muss."[65] Der Statistiker verkündete in der *Union*, dass sowohl vom deutschen als auch vom internationalen Gesichtspunkt her die differentielle Fruchtbarkeit der wichtigste aller Aspekte der qualitativen Bevölkerungsfrage sei.[66] Auf dem internationalen Kongress für Bevölkerungsforschung in Rom 1931 versprach er mit seiner Prognose der zukünftigen deutschen Bevölkerungsentwicklung ganz im Sinne Mussolinis „verantwortliche Staatsmänner" in die Lage zu versetzen, „den Kampf gegen die biologische Selbstgefährdung ihres Volks aufzunehmen, ehe es zu spät ist."[67]

Zu Hause hatte der Statistiker längst die individuell immer stärker um sich greifende Geburtenbeschränkung zur Gefahr der ›Untervölkerung‹ bzw. ›Entvölkerung‹ als weitaus bedrohlicher als das Malthussche Übervölkerungsgespenst bewertet:

> „Die hemmungslose Geburtenbeschränkung stellt nicht das Gleichgewicht zwischen Bevölkerung und Lebensspielraum her, sondern bringt das Volk aus dem Gleichgewicht. Sie beschwört an Stelle der Uebervölkerung die Gefahr der Untervölkerung und der Entvölkerung herauf. Diese Gefahr ist aber [...] unendlich ernster als die der Uebervölkerung, denn sie endet nicht nur mit Volksnot, sondern mit Volkstod."[68]

Die Angst vor dem „Volkstod" – dem „Ausgeborenwerden" durch das „Nachlassen des Fortpflanzungswillens", der willentlichen Einschränkung der natürlichen Fruchtbarkeitsmacht"[69] – untermalten Bilder wie »Volk ohne Raum« (Hans Grimm), »Volk ohne Jugend« (Friedrich Burgdörfer) und »Volk ohne Wiegen« (Alfred Mjoen).

Das »Gespenst des Geburtenrückgangs« machte die Suche nach geeigneten bevölkerungspolitischen Maßnahmen dringlicher denn je.[70] Der damit konstatierte fehlende Wille

grund günstiger Säuglingssterblichkeitsverhältnisse – zurückführen zu können. Berger 1932; Chesnais 1992, 3f, 353; Vienne 2006, 96ff.

63 Müller-Lyer 1920, 215ff; Mombert 1929, 333ff.

64 Das soll hier nicht heißen, dass die anderen Mitglieder nicht auch bevölkerungspolitische Sichtweisen vorstellten. Zum deutschen Komitee der IUSSIP gehörten neben den beiden oben genannten der Pflanzengenetiker Erwin Baur (1875-1933), der Rassenhygieniker Fritz Lenz (1887-1976), die Sozialhygieniker Alfred Grotjahn und Hans Harmsen (1899-1989), der Jesuit Hermann Muckermann (1877-1962), die Ökonomen Paul Mombert und Julius Wolf sowie die Statistiker Robert René Kuczynski (1867-1947) und Friedrich Zahn (1869-1946).

65 Fischer 1932, 111. Die Studie wurde am *Kaiser-Wilhelm-Institut für Anthropologie, menschliche Erblehre und Eugenik* von Hermann Muckermann durchgeführt.

66 Burch 1931, 118.

67 Burgdörfer 1934, 63; siehe auch ders. 1934a.

68 Burgdörfer 1929, 103.

69 Ebd., 173.

70 Harmsen 1929, 33ff.

des deutschen Volkes zur Gestaltung der Zukunft ermutigte in den Augen von völkisch Denkenden, die ›geburtenkräftigeren Nachbarstaaten‹ geradezu nach den deutschen Gebieten zu greifen.[71] Eugeniker und Rassenhygieniker meinten eine quantitative nationalökonomische Bevölkerungspolitik über die „Furcht vor Entartung" mit der Betonung auf das qualitative Moment in geistig-somatischer Hinsicht zu erschüttern.[72] Für sie blieb die differentielle Fruchtbarkeit bedrohlicher als der allgemeine Geburtenrückgang: Das Überleben der vorgeblich ›Unfähigsten‹ verlangte nach staatlicher Intervention zur Kontrolle der Reproduktion, zur gezielten Einflussnahme auf generative Prozesse.

Die mehrfache ›innere‹ Bedrohung – quantitative wie qualitative Implosion als Folge des Geburtenrückgangs und rassischer Untergang als Folge von Degeneration und Überfremdung[73] – stärkte das ökonomische Nutzen- und Leistungsmaximierungsdenken wie sozialtechnologische Utopien in bevölkerungspolitischen Vorstellungen. Dem folgten auch Sozialhygieniker wie Alfred Grotjahn (1869-1931). Er gestaltete seine Fortpflanzungshygiene (Eugenik) als nachhaltige Bevölkerungspolitik. Sie war Legitimation einer interventionistischen selektiven Einflussnahme von Medizinern, gepaart mit Steuer- und familienpolitischen Maßnahmen, auf die generativen Prozesse.[74]

Vor solchem (kultur-)pessimistischen durchtränkten Denken verwundert es kaum, dass Alarmglocken erklangen als um 1930 statistische Daten darauf verwiesen, dass Deutschland innerhalb der 22 europäischen Länder

> „nach der ehelichen Fruchtbarkeit bereits an 21. Stelle, nach der Geburtenzahl an 17. Stelle hinter Frankreich [steht]. Polen und Italien hatten in den letzten Jahren absolut schon einen erheblich größeren Geburtenüberschuß als Deutschland."[75]

Die Glockentöne bestärkten die Anstrengungen zur Ausgestaltung einer national-rassistischen/imperialistischen Geburtenpolitik ebenso wie Kassandrarufe, die vor „einem allgemeinen Bevölkerungsschwund" Europas in 100 Jahren warnten.[76] Das übertönte weitgehend das Ringen der Bevölkerungswissenschaftler um den „systematischen Ausbau" ihrer Wissenschaft.

Die frühen sozialwissenschaftlichen Geburtenrückgangstheoretiker hatten sich längst von monokausalen Erklärungen verabschiedet: Mombert nahm den Kausalzusammenhang zwischen Wohlstand und Fruchtbarkeit seiner frühen Wohlstandstheorie zurück.[77] Er hielt an der disziplinären Verortung der Bevölkerungsfrage in der Nationalökonomie fest, erweiterte aber den ökonomischen Aufgabenkreis der modernen Bevölkerungstheorie um einen biologischen und einen soziologischen.[78] Wolf hatte die Bevölkerungsfrage aus der Ökonomie gelöst, sie in die kulturwissenschaftliche Sexualwissenschaft integriert. Er trat mit der Erweiterung seiner Erklärung des Geburtenrückgangs zur sexualwissenschaftlichen Rationalisierungsthese einer als ›Demologie‹ oder ›Demographie‹ verstandenen selbständi-

---

71 Jung 1930, 540, 562.
72 Elster 1925/26, 103.
73 Marschalck 1989, 178f.
74 Grotjahn 1926. Siehe Ferdinand 2007a.
75 Eulenburg 1932, 69.
76 Harmsen 1927, 185.
77 Mombert 1929.
78 Der biologischen Aufgabenkreis umfasste die Bevölkerungsvorgänge mit biologisch-anthropologischen Charakter, der ökonomische alle Wechselbeziehungen zwischen Bevölkerung und Wirtschaft, der soziologische alle Beziehungen zwischen Bevölkerung und Gesellschaft. Mombert 1929, 4ff.

gen Bevölkerungstheorie entgegen.[79] Für ihn, der Ende der 1920-er Jahre die Rationalisierungsthese zum ›Wandel der Zeugungssitten, der Sexualmoral‹ verdichtete,[80] stand fest, dass

> „[g]leichviel, ob die Zeugung, wie man nicht müde wird, zu behaupten, der einzige Zweck der Sexualität ist oder ob sie nur einer ihrer Zwecke […] ist, für die Bevölkerungstheorie ist sie das Wesentliche. Alle Bevölkerungstheorie muß sich darum vornehmlich an den Teil der Sexualmoral halten, der die Zeugung regelt."[81]

Die »Rationalisierungstheorie« Wolfs fand ihren Ausgangspunkt in den Thesen der Rationalisierung der individuellen Lebensführung und sozialer Strukturen, wie sie umfassend Max Weber (1864-1920), Werner Sombart (1863-1942) und Georg Simmel (1858-1918) ausgearbeitet hatten. Sie suchte um 1930 Roderich von Ungern-Sternberg (1885-1965) zu einer (neuen) Theorie des Geburtenrückgangs zu verdichten.[82] Er erkannte im allgemeinen Wandel der Beziehungen zwischen den Geschlechtern und deren Einfluss auf die Betrachtungen der ›Sexuellen Frage‹ sowie der veränderten Sexualmoral einen wichtigen Einflussfaktor, meinte aber in der Frauenemanzipation eine selbständige primäre Ursache dieses demographischen Phänomens festmachen zu können.[83] Die Emanzipation der Frauen bewirke, dass sie als eigenwertige Persönlichkeiten sich berufen fühlen, einen Beitrag zu allen Kulturschöpfungen zu liefern: „[D]ie Frau will nicht nur Gemahlin, Geliebte oder gar nur ›Gebärmaschine‹ sein."[84] Wichtigste *causa causans* war für ihn aber die ›streberische Gesinnung‹. Sie bewirkt, dass die Menschen ihr Handeln vor allem durch Verstandeserwägungen bestimmen, womit sich letztlich ein neuer Menschentypus herausbilde.

> „Dem einseitig voluntaristisch-intellektualistisch ausgebildeten Menschen des westeuropäischen Kulturkreises fehlen die seelischen Voraussetzungen für die irrationalen Freuden, die dem Menschen früherer Zeitepochen und anderer Kulturkreise die Kinderwelt bereitete."[85]

Letztlich zeigte sich trotz der Vielfalt und des Diskussionsreichtums in der deutschen Literatur zu Bevölkerungsfragen um 1930 wenig Substantielles zur Bevölkerungslehre, hingegen viel über das Bevölkerungswesen und -politik.[86] Soziologisch orientierte Bevölkerungswissenschaftler führte das zum Gebot, ihre Wissenschaft von den Fesseln der bloß statistischen Forschungsweise zu befreien.[87] Werner Sombart suchte eine soziologische Theorie der Bevölkerung auszugestalten, die biologisch-technologische, psychologische und soziologische Ursachenreihen in ihrer gegenseitigen Bedingtheit betrachtet und gleichzeitig in ihrer Eigengesetzlichkeit erfasst.[88] Andere, darunter Soziologen wie Medizinalsta-

---

79 Wolf 1915. Siehe Ferdinand 2007b.
80 Wolf 1928, ders. 1928a, ders. 1933.
81 Wolf 1926, 207.
82 Vgl. Huinink 2000, 342ff.
83 Ungern-Sternberg 1932, 50, 73f, 204.
84 Ebd., 65.
85 Ebd., 318.
86 Mombert 1923; L. Elster 1924; ders. 1924a; J. Müller 1927.
87 Mombert 1920; Kosic 1916/17, 430f.
88 Sombart 1927 [1987], 316ff; Mombert 1929, 442.

tistiker, glaubten über die Systematisierung der Erklärungsversuche des Geburtenrückgangs einen möglichen Weg zur Begründung einer einheitlichen Bevölkerungstheorie zu ebnen.[89]

Waren in diesen Systematisierungen die Wege ebenso wie die Definitionen je nach Autor verschieden, belegten sie doch alle die multidisziplinäre Verankerung und Vielfalt der Geburtenrückgangstheorien um 1930. Dabei akzeptierte man den Ursachenpluralismus, präferierte jedoch unterschiedliche Erklärungsansätze. Einzelne Autoren meinten in der Mehrheit der Theorien einen ›richtigen Kern‹ zu erkennen[90] oder verwarfen die sozialwissenschaftlichen Erklärungsversuche, da diese sich „auf fast das gleiche statistische Material" stützten, jede jedoch „ein bestimmtes Post hoc" feststelle und „dieses für das wahre Propter hoc" halte.[91] Zugleich erkannte man, dass die technische Rationalisierungsthese – das entscheidende Movens des Geburtenrückgangs sei die technische Idee, die Methoden der Geburtenverhütung und die breite Kenntnis darüber[92] – nicht zu erklären vermochte, weshalb überhaupt noch Kinder geboren werden.[93] Alle verwarfen die Erklärung aus der (verzögerten) Anpassung der Geborenenziffer an den Rückgang der Sterblichkeitsziffern, die seit den 1940-er Jahren in der Theorie des demographischen Übergangs international Karriere machte.

Zudem erkannten die empirisch ausgerichteten Systematisierungsautoren statistische Grenzen. Es fehlte zum einen für die Überprüfung prominenter Geburtenrückgangstheorien in Deutschland am notwendigen statistisch aufgearbeiteten Material.[94] Zum anderen zeigten sich grundsätzliche Probleme methodischer Natur: Zwar ließ sich mit rohen Geburtenziffern die bloße „Fortpflanzungsintensität" einer Bevölkerung messen, jedoch nicht auf die zukünftige Entwicklung schließen. Dazu mangelte es deutschlandweit an Ziffern, mit denen man Aussagen über die Verteilung des Geburtenrückgangs in den einzelnen Altersklassen der Mütter treffen konnte.[95]

Letztlich verdrängte die politische Zäsur 1933 weitgehend diese Kritiken wie die Systematisierungen allgemein aus der bevölkerungswissenschaftlichen Diskussion. Die neuen Machthaber zwangen ihnen unliebsame Bevölkerungswissenschaftler, unter ihnen Paul Mombert,[96] Julius Wolf,[97] Robert René Kuczynski[98] und Karl Freudenberg[99], aus ›rassischen‹ und/oder politischen Gründen ins wissenschaftliche Abseits oder ins Exil.

---

89 In Ferdinand 2003 und 2007a bin ich ausführlich auf Systematisierungsversuche der Ökonomen Julius Wolf, Roderich v. Ungern-Sternberg und Horst Wagenführ (*1903) wie des Medizinalstatistikers Karl Freudenberg (1862-1966) eingegangen. Vgl. Wolf 1931; Ungern-Sternberg 1932; Wagenführ 1933; Freudenberg 1931.

90 Wagenführ 1933, 452.

91 Freudenberg 1931, 337.

92 Ebd.

93 „Es muß also ein seelischer Hintergrund vorhanden sein, auf dem der Wille zum Kind im allgemeinen beruht. Hier ist der Punkt, an dem die ›Gesinnungstheorie‹ des Geburtenrückgangs einsetzen kann." Ebd., 343.

94 Wagenführ 1933, 434. Das bezog sich auf die Überprüfung der Wohlstandstheorien an Hand von Konjunkturbewegungen.

95 Freudenberg 1931, 46, 771f. Er betrachtete dies in Analogie zum jahrzehntelangen Streit in der Sterblichkeitsstatistik, ob rohe Mortalitätsziffern oder solche, die den Altersaufbau berücksichtigen, vorzuziehen seien. Den hatte Ladislaus von Bortkiewicz (1868-1931) mit der Feststellung geschlichtet, dass es sich bei den Betrachtungen der Intensität des Sterbens und der biometrischen Betrachtungsweise um zwei unabhängig nebeneinander stehenden Methoden handelt, die jede für sich ihr Anwendungsgebiet hat.

96 Mombert wurde 1933 auf der Grundlage des § 4 des ›Gesetzes zur Wiederherstellung des Berufsbeamtentums‹ aus dem Staatsdienst entlassen. Am Tag der Reichskristallnacht (9.11.1938) wurde er für 36h inhaftiert, einen Monat später erlag er einem Krebsleiden. Mauch 1999, 461; Lausecker 2006, 143f.

IV. Fazit

Die Bevölkerungswissenschaft, die vor 1933 keine fest umrissene Disziplin war, wurde nun reduktionistisch betrieben; die Bevölkerungsforschung von den eigenständigen bevölkerungstheoretischen Ansätzen, den Systematisierungsversuchen wie von kritischen statistisch-methodischen Anmerkungen, die den Kern der internationalen Diskussionen um 1930 trafen, entleert.[100] Den Bedeutungsverlust der klassischen sozialwissenschaftlichen Bevölkerungstheorien, der sich Ende der 1920-er Jahre ankündigte, zementierte 1933 eine mörderische Rassen- und Bevölkerungspolitik. Die multidiziplinären Bevölkerungsforschungen gehorchten einem politisch-juridischen Diktat. Dieses begünstigte die wechselseitige Instrumentalisierung von Wissenschaft und Politik – Bevölkerungspolitik und Bevölkerungsforschungen stellten wechselseitige ›Ressourcen‹ füreinander dar.[101] Die Pflege der bevölkerungspolitischen Wissenschaft galt als Grundlage der Erbgesundheits- und Rassenpflege und als Voraussetzung einer „aufbauenden Staats- und Familienpolitik."[102] Bevölkerungsstatistik und Bevölkerungspolitik, schon immer enge Nachbarn, gingen ein unheilvolles Bündnis ein. Bevölkerungsstatistiker wandten sich aufgrund des „krisenhaften Zustandes der Fortpflanzung" der biologischen Betrachtungsweise zu und pochten ganz im politischen Mainstream angesichts der ›biologischen Unterbilanz‹ darauf, dass sich das deutsche Volkaus ›eigener Kraft‹ erhalte.[103]

Allgemein ›befreiten‹ Bevölkerungswissenschaftler ihre Disziplin vom ›Sündenregister‹ liberaler Vergangenheit.[104] Sie gehorchten den neuen politischen Richtlinien, mit denen sich für ihre Wissenschaft wichtige neue Aufgaben und Ziele stellten. Für den Bevölkerungswissenschaftler – so Burgdörfer – war es ein „beglückende Gefühl",

> „dass die Ergebnisse seiner Forschung nicht nur wissenschaftlich beachtet werden, sondern dass sie eine wichtige Grundlage für die praktische Bevölkerungspolitik bilden und dass er damit ganz unmittelbar mitarbeiten darf an der Gestaltung der Zukunft seines Volkes."[105]

---

97 Wolfs Bücher kamen auf den Index. Sein Name fand Aufnahme im Verzeichnis Jüdischer Autoren, einer vorläufigen Zusammenstellung des *Amtes der Schrifttumspflege* bei dem Beauftragten des Führers für die Überwachung der gesamten geistigen und weltanschaulichen Schulung und Erziehung der NSDAP und der Reichsstelle zur Förderung des deutschen Schrifttums. Siehe Ferdinand 2006.

98 Kuczynski musste aus politischen Gründen und zudem als Jude nach der Machtübernahme der Nationalsozialisten in die Illegalität gehen. Er floh zunächst in die Tschechoslowakei, dann über die Schweiz nach Großbritannien.

99 Freudenberg wurde die Lehrbefugnis auf der Basis des Reichsbürgergesetzes von 1935 entzogen. Er verließ 1938/39 nach kurzeitiger Inhaftierung Deutschland und ging in die Niederlande 1947 kehrte er nach Deutschland zurück. Von 1949-1958 war er ao. Professor an der Freien Universität Berlin. Schagen & Schleiermacher 2005.

100 Hier soll erwähnt werden, dass Ungern-Sternberg zwar nach 1933 zum Geburtenrückgang weiter publizierte, aber weitgehend Außenseiter blieb. Wagenführ in der NS-Zeit Karriere machte, sich aber kaum noch mit bevölkerungswissenschaftlichen Fragen beschäftigte. Siehe Ferdinand 2007a.

101 Ash 2002.

102 Burgdörfer 1934b, 470.

103 Ebd., 158, 165. Siehe auch Burgdörfer 1936; ders. 1936a, 19ff; Zahn 1936.

104 Burgdörfer 1936 verwarf Malthus; Zahn 1936 diagnostizierte die Fehlleitung des Sachkapitals durch Überrationalisierung, des „lebenden Volkskapitals" durch Überbildung, „rassische Überfremdung" und „Überhandnahme der Erbkranken".

105 Burgdörfer 1940, 157f.

Die erbbiologische Fundierung der Bevölkerungswissenschaft wie die im Diktat der NS-Politik erfolgten Bevölkerungsforschungen präsentierten die deutschen Wissenschaftler aus unterschiedlichen Disziplinen auch auf den internationalen Konferenzen der IUSIPP in Berlin und Paris. Dabei trafen sie nicht nur auf Zustimmung, sondern auch auf vehemente Kritik, insbesondere bezüglich der NS-Sterilisationspolitik und des Rassebegriffs.[106]

Mit Beginn des Zweiten Weltkrieges kam die Arbeit der IUSIPP zum Stillstand, die Bevölkerungsforschungen in den USA und anderswo blieben multidisziplinär verankert, stellten sich neuen Herausforderungen wie Fragen nach dem Krieg.

Nach 1945 strebten IUSIPP-Mitglieder aus verschiedenen Ländern, die sich 1947 auf der ersten Nachkriegskonferenz des *Internationalen Statistischen Instituts* in Washington trafen, nach einer Reorganisation ihrer *international community*. Aus der Vergangenheit zog man die Lehre, die Mitgliedschaft nun individuell zu gestalten. Unter dem Vorsitz Frank Lorimers kamen die distinguierten Wissenschaftler, darunter auch deutsche, bald wieder auf internationalen Kongressen zusammen. Innerhalb der Nachfolgeorganisation der IUSIPP – der *International Union for the Scientific Study of Population* (IUSSP) – wurden Projekte wie vergleichende Studien zur Fertilität und Familienplanung in Angriff genommen, die mathematische Demographie u.a. gestärkt. Bald verschwanden Ängste vor politischen Verflechtungen etwa durch die Zusammenarbeit mit den Vereinten Nationen.[107] Allgemein war man sich einig,

> „that the decline in fertility is closely connected with the changes that have fundamentally transformed European society in the last two centuries, but attempts to associate the decline exclusively with particular aspect of these changes, such as, for example, urbanization, have not proved satisfactory. Those writers who attribute the decline in fertility to ›civilization‹ as a whole have perhaps most clearly shown this to be true."[108]

Das Problem der multidisziplinären Verankerung und der Theorienvielfalt blieb weitgehend ungelöst. Das bestärkte unter anderem das Streben von Wissenschaftlern unterschiedlicher Disziplinen, sich im Forschungskomplex zum generativen Verhalten „gegenseitig durch verankerte Teilgeschichten zu überzeugen."[109] Im Fragenkomplex der Erklärungen der Fertilität und ihrer Determinanten gestaltete sich erneut eine Landschaft von „Wisseninseln in einem weiten Archipel",[110] mithin blieb die Theorienvielfalt. Auch diese ›Wissensinseln‹ im ›Archipel‹ demographischer Forschungen und Theorienbildung blieben in der Wahrnehmung der Wissenschaftler wie der jeweiligen Konjunktur der Bevölkerungswissenschaft einem zeithistorischen Denken verbunden. Sie befreiten sich nicht von ideologischen Verflechtungen, die dann je nach politischer Konjunktur Ängste und Schreckgespenster zu Medienauftritten und politischen Statements verhalfen. Dabei blieben auch Ängste vor ›Vergreisung‹, zunehmenden Versorgungspflichten, ›Überfremdung‹ oder ›Verkümmerung des geistigen Potentials‹ des deutschen Volkes präsent.[111] Allgemein bleibt bis heute – trotz der Verankerung sexueller und reproduktiver Menschenrechte auf

---

106 Siehe ausführlich Ferdinand 2004.
107 Lorimer 1971, 91ff.
108 UN 1953 in Eversley 1959, 1.
109 van de Kaa 1997, 4.
110 Ebd., 46.
111 U.a. Ungern-Sternberg 1953/54.

der Kairoer Bevölkerungskonferenz 1994 – die Frage, warum das Fruchtbarkeitsverhalten keine private Angelegenheit sei, sondern auch eine der Gesellschaft, strittig.

Mit der Integration reproduktiver und sexueller Rechte in die internationale Bevölkerungspolitik wurden keineswegs die Theorien und Modelle auf ihren theoretischen Gehalt befragt; die modernen Sozialtechnologien feierten ihren Siegszug:

> „Contemporary fertility-related policies have long given up on what in earlier times was seen as a prospective central preoccupation of modern states in the field of population: exerting an influence not on population numbers but on population quality. The ideology of eugenics as it arose in the late 19th century was concerned with the perceived negative effects of differential fertility on the fitness of future generations. Quality was to be raised by preventing or discouraging the ›less fit‹ from propagating themselves and by encouraging childbearing among couples seen as carriers of social desirable genetic endowments. Thus, this old-fashioned eugenics was directed, at least by intent and sporadically in practice, to select among parents and influence their fertility behavior. The rules for such selection were to be decided, democratically or otherwise, on the advice of ›experts‹.[112]

Moderne Technologien aber befreien nicht einmal von ethischen Dilemmata – „for collective choice, as will technological developments that would make the practices of grassroots eugenics feasible.“[113]

Wenn heute alte Gespenster im neuen, feuilletonistisch eingefärbten Gewand in-Deutschland wiederauferstehen und alte Zukunftsängste neu beleben, muss dringend nach deren empirischer Evidenz und Theoriegehalt gefragt werden. Die heutigen Geburtenrückgangs-, Überalterungs- oder auch Unterjüngungsszenarien speisen sich vor allem aus der Angst vor dem Kollaps des hiesigen Systems der sozialen Sicherung und dem – allerdings schwindenden – ›Gespenst Übervölkerung‹ in der so genannten Dritten Welt. Vermeintlich neue deutsche Probleme, können allein kaum durch das aus Unkenntnis unbewusste Plagiieren hundertjähriger Bedrohungsszenarien und ebenso alter politischer Handlungsanweisungen gelöst werden. Hilfreich könnte die Kenntnis der internationalen wie historischen Dimension allerdings sein.

Literaturverzeichnis

Adams, Mark B. 2000. The Wellborn Science. Eugenics in Germany, France, Brazil, and Russia. New York, Oxford.

Ash, Mitchell G. 2002: Wissenschaft und Politik als Ressourcen für einander, in: vom Bruch, Rüdiger, Kaderas, Brigitte: Wissenschaften und Wissenschaftspolitik – Bestandaufnahmen zu Formationen, Brüchen und Kontinuitäten im Deutschland des 20. Jahrhunderts, Stuttgart, 32-51.

Berger, Werner 1932 Internationaler Kongreß für Bevölkerungsforschung, in: Allgemeines Statistisches Archiv, 22, 85-88.

Black, Algernon D. 1932: Toward World Peace, in: Birth Control Review, 16, 4, 108.

Bortkiewicz, Ladislaus von 1908: Die Bevölkerungstheorie. Die Entwicklung der deutschen Volkswirtschaftslehre im neunzehnten Jahrhundert. Gustav Schmoller zur siebzigsten Wiederkehr seines Geburtstages. 1. Teil, Leipzig, XIII. Kap.

---

112 Demeny 2005, 343f.

113 Demeny 2005, 345.

Bryant, Thomas 2007: Von der »Vergreisung des Volkskörpers« zum »demographischen Wandel der Gesellschaft« – Geschichte und Gegenwart des deutschen Alterungsdiskurses im 20. Jahrhundert, in: Tel Aviver Jahrbuch 35, 110-127.

Burch, Guy Irving 1931: Eugenic Birth Control. In: Birth Control Review, 15, 4, 118-119.

Burgdörfer, Friedrich 1929: Der Geburtenrückgang und seine Bekämpfung. Die Lebensfrage des deutschen Volkes, Berlin.

Burgdörfer, Friedrich 1932: Volk ohne Jugend. Geburtenschwund und Überalterung des deutschen Volkskörpers. Ein Problem der Volkswirtschaft, der Sozialpolitik, der nationalen Zukunft, Berlin.

Burgdörfer, Friedrich 1933: Kinderreichtum – Volksreichtum (= Schriftenreihe des Reichsausschusses für Volksgesundheit, H. 6), Berlin.

Burgdörfer, Friedrich 1934: Vorausberechnungen über die deutsche Bevölkerungsentwicklung bis zum Ende des 20. Jahrhunderts, in: Gini ed. 1933/34, Bd. VIII, 21-63.

Burgdörfer, Friedrich 1934a: Eugenik und Krieg, in: Gini ed 1933/34, Bd. II, 367-426.

Burgdörfer, Friedrich 1934b: Bevölkerungsstatistik und Bevölkerungspolitik, in: Allgemeines Statistische Archiv, 24, 465-472.

Burgdörfer, Friedrich 1936: Bevölkerungsentwicklung im abendländischen Kulturkreis mit besonderer Berücksichtigung Deutschlands, in: Harmsen & Lohse eds. 1936, 63-90.

Burgdörfer, Friedrich 1936a: Völker am Abgrund (= Politische Biologie. Schriften für naturgesetzliche Politik und Wissenschaft. H. 1), München.

Burgdörfer, Friedrich 1940: Bevölkerungsstatistik und Bevölkerungspolitik, in: Burgdörfer Friedrich ed. 1940: Die Statistik in Deutschland nach ihrem heutigen Stand. Ehrengabe für Friedrich Zahn, Bd. I, Berlin, 157-166.

Bowen, Ezra 1931: An Hypothesis of Population Growth, New York (reprint 1968).

Chesnais, Jean-Claude 1992: The Demographic Transition. Stages, Patterns, and Economic Implications. A Longitudinal Study of Sixty-Seven Countries Covering the Period 1720-1984, New York.

Close, Charles 1932: Introduction, in: Pitt-Rivers ed. 1932, 29-31.

Cole, Joshua 2000: The Power of Large Numbers. Population and Politics in Nineteenth-Century France, Ithaca.

Cooper, James F. 1926: Geneva, in: Birth Control Review, 10, 3, 95.

Cromm, Jürgen 1998: Familienbildung in Deutschland. Soziodemographische Prozesse, Theorie, Recht und Politik unter besonderer Berücksichtigung der DDR, Opladen, Wiesbaden.

Demeny, Paul 2005: Ethical and political constraints on public choices in the field of fertility, in: Genus, 3-4, 331-345.

Dolan, Brain ed. 2000: Malthus, Medicine & Morality: ›Malthusianism‹ after 1798, Amsterdam.

Drysdale, C. V. 1927: The First World Population Conference, in: Birth Control Review, 11, 10, 255-256, 278.

Dumont, Arsène 1890: Dépopulation et civilisation: étude démographique, Paris.

Duncan, Hannibal Gerald 1930: Four Divergent Theories, in: Birth Control Review, 14, 10, 289-291.

Duton, Paul V. 2002: Origins of the French Welfare State. The Struggle for Social Reform in France 1914-1947, Cambridge.

Ehmer, Josef; Lausecker, Werner; Pinwinkler, Alexander eds. 2006: Bevölkerungskonstruktionen in Geschichte, Sozialwissenschaften und Politiken des 20. Jahrhunderts. Transdisziplinäre und internationale Perspektiven (= Historical Social Research/Historische Sozialforschung, 31/4 – Sonderheft).

Ellis, Havelock 1912: Rassenhygiene und Volksgesundheit, Würzburg.

Elster, Alexander 1925/26: Was ist und zu welchem Ende studiert man Sozialbiologie, in: Archiv für Soziale Hygiene und Demographie, N.F. I, 101-108.

Elster, Ludwig 41924: Bevölkerungslehre und Bevölkerungspolitik, in: Handwörterbuch der Staatswissenschaften, Bd. 2, Jena, 735-812.

Elster, Ludwig 41924a: Das Bevölkerungsproblem, in: Handwörterbuch der Staatswissenschaften, Bd. 2, Jena, 812-825.
Eulenburg, Franz 1932: Großraumwirtschaft und Autarkie, Jena.
Eversley, D. E. C. 1959: Social Theories of Fertility and the Malthusian Debate, Oxford.
Fairchild, Henry Pratt 1932: A New Aspect of Population Theory, in: Pitt-Rivers ed. 1932, 321-325.
Fairchild, Henry Pratt 1934: Organization for Research in Population, in: Population, Journal of the International Union for Scientific Investigation of Population Problems, February 1934, 79-84.
Ferdinand, Ursula 1997: Malthusianismo y neomalthusiansimo: Sobre la aperación y desarrollo de un concepto de política poblacional, in: aeps – anuario de sexología, 3, 111-133.
Ferdinand, Ursula 1997a: Der internationale Kongreß für Bevölkerungswissenschaft in Berlin, in: Mitteilungen der Magnus-Hirschfeld-Gesellschaft, 24/25, 5-33.
Ferdinand, Ursula 2004: Bevölkerungswissenschaft und Rassismus – Die internationalen Bevölkerungskongresse der International Union for the Scientific Investigation of Population Problems (IUSIPP) als paradigmatische Foren, in: Mackensen ed. 2004, 61-98.
Ferdinand, Ursula 2005: Die Debatte ›Agrar- versus Industriestaat‹ und die Bevölkerungsfrage. Eine Fallstudie, in: Mackensen & Reulecke eds. 2005, 111-149.
Ferdinand, Ursula 2005a: Zu Leben und Werk des Ökonomen Julius Wolf (1862-1937). Eine biographische Skizze, In Mackensen & Reulecke eds. 2005, 150-200.
Ferdinand, Ursula 2006: Disziplinäre Grenzen am Rande der Medizin: Soziale Hygiene, Demographie, Rassenhygiene, in: Mackensen, Rainer ed. 2006, 251-284.
Ferdinand, Ursula 2007: Die kulturwissenschaftliche Sexualwissenschaft des Ökonomen Julius Wolf (1862-1937) – Das Konzept einer sexologischen Bevölkerungstheorie, in: Overath, Petra; Krassnitzner, Patrick eds: Bevölkerungswissenschaften – Popularisierungsdiskurse – Bevölkerungspolitiken Deutschland und Frankreich 1914-1940 (im Druck).
Ferdinand, Ursula 2007a: Der Weg Alfred Grotjahns (1869-1931) zum ‹faustischen Pakt› in seinem Projekt der Sozialen Hygiene, in: Gesundheitswesen (im Druck).
Ferdinand, Ursula 2007b: Vom der »Rationalisierung des Sexuallebens« zur sexologischen Erklärung des Geburtenrückgangs – Das bevölkerungswissenschaftliche Werk Julius Wolfs (1862-1937), in: Tel Aviver Jahrbuch für deutsche Geschichte, XXXV, 86-109.
Ferenczi, Imre 1928: Erster Weltbevölkerungs-Kongreß, in. Allgemeines Statistisches Archiv, 21, 589-599-
Ferenczi, Imre 1930: Kontinentale Wanderungen und die Annäherung der Völker. Ein geschichtlicher Überblick (= Kieler Vorträge, 32), Jena.
Fetter, Frank 1894: Versuch einer Bevölkerungslehre (= Sammlung nationalökonomischer und statistischer Abhandlungen des staatswissenschaftlichen Seminars zu Halle a.d.S., IX/4), Jena.
Fischer, Eugen 1932: Untersuchungen über die differenzierte Fortpflanzung am deutschen Volk nach Hermann Muckermann, in: Pitt-Rivers ed. 1932, 108-111.
Fleischhacker, Jochen; de Gans, Henk, A.; Burch, Thomas K. eds. 2003: Populations, Projections and Politics. Critical and Historical Essays on Early Twentieth Century Population Forecasting, Amsterdam.
Freudenberg, Karl 1931: Die Ursachen des Geburtenrückganges im europäischen Kulturkreis, in: Ergebnisse der gesamten Medizin, Bd. 16, 47-86, 325-368.
Gini, Corrado ed. 1933/34: Internationaler Kongreß für Bevölkerungsforschung. (Rom, 7.10- September 1931), 10 Bde., Rom.
Goldscheid, Rudolf 1911: Höherentwicklung und Menschenökonomie. Grundlegung der Sozialbiologie (= Philosophisch-soziologische Bücherei, Bd. VIII), Leipzig.
Graßl, Josef 1914: Der Geburtenrückgang in Deutschland. Seine Ursachen und seine Bedeutung, Kempten, München.
Grotjahn, Alfred 1914: Geburtenrückgang und Geburtenregelung. Im Lichte der individuellen und sozialen Hygiene, Berlin.
Grotjahn, Alfred 1926: Hygiene der menschlichen Fortpflanzung, Berlin.

Gruber, Max von 31914: Ursachen und Bekämpfung des Geburtenrückgangs im deutschen Reich, München.
Hall, Lesley A. 2000: Malthusians Mutations: The Changing Politics and Moral Meanings of Birth Control in: Dolan ed. 2000, 141-163.
Harmsen, Hans 1927: Bevölkerungsprobleme Frankreichs unter besonderer Berücksichtigung des Geburtenrückgangs, Berlin-Grunewald.
Harmsen, Hans 1929: Die Bevölkerungspolitik Deutschlands, Frankreichs und des italienischen Faschismus, in: Zeitschrift für Geopolitik, 5, 31-56.
Harmsen, Hans; Lohse, Franz eds. 1936: Bevölkerungsfragen. Bericht des Internationalen Kongresses für Bevölkerungswissenschaft. Berlin, 26. August – 1. September 1935, München.
Hiller, E. T. 1930: A Culture Theory of Populations Trends, in: Spengler & Duncan eds. 1956, 371-390.
Höhn, Charlotte 1989: Grundsatzfragen in der Entstehungsgeschichte der Internationalen Union für Bevölkerungswissenschaft, in: Mackensen et al. eds. 1989, 233-254.
Huinink, Johannes 2000: Soziologische Ansätze zur Bevölkerungsentwicklung, in: Mueller, U.; Nauck, B.; Diekmann, A. eds. 2000: Handbuch der Demographie, Bd. 1: Modelle und Methoden, Berlin et al., 337-386.
Huxley, Julian 1928: Biology of Population, in: Birth Control Review, 12, 3, 83-85.
Ipsen, Carl 1996: Dictating Demography. The Problem of Population in Fascist Italy, London.
Ipsen, Carl 2003: Under the Stats of Fascism: The Italian Population Projection of 1929-31, in: Fleischhacker et al. eds. 2003, 205-224.
Jähnichen, Traugott 2005: »Droht Erschöpfung unsere Volkskraft?« Der sozialkonservative Protestantismus und die Diskussionen um den Geburtenrückgang in Deutschland im Jahr 1913, in: Myrrhe, Ramona ed. 2005: Geschichte als Beruf. Demokratie und Diktatur – Protestantismus und politische Kultur, Magdeburg, 225-240.
Jung, Edgar J. 21930: Die Herrschaft der Minderwertigen. Ihr Zerfall und ihre Ablösung durch eine Neues Reich, Berlin.
Kautsky, Karl 1924: Der Kampf gegen den Geburtenrückgang, Wien.
Keynes, John Maynard 1924: Vorwort, in: Wright 1924, III-IV.
Keynes, John Maynard: 1972, Thomas Robert Malthus, in: ders. ed.: The Collected Writings of John Maynard Keynes, V. Vol.: Essays in Biography, Cambridge, 71-108.
Korherr, Richard 1935/36: Der Internationale Kongreß für Bevölkerungswissenschaft in Berlin 1935, in: Allgemeines Statistische Archiv, 25, 1935/36, 337-341.
Lausecker, Werner 2006: ›Übervölkerungs‹konstruktionen in der deutschen Bevölkerungsgeschichte und Paul Momberts Kritik 1933. Eine Fallstudie zur Produktion und Dekonstruktion wissenschaftlicher Mythen 1929-1976, in: Ehmer et al. eds. 2006, 131-147.
La Vergata, Antonnello 2000: Biology and Sociology of Fertility: Reactions to the Malthusian Threat, 1798-1933, in: Dolan ed. 2000, 189-222.
Ledbetter, Rosanna 1976: A History of The Malthusian League 1877-1927, Columbus.
Lee, Robert 2006: Defining Population by Statistics c. 1850-1939: German practice within a European context, in: Mackensen ed. 2006, 89-116.
Lidbetter, E. J. 1927: Heredity, Disease and Pauperism. In: Sanger ed. 1927, 326-334.
Lorimer, Frank 1971: The Role of the International Union for the Scientific Study of Population, in: The Milbank Memorial Fund Quarterly, 49/4, Part 2: Human Fertility: Retrospect and Prospect. Proceedings of a Conference Honoring Clyde V. Kiser, 86-96.
Mackensen, Rainer ed. 2004: Bevölkerungslehre und Bevölkerungspolitik im ›Dritten Reich‹, Opladen.
Mackensen, Rainer 2006a: Demographie, Statistik, Soziologie: Der Bedarf an empirischen Informationen und das Verhältnis zur Politik, in: ders. ed. 2006, 181-201.
Mackensen, Rainer ed. 2006: Bevölkerungsforschung und Politik in Deutschland im 20. Jahrhundert, Wiesbaden.

Mackensen, Rainer; Thill-Thouet, Lydia; Stark, Ulrich eds. 1989: Bevölkerungsentwicklung und Bevölkerungstheorie in Geschichte und Gegenwart. Deutsche Gesellschaft für Bevölkerungswissenschaft, 21. Arbeitstagung, Frankfurt/Main, New York.
Mackensen, Rainer; Reulecke, Jürgen eds. 2005: Das Konstrukt ›Bevölkerung‹ vor, im und nach dem ›Dritten Reich‹. Wiesbaden: VS Verlag.
Marschalck, Peter 1989: Krise der Bevölkerungsentwicklung in Deutschland 1880-1930, in: Mackensen et al. eds. 1989, 172-191.
Marschalck, Peter 1992: Die bevölkerungswissenschaftlichen Deutungen von Fruchtbarkeitsunterschieden und ihre bevölkerungspolitischen Konsequenzen seit dem Beginn des 19. Jahrhunderts, in: Voland, Eckard ed. 1992: Natur und Kultur im Wechselspiel, Frankfurt/Main, 13-27.
Mauch, Gerhard J. 1999: Mombert, Paul, in: Hagemann, Harald; Krohn, Claus-Dieter eds. 1999: Biographisches Handbuch der deutschsprachigen wirtschaftswissenschaftlichen Emigration nach 1933, 2 Bde., München, Bd. 2, 461-463.
Migration Questions – At the International Labour Conference of the League of Nations 1927, in: Birth Control Review, 11, 9, 242-243.
Mombert, F. [sic] 1920: Das Gebiet der Bevölkerungslehre und ihre Stellung im Rahmen der Sozialwissenschaften, in: Jahrbuch für Nationalökonomie und Statistik, 114. Bd. (III, 59), 385-417.
Mombert, Paul. 1923: Bevölkerungslehre, in: Grundriss der Sozialökonomik, II/1, Tübingen, 58-123.
Mombert, Paul 1929: Bevölkerungslehre (= Grundrisse zum Studium der Nationalökonomie. Herausgegeben von Karl Diehl und Paul Mombert, Bd. 15), Jena.
Müller, Johannes 41927: Der Geburtenrückgang, in: Handwörterbuch der Staatswissenschaften, Bd. 4, Jena, 641-647.
Müller-Lyer, Franz 1920: Die Zähmung der Nornen, München.
Muller, H. J. 1932: The Dominance of Economics, in: Birth Control Review, 16, 8, 236-238.
Naumann, Friedrich 1913: Mehr Kinder!, in: Autonomie, 9, 78-12, 101-103.
Overath, Petra 2006: Zwischen Feindschaft und Familie – Eine Skizze zu Bevölkerungspolitiken in Frankreich vom Ende der III. Republik bis zur Vichy-Zeit, in: Mackenroth ed. 2006, 49-65.
Overbeek, Johannes 1974: History of Population Theories, Rotterdam.
Quessel, Ludwig 1913: Die Ökonomie des Gebärstreiks, in: Sozialistische Monatshefte 22, 19, 1319-1325.
Pitt-Rivers, Lane-Fox ed. 1932: Problems of Population. Being the Report of the Proceeding of the Second General Assembly of The International Union for the Scientific Investigation of Population Problems, London.
Rosental, Paul-André 2006: Von der historischen Demographie zur sozialen und politischen Bevölkerungsgeschichte in Frankreich nach 1945, in: Ehmer et al. eds. 2006, 7-33.
Ross, Edward A. 1929: Raum für alle?, Berlin, Leipzig.
Salvemini, Gaetano 1929: Italy's Problem – Overpopulation, in: Birth Control Review, 13, 7: 181-182.
Salvemini, Gaetano 1933: Do Italian Women Obey Mussolini?, in: Birth Control Review, 17, 3, 64-66.
Sanger, Margaret ed. 1927: Proceeding of the World Population Conference. Held at the Salle Centrale, Geneva, August 29th to September 3rd, 1927, London.
Sanger, Margaret 1938: An Autobiography. New York.
Schagen, Udo; Schleiermacher, Sabine 2005: 100 Jahre Sozialhygiene, Sozialmedizin und public Health in Deutschland. Berlin.
Schallmayer, Wilhelm 1909: Generative Ethik, in: Archiv für Rassen- und Gesellschaftsbiologie einschliesslich Rassen- und Gesellschafts-Hygiene 6, 2, 199-231.
Schmid, Josef 1976: Einführung in die Bevölkerungssoziologie, Reinbek bei Hamburg.
Schweber, Libby 2006: Disciplining Statistics. Demography and Vital Statistics in France and England, 1830-1885, Durham, London.

Schwentker, Björn 2006: Jede hat einen guten Grund. Ökonomen und Soziologen untersuchen, warum sich Frauen in Deutschland nicht öfter fürs Kinderkriegen entscheiden, in: Die Zeit, 22. Juni 2006, 31.

Seeberg, Reinhold 1913: Der Geburtenrückgang in Deutschland - Eine sozialethische Studie, Leipzig.

Sieferle, Rolf Peter 1989: Die Krise der menschlichen Natur. Zur Geschichte eines Konzepts, Frankfurt/Main.

Siemens, Hermann W. 1916/18: Die Proletarisierung unseres Nachwuchses, eine Gefahr unrassenhygienischer Bevölkerungspolitik, in: Archiv für Rassen- und Gesellschaftsbiologie einschliesslich Rassen- und Gesellschafts-Hygiene, 12, 1, 43-55.

Soloway, Richard A. 1995: Demography and Degeneration. Eugenics and the Declining Birth-Rate in Twentieth-Century Britain. Chapel Hill, London.

Sombart, Werner 1927 [1987]: Der moderne Kapitalismus. Historisch-systematische Darstellung des gesamteuropäischen Wirtschaftslebens von seinen Anfängen bis zur Gegenwart, 3. Bd./ 1. Halbbd., München, Leipzig.

Spengler, Joseph J. 1932: The Social and Economic Consequences of Cessation of Population, in: Birth Control Review, 16, 3, 82-83.

Spengler, Joseph J.; Duncan, Otis Dudley eds. 1956: Population Theory and Policy. Selected Readings, Glencoe, Illonois.

Stinnes, Werner 1936: Über einige Teilfragen des Geburtenproblems der Gegenwart (= Inaugural-Dissertation zur Erlangung der Würde eine Doktors der Philosophischen Fakultät der Universität Leipzig), Berlin-Neukölln.

Stone, Abraham 1928: Speaking of the Conference, in: Birth Control Review, 12, 2, 48-49, 59.

Szulc, Stefan 1934: The Polish Institute for the Scientific Investigation of Population Problems. Research on Differential Fertility in Poland in: Population, November 1934, 14-35.

Teitelbaum, Michael S.; Winter, Jay M. 1985: The Fear of Population Decline, New York.

The World Population Conference – International Aspects, in: Birth Control Review, 11, 10, 287-288.

Thompson, Warren S. 1915: Population: a Study in Malthusianism, New York.

Turda, Marius; Weindling, Paul J. eds. 2007: Blood and Homeland, Eugenics and Racial Nationalism in Central and Southeast Europe 1900-1940, Budapest, New York.

Ungern-Sternberg, Roderich v. 1932: Die Ursachen des Geburtenrückgangs im europäischen Kulturkreis (= Veröffentlichungen aus dem Gebiete der Medizinalverwaltung. XXXVI. Bd./7. H.), Berlin.

Ungern-Sternberg, Roderich 1953/54: Das Kind in der Bevölkerungspolitik, in: Kölner Zeitschrift für Sozialwissenschaften, 3, 3, 504-513.

Unshelm, Erich 1924: Geburtenbeschränkung und Sozialismus. Versuch einer Dogmengeschichte der sozialistischen Bevölkerungslehre, Leipzig.

Van de Kaa, Dirk J. 1997: Verankerte Geschichten: Ein halbes Jahrhundert Forschung über die Determinanten der Fertilität – Die Geschichte und Ergebnisse, in: Zeitschrift für Bevölkerungswissenschaft, 97, 1, 3-57.

Vienne, Florence 2006: Une science de la peur. La démographie avant et après 1933, Frankfurt/Main et al.

Wagenführ, Horst 1933: Klassifikation der Theorien über die Ursachen des Geburtenrückgangs, in: Gini ed. 1933/34, Bd. VIII, 425-456.

Weingart, Peter; Kroll, Jürgen; Bayertz, Kurt 1988: Rasse, Blut und Gene. Geschichte der Eugenik und Rassenhygiene in Deutschland, Frankfurt/Main.

Weipert, Matthias 2006: »Mehrung der Volkskraft«. Die Debatte über Bevölkerung, Modernisierung und Nation 1890-1933, Paderborn.

Westoff, Charles F. 1953: The Changing Focus of Differential Fertility Research: The Social Mobility Hypothesis, in: Spengler & Duncan eds. 1956, 400-409.

Wolf, Julius 1912: Der Geburtenrückgang. Die Rationalisierung des Sexuallebens unserer Zeit, Jena.

Wolf, Julius 1913: Das Zweikindersystem im Anmarsch und der Feldzug dagegen, Berlin.

Wolf, Julius 1915: Sexualwissenschaft als Kulturwissenschaft, in: Archiv für Sexualforschung, 1, 1, 1-10.
Wolf, Julius 1916: Der Streit über die Ursachen des Geburtenrückgangs, in: Weltwirtschaftliches Archiv, 8, 382-393.
Wolf, Julius 1928: Die neue Sexualmoral und das Geburtenproblem unserer Tage, Jena.
Wolf, Julius 1928a: Geburtenrückgang und Sexualmoral, in: Verhandlungen des I. internationalen Kongresses für Sexualforschung. Berlin vom 10. bis 16. Oktober 1926 veranstaltet von der Internationalen Gesellschaft für Sexualforschung, Bd. 4, 207-214.
Wolf, Julius 1931: Bevölkerungsfrage, in: Vierkandt, Alfred ed . 1931: Handwörterbuch der Soziologie, Stuttgart, 52-66.
Wolf, Julius 1933: Differenzialgeburtenziffer der verschiedenen Konfessionen, In: Gini ed. 1933/34, Bd. VIII, 337-340.
Wolfe, Almon B. 1928: An Epoch-Making Conference, in: Birth Control Review, 13, 11, 318.
Wolfe, Almon B. 1937: Demography, in: Seligman, Edward R. A., Johnson, Alvin eds. 1937: Encyclopaedia of the Social Science, Vol. V, New York, 85-86.
Woycke, James 1988: Birth Control in Germany 1871-1933, London, New York.
Wright, Harald 1924: Bevölkerung, Berlin.
Würzburger, Eugen 1914: Der Geburtenrückgang und seine Statistik, in: Schmollers Jahrbuch für Gesetzgebung, Verwaltung und Volkswirtschaft im Deutschen Reiche, 38/3, 147-175.
Zahn, Friedrich (1936): das Bevölkerungsproblem und die volkswirtschaftliche Kapitalbildung, in: Harmsen & Lohse eds. 1936, S. 231-239.

Ökologie und das Konstrukt ›Bevölkerung‹ – Perspektiven aus Sozial- und Naturwissenschaft –

Hansjörg Gutberger

I. ›Natur‹ und ›Gesellschaft‹

Das Thema des 33. Kongresses der Deutschen Gesellschaft für Soziologie (DGS) in Kassel lautete „Die Natur der Gesellschaft". In der Einleitung zum Hauptprogramm des im Herbst 2006 durchgeführten Kongresses hob Karl-Siegbert Rehberg für den Vorstand der DGS hervor, dass „sich die Soziologie – wie bereits im 19. Jahrhundert – wiederum hinsichtlich ihres eigenen Gegenstandes durch die Naturwissenschaften herausgefordert sieht. In disziplinären Deutungskonkurrenzen und Prioritätsansprüchen erhebt besonders die Biologie gegenüber sozialwissenschaftlichen sowie kultur- und geisteswissenschaftlichen Ansätzen den Anspruch, die menschliche Gesellschaft als Naturphänomen zu erklären."[1] Rainer Mackensen hat in einem neueren Beitrag darauf hingewiesen, dass auch innerhalb der Bevölkerungswissenschaften ähnliche Konfliktlinien zwischen Natur- und Sozialwissenschaft existieren. Schließlich stellt „Bevölkerung" eine inter- und transdisziplinäre Kategorie in den Natur- und in den Sozialwissenschaften dar. Rainer Mackensen machte angesichts dieser Konkurrenz deutlich, dass die eigentlich sozialökonomische, die nicht-mathematisierte Grundierung der Demographie es wert sei, wiederentdeckt zu werden. Im Jahr 2000 sah er es

> „angesichts der ökonomischen wie der demographischen Lage, in Europa wie global, an der Zeit, über die Zielsetzung der Demographie neu nachzudenken. Da das Ziel nicht mehr in demographischen Mengen liegen kann, muß ein qualitatives Maß für die Beurteilung von Bevölkerungszuständen und -veränderungen gesucht und in die Demographie integriert werden. Das kann nur entweder, so meine ich, ein Wohlfahrtsindikator sein, der das Gemeinwohl beschreibt, soweit es sich aus demographischen Strukturen und Prozessen ableiten läßt. Damit würde die Demographie ›an ihre Ursprünge‹ zurückkehren; allerdings unter der Bedingung, die Veränderungen mitzuvollziehen, welche sich im vergangenen Jahrhundert im Verständnis der Sozialökonomik vollzogen haben. [...] Die Studien und Untersuchungen, die Interpretationen demographischer Befunde zeigen das mehr und mehr. Sie erklären demographische Befunde durch soziale Bedingungen, durch soziales Verhalten, durch ökonomische Zustände und Veränderungen, durch individuelle und kollektive Befindlichkeiten (also durch psychologische Faktoren) und so weiter. Das würde darauf hinweisen, daß Ökonomen, Psychologen und Soziologen in der Demographie eine lohnende Aufgabe sehen könnten [...]"[2]

Nun sind ›Natur‹ und ›Gesellschaft‹ auch klassische Kategorien der Ökologie. Ökologie wird heute allgemein als ein zwischen „Natur" und „Gesellschaft" vermittelnder Forschungsansatz begriffen. Gleichwohl verstehen Natur- und Sozialwissenschaftler unter Ökologie etwas recht Unterschiedliches. Ein Mathematiker oder Chemiker wird wiederum

1 Rehberg 2006, 8.
2 Mackensen 2000, 417f.

„die“ Ökologie mit anderen Bedeutungszuschreibungen unterlegen als ein Biologe.[3] Und auch innerhalb der Human- und Sozialwissenschaften beziehen wir uns inzwischen auf sehr unterschiedliche Zugangsweisen und Denktraditionen, die einmal bei Ernst Haeckels (1834-1919) Entwurf einer Wissenschaft von der Gesamtheit der Beziehungen zwischen den Organismen und ihrer Umwelt (1866) ihren Anfang genommen haben. Es gibt jedoch auch Gemeinsamkeiten zwischen den Professionalisierungspfaden der Ökologie in den Natur- und Sozialwissenschaften: Ähnlich wie wir es aus Teilen der Geschichte der Ökologie innerhalb der Human- und Sozialwissenschaften kennen, folgte auch die naturwissenschaftliche Ökologie über einen langen Zeitraum dem ahistorischen Wissenschaftsideal der Naturalienkabinette des 18. und 19. Jahrhunderts. Hier kann nicht belegt werden, dass dieser ›verspätete‹ Denkstil die nachfolgende Mathematisierung der Ökologie begünstigte, allerdings ist das Faktum der Dominanz mathematischer Modellbildung in den Ökologien sowohl der Natur- als auch der Sozialwissenschaften nicht zu übersehen. Ähnliches gilt für die Demographie als sozialwissenschaftliche Teildisziplin.

In diesem Beitrag sollen nun lediglich einige wissenschaftshistorische Eckpunkte zum Verhältnis zwischen der sozialwissenschaftlichen Ökologie und dem Konstrukt „Bevölkerung“ in Erinnerung gerufen werden. Bevor jedoch ein kritischer Rückblick auf die Annäherungen der Bevölkerungswissenschaft(en) zu ökologischen Ansätzen gewagt wird, möchte ich mich etwas näher mit dem naturwissenschaftlichen Begriffsapparat – genauer: den biologischen Termini – auf dem Feld der Ökologie beschäftigen. Hier wird lediglich auf grundlegende Einsichten der Biologie zur Ökologie hingewiesen. Wie sich die Biologie dem Konstrukt ›Bevölkerung‹ nähert, wird nicht untersucht. Vielmehr soll deutlich gemacht werden, dass auch aus naturwissenschaftlicher Sicht die Plan- und Prognostizierbarkeit ökologischer Vorgänge überhaupt nur in Grenzen möglich ist.

II. Der ökologische Ansatz in der Biologie

Menschliche Handlungen sind – wenn sie auch nicht immer freien Entschlüssen folgen – nicht den Gesetzen der Evolution unterworfen. Menschen können als soziale AkteurInnen immer wieder Entscheidungen treffen, Regeln setzen und neuen Regeln folgen. Menschen können prinzipiell immer auch dort kooperieren (oder konkurrieren), Stress zulassen oder Stress reduzieren, wo Pflanzen und Tiere innerhalb ihrer ›Umwelten‹ festen Regularien unterworfen sind. Wie sehen diese festen Regularien der Pflanzen- und Tiergesellschaften aus der Sicht der BiologInnen aus?

Hier sei vor allem auf ein auf den ersten Blick irritierendes Gesetz hingewiesen. (1) Die Natur folgt (ohne menschliche Einflussnahme beispielsweise im Sinne der Gartengestaltung) den Gesetzen der räumlichen *Ausbreitung*, d.h. es gibt innerhalb von Ökosystemen keine festen Grenzen, sondern diese entwickeln sich permanent und dynamisch.[4] Eine *exakte* räumliche Grenzziehung ist in diesem Sinne eine rein menschliche Kulturleistung, die mindestens in der bisherigen Geschichte immer auch dazu diente, ›Natur‹ einzu-

3 Und natürlich macht der „ökologische Ansatz“ auch innerhalb der biologischen Wissenschaften eine Weiterentwicklung durch: so hatte Ernst Haeckel seine Erkenntnisse weitgehend aus der Zoologie und nicht an pflanzlichen Organismen gewonnen. Heute gilt die Flora als der vielleicht noch wesentlichere Zugang zum Begreifen ökologischer Zusammenhänge. Vgl. Küster 2005, 14, 31f.

4 Die räumliche Ausbreitung wird durch die Prozesse der Selektion (s.u.) gesteuert.

hegen. In unseren menschlichen ›Umwelten‹ wirken räumliche Grenzziehungen als (vermeintliche oder tatsächliche) Stabilisatoren neuer politischer und sozialer Ordnungen (bspw. während der Nationalstaatsgründungen in Europa aber auch im kolonialisierten Afrika).

(2) Alle Pflanzen- und Tiergesellschaften sind der *Sukzession* unterworfen, d.h. sie lösen sich an einem Standort in zeitlicher Ordnung ab (Aufeinanderfolge). Während die Evolution die Lebewesen verändert, verändert die Sukzession das *Bild der Ökosysteme* und Landschaften.[5]

(3) Alle nicht-menschlichen Lebewesen und Organismen sind *naturgesetzlich Stressfaktoren* unterworfen, wobei die BiologInnen zwischen dem sogenannten Distreß (dem Absterben) und dem Eustreß (der Kompensation eines Stressfaktors) unterscheiden. Je nach Änderung der Gesamtzusammensetzung des Ökosystems wirken diese Stressfaktoren, wobei es im vor hinein keine von der Natur bevorzugte Eigenschaften zur Bewältigung von Stress gibt. Eine Eigenschaft, die unter bestimmten Bedingungen ein Vorteil ist, kann unter Änderung der Standortbedingungen rasch ein Nachteil werden. Auch können zeitweise eher ›mittelmäßige‹, zeitweise jedoch auch extreme Eigenschaften (= disruptive Selektion) ein Vorteil sein.

> „Die Streßvorgänge innerhalb von Populationen sind jedoch in der Realität viel komplizierter. Denn man darf nicht allein von den autoökologischen Verhältnissen ausgehen, also vom ökologischen Verhältnis einzelner Arten zu ihrer Umwelt. Vielmehr muß bedacht werden, daß in der Regel an den Standorten zahlreiche Arten von Tieren, Pflanzen und Mikroorganismen auftreten, die zueinander in interspezifische Konkurrenz treten. Diese Konkurrenz zwischen den Arten wird bei Vorliegen synökologischer Verhältnisse beachtet. In der Synökologie untersucht man die Interaktionen von Artengemeinschaften am Standort oder, anders ausgedrückt, das Verhältnis von einzelnen Arten zu ihrer gesamten, auch der belebten Umwelt."[6]

So wies der Pflanzenökologe Heinz Ellenberg im Rahmen des so genannten Hohenheimer Grundwasserversuches nach, dass viele Pflanzenarten nicht dort vor kamen, „wo sie dies aus physiologischen Gründen könnten, sondern dort, wo es ihnen aus synökologischen Gründen, durch Konkurrenz zu anderen Pflanzenarten ›zugestanden‹ wird.“[7] „Stärke“ oder „Schwäche“ sind also für den ökologisch argumentierenden Biologen keine absoluten Kategorien, sondern vielmehr führen die wechselnden Standortbedingungen dazu, dass Individuen über jeweils neu (als ›stark‹ oder als ›schwach‹) zu bewertende Eigenschaften verfügen.

(4) „Das Ergebnis der unterschiedlichen Stressbewältigung bei Individuen, die zu einer Population zählen, ist die *Selektion.*“ Wobei Küster den waltenden Charakter von Naturgesetzen hervorhebt. Nicht die Arten oder die Populationen ›selektieren‹ sich absichtsvoll, sondern sie alle unterliegen einem übergeordneten, immerfort wirkenden Naturgesetz:

> „Es stimmt nicht, daß sich eine Population oder Art von Lebewesen an ihre Umwelt anpaßt. Aus diesem Satz, den man immer wieder lesen kann, spricht ein falsches Verständnis von Biologie oder Ökologie. Lebewesen werden ausgelesen oder selektiert, und dabei kommt es zur Anpassung. Anpassung ist kein aktiver, sondern ein passiver Prozeß. Zutreffender wäre es, davon zu

---

5 Vgl. Küster 2005, 84.
6 Ebd., 50.
7 Ebd., 51.

sprechen, daß eine Population oder Art von Organismen im Lauf der Zeit an einen Lebensraum angepaßt wird."[8]

Die Auswirkungen des Gesetzes natürlicher Auswahl sind also nicht prognostizierbar, weil eine Fülle gegenseitiger Bedingungen *permanent* aufeinander einwirkt:

> „Natürliche Selektion ergibt sich im Ökosystem, und sie läßt sich grundsätzlich nicht planen oder berechnen, weil auch dann, wenn alle Parameter der Selektion in einem bestimmten Moment bekannt wären, damit noch nicht gesagt ist, wie sich diese im nächsten Moment verändern werden."[9]

Haeckels ursprüngliche Vorstellung, dass sich in Ökosystemen ein Gleichgewichtszustand ergibt, der unter spezifischen Umweltbedingungen zu charakteristischen Lebensgemeinschaften führe, erweist sich damit für den ökologisch denkenden Biologen als ein Fehlschluss. Eher noch spielt dieser Gedanke in den auf mathematischer Grundlage erstellten ökologischen Modellen eine Rolle.[10]

III. Ökologie und Gesellschaft

Beschreiben die oben genannten Bedingungen Naturgesetze, so hat sich der Mensch von Beginn seines Auftretens an aus kulturellen, sozialen, ethischen oder religiösen Motiven heraus erfolgreich gegen diese Bedingungen zur Wehr gesetzt:

> „Geht es darum, entweder die Dynamik der Natur generell zu akzeptieren oder gewisse Erscheinungen der Natur zu bewahren, werden die Menschen sich immer für den Schutz des Bestandes entscheiden. Das gilt selbstverständlich vor allem für Erscheinungen in der Natur, die positiv bewertet werden. Auf diese Weise versucht der Mensch, sich der Selektion zu widersetzen."[11]

Der damit verbundenen zivilisatorischen Grundeinsicht des *Einforderns* individueller Menschenwürde folgen allerdings nicht alle Wissenschaftler – auch nicht alle Human- und Sozialwissenschaftler. So kommt ein Pionier der Humanökologie, Amos H. Hawley[12], in einem Rückblick auf seine Arbeit zu der kulturpessimistisch-resignativen Aussage:

> „If survival of the species is deemed important, does that apply uniformly to every individual included in the aggregate? Does individual life possess a supreme value, or is such a value a fiction designed to preserve peace within an in-group? Without presuming to answer so amoral a question, the human ecologist is content to point out that (a) reproduction is one of the most unskilled human activities – anyone past puberty can engage in it without any apprenticeship, and (b) the reproductive capacity in a population far exceeds the replacement needs of society – it is within easy reach of a healthy woman to have upwards of twenty-five live births. So wherein lies the value of human life?"[13]

---

8 Ebd., 54.

9 Ebd., 55f.

10 Ebd., 66. Susanne Heim hat gezeigt, dass in der naturwissenschaftlichen Ökologie in Deutschland diese mathematisierten Ansätze gerade in den 1930-er und 1940-er Jahren in der Limnologie (Seen- und Gewässerkunde) gefördert wurden. Siehe Heim 2003.

11 Küster 2005, 92.

12 Hawley 1950.

13 Hawley 1998b, 346.

Hawley nimmt hier eine allgemeine Tendenz in der neueren amerikanischen Humanökologie auf, in der Menschen nicht länger als Ausnahmespezies betrachtet werden. Die Evolution dominiert in dieser Sichtweise über die kulturelle Anpassungsfähigkeit.[14] Dass kulturelle, ethische und religiöse Gründe „im Widerspruch zu naturwissenschaftlichen, insbesondere biologischen oder ökologischen Grundlagen[15] entwickelt wurden, bedeutet jedoch weder eine Hinfälligkeit dieser Gründe noch eine Hinfälligkeit der Naturgesetze. Die geschichtswissenschaftliche Betrachtung lehrt, dass es der Mensch ist, der seine Umweltbedingungen zum Guten oder zum Schlechten verändert hat. Verhaltensweisen – auch sexueller Natur – unterliegen kulturellen Normen. Der Wandel kultureller Normen bewirkt eine viel nachhaltigere Modifikation des Verhaltens. Staatlich-institutionelle Maßnahmen, die ohne einen kulturellen Wandel vollzogen werden, bewirken keine nachhaltige Verhaltensänderung. Die Veränderungen in der Welt werden (je nach religiöser Überzeugung: nicht ohne göttlichen Beistand) von Menschen gemacht und dies wird auch in Zukunft so sein.

Der ökologische Ansatz ist hinsichtlich der Bevölkerungsfrage hoch umstritten. Hawleys o.g. Aussage liegt noch ein *mengenlogisch definierter Populationsbegriff* zugrunde, der von Wissenschaftlern der neueren Sozialökologie verworfen wird:

> „Im Kontext einer Sozialen Ökologie hat der mengenlogisch definierte Populationsbegriff keinen Platz. Geburt und Tod, die beiden kreatürlichen Bedingungen jeglicher Bevölkerungsentwicklung, sind hier eingebunden in den Nexus der verschiedensten gesellschaftlichen Naturverhältnisse. [...] Es ist nicht unerheblich, wie viele Menschen sich ernähren, arbeiten, konsumieren, sich fortbewegen, sich kleiden und wohnen [...] Es kann auch sein, daß die Versorgungs- und Sozialsysteme quantitativ überlastet werden. Die Bevölkerungszahl ist aber kein sinnvoller Indikator, um die Qualität der verschiedensten Regulationsformen zu beurteilen. Das hat schon die Kontroverse um das Tragfähigkeitskonzept deutlich gemacht."[16]

Gleichwohl dominieren seit Thomas R. Malthus quantitativ-mathematische Annäherungen an demographische Problematiken: von der Dominanz statistisch-mathematischer Verfahren im angelsächsischen Raum während des 20. Jahrhunderts, über die öffentlichkeitswirksam präsentierten Daten des *Club of Rome* bis hin zur Problematisierung des demographischen Wandels in den Industrieländern zu Beginn des 21. Jahrhunderts. Nach heutigen Erkenntnissen könnte sich – wie oben gezeigt – die sozialwissenschaftliche Humanökologie auch nicht (mehr) auf das Vorbild der naturwissenschaftliche Ökologie berufen. Dennoch ist dies bis heute in einem Teil der Humanökologie üblich, wobei sich hier die langfristige Wirkung der Werke des Amerikaners Eugene Pleasants Odum[17] bemerkbar macht. Seine Arbeiten beziehen sich auf eine naturwissenschaftliche Ökologie, die „vor allem durch die Mathematisierung begründet ist."[18]

Gesellschaftspolitische Schlussfolgerungen, die allein auf der Basis der Mathematisierung einer sozialwissenschaftlichen Problematik entstanden sind, sind m.E. mit guten Gründen zu kritisieren. Doch der generelle Nutzen der Mathematisierung von Bevölke-

---

14 Dieser Paradigmenwechsel setzte in den USA in den späten 1970-er Jahren in der Humanökologie und Soziologie durch die Thesen von William R. Catton and Riley E. Dunlap ein. http://en.wikipedia.org/wiki/Human_ecology;. Catton 1966; Dunlap & Mertig 1992; Dunlap 2002.

15 Küster 2005, 90.

16 Hummel 2000, 326.

17 Siehe u.a. Odum 1953; ders. 1980.

18 Küster 2005, 14f.

rungsproblematiken für die sozialwissenschaftliche Analyse soll hier keineswegs bestritten werden.

IV. Zur Entstehungsgeschichte der Human- und Sozialökologie

Der ökologische Denkansatz innerhalb der Human- und Sozialwissenschaften kommt aus der amerikanischen Diskussion der 1920-er Jahre. Im sozialökologischen Ansatz der *Chicago School*[19] erschien ein Stadtraum in den frühen 1920-er Jahren als ein gesellschaftlicher Mikrokosmos. Dieser Mikrokosmos sollte empirisch exakt abbildbar und vermessbar sein. Die Wurzeln dieses Ansatzes liegen damit in der sich professionalisierenden Sozialforschung in den USA.[20] Die Genese ökologischen Denkens in der Soziologie ist allerdings nicht ohne Bezugnahme auf die europäische Soziologie (vor allem auf Arbeiten von Émile Durkheim und Herbert Spencer) zu verstehen.

Die ›erste Generation‹ innerhalb der Chicagoer Schule bezog sich noch explizit auf Durkheims Sozialmorphologie, wobei besonders Robert Ezra Park (1864-1944) seinen Ansatz räumlicher Ordnung der Stadtbezirke[21] mit Émile Durkheims (1858-1917) sozialmorphologischem Konzept von Konkurrenz und Arbeitsteilung[22] in Verbindung brachte.[23] Durkheim hatte mit seiner Absicht, Soziales zukünftig nur durch Soziales zu erklären,[24] ein neues Paradigma in den Sozialwissenschaften etabliert. Seine Schrift zur Arbeitsteilung hatte er ursprünglich gegen den Evolutionisten Herbert Spencer (1820-1903)[25] entwickelt. Für unsere Fragestellung ist hier interessant, dass Herbert Spencer noch *die reine Bevölkerungszahl* als wesentlichen Faktor sozialer Differenzierung angesehen hatte. Durkheim machte gegen Spencer die Konzentration der Bevölkerung in den Städten (*physikalische Dichte*) und die damit einhergehende Entwicklung der *Verkehrs- und Kommunikationsmittel* für die Prozesse sozialer Differenzierung verantwortlich. Den Auslöser dieser Prozesse sah Durkheim gleichwohl auch in der Wettbewerbssituation zwischen den Menschen begründet. Nach der Ansicht des französischen Soziologen werde der Mangel in der menschlichen Sphäre nicht durch eine vollständige Verdrängung von Bevölkerungs(gruppen) untereinander beendigt, sondern er werde durch die Koexistenz und Ausdifferenzierung der Gesellschaft gelöst bzw. verlagert. Um es also in den Worten der biologischen Ökologie auszudrücken: ein „Eustreß" bewirkt eine Entspannung der Wettbewerbssituation statt das ein „Distreß" einen vollständigen Verdrängungswettbewerb in Gang hält. Bei Durkheim sind es gleichwohl (auch) Bevölkerungs*mengen*, die Prozesse beruflicher und sozialer Aus-

19 Zu ihren Hauptvertretern zählten Robert E. Park, Ernst W. Burgess, Roderick D. McKenzie, Louis Wirth u.a. Die hier angesprochene *Chicago School* entstand am Institut für Anthropologie und Soziologie der University of Chicago. Sie ist nicht mit der ökonomisch ausgerichteten Chicago School zu verwechseln: Thorstein Veblen, Wesley C. Mitchell, Alvin Johnson, John M. Clark, Frank Knight, Jacob Viner, Milton Friedman, Walton Hamilton u.a.

20 Vgl. König 1978, 57.

21 Vgl. Park 1974.

22 Durkheim 1893.

23 Vgl. Schnore 1958, 630.

24 Durkheim 1895.

25 Nach Rainer Mackensen beeinflusste Herbert Spencer innerhalb der deutschen Soziologie noch die Arbeiten von Ferdinand Tönnies (1855-1936) und Rudolf Heberle (1896-1991). Vgl. Mackensen 2003, 484.

differenzierung forcieren. Stets stand auch der Vorwurf im Raum, dass in Durkheims Arbeiten ein (sozialer) Evolutionismus ›durch die Hintertür‹ virulent blieb.

Die frühe Chicagoer Schule zeichnete sich nun einerseits durch starke Bezüge auf Durkheim aus.[26] So wurde u.a. Durkheims These von der wettbewerbsbedingten territorialen Verteilung der Bevölkerung übernommen. Andererseits wurden aber auch sehr konträre Positionen eingenommen. Dies betraf vor allem Durkheims Paradigma sozialkultureller Deutung. In der frühen Chicagoer Schule führte

> „die Analogie zu den Tier- und Pflanzengesellschaften zu einer eigenartigen Qualifizierung auch noch der ›gesellschaftlichsten‹ Elemente (Wirtschaftssystem, Sozialstruktur usw.) als natürliche Umwelt, an die die Menschen sich durch eher unbewußte Reaktionen und Mechanismen anpassen als durch bewußte Aktionen."[27]

Diese Interpretation, die das Durkheimsche Paradigma zurückweist, hat – wie gesagt – durch den Bedeutungsgewinn der Genetik in der Humanökologie seit den 1980-er Jahren wieder an Boden gewonnen. Allein deshalb ist an eine *politische Funktion* der klassischen Sozialökologie zu erinnern. Der klassischen Sozialökologie wurde

> „nicht die sich in regionalen Disparitäten niederschlagende soziale Ungleichheit zum Problem – Slums und Villenviertel sind eben Resultat des natürlichen Wettbewerbs zwischen (ökonomisch) Schwachen und Starken. Vielmehr geht es der klassischen Sozialökologie um die Folgen des unbegriffenen Wettbewerbs, konkret um jene, die aus dem durch das enorme Stadtwachstum verschärften Wettbewerb resultieren. Ihr Thema ist die durch Wachstum gestörte Stabilität der alten Sozialordnung und die Wiederherstellung des Gleichgewichts als ›new society‹, ist das kontrollierte Experiment sozialer Fortschritt im Laboratorium der Stadt, ihr Thema ist das politische Problem der sozialen Kontrolle, womit das Interesse der ›human ecology‹ benannt ist."[28]

Die Problematik sozialer Kontrolle hatte freilich im amerikanischen Diskurs nicht jene staatsautoritären Konnotationen, die wir in Deutschland der 1930-er und 1940-er Jahre finden, wo eine empirische Sozialstruktur- und Sozialraumforschung die NS-Lenkungswirtschaft und die Siedlungspolitik in Ost- und Südosteuropa begleitete.[29] In den USA lag die Betonung eher auf den gemeinschaftsstiftenden Aspekten sozialer Kontrolle unter den Bedingungen der freien Entfaltung des ökonomischen Individuums.

Wie stark die frühe Sozialökologie in den USA auch unter diesen Bedingungen durch naturalistische Bezüge geprägt blieb, zeigt ihr begriffliches Instrumentarium. Als „Grundbegriffe der Sozialökologie" nannte René König die „Invasion", die „Dominanz", die „Sukzession", die „Variation" und die „Segregation".[30] Für den Zentralbegriff des „natural area" war in der klassischen Sozialökologie im Wesentlichen die nach Ethnien differenzierte Stadtkultur amerikanischer Großstädte maßgebend. Nach König liegt es

> „auf der Hand, daß dieser Ausdruck bei seiner Entstehung sicher durch die Naturwissenschaften beeinflußt worden ist, ebenso sicher ist aber auch, daß er sich im humanökologischen Gebrauch

---

[26] Vgl. Schnore 1958; König 1978, 65.

[27] Krämer-Badoni 1991, 19.

[28] Frieling 1980, 241f.

[29] Vgl. Gutberger ^{2}1999 und alle Beiträge im Themenheft „Raumkonstruktionen und Bevölkerungspolitik im Nationalsozialismus" in Heft 02/2005 der Zeitschrift „Historische Sozialkunde. Geschichte – Fachdidaktik – Politische Bildung", Wien.

[30] Vgl. König 1978, 60f.

nicht als eine ›Biozönose‹ oder als ein ›Biom‹ begreifen läßt, denn der Mensch befolgt nicht blind die Diktate der Natur. In Gegensatz zur rein ökologischen Kausalität rückt die mensch geschaffene Kausalität des ›Habitats‹ [...] historische, wirtschaftliche und kulturelle Faktoren werden hier wirksam."[31]

Gleichwohl kam König an anderer Stelle zu der problematischen Ansicht, dass Bevölkerungen eines Areals durch ihre räumlich-soziale Umwelt ›zwingend‹ in ihrem Charakter beeinflusst werden. Hier übernahm die sozialräumliche Umwelt die Rolle einer das Gruppenverhalten prägenden zweiten „Natur". Nicht das sozial-räumliche Umwelten das Verhalten *ganzer Gruppen* steuern können stellte René König in Frage, sondern er kritisierte, dass dieses *homogene Gruppenverhalten* über statistische Methoden (ökologischer Fehlschluss[32]) schlecht rekonstruierbar sei:

„Die jeweils entstehenden ›natural areas‹ sind auch unabhängig von den Verwaltungsgebieten der Großstadt, also echte soziale Gebilde, von denen ›zwingende Einflüsse‹ auf die Bewohner ausgehen, so daß man vom Wohnplatz mehr oder weniger auf ihren Charakter schließen kann; hier gilt der ökologische Fehlschluß also nicht, was zu beachten ist. Das ist die ursprüngliche Denkform der Chicago Schule in Reinkultur, die sich sehr wesentlich von den späteren statistischen ökologischen Untersuchungen unterscheidet. [...] Niemand springt über seinen Schatten, auch der Mensch ist vor allem ein Lebewesen. Damit ist aber auch einzig seine Qualität als Lebewesen und nicht die als Mensch erfaßt. So führt auch der Begriff des ›natural area‹, so paradox das klingen mag, überall über die Natur hinaus: Das gibt heute sogar Amos Hawley zu im Gegensatz zu James A. Quinn, wobei er sehr mit Recht den unkritischen Charakter des unmittelbaren Übergangs von der Humanökologie auf die biotischen und gewissermaßen ›subsozialen‹ Ansichten der menschlichen Gesellschaft hervorhebt. Wird das aber erst einmal eingesehen, dann wird auch klar, daß das sogenannte ›natural area‹ mindestens zu gleichen Teilen an gewisse geographische Gegebenheiten (also subsozialer Natur) gebunden ist, wie es sie durch Umgestaltung überwindet."[33]

Die Kombinatorik von mengenlogisch begründeten Bevölkerungsbegriffen mit „geographischen Gegebenheiten" knüpft an den räumlichen Ausdruck bestehender Ungleichheitsverhältnisse an. Was René König aber 1978 noch nicht wissen konnte: Gerade sein Verweis auf die Qualität des Menschen als „Lebewesen" senkt in Zeiten wachsender genetischer Manipulationsmöglichkeiten des menschlichen Erbmaterials die Hemmschwellen. Es wird befürchtet, dass mit dieser Trennung auch einem rein naturalistischen Erkenntnisprogramm der Ökologie der Boden bereitet werden könnte. Das „new ecological paradigm" (NEP) könnte dann dazu beitragen, dass Menschen im Rahmen der Humanökologie als eine von vielen Spezies betrachtet werden.

„Eine Konfliktlinie zwischen diesem neuen Paradigma und dem klassischen soziologischen Ansatz liegt darin, dass damit Gesellschaft und Kultur abgewertet werden. Wenn menschliche Gemeinschaften und die Bevölkerung vorrangig als Teil des irdischen Ökosystems betrachtet werden, wird Soziologie zu einer Sub-Disziplin der Ökologie herabgestuft – der speziellen Ökolo-

31 König 1978, 64.

32 Nach König wird durch ökologische Fehlschlüsse „von den Variationen zwischen (ökologischen) Gebietseinheiten auf die Variation im Verhalten der Individuen" geschlossen. König 1978, 61, der hier Bezug auf W. S. Robinson 1950 nimmt.

33 König 1978, 62f., 65 (Herv. H.G.).

> gie der Spezies homo sapiens sapiens. Dies wird von den meisten Soziologen als Affront betrachtet."[34]

Die Sonderstellung der Spezies Mensch im gesellschaftlichen Naturzusammenhang rechtfertigt gleichwohl nicht einen sorglosen Umgang mit anderen Spezies und der Biosphäre insgesamt – es sei denn, die Selbstzerstörung der Spezies homo sapiens gelte als ein wünschenswertes Ziel.

V. Das ›Bevölkerungskonstrukt‹ in der Human- und Sozialökologie nach dem 2. Weltkrieg am Beispiel Otis Dudley Duncan

Um nun etwas näher auf die im engeren Sinne demographischen Inhalte der Human- und Sozialökologie einzugehen, sei auf einen wichtigen Exponenten dieser Richtung in den Vereinigten Staaten nach 1945 verwiesen: auf Otis D. Duncan.

Otis Dudley Duncan (1921-2004) vertrat einen soziokulturellen Ansatz in der Humanökologie, er gilt aber auch als ein „Klassiker" in der soziologischen Ungleichheitsforschung. Für diesen Schwerpunkt seines Schaffens steht vor allem das gemeinsam mit Peter Michael Blau (1918-2002) 1967 herausgegebene Buch „The American Occupational Structure".[35] Duncan suchte über das Thema ›soziale Mobilität‹ die thematische Verbindung zwischen der Sozialdemographie, die sich in den USA seit den 1930-er Jahren herausgebildet hatte, und der empirischen Sozialstrukturforschung auszubauen oder überhaupt erst herzustellen.[36] In den in den frühen 1950-er Jahren geführten Debatten, ob die differentielle Fruchtbarkeit zwischen sozialen Schichten die generelle Abnahme ›intelligenter‹ Bevölkerungsgruppen in den USA nach sich ziehe, wandte sich Otis Duncan explizit gegen sozialeugenische Positionen, aber nicht generell gegen Untersuchungen, die – wie damals üblich – die Familiengrößen mit Resultaten von IQ-Tests in Verbindung setzten.[37]

Für die Aufarbeitung der Rezeption amerikanischer Methoden in den deutschen Sozialwissenschaften nach 1945 ist Duncan ebenfalls wichtig. Er zählte zu jenen amerikanischen Wissenschaftlern, die in dieser Zeit durch Beiträge in deutschen soziologischen Fach-Lexika und Lehrbüchern die Herausbildung des Fachvokabulars in der Wissenschaftsdisziplin Soziologie prägten. So stammt der Beitrag über „Humanökologie" in Wilhelm Bernsdorfs „Wörterbuch der Soziologie" von Duncan.[38] Umgekehrt gilt jedoch auch: Diejenigen Soziologen in Deutschland, die Rudolf Heberles Wirken in den USA (1938 emigriert) weiter mitverfolgten, konnten bemerken, dass dieser an Diskussionen über Ökologie und Soziologie in den Vereinigten Staaten beteiligt war.[39] Dies wird hier hervorgehoben, weil Heberle seit den 1920-er Jahren und bis zu seiner Emigration zahlreiche Beiträge zur Bevölkerungswissenschaft in Deutschland geleistet hatte. Wer sich in den 1950-er Jahren in

34 Eintrag „Humanökologie" in: http://de.wikipedia.org/wiki/Human%C3%B6kologie, 28.2.2007.

35 Vgl. Blau & Duncan 1967.

36 Vgl. Schnore 1961.

37 Vgl. Duncan 1952.

38 Vgl. Bernsdorf ^{2}1969. Ähnliches gilt für die soziologische Ungleichheitsforschung. Vgl. Blau et al. 1968.

39 Vgl. Heberle 1952.

Deutschland für Bevölkerungs- und Migrationssoziologie interessierte, kam an Heberle nicht vorbei.

Doch zurück zu Duncan. Dieser stand noch an einem weiteren Schnittpunkt des Dreiecks „Ökologie – soziologische Ungleichheitsforschung – Demographie“: Der zusammen mit Philip M. Hauser herausgegebene Band „The Study of Population. An Inventory and Appraisal“ gilt als ein viel zitierter Klassiker der sozialwissenschaftlichen Demographie der USA, darin enthalten auch sein eigener Beitrag „Human Ecology and Population Studies“.[40] In diesem ökologischen Ansatz bildeten räumliche Bezüge die *abhängige* Variable zur Erklärung von Bevölkerungsvorgängen:

> „Seine zentrale Frage richtet sich auf die Art und Weise, in der Bevölkerungen organisatorisch mit den vorhandenen technischen Möglichkeiten auf die Umwelt und auf den Raum reagieren. Die sich dabei entwickelnde räumliche Organisationsstruktur stellt – als Muster von Aktivitäten – eine Eigenschaft der Bevölkerung als Ganzes dar und beinhaltet strukturelle Charakteristiken, die unabhängig von den personellen Charakteristiken ihrer individuellen Akteure untersucht werden können. Deshalb bleiben individuelle Haltungen, Motivationen oder Meinungen bei Duncan als erklärende Merkmale ausgeblendet.“[41]

Duncans ökologischer Ansatz richtete sich gegen biologische Deutungen menschlichen Verhaltens, sondern ging vielmehr von der Frage aus:

> „How is human social life possible? What is the nature of the bond that holds men together? How does it come about that societies of men differ from time to time and place to place – the problems of ›cultural diversity‹ and ›social change‹.“[42]

Im Zuge seiner Untersuchungen zur beruflichen Mobilität in den Vereinigten Staaten bezog sich Duncan deshalb auch zusammen mit Blau auf die Erfassung der beruflichen Intergenerationenmobilität. Diese Untersuchung lag insofern eng an der demographischen Thematik, als ihr Untersuchungszuschnitt, d.h. „das grundlegende Vorgehen und die Definitionen mit denen der laufenden demographischen Erhebungen des statistischen Bundesamtes“ der Vereinigten Staaten (= United States Bureau of the Census) übereinstimmten.[43] Aufbauend auf dem NORC-Index für berufliches Prestige stellten Blau und Duncan eine Skala der Berufe und Berufsklassen zur Verfügung. Die Skalierung von 450 Berufen erfolgte auch deshalb, weil die Erforschung eines möglichen Zusammenhangs von „sozialer Mobilität und Geburtenrate“ ein besonderer Schwerpunkt der Studie war.[44] Blau und Duncan erklärten den Geburtenrückgang in modernen Gesellschaften auch über den Wandel der Verwandtschaftsbeziehungen. Insbesondere Männer müssten in diesen Gesellschaftsformen immer „größere Energien für die Befestigung ihrer beruflichen Position und weniger für den Aufbau einer Familie“ aufwenden.[45] Dem lag die Vorstellung zugrunde, dass Erwachsensein als „Position relativer Überordnung“ gedeutet wurde, dass Erwachsensein bedeute, dass eine Person „von anderen respektiert wird und Autorität über einige andere ausübt.“[46]

40 Duncan 1959.
41 Riege & Schubert 2005b, 13.
42 Vgl. Duncan 1959, 683.
43 Vgl. Blau & Duncan 1968, 174.
44 Ebd., 179ff.
45 Ebd., 182.
46 Ebd.

Da diese Überordnung nicht mehr über ererbte Verwandtschaftsbeziehungen erfolge, sondern als Status erst erworben werden müsse und „nicht alle Männer [...] bei der Erlangung einer höheren beruflichen Position Erfolg haben" können,[47] wachse der Konkurrenzdruck der Männer untereinander. Das war 1968 und seitdem sind Frauen in dieses Modell *erwerbbarer* Statuskriterien verstärkt miteinbezogen worden. In diesem Sinne wäre der heute beklagte Geburtenrückgang auch ein Ausdruck der Überforderung bei der Erfüllung gesellschaftlicher Rollenerwartungen. Diese sozialen Rollen sind – möglicherweise gerade wegen der wachsenden sozialer Ungleichheit in der Gesellschaft – weiterhin durch eingelebte Erwerbsarbeitsmuster geprägt.[48] Der Geburtenrückgang wäre dann auch ein Resultat gelebter Rollenmodelle, die die Erlangung von Status (nun für beide Geschlechter) nach wie vor überbetonen. Diese Überbetonung kann auch Folgewirkungen für die Wahrnehmung derjenigen Bevölkerungsgruppen nach sich ziehen, die sich außerhalb des eigenen Bezugssystems befinden. Das Einfühlungsvermögen in die Lage von armen Bevölkerungsschichten kann in dem Moment ausbleiben, wo diese unbewusst wie negative Spiegelbilder des hart erarbeiteten eigenen Erfolgs wahrgenommen werden und deshalb Abwehrgefühle auslösen. Dies geschieht in der Regel aber erst innerhalb eines politisch-gesellschaftlichen Meinungsklimas, das die Klaviatur dieser Gefühle bedient.

Die Ökologie ist hier früh auch als Hoffnungsträgerin gesehen worden. 1972 versprach sich Duncan von einer stärkeren Akzeptanz ökologischer Perspektiven eine Wertediskussion, in der die Überbetonung des individuellen Statuserwerbs in der Gesellschaft relativiert würde:

> „One does not have to be a prophet to foresee that our present passion for demographic and economic growth will some day be superseded by a concern of population quality and ecological balance. When this inevitable adaptation is effected [...] perhaps it will seem more natural to espouse a hierarchy of values in which our assessment of men will not depend so heavily on their ability to ›get ahead‹."[49]

VI. Neuere Ansätze

Während Duncan noch die Störung eines ›Gleichgewichts‹ für die krisenhafte Zuspitzung gesellschaftlicher Zustände verantwortlich machte, werden diese Modellbilder in den neuen Beiträgen zur Human- und Sozialökologie stärker hinterfragt. Zivilisations- und Kulturkritik versucht die neuere sozialökologische Forschung gerade zu überwinden.[50] Am Frankfurter Institut für sozial-ökologische Forschung (ISOE) ist seit den 1980-er Jahren ein Konzept entwickelt worden, das auch politikwissenschaftliche Ansätze berücksichtigt. Für die Frankfurter Sozial-Ökologen ist „weder ›die Umwelt‹ noch die ›Gesellschaft‹ [...] krisenhaft gestört (...), sondern die Formen, in denen das Verhältnis beider reguliert wird".[51] Gegen jede Schwärmerei liegen mögliche Auswege darum auch „nicht in der Vorstellung von

47 Ebd., 183.
48 Vgl. Ernst 2005. Der Verfasser dieses Artikels hat im Rahmen der AbsolventInnenforschung geschlechtsspezifische Erwerbsarbeitsmuster bei AgraringenieurInnen empirisch untersucht. Vgl. Gutberger & Inhetveen 2001.
49 Duncan 1972, 163.
50 Vgl. Hummel 2000, 317.
51 Ebd., 317f.

›der‹ Natur als Maßstab moralischen Handelns, sondern den Möglichkeitsbedingungen einer praktischen Veränderung der herrschenden Regulierungsformen gesellschaftlicher Naturverhältnisse"[52]:

> „Soziale Ökologie bezeichnet einen Typus problemorientierter Forschung, der die Abgrenzungen zwischen den beiden getrennten epistemischen Kulturen Natur- und Sozialwissenschaften mit einem transdiziplinären und integrativen Ansatz zu überwinden versucht. Im Unterschied zu Sieferle und anderen humanökologischen Ansätzen, die die menschliche Bevölkerung als Schnittstelle im Verhältnis von Natur und Gesellschaft ins Zentrum rücken, wird die ›Population‹ als analytischer Bezugspunkt aus dem Zentrum verschoben und werden hier statt dessen andere theoriegeleitete sowie handlungsbezogene Fragestellungen und Problembeschreibungen formuliert."[53]

Die Frankfurter Sozial-Ökologen kritisieren, dass mit dem mengenlogischen Konzept das Beziehungsgefüge zwischen den Menschen unbeachtet bleibt. „Relationen" zwischen den Elementen können in diesem Konzept per se nicht erfasst werden, weil die Bevölkerung nur als eine nach Teilmengen aufgliedbare Menge verstanden wird.[54]

Einen etwas anderen Weg geht die Wiener Soziale Ökologie, die – stärker in Anschluss an das klassische POET-Modell der amerikanischen Humanökologie bzw. an systemtheoretische Ansätze – einem „Konzept des gesellschaftlichen Stoffwechsels" folgt.

> „Es versteht soziale Systeme in Analogie zu ›Organismen‹, die in einem materiellen und energetischen Austausch mit ihrer natürlichen Umwelt und mit anderen sozialen Systemen stehen, einem Austausch, der für die Lebensqualität der Menschen vital ist und durch naturale wie ökonomische und technologische Prozesse gesteuert wird. Dieser Stoffwechsel bewirkt erhebliche ökologische Veränderungen, auf Seiten des Inputs (Rohstoffentnahme) und auf Seiten des Outputs (Abfälle, Emissionen). Voraussetzungen des gesellschaftlichen Stoffwechsels werden durch die Kolonisierung natürlicher Systeme geschaffen."[55]

Hier ist es – im Unterschied zum Frankfurter Ansatz – gerade die Bevölkerung, die zwischen „Natursystem" und „Sozialsystem" vermitteln soll. Und dennoch: Die wissenschaftshistorische Aufarbeitung der Geschichte der Bevölkerungswissenschaften in Deutschland zeigt, wie wohl man weiterhin daran tut, sich dem Konstrukt „Bevölkerung(en)" mit großer Vorsicht zu nähern.[56] Schließlich diente seine (symbolische) Aneignung auch in der Vergangenheit nicht selten dazu, soziale Ungleichheit und sozialen Ausschluss zu rechtfertigen.[57]

---

52 Ebd.

53 Ebd., 315.

54 Zur Frankfurter Sozial-Ökologie jetzt zusammenfassend: Becker & Jahn 2006.

55 http://www.iff.ac.at/socec/forschung/forschung_stoff.php, 28.2.2007.

56 Vgl. die bisher vorliegenden Ergebnisse des von Rainer Mackensen mitbeantragten DFG-Schwerpunktprogramms zur „Erforschung des Konstrukts ›Bevölkerung‹ vor im und nach dem ›Dritten Reich‹": Mackensen 2004; Mackensen & Reulecke 2005; Mackensen 2006.

57 Vgl. Gutberger 2006a, ders. 2006b.

Literatur

Becker, Egon; Jahn, Thomas ed. 2006: Soziale Ökologie. Grundzüge einer Wissenschaft von den gesellschaftlichen Naturverhältnissen, Frankfurt/M.

Bernsdorf, Wilhelm 21969: Wörterbuch der Soziologie, Stuttgart.

Blau, Peter M.; Duncan, Otis Dudley 31968: Eine Untersuchung beruflicher Mobilität in den Vereinigten Staaten. Aus dem Amerikanischen übersetzt von Dipl. Volkswirt Klaus Roghmann, in: Glass, David; Victor; König, René eds.: Soziale Schichtung und soziale Mobilität, Köln (Westdeutscher Verlag) (=Kölner Zeitschrift für Soziologie und Sozialpsychologie: Sonderheft; 5), 171-188.

Blau, Peter M.; Duncan, Otis Dudley (in collaboration with Andrea Tyree) 1967: The American Occupational Structure, New York u.a.

Catton, William R. Jr. 1966: From animistic to naturalistic sociology, New York.

Duncan, Otis Dudley 1952: Is the intelligence of the general Population declining?, in: American Sociological Review, 17, 4, 401-407.

Duncan, Otis Dudley 1959: Human Ecology and Population Studies, in: Hauser, Philip M.; Duncan, Otis Dudley eds., The Study of Population. An Inventory and Appraisal, Chicago, 678-716.

Duncan, Otis Dudley 1972: Inequality and Opportunity, in: Petersen, William eds., Readings in population, New York, 158-164.

Dunlap, Riley E. 2002: Sociological theory and the environment: classical foundations, contemporary insights, Lanham, Md. u.a..

Dunlap, Riley E.; Mertig, Angela G. 1992: American environmentalism: the U.S. environmental movement, 1970-1990, Philadelphia u.a..

Durkheim, Émile 1893: De la Division du travail social, Paris (Paris, Univ., Diss.).

Durkheim, Émile 1895: Les règles de la méthode sociologique. Paris.

Ernst, Waltraud ed. 2005: Leben und Wirtschaften - Geschlechterkonstruktionen durch Arbeit. (=Focus Gender, hrsg. vom ZIF, Zentrum für Interdisziplinäre Frauen- und Geschlechterforschung der HAWK/FH Hildesheim/Holzminden/Göttingen und der Stiftung Universität Hildesheim, Bd. 3), Münster.

Frieling, H. D. von 1980: Räumliche soziale Segregation in Göttingen – Zur Kritik der Sozialökologie. Textband. (=Kasseler Schriften zur Geographie und Planung, Bd. 19), Kassel.

Gutberger, Hansjörg 21999: Volk, Raum und Sozialstruktur. Sozialstruktur- und Sozialraumforschung im ›Dritten Reich‹. (=Beiträge zur Geschichte der Soziologie, Bd. 8), Münster u.a..

Gutberger, Hansjörg; Inhetveen, Heide 2001: Agrarstudium – und was dann? Stellensuche und Berufseinmündung von Diplom-AgraringenieurInnen, Münster/W. u.a..

Gutberger, Hansjörg 2006a: Bevölkerung, Ungleichheit, Auslese. Perspektiven sozialwissenschaftlicher Bevölkerungsforschung in Deutschland zwischen 1930 und 1960, Wiesbaden.

Gutberger, Hansjörg 2006b: Demographie und Sozialstrukturforschung. Überlegungen zu einem Vergleich zwischen amerikanischer und deutscher Sozialdemographie 1930-1960, in: Ehmer, Josef; Lausecker, Werner; Pinwinkler, Alexander eds., Bevölkerungskonstruktionen in Geschichte, Sozialwissenschaften und Politiken des 20. Jahrhunderts. Transdisziplinäre und international vergleichende Perspektiven, Sonderheft der Historical Social Research (Historische Sozialforschung), Vol. 31, 4, 155-182.

Hawley, Amos H. 1950: Human Ecology. A theory of community structure, New York.

Hawley, Amos H. 1998a: Human Ecology, Population, and Development, in: Micklin, Michael; Poston Jr., Dudley L. eds.: Continuities in Sociological Human Ecology. (=The Plenum Series on Demographic Methods and Population Analysis), New York, London, 11-24.

Hawley, Amos H. 1998b: Epilogue. Confessions of a Sometime Ecologist (Mostly Human), in: Micklin, Michael; Poston Jr., Dudley L. eds.: Continuities in Sociological Human Ecology. (=The Plenum Series on Demographic Methods and Population Analysis), New York, London, 345-349.

Heberle, Rudolf 1952: On Political Ecology, in: Social Forces, 31, 1-9.

Heim, Susanne 2003: Kalorien, Kautschuk, Karrieren. Pflanzenzüchtung und landwirtschaftliche Forschung in Kaiser-Wilhelm-Instituten 1933-1945, Göttingen.

Hummel, Diana 2000: Der Bevölkerungsdiskurs. Demographisches Wissen und politische Macht. (=Forschung Politikwissenschaft, Bd. 108), Opladen

König, René 1978: Die Pioniere der Sozialökologie in Chicago. The Pioneers of Social Ecology in Chicago, in: Deutsche UNESCO-Kommission eds.: Stadtökologie. Bericht über ein Kolloqium der Deutschen UNESCO-Kommission, veranstaltet in Zusammenarbeit mit der Werner-Reimers-Stiftung vom 23.-26. Februar 1977 in Bad Homburg. München, New York, London, 56-67.

Krämer-Badoni, Thomas 1991: Die Stadt als sozialwissenschaftlicher Gegenstand – Ein Rekonstruktionsversuch stadtsoziologischer Theoriebildung, in: Häußermann, Hartmut et al.. ed.: Stadt und Raum: soziologische Analysen, (=Schriftenreihe ›Stadt, Raum und Gesellschaft‹, Bd.1), Pfaffenweiler, 1-29.

Küster, Hansjörg 2005: Das ist Ökologie. Die biologischen Grundlagen unserer Existenz, München.

Mackensen, Rainer 2000: Vergangenheit und Zukunft der Demographie als Wissenschaft, in: Zeitschrift für Bevölkerungswissenschaft, 25, 3-4, 399-429.

Mackensen, Rainer 2003: Vier Wurzeln der empirischen Sozialforschung, in: Zeitschrift für Bevölkerungswissenschaft, 28, 2-4, 483-504.

Mackensen, Rainer ed. 2004: Bevölkerungslehre und Bevölkerungspolitik im ››Dritten Reich‹‹, Opladen.

Mackensen, Rainer ed. 2006: Bevölkerungsforschung und Politik in Deutschland im 20. Jahrhundert, Wiesbaden.

Mackensen, Rainer; Reulecke, Jürgen eds. 2005: Das Konstrukt ››Bevölkerung‹‹ vor, im und nach dem ››Dritten Reich‹‹, Wiesbaden.

Odum, Eugene P. 11953, 31971: Fundamentals of ecology, Philadelphia.

Odum, Eugene P. 41980: Ökologie: Grundbegriffe, Verknüpfungen, Perspektiven; Brücke zwischen den Natur- und Sozialwissenschaften. Bearbeitet von Josef Reichholf, übersetzt von Helgard Reichholf-Riehm, München et al.

Park, Robert E. 1974: Die Stadt als räumliche Struktur und als sittliche Ordnung (The Urban Community as a Spatial Pattern and a Moral Order), in: Atteslander, Peter; Hamm, Bernd eds.: Materialien zur Siedlungssoziologie, Köln, 90-100.

Preston, S.H. 1993: The Contours of Demography: Estimates and Projections, in: Demography, 30, 4, 593.

Rehberg, Karl-Siegbert 2006: Vorwort. Die Natur der Gesellschaft, in: DGS / Heinz Bude eds.: Die Natur der Gesellschaft. 33. Kongress der Deutschen Gesellschaft für Soziologie, 9.-13. Oktober 2006, Universität Kassel, 8-11.

Riege, Marlo; Schubert, Herbert eds. 22005a: Sozialraumanalyse. Grundlagen – Methoden – Praxis, Wiesbaden.

Riege, Marlo; Schubert, Herbert 22005b: Zur Analyse sozialer Räume – Ein interdisziplinärer Integrationsversuch, in: dies. eds. 2005: Sozialraumanalyse. Grundlagen – Methoden – Praxis, Wiesbaden, 7-69.

Robinson. W. S. 1950: Ecological Correlations and the Behavior of Individuals, in: American Sociological Review, Vol. 15, 3, 351-357.

Schnore, Leo F. 1958: Social Morphology and Human Ecology, in: American Journal of Sociology, 63, 6, 620-634.

Schnore, Leo F. 1961: Social Mobility in Demographic Perspective, in: American Sociological Review, 26, 3, 407-423.

Verein für Geschichte und Sozialkunde eds. 2005: Raumkonstruktionen und Bevölkerungspolitik im Nationalsozialismus – Themenheft 02/2005 der Zeitschrift Historische Sozialkunde, Geschichte – Fachdidaktik – Politische Bildung, Wien.

Verflechtungen zwischen Bevölkerungswissenschaften und -politik

Medicinalpolicey im 20. Jahrhundert – Zur Rezeption Franz Anton Mays durch den „Sozialhygieniker" Alfons Fischer

Esteban Mauerer

Rainer Mackensen hat sich wiederholt der Theoriegeschichte des 18. Jahrhunderts und darin vor allem dem Werk von Thomas Malthus (1766-1834) zugewandt. Ein besonderes Anliegen ist es ihm, die Theoreme des schottischen Nationalökonomen und Moralphilosophen, dessen Einfluß auf die Bevölkerungswissenschaft kaum überschätzt werden kann, vor dem Hintergrund unserer heutigen wissenschaftlichen Kenntnisse und unserer politisch-sozialen Lage zu bedenken. Das Ergebnis ist eindeutig. Zwar, so Mackensen, habe sich Malthus Problemen gegenüber gesehen, die heute die Bevölkerungswissenschaft in ähnlicher Form beschäftigen. „Seine Beobachtungen freilich, und die Folgerungen, welche er daraus zog, sind – glücklicherweise – nicht mehr für bare Münze zu nehmen […]". Und er resümiert: „Malthus ist daher nur noch von historischem Interesse".[1]

Mackensen ist zuzustimmen: Die Lösungsangebote der (Bevölkerungs-)Theoretiker des späten 18., frühen 19. Jahrhunderts können nicht mehr unsere sein. Zu unterschiedlich sind die Wissensordnungen und die daraus resultierenden Praktiken, zu verschieden sind die politischen, sozialen, auch moralisch-ethischen Standpunkte. Eine zu tiefe Kluft trennt die Gesellschaft des pluralistischen demokratischen Verfassungsstaates von der vormodernen Gesellschaft des späten Ancien Régime. Um so erstaunlicher ist es, dass nicht nur umfassende Deutungsangebote wie das von Thomas Malthus bis in die heutige Zeit rezipiert und diskutiert (wenn auch verworfen) werden, sondern auch einzelne Elemente der bevölkerungspolitischen Theorie des späten 18. Jahrhunderts in einschlägigen Debatten unserer Tage begegnen, etwa bei der Frage, ob das Reproduktionsverhalten der Menschen politisch gesteuert werden kann und soll.[2] Indes: Das verbindende Glied zwischen den Entwürfen des 21. und jenen des 18. Jahrhunderts ist weniger in der inhaltlichen Übereinstimmung der vorgeschlagenen Steuerungsmittel zu suchen als vielmehr in der Überzeugung, dass politische Steuerung in diesem gesellschaftlichen Subsystem überhaupt möglich sei. Die Zeit des späten 18. und des beginnenden 19. Jahrhunderts avanciert in dieser Perspektive zu einem Musterbuch der Moderne, weil damals Interventionsmodelle formuliert wurden, die fortan in den Wissensbestand der Bevölkerungspolitik eingingen und bei passender Gelegenheit aktualisiert und reformuliert wurden. Ein Beispiel ist etwa die Rezeption der restriktiven Ehegesetzgebung Bayerns aus den Jahren 1825 und 1834, die wiederum am Ende einer gesetzgeberischen Entwicklung stand, die in der zweiten Hälfte des 18. Jahrhunderts die ständische Gesellschaft mit einem dichten Netz von Ehebeschränkungen überzog. Am Ende des 19. Jahrhunderts wurden diese Normen in der sich aus medizinisch-biologischen Diskursen erneuernden bevölkerungspolitischen Theorie von verschiedenen Autoren als nachahmenswertes Vorbild gerühmt.[3]

---

1 Mackensen 1999, 46; zur Auseinandersetzung mit Malthus siehe auch Mackensen 1991.

2 Für die entsprechenden Meinungen des 18. Jahrhunderts sei auf Fuhrmann 2002 verwiesen; die aktuellen Debatten sind beinahe täglich den Massenmedien zu entnehmen.

3 Mauerer & Klippel 2005.

Anders als die kritisch abwägende Rezeption Malthus' durch Rainer Mackensen ist die gerade genannte Wiederbelebung älterer Handlungsanleitungen am Ende des 19. Jahrhunderts affirmativ gewesen. Indem sie die Zeiten übersprang, ordnete sie die damalige Gegenwart in den gleichen Zeithorizont wie die Vergangenheit ein. Kritische Distanz wurde so zugunsten vermeintlich überzeitlich gültiger Modelle suspendiert. Wie es scheint, eignen sich bevölkerungspolitische Diskurse des späten Absolutismus in besonderer Weise für eine spätere Aneignung. Der vorliegende kurze Abriss widmet sich einer solchen exemplarischen Aneignung. Es geht um die Rezeption des Werks des pfälzischen Mediziners Franz Anton Mai (1742-1814) durch den „Sozialhygieniker" Alfons Fischer (1873-1936). Der Gedanke, die historische Dimension bevölkerungspolitischer Positionen des 20. Jahrhunderts durch die Untersuchung langwirkender Kontinuitäten herauszuarbeiten, lag auch den Arbeitsprojekten der Bayreuther Gruppe in den ersten Antragsphasen des SPP 1106 zugrunde.

Sucht man nach den Ursprüngen des staatlichen Interesses am generativen Verhalten der Menschen, wird man den gesellschaftspolitischen Theorien der zweiten Hälfte des 18. Jahrhunderts einen herausragenden Platz einräumen müssen. Eine breit differenzierte Literatur überliefert die durch die Staatslehre des älteren Naturrechts legitimierten Ambitionen des absolutistischen Staates, auch solche Bereiche unter seine Kontrolle zu bringen, die bis dahin seinem Zugriff gar nicht oder nur in geringem Maße ausgesetzt waren. Dabei geriet auch die weibliche und männliche Reproduktionsfähigkeit in den Blick des Staates: sie sollte auf wissenschaftlicher Grundlage kontrolliert, das so generierte Wissen sollte systematisch anwendbar gemacht werden. Michel Foucault hat in diesen Machttechniken eine neuartige Realisierungsform politischer Herrschaft gesehen, die man als „Bio-Politik der Bevölkerung" bezeichnen könnte. Es entstanden politische Praktiken und diskursive Strategien, vermittels deren die „Fortpflanzung, die Geburten- und die Sterblichkeitsrate, das Gesundheitsniveau, die Lebensdauer, die Langlebigkeit mit allen ihren Variationsbedingungen" zum „Gegenstand eingreifender Maßnahmen und regulierender Kontrollen" werden sollten.[4] Legitimiert wurden die entsprechenden staatlichen Praktiken durch das naturrechtliche Theorem des Staats- oder Gesellschaftsvertrags, das im deutschen Diskursraum in einer besonderen Ausprägung begegnet. Danach erfolgte der Ausgang aus dem allen Menschen äußerst abträglichen vor- oder außerstaatlichen Zustand durch einen Vertrag, der den Staat schuf. Der Staat wiederum wurde um eines bestimmten Zweckes willen gegründet, der im älteren Naturrecht mit der „salus publica" identifiziert wurde und weitreichende staatliche Interventionen in alle Bereiche des gesellschaftlichen Lebens erlaubte. Im Vordergrund stand dabei im letzten Drittel des 18. Jahrhunderts der Staatszweck der „Glückseligkeit", die vom Staat herzustellen und zu garantieren war. Das Mittel hierzu war die „gute Policey", die den wünschenswerten Zustand des Gemeinwesens bezeichnete sowie die Mittel, diesen zu bewirken. Dem Staat boten sich dabei weitreichende Gestaltungsoptionen, da er die „Glückseligkeit" definierte und auch die Wege, diese herzustellen.[5]

In unserem Kontext bedeutsam wurde im Bereich der „guten Policey" einerseits die Bevölkerungspolizei, andererseits die Medizinalpolizei. Beide Wissensgebiete dienten einem prominenten Ziel des reformabsolutistischen Staates, nämlich der Schaffung und Bewahrung einer zahlreichen, gesunden, arbeitsfähigen Bevölkerung. Dieses Konzept nahm aus macht- und wirtschaftspolitischen Gründen einen herausragenden Platz in der politi-

4 Foucault 1977, 166 (Zitat), 37f.
5 Zuletzt als Zusammenfassung: Klippel 2005.

schen Agenda ein. Die Untersuchungen von Martin Fuhrmann und Caren Möller haben die ausgedehnten, sich teilweise überlappenden Literaturlandschaften erschlossen, in denen sich der zeitgenössische Diskurs des Denkens und Schreibens über Bevölkerung (mitsamt ihrer medizinalpolitischen Formung) abbildete.[6] Einen besonderen Platz nimmt darin Franz Anton May ein. Der 1742 geborene Mediziner, dessen Lebens- und Arbeitsweg eine besondere Nähe zur staatlichen Sphäre erkennen läßt, wirkte zunächst an der Hebammenschule sowie am Zucht- und Arbeitshaus Mannheim, bevor er 1773 eine außerordentliche, 1785 eine ordentliche Professur für Heilkunde an der Universität Heidelberg übernahm. Zudem hatte er von 1789 bis 1794 die Stelle als Leibarzt der Kurfürstin Elisabeth Augusta inne. 1807 zog sich May, der auch in der Namensform Mai begegnet, von seinem Lehramt zurück.[7] Daneben entfaltete er eine ausgedehnte literarische Tätigkeit, die einerseits medizinischen Spezialproblemen gewidmet war, andererseits medizinalpolizeilichen Themen.[8] Unmittelbar in den bevölkerungspolitischen Kontext gehören etwa folgende Schriften: „Vorbeugungsmittel wider den Kindermord. Für Seelsorger, Eltern, Polizeiverwalter, Wundärzte und Geburtshelfer“ (Mannheim 1781), dann der „Auszug aus den Vorlesungen über die Lebensart der Studierenden um bey ihrem Beruf lang, und gesund zu leben“ (Heidelberg 1786), worin Mai sich gegen Onanie und Ehelosigkeit wandte[9]. Unter anderem der ideologischen Stärkung seiner Landsleute im Sinne der Revolutionsabwehr widmeten sich die „Medicinischen Fastenpredigten oder Vorlesungen über Körper- und Seelen-Diätetik zur Verbesserung der Gesundheit und Sitten“ (Mannheim 1793), deren zweiter Teil 1794 mit dem bezeichnenden Untertitel „Zur Verbesserung der abgearteten Ehestandssitten, der ehelichen Gesundheit und Kindererziehung des deutschen Vaterlandes“ erschien. Schließlich ist zu nennen der „Versuch eines sittlichen und körperlichen Maßstabs für deutsche Hausväter bei der Wahl einer Braut für ihre wohlerzogenen Söhne“ (Heidelberg 1806).

Als Mays Hauptwerk hat aber der „Entwurf einer Gesetzgebung über die wichtigsten Gegenstände der medizinischen Polizei als Beitrag zu einem neuen Landrecht in der Pfalz“ zu gelten, erschienen 1802 in Mannheim.[10] Ausgehend von der nach seiner Meinung unzureichenden Rezeption des medizinalpolizeilichen Schrifttums Johann Peter Franks (1745-1821)[11] legte May gesundheitspolitische Forderungen vor, die ihren Fluchtpunkt in der Kontrolle der Ehen haben sollten: „[...] wie man zu frühe, zu späte, ungleiche, ungesunde, unfruchtbare, eigennützige, erzwungene Ehen verhüten“ könne, um „unzählbare Uebel aus der bürgerlichen Gesellschaft zu verbannen“, sei nämlich keinem Gesetzbuch zu entnehmen[12]. Folgerichtig forderte May, jedes Polizeiamt auf dem Land wie in der Stadt mit einem „Polizeiarzt“ zu versehen, der durch Belehrung und „aufklärenden Unterricht“ sowohl vor der Eheschließung als auch nach der Einsegnung der Paare belehrend und kontrollierend im Sinne des „allgemeine[n] Gesundheitswohls“ eingreifen solle[13]. Im einzelnen hatte der Polizeiarzt sein Augenmerk auf den „gesunden Ehegenuß“, die wechselseitigen Pflich-

6 Vgl. Fuhrmann 2000, 2001, 2002; Möller 2005a, 2005b.

7 Drüll 1986, 170.

8 Auflistung bei Hab 1962, 36f.

9 Mai 1786, 59f.

10 Das Buch erschien gleichzeitig auch in einer anonymen Fassung als Teil eines mehrbändigen Werks: Stolpertus der Polizei-Arzt im Gerichtshof der medizinischen Polizeigesetzgebung von einem patriotischen Pfälzer, Tl. 4, Mannheim 1802.

11 Zuletzt zu Frank, dem „Leitautor“ der medizinalpolizeilichen Literatur, s. Möller 2005b, 18-21.

12 May 1802, VII.

13 Ebd., 3.

ten der Partner während der Schwangerschaft, die „Verhütung des ehelichen Kindermordes“, die „Pflicht des Selbststillens“, das Verhalten im Wochenbett sowie die zweckmäßige physische Erziehung der Kinder zu richten.[14]

Der Aufgabenkreis des Polizeiarztes erschöpfte sich aber nicht in der Beaufsichtigung des ehelichen Zusammenlebens, sondern richtete sich auf den gesamten Bereich der öffentlichen Gesundheitsfürsorge, die May in seinem Werk detailliert beschrieb. So hatte er Sorge zu tragen für gesunde Speisen und Getränke, Kleidung und Volksvergnügungen. Sterbende hatte der Polizeiarzt ebenso zu begleiten wie er Verunglückte und Scheintote zu retten hatte. Seine Aufmerksamkeit galt der Bekämpfung ansteckender Krankheiten und der Einrichtung eines öffentlichen Gesundheitswesens wie der Sorge um die Gesundheit und die moralisch einwandfreie Lebensweise der Dienstboten. Darüber hinaus hatte der Polizeiarzt auch die Aufgaben eines Veterinärs zu übernehmen.[15]

In unserem Kontext besonders wichtig ist die der öffentlichen Gesundheitsüberwachung überantwortete „Sorge für gesunde Fortpflanzung“.[16] In diesem zentralen Kapitel seines Gesetzbuches entwickelte May ein tiefgreifendes Kontrollprogramm, das die Ehen systematisch vom Staat her gedachten Zwecken unterwerfen sollte. Die Ehe war der geeignete Angriffspunkt für bevölkerungspolitische Zwecksetzungen, weil sie der Ort der legitimen Erzeugung der Nachkommenschaft und damit ohnehin schon gesellschaftlich normiert war. Somit wurde die Ehe zur Schlüsselstelle bei der Erreichung der populationistischen Ziele des Staates. Das in der staatswissenschaftlichen Theorie formulierte allgemeine Ziel, das Land mit einer zahlreichen Bevölkerung zu versehen, erweiterte May um den bezeichnenden Aspekt, dass „dem Vaterlande mehr an einer gesunden, als blos zahlreichen Bevölkerung gelegen“ sei.[17] Hier überwölbte May die Forderungen der merkantilistisch-kameralistischen Theorie nach einer großen Population mit seiner medizinischen Deutungskompetenz und forderte eine obligatorische Gesundheitsprüfung vor jeder Eheschließung, „damit der Staat aus solchen Eheschließungen gesunde Kinder, und kraftvolle Bürger erhalten möge“.[18] Konsequent vom Staat her denkend, sprach sich May gegen zu frühe Eheschließungen ebenso aus wie gegen Ehen, deren Partner einen der Kinderzeugung abträglichen zu großen Altersabstand hatten. Kinderlose Ehen sollten zugunsten des Staates aufgewertet werden, indem die Partner in solchen Fälle Waisenkinder zu adoptieren hatten. Die betroffenen Menschen konnten so einen Teil ihrer Schuld gegenüber dem Staat sühnen, „da sie doch nach der Vorschrift der Natur, und der bürgerlichen Gesellschaft Kinder [zu] zeugen, und dem gemeinen Wesen brave wohlerzogene Kinder zu liefern *verpflichtet sind*“.[19] Dieses Ziel sah May vor allem durch Eltern gefährdet, die trotz eines zur Kinderzeugung ungeeigneten Gesundheitszustandes nicht auf Nachkommen verzichten wollten. Um diesem Mißstand abzuhelfen, normierte May eine vor der Eheschließung abzulegende Zwangsuntersuchung durch den Polizeiarzt. Die erfolgreiche Absolvierung des Gesundheitstests war in einem Zeugnis festzuhalten, ohne welches die bürgerliche Eheschließung nicht zu genehmigen sei.[20]

---

14 Ebd.
15 Ebd., 1-165.
16 Ebd., 45-54.
17 Ebd., 50.
18 Ebd., 46.
19 Ebd., 48; Hervorhebung nicht im Original.
20 Ebd., 48-50.

Die Kontrolle der Eheleute hörte allerdings nicht bei dieser Untersuchung auf; vielmehr wünschte May weitergehende Unterweisungen auch nach der Verehelichung. Zunächst war hier der Seelsorger in der Pflicht, der die Ehepartner über die „sittlichen, und religiösen Pflichten ihres angetrettenen Ehestandes" zu informieren hatte, dann der Polizeiarzt, der im Hinblick auf Fortpflanzungsverhalten und „vernünftige Kindererziehung" Kontrollbefugnisse hatte, schließlich der Polizeivorsteher, der über die „Pflichten gegen den Staat, und ihre Mitbürger" Unterricht erteilen sollte. Auf diese Weise aufgeklärt, konnten die Eheleute nach Meinung Mays ihrerseits gegenüber den Dienstboten normierend und kontrollierend auftreten und deren Sexualverhalten entsprechend disziplinieren, um der „Unsittlichkeit" vor allem des weiblichen Personals zu wehren[21].

Mays Gesetzentwurf stand ganz im Einklang mit der medizinalpolizeilichen Theorie seiner Zeit, die jüngst von Caren Möller umfassend rekonstruiert worden ist.[22] Kennzeichnend ist die Formulierung weitreichender interventionistischer, kontrollierender, normierender Programme im Dienste staatlicher Wohlfahrt. Allerdings hatten derart weitausgreifende Zielprojektionen angesichts der Staatswirklichkeit in den deutschen Territorien des frühen 19. Jahrhunderts keine Aussicht auf Realisierung. Weder gab es den politischen Willen noch die finanziellen und personellen Ressourcen, umfassende Kontrollprogramme durchzusetzen. So blieb auch Mays Gesetzentwurf ohne Wirkung auf die zeitgenössische Rechtsetzung. Er wurde der kurpfälzischen Regierung zwar zugeleitet, jedoch ohne weiteres dem Archiv überantwortet. Dort lag Mays Programmschrift, bis sie zu Beginn des 20. Jahrhunderts von dem Mediziner Alfons Fischer wiederentdeckt wurde.

Fischer hatte sich nach verschiedenen Berufsstationen (u.a. am Hygienischen Institut in Danzig, an der medizinischen Poliklinik in Heidelberg, am Senckenberg-Institut in Frankfurt) 1902 als praktischer Arzt in Karlsruhe niedergelassen und beschäftigte sich dort mit den Problemen der „soziale[n] Hygiene", die er als den „Teil der öffentlichen Hygiene" definierte, „der sich mit den Einflüssen der sozialen (kulturellen) Umwelt auf die Gesundheitsverhältnisse beschäftigt".[23] 1906 gründete er die "Badische Gesellschaft für Soziale Hygiene", deren Zielsetzungen eine von Fischer herausgegebene Zeitschrift, die „Sozialhygienischen Mitteilungen", verbreitete. Neben seiner praktischen Tätigkeit in der öffentlichen Gesundheitsfürsorge war Fischer zudem stark als Autor, nicht zuletzt auf historischem Gebiet, engagiert.[24]

In diesem Rahmen wandte er sich auch dem Werk Mays zu. 1914 entdeckte Fischer den Gesetzentwurf, dem er noch im selben Jahr einen Aufsatz widmete.[25] Vor dem Hintergrund einer als defizitär empfundenen Normierung der öffentlichen Gesundheitsfürsorge empfahl Fischer den Gesetzentwurf Mays als „Vorbild für die Gegenwart", weil er geeignet sei, den Begriff der Gesundheitspolizei über die gegenwärtig allein bestehenden Regelungsbereiche Seuchen- und Nahrungsmittelpolizei hinaus zu erweitern. May komme in diesem Zusammenhang eine besondere Bedeutung zu, weil er nicht nur Lehrbücher und „Buchweisheit" fabriziert, sondern einen Gesetzentwurf vorgelegt habe.[26] Mays Vorschläge sah Fischer als weitgehend exemplarisch an, so daß er sich in seinem Aufsatz – und auch in anschließenden einschlägigen Veröffentlichungen – weithin auf eine Paraphrase des Textes

21 Ebd., 52f.
22 Möller 2005a, 2005b (zahlreiche Erwähnungen Mays v.a. in Kap. 5).
23 Fischer 1925, 3.
24 Eingehend zu Fischers Wirken: Thomann 1980.
25 Fischer 1914.
26 Ebd., 127.

beschränkte, die einer Ergänzung nicht bedurfte.[27] Auch die Darlegungen über das sechste Gesetz, betreffend die „Sorge für gesunde Fortpflanzung", zitieren zustimmend weite Passagen des Ursprungstextes. Einen Einwand formuliert Fischer nur dahingehend, daß es zweifelhaft sei, ob die zur Erteilung des Gesundheitszeugnisses erforderliche Nachforschung tatsächlich in allen Punkten „Gegenstand einer *ärztlichen* Untersuchung" sein sollte.[28] Hingegen hält er (gegen zeitgenössische Kritik) mit Verweis auf Wilhelm Schallmayer (1857-1919), den Verfasser des ersten rassehygienischen Standardwerks, daran fest, daß die notwendigen Teile der Untersuchung unbedingt von einem staatlicherseits bestellten Arzt durchgeführt werden müssten, nicht von einem privat praktizierenden Mediziner. Zustimmend bewertet Fischer auch die Überlegungen Mays hinsichtlich des wünschenswerten Alters der Eheschließenden; die zeitgenössische liberale Regelung des BGB kritisiert er hingegen. Ähnlich beurteilt Fischer die Auslassungen Mays über die steuer- und erbrechtliche Schlechterstellung unverehelichter und kinderloser Personen, die er mit gewissen Modifikationen billigt.[29]

Gemeinsamer Bezugspunkt dieser Forderungen war hier wie dort der Staat, dem die Kompetenz in allen Fortpflanzung und Familiengründung betreffenden Fragen zugesprochen wurde. Als Steuerungsinstrument forderte Fischer 1914 ein „Staatsgesetz", das eine grundlegende juristische Normierung der von den Medizinern festgestellten Erfordernisse einer modernen Sozialhygiene enthalten sollte, doch fürchtete er, daß es noch dauern werde, bis es erlassen werden könne.[30] Als 1925 die zweite Auflage seines „Grundrisses der sozialen Hygiene" erschien, zitierte Fischer im Kapitel „Rassehygienische Maßnahmen" erneut die Forderung Mays nach obligatorischen Untersuchungen der Ehewilligen. Doch war ein resignativer Unterton nicht zu überhören, weil „leider" die Forderungen Franks und Mays vom Gesetzgeber nicht beachtet worden seien. Gleichwohl gab er seiner Hoffnung Ausdruck, „daß jetzt allmählich den dringendsten Ansprüchen auf rassehygienischem Gebiet genügt werden wird".[31]

Die Ausführungen auf den folgenden Seiten des Werks konnten diese Hoffnung unterstützen. Hier behandelte Fischer teilweise bereits etablierte, teilweise geforderte „Maßnahmen zur Verhütung des Geburtenrückganges", „Maßnahmen zur Verhütung von Keimschädigungen", schließlich Maßnahmen zur „Verhütung der Fortpflanzung von Minderwertigen".[32] Hier wurde nicht direkt auf May Bezug genommen, doch konnte der Kenner nicht übersehen, daß der interventionistische Zug der Medizinalpolizei des 18. und 19. Jahrhunderts, die dem Staat einen prinzipiell unbegrenzten Handlungsspielraum einräumte, in den entsprechenden Rechtsetzungen der Weimarer Republik weiterwirkte. Einschlägige Kontroll- und Disziplinierungsmaßnahmen, die in der älteren Medizinalpolizei (nicht nur von May) entwickelt worden waren, wurden nunmehr in einem neuen Kontext reformuliert. Besonders einflußreich wurde das seit dem Ende des 19. Jahrhunderts sich formierende disziplinäre Feld der Rassenhygiene bzw. Eugenik,[33] die sich in dem seit der Jahrhundertwende erneuerten bevölkerungspolitischen Diskurs als Leitwissenschaft etablierte. Vollends die Entwicklungen des Ersten Weltkriegs beschleunigten und intensivierten sodann

---

27 Fischer 1914, 133-154; Fischer 1928, 92-104; Fischer 1933, 149-152.
28 Fischer 1914, 142; Hervorhebung im Original.
29 Ebd., 142-146.
30 Ebd., 158-162.
31 Fischer 1925, 210.
32 Fischer 1925, 211-216.
33 Grundlegend: Weingart et al. 1992; Weindling 1989.

die Beschäftigung mit bevölkerungspolitischen Fragen.[34] Kennzeichnend für die Debatten ist, daß ältere Positionen wieder aufgegriffen wurden, die dem Staat weitreichende Eingriffs- und Kontrollrechte auf bevölkerungspolitischem Gebiet zuschrieben. Individualistisch-liberale Vorstellungen wies man zurück und ordnete sie dem unbedingten Recht des Staates unter, Bevölkerungspolitik von seinen Zwecksetzungen her zu betreiben. Die Wiederentdeckung des medizinalpolizeilichen Autors Franz Anton May durch Alfons Fischer gehört als – wenn auch kleines Segment – in diesen theoriegeschichtlichen Kontext und zeigt einen Rezeptionsweg des späten 18. Jahrhunderts im frühen 20. Jahrhundert auf.

Literatur

Drüll, Dagmar 1986: Heidelberger Gelehrtenlexikon 1803-1932, Berlin.

Fischer, Alfons 1914: Ein sozialhygienischer Gesetzentwurf aus dem Jahre 1800, ein Vorbild für die Gegenwart, in: Annalen für soziale Politik und Gesetzgebung, 3, 124-162.

Fischer, Alfons 1925: Grundriss der sozialen Hygiene, 2., vollständig neugestaltete u. vermehrte Aufl., Karlsruhe.

Fischer, Alfons 1928: Beiträge zur Kulturhygiene des 18. und zu Beginn des 19. Jahrhunderts im Deutschen Reiche. (Studien zur Geschichte der Medizin, Heft 16.) Leipzig.

Fischer, Alfons 1933: Geschichte des deutschen Gesundheitswesens. Bd. 2: Von den Anfängen der hygienischen Ortsbeschreibungen bis zur Gründung des Reichsgesundheitsamtes (Das 18. und 19. Jahrhundert), Berlin.

Foucault, Michel 1977: Sexualität und Wahrheit, Bd. 1: Der Wille zum Wissen. Übersetzt von Ulrich Raulff und Walter Seitter, Frankfurt am Main.

Fuhrmann, Martin 2000: Bevölkerungs- und Ehepolitik in der deutschen politischen und ökonomischen Theorie. Aufgeklärter Absolutismus und Frühliberalismus (ca 1750 – ca 1820), in: Klippel, Diethelm ed. 2000: Legitimation, Kritik und Reform. Naturrecht und Staat in Deutschland im 18. und 19. Jahrhundert, Wien = Zeitschrift für Neuere Rechtsgeschichte, 22, 31-51.

Fuhrmann, Martin 2001: Die Politik der Volksvermehrung und Menschenveredelung. Der Bevölkerungsdiskurs in der politischen und ökonomischen Theorie der deutschen Aufklärung, in: Aufklärung, 13, 243-282.

Fuhrmann, Martin 2002: Volksvermehrung als Staatsaufgabe? Bevölkerungs- und Ehepolitik in der deutschen politischen und ökonomischen Theorie des 18. und 19. Jahrhunderts, (Rechts- und staatswissenschaftliche Veröffentlichungen der Görres-Gesellschaft, N.F. Bd. 101,) Paderborn.

Hab 1962: Art. 'Mai', in: Hirsch, August et al. eds. 1962: Biographisches Lexikon der hervorragenden Ärzte aller Zeiten und Völker, 3. Aufl. München, Berlin, 36f.

Klippel, Diethelm 2005: Familienpolizei. Staat, Familie und Individuum in Naturrecht und Polizeiwissenschaft um 1800, in: Hofer, Sibylle; Klippel, Diethelm; Walter, Ute eds. 2005: Perspektiven des Familienrechts. Festschrift für Dieter Schwab zum 70. Geburtstag, Bielefeld, 125-141.

Mackensen, Rainer 1991: Die soziologische Komponente im Werk des Thomas Robert Malthus – Theoriegeschichte und gegenwärtige Bedeutung, in: Khalatbari, Parviz ed. 1991: Thomas Robert Malthus im Widerstreit der Wissenschaften, Berlin, 28-43.

Mackensen, Rainer 1999: Malthus: Der perennierende Mythos, in: Khalatbari, Parviz; Otto, Johannes eds. 1999: 200 Jahre Malthus. Aus Anlaß des 200. Jahrestages der Veröffentlichung von: ›An Essay on the Principle of Population‹, (Materialien zur Bevölkerungswissenschaft, H. 96) Wiesbaden, 25-49.

Mai, Franz 1786: Auszug aus den Vorlesungen über die Lebensart der Studierenden um bey ihrem Beruf lang, und gesund zu leben, Heidelberg.

[34] Vgl. dazu jetzt die aus dem SPP 1106 hervorgegangene Arbeit Weipert 2006.

Mauerer, Esteban; Klippel, Diethelm 2005: Ehebeschränkungen und Staat – Bayern im 18. und 19. Jahrhundert, in: Mackensen, Rainer; Reulecke, Jürgen eds. 2005: Das Konstrukt „Bevölkerung" vor, im und nach dem „Dritten Reich", Wiesbaden, 24-49.

May, Franz Anton 1802: Entwurf einer Gesetzgebung, über die wichtigsten Gegenstände der medizinischen Polizei, als Beitrag zu einem neuen Landrecht in der Pfalz, Mannheim.

Möller, Caren 2005a: Die Gesundheit im Dienste der Staatsraison. Zur Theorie der Medizinalpolizei im 18. und 19. Jahrhundert, in: Pahlow, Louis ed. 2005: Die zeitliche Dimension des Rechts. Historische Rechtsforschung und geschichtliche Rechtswissenschaft (Rechts- und staatswissenschaftliche Veröffentlichungen der Görres-Gesellschaft. N.F., Bd. 112), Paderborn, 201-221.

Möller, Caren 2005b: Medizinalpolizei (Studien zu Policey und Policeywissenschaft), Frankfurt am Main.

Thomann, Klaus-Dieter 1980: Alfons Fischer (1873-1936) und die Badische Gesellschaft für soziale Hygiene, Köln.

Weindling, Paul 1989: Health, race and german politics between national unification and Nazism, Cambridge.

Weingart, Peter; Kroll, Jürgen; Bayertz, Kurt 1992: Rasse, Blut und Gene. Geschichte der Eugenik und Rassenhygiene in Deutschland, Frankfurt am Main.

Weipert, Matthias 2006: „Mehrung der Volkskraft": Die Debatte über Bevölkerung, Modernisierung und Nation 1890-1933 (Sammlung Schöningh zur Geschichte und Gegenwart), Paderborn.

„Ehegesundheit" als bevölkerungspolitisches Problem. Internationale Dimensionen von Diskussion und Gesetzgebung in der Weimarer Republik

Sylvia Kesper-Biermann

Die Ehe bildete ein zentrales Objekt staatlicher Bevölkerungspolitik in Deutschland. Als wichtig galten traditionell Vorschriften zur Förderung und insbesondere Beschränkung von Eheschließungen.[1] Im Verlauf des 19. Jahrhunderts hoben die deutschen Staaten zahlreiche, vor allem auf ökonomischen Überlegungen basierende Heiratshindernisse und -verbote auf. Das den Bereich zusammenfassend regelnde Bürgerliche Gesetzbuch (BGB) von 1900 enthielt demnach nur noch vergleichsweise wenige Vorschriften dieser Art.[2] Während des Entstehungsprozesses der Zivilrechtskodifikation waren auch Stimmen aus der gerichtlichen Medizin laut geworden, die sich für weitergehende Einschränkungen mit Rücksicht auf den Gesundheitszustand der Eheleute ausgesprochen hatten, um eine „Degeneration der Race"[3] zu verhindern. Während diese Überlegungen bei den Beratungen Ende des 19. Jahrhunderts nicht mehr als eine Außenseiterrolle spielten, gewann die Frage von Gesundheit bzw. Krankheit Heiratswilliger und daran eventuell zu knüpfende Rechtsfolgen für die Eheschließung in den nachfolgenden Jahrzehnten zunehmend an Bedeutung. Schließlich bildete sie in der Weimarer Republik einen zentralen Gegenstand bevölkerungspolitischer Auseinandersetzungen. Weil im Ersten Weltkrieg „eine ungeheure Zahl gesunder und daher für die Zeugung wertvoller Männer verloren gegangen" sei, kam der „Erzeugung einer gesundheitlich gutbeschaffenen Nachkommenschaft" besondere Bedeutung zu, wie der Reichsgesundheitsrat 1920 feststellte.[4]

Im Folgenden werden in zwei Schritten öffentliche Diskussion und staatliche Gesetzgebung über dieses Thema in Deutschland zwischen 1918 und 1933 geschildert, wobei der internationalen Dimension besondere Aufmerksamkeit zukommt. Mit der allgemein zunehmenden Internationalisierung[5] vieler Bereiche seit dem ausgehenden 19. Jahrhundert spielten grenzüberschreitende Kontakte auf verschiedenen Ebenen, beispielsweise durch die Gründung internationaler Organisationen, multilateraler Abkommen oder durch Rezeptions- und Transferprozesse, auch in der Bevölkerungspolitik eine wichtige Rolle. Wie sie im Einzelnen aussah und welche Funktionen sie übernehmen konnte, war je nach Gegenstand unterschiedlich und soll am Beispiel der „Ehegesundheitszeugnisse" analysiert und am Schluss zusammengefasst werden.

---

1 Vgl. Fuhrmann 2002.

2 Überblick bei Duncker 2003, 1006-1010; Czarnowski 1991, 67f.

3 Zit. nach: Zusammenstellung 1967, 18.

4 Leitsätze des Reichsgesundheitsrates vom 26.2.1920, abgedruckt in Saretzki 2000, 324f, hier 324. Zum vorangehenden Zeitraum Möller 2005.

5 Zur Begriffsbestimmung Kesper-Biermann & Overath (im Druck).

I. „Ehegesundheit" in der öffentlichen Diskussion der Weimarer Republik

Die „Ehegesundheit" stand in der Weimarer Republik im Mittelpunkt einer breiten öffentlichen Diskussion, an der sich Juristen, Ärzte, Rassen- und Sozialhygieniker, Gesundheitspolitiker und Vertreterinnen der Frauenbewegung aus allen politischen Lagern beteiligten.[6] In ihrem Mittelpunkt stand die ärztliche Untersuchung des Gesundheitszustandes von Verlobten vor der Eheschließung, deren Ergebnis in einem „Ehegesundheitszeugnis" festgehalten werden sollte. Darüber, dass eine solche Maßnahme dazu beitragen könne, für einen möglichst gesunden und „hochwertigen" Nachwuchs zu sorgen, herrschte weitgehend Einigkeit. Nur wenige äußerten grundsätzliche Bedenken und verwiesen beispielsweise darauf, dass viele Kinder nicht ehelich gezeugt und geboren wurden oder dass der Stand der medizinischen Forschung es noch nicht zulasse, sichere Aussagen über die Vererbbarkeit von Krankheiten zu treffen. Insgesamt erwiesen sich die Ehegesundheitszeugnisse demnach als konsensfähiger Vorschlag. Das beruhte zum einen auf der Verbindung dieser Frage mit dem seit der Jahrhundertwende verstärkt diskutierten Problem der Geschlechtskrankheiten.[7] Die im Verlauf des Ersten Weltkrieges konstatierte Zunahme der venerischen Erkrankungen und der daraus abgeleitete Handlungsbedarf trugen nicht unerheblich dazu bei, diese bevölkerungspolitische Maßnahme allgemein als notwendig und sinnvoll erscheinen zu lassen. Zum anderen ließen sich mit der Forderung nach Gesundheitszeugnissen vor der Ehe ganz unterschiedliche Motive und Ziele verknüpfen: Während die *Deutsche Gesellschaft zur Bekämpfung der Geschlechtskrankheiten* und andere Organisationen, vor allem in der unmittelbaren Nachkriegszeit in erster Linie die Bekämpfung der Geschlechtskrankheiten verfolgten, waren diese Zeugnisse für große Teile der SPD-Frauenbewegung und sexualreformerische Organisationen wie den *Bund für Mutterschutz* ein Mittel zur „Befreiung von Frauen aus der Gewalt männlicher, ›minderwertiger Lumpen‹"[8] und ein Schritt zur selbstverantwortlichen Regelung von Geburtenzahl und -qualität. Zahlreiche Ärzte unterstützten die Maßnahme im Hinblick auf eine Erweiterung des Einflusses ihres Standes auf die Ehe, weil die Untersuchungen ja ausgebildete Mediziner vornehmen sollten. Eine eugenische Zielsetzung spielte schließlich bei einer Reihe von Einzelpersonen und Vereinigungen eine zentrale Rolle, insbesondere bei den Rassenhygienikern, die sich öffentlich und durch Lobbyarbeit vehement für die Einführung von Gesundheitszeugnissen einsetzten.[9]

Dass sich die Gesundheitszeugnisse für Heiratswillige mit unterschiedlichen Absichten verbanden, hatte allerdings auch zur Folge, dass über Ausgestaltung und Reichweite dieses bevölkerungspolitischen Instruments verschiedene und vielfach gegensätzliche Auffassungen herrschten. Das fing bei der Überlegung an, ob sich auch Frauen einer entsprechenden ärztlichen Untersuchung zu unterziehen hätten und ging über die Liste der Krankheiten, die dabei zu erfassen waren, bis zu der entscheidenden Frage, inwieweit der Austausch von Ehegesundheitszeugnissen auf Freiwilligkeit oder Zwang beruhen sollte und ob als Konsequenz Eheverbote auszusprechen seien. Während nur eine vornehmlich aus Rassenhygienikern bestehende Minderheit Eheverbote befürwortete, fand der verpflichtende

---

6 Überblick bei Vossen 2001, 138-146; Schwartz 1995, 170-209.

7 Dazu Sauerteig 1999, 369ff.

8 Schwartz 1995, 172f.

9 Vgl. Weingart et. al. 1988, 274-283.

Zeugnisaustausch vor allem unter Ärzten, Sozialhygienikern und in der Sozialdemokratie eine breitere Anhängerschaft. Die Feststellung, dass obligatorische Gesundheitszeugnisse und mehr noch Eheverbote zu sehr in die persönliche Freiheit des Individuums eingriffen, bildete einen Haupteinwand der Gegner. Diesen teilten namhafte Politiker der Zentrumspartei wie wohl die Mehrheit der Juristen, etwa in den Justizministerien Preußens und des Reichs.[10] Als mehrheitsfähig erwies sich demnach nur der Minimalkonsens einer freiwilligen Gesundheitsuntersuchung vor der Eheschließung.

In den öffentlichen Diskussionen zwischen 1918 und 1933 spielte die internationale Perspektive eine wichtige Rolle. Sämtliche Akteure bezogen sich nämlich in ihren Äußerungen auch auf das Ausland, und zwar vor allem auf solche Staaten, in denen einschränkende Ehegesetze bzw. Eheverbote entweder schon bestanden oder im Verlauf der Weimarer Republik in Kraft traten. Im Mittelpunkt des Interesses standen die USA und die skandinavischen Länder. Demgegenüber fanden Länder etwa wie Bulgarien, Russland oder Holland, wenn überhaupt, nur ganz am Rande Erwähnung: Deren Verhältnisse befand man kaum mit Deutschland vergleichbar, weshalb sie sich auch nicht als mögliches Modell eigneten. Diese Funktion kam vor allem den nordischen Staaten zu, da sie – so der Fuldaer Sanitätsrat Schindler z.B. – für die Gesetzgebung über Gesundheitszeugnisse eine „unschwierige, liberale und humane Lösung auf sittlicher Grundlage gefunden“ hätten.[11] Zu einer solchen Sicht trug sicherlich bei, dass viele nordamerikanische Bundesstaaten schon um die Jahrhundertwende mit der Einführung gesetzlicher Vorschriften begonnen hatten, beispielsweise Connecticut 1895, Michigan 1905 oder Washington 1909. Die Skandinavier folgten erst während und nach dem Ersten Weltkrieg – Schweden 1915, Norwegen 1918 und Dänemark 1922 – und verfügten demnach über neuere Regelungen.[12] Die amerikanischen und nordeuropäischen Gesetze sprachen in erster Linie Eheverbote wegen „Geisteskrankheit“, „Schwachsinn“, „Idiotie“ und „Epilepsie“ aus, nur in Einzelfällen richteten sie sich an andere Gruppen wie Geschlechtskranke, Alkoholiker, „Gewohnheitsverbrecher“ oder solche, die Armenunterstützung erhielten.

Informationen über die die „Ehegesundheit“ betreffenden Rechtsverhältnisse in anderen Staaten lieferten vor allem Aufsätze in Fachzeitschriften mit juristischer, medizinischer oder eugenischer Ausrichtung, aber auch politische Blätter und Monographien. Über eine Inhaltsangabe des Gesetzestextes (und dessen Würdigung durch den jeweiligen Verfasser) gingen die Darstellungen jedoch selten hinaus, da zuverlässige Auskünfte über die Durchführung der Vorschriften nicht zur Verfügung standen. Das galt in noch höherem Maße für die Wirkungen der jeweiligen Maßnahmen in Bezug auf die Gesundheit der Nachkommenschaft: Denn es war bereits umstritten, ob und wie diese überhaupt zu messen seien. Gerade diese Unbestimmtheit machte es jedoch möglich, dass alle Seiten die Bezugnahme auf das Ausland dazu benutzten, um ihre jeweilige Position zu den Ehegesundheitszeugnissen zu untermauern. Der Blick über die deutschen Grenzen hinaus erfüllte also hauptsächlich die Funktion einer Argumentationshilfe im öffentlichen Diskurs. Insbesondere die Rassenhygieniker ließen kaum eine Gelegenheit aus, die amerikanischen und skandinavischen Gesetze anzuführen. Für die noch junge Bewegung der Eugenik erfüllte die Bezugnahme auf das Ausland auch eine Legitimationsfunktion, die zu ihrer Anerkennung als neuem und eigen-

10 Vgl. Weindling 1989, 363.

11 Bundesarchiv Berlin (künftig zitiert: BArch): Schreiben Schindlers an das Auswärtige Amt vom 28.11.1926, R 86, Nr. 2372, Bd. 3, Bl. 80f. (Zitat Bl. 81).

12 Überblick bei [Christian] 1923, 11-13; zu den amerikanischen Staaten Hoffmann 1913, 49-55.

ständigem Wissenschaftszweig beitragen sollte. Das zeigt sich etwa an der grundlegenden, vom österreichisch-ungarischen Vizekonsul Géza von Hoffmann 1913 veröffentlichten Monographie über „Die Rassenhygiene in den Vereinigten Staaten von Nordamerika".[13] Dass das Buch für eine eugenisch orientierte Gesetzgebung werben und Argumente bereitstellen sollte, ergibt sich schon allein daraus, dass Hoffmann sein Kapitel „Die Regelung der Ehe im rassenhygienischen Sinne" mit einer ausführlichen Widerlegung möglicher Einwände beginnt. Gemäß ihrer Intention, die Notwendigkeit von (obligatorischen) Ehegesundheitszeugnissen und deren Nutzen zu begründen, gingen die meisten Rassenhygieniker in der Diskussion der Weimarer Zeit jedoch nicht auf Details der ausländischen Rechtslage ein, sondern blieben bei allgemeinen Hinweisen stehen. Eine genauere Darstellung hätte zutage gebracht, dass die Gesetze gar nicht so weitgehend waren, wie sie es gerne darstellten. So wies das Kaiserliche Gesundheitsamt 1917 darauf hin, dass in den meisten amerikanischen Staaten „die Feststellung der Ehetauglichkeit [...] nicht durch eine ärztliche Untersuchung, sondern lediglich durch Befragung der Ehebewerber" und in Schweden durch eine eidesstattliche Versicherung erfolge. Das Washingtoner Gesetz von 1909 über die obligatorische Vorlage ärztlicher Gesundheitszeugnisse bei der Heirat war noch nicht einmal ein halbes Jahr in Kraft, bevor es „wegen einstimmigen Widerspruchs aus dem ganzen Staatsgebiete" wieder aufgehoben wurde.[14]

Das Thema „Ehegesundheit" wurde nicht nur auf nationaler, sondern auch auf transnationaler Ebene diskutiert. Die Foren dafür bildeten die von internationalen Organisationen veranstalteten Kongresse, die seit dem ausgehenden 19. Jahrhundert sowohl von der Anzahl her wie angesichts der behandelten Bereiche immens zunahmen und vielfach Bevölkerungsfragen umfassten. Es lässt sich beobachten, dass eugenische Vorstellungen zur Erklärung von Bevölkerungsentwicklungen und vor allem als Leitlinien für eine künftige Bevölkerungspolitik in der Zwischenkriegszeit einen bedeutenden Aufschwung nahmen.[15] Deutsche Vertreter wirkten daran zunächst im hier interessierenden Zeitraum nicht persönlich mit, sondern waren auf eine Beobachterrolle beschränkt: Denn nach dem Ende des Ersten Weltkrieges schlossen die Mehrzahl der internationalen wissenschaftlichen Organisationen Angehörige Deutschlands und teilweise Österreichs von ihren Treffen aus, worauf diese ihrerseits teilweise mit einer Verweigerungshaltung reagierten. Der als „Boykott" und „Gegenboykott" beschriebene Mechanismus zeigte sich auch bei den Internationalen Eugenischen Kongressen[16] – hier nahmen Deutsche an den 1921 wieder aufgenommenen Tagungen erst einmal nicht teil. Anfangs verweigerten sich vor allem Franzosen und Belgier einer Zusammenarbeit mit deutschen Kollegen, während sich amerikanische und skandinavische Eugeniker bereits kurz nach Kriegsende für deren Re-Integration aussprachen. Die von ihnen unternommenen Vermittlungsversuche scheiterten dann jedoch am Widerstand der *Deutschen Gesellschaft für Rassenhygiene*. Erst 1927 fand der erste internationale eugenische Kongress mit deutscher Beteiligung statt. Das entsprach der allgemein zu konstatierenden Entspannung der grenzübergreifenden Wissenschaftsbeziehungen Ende der 1920er Jahre.

---

13 Hoffmann 1913, 34ff: „Die Regelung der Ehe im rassenhygienischen Sinne".

14 BArch: Bericht des Kaiserlichen Gesundheitsamtes an das Reichsamt des Innern vom 11.12.1917, R 86, Nr. 2372, Bd. 1, Bl. 13-29 (Zitate Bl. 15).

15 Vgl. zur allgemeinen Entwicklung Boli & Thomas 1999, 13-49; zur Bevölkerungspolitik Barrett & John 1999; Ferdinand 2004.

16 Zum Folgeden Kühl 1997, 53ff. Allgemein zu den internationalen Wissenschaftsbeziehungen zwischen 1918 und 1933 Schröder-Gudehus 1990.

II. „Ehegesundheit“ und Gesetzgebung

Auf staatlicher Ebene setzte die Normalisierung der durch den Ersten Weltkrieg unterbrochenen internationalen Kooperation für Deutschland teilweise schon früher ein. Das galt vor allem für solche Aktivitäten, in denen eine allgemeine grenzüberschreitende Zusammenarbeit für die Lösung einzelner Probleme unumgänglich erschien. So arbeitete Deutschland – gegen französischen Widerstand – schon bald in der 1923 gegründeten *Union Internationale contre le Péril Vénérien* (UIPV) mit.[17] Gerade im Gesundheitswesen verfügte die zwischenstaatliche Zusammenarbeit über eine lange Tradition, vor allem bei der Bekämpfung von Seuchen und Infektionskrankheiten. In diesem Zusammenhang spielte auch der Völkerbund, dem Deutschland seit 1926 angehörte, eine zunehmend wichtige Rolle.[18] Deshalb wandte sich beispielsweise der Fuldaer Sanitätsrat Schindler an den Vorsitzenden der Hygiene-Kommission des Völkerbundes, Professor Madsen, mit der Bitte, seinen „Entwurf international geltender und *wortübereinstimmender* Vorschriften über die Eheschließung und Ehescheidung *kranker insbesondere geschlechtskranker* Personen nach dem Vorbild der skandinavischen Gesetze“ zur Beratung zu bringen. Er erhielt jedoch eine abschlägige Antwort, weil sich das Gremium „nicht mit diesen Fragen befasse“.[19] Die rechtliche Regelung von Ehegesundheitszeugnissen, Eheschließung und Eheverboten sah man nicht als internationale, sondern als eine Aufgabe an, die jeder Staat für sich lösen musste.

Auch die deutschen Behörden vertraten diesen Standpunkt: Sie lehnten 1927 Schindlers Vorschlag nach einer „internationale[n] Gestaltung der Ehegesetzgebung nach nordischem Muster“ ab, weil es

> „vor Einleitung einer internationalen Aktion von Reichswegen zunächst notwendig [sei], in dieser Frage innerhalb Deutschlands auf nationalem Boden eine einheitliche Auffassung zu gewinnen“.[20]

Das bedeutet jedoch nicht, dass internationale Aspekte auf dieser Ebene gänzlich unberücksichtigt blieben. Das Reichsgesundheitsamt holte z.B., sobald es durch Gesandtschaftsberichte – oder häufiger noch – öffentliche Äußerungen in Vorträgen und Publikationen aufmerksam geworden war, über das Auswärtige Amt Informationen „im Hinblick darauf, daß die Kenntnis der ausländischen Ehegesetzgebung für eine etwaige Neuregelung dieser Frage im Deutschen Reich, die schon wiederholt in Anregung gebracht wurde, von großer Wichtigkeit ist“ ein. „Zur Vereinfachung des Geschäftsganges“ äußerte der Reichsinnenminister auf Anregung der Gesundheitsbehörde 1924 die Bitte, dass bei Gesetzen anderer Staaten, „deren Inhalt auch für mich und das Reichsgesundheitsamt von Interesse ist, jeweils ein Exemplar auch mir zur Verfügung gestellt werden möge.“[21] Ziel war es, einen möglichst umfassenden Überblick über die Rechtslage in anderen Staaten zu erhalten. In der Folge interessierten sich staatliche Stellen nicht nur für die amerikanischen

---

17 Vgl. Weindling 1994, 93-107, hier 96f.; Borelli et. al. 1992, 46.

18 Vgl. Weindling 1995, bes. 5ff; Borowy 2006.

19 BArch: Schreiben Schindlers an das Reichsinnenministerium vom 4.2.1927, R 86, Nr. 2372, Bd. 3, Bl. 77-79 (Zitat Bl. 77).

20 BArch: Schreiben des Reichsgesundheitsamtes an das Reichsinnenministerium vom 26.2.1927, R 86, Nr. 2372, Bd. 3, Bl. 72.

21 BArch: Schreiben des Reichsinnenministeriums an das Auswärtige Amt vom 27.11.1924, R 1501, Nr. 109380, Bl. 74.

und skandinavischen Regelungen, sondern auch für entsprechende Entwicklungen in der Türkei, in Mexiko oder Australien. Generell gehörte die Erfassung der ausländischen Rechtslage zu den üblichen innerbehördlichen Vorarbeiten für Gesetzgebungsvorhaben, wobei man sich insbesondere bei umstrittenen Themen durch die vergleichende Betrachtung Aufschlüsse für das eigene Vorgehen erhoffte. Neben der Kenntnis des reinen Gesetzestextes ging es auch darum, Auskünfte über die Erfahrungen mit der Anwendung der jeweiligen Normen zu erhalten. Die deutschen Behörden holten aber nicht nur Informationen ein, sondern erhielten umgekehrt Anfragen aus anderen Ländern, zum Beispiel aus Griechenland, Brasilien oder aus den Niederlanden, wobei die Absender staatliche Stellen oder Privatorganisationen sein konnten.[22]

Bei den Ehegesundheitszeugnissen blieb es allerdings bei der Sammlung ausländischen Materials, praktische Konsequenzen wie die Erarbeitung eines Gesetzentwurfes oder gar die Verabschiedung eines Gesetzes folgten bis 1933 nicht, obwohl mehrere Seiten dies nachdrücklich forderten. Insbesondere die Rassenhygieniker wurden nicht müde, ihr Anliegen den entsprechenden staatlichen Stellen vorzutragen. So wandte sich die Berliner *Gesellschaft für Rassenhygiene* schon 1917 im Anschluss an eine große von ihr veranstaltete Tagung zum Thema Ehegesundheitszeugnisse mit einer Petition an den Bundesrat und das preußische Innenministerium, eine Bestimmung in das Personenstandsgesetz von 1875 aufzunehmen, die

> „von jedem Ehebewerber [...] die Vorlegung eines Amts- oder vertrauensärztlichen Zeugnisses über die gesundheitliche Ehetauglichkeit und die Kenntnisnahme des Inhalts beider Zeugnisse, bestätigt durch Unterschrift, verlangt. Ein Eingriff in die Eheschließungsfreiheit soll damit nicht verbunden sein".[23]

Mit der letzteren Aussage wollte man Kritik vorbeugen und Eheverbote (vorläufig) ausschließen. In den vor Kriegsende verfassten Stellungnahmen lehnten das Reichsgesundheitsamt wie die preußische Deputation für das Medizinalwesen als Fachbehörden diesen Vorstoß „als eine halbe Maßregel, welche die Qualität der Nachkommenschaft überhaupt so gut wie gar nicht beeinflußt" und wegen der erheblichen Eingriffe in die persönliche Freiheit ab.[24] Das Reichsgesundheitsamt sah jedoch die gesundheitliche Unterrichtung der Bevölkerung vor der Heirat als sinnvoll an und befürwortete deshalb die Verteilung entsprechender Merkblätter durch den Standesbeamten beim Bestellen des Aufgebots.

Die letztgenannte Maßregel wurde in der Novelle zum Gesetz über den Personenstand vom 11. Juni 1920 verwirklicht. Die in § 45 als Abs. 5 eingefügte Bestimmung ging jedoch nicht direkt auf das Betreiben der Gesundheitsbürokratie oder anderer staatlicher Stellen zurück, sondern auf eine Einzelinitiative des Berliners Erich Schubart. Der Richter, der sich nach eigener Aussage angestoßen durch seine beruflichen Erfahrungen als Ehescheidungsrichter, mit den Folgen chronischer Krankheiten für Eheleute und Kinder befasst hatte, trat dafür ein, solche Heiraten zu verhindern oder zumindest die Verlobten auf die Bedeutung der Gesundheit für die Eheschließung hinzuweisen. Das geeignete Mittel dazu schienen

---

22 Vgl. den in den Akten BArch: R 86, Nr. 2372, Bd. 3; R 1501, Nr. 126239 u. 109380 gesammelten Schriftverkehr.

23 BArch: Petition vom 5.7.1917, R 86, Nr. 2372, Bd. 1, Bl. 30f, hier Bl. 30.

24 BArch: Gutachten der wissenschaftlichen Deputation für das Medizinalwesen in Preußen an das dortige Innenministerium vom 8.5.1918, R 86, Nr. 2372, Bd. 1, Bl. 53-58 (Zitat Bl. 57); Bericht des Kaiserlichen Gesundheitsamtes an das Reichsamt des Innern vom 11.12.1917, ebd., Bl. 13-29.

ihm gesundheitliche Untersuchungen und Ehezeugnisse zu sein. Seit dem Ende des Ersten Weltkrieges versuchte Schubart in zahlreichen Eingaben an verschiedene Behörden des Reiches und Preußens sowie an die jeweiligen Parlamente, Verbündete für seine Vorschläge zu gewinnen. In der Anfangszeit der Weimarer Republik vertrat er vor allem aus pragmatischen Gründen im Hinblick auf die Durchsetzbarkeit eine moderate Position auf Basis der Freiwilligkeit. Im Verlauf der 1920er Jahre verlagerte sich der Schwerpunkt seiner Bemühungen dann von den Geschlechtskrankheiten auf eine eugenisch orientierte Ehezeugnispolitik.

Im März 1920 reichte Schubart eine Petition an den bevölkerungspolitischen Ausschuss der Nationalversammlung ein, der gerade die Novelle zum Personenstandsgesetz beriet, und schlug darin die Verteilung gesundheitlicher Merkblätter durch die Standesbeamten vor. Der Antrag wurde im Ausschuss von den DNVP-Abgeordneten Rudolf Hartmann und Käthe Schirmacher aufgegriffen und nach kurzer Diskussion bei einer Gegenstimme angenommen. Das Plenum verabschiedete den Gesetzentwurf in dritter Lesung ohne weitere Aussprache.[25] Dass die Annahme des Merkblatt-Paragraphen so unspektakulär und reibungslos verlief, hatte mehrere Ursachen. Zum einen entsprach sie dem oben erwähnten mehrheitsfähigen Minimalkonsens, wies keinerlei Zwangscharakter auf und wurde allgemein als Maßnahme zur gesundheitlichen Aufklärung der Bevölkerung, von vielen vor allem im Hinblick auf die Geschlechtskrankheitenproblematik, befürwortet. Zum anderen konzentrierte sich die Aufmerksamkeit bei der Diskussion um das Personenstandsgesetz – auch im bevölkerungspolitischen Ausschuss der Nationalversammlung – auf ganz andere Punkte, nämlich auf die Erhebung statistischer Angaben, vor allem in Bezug auf die Religionszugehörigkeit, durch die Standesämter. Der im Reichsjustizministerium erarbeitete Gesetzentwurf hatte ursprünglich gar keine gesundheitspolitischen Zielsetzungen verfolgt, sondern sollte erste Schritte zur Umsetzung von Verfassungsvorgaben, unter anderem über die rechtliche und soziale Stellung des unehelichen Kindes und der Gleichberechtigung von Mann und Frau, unternehmen. Der Jurist Wilhelm Kahl beantragte dementsprechend bei der ersten Lesung in der Nationalversammlung, ihn an den Rechtsausschuss zu verweisen, da ein sachlicher Zusammenhang mit der Bevölkerungspolitik nicht bestehe. Die Mehrheit des Plenums folgte dem inhaltlichen Argument jedoch nicht, sondern wählte den Bevölkerungsausschuss als das Gremium mit dem höchsten Frauenanteil, weil bei dieser Frage nach Aussage des Präsidenten „besonders die weiblichen Mitglieder des Hauses ein dringendes Bedürfnis, sich zu äußern haben“.[26] Ein weiterer, diesmal von einem Vertreter des Reichsjustizministeriums während der Ausschussberatungen vorgebrachter Vorstoß zur Trennung von Bevölkerungspolitik und Personenstandsrecht, nämlich die Anregung, die Verteilung der Merkblätter nicht im vorliegenden Gesetz, sondern im Rahmen einer eigenen Norm, „die lediglich und ausdrücklich diesem Zwecke diene“,[27] zu regeln, blieb ebenfalls erfolglos.

Als wichtiger Faktor auf dem Gebiet der Gesetzgebung im Hinblick auf die Ehegesundheitszeugnisse sollte sich das Verhältnis von Reich und Ländern erweisen. Während

[25] Bericht des 23. Ausschusses über den Entwurf eines Gesetzes über den Personenstand vom 20.5.1920, in: Verhandlungen der verfassunggebenden Deutschen Nationalversammlung, Bd. 343, Anlage 2999, S. 3408-3413; Gesetz über den Personenstand vom 11.6.1920, in: Reichs-Gesetzblatt 1920, S. 1209f.

[26] Sitzung vom 26.2.1920, in: Verhandlungen der verfassunggebenden Deutschen Nationalversammlung, Bd. 332, S. 4523.

[27] Bericht des Bevölkerungsausschusses vom 20.5.1920, in: Verhandlungen der verfassunggebenden Deutschen Nationalversammlung, Bd. 343, S. 3408-3415 (Zitat S. 3412).

die Reichsbehörden, also das Innenministerium und das Reichsgesundheitsamt, in dieser Frage eine zurückhaltende und abwartende Position einnahmen, setzte Preußen das Thema immer wieder auf die politische Agenda und drängte auf gesetzliche Maßnahmen, vor allem auf den obligatorischen Zeugnisaustausch. So ging schon Anfang 1919 vom preußischen Innenministerium die Anregung aus, die Meinung der im Reichsgesundheitsrat versammelten Experten über die Ehezeugnisse einzuholen. Das Gremium tagte im Februar 1920 und sprach sich für eine Zwangsuntersuchung vor der Eheschließung, jedoch gegen Eheverbote aus. Ähnlich äußerte sich zwei Jahre später mit dem Bevölkerungsausschuss des Landesgesundheitsrates sein preußisches Pendant.[28] Neben der Bürokratie und den Experten beschäftigte sich auch der Landtag Preußens mit dem Thema und gab beim Volkswohlfahrtsministerium eine Denkschrift in Auftrag, die ebenfalls zu derselben Empfehlung kam. Das Parlament unterstützte daraufhin mehrheitlich den Antrag seines Bevölkerungsausschusses, die Regierung um Vorlage eines entsprechenden Gesetzentwurfes zu ersuchen.

Ein preußischer Alleingang, wie ihn vor allem sozialdemokratische Abgeordnete favorisierten, ließ sich mit der Kompetenzverteilung zwischen Reich und Ländern jedoch nicht vereinbaren. Die Einführung des obligatorischen Zeugnisaustausches hätte notwendig eine Änderung des Personenstandgesetzes zur Folge haben müssen. Da es sich dabei um ein Reichsgesetz handelte, konnte eine entsprechende Novelle nicht auf Landes-, sondern nur auf Reichsebene verabschiedet werden. Diese von den Justizministerien Preußens und des Reiches vertretene Auffassung teilte auch der preußische Volkswohlfahrtsminister und schlug deshalb kommissarische Beratungen zwischen den Behörden Preußens und des Reiches über das weitere Vorgehen vor. Bei dem im März 1923 geführten Gespräch wurde aber sehr schnell deutlich, dass die Reichsbürokratie nicht dazu bereit war, der preußischen Position zu folgen. Als Hauptargument diente in diesem Zusammenhang der Verweis darauf, dass sich bei einer Umfrage des Reichsgesundheitsamtes außer Preußen nur noch Mecklenburg-Strelitz und Lippe für die zwangsweise Einführung von Gesundheitszeugnissen ausgesprochen hatten. Die übrigen Länder lehnten sie unter Verweis auf „die Schwierigkeiten der Ausführung, die Zweifel an der Wirksamkeit einer Maßnahme, die viel zu spät zur Anwendung komme, um noch Nutzen zu stiften, und die beim Publikum zu erwartenden Widersprüche“ ab.[29] Eine Gesetzgebungsinitiative des Reiches sei unter diesen Umständen nicht angebracht. Dabei spielte sicherlich auch eine Rolle, dass das Reichsinnenministerium, wie es auf eine Anfrage Griechenlands hin 1926 ausführte, die öffentliche Meinungsbildung über diesen Punkt als noch nicht abgeschlossen betrachtete. Ferner seien diese wie andere

> „Bestimmungen zur Sicherung eines gesunden Nachwuchses im Sinne der Bestrebungen der Rassenhygiene noch nicht erlassen, [...] weil die erforderlichen wissenschaftlichen Grundlagen für die Einführung gesetzlichen Zwanges auf dem in Frage stehenden Gebiet noch nicht ausreichend gesichert erscheinen“.[30]

---

28 Vgl. BArch: Protokoll über die Sitzung des Reichsgesundheitsrats vom 26.2.1920, R 86, Nr. 2372, Bd. 1, Bl. 315-326; zusammenfassend auch zum Landesgesundheitsrat Saretzki 2000, S. 324-332.

29 BArch: Bericht des Reichsgesundheitsamtes an das Reichsinnenministerium vom 27.12.1921, R 1501, Nr. 109379, Bl. 371-378 (Zitat Bl. 373).

30 BArch: Schreiben des Reichsinnenministeriums an das Auswärtige Amt vom 15.1.1926, R 86, Nr. 2372, Bd. 3, Bl. 3 (Herv. im Original).

Bei den Beratungen im Reichstag zum 1927 schließlich verabschiedeten Gesetz zur Bekämpfung der Geschlechtskrankheiten zeigte sich dann, dass es auf Reichsebene auch im Parlament tatsächlich keine Mehrheit für Zwangsuntersuchungen vor der Eheschließung oder gar Eheverbote gab.[31]

III. Schluss

„Ehegesundheit“ und insbesondere der Austausch von Gesundheitszeugnissen vor der Eheschließung erwiesen sich in Deutschland zwischen 1918 und 1933 als bevölkerungspolitische Themen, bei denen der Blick auf andere Länder und deren Praxis eine wichtige Rolle spielten. Das galt weniger für deren Diskussion in internationalen Organisationen und auf internationalen Kongressen, an denen Deutsche in den ersten Jahren nach Kriegsende nur selten direkt beteiligt waren. Von größerer Bedeutung war die Rezeption ausländischer Gesetze und Gesetzentwürfe durch Publikationen wie durch staatliche Behörden. Sie erfüllte erstens den grundlegenden Zweck der Information über den Rechtszustand im Ausland. Der Vergleich mit diesen Regelungen konnte zweitens Ansätze für die Lösung des von vielen als problematisch betrachteten Bereichs „Ehegesundheit“, vor allem im Hinblick auf eine gesunde und „hochwertige“ Nachkommenschaft, bis hin zur konkreten Formulierung von Gesetzestexten geben. In der kontrovers geführten öffentlichen Diskussion überwog dagegen drittens die Instrumentalisierung des Internationalen als Argumentationshilfe. Verweise auf andere Staaten dienten hier in erster Linie der Bekräftigung der eigenen Position und sollten den daraus abgeleiteten Forderungen Nachdruck verleihen. In Bezug auf die Eugenik kam viertens noch die Funktion der Legitimation der eigenen, noch jungen Bewegung und ihrer Vorstellungen dazu. Die deutschen Diskussionen und die als einzige gesetzliche Regelung verabschiedete Änderung des Personenstandsgesetzes wirkten ihrerseits wiederum auf die internationale Diskussion wie die in einzelnen Ländern zurück und beeinflussten sie. Insgesamt zeigen sich also komplexe Wechselwirkungen zwischen nationaler und der internationalen Ebene, denen im Einzelnen noch genauer nachzugehen ist

Literatur

Barrett, Deborah; John, David 1999: Population Control for National Development: From World Discourse to National Policies, in: Boli, John; Thomas, George M. eds. 1999: Constructing World Culture. International Nongovernmental Organizations since 1875, Stanford, 198-221.

Boli, John; Thomas, George M. eds. 1999: INGOs and the Organization of World Culture, in: Boli, John; Thomas, George M eds. 1999: Constructing World Culture. International Nongovernmental Organizations since 1875, Stanford, 13-49.

Borelli, Siegfried; Vogt, Hermann-Joseph; Kreis, Michael eds. 1992: Geschichte der Deutschen Gesellschaft zur Bekämpfung der Geschlechtskrankheiten, Berlin.

Borowy, Iris 2006: Die internationale Gesundheitspolitik des Völkerbundes zwischen globalem Denken und europäischem Führungsanspruch, in: Zeitschrift für Geschichtswissenschaft 54, 864-875.

[31] Zur Entstehung des Gesetzes Sauerteig 1999, 354ff.

[Christian, Max] 1923: Die Rassenhygiene in der Gesittung, Gesetzgebung und Politik. Zwei Vorträge gehalten in einem Einführungslehrgang für Rassenhygiene der Berliner Gesellschaft für Rassenhygiene im Januar und Februar 1921, Berlin.

Czarnowski, Gabriele 1991: Das kontrollierte Paar. Ehe- und Sexualpolitik im Nationalsozialismus, Weinheim.

Duncker, Arne 2003: Gleichheit und Ungleichheit in der Ehe. Persönliche Stellung von Frau und Mann im Recht der ehelichen Lebensgemeinschaft 1700-1914, Köln, Weimar, Wien.

Ferdinand, Ursula 2004: Bevölkerungswissenschaft und Rassismus. Die internationalen Bevölkerungskongresse der International Union of the Scientific Investigation of Population Problems (IUSIPP) als paradigmatische Foren, in: Mackensen, Rainer ed. 2004: Bevölkerungslehre und Bevölkerungspolitik im „Dritten Reich“, Opladen, 61-98.

Fuhrmann, Martin 2002: Volksvermehrung als Staatsaufgabe. Bevölkerungs- und Ehepolitik in der deutschen politischen und ökonomischen Theorie des 18. und 19. Jahrhunderts, Paderborn.

Hoffmann, Géza von 1913: Die Rassenhygiene in den Vereinigten Staaten von Nordamerika, München.

Kesper-Biermann, Sylvia; Overath, Petra: Internationalisierungsprozesse in der Geschichte von Strafrechtswissenschaft und Kriminalpolitik (1870-1930). Deutschland im internationalen Kontext, in: Kesper-Biermann, Sylvia; Overath, Petra eds.: Die Internationalisierung von Strafrechtswissenschaft und Kriminalpolitik (1870-1930). Deutschland im Vergleich (im Druck).

Kühl, Stefan 1997: Die Internationale der Rassisten. Aufstieg und Niedergang der internationalen Bewegung für Eugenik und Rassenhygiene im 20. Jahrhundert, Frankfurt/M., New York.

Möller, Caren 2005: Medizinalpolizei. Die Theorie des staatlichen Gesundheitswesens im 18. und 19. Jahrhundert, Frankfurt/M.

Saretzki, Thomas 2000: Reichsgesundheitsrat und Preußischer Landesgesundheitsrat in der Weimarer Republik, Berlin.

Sauerteig, Lutz 1999: Krankheit, Sexualität, Gesellschaft. Geschlechtskrankheiten und Gesundheitspolitik in Deutschland im 19. und frühen 20. Jahrhundert, Stuttgart.

Schröder-Gudehus, Brigitte 1990: Internationale Wissenschaftsbeziehungen und auswärtige Kulturpolitik 1918-1933. Vom Boykott und Gegen-Boykott zu ihrer Wiederaufnahme, in: Vierhaus, Rudolf; Brocke, Bernhard vom eds. 1990: Forschung im Spannungsfeld von Politik und Gesellschaft. Geschichte und Struktur der Kaiser-Wilhelm-/Max-Planck-Gesellschaft, Stuttgart, 858-876.

Schwartz, Michael 1995: Sozialistische Eugenik. Eugenische Sozialtechnologien in Debatten und Politik der deutschen Sozialdemokratie 1890-1933, Bonn.

Vossen, Johannes 2001: Gesundheitsämter im Nationalsozialismus. Rassenhygiene und offene Gesundheitsfürsorge in Westfalen 1900-1950, Essen.

Weindling, Paul 1989: Health, Race and German Politics between National Unification and Nazism, 1870-1945, Cambridge.

Weindling, Paul 1994: The politics of international co-ordination to combat sexually transmitted diseases, 1900-1980s, in: Berridge, Virginia; Berridge; Strong, Philip eds. 1994: AIDS and contemporary history, Cambridge 1994, 93-107.

Weindling, Paul 1995: Introduction: constructing international health between the wars, in: Weindling, Paul ed. 1995: International health organisations and movements, 1918-1939, Cambridge, 1-16.

Weingart, Peter; Kroll, Jürgen; Bayertz, Kurt 1988: Rasse, Blut und Gene. Geschichte der Eugenik und Rassenhygiene in Deutschland, Frankfurt a.M.

Zusammenstellung der gutachtlichen Aeußerungen zu dem Entwurf eines Bürgerlichen Gesetzbuchs gefertigt im Reichs-Justizamt, Bd. 4: Aeußerungen zum Familienrecht. Als Manuskript gedruckt. Ndr. d. Ausg. 1890, Osnabrück 1967.

Arbeits- und Erwerbsfähigkeit und das Recht auf Leben. Der ›Wert des Menschen‹ in der Psychiatrie nach dem Ersten Weltkrieg

Thorsten Halling, Moritz Liebe, Julia Schäfer, Jörg Vögele

I. Einleitung

Der Erste Weltkrieg gilt als entscheidender Katalysator für die national- und gesellschaftspolitische Radikalisierung der 1920-er und 1930-er Jahre vor allem in Deutschland. Zwei Millionen Gefallene, d.h. insgesamt 15 % der Eingezogen, der Tod von ungefähr einem Fünftel der Offiziere schon 1915[1] und 313.000 wegen neurologischer Erkrankungen behandelte Soldaten[2] prägten die Vorstellungen einer kontraselektorischen Wirkung des Krieges: „Die Besten blieben im Felde". Latent vorhandene Degenerationsängste und die damit verbundenen, seit dem späten 19. Jahrhundert entwickelten sozial- und rassenhygienischen Konzepte, erhielten nun einen enormen Einfluss auf die Bevölkerungspolitik nach 1918. Zugleich waren unter den Ausnahmebedingungen des Krieges bis dahin allenfalls theoretisch erörterte und in sanktionierten Einzelfällen realisierte bevölkerungspolitische Maßnahmen nun in einer Art „Feldversuch" erprobt worden. Vor dem Hintergrund des Hungersterbens in der Psychiatrie im Ersten Weltkrieg, der Debatten um die Sterilisation und Tötung geistig behinderter Menschen und der weiterhin prekären wirtschaftlichen Lage der psychiatrischen Anstalten, diskutiert der Beitrag die stark von ökonomischen Argumenten geprägte Neuausrichtung psychiatrischer Anstaltskonzepte innerhalb des bislang in dieser Hinsicht kaum untersuchten innerwissenschaftlichen Diskurses in den psychiatrischen Fachzeitschriften in der Frühphase der Weimarer Republik.

II. Der Wert des gesunden und arbeitenden Menschen

Welchen volkswirtschaftlichen Wert besitzt der erwerbsfähige Mensch?[3] Seit dem 17. Jahrhundert wurde diese Frage, ausgehend vom vorindustriellen England, immer wieder gestellt und in unterschiedlicher Art beantwortet.[4] Mit der Etablierung der Nationalökonomie als wichtigste politikberatende Wissenschaft in Deutschland, wurden die gesellschaftlichen Verhältnisse auf Grundlage der sich professionalisierenden amtlichen Statistik zunehmend unter rational-ökonomischen Kriterien betrachtet. Ernst Engel (1821-1896), Leiter des „Königlich Preußischen Statistischen Bureaus", legte bereits 1866 eine grundlegende Schrift zum Preis der Arbeit vor, der er 1883 eine explizite Abhandlung zum Thema „Der

---

1 Vgl. Wehler 2003, 102-106.

2 Diese Zahlen gehen auf die offizielle Statistik der Reichswehr zurück, Lerner geht davon aus, dass auf 62 % dieser Patienten im weitesten Sinne die Diagnose Kriegsneurose zutreffe. Vgl. Lerner 1996, 92f, FN 26.

3 Vgl. zum Wertbegriff in der „Menschenökonomie" siehe Halling et al. 2005.

4 Vgl. Thakkar-Scholz 1998.

Werth des Menschen“ folgen ließ.[5] In England war es der Statistiker William Farr (1807-1883), der den „Economic value of population“ untersuchte.[6] Parallel versuchten Versicherungsmathematiker den „Capitalwerth des Menschen“ zu ermitteln.[7] Die vermeintlich objektiven Berechnungen des Ertragswerts auf der Basis von Erziehung, Ausbildungskosten, Lebensarbeitszeit, sozialem Status und Lohn, implizieren immer auch moralisch-sittliche Wertsetzungen, waren jedoch von sozialdarwinistischen oder eugenischen Überlegungen weitgehend frei. Arbeits- und Erwerbsfähigkeit wurde damit zu einer zentralen Wertekategorie bevölkerungswissenschaftlicher Konzepte und bevölkerungspolitischer Praxis im 20. Jahrhundert.

Es galt den, nun wieder als Kapital begriffenen, Produktionsfaktor Mensch zu schützen, zum individuellem, vor allem aber zum betriebs- und volkswirtschaftlichen Nutzen. Spielte der Arbeitsschutz in der Phase der Frühindustrialisierung noch keine Rolle, so gewann er mit der Qualifizierung der Arbeitskräfte und dementsprechenden Investitionskosten, vor allem aber mit dem Erstarken der Arbeiterbewegung in der zweiten Hälfte des 19. Jahrhunderts zunehmend an Bedeutung.[8] Die Gewerbehygiene und später die Arbeitsmedizin wurden zum zentralen Instrument, um die Erwerbsfähigkeit der Menschen unter den Bedingungen der Industriearbeit zu erhalten. Mit der Einführung der Sozialgesetzgebung gewannen die Bewertung von Arbeitsfähigkeit bzw. von Erwerbsunfähigkeit und damit auch die Versicherungsmedizin zunehmend an Bedeutung. Seit den 1870-er Jahren erschienen spezielle Handbücher und Leitfäden zur Versicherungsmedizin, die u.a. Methoden der Bewertung von Erwerbsfähigkeit bzw. Invalidität umfassten und die fortwährend ausdifferenziert wurden.[9] Mit großer Leidenschaft diskutierten die Nationalökonomen im gleichen Zeitraum auch die volkswirtschaftliche Bedeutung der privaten Lebensversicherung. Unter die Kategorie der so genannten „minderwertigen Leben“ wurden besonders vom Tod gefährdete Personen gefasst, z.B. Angehörige bestimmter Berufsgruppen (Seeleute), aber auch schwangere Frauen. Psychisch kranke Menschen waren von einem Versicherungsschutz generell ausgeschlossen.[10]

Die Debatte um eine Bewertung von nicht wertschöpfenden Teilen der Bevölkerung, insbesondere in der Psychiatrie, die den idealistischen Heilungsgedanken des frühen 19. Jahrhunderts bereits zugunsten einer ordnungspolitischen Verwahrung und Aussonderung aufgegeben hatte,[11] brachte schon vor dem Ersten Weltkrieg erste konkrete Berechnungen hervor. Der Sozialhygieniker Ignaz Kaup (1870-1944) hatte anhand von Statistiken versucht, die Häufigkeit verschiedener Personengruppen, die er als „minderwertig“ einstuft, nachzuweisen und die auf diese Gruppen verwendeten privaten und öffentlichen Ausgaben zu beziffern.[12] Aus seinen Berechnungen leitete er schließlich die Notwendigkeit zur Asylierung ab:

---

5 Vgl. Vögele & Woelk 2002.

6 Vgl. Farr 1885; Thakkar-Scholz 1998, 46ff.

7 Wittstein 1867, 49ff.

8 Vgl. hierzu Labisch 1992, 177, 267.

9 Vgl. u.a. Buchheim 1878; Sieveking, 1875; Sudeck 1906.

10 Vgl. Halling et al. 2006, 43ff.

11 Blasius 1994, 67.

12 Vgl. Kaup 1913. Kaup rekurriert hierbei zunächst auf Berechnungen von Ludwig Jens, eines Beamten der Hamburger Armenanstalt. Diese waren anlässlich eines Preissauschreibens der „Umschau. Wochenschrift für Fortschritte in Wissenschaft und Technik“ erschienen.

> „In der Frage der Absonderung der Minderwertigen ist ein Humanitätsdusen nicht am Platze. Unsere gesunde Nachkommenschaft hat das Recht auf Schutz vor einem Verderb durch Keimschädlinge, und jede vorwärtsschreitende Nation hat die Pflicht, den Ballast der Minderwertigenkosten möglicht zu vermindern“.[13]

Obwohl hier bereits viele der auch nach 1933 populären Termini anklingen, die auf „Ausrottung“ und „Vernichtung“ abzielten, ist die abschließende Forderung Kaups zur Sterilisierung noch sehr zurückhaltend.

III. Hungersterben in der Psychiatrie im Ersten Weltkrieg

Der Ausbruch des Ersten Weltkrieges bedeutete für die Psychiatrie einen enormen, allerdings kurzfristigen Zuwachs gesellschaftspolitischer Relevanz. Ihre „verwahrerische“ Tätigkeit in den Anstalten trat durch die Behandlung der so genannten Kriegsneurosen hinter den Dienst für die „nationale Sache“ zurück. Die neue Art der Kriegsführung hatte bei vielen Kriegsteilnehmern, den Zeitgenossen zunächst unerklärliche Nervenzusammenbrüche und körperliche Ausfallerscheinungen, wie teilweise Lähmungen, Taubheit, Blindheit und fortwährendes Zittern zur Folge. Interpretiert als eine psychische Fluchtreaktion, aus dem Begehren heraus von der Front abgezogen zu werden, das wiederum auf einer veranlagten moralischen Minderwertigkeit resultierte, beruhte der therapeutische Ansatz auf der Überlegung, dass man dem Patienten zu disziplinieren habe, um ihn wieder einsatzfähig zu machen. Zu diesem Zwecke nutzten die Psychiater repressive Methoden, wie z.B. die Elektroschocktherapie. Obwohl die Psychiater keinerlei Wissen über die Ätiologie der Kriegsneurosen hatten, gelang es ihnen mit ihren drastischen Maßnahmen große Erfolge zu erzielen:

> „[...] die Vorteile der Kaufmannschen Behandlung bestehen darin, dass durch sie dem Staate die Zahlung hoher Renten erspart, der Lazarettaufenthalt beträchtlich abgekürzt wird und die Patienten bald ihrem Beruf zugeführt werden.“[14]

Nicht die Herstellung von Gesundheit, sondern die Herstellung von Kriegsdiensttauglichkeit bzw. nach Kriegsende Arbeitsfähigkeit wurde zum entscheidenden Kriterium der (Militär-) Psychiatrie.[15]

Während die Psychiatrie in der Armee eine hohe Reputation erlangte, spielte sich hinter den Anstaltsmauern eine Katastrophe ab. Schon Ende 1914 zeichneten sich für Deutschland erhebliche Nahrungsmittelengpässe ab, die Hälfte der Vorräte war bereits verbraucht. Obwohl bis Ende 1916 alle wichtigen Nahrungsmittel unter staatliche Kontrolle gestellt wurden, kam es aufgrund einer ungenügenden zentralen Verwaltung und der gegenseitigen Hungerblockaden der Kriegsgegner zu einer verschärften Ernährungssituation. Menschen in der geschlossenen Fürsorge standen dabei in der Ernährungshierarchie an letzter Stelle, so dass in den Kriegsjahren und der unmittelbaren Nachkriegszeit (1914-1919) in den psychiatrischen Anstalten im Deutschen Reich etwa 70.000 Menschen allein an den Folgen der

13 Kaup 1913, 747.

14 Nonne & Wachsner 1918, 175. Mit der „Kaufmannschen Behandlung“ ist eine Variante der Elektroschocktherapie gemeint.

15 Siemen 1987, 27.

kriegsbedingten Lebens- und Ernährungssituation starben.[16] Anders als die übrige Bevölkerung hatten die Patienten der Anstalten nicht die Möglichkeit sich zusätzlich zu den Lebensmittelrationen auf dem freien Markt zu versorgen. Die Anstalten waren wiederum finanziell nicht in der Lage, dort Nahrungsmittel zuzukaufen. Begünstigt wurde dieses massive Hungersterben durch eine permanente Überbelegung der Anstalten und einem akuten Mangel an fast allem. Die Mehrzahl der Pfleger und Ärzte waren im Kriegeinsatz und für Heizung und Warmwasser fehlte die Kohle. 1919 resümierte der Mediziner W. Knust:

> „Ein trauriges Opfer der Unterernährung ist ein großer Teil der Geisteskranken geworden. Grippe und Tuberkulose haben erschreckend unter ihnen aufgeräumt, so daß mancherorts nur noch die Hälfte des Bestandes des letzten Friedensjahres am Leben ist."[17]

Der Umgang mit der Hungerkrise während des Krieges ist vom Kontrast einer nüchternen Analyse der Situation in den internen Verwaltungsberichten[18] und einer Durchhaltepropaganda in den offiziellen Jahresberichten der Anstalten gekennzeichnet:

> „Viele Kranke waren stolz, auf ihre Weise dem Vaterland durch kleine, willig ertragene Entbehrungen dienen und nützen zu können."[19]

Nach Ende des Krieges lastete das Hungersterben schwer auf der Reputation des Anstaltswesens. Eine öffentliche Bewertung des Hungersterbens in den psychiatrischen Fachkreisen, insbesondere in den führenden Fachzeitschriften blieb dennoch weitgehend aus.[20] Während in den allgemeinmedizinischen Zeitschriften der Erfahrungsaustausch zur der Verpflegung Kranker 1918 begann,[21] begannen die Psychiater erst 1919 langsam mit der Aufarbeitung.[22] Kritisch äußerte sich Karl Bonhoeffer (1868-1948), Lehrstuhlinhabers für Psychiatrie an der Berliner Charite und Vorsitzender des Deutschen Vereins für Psychiatrie:

> „Fast könnte es scheinen, als ob wir in einer Zeit der Wandlung des Humanitätsbegriffes stünden. Ich meine nur das, dass wir unter den schweren Erlebnissen des Krieges das einzelne Menschenleben anders zu werten genötigt wurden als vordem, und dass wir in den Hungerjahren des Krieges uns damit abfinden mussten, zuzusehen, dass unsere Kranken in den Anstalten in Massen an Unterernährung dahinstarben, und dies fast gutzuheißen in dem Gedanken, dass durch diese Opfer vielleicht Gesunden das Leben erhalten bleiben könnte."[23]

---

16 Siemen 1987, 29f; Faulstich 1998, kam auf eine Summe von 64.494 Todesopfern. Vgl. Faulstich 1998, 67.

17 Knust 1919, 15 (Hervorh. im Original).

18 So heißt es z.B. im Verwaltungsbericht der Psychiatrischen Heil- und Pflegeanstalten Düren: „Die Erscheinungen, welche bei den Fällen von Erschöpfung durch Ernährungsstörung beobachtet werden können, sind die bekannten: Abmagerung, Blässe der Haut und der Schleimhäute, Ödem verschiedener Körperteile bis zur allgemeinen Wassersucht, mitunter Durchfälle.", in: Archiv des Landschaftsverbandes Rheinland, 15182 Verwaltungsbericht für das Rechnungsjahr 1916, Bl. 431.

19 Bericht des Rheinischen Provinzial-Verwaltungsraths über die Ergebnisse der provinzialständischen Verwaltung 1915, 225. Vgl. zum Beispiel für die Provinzial- Heil- und Pflegeanstalt Düren: Halling 2003.

20 Systematisch ausgewertet wurden: Allgemeine Zeitschrift für Psychiatrie und psychiatrisch-gerichtliche Medizin (AZP), Psychiatrisch-neurologische Wochenschrift (PNW), Zeitschrift für die gesamte Neurologie und Psychiatrie (ZfNP).

21 So z.B. May 1919; Drigalski 1919; Schwalbe 1919; Kruse & Hintze 1920.

22 Düring 1921; Richter 1919; Lieber 1920/21; Wagner-Jauregg 1920/21; Ilberg 1922.

23 Bonhoeffer 1920/21, 598.

IV. Etablierung des Volkskörpergedankens in der Psychiatrie

Bonhoeffer skizziert mit dieser weitsichtigen Analyse die ambivalente Position der Psychiatrie zu Beginn der Weimarer Republik, die stark von den gegensätzlichen Interessen der Universitäts- und der Anstaltspsychiater geprägt wurde. Angesichts der Niederlage Deutschlands und der im Anschluss daran auftretenden revolutionären Bewegungen suchten prominente Vertreter der akademischen Psychiatrie wie Emil Kraepelin (1856-1926) nach Erklärungsmustern für die erlittenen Verluste und für die Abwendung der Massen von der bestehenden Ordnung.[24] In seinen „Psychiatrische Randbemerkungen zur Zeitgeschichte" propagierte er die Idee einer exklusiven Volksgemeinschaft und eine „Herrschaft der Besten":

> „Der Krieg hat eine fürchterliche Auslese unter unseren fähigsten und opferwilligsten Männern gehalten; verschont blieben in erster Linie die Untauglichen und Selbstsüchtigen. Aber auch die menschenfreundlichen Bestrebungen, überall die Schwachen zu stützen [...] wirken nachdrücklich einer zielbewussten Züchtung des Tüchtigen entgegen: sie belasten die Schultern der Leistungsfähigen, auf denen unsere Zukunftshoffnung beruht, mit wachsenden Lasten, unter denen ihre Kräfte schließlich erlahmen müssen. Da wir [...] dem schärfsten Wettbewerbe anderer Völker ausgesetzt sind, dürfen wir diese Belastung [...] nur soweit ausdehnen, wie wir sie ohne Schädigung unserer Selbstbehauptung ertragen können. Das klingt hart, ist aber eine bittere Notwendigkeit, wenn nicht die guten Bestandteile unseres Volkes durch die minderwertigen zugrunde gerichtet werden sollen."[25]

Schon kurz vor Kriegsende machte der Wiener Psychiater Erwin Stransky (1877-1962) den gesellschaftlichen Führungsanspruch seines Faches, „als eines Mentors der Menschen von der Wiege bis zum Grabe!"[26] deutlich. In seinem programmatischen Aufsatz vertrat er die Meinung, der Psychiater habe mit den üblichen Konventionen zu brechen, indem er „eigene Kulturpolitik" betreibe, die auch darin bestehe, sich als Stand davon zu befreien, „in vollkommener missverständlicher Auslegung des hehren Begriffes der Humanität" sich dafür zu verwenden, „der nach höherem Menschentum mühsam genug sich emporringenden Gesellschaft die ohnehin mühlensteinschwere Last der Minderwertigen immerzu nur noch fest um die Füße zu binden".[27] Dieser Führungsanspruch der Psychiatrie korrespondiert mit den radikale Debatten über die Infragestellung individueller Rechte, insbesondere zur Sterilisation und zur Tötung „Minderwertiger", wie sie schon in den 1890-er Jahren in Amerika und auch in Europa u.a. auch in psychiatrischen Fachkreisen geführt worden waren. Nach

24 Vgl. Siemen 1987, 41.

25 Kraepelin 1919, 182. Zu Kraepelins Verhältnis zu rassenhygienischen Ideen vgl. Weber, M. 2004.

26 Stransky 1918, 41. 1920 wiederholte Stransky seine Vision einer „angewandten Psychiatrie" in leicht modifizierter Form auf der Tagung des Deutschen Vereins für Psychiatrie. Vgl. Stransky 1920. Ebenfalls war der Vortrag in ausführlicher Form in der ZfNP (Der seelische Wiederaufbau des deutschen Volkes und die Aufgaben der Psychiatrie. Band 60. 1920. S. 271-280) abgedruckt worden.

27 Stransky 1918, 32. Zur Rezeption von Stranskys Programmschriften vgl. Kronfeld 1921. Dem scharfen Protest Arthur Kronfelds folgte schließlich eine Replik, in der Stransky seine Position bekräftigte. Vgl. Stransky 1921. Vertreter neuer Psychiatriereformerischer Ideen wie Gustav Kolb und Adolf Gross verwiesen hingegen befürwortend auf Stransky. Vgl. Kolb 1920/21, 164. Gross beurteilte Stranskys Vorschläge als eine Möglichkeit der „seelischen Wiedergesundung" des Volkes und als Parallelentwurf zu der sozialpsychiatrischen Tätigkeit in Beratungsstellen. Gross 1923, 65.

dem Ersten Weltkrieg radikalisierte sich die Diskussion und bildete bis etwa 1924 das Spektrum der maßgeblichen Argumente heraus.[28] 1913 hatte Kaup noch zurückhaltend formuliert:

> „Es ist zu erwägen, ob die in Amerika zum Teil geübte Methode der Vernichtung der Fortpflanzungsfähigkeit auch für unsere Verhältnisse wenigstens teilweise Anwendung finden könnte."[29]

Zunächst sind sowohl in allgemeinmedizinischen[30] als auch in speziell psychiatrischen Fachorganen[31] lediglich vereinzelte Stimmen zu finden, die sich zum Thema Sterilisation finden lassen. Erst eine Initiative des Zwickauer Bezirksarztes Gerhard Boeters[32] zu einer gesetzlichen Regelung und ein davon inspirierter Gesetzesvorschlag zur freiwilligen Sterilisation des Sächsischen Landesgesundheitsamts, dem Stellungnahmen dreier Psychiater zugrunde lagen, entfachte eine heftige Kontroverse.[33] L. Stemmler, Regierungsmedizinalrat an der Heil- und Pflegeanstalt Arnsdorf und Gutachter des Sächsischen Landesgesundheitsministerium und verantwortlich für die Ausformulierung des Gesetzesentwurfes, argumentierte, wenn es die Humanität verbiete „die Schädlinge einfach auszurotten", so habe „die Gesellschaft das Recht und die Pflicht die „Fortpflanzung" überwachen zu dürfen.[34] Stemmler rekurriert hier zugleich auf die von Binding und Hoche ausgelöste Debatte um die „Freigabe der Vernichtung lebensunwerten Lebens".[35] Aufgrund der radikalen Forderungen, sowie der fachwissenschaftlichen Bedeutung ihrer Verfasser, erregte die Streitschrift weit über die psychiatrischen Fachorgane hinaus eine enorme Aufmerksamkeit.[36] Sie gab den Erörterungen um die Infragestellung des Menschenwerts in der Psychiatrie erst eine gewisse Legitimation und beförderte wiederum die Debatte um die Sterilisation Minderwertiger.[37]

Die Anstaltspsychiatrie befand sich in diesem Kontext in einer zweifachen Legitimationskrise. Auf der einen Seite hatte sie die Hungertoten der Gesellschaft, aber vor allem den Angehörigen gegenüber zu verantworten, zumal der drastische Rückgang der Belegzahlen die Existenz der Anstalten gefährdete.[38] Auf der anderen Seite wurde die Daseinsberechti-

---

28 Vgl. Ley 2004.

29 Kaup 1913, 748.

30 Vgl. Amann 1918; Heimberger 1918; Leitsätze der Deutschen Gesellschaft für Rassenhygiene 1922; Bumm 1923; Hirsch 1918; Winter 1920; Strohmayer 1920.

31 Kolb 1920/1921, 164.

32 Vgl. Boeters 1924. Entzündet hatte sich die Debatte an Boeters Forderungen in der Sächsischen Staatszeitung: Boeters 1923.

33 Zur Kontroverse vgl. u.a. Zu dem Aufruf des Herrn Regierungsmedizinalrates Dr. Boeters 1924; Bonhoeffer 1924; Stemmler 1924; Weber L.W. 1923/24; Weber L.W. 1924; Gaupp 1925; Fischer & Möckel 1925.

34 Stemmler 1924, 439.

35 Binding& Hoche 1920. Vgl dazu u.a. Riha 2005; Benzendörfer 1999; Schwartz 1998.

36 Lenz 1920; Bresler 1920; Hauptmann 1921; Wauschkuhn 1922/23; Brennecke 1921/22; Grünewald 1923; Grimme 1923; Haenel 1923.

37 So hatte sich die Schriftleitung des Ärztlichen Vereinsblatt angesichts der wirtschaftlichen, gesellschaftlichen und bevölkerungspolitischen Notwendigkeit bereit erklärt neue, auch radikale Lösungsstrategien zu erörtern der Debatte ein Forum zu bieten. Dies geschah mit Hinweis darauf, dass wenn die Erörterung der Tötung recht, die Diskussion um Verhütung neuen Lebens billig sei. Vgl. Zu dem Aufruf des Herrn Regierungsmedizinalrates Dr. Boeters 1924.

38 Erst 1924 hatten die ersten Anstalten wieder eine Auslastung auf Vorkriegsniveau erreicht. Vgl. Anwachsen der Zahl der Geisteskranken 1925.

gung Geisteskranker generell in Frage gestellt. Johannes Bresler, Anstaltsdirektor in Westpreußen,[39] beschrieb dieses Dilemma sarkastisch:

> „Bindings, [...] Anregung [...] ist innerhalb des Blockade-Hungerelends wirklich in denkbar größtem Stil vorweg ausgeführt, aber in einseitiger Anwendung auf die Anstaltsgeisteskranken in Deutschland."[40]

Ein nicht ex-, sondern inkludierendes, sozialhygienisch motiviertes Fürsorgesystem, das ebenfalls die Gesunderhaltung bzw. Gesundwerdung des Volkes dienen und in dessen Zentrum wiederum die Psychiatrie stehen sollte, forderte der Wieslocher Anstaltsdirektor Max Fischer.[41] Fischer betonte den ökonomischen Nutzen einer sozialen Psychiatrie:

> „Unendlich viel wertvolles Menschenkapital wird auf diesem Wege sozialer Arbeit, wirtschaftlicher Hilfe, gesundheitlicher Vorbeugung und Hygiene dem Volkskörper entweder gesund erhalten oder vor größeren Schädigungen bewahrt oder wieder für Gemeinde und Staat gesund und arbeitsfähig hergestellt."[42]

Arbeitsfähigkeit wurde somit als integrativer Bestandteil des Wohlfahrtsstaates und als sinngebend für die psychiatrische Tätigkeit definiert. Obwohl sein Konzept in den psychiatrischen Fachzeitschriften keine weitere Beachtung fand, wirkte Fischer in der Praxis wegweisend als Leiter der Mannheimer Fürsorgestelle – einer der ersten staatlich initiierten psychiatrischen Fürsorgestellen (1921).

Entgegen den weitreichenden Forderungen und Konzepten, die die Psychiatrie in den Mittelpunkt staatlicher Fürsorge stellten, war der tatsächliche Einfluss der Psychiatrie auf den Weimarer Wohlfahrtsstaat ausgesprochen gering, der Anpassungsdruck dagegen hoch. Die Reformierung erfolgte aus einer „defensiven Position"[43] heraus, die psychiatrischen Fachverbände wurden nicht einmal an der Ausarbeitung eines neuen „Irrengesetzes" beteiligt.[44]

V. Rationalisierung der Anstaltspsychiatrie

Wie die von der PNW veranlassten Umfragen zum Kohlenmangel in den Anstalten 1919/1920 und zur Ernährungslage in den Anstalten vom April 1922 deutlich machten, dauerten die Engpässe in den Anstalten an.[45] Die inflationsbedingte Kostensteigerung[46] und

---

39 Bresler war zugleich Herausgeber der Psychiatrisch-Neurologische Wochenschrift (PNW), das Vereinsblatt der beamteten Irrenärzte, dessen Autoren den Thesen von Binding und Hoche besonders kritisch gegenüber standen.

40 Bresler 1921/22.

41 Fischer 1919. Er etablierte in Deutschland 1911 den Begriff der „Sozialpsychiatrie". Vgl. Finzen & Hoffmann-Richter 1995.

42 Fischer 1919, 543.

43 Kersting & Schmuhl 2004, 10.

44 Dennoch scheiterte der Entwurf schließlich an dem Protest der Psychiater. Vgl. u.a. Gekürzter Schriftwechsel zwischen dem Reichsverband und dem Reichsministerium des Inneren 1923/24; Rein 1923/24; Schultze & Kahl 1921/22; Bayer 1923/24, 151.

45 Die Kohlennot und die Heil- und Pflegeanstalten 1919; Der derzeitige Stand der Ernährung in den Irrenanstalten 1922/23.

46 Vgl. Roemer 1920/21, 344f.

die mit der Durchsetzung des Acht-Stunden-Tages verbundene Notwendigkeit zusätzliches Personal einstellen zu müssen, belasteten die Etats. Kostenreduzierung wurde somit das beherrschende Thema der unmittelbaren Nachkriegzeit. Neben konventionellen Strategien, wie Erhöhung der Pflegesätze, Zusammenlegung von Abteilungen, Kooperation mit anderen Anstalten und die Intensivierung der anstaltseigenen Landwirtschaft, wurden innovative Anstaltskonzepte entwickelt bzw. reaktiviert.

Gustav Kolb (1870-1938), Anstaltsleiter der Irrenanstalt Erlangen, stellte auf der Jahresversammlung des Deutschen Vereins für Psychiatrie in Hamburg 1920 ein umfassendes Reformkonzept in Anlehnung an das von ihm praktizierte System der „Offenen Fürsorge" vor. Integraler Bestandteil seiner Reformideen war eine freiheitliche Irrenfürsorge, die den Primat des Gesellschaftsschutzes zugunsten einer Frühentlassung bei entsprechender ärztlicher Nachsorge aufgab. Nach anfänglicher Skepsis, auch wegen des Wegfalls eugenischen Gesellschaftsschutzes durch Asylierung,[47] setze sich das Prinzip einer „Offenen Fürsorge" im Laufe der 1920-er Jahre, besonders wegen seiner ökonomischen Vorteile,[48] durch. Die Kombination aus Frühentlassung, Poliklinik und Entlassenenfürsorge galt als „Weg zu wertschaffender Tätigkeit."[49] Zugleich wurde die konsequente Durchführung der Sparmaßnahmen als Antwort auf die Forderung nach der „Vernichtung lebensunwerten Lebens" verstanden.[50]

Zeitgleich mit der beginnenden Etablierung des Kolbschen Reformkonzeptes begann die Wiederentdeckung des Konzepts der Beschäftigungs- und Arbeitstherapie vieler Psychiater. Die Heranziehung von Kranken zu Arbeiten im landwirtschaftlichen Betrieb oder in anstaltseigenen Werkstätten war schon vor dem Krieg üblich gewesen. Sie bildete einen festen Grundpfeiler der Anstaltsversorgung und stellte einen Wirtschaftsfaktor dar. Eine ganzheitliche Erfassung der Kranken zu therapeutischen Zwecken, zu einer Umgehung des Hospitalismus, wie dies ursprünglich in den Anfängen der Arbeitstherapie auf dem ehemaligen Rittergut Alt-Scherbitz in den 1870er Jahren ersonnen worden war, hatte sich nach dem Krieg fast gänzlich zu einer Methode der kostengünstigen Anstaltsführung gewandelt.[51] Die Arbeitskraft der Kranken als Wirtschaftsfaktor für die Anstalten wurde in den Zeitschriften ab 1920 thematisiert.[52] 1923 widmete die AZP dem Thema Arbeitstherapie ein Themenheft. Nicht ohne auf den Heilaspekt zu verweisen,[53] wurde auch hier der Wirtschaftlichkeitsaspekt stark betont. Adolf Gross, Oberarzt in der Anstalt Konstanz und Kollege Roemers, verwies auf „das neue Deutschland", das „für unproduktive Ziele nicht viel Geld übrig behalten"[54] würde, so dass die Behandlungsmethoden an die aktuellen sozioökonomischen Anforderungen angepasst werden müssten. Obwohl im Zusammenhang mit Schließungen von Anstalten betont wurde, dass die Anstalten „durchaus ins materielle Gewicht im positiv produktiven Sinne"[55] fielen, da durch die Wiederherstellung der Arbeitsfähigkeit bei einer Annahme von wenigstens 10 % der Anstaltsinsassen des Reiches

47 Vgl. Rein & Baumann 1920/21; Friedländer 1920/21, 185; Herting 1923, 251.
48 Vgl. Faulstich 1993, 106f.
49 Roemer 1920/21, 344, 351.
50 Vgl. u.a. Blachian 1921/22, 176; Ast 1921/22; 201.
51 Vgl. Faulstich 1993, 96.
52 Vgl. Wattenberg 1920/21, 632; Weber, W. 1920/21; Ilberg 1921/22; Möckel 1922, 627.
53 Hierzu sehr eindringlich Haardt 1923.
54 Gross 1923, 61.
55 Fuchs 1922/23, 2.

Zinserträge in Milliardenhöhe beschieden würden, sei dennoch eine wirtschaftliche Neuorientierung in der Anstaltspsychiatrie notwendig.

> „Das Idyll der bisherigen Ideale dankt ab und an seiner Stelle erheben sich rauhe, aber klare Pflichten, die Pflicht der Leistungssteigerung bzw. Rentabilitätssteigerung, die Pflicht der Sparsamkeit und die Pflicht zu einer gewissen psychiatrische Robustheit, die beispielsweise Dinge, wie Massenbetrieb, Überfüllung, Überlastung nicht mehr fürchtet, die auf Komfort, Schönheit, Üppigkeit und vieles zierlich einschmeichelnde der vom Alt-Scherbitzer Vorbild geleiteten Blütezeit verzichtet."[56]

Diskutiert wurde auch der Nutzen des Taylorsystems für den Betrieb von Irrenanstalten.[57] Klinke, der als Mitglied einer Sparkommission die schlesischen Anstalten bereist hatte, war der Überzeugung, dass die minutiöse Planung der Arbeitsabläufe erhebliche Produktivitätssteigerungen ermöglichen würde und man so den Frühentlassungsbedingten Arbeitskräfteverlust kompensieren könne.[58] Vehement vertrat Hermann Simon (1867-1947), Direktor der Anstalt Gütersloh, das Konzept einer „aktiveren Krankenbehandlung". Bereits 1905 beim Bau der Anstalt Warstein, dessen Leiter Simon bis zu Beginn des Krieges war, hatte er wegen Arbeitskräftemangels auf Kranke zurückgreifen müssen. Die zu seinem Erstaunen gemachte Beobachtung, dass sich der allgemeine Zustand der Kranken hob, ließ ihn anders als üblich den gesamten Anstaltsbetrieb auf die Arbeitstherapie ausrichten und eine Beschäftigungsquote von nahezu 90 % erzielen. Er hatte ein fünfstufiges System der Arbeitstherapie entwickelt, das allmählich an reale Arbeitsverhältnisse annähern sollte. Die „Kranken [...] für das Leben außerhalb der Anstalt wieder fähig und reif zu machen, ist Sinn und das Ziel der ganzen Arbeitstherapie",[59] zu der er auch vor teilweise repressiven Methoden nicht zurückschreckte.[60]

Die Akzeptanz der Arbeitstherapie beruhte einerseits auf dem großen ideellen Wert, der der Arbeit zugesprochen wurde, andererseits wurde Arbeit vor allem als Möglichkeit verstanden, die allgemeine Konstitution zu heben und somit die Anfälligkeit für Geisteskrankheiten, zu denen jeder eine genetisch unterschiedlich bedingte Disposition besaß, zu mindern.[61] Insbesondere in der Behandlung der „Kriegs- und Rentenneurosen" besaß Arbeit für die zeitgenössischen Psychiater einen pädagogischen Wert, d.h. die Erziehung zur Arbeit durch Arbeit, als Überwindung der Arbeitsscheu und Weckung des sozialen Triebs.[62]

---

56 Fuchs 1922/23, 2.

57 Vgl. ders. 1922/23, 7f.

58 Vgl. Klinke 1924.

59 Simon 1929. Ähnlich aber auch schon Simon 1924, 428.

60 In seiner Abhandlung von 1929 betont Simon, dass die Erzielung der Beschäftigung ohne Zwänge geschähe. Anders liest sich das, wenn er davon berichtet, dass er selbst mit „Unsozialsten" Erfolge durch faradische Suggestivbehandlung, also Stromstössen, erzielt habe. Vgl. Simon 1924, 428. Beachtung fand Simon, als er 1923 auf einer Sitzung der Vereinigung deutscher Anstaltsdirektoren die allgemeine Praxis der übermäßigen Bettbehandlung angriff, auf die er einen Teil des Fehlverhaltens und der Verwahrlosung zurückführte. Daraufhin wurde er eingeladen, auf der Innsbrucker Versammlung des Vereins deutscher Psychiater sein Konzept der „aktiveren Krankenbehandlung" vorzustellen. Trotz gespaltener Reaktionen löste das Referat einen Besucherstrom des interessierten Fachpublikums in die Gütersloher Anstalt aus. Vgl. Teller 1986, 3.

61 Vgl. Tilger 1923.

62 Vgl. Klaesli 1920: „Die Scheu vor der Arbeit soll bekämpft werden, indem wir keine Gelegenheit vorbeigehen lassen, ohne unter Hinweis auf unsere Erfolge mit der Arbeitstherapie das Lob der Arbeit als eines Kräftigungs- und Allheilmittels zu verbreiten und zu bedeuten, dass diese etwas so Lebens- und Kulturnotwendiges ist, daß wir sie auch dann suchen müssen, wenn wir krank sind". Vgl. zur Beurteilung von Arbeit als Erziehungsinstrument u.a. Hefeneger 1988.

Mit der bedingungslosen Durchführung der Arbeitstherapie wurden „Arbeits- und Leistungsfähigkeit, Ruhe und Ordnung und soziales Einordnungsvermögen“[63] zu den Maßstäben nach denen sich die Therapie zu richten hatte.[64] Die auf Arbeit ausgerichtete Anstalt mit Beschäftigungsquoten von 90 % ließen Arbeitsunfähige wiederum zu Randgruppen innerhalb der Anstalten werden.

VI. Fazit

Die Not der Hungerjahre zeigte eine innerhalb des psychiatrischen Standes latente Bereitschaft den ›Wert des Menschen‹ nach dessen Leistungsfähigkeit für die Gesellschaft zu beurteilen und deren Handeln danach auszurichten. Auf dem Selbstverständnis der Psychiater lastete das Hungersterben vor allem deswegen, weil es ihre wirtschaftliche Existenz in Frage stellte und weniger weil die Psychiater in dieser Situation versagt haben könnten. In dem Zusammenhang wurden schon bekannte, auch um die Jahrhundertwende in Zusammenhang mit der Irrenrechtsreformbewegung erwogene Konzepte diskutiert. In ihrer Rezeption tendierten die Psychiater zu einer rein utilitaristischen Betrachtungsweise nach sozialökonomischen Nutzen, die weniger die freiheitlichen Aspekt der Konzepte berücksichtigte. Sowohl in der Idee der Frühentlassung als auch der (therapeutischen) Heranziehung der Kranken zur Arbeit versteckten sich Tendenzen zur Rückbildung der Anstalten von Heil- und Pflegeanstalten zu reinen Heilanstalten. Indem die Anstalten die Arbeitsfähigkeit und Leistungsfähigkeit als Kriterium des Wohlfahrtsstaates akzeptierten und adaptierten, wurde dieses auch Bemessungsgrundlage innerhalb der Anstaltsmauern und die Gesellschaft zum Bezugspunkt.

Quellen- und Literatur

a) Quellen

MMW = Münchener Medizinische Wochenschrift
DMW = Deutsche Medizinische Wochenschrift
PNW = Psychiatrisch-neurologische Wochenschrift
ZfNP = Zeitschrift für die gesamte Neurologie und Psychiatrie
AZP = Allgemeine Zeitschrift für Psychiatrie und psychiatrisch-gerichtliche Medizin

o.A., Bericht des Rheinischen Provinzial-Verwaltungsraths über die Ergebnisse der provinzialständischen Verwaltung, Bd. 1914/15, Düsseldorf 1915, 225.

o.A., Verwaltungsbericht für das Rechnungsjahr 1916, in: Archiv des Landschaftsverbandes Rheinland: 15182, Bl. 438.

o.A., Die Kohlennot und die Heil- und Pflegeanstalten 1919, in: PNW, 21, 348-350, 358-364.

o.A., Leitsätze der Deutschen Gesellschaft für Rassenhygiene 1922, in: MMW, 1577f.

o.A., Der derzeitige Stand der Ernährung in den Irrenanstalten 1922/23, in: PNW, 24, 1, 8-11, 26f, 48-52, 139-141.

o.A., Gekürzter Schriftwechsel zwischen dem Reichsverband und dem Reichsministerium des Inneren 1923/24, in: PNW, 25, 62-64.

[63] Siemen 1987, 67.

[64] Er erreichte damit ähnlich gute Quoten der Beschäftigungsfähigkeit. Simon errechnete 1929 eine Quote von 98 % (exkl. körperlich Arbeitsunfähige). Vgl. Simon 1929, 37.

o.A., Zu dem Aufruf des Herrn Regierungsmedizinalrates Dr. Boeters 1924, in: Ärztliches Vereinsblatt, 53, 16-17.

o.A., Anwachsen der Zahl der Geisteskranken 1925, in: PNW, 27, 7.

Amann 1918: Zum Bevölkerungsproblem, in: MMW, 1132-1135.

Ast 1921/22: Der derzeitige Stand der Krankenpflege in den bayerischen Irrenanstalten, in: PNW, 23, 193-197, 199-202.

Bayer, Alfred 1923/24: Zu dem Artikel: „Drohende Rückschritte im Irrenwesen Deutschlands", in: PNW, 25, 151-154.

Binding, Karl; Hoche, Erich 1920: Die Freigabe der Vernichtung lebensunwerten Lebens. Ihr Maß und ihre Form, Leipzig.

Blachian, Franz 1921/22: Der derzeitige Stand der Krankenpflege in den bayerischen Irrenanstalten, in: PNW, 23, 175-183.

Boeters, Gerhard 1923: Die Unfruchtbarmachung der geistig Minderwertigen, in: Sächsische Staatszeitung, Nr. 157-159, 9. Juli, 10. Juli, 30. August und 31. August.

Boeters, Gerhard 1924: Aufruf an die deutsche Aerzteschaft!, in: Aerztliches Vereinsblatt, 53, 3.

Bonhoeffer, Karl 1920/21: Eröffnungsrede, gehalten auf der Jahresversammlung des Deutschen Vereins für Psychiatrie in Hamburg am 27. und 28. Mai 1920, in: AZP, 76, 597f.

Bonhoeffer, Karl 1924: Die Unfruchtbarmachung der geistig Minderwertigen, in: Klinische Wochenschrift, 3, 18, 798-801.

Brennecke, H. 1921/22: Kritische Bemerkungen zu der Forderung Binding und Hoches „Der Freigabe der Vernichtung lebensunwerten Lebens", in: PNW, 23, 4-9.

Bresler, Johannes 1920: Karl Bindings „letzte Tat für die leidende Menschheit.", in: PNW, 22, 289f.

Bresler, Johannes 1921/22: Zum neuen – dreiundzwanzigsten – Jahrgang. Sparsamkeit in der Irrenanstalt, in: PNW, 23, 1-4, 119f, 187-193.

Buchheim, Eduard 1878: Handbuch für Versicherungs-Ärzte. Ärztliche Versicherungskunde, Leipzig.

Bumm, Anton 1923: Not und Fruchtabtreibung, in: MMW, 1471f.

Drigalski, Wilhelm 1919: Hungerblockade und Volksgesundheit, in: DMW, 573f.

Düring 1921: Beobachtungen über Ernährung in einer Anstalt während der Notjahre, in: MMW, 61-63.

Farr, William 1885: Cost, and the present and future economic value of man Vital Statistics: A Memorial Volume of Selections from the Reports and Writings of William Farr. With an introduction by Mervin Susser and Abraham Adelstein, Reprint 1975, New York.

Fischer, Max 1919: Die soziale Psychiatrie im Rahmen der sozialen Hygiene und allgemeinen Wohlfahrtspflege, in: AZP 75, 1919, 529-548.

Fischer, Max; Möckel, W. 1925: Betrachtungen über Unfruchtbarmachung bei Geisteskranken, in: Sozialhygienische Mitteilungen, 9, 97-109.

Friedländer, Erich 1920/21: Das Schicksal der aus der Anstalt entlassenen Geisteskranken, in: PNW, 22, 185-189.

Fuchs, W. 1922/23: Wirtschaftliche Neuorientierung in der Anstaltspsychiatrie, in: PNW, 24, 2-8.

Gaupp, Robert 1925: Unfruchtbarmachung geistig und sittlich Kranker und Minderwertiger. Erweitertes Referat, erstattet auf der Jahresversammlung des Deutschen Vereins für Psychiatrie am 2. September 1925 in Kassel, (Sonderdruck der ZfNP), Berlin.

Grimme, H. 1923: Bindings und Hoches Schrift, in: AZP, Psychiatrische Literatur im Jahre 1920, 78, 69.

Gross, Adolf 1923: Zeitgemäße Betrachtungen zum wirtschaftlichen Betrieb der Irrenanstalten, in: AZP, 79, 60-74.

Grünewald 1923: Rezension zu: Wauschkuhn: Die Freigabe der Vernichtung lebensunwerten Lebens, in: ZfNP – Referate und Ereignisse, 32, 390.

Haardt, Karl 1923: Die Arbeitstherapie in der Badischen Heil- und Pflegeanstalt Emmendingen, in: AZP, 79, 47-59.

Haenel, Hans 1923: Darf der Arzt töten? Vortrag gehalten auf der 163. Sitzung der forensisch-psychiatrischen Vereinigung zu Dresden am 22.6.1922, in: AZP, 79, 438-442.

Hauptmann 1921: Rezension zu: H. Brennecke: Kritische Bemerkungen zu der Forderung Binding und Hoches „Der Freigabe der Vernichtung lebensunwerten Lebens", In: ZfNP – Referate und Ereignisse, 26.
Heimberger 1918: Der ärztliche Eingriff, im besonderen die Schwangerschaftsunterbrechung und die Sterilisierung, in strafrechtlicher Beleuchtung, in: MMW, 455-457.
Herting 1923: Verminderung der Kosten für Geisteskranke, in: PNW, 25, 252-256.
Hirsch, Max 1918: Die soziale und eugenetische Indikation für die Unterbrechung der Schwangerschaft, in: DMW, 126f.
Ilberg, Georg 1921/22: Die der Irrenanstalt angereihte Nervenheilanstalt, in: AZP, 77, 305–308.
Ilberg, Georg 1922: Die Sterblichkeit der Geisteskranken in den sächsischen Anstalten während des Krieges, in: AZP, 78, 58 –63.
Kaup, Ignaz 1913: „Was kosten die minderwertigen Elemente dem Staat und der Gesellschaft.", in: Archiv für Rassen und Gesellschaftsbiologie einschliesslich Rassen- und Gesellschaftshygiene, 10, 723-748.
Klaesli 1920: Diskussionsbeitrag zu: Roemers Vortrag südwestdeutschen Psychiaterversammlung 1920, in: AZP, 76, 853-855.
Klinke 1924: Welchen Nutzen hat das Taylorsystem für den Betrieb der Irrenanstalten?, in: PNW, 26, 53-55.
Knust, W. 1919: Wie können unsere Irrenanstalten verwertet werden?, in: PNW, 21, 15-17.
Kolb, Gustav 1920/21: Inwieweit sind Änderungen im Betriebe der Anstalten geboten, Referat erstattet der Hamburger Tagung des Deutschen Vereins für Psychiatrie (27. und 28. Mai 1920), in: PNW, 22, 133-139, 149-154, 163-176.
Kraepelin, Emil 1919: Psychiatrische Randbemerkungen zur Zeitgeschichte, in: Süddeutsche Monatshefte, 16, Juni, 171-183.
Kronfeld, Arthur 1921: Eine Bedenklichkeit der „angewandten" Psychiatrie, in: ZfNP, 65, 364-367.
Kruse; Hintze: Ueber sparsame und doch ausreichende Ernährung, in: MMW, 445-447.
Lenz, Fritz 1920: Rezension zu: Karl Binding, Alfred Erich Hoche: Die Freigabe der Vernichtung lebensunwerten Lebens. Ihr Maß und ihre Form, in: MMW, 1048.
Lieber 1920/21: Welchen Einfluß hatte die Kriegernährung auf die Angehörigen der Heilanstalt Dösen?, in: PNW, 22, 17-23, 67-72.
May, R.E. 1919: Deutschlands Einfuhrbedarf an Nahrungsmitteln, in: DMW, 1919, 338f.
Möckel 1922: Die Behandlung der alten Schizophrenen durch die Arbeitstherapie, in: ZfNP, 28, 619-627.
Nonne, Max; Wachsner 1918: Therapeutische Erfolge in der Behandlung sogenannter Neurosen. Vortrag gehalten auf der 15. Jahresversammlung (Kriegstagung) des Vereins Norddeutscher Psychiater und Neurologen in Hamburg-Friedrichsberg am 16. Juni 1917, in: AZP, 74, 173-176.
Rein, Oscar 1923/24: Zur Frage der Irrengesetzgebung, in: PNW, 25, 86-89.
Rein, Oskar; Baumann, Friedrich 1920/21: Zur Reform der Irrenfürsorge, in: AZP, 76, 112-127.
Richter 1919: Über die Ernährungsverhältnisse in der Irrenanstalt Buch während des Krieges 1914/18 und deren Folgen, in: AZP, 75, 407-423.
Roemer, Hans 1920/21: Die sozialen Aufgaben des Irrenarztes in der Gegenwart, in: PNW, 22, 343-352.
Schultze, Kahl 1921/22: Schaffung eines neuen Irrengesetzes. Vortrag gehalten auf der Jahresversammlung des Deutschen Vereins für Psychiatrie zu Dresden am 25. und 26. April 1921, in: AZP, 77, 322-328.
Schwalbe, J. 1919: Englische „Berechnungen" über die gesundheitliche Schädigung der Hungerblockade, in: DMW, 438.
Sieveking, Edward Henry 1875: Der Vertrauensarzt bei Lebensversicherungen, Leipzig.
Simon, Hermann 1924: Aktivere Therapie in der Irrenanstalt, in: AZP, 81, 425-428.
Simon, Hermann 1929: Aktivere Krankenbehandlung in der Irrenanstalt, Berlin, Leipzig.

Stemmler, L. 1924: Die Unfruchtbarmachung Geisteskranker, Schwachsinniger und Verbrecher aus Anlage unter Erhaltung der Keimdrüsen (Vasektomie und Salpingektomie), in: AZP, 80, 437-468.

Stransky, Erwin 1918: Angewandte Psychiatrie. Motive und Elemente zu einem Programmentwurf, in: AZP, 74, 22-53.

Stransky, Erwin 1920: Die Aufgaben der Psychiatrie beim seelischen Wiederaufbau des deutschen Volkes. Vortrag gehalten auf der Jahresversammlung des Deutschen Vereins für Psychiatrie in Hamburg am 27. und 28. Mai 1920, in: AZP, 76, 621f.

Stransky, Erwin 1921: Keine Bedenklichkeit der angewandten Psychiatrie, in: ZfNP, 69, 327-332.

Strohmayer, Wilhelm 1920: Zur Frage der künstlichen Sterilisierung der Frau aus eugenischer Indikation, in: DMW, 387f.

Sudeck, Paul 1906: Der Arzt als Begutachter auf dem Gebiete der Unfall- und Invalidenversicherung. Zweite Abteilung: Chirurgische Erkrankungen, besonders der Bewegungsorgane. (Handbuch der Sozialen Medizin, Bd. 8.2.) Jena.

Tilger, A. 1923: Die Bedeutung der seelischen Schädigungen des Weltkrieges für die verschiedenen Alters- und Gesellschaftsklassen unseres Volkes, in: AZP, Jg. 79, 75-80.

Wagner-Jauregg, Julius 1920/21: Die Krankenbewegung in den österreichischen Irrenanstalten seit Kriegsbeginn und die Abnahme des Alkoholismus, in: PNW, 22, 357-360, 373-376.

Wattenberg 1920/21: Die Benennung unserer Heilanstalten: eine Gegenwartsfrage. Referat gehalten auf der Jahresversammlung des Deutschen Vereins für Psychiatrie in Hamburg am 27. und 28. Mai 1920, in: AZP, 76, 632-634.

Wauschkuhn 1922/23: Die Freigabe der Vernichtung lebensunwerten Lebens, in: PNW, 24, 215-217.

Weber, Ludwig Wilhelm 1923/24: Zur Unfruchtbarmachung geistig Minderwertiger, in: PNW, 25, 256f.

Weber, Ludwig Wilhelm 1924: Kastration und Sterilisation geistig Minderwertiger, in: ZfNP, 91, 93-114.

Weber, W. 1920/21: Die Neuorganisation der Städtischen Nervenheilanstalten, in: AZP, 76, 635-637.

Winter, G. 1920: Die künstliche Sterilisation der Frau, in: DMW, 1-4.

Wittstein, Theodor 1867: Mathematische Statistik und deren Anwendung auf National-Ökonomie und Versicherungs-Wissenschaft, Hannover.

b) Forschungsliteratur

Benzendörfer, Udo 1999: Der gute Tod? Euthanasie und Sterbehilfe in Geschichte und Gegenwart, München.

Blasius, Dirk 1994: „Einfache Seelenstörung". Geschichte der deutschen Psychiatrie 1800-1945, Frankfurt a.M.

Faulstich, Heinz 1993: Von der Irrenfürsorge zur Euthanasie. Geschichte der badischen Psychiatrie bis 1945, Freiburg i. Br.

Faulstich, Heinz 1998: Hungersterben in der Psychiatrie 1914-1949. Mit einer Topographie der NS-Psychiatrie, Freiburg i.Br.

Finzen, Asmus; Hoffmann-Richter, Ulrike 1995: Socialpsychiatry, social psychiatry 1911. On the origins of the concept in the writings of Max Fischer of Wiesloch, in: Psychiatrische Praxis, 22, 4, 167-70.

Halling, Thorsten 2003: Provinzial- Heil- und Pflegeanstalt Düren von der Gründung bis zum Ende des Ersten Weltkrieges, in: Knauer, Erhard; Schulz, Friedel; Lepper, Heinz eds. 2003: 125 Jahre Rheinische Kliniken Düren – gestern, heute – morgen. Von der Provinzialheilanstalt zur Fachklinik, Köln, 31-48.

Halling, Thorsten; Schäfer, Julia; Vögele, Jörg 2005: Volk, Volkskörper, Volkswirtschaft, in: Mackensen, Rainer ed. 2005: Ursprünge, Arten und Folgen des ›Konstrukts Bevölkerung‹ vor, im und nach dem ›Dritten Reich‹, Wiesbaden, 388-428.

Halling, Thorsten; Schäfer, Julia; Vögele, Jörg 2006: „Menschenökonomie" - Bewertung, Sicherung und Steigerung menschlicher Leistungsfähigkeit, in: Vögele, Jörg; Fangerau, Heiner; Noack Thorsten eds. 2006: Geschichte der Medizin - Geschichte in der Medizin: Forschungsthemen und Perspektiven, Münster, 41-48.

Hefeneger, Benno 1988: „Alle Arbeit für Deutschland". Arbeit, Jugendarbeit und Erziehung in der Weimarer Republik, unter dem Nationalsozialismus und in der Nachkriegszeit, Köln.

Kersting, Franz-Werner; Schmuhl, Hans-Walter eds. 2004: Quellen zur Geschichte der Anstaltspsychiatrie. Band 2: 1914-1955, Paderborn.

Labisch, Alfons 1992: Homo Hygienicus. Medizin und Gesundheit in der Neuzeit, Frankfurt a.M., New York.

Lerner, Paul 2003: „Ein Sieg deutschen Willens": Wille und Gemeinschaft in der deutschen Kriegspsychiatrie, in: Eckart, Wolfgang U.; Gradmann, Christoph eds. 2003: Die Medizin und der Erste Weltkrieg, Pfaffenweiler, 85-107.

Ley, Astrid 2004: Zwangssterilisation und Ärzteschaft. Hintergründe und Ziele ärztlichen Handelns 1934-1945, Frankfurt a.M.

Riha, Otrun ed. 2005: ›Die Freigabe der Vernichtung lebensunwerten Lebens‹. Beiträge des Symposiums über Karl Binding und Alfred Hoche am 2. Dezember 2004 in Leipzig, Aachen.

Schwartz, Michael 1998: „Euthanasie"-Debatten in Deutschland, 1895-1945, in: Vierteljahreshefte für Zeitgeschichte, 46, 2, 617-665.

Siemen, Hans Ludwig 1987: Menschen blieben auf der Strecke... Psychiatrie zwischen Reform und Nationalsozialismus, Gütersloh.

Teller, Christine 1986: „Ich muß wirken, solange es Tag wird", in: Teller, Christine; Simon, Hermann eds. 1986: Aktivere Krankenbehandlung (Nachdruck aus dem Jahre 1929), Bonn.

Thakkar-Scholz, Arnim 1998: Der ›Wert des Menschen‹. Der ›Wert des Menschen‹ in der Diskussion der Medizin: Von der Entdeckung des gesunden, arbeitssamen Menschen in der kameralistischen ›Peuplierungspolitik‹ bis zur ›Gesundheitswirtschaftslehre‹ Pettenkofers als Verbindung von Nationalökonomie und kommunaler Gesundheitsfürsorge, Diss. Med., Düsseldorf.

Vögele, Jörg; Woelk, Wolfgang 2002: Der „Wert des Menschen" in den Bevölkerungswissenschaften vom ausgehenden 19. Jahrhundert bis zum Ende der Weimarer Republik. Ein Werkstattbericht, in: Mackensen, Rainer ed. 2002: Bevölkerungslehre und Bevölkerungspolitik vor 1933, Opladen, 121-133.

Weber, Matthias 2004: Lebensstil und ätiologisches Konzept: Rassenhygienische Tendenzen bei Emil Kraepelin, in: Brüne, Martin; Payk, Theo R. eds. 2004: Sozialdarwinismus, Genetik und Euthanasie. Menschenbilder in der Psychiatrie, Stuttgart, 71-91.

Wehler, Hans-Ulrich 2003: Vom Beginn des Ersten Weltkriegs bis zur Gründung der beiden deutschen Staaten (Deutsche Gesellschaftsgeschichte, Bd. 4), München.

Die Vorstellung vom „besseren Menschen". Populäre eugenische Schriften in den Vereinigten Staaten von Amerika und in Deutschland um 1930.

Heike Petermann

In seinem Beitrag *The Return of Eugenics*, der erstmalig im April 1988 in *Commentary*[1] erschien, stellte Richard J. Neuhaus fest, Eugenik sei eine Bewegung mit dem Bestreben, die Menschen, „human species", auf technologischem Wege zu verbessern oder sogar zu perfektionieren.[2] Er wies explizit darauf hin, dass „the horror of the Third Reich may have effected but a momentary pause in the theory and practice of eugenics"[3] und stellte anschließend eine Beziehung zwischen der Eugenik und den modernen medizinischen Reproduktionstechniken wie künstlicher Insemination und In-Vitro-Fertilisation (IVF) her. Neuhaus warnte vor dem unkritischen Umgang mit der Eugenik aufgrund der Erfahrungen der Vergangenheit, auch wenn er die Gefahr nicht sah, dass es in den Vereinigten Staaten eine ähnliche Entwicklung wie in Deutschland in den 1930-er Jahren geben würde.

Im späten 19. Jahrhundert entstanden die eugenischen Vorstellungen, maßgeblich beeinflusst durch die Arbeiten Charles Darwins (1809-1882), und erlebten in Europa und den Vereinigten Staaten von Amerika eine Blüte in der ersten Hälfte des 20. Jahrhunderts. In den 1920-er Jahren gab es in Amerika bereits eine Vielzahl von Sterilisationsgesetzen aus eugenischen Gründen,[4] hingegen war in Deutschland lediglich in Preußen der Entwurf für ein Sterilisationsgesetzes erst 1932 initiiert.[5] So stellt sich die Frage nach den Gemeinsamkeiten und Unterschieden in der Etablierung der Eugenik in beiden Ländern. Die Entwicklung der Eugenik als Wissenschaft – oder nach Meinung einiger Autoren als Pseudowissenschaft[6] – lässt sich in vielfältiger Weise beantworten, auch im Hinblick auf bevölkerungswissenschaftliche Fragestellungen.

Zwischenzeitlich ist eine Vielzahl von hauptsächlich englischsprachiger Literatur zur nordamerikanischen Eugenik erschienen, wobei vergleichende Darstellungen der Entwicklung im angloamerikanischen Raum und der in Deutschland weiterhin ein Desiderat bilden.[7] Einen guten Überblick über die amerikanische Eugenik mit Hinweisen auf Quellen sowie zeitgenössische Literatur bietet die Datenbank *Eugenics Archive.*[8] Dort sind Informationen verschiedener Institutionen wie beispielsweise der *American Philosophical Society*

---

1 *Commentary* wird vom *American Jewish Committee* herausgegeben. Sie erschien von 1938 bis 1945 unter dem Titel Contemporary Jewish Record.

2 Neuhaus 1990, 1.

3 Ebd.

4 Eine Zusammenstellung der eugenischen Gesetzgebung findet sich bei Harry 1922.

5 Ein kurzer Abriss der Geschichte der Sterilisation findet sich in Hodson 1934, 13ff und Weingart 1996, 274ff.

6 Siehe hierzu Ludmerer 1972, 45ff.

7 Zu neueren Arbeiten zur Geschichte der Eugenik in den USA siehe u.a. Ordover 2003; Kline 2001; Selden 1999; Hasian 1996; Paul 1998a und 1998b.

8 www.eugenicsarchive.org von dem Dolan DNA Learning Center, Cold Spring Harbor Laboratory, N.Y. Das CDHL, eine private Non-Profit-Organisation mit Forschungsprogrammen für u.a. Krebs, Neurowissenschaften und Genomforschung wie einem Bildungsauftrag, wurde 1890 gegründet.

Library sowie auch des Archivs der *Max-Planck-Gesellschaft*, Berlin, und des *Cold Spring Harbor Laboratory Archive* zusammengetragen.

Im Folgenden soll anhand der wissenschaftlichen[9] und populärwissenschaftlichen Literatur die Verbreitung eugenischer Gedanken in den Vereinigten Staaten von Amerika und in Deutschland nachgegangen werden, die einen weiteren Aspekt neben den politischen Rahmenbedingungen und der eugenischen Gesetzgebung bilden. Exemplarisch wird hierzu auf zwei Veröffentlichungen Ende der zwanziger Jahre des 20. Jahrhunderts – *The Science of Eugenics* und *Eugenics and Sex Harmony* – eingegangen. Diese werden mit der deutschsprachigen und weit verbreiteten Arbeit *Die Frau als Hausärztin* in Beziehung gesetzt sowie ergänzend mit der wissenschaftlichen Arbeit *Menschliche Erblichkeitslehre*.

I. Populärwissenschaftliche eugenische Schriften im Vergleich

Bei der Beschäftigung mit wissenschaftlichen Werken für das interessierte allgemeine Publikum steht stets die Frage im Raum, inwieweit dies für eine Auseinandersetzung mit dem Thema Eugenik von Interesse ist. In den Vereinigten Staaten von Amerika war die Bevölkerung an Kampagnen vor allem im Zusammenhang mit Politik gewöhnt, mit denen Kandidaten ihre Wahl unterstützten. Edward Bernays (1891-1995)[10] formulierte als Ziel solcher Kampagnen, dass es immer der bessere Weg wäre an die Gefühle der Menschen zu appellieren als an ihren Verstand.[11] Auch populärwissenschaftliche Werke bedienen sich solcher Strategien, um eugenische Ziele bei der Bevölkerung bekannt zu machen.

Im Jahr 1904 erschien erstmalig das Buch *Science of Eugenics and Sex-Life, Love, Marriage, Maternity. The Regeneration of the Human Race*, das 1914 unverändert wieder aufgelegt wurde. Wie im Untertitel weitschweifig ausgeführt wurde, beschäftigte es sich mit dem Privileg und der Verpflichtung, für Nachkommen zu sorgen – von der Auswahl des Partners über die Reproduktion bis zu den Möglichkeiten, durch die „erfolgreiche Mutter" „perfekte Kinder" auf die Welt zu bringen. Die Abhandlung versammelte Beiträge mehrerer Autoren, von denen der Mediziner Walter J. Hadden, der Biologe Charles H. Robinson sowie die Medizinerin und Chirurgin Mary Ries Melendy (geb. 1841)[12] als maßgeblich benannt wurden. In der ersten Ausgabe wird deutlich, welche Autoren ursprünglich für welche Kapitel verantwortlich zeichneten. Demnach war der Biologe Robinson der Herausgeber, der Mediziner Hadden für *The Science of Eugenics and Sex life. The Regeneration of the Human Race* verantwortlich; seine Kollegin Melendy für den Abschnitt *Sex-life, Love, Marriage, Maternity*. Der Verleger W. R. Vansant begründete die Veröffentlichung des Buches:

---

9 Bei der Fachliteratur sind dies einerseits die naturwissenschaftlichen und gynäkologischen Lehrbücher wie auch eugenische Fachbücher, andererseits die Artikel besonders in den englischsprachigen eugenischen Zeitschriften wie *The Journal of Heredity* und *The Eugenics Review* und *The Annals of Eugenics* und der deutschsprachigen Zeitschrift *Archiv für Rassen- und Gesellschaftsbiologie*.

10 Edward Bernay, Neffe von Sigmund Freud, wird als „Vater der Public relations" bezeichnet, da er mit einer Kampagne die Einstellung der Amerikaner zum Ersten Weltkrieg positiv beeinflusste, die bis heute wegweisenden Charakter hat. Seine Werke befanden sich auch in der Bibliothek von Joseph Goebbels.

11 Tye 1998, 80.

12 Mary Ries Melendy hat zahlreiche populärwissenschaftliche medizinische Ratgeber veröffentlicht; u.a. Melendy 1893; dies. 1904; dies. 1928.

„The awakening of the Nation to the problems pertaining to Personal Purity, Sex-Hygiene and Eugenics, has created a demand for an authoritative series of instruction, presenting scientific facts written in such language as to bring the subjects within the understanding of the great number of people that go to constitute our home life."[13]

Abbildung 1: Verhüte die Falle für die nachfolgenden Generationen.[14]

Die dritte Auflage – „with additional new material by eminent surgeons and physicians" ergänzt – gab der Mediziner Robert L. Leslie (1885-1987) heraus, der der Nachwelt vor allem als Verleger und Galerist ein Begriff[15] ist. Er fand seine erste Anstellung 1912 beim *U.S. Public Health Service* und war 1920 der erste Arbeitsmediziner in New York.[16] Darüber hinaus wurde Leslie charakterisiert als „lifelong vocal advocate of civil rights and of equal rights for women".[17] Die dritte Auflage von *The Science of Eugenics ...* erschien 1927, eine vierte folgte 1930. Aus Gründen der zeitlichen Vergleichbarkeit der hier herangezogenen Abhandlungen wird die dritte Auflage als Referenzausgabe für diesen Beitrag genommen. In dieser Ausgabe, für die erstmalig Leslie als Herausgeber verantwortlich zeichnete, waren die ursprünglich zwei getrennten Werke nur noch an der Gliederung in Teil 1 und 2 erkennbar. Hadden begründete zunächst die Notwendigkeit einer wissenschaftlichen Abhandlung über Eugenik, da man nicht zur Methode der Spartaner in der Antike zurückkehren könne, um den „guten Samen in schlechter Erde" zu bekämpfen. Seine Ausführungen begannen mit der „Wissenschaft der Eugenik" und schlossen mit dem Kapitel „Sterilisation". Dazwischen beschäftigte er sich mit den Naturgesetzen, der Frage der „perfekten Kinder" sowie den Aussagen der Bibel zur Sexualhygiene und dem „Dämmerschlaf" der Menschheit hinsichtlich eugenischer Fragen in der Vergangenheit. Außerdem täuschte

13 Leslie 1927, o.S. [I].

14 Die Wissenschaft Eugenik entfernt die Augenbinde der Ignoranz. Quelle: Leslie 1937.

15 Nach einem Studium mit dem Abschluss des „Bachelor of Science" akzeptierte Leslie 1906 ein Stipendium der *Jewish Charities Organization (Kahilla)*, um an der John Hopkins University Medizin zu studieren und im Jahr 1912 abzuschließen. Beim *United States Health Service* war er verantwortlich für eine Überarbeitung der Veröffentlichungen des *Surgeon General's Office.* Außerdem arbeitete er freiwillig für den medizinischen Dienst auf der Einwandererinsel Ellis Island mit dem Ziel, sich auf die Behandlung der Beulenpest zu spezialisieren. Im Jahr 1920 wurde er dann der erste Arbeitsmediziner der McGraw-Hill Druckerei, doch gab er die Stelle nach Verlust des linken Auges auf und wandte sich der Druckgraphik zu. Zusammen mit seinem Partner Sol Canter (gest. 1965) gründete er im Jahr 1928 die Druckerei The Composing Room, mit der er beanspruchte, hochwertige Drucke zu einem fairen Preis herzustellen.

16 Im Jahr 1918 hatte er Dr. Sarah K. Greenberg (gest. 1971) geheiratet, die erste Frau, die in New York City eine Zulassung vom *American Board of Obstetrics and Gynecology* als Gynäkologin bekam. Sie wurde *„Angel of Williamsburg"* genannt und hat in ihrer fünfzigjährigen Tätigkeit (1908-1958) mehr als 6.000 Kinder entbunden. Im Jahr 1936 veröffentlichte sie zusammen mit Rachel Lynn Palmer eine Abhandlung über Facts and Frauds in Woman's Hygiene.

17 Die Informationen über Robert Leslie und seiner Frau stammen von der Homepage des Dr. Leslie Project [www.drleslie.com], das sich mit seiner Biographie und der Geschichte der Composing Room befasst und von Erin K. Malone vom Rochester Institut of Technology verfasst wurde.

der Eindruck auf der Titelseite, da die Medizinerin Melendy den weitaus größten Teil *Sex Life. The Pathway to Mental and Physical Perfection. The Twentieth Century Book of Sexual Knowledge* verfasst hatte und ihre Abhandlung als „a brave and scholarly treatment" charakterisierte. Sie schrieb über sexuelles Leben, Kindererziehung und Schönheitspflege sowie andere „lebensnotwendige Interessen" von Frauen und Männern wie auch die weiblichen Anatomie und die „ideale Frau" aus Sicht eines Mannes. Am Ende des Buches standen Anmerkungen zur Verhütung von Krankheiten sowie zu Hausmitteln bei Erkrankungen. Nach den grundsätzlichen Einführungen zu den Vorstellungen der Eugenik ist *The Science of Eugenics* im Wesentlichen eine praxisbezogene Anleitung, wie eugenische Vorstellungen realisiert werden können. Es war Aufgabe des Buches, dieses Wissen im Sinne einer eugenischen Gesundheitserziehung einer breiteren Öffentlichkeit zu vermitteln und damit zu verbreiten.

Ein ähnliches Ziel verfolgte die Abhandlung *Eugenics and Sex harmony*: „It is the firm conviction of the author that the old type ›Family Medical Book‹ is as extinct – or should be – the horse car and the quill pen."[18] In der Werbung für das Buch hieß es, dass dies das Buch wäre, auf das „Sie" gewartet haben: Hier finden Sie alles Wissenswerte über Sexualität und Ratschläge für die tagtäglichen Probleme der Gesundheit, der Körperpflege und Hygiene beschrieben. Der Autor, der jüdische Mediziner Hermann H. Rubin (geb. 1891), war zur damaligen Zeit vor allem mit endokrinologischen Arbeiten hervorgetreten;[19] seine Arbeiten *Your mysterious glands*[20] und *The Glands of Life*[21] waren einer breiteren Öffentlichkeit bekannt.

Eugenics and Sex Harmony erschien das erste Mal im Jahr 1933 in New York, N.Y., und wurde 1936 und 1938 unverändert wieder aufgelegt. In der zweiten Auflage schrieb anstelle des Autors der Chirurg und ärztliche Direktor des *City Hospital,* New York, Winfield Scott Pugh M.D., das Vorwort. Darin verwies er auf den Widerspruch, dass die meisten Menschen vorgaben, sie wären nicht an Eugenik interessiert, trotzdem aber beanspruchten, stolz auf ihren Nachwuchs zu sein. Für diese Menschen sei das Buch geeignet, da es einen enzyklopädischen Überblick über die Eugenik biete und dennoch allgemein verständlich geschrieben sei. Der Herausgeber Rubin seinerseits zitiert in seiner Einleitung Dr. Ira S. Wile, die früher Mitglied des *Board of Education* war:

> „The conflicts between personal desires and social demands constitute one of the significant phases of interest among mental hygienists. Many sexual problems may be prevented or relieved by an intelligent, consistent scheme of frank and honest education [...] Sex education is the function of the home, of the school, and of society."[22]

Rubin behandelte in zehn Kapiteln verschiedenen Aspekte des Themas *Eugenics and Sex harmony*, wobei er auch auf deren historische Entwicklung einging, erwähnte Keuschheitsgürtel (Chastity Belt) und zeigte deren orientalischen Form „Harem Technic". Ergänzt wurden die Ausführungen durch zahlreiche Abbildungen, deren Funktion die Illustration des Geschriebenen war. Auf der Rückseite des Buches stand, dass dieses von einem Allge-

---

18 Rubin 1933, V.

19 Eine Arbeit von ihm, vermutlich seine Dissertation, ist: The new science of radioendocrinology in its reaction to rejuvenation, based on the radiation technique of Dr. Eugen Steinach. New York 1923.

20 Rubin 1925

21 Rubin 1935.

22 Rubin 1933, VII.

meinarzt geschrieben sei, „with the background of vital, actual everyday experience in the problems of sex.” Besondere Erwähnung fand, dass dieser nicht prüde wäre und auf alle Fragen in einer klaren und allgemeinverständlichen Weise eingehen würde.

Ausreichende Begründung für sein Buch fand Rubin darin, dass der herkömmliche medizinische Familienratgeber ausgedient habe. Ein solcher aber war das Buch von Dr. med. Anna Fischer-Dückelmann (1856-1917) – *Die Frau als Hausärztin* –, das im Jahr 1901 das erste Mal im deutschsprachigen Raum erschien und eine Millionenauflage erlebte.[24] Die Abhandlung war, ähnlich wie die beiden benannten englischsprachigen Schriften, für Frauen geschrieben. Das Ziel war die Erhaltung und Wiedergewinnung der körperlichen und seelischen Gesundheit sowie die hygienische Aufklärung. Außerdem war es ein Nachschlagewerk für Alltagsfragen des weiblichen Lebens, in dem auch Tabuthemen wie Homosexualität, Verhütung, Ehebruch und Unfruchtbarkeit behandelt wurden. Die hier zitierte Ausgabe von 1933 bestand aus den Teilen „Der gesunde Mensch“ und „Der kranke Mensch“. In diesen wurden alle Aspekte einer gesunden Lebensführung sowie einer Behandlung von Krankheiten, unter besonderer Berücksichtigung der Naturheilkunde, behandelt. Im Kapitel Geschlechtsleben fanden sich die Aspekte „Vererbung und Rassenhygiene“, „Geburtenrückgang und Bevölkerungspolitik“ sowie „Verhütung erbkranken Nachwuchses“. Sie hatten deshalb – so der Verlag – Aufnahme gefunden, da das Jahr 1933 „so viele neue Gesichtspunkte auf dem Gebiete der öffentlichen Gesundheitspflege“ gebracht hatte.

Abbildung 2: Fruchtbarkeit europäischer Völker – Geburten auf 1000 Einwohner.[23]

Im Jahr 1931 erschien *Human Heredity*[25], die englische Übersetzung des ersten Bandes des Buches *Menschliche Erblichkeitslehre und Rassenhygiene*[26] von Erwin Baur (1875-1933), Eugen Fischer (1874-1944) und Fritz Lenz (1887-1976), der so genannte Baur-Fischer-Lenz. Inhaltlich beschäftigte es sich mit den theoretischen Grundlagen der mensch-

23 Quelle: Fischer-Dückelmann 1933, 89.

24 Das Buch erschien nach 1917 mit verschiedenen Bearbeitern bis 1985. Im Jahr 1902 hatte das Buch den Untertitel „ein ärztliche Nachschlagewerk der Gesundheitspflege und Heilkunde in der Familie mit besonderer Berücksichtigung der Frauen und Kinderkrankheiten, Geburtshilfe und Kinderpflege.“

25 Die Übersetzung wurde auf Grundlage des Manuskriptes zur dritten deutschen Auflage von Eden Paul (1865-1944) und Cedar Paul erstellt. Ergänzt wurde diese Auflage um den Beitrag über die Intelligenztests für Soldaten in der U.S. Army im Kapitel über die psychologischen Unterschiede der „leading races of mankind“ bzw. „Die seelischen Unterschiede der großen Rassen“.

26 Die deutsche Ausgabe erreichte fünf Auflagen und wurde nach 1945 nicht mehr aufgelegt.

lichen Erblichkeitslehre wie der Theorie der Variation und Vererbung, der Rassenunterschiede der Menschheit, Vererbung von Krankheiten sowie Vererbung der „intellektuellen Geschenke". Es schloss mit den Worten: „Our ethnological studies must lead us, not to arrogance, but to action – to eugenics."[27] Nicht nachweisbar ist eine Übersetzung des zweiten Bandes „Menschliche Auslese und Rassenhygiene (Eugenik)", obwohl es im Vorwort der englischen Ausgabe des ersten Bandes einen Hinweis auf „[a] later treatise *Human Selection and Racial Hygiene*", in dem die praktische Umsetzung der theoretischen Erörterung des ersten Bandes ausgeführt werden sollte, gab.[28]

Die Charakterisierung der Eugenik erfolgte im Wesentlichen erst im zweiten Band, in dem nicht nur die Definition der Eugenik, sondern auch eugenische Maßnahmen beschrieben sind. Anders als die zuvor vorgestellten Schriften hat die *Menschliche Erblichkeitslehre* einen wissenschaftlichen Anspruch. Der erste Band umfasste allgemeine Ausführungen zur Vererbungslehre, zu den anatomischen und physiologischen Unterschieden wie auch zu den verschiedenen ethnologischen Gruppen der Menschen. Der zweite Band begann mit den verschiedenen Aspekten der Auslese beim Menschen und beschäftigte sich erst in der zweiten Hälfte mit *Praktische Rassenhygiene*. Dort werden Themen behandelt, die in den englischen Arbeiten ebenfalls Berücksichtigung finden: „Ausgleich der Familienlasten", „Erbrecht und Erbschaftsteuer" sowie „Politik, Wirtschafts- und Staatsform".

II. Das Verständnis von Eugenik

Aufgrund der unterschiedlichen Darstellung in den benannten Büchern soll anhand des zentralen Begriffes der Eugenik und seines Verständnisses untersucht werden. Ein Aspekt wird die Begriffschärfe sein, denn – so die These – je unschärfer Begriffe sind, desto leichter können sie sich verbreiten und etablieren.[29]

Bereits im Vorwort von *Science of Eugenics* wurde die Bedeutung von Eugenik klargestellt:

> „Eugenics is a new science which has as its object the betterment of the human race, and it embraces all forces and factors, whether hygienic, biologic, social, or economic, which are, or may be, influential in the uplifting and improvement of mankind."[30]

Dies wäre nach Hadden die faszinierendste heutige Wissenschaft, deren Ziel es sei, ideale Rahmenbedingungen zu schaffen, damit die Kinder „higher intellectual, ethical and spiritual levels" in den kommenden Jahrzehnten erreichen könnten.

Auch für Rubin ist Eugenik die Wissenschaft, die sich mit der Verbesserung der menschlichen Rasse beschäftigt. Deren Vorstellungen würden von jedem vernünftigen

---

27 Baur et al. 1931, 699.

28 Ein möglicher Grund mag gewesen sein, dass diese Aspekte im angloamerikanischen Markt bereits u.a. durch die Bücher von Leslie und Rubin abgedeckt wurden. Es mag auch dem Umstand geschuldet sein, dass die politischen, wirtschaftlichen und sozialen Verhältnisse in den USA sich von denen in Deutschland unterschieden. Die *Control Commission for Germany, Education Branch* hatte am 2. Juli 1947 die englische Ausgabe des Buches von Baur, Fischer und Lenz für die Leser freigegeben. Dies ist ein Beleg dafür, dass der Inhalt des Buches von den Besatzungsmächten als unbedenklich eingestuft wurde.

29 Wie dies für die Verbreitung der Begriffe „Eugenik" und „Rassenhygiene" im deutschsprachigen Raum im Zeitraum 1890 bis 1945 zutraf, ist ausgeführt in Petermann 2005.

30 Leslie 1927, III.

Menschen, „rightminded man and women“, geteilt. Dabei wäre Eugenik als Wissenschaft Teil der Vererbungslehre und deren Anwendung auf die bestmögliche Entwicklung der Nachkommenschaft, die notwendig sei, um das menschliche Leben zu verstehen: „Unless one understands the principles of heredity, he cannot possibly understand human life and its manifestations.“[31]

Beide Autoren waren der Ansicht, dass Eugenik ein lange vernachlässigtes Gebiet sei. Als Beispiel führte Rubin die Kosten einer amerikanischen Familie an, die seit ihrer Einwanderung im Jahr 1730 noch keiner geregelten Arbeit nachgegangen wäre und den Staat bereits 1,25 Millionen Dollar gekostet hätte.[32] Diesem Negativ-Beispiel stellte er eine Akademikerfamilie gegenüber, die zahlreiche Professoren, Ärzte und Geistliche hervorgebracht hätte. Für ihn konnte das, was für Stammbäume von Rennpferden und Rassehunden gelte, beim Menschen nicht falsch sein. So würde auch die eugenische Heirat, wenn sie sich realisieren ließe, auf den Prinzipien und dem Wissen der Vererbungslehre gründen.[33] „As has been said, we can not exterminate incompetents, but we can suppress their production.”[34] Mit dieser Grundeinstellung waren mögliche Maßnahmen zur Einflussnahme auf die Fortpflanzung, die Regelungen der Heirat und die Sterilisation für „Unfit“ begründbar. Vor einer Heiratserlaubnis sollte als Erstes ein Gesundheitszeugnis stehen (*clean bill of health*) und als Zweites die Sterilisation bei Menschen mit Erbkrankheiten und geistiger Behinderung. Aufgrund der bekannten vererbbaren Defekte und derer Anzahl von mehr als 200.000 Individuen in den USA mit der Einstufung als „imbeciles“ müsste die Eugenik dies berücksichtigen, „to produce improvement“.[35] Auch die Berücksichtigung der Menschenrechte würde zu keinem anderen Ergebnis führen.[36] So kam es zu folgender Feststellung:

> „We can not prevent future happenings along the line of multiplication of the species, but we can begin at the beginning before the mischief has been done, to avert malignant consequences.“[37]

Darüber hinaus wäre ein weiterer wichtiger Gesichtspunkt die Erziehung der Kinder, da auch die Umgebung deren Entwicklung maßgeblich beeinflusst.

Die Frage „Wie gewinnt man gesunde und schöne Kinder?“ wurde von Fischer-Dückelmann im Jahr 1911 in *Die Frau als Hausärztin* dahingehend beantwortet, dass „kranke, geistig wenig entwickelte, bösartige oder von bösen Leidenschaften oft bewegte Eltern“ wenig Aussicht auf geistig und körperlich schöne Kinder hätten. Eugenische Vorstellungen finden sich versteckt in den Kapiteln über „Das Geschlechtsleben“ oder „Wie gewinnt man gesunde und schöne Kinder?“. In der überarbeiteten Ausgabe des Jahres 1933, die nach dem Tod der Verfasserin entstand, sind die Aspekte der Eugenik und Rassenhygiene deutlich formuliert. In einem vorangestellten Text über *Was wir von Volksgesundheit und Rassenhygiene wissen müssen* schrieb Bernhard Hörmann über die Bedeutung von Rassenhygiene und Bevölkerungspolitik sowie über Umwelthygiene. Darin wird Rassenhygiene als „gesundheitlicher Schutz der Rasse im biologischen Sinn“ verstanden:

---

31 Rubin 1933, 20.
32 Ebd., 22f.
33 Leslie 1927, V.
34 Ebd., 2.
35 Ebd., 7.
36 Ebd., 17
37 Ebd.

> „Die Rassenhygiene hat somit die Aufgabe, die Qualität und Quantität der Nachkommenschaft zu heben, um so Nachkommen heranzuziehen, die ihre Vorfahren körperlich, geistig und zahlenmäßig womöglich noch übertreffen.“[38]

Wesentlich war dabei für den Autor die Änderung der Zielsetzung der Volksgesundheit, die sich nicht mehr um Hilfsbedürftige sorgen sollte, die meist „erbbiologisch minderwertige Elemente“ wären. Das „neue“ Ziel der Volksgesundheit sei die „Höchststeigerung der nationalen Leistungsfähigkeit“.[39] Aus dieser Einleitung wie auch aus nachfolgenden Abschnitten wird deutlich, dass die Überarbeitung nach der Machtergreifung der nationalsozialistischen Regierung veröffentlicht wurde. Im Abschnitt über das Geschlechtsleben, der um ein Kapitel *Vererbung und Rassenhygiene*[40] ergänzt wurde, findet sich eine ausführlichere Erklärung des Begriffes Rassenhygiene:

> „Es gibt eine besondere Wissenschaft, die so genannte Rassenhygiene, d.h. die Lehre von den bestmöglichen Entwicklungsbedingungen, welche sich die Aufgabe gestellt hat, durch Aufklärung dazu beizutragen, dass nur eine Vermehrung der Tüchtigen und Gesunden eines Volkes stattfindet, und dass die Vermehrung der Minderwertigen eingeschränkt oder, was das erstrebenswerte Ziel ist, verhindert wird.“[41]

Dies ist so formuliert, dass es von den Lesern des Buches von Fischer-Dückelmann verstanden wurde. Noch einfacher wird dies dann im Abschnitt *Wie gewinnt man schöne und gesunde Kinder?* dargestellt, der ebenfalls 1933 überarbeitet wurde, denn die „Erzeugung gesunder und schöner Kinder“ bliebe demnach „gesunden, begabten und guten Eltern“ vorbehalten.[42] Auch wenn der Begriff „Eugenik“ nicht und jener der „Rassenhygiene“ kaum verwandt wurden, so sind die Aussagen ähnlich den angeführten US-amerikanischen Ratgebern für Frauen.

Der Begriff „Rassenhygiene“ als einer deutschsprachigen Entsprechung für Eugenik wurde in der ersten Auflage des Baur-Fischer-Lenz als „Hygiene der erblichen Veranlagung“ bezeichnet. Und weiter hieß es: „Da die Erbmasse den Grundstock und Kern jedes Lebewesens bildet, muss die Rassenhygiene auch den Kern der sozialen Hygiene bilden.“[43] „Eugenik“ ist für Lenz „die Wissenschaft, die sich mit allen Einflüssen befasst, welche die angeborenen Eigenschaften einer Rasse verbessern und welche diese Eigenschaften zum größtmöglichen Vorteil der Gesamtheit zur Entfaltung bringen.“[44] Im Abschnitt *Quantitative und qualitative Bevölkerungspolitik* wiederholte er:

> „Die Hauptaufgabe praktischer Rassenhygiene liegt nicht in der Bekämpfung erblicher Leiden, sondern in der Förderung der Fortpflanzung überdurchschnittlich tüchtiger Menschen."[45]

Die Definition des Begriffes Eugenik stimmte inhaltlich mit der aller hier verglichenen Arbeiten überein: In *Science of Eugenics* and *Eugenics and Sex Harmony* sowie in der

---

38 Fischer-Dückelmann 1933, VI.
39 Ebd. 1933, IX.
40 Ebd., 67-69; kein weiterer Autor angegeben.
41 Ebd., 67.
42 Ebd., 113.
43 Baur 1921, Bd. 2, 111.
44 Galton 1905. Deutsch zitiert nach Baur et al. ^{2}1935, Bd. 2, 252.
45 Baur et al. 1936, Bd. 2, 307·

Ausgabe von 1933 des Buches *Die Frau als Hausärztin* beruhte Eugenik auf den Prinzipien der Vererbungslehre und diente der Verbesserung der menschlichen Rasse.

Ähnlich verhielt es sich mit den eugenischen Maßnahmen, die in allen vier Abhandlungen gefordert wurden: Wesentlich war der Aspekt der Heirat und die Auswahl des richtigen Partners sowie die Regelung der Eheschließung beispielsweise durch Heiratszeugnisse. Hadden bezeichnete dies als „marriage limited to normal persons", wogegen aus seiner Sicht nicht einmal die in der Verfassung gewährten Rechte sprechen würden.[46]

Auch wurde immer die Sterilisation von Menschen gefordert und sich dabei auf die Veröffentlichungen des *Eugenics Record Office* bezogen: Dort wurden zehn Prozent der gegenwärtigen amerikanischen Bevölkerung als „defectives" bezeichnet.[47] Gemeint waren damit Menschen, die an erblich bedingten Krankheiten leiden oder „minderwertige" Nachkommen bekommen würden. Eine genauere Beschreibung dieser Gruppe erfolgte nur anhand von Beispielen, und auch Lenz bemerkte dazu nur, dass eine Beschränkung der Sterilisierung auf Geisteskranke zu eng gefasst wäre, denn auch „alle Personen, die dem untüchtigsten Drittel der Bevölkerung angehören," dürften sich nicht fortpflanzen.[48] Die Sterilisationsgesetze wären notwendig, um die Gefahren durch die Ungebildeten, Ungeeigneten, Sorglosen und Skrupellosen abzuwenden.[49] Dabei sei die Sterilisation eine ideale Methode um die Fortpflanzung der „Unfit" zu verhindern.[50]

Vor allem in *Science of Eugenics* wurde darauf hingewiesen, dass die Sterilisation das sexuelle Leben nicht negativ beeinflussen würde, in den deutschsprachigen Abhandlungen fehlte ein solcher Abschnitt. Ein Grund hierfür mag sein, dass in den USA Gesetze zur Sterilisation bereits seit Ende des 19. Jahrhunderts bestanden und mit dieser Argumentation die Akzeptanz der Maßnahme gefördert werden sollte. Im Deutschen Reich wurde das *Gesetz zur Verhütung erbkranken Nachwuchses* erst 1933 nach der Machtergreifung der Nationalsozialisten verabschiedet, und es war politisch von unterordnetem Interesse, inwieweit die Sterilisation von der Bevölkerung gebilligt wurde.

Sowohl das Verständnis des Begriffes Eugenik, wie auch die daraus abzuleitenden Maßnahmen waren in allen verglichenen Arbeiten gleich.

III. Die Bedeutung der Eugenik

Bei den populärwissenschaftlichen englischen und deutschsprachigen Abhandlungen, die sich mit eugenischen Vorstellungen beschäftigten, stand vor allem die Frau im Mittelpunkt des Interesses. Ein Grund hierfür mag sein, dass sie die Adressatin des Medizinischen Familienratgebers war, der nach Rubin[51] von den eugenischen Ratgebern abgelöst wurde. Die Fragen der Hygiene und Gesundheit fielen – damals wie heute – hauptsächlich in das Aufgabengebiet der Frauen.

Dieses Interesse an „der Frau" als hauptverantwortlicher Person für Fortpflanzung und Kinder deckte sich mit den Themen des *Journal of Heredity*, das von der *American Genetic*

46 Science 1927, 8.
47 Ebd., S. 95f. – Begründet wurde das *Eugenics Record Office* durch den Mediziner Charles B. Davenport im Jahr 1910, dem dies eine Stiftung „for betterment of the race" ermöglichte wurde.
48 Baur et al. 1936, Bd. 2, 277.
49 Science 1927, 107.
50 Rubin 1933, 280
51 Ebd., V.

Association seit 1903 herausgegeben wird. Dort waren vielfältig frauenspezifische Beiträge – zur Rolle der Frau, zu Fruchtbarkeit, Familiengröße und Heirat sowie zu deren ökonomischen Aspekten – vertreten. In den Jahren 1924 bis 1945 erschienen insgesamt 154 Beiträge, die sich damit befassten.[52] Allgemein lässt sich formulieren, dass deren Inhalte mit denen der populärwissenschaftlichen Arbeiten übereinstimmten und die wissenschaftliche Begründung für die eugenischen Vorstellungen lieferten. Beispielsweise wurde beim Thema Fortpflanzung nicht nur auf die Grundlagen der Sterilisation und die Möglichkeiten der Kontrazeption eingegangen, sondern auch deren Beeinflussung sowie ökonomische Aspekte der Familiengröße behandelt. Gleichzeitig korrelierten die Kenntnisse darüber mit dem Ausbildungstand der Frauen. Doch sollte darüber hinaus auch die wirtschaftliche Situation, vor allem der jungen Familien verbessert werden, wie es im Eugenischen Programm von 1936 hieß:

> „Among all social groups more thought should be given to strengthening the economic position of young couples during their early married life. [...] City housing programs should be planned with a view to providing, to a far greater degree than at the present, recreational and educational facilities for the proper rearing of children."[53]

Das Ziel solcher Vergünstigungen, die nach Einkommen gestaffelt werden sollten, war die Verhinderung von Kinderlosigkeit aus wirtschaftlichen Gründen in den gehobenen Gesellschaftsschichten. In die gleiche Richtung tendierte Lenz, wenn er formulierte:

> „Als Maßstab der Würdigkeit von Individuen und Familien zur Fortpflanzung dient uns dabei ihre Leistungsfähigkeit und ihre Bewährung im Leben der Gemeinschaft."[54]

Diese Vorstellung wurde in der Einführung von *Ehestandsdarlehen* im Jahr 1933 in Deutschland realisiert, und bis 1938 wurde mehr als eine Million Reichsmark verteilt.

Ebenso fanden sich in den Handbüchern für Gynäkologie Ausführungen über Fragen der Fortpflanzung und die Auswahl eines geeigneten Partners, beispielsweise im Kapitel „Gynäkologische Hygiene".[55]

Die Vorstellungen vom „besseren Menschen" und die Idee der Vererbung beeinflussten die Medizin, Psychologie, Soziologie, Geschichte, Erziehungswissenschaften und Literatur wie auch die Religion und die sozialen Einstellungen.[56] Juristische Manifestation fand das in der Gesetzgebung sowohl in den USA wie auch in Deutschland. Ziel war die Integration der Eugenik in die nationalen Gesundheitssysteme der Länder – oder wie es Otmar von Verschuer 1939 formulierte:

> „Das Parallelgehen von politischen und wissenschaftlichen Gedanken ist kein Zufall, sondern innere Notwendigkeit. Gemeinsame und übergeordnete Ideen erfüllen führende Menschen auf allen Gebieten und bewegen ihr Denken und Tun. [...] Wir Erbbiologen und Rassehygieniker

52 Eine inhaltliche Analyse dieser Beiträge steht in der in Bearbeitung befindlichen Dissertation von Rebekka Falkner.

53 Journal of Heredity 1936, 196.

54 Baur et al. 1923, Bd. 2, 206.

55 Stoeckel ^{3}1931, 666.

56 Siehe hierzu auch Ludmerer 1972, 1ff.

> haben mit Beglückung erlebt, dass der stillen Arbeit in Gelehrtenstube und wissenschaftlichem Laboratorium die Auswirkung im Leben des Volkes zuteil wird.“[57]

Seit den 1920-er Jahren hatte das Interesse an qualitativer Bevölkerungspolitik zugenommen. Damit stellte sich auch die Frage, nach welchen Kriterien die Eigenschaften zur Verbesserung der Menschen, der „human species“, ausgewählt werden sollten. In der Diskussionen in Deutschland und den USA war ein zentrales Thema die „Abwehr der Entartung", stellvertretend hierfür wird die Debatte über die Vererbbarkeit von Krankheiten wie beispielsweise geistiger Behinderung, „feeble minded“, geführt. Durch Verbreitung von erbbiologischen Kenntnissen, Sammeln von Informationen und Fakten über Berufsgruppen und durch Gewährleistung bestmöglicher Lebensbedingungen für kinderreiche Familien sollte die Verbesserung der angeborenen Eigenschaften einer „Rasse“ sowie deren Entwicklung zu höchster Vollkommenheit erreicht werden.

Im Jahr 1933 formulierte Cora Hodson, dass die zentrale Frage die Beziehung zwischen Individuum und Gesellschaft sei.[58] Viele Eugeniker dachten jedoch, dass die Aufgabe einfach wäre, die Welt von den „Unfit“ zu befreien: Man bräuchte die Individuen nur zu erziehen und ihnen Gebrauchsanweisungen geben.[59]

Die Akzeptanz der Eugenik in den 1920-er und 1930-er Jahren in den USA und in Deutschland unterstützten die ökonomischen, sozialen und politischen Verhältnisse. Beispiele sind die zunehmende Mechanisierung der Landwirtschaft sowohl in den USA wie auch in Deutschland mit der Migration vom Land in die Stadt sowie die zunehmende Industrialisierung mit den schlechten Arbeitsbedingungen für die große Masse an Beschäftigten und der Verlust von gut ausgebildeten Arbeitskräften in Deutschland und der Anstieg der Einwandererzahlen in den USA.

Das Erklärungsmodell für die soziale und ökonomische Ungerechtigkeit, das vereinfacht mit „survival of the fittest“, dem Überleben der Stärkeren, erklärt werden kann, wurde Anfang des 20. Jahrhunderts auf den Kopf gestellt: Die Gebildeten und Wohlhabenden hatten eine rückläufige Geburtenrate, während die ärmeren Schichten sich anschickten, diese durch ungebremsten Fortpflanzungsdrang in der Gesellschaft zahlenmäßig zu überholen. In der Statistik schlug sich dies als „differentielle Geburtenrate“ nieder. Gleichzeitig versagten die traditionellen Instrumente der Armenfürsorge. Die „neuen“ Probleme durch die Industrialisierung mussten auf andere Weise gelöst werden: Die ökonomischen Fragen sollten durch einen straff organisierten Kapitalismus bewältigt werden wie auch die sozialen Verhältnisse in ähnlicher Weise nach der Vorstellung der mittelfristigen wissenschaftlichen Planung aller Dinge gezielt gesteuert werden sollten. Die Genetik als „neue“ Naturwissenschaft stand Pate für eine Wissenschaft des „Social engineering“, der Sozialplanung mittels Eugenik: Genetik als Erklärung für Pauperismus, geistige Behinderung, Alkoholismus, Kriminalität, Prostitution und andere soziale Phänomene. In der Argumentation der Eugeniker zahlte die Gesellschaft einen hohen Preis dafür, dass alle Menschen, auch die geistig und sozial Minderbemittelten, sich uneingeschränkt fortpflanzen können. Die Sterilisation, als Mittel um dies zu verhindern, sollte der zukünftigen Generation eine Menge Geld sparen.

---

57 Verschuer 1939, 12.
58 Hodson 1933, 135.
59 Paul 1998, 150.

Eugenik mit ihrem vereinfachten Erklärungsmodell der genetischen Bedingtheit sah die Probleme vor allem in der Erbmasse von einzelnen Personen und ethnischen Gruppen. Die Beeinflussung der genetischen Expressivität durch die Umwelt spielte hierbei eine insgesamt untergeordnete Rolle und so bestand aus Sicht der Eugeniker keine Notwendigkeit, die sozialen Probleme zu lösen.

Abbildung 3: Sexuelle Erziehung versus sexuelle Ignoranz.[60]

In den 1930-er Jahren wurden die humangenetischen Utopien in der Wissenschaft teilweise allgemeinverständlich in der Literatur verarbeitet: Aldous Huxley (1894-1963) thematisierte in *Brave New World* (1932) seine utopischen Vorstellungen einer künftigen Welt mit reproduktionstechnologischer, sozialer und psychologischer Kontrolle. Zeitgleich veröffentlichte Hermann J. Muller (1890-1967) seine Ideen zur humangenetischen Grundlagenforschung, die mit der ersten Reagenzglasbefruchtung von Gregory Pincus (1903-1967) und mit dem Experiment von Alexis Carrel (1873-1944), außerhalb des menschlichen Körpers Eierstöcke über längere Zeit am Leben zu erhalten und zum Wachsen zu bringen, korrelierten. Dabei wird deutlich, dass nicht nur in den literarischen Utopien, sondern auch in den medizinischen Vorstellungen die Kategorie der indikationsgebundenen Medizin verlassen wurde und die Vision von der Erfüllung von zum einen individuellen, zum anderen aber auch sozialen Wünschen in den Mittelpunkt rückte. Trotz der Erfahrungen in den USA und in Deutschland mit der sozialpolitischen Instrumentalisierung von genetischen Utopien der Eugenik in der Zeit vor dem Zweiten Weltkrieg erlebte die Diskussion um Zukunftsvorstellungen und legitime Gedankenexperimente seitens der Wissenschaften eine Wiederbelebung vor allem durch das CIBA-Symposium *Man and his Future* (1962).[61]

Bereits nach dem Ersten Weltkrieg äußerten führende amerikanische Genetiker Zweifel an den eugenischen Vorstellungen, die immer mehr einen rassistischen Ton bekamen. In den 1930-er Jahren erreichten die Verdächtigungen einen Höhepunkt, als eine Entwicklung ähnlich wie in Deutschland befürchtet wurde. Führende Genetiker begannen, sich von der Eugenik zu distanzieren und diese zu verurteilen.[62] So wurde dieser in den USA die wissenschaftliche Basis zunehmend entzogen: Neue Erkenntnisse in Anthropologie, Genetik, Psychologie und Psychiatrie zeigten, dass die menschliche Vererbung weitaus komplizierter ist, als diese in den einfachen Erklärungsmodellen der Eugeniker dargestellt wurde. Ebenso ungünstig wirkte sich die Entwicklung nach der Machtübernahme Hitlers in Deutschland

---

[60] Quelle: Rubin 1933, 387.

[61] Siehe hierzu Wolstenhome 1963.

[62] Ludmerer 1972, 121.

aus. In den USA folgte eine Rückbesinnung auf die wissenschaftlichen Grundlagen, die in Deutschland erst nach 1945 einsetzen konnte.[63]

Im zeithistorischen Kontext lag die Bedeutung der populärwissenschaftlichen Literatur wie *Science of Eugenics*, *Eugenics and Sex harmony* sowie *Die Frau als Hausärztin* darin, dass sie notwendig waren, um die für die Durchsetzung der eugenischen Vorstellungen notwendige Akzeptanz zu erreichen. Dabei unterschieden sich das Verständnis des Begriffes und die Vorstellungen der eugenischen Maßnahmen in der amerikanischen und deutschen Literatur nicht. Die Aufklärung der Bevölkerung wurde zum einen durch Bilder illustriert, zum anderen durch einfache Sprache allgemein verständlich.

IV. Die Rückkehr der Eugenik?

In der Zeit nach 1945 war die Eugenik durch die Politik des Dritten Reiches, vor allem durch die Verbrechen gegen die Menschlichkeit, in Misskredit gebracht worden. Mittlerweile – mit einem zeitlichen Abstand von mehr als 60 Jahren – ist die Betrachtung etwas differenzierter. Neuhaus formulierte, dass der Schrecken des Dritten Reiches in der Geschichte nur eine zeitlich befristete Unterbrechung in der Theorie und Praxis der Eugenik darstellten.[64] Im 21. Jahrhundert sind die eugenischen Vorstellungen aktueller denn je und die Erscheinungsformen vielfältiger, von abenteuerlustig bis bizarr und makaber: Die Möglichkeiten der modernen Reproduktionsmedizin reichen von der Herstellung von künstlichen Säuglingen, der Fabrikation von Familien, künstlichem Sex und neuen Ansätzen der Bestimmung von unerwünschtem menschlichem Leben.[65]

Für die allgemeinverständliche Literatur mit dem Bestreben, eugenische Vorstellungen bekannt zu machen und umzusetzen, gilt weiterhin die Feststellung von Bernays aus dem Jahr 1928:

> „Intelligent men must realize that propaganda is the modern instrument by which they can fight for productive ends and help to bring order out of chaos.“[66]

Populärwissenschaftliche Literatur ist ein Teil der Propaganda, oder wie es heute heißt, der Public Relations, auch genutzt, um die Bevölkerung über die Vorstellungen und Ziele der Eugenik aufzuklären. Dabei wurde und wird in den USA die Diskussion über eugenische Fragen bis heute offener geführt, wie der Artikel von Neuhaus in *Commentary* zeigt. In Deutschland wird in Diskussionen der Hinweis auf die historische Erfahrung von Kritikern der Reproduktionsmedizin und Humangenetik das Eugenik-Argument oft dazu verwandt, um damit jegliche Auseinandersetzung mit dem Thema zu unterdrücken.[67]

Mit dem Wissen aus dem *Human Genome Project*, das auch die Kenntnisse der genetischen Basis für menschliche Krankheiten vergrößerte,[68] wird die wissenschaftliche Grundlage für eugenische Vorstellungen erweitert. Plakativ wurde dies deutlich in Äuße-

63 Siehe hierzu die Abhandlungen von Ludmerer 1972 und Haller 1984.
64 Neuhaus 1990, 1.
65 Damit sind gemeint die Methoden der In-Vitro-Fertilisation, der Präimplantationsdiagnostik, der Insemination und der Pränataldiagnostik.
66 Bernays 1928, 168.
67 Ach 2006, 233.
68 Rushton 1994, 166.

rungen wie „Taube Kinder auf Bestellung“ und „Designer-Baby soll den Bruder retten“ sowie Fragen wie „Darf der Mensch alles, was er kann?“ und „Gibt es ein Grundrecht auf gesunde Kinder?“ der Aktion Mensch im Jahre 2005: Die Eugenik ist in die moderne Reproduktionsmedizin zurückgekehrt.

Literatur

Ach, Johann 2006: Das „Eugenik-Argument“ in der bioethischen Diskussion. Differenzierungen und Anmerkungen, in: Pfleiderer, G.; Reahmann-Sutter, Christoph eds: Zeithorizonte des Ethischen. Zur Bedeutung der Temporalität in der Fundamental- und Bioethik, Stuttgart. 218-233.

Bernays, Edward 1928: Propaganda, New York (Neudruck 1995).

Baur, Erwin; Fischer, Eugen; Lenz, Fritz 31931: Menschliche Erblichkeitslehre, 2 Bde., München.

Baur, Erwin; Fischer, Eugen; Lenz, Fritz 1931: Human Heredity, London, New York.

Fischer-Dückelmann, Anna 1911: Die Frau als Hausärztin. Ein ärztliches Nachschlagebuch der Gesundheitspflege und Heilkunde in der Familie mit besonderer Berücksichtigung der Frauen- und Kinderkrankheiten, Geburtshilfe und Kinderpflege, Stuttgart.

Fischer-Dückelmann, Anna 1933: Die Frau als Hausärztin. Ein ärztlicher Ratgeber für die Familie nach den Grundsätzen der modernen Naturheilkunde, München, Wien.

Galton, Francis 1905: Entwürfe zu einer Fortpflanzungs-Hygiene, in: Archiv für Rassen- und Gesellschaftsbiologie, 2, 812-829.

Greenberg, Dr. Sarah K.; Palmer, Rachel Lynn 1936: Facts and Frauds in Woman's Hygiene, New York.

Haller, Mark H. 1984: Eugenics. Hereditarian Attitudes in American Thought, New Brunswick, N.J.

Hasian, Marouf A. 1996: The Rhetoric of Eugenics in Anglo-American Thought, Athens, Ga.

Hodson, Cora B.S. 1934: Human sterilization to-day. A survey of the present position, London

Huxley, Aldous 1932: Brave New World, London.

Kline, Wendy 2001: Building a Better Race – Gender, sexuality and eugenics from the turn of the century to the baby boom, Berkeley.

Laughlin, Harry H. 1922: Eugenical Sterilization in the United States, Chicago.

Leslie, Robert L. ed. 1927: The Science of Eugenics and Sex-Life, Love, Marriage, Maternity. The Regeneration of the Human Race, New York.

Ludmerer, Kenneth M. 1972: Genetics and American Society. A Historical Appraisal, Baltimore, London.

Melendy, Mary Ries 1893: Cure of Disease simplified; a modern Vademecum for the Household, Chicago.

Melendy, Mary Ries 1904: Vivilore: the Pathway to Mental and Physical Perfection. The 20th century Book for Every Woman, Chicago.

Melendy, Mary Ries; Frank, Marc H. 1928: Modern Eugenics for Men and Woman. A complete Medical Guide to a Thorough Understanding of the Principles of Health and Sex Relations, New York.

Neuhaus, Richard J. ed. 1990: Guaranteeing the Good Life: Medicine and the Return of Eugenics, Grand Rapids. Mich.

Ordover, Nancy 2003: American Eugenics: Race, Queer Anatomy and the Science of Nationalism, Minneapolis.

Paul, Diane B. 1998a: The Politics of Heredity. Essays on Eugenics, Biomedicine, and the Nature-Nurture Debate, Baltimore, Md.

Paul, Diane B. 1998b: Controlling Human Heredity, 1865 to Present, Amherst, N.Y.

Petermann, Heike 2005: „Diese Bezeichnung kann nicht als glücklich bezeichnet werden.“ Ein Beitrag zum Verständnis von „Eugenik“ und „Rassenhygiene“ bei Biologen und Medizinern An-

fang des 20. Jahrhunderts, in: Mackensen, Rainer; Reulecke, Jürgen eds.: Das Konstrukt »Bevölkerung« vor, im und nach dem »Dritten Reich«, Wiesbaden, 433-475.
Rushton, Alan R. 1994: Genetics and Medicine in the United States, 1800-1922, Baltimore.
Rubin, Herman 1925: How your Glands Control your Mental and Physical Development and Moral Welfare, Philadelphia.
Rubin, Herman 1933: Eugenics and Sex Harmony, New York.
Rubin, Herman 1935: The story of the mysterious ductless glands. Their effects on our mental and physical health, appearance, personality and behavior, New York, N.Y.
Selden, Steven 1999: Inheriting Shame, the Story of Eugenics and Racism in America, New York.
Stoeckel, Walter 31931: Lehrbuch der Gynäkologie, Leipzig.
Tye, Larry 1998: The Father of Spin. Edward L. Bernays and the Birth of Public Relations, New York.
Verschuer, Otmar von 1939: Das Erbbild des Menschen. Vortrag auf der 20. ordentlichen Hauptversammlung der Kaiser Wilhelm-Gesellschaft in Breslau am 24.5.1939, in: Der Erbarzt, 7, 1.
Weingart, Peter, Jürgen Kroll; Bayertz, K. 1996: Rasse, Blut und Gene. Geschichte der Eugenik und Rassenhygiene in Deutschland, Frankfurt a.M.
Wolstenhome, Gordon ed. 1963: Man and His Future, London.

Gesundheitserziehung in der Schule vom Kaiserreich bis zur Zeit nach dem Zweiten Weltkrieg

Jürgen Cromm

Volksbelehrung, Aufklärung, Gesundheitserziehung ist jener Teil der Prävention, der auf das Verhalten abzielt. Daneben stehen die medizinisch-naturwissenschaftlich-hygienische Prävention und die Verhältnisprävention, welche an sozialen Gegebenheiten und Bedingungen, damit auch an Bildung ansetzt. In den Mittelpunkt dieser kleinen Abhandlung möchte ich hier weniger die Inhalte der Gesundheitserziehung stellen, sondern mehr die jeweiligen Begründungen und Versuche zur Motivation der Schüler.

I. Konzepte der Gesundheitsförderung durch Information

Im *Kaiserreich* wird zur Förderung der öffentlichen Hygiene 1873 das Reichsgesundheitsamt ins Leben gerufen. Bereits damals hebt Pettenkofer den Zusammenhang von Gesundheit und Leistungsfähigkeit und damit auch ökonomische Vorteile als eine wesentliche Legitimation zur Gesunderhaltung hervor. Die Beweggründe zur Gesundheitsförderung fußen nicht zuletzt auch auf staatlichen Interessen, insbesondere an der Wehrfähigkeit oder auch der Arbeitskraft. Bald tritt als neue Legitimation die Gesundheit des Volkes als einer dem Individuum übergeordneten Größe hinzu.[1]

Das Erkennen sozialer und hygienischer Missstände verhilft der Sozialhygiene als wichtigster Gegenmaßnahme zu einer nicht mehr erreichten Blüte. Die Eugenik findet Eingang in die Präventionsstrategien, auch unter Rationalisierungserwägungen (Grotjahn).[2]

Als Entgegnung auf die ›rationelle‹ Gesundheitspolitik und die wachsende Bedeutung von Funktionalität tritt um die Jahrhundertwende die naturorientierte Lebensreformbewegung auf, die einerseits Lebensgewohnheiten verändern will, also durchaus normative Vorgaben setzt, andererseits aber mehr Selbstbestimmung bei der Lebensgestaltung fordert.[3] Hier wird ein Konflikt offenbar, der auch heute noch oder eher: wieder gesundheitlicher Aufklärung innewohnt.

Der Fabrikant Lingner organisiert 1911 die Erste Internationale Hygieneausstellung, die in einer Reihe ähnlicher, aber unterschiedlich konzipierter Veranstaltungen steht und u.a. der hygienischen Volksbelehrung dienen soll. Sie setzt biologisch-medizinisch-technisch an und will den Bürger ansprechen mit graphisch-statistischen Veranschaulichungen[4] sowie Fotographien, Filmen und vielfältigen Präparaten.[5] Diese Ausstellung war als eine

---

1 Allgemein zum Verhältnis Individuum versus Gesellschaft in der Bevölkerungswissenschaft der Zeit vgl. auch Cromm 2002.

2 Zum seinerzeitigen komplexen Diskurs und der Konkurrenz der Naturwissenschaften, Sozialhygiene und der Rassenhygiene vgl. Vögele & Woelk 2002.

3 Vgl. Schmiedebach 2002.

4 Vgl. Nikolow 2005.

5 Vgl. Osten 2005; Münch & Lazardzig 2002.

Lehr- und Leistungsschau angelegt und mag wohl eher dem Staunen und der Begeisterung als der Förderung eigenen Gesundheitsverhaltens gedient haben.

Die *Weimarer Republik* richtet die Gesundheitsfürsorge noch stärker vorbeugend aus und institutionalisiert die Prävention. 1921 wird der Reichsausschuss für hygienische Volksbelehrung gegründet. Dieser organisiert 1926 eine Reichsgesundheitswoche. Ein zeitgenössischer Bericht darüber vermeldet:

> „Gesundheit ist Lebensfreude, Gesundheit ist Kraft – das ist das Leitmotiv, das jetzt aus allen Lautsprechern und Kopfhörern schallt, von allen Anschlagsäulen spricht, von den Theaterbühnen tönt, in unzähligen Vortragssälen verkündet, in allen Schulstuben gelehrt wird. Die Erkenntnis dieser Wahrheit und ihr Verständnis soll auf das eindringlichste allen Volkskreisen eingehämmert werden.“[6]

Die Befürworter dieser nicht unumstrittenen Großveranstaltung verfolgten das Ziel einer Veränderung der Auffassung vom Recht auf Gesundheit hin zur „Vorstellung von der Pflicht jedes Einzelnen zur Erhaltung der Gesundheit für sich und die Nachkommen“.[7]

1925 gründet ein Verein das Museum für Leibesübungen in Berlin zur Verbesserung der Volksgesundheit durch Leibesübungen und zur Förderung des Interesses bei Eltern, Erziehern und Ärzten

> „an den Zusammenhängen des kindlichen Spiels mit dem planmäßigen Training der Erwachsenen [...] Auf diesem Wege wird es gelingen, sie als Freunde und Mitarbeiter an einer zukunftsreichen Sache von größter bevölkerungspolitischer Bedeutung zu gewinnen [...] Den Geistes- und Handarbeitern aller Klassen der Bevölkerung gegenüber wollen wir auch eine Mission sozialer Art erfüllen mit dem letzten Ziele der Schaffung eines neuen Lebensstils.“[8]

In Dresden wird 1930 das Deutsche Hygienemuseum eröffnet mit dem Auftrag hygienischer Volksbildung und einer Ausrichtung auf eine Eigenverantwortlichkeit zur Gesundheit mit den Themen: 1) Der Mensch 2) Vererbung und Eugenik 3) Die Frau als Gattin und Mutter 4) Ernährungslehre 5) Gesundheit und Krankheit 6) Hygienische Volksbelehrung 7) Gesundheitspflege.[9] Die dort vermittelten Informationen entsprechen biomedizinischer Aufklärung[10] – ähnlich der Hygieneausstellung 1911, die auch den Impuls zu dem Museum gegeben hatte.

Der *Nationalsozialismus* macht die Prävention zu einer zentralen Aufgabe.[11] 1933 löst der Reichsausschuss für Volksgesundheitsdienst den für hygienische Volksbelehrung ab. Er will „die Wissenschaft dem Volkswohl dienstbar machen und die Fragen der Bevölkerungspolitik, der Erbgesundheit und Rassenpflege wie der Gesundheitspolitik insgesamt vom Standpunkt der nationalsozialistischen Weltanschauung kritisch beleuchten und das vorhandene Aufklärungsmaterial sichten.“[12] Tatsächlich ändert sich jetzt der Schwerpunkt der „Aufklärungsarbeit“.

---

6 Zit. nach Schott 1993, 144.
7 Ebd., 414.
8 Mallwitz 1930, 7.
9 Vgl. Schott 1993, 428.
10 Vgl. Walter & Stöckel 2002, 287f.
11 Vgl. Proctor 1988, 240f.
12 Gütt 1935, 17.

„Der Reichsausschuß für Volksgesundheitsdienst beginnt mit dem vorliegenden Heft eine Schriftenreihe, die sich grundsätzlich von den Veröffentlichungen des Reichsausschusses für hygienische Volksbelehrung unterscheiden wird. Die nationalsozialistische Regierung stellt die Erbgesundheits- und Rassenpflege (Rassenhygiene) als erste Regierung vorbildlich in den Dienst der Staatsführung. Dieser Tatsache wird die Schriftenreihe [...] künftig verstärkt Rechnung tragen."[13]

Heft 1 enthält die „Ansprache des Herrn Reichsministers des Innern Dr. Frick auf der ersten Sitzung des Sachverständigenbeirats für Bevölkerungs- und Rassenpolitik am 28. Juni 1933 in Berlin", in der Frick nach Darlegung der Probleme der quantitativen und qualitativen Bevölkerungsentwicklung fordert:

„Um das drohende Unheil abzuwenden, ist eine Umstellung des gesamten öffentlichen Gesundheitswesens, des Denkens der Ärzteschaft und eine Wandlung der Aufgaben unter dem Gesichtspunkt der Rassenhygiene, der Bevölkerungs- und Rassenpolitik vonnöten."[14]

Heft 1 bis 17 enthalten fast ausschließlich bevölkerungs- und rassenhygienische Themen, Heft 8 ein Schrifttumsverzeichnis zu diesen Themen. Erst Heft 18 ist ein Verzeichnis von „Schrifttum und Aufklärungsstoff zur Volksgesundheitspflege".[15] Die nachfolgenden Hefte befassen sich beispielsweise auch mit Alkohol und Tabak. Ein ähnliches Bild zeigt ein Beitrag von Gütt zu Fricks sechzigstem Geburtstag mit dem Titel „Die deutsche Gesundheitsgesetzgebung", der sich jedoch ausschließlich bevölkerungspolitischen und rassenhygienischen Fragen widmet.[16]

Die Wissenschaft im Dritten Reich hat sich dementsprechend viel mit der Keimschädigung befasst, aber auch mit weiterer Prävention im naturwissenschaftlichen Sinne, z.B. intensiv mit der Vorbeugung gegen Krebserkrankungen.[17]

In welchen Kontext wurde nun Verhaltensprävention gestellt und wie begründet? Nehmen wir einmal als Beispiele die Kampagnen gegen Nikotin und Alkohol. Gegen Alkohol wurden gesundheitliche und volkswirtschaftliche Argumente angeführt, die Ablehnung aber auch manchmal damit begründet, er störe die embryonale Entwicklung und wirke erbgutschädigend, wobei gleichzeitig zugestanden wurde, dass darüber noch keine gesicherten Erkenntnisse vorlägen.[18]

Für die Breite der Argumentationen sei hier ein Beispiel von dem Kampf gegen den Tabak angeführt:

---

13 Ruttke 1933, 2; Frick auf der Gründungsveranstaltung des Reichsausschusses für Volksgesundheitsdienst 1933: „Im liberalistischen Zeitalter" hat man sich „in erster Linie mit dem [Wohl des] Einzelwesen[s] beschäftigt und vergaß dabei den Ursprung des Einzelwesens: Die Familie und Rasse." (Frick 1935, 3). Gütt auf derselben Veranstaltung: „*Sport und Ertüchtigung des Körpers*, die übertrieben in einem *Personenkult enden*, täuschen uns hinweg über die Gefahr, in der sich das deutsche Volk" befindet. Gütt 1935a, 7.

14 Frick 1933, 5; „Das Gesundheitsamt hat auf die gesundheitliche Erziehung der Schüler und eine ihrem Alter entsprechende Belehrung über die Grundgedanken der Erbgesundheits- und Rassenpflege hinzuwirken." (Dritte DVO. § 58 (3)).

15 Inhalte: Gesundheitslehre, Gesundheitspflege, berufliche Gesundheitsführung, Ernährungslehre, Körperschulung, Gesundheitsführung für Mutter und Kind, Bekämpfung der Volkskrankheiten, Rettungswesen und erste Hilfe; vgl. Denker 1936.

16 Vgl. Gütt 1937.

17 Z.B. waren Erkenntnisse über die Gesundheitsschäden durch Asbest und auch Nikotin gewonnen, die nach 1945 allerdings außer acht gelassen wurden.

18 Vgl. Proctor 2002, 163-177; vgl. auch Staemmler 1936.

Abbildung 1: Tabak-Kapital[19]

19 Graf 1941, 117.

Diese zeitgenössische Karikatur zeigt, wie das Tabakkapital Tabakwaren ausschüttet und damit die Blüten „Volksgesundheit“, „Arbeitskraft“, „Volksvermögen“ und „Bevölkerungspolitische Ziele“ zerstört.[20] Daneben werden noch moralische und rassistische Assoziationen geweckt, aber auch verschiedene Nachteile für das Individuum eingebracht.

Wie auch für andere Lebensbereiche gehörte es ebenso hier zum Konzept des Nationalsozialismus, dass der Nutzen für die Gemeinschaft vorrangige Argumentationslinie ist.[21] Gesunderhaltung wird zur Pflicht des Einzelnen als Beitrag zum gesunden Ganzen, zum Volkskörper, mehr noch: in die Zukunft gerichtet zur Erhaltung und Weitergabe gesunden Erbgutes. Prävention hatte offenbar auch, wenn nicht vorrangig die Bedeutung der Verhütung „erbkranken Nachwuchses“.

Nach 1945 gelingt es den Amerikanern nicht, in Deutschland ein neues Präventionskonzept zu implementieren.[22] In der britischen Besatzungszone sollte ein dezentrales, demokratisches Gesundheitswesen mit den als preußisch wahrgenommenen Traditionen einer Sanitätspolizei brechen und die Bevölkerung gezielt durch „persönliche Fühlungnahme“ und „Propaganda“ zu einem gesundheitsförderlichen Verhalten anregen.[23]

„1945 waren Strukturen und Visionen einer humanen, auf belastbaren wissenschaftlichen Erkenntnissen basierenden Prävention in Deutschland verbrannt.“[24] Politik und Gesellschaft hatten wohl wenig Interesse an der Prävention, die auch keinen Platz fand im deutschen Gesundheitswesen der Nachkriegszeit und die so zu einer Untersparte der Individual- und Kurativmedizin verbannt wurde.[25]

Die Aufgabe der Information der Bevölkerung übernahm das Deutsche Gesundheitsmuseum, 1948 in Köln gegründet, das – angelehnt an das humanbiologische Konzept des Deutschen Hygienemuseums in Dresden – versuchte, durch popularisierte wissenschaftliche Informationen über medizinische, biologische und hygienische Sachverhalte gesunderhaltende Verhaltensweisen zu fördern. Hauptthemen waren Säuglingspflege, Ernährung, Hygiene und Suchtgefahren.[26]

---

20 Ich finde es erwähnenswert, dass Proctor in seinem Buch „The Nazi War on Cancer“ (1999, 223) in der Beschreibung dieser Karikatur „Bevölkerungspolitische Ziele“ mit „racial goals“ übersetzt, in der deutschen Übersetzung heißt es im Begleittext zum Bild dementsprechend „rassenpolitische Ziele“; vgl. Proctor 2002, 252. In einem Aufsatz Proctors lautet die englische Bildbeschreibung u.a. „demographic political goals (Bevölkerungspolitische Ziele)“, Proctor 1996. Es können ursprünglich durchaus auch bevölkerungspolitische Ziele im engeren Sinne damit gemeint gewesen sein, denn es gab ›Erkenntnisse‹, Frauen, die rauchen, hätten schlechtere Heiratsaussichten, Tabakmissbrauch von schwangeren Frauen sei für Fehl- und Totgeburten verantwortlich, Raucherinnen blieben zehnmal häufiger kinderlos, Tabak schade der Potenz u.a.m; vgl. Proctor 2002, 215f.

21 Über den Zusammenhang Bevölkerungswissenschaft, Gesundheit und Leistungsfähigkeit vgl. Reiter 1936; Hoske 1936.

22 Vgl. Ellerbrock 2002, 160f.

23 Vgl. Walter & Stöckel 2002, 279.

24 Schmacke, 2002, 179.

25 Vgl. ebd., 180.

26 Vgl. Pott 2002, 205.

II. Wie sollten nun diese Konzepte in Schule und Erziehung umgesetzt werden?

Die praktischen gesundheitsfördernden Maßnahmen durch die Unterrichtsgestaltung, Schulmöbel, sanitäre Einrichtungen, Schulsport, Schulspeisung oder Wandertage sollen hier nicht werden, sondern die expliziten Begründungen der Gesundheitserziehung und die theoretische Belehrung zur Gesunderhaltung.

Um 1900 wurde die Institution „Schulärzte" eingeführt, die einst auch Hygiene unterrichten sollten; dieses Vorhaben scheiterte wohl an deren fehlender pädagogischer Eignung. Vor 1918 zählt zumindest in Preußen die Gesundheitserziehung nicht zum schulischen Lehrplan.[27] Im Lehrplan der Volksschulen „sind die Bekämpfung der Trunksucht, Gesundheitspflege, wirtschaftliche Verhältnisse usw. nicht zu berücksichtigen; diese Gegenstände gehören vielmehr in die jährliche Pensenverteilung für die einzelne Schule."[28]

Die königliche Regierung durfte jedoch Anleitungen zur Bekämpfung der Trunksucht geben:

> „Die Nachteile des übermäßigen Genusses geistiger Getränke. Kurze Anleitung für die Belehrung in den Volksschulen und höheren Schulen [...] Im Übermaß oder dauernd genossen schädigt der Alkohol 1. die Gesundheit, 2. das sittliche Leben, 3. das Familienleben, 4. das wirtschaftliche Leben der Familie, 5. die Staatswirtschaft [z.B. Wehrkraft]."[29]

Hier werden auch verschiedene gesellschaftliche Missstände als Ursachen beschrieben. Erforderlich sei, „daß der Staat mit fester Hand eingreift, um den übermäßigen Alkoholgenuß einzudämmen. Am wirksamsten wird dies in vorbeugender Weise geschehen, wenn schon die Jugend auf die schweren gesundheitlichen, sittlichen und wirtschaftlichen Nachteile des Alkoholgenusses hingewiesen wird" und der Lehrer „fortdauernd [...] die Gefahren des Alkohols mit Ernst und Nachdruck vor Augen" führt.[30]

Weimarer Republik: Eine Konferenz (1920) zur Vorbereitung eines Schulgesetzes stellt „Leitsätze zur hygienischen und körperlichen Erziehung" auf, denn die hygienische Erziehung sei

> „notwendig zur Verbesserung der gesundheitlichen Lebensbedingungen und als Voraussetzung der gesundheitsmäßigen Lebensführung der Schüler selbst. Sie ist Grundlage der Verbreitung hygienischer Lehren im Volk, der Bekämpfung der Volkskrankheiten und der Hebung der Volkskraft. Die hygienische Erziehung der Schüler ist daher an allen Schulen und auf allen Stufen durchzuführen."[31]

In der Weimarer Republik ist die Gesundheitslehre in den Lehrplänen für alle Schultypen enthalten, und der Kultusminister wies mehrfach auf ihre Einhaltung und entsprechende Fortbildung für die Lehrer hin.[32] Nicht nur die Biologie, sondern alle Fächer, in denen gesundheitliche Belehrungen „zwanglos" einbezogen werden können, waren beteiligt. So

---

27 Vgl. Schott 1993, 418.
28 Zentralblatt 1903, 653, vgl. auch 255f.
29 Ebd., 1903, 494f.
30 Ebd., 501.
31 Zit. nach Schott 1993, 400.
32 Vgl. Zentralblatt 1926, 73f.

sollten „die Schüler (Schülerinnen) durch nachhaltige erziehliche Beeinflussung" an die ständige Beachtung der Gesundheitsregeln gewöhnt werden mit der Begründung: „Es darf erwartet werden, daß [...] dadurch das Verantwortungsgefühl [...] sowohl für die eigene Lebensführung wie auch für die freudige Mitarbeit an der Gesunderhaltung unseres ganzen Volkes dauernd geweckt wird."[33] Auch die Reichsgesundheitswoche griff das Thema „Schule und Volksgesundheit" auf. Kritiker bemängelten die übermäßigen Details zur Hygiene und das Fehlen rassenhygienischer Gesichtspunkte.[34] 1929 erfolgen Richtlinien,[35] und ab 1930 wird Gesundheitslehre an allen Schulen unterrichtet.

Drittes Reich: „Der völkische Staat", so Hitler in „Mein Kampf",[36]

> „hat [...] seine gesamte Erziehungsarbeit in erster Linie nicht auf das Einpumpen bloßen Wissens einzustellen, sondern auf das Heranzüchten kerngesunder Körper. Erst in zweiter Linie kommt die Ausbildung der geistigen Fähigkeiten."

Eduard Spranger hebt neben dem Sinn für die „Gemeinsamkeit des Blutes" als große Erziehungsaufgaben hervor:

> „Bewusste Pflege der Volksgesundheit, Sorge für einen leiblich und sittlich hochwertigen Nachwuchs (Eugenik), bodenständige Heimattreue, Wetteifer der Stämme und Stände [...] gehören zu den Kräften, die neu belebt sind und die in eine bessere Zukunft weisen."[37]

In Entwürfen über den künftigen Biologieunterricht wird die Gesundheitserziehung nicht ausdrücklich thematisiert, der offenbar nur geringer Eigenwert zukommt, vielmehr bleibt sie als fragloser Gegenstand in das Fach Biologie integriert. Dazu nur soviel: Eine neu zu gestaltende Menschenkunde müsse die Physiologie stark berücksichtigen,

> „weil durch derartige Erkenntnisse der Boden für hygienische Belehrungen bereitet wird, und eine Aufgabe dieses Zweiges des Biologieunterrichts ist ja eine Anleitung zu vernünftiger Lebensführung. Die Individualhygiene ist aber wiederum die Voraussetzung für die so wichtige Rassenhygiene."[38]

> „Der Mensch ist ja nicht nur Einzelwesen, er lebt in einer Gemeinschaft und ist eingespannt in die Kette seiner Vor- und Nachfahren. Diese Tatsache muß ihm zum Bewußtsein bringen, daß er Hüter eines Volksschatzes, seines Erbgutes, ist, das er getreu zu verwalten und unvermindert weiterzugeben hat."[39]

Die Gesundheitserziehung erhält sozusagen eine Mittlerfunktion zwischen Individuum und dem auf Zukunft gerichteten Volk. Die Rede ist vom Ziel der Erziehung zum

---

33 Ebd.

34 Vgl. Schott 1993, 418.

35 Inhalte: Körperliche Arbeit und ihre Hygiene; Licht, Luft; Kleidung; Wohnung; Leibesübungen und ihre Bedeutung für die Gesundheit; Erste Hilfe bei Unfällen; Ernährung; Alkohol- und Tabakmissbrauch und dessen Bekämpfung; Hygiene der geistigen Arbeit; Reinlichkeit, Baden und Abhärtung; Schädigung durch großstädtische Wohnverhältnisse u.v.a.m.; für die Mädchen: Säuglings- und Kleinkindpflege und -ernährung; für Höhere Schulen auch Geschlechtskrankheiten und Sexualhygiene. Der Biologieunterricht sollte auch der „Charakter- und Willenserziehung" dienen; vgl. Zentralblatt 1929, 335ff.

36 1930, 452.

37 Spranger [1933] zitiert nach Menck 1988, 170f.

38 Brohmer 1933, 70.

39 Ebd., VI.

„unbeugsamen Willen, das wertvolle Erbgut in sich und außer sich zu stärken und um der Zukunft des deutschen Volkes willen sich tatend und opfernd mit ganzer Kraft in die Volksgemeinschaft einzugliedern.“[40]

„Die geistigen Hochleistungen werden gewahrt bleiben, daneben aber wird der Körper, gegen den seit Jahrhunderten gesündigt worden ist, die Pflege erfahren, die er verlangen kann und die im Rahmen der Schulerziehung überhaupt möglich ist [...] Denn nur ein gesunder Körper gibt Gewähr dafür, daß auch der Geist frisch und der Charakter unverbogen bleibt [...] Den Maßstab für das, was körperlich, charakterlich und geistig notwendig und gesund ist, nimmt die nationalsozialistische Erziehung allein aus der rassischen Wesensart des deutschen Volkes [...]“[41]

Selbst eine kleine, vom Kultusministerium zusammengestellte Literaturliste zu „Belehrungen in Ernährungsfragen“ wird eingeleitet:

„Eine Aufgabe des nationalsozialistischen Staates liegt in dem Ziel, das deutsche Volk für alle kommenden Geschlechter gesund und leistungsfähig zu machen. Neben den rassepolitischen Bestrebungen sind daher Arbeiten auf dem Gebiete der Volksernährung sehr wichtig.“[42]

Wenn sich heute die Schule „in den Dienst einer Erziehung stellt, die vom Leibe ausgeht und die Seele ergreift und [...] auch zur Gemeinschaft erzieht, so muß sie sich doch dessen bewusst bleiben, daß ihr Weg wesentlich über die Entwicklung der geistigen Fähigkeiten führt.“[43] Rust führt in seinen Erläuterungen zum Fach Biologie (für höhere Schulen) mit Schwerpunkt auf den „Lebensgesetzen“ aus, dass die „Gesundheitslehre [...] im Dienst der rassenpflegerischen und bevölkerungspolitischen Aufgaben stehen“ muss; „die wichtigen Fragen der Gesundheitslehre des Geschlechtslebens sind in der obersten Klasse zu besprechen“ [44] – aus heutiger Sicht doch recht spät. Das Fach Biologie wurde quasi auch zu einem gezielten gesellschaftspolitischen Unterrichtsgebiet.[45]

„Die Lehre von der Gesundheitspflege hat für die Mädchen einen erhöhten Wert, dieser wird aber nur erreicht, wenn die Belehrung nicht einseitig auf die Erhaltung des Kranken und Schwachen eingestellt ist, sondern mehr noch auf die Erhaltung und Entfaltung des Gesunden und Lebenstüchtigen.“[46]

Beispiel Gymnasium: Gesundheitslehre war Lehrstoff in der 1. Klasse (5. Schuljahr), 5. Klasse, für Mädchen zusätzlich in der 8. Klasse (letztes Schuljahr)[47]. Mit der Gesundheitslehre insbesondere für Mädchen ist die Idee verbunden,

---

40 Benze [1934], abgedruckt bei Kanz 1984, 98.
41 Benze [1936], abgedruckt bei Kanz 1984, 154.
42 Amtsblatt 1936, 438.
43 Reichsmin. 1938, 13f.
44 Ebd., 148.
45 „Der Leibeserziehung gibt der biologische Unterricht auf allen Klassenstufen eine erkenntnismäßige Stütze, indem er den Wert der Leibesübungen für die Gesunderhaltung des Einzelnen und des Volkes erweist, und eine erzieherische Hilfe, indem er die Jugend im Geiste organischer Anschauung zur Behauptung der völkischen Gemeinschaft und ihrer Lebensraumes aufruft.“ Reichsmin. 1938, 150f.
46 Ebd., 153.
47 „Aus wichtigen bevölkerungspolitischen Gründen habe ich die neunjährige Höhere Schule auf acht Jahre verkürzt.“ Reichsmin. 1938, 1.

> „die Freude an kraftvoller Gesundheit und rassischer Schönheit [zu] wecken und [...] [zu] zeigen, dass die Erhaltung seiner Gesundheit und Reinheit um seiner künftigen Aufgaben in Familie und Volk willen sittliches Gebot ist. Sie baut auf den Erkenntnissen der Erb- und Rassenlehre auf."[48]

Ab 1933 ist in Preußen (ab 1936 in ganz Deutschland) im schulischen Unterricht der Kampf gegen den Alkohol breiter angelegt – weniger Belehren, mehr „sittliche Ertüchtigung durch die Tat". Ab 1938 soll in allen Schulen so auch das Tabakrauchen bekämpft werden. Die Maßnahmen sollten auf der überzeugenden Persönlichkeit aller Erzieher und „auf eine umsichtige Auswertung der Umweltverhältnisse" gründen.[49] Statt durch Verbote soll die Schuljugend durch „Aufgaben [und z.B. Sport] [...] zur Erkenntnis der schädigenden Wirkungen [...] besser zu freiwilligem Verzicht" geführt werden.[50]

III. Welche Inhalte finden sich nun konkret in den Schulmaterialien wieder?

III.1 Quantitative Betrachtung

Im Rahmen des DFG-Projektes haben wir zur Vermeidung einseitigen Auswählens zunächst eine *quantitative Erhebung* über Inhalte und Verbreitung des bevölkerungswissenschaftlich relevanten Lehrstoffes unternommen.[51]

Von rund 17.300 Schulbüchern (ab 1919 Vollerhebung) der Zeitabschnitte 1871 bis 1918, 1919 bis 1932, 1933 bis 1945, 1946 bis 1960 der Fächer Deutsch, Geschichte, Geographie/Erdkunde und Biologie/Lebenskunde enthielten 1.870 Titel Inhalte zum Thema Bevölkerung und Bevölkerungswissenschaften (im erweiterten Sinne). In Anlehnung an die grounded theory haben wir die Textstellen codiert und aufgrund ihrer Ähnlichkeiten bzw. Unterschiede 27 vorläufigen Konzepten[52] zugeordnet, darunter: Sport, Sucht und Genuss, Gesundheit und Volksgesundheit. Auf diese wollen wir hier im Hinblick auf Auffälligkeiten in ihrer quantitativen Entwicklung etwas näher eingehen:

Erwartungsgemäß waren Gesundheitsthemen nur selten Gegenstand des *Geographie- und Geschichtsunterrichtes.*

---

48 Ebd., 261.

49 Zentralblatt 1933, 264.

50 Boehncke 1937, 11.

51 Vgl. Cromm et al. 2005.

52 Wir haben die aus dem Material induktiv entwickelten vorläufigen Konzepte auf ihre ›Angemessenheit‹ überprüft, daraufhin verworfen oder beibehalten und sozusagen von unten nach oben ein Kategoriensystem aufgestellt. Dabei bestätigte sich, dass es richtig war, von vornherein – also schon bei der Sichtung des ältesten Materials, bei dem der Zusammenhang noch nicht erkennbar war – neben der ›Volksgesundheit‹ zusätzlich ›Gesundheit‹, ›Sport‹ und ›Sucht und Genuss‹ aufzunehmen. Denn bei der Kategorienbildung haben sich ›Gesundheitspflege‹ und ›Jugend/Sport‹ als Unterpunkt der Kategorie ›positive Auslese‹, ›Sucht und Genuss‹ als Unterpunkt der Kategorie ›negative Auslese‹ herauskristallisiert.

Während uns zwischen 1871 und 1918 im Fach *Deutsch* relativ häufig Texte zu Gesundheit und Sucht und Genuss begegnen, bricht dies 1919 ein, und sowohl 1933 bis 1945 als auch 1946 bis 1960 findet sich zu diesen Unterrichtsgegenständen nichts mehr.[53]

Biologiebücher in der Periode 1871 bis 1918 haben überhaupt häufig nur wegen der Themen Gesundheit, Sport und Sucht und Genuss (daneben auch Rassenkunde) Eingang in unsere Liste der Schulbücher mit bevölkerungswissenschaftlichem Inhalt gefunden; Volksgesundheit wie auch die anderen einschlägigen Themen sind noch nicht vertreten.

1919 bis 1932 liegt der Schwerpunkt auf Gesundheit, während Sport, Sucht und Genuss (und auch Rassenkunde) an Bedeutung verlieren; erstmals tritt Volksgesundheit (und Rassenhygiene) auf.

Das Bild ändert sich 1933: In der Biologie erscheint ein breites Spektrum an bevölkerungswissenschaftlichen Gegenständen. Zur Gesundheit gibt es nur noch halb so viele Beiträge wie zur Volksgesundheit, welche mit Rassenhygiene, Rassenkunde und Ahnenkunde die Themenliste anführt. Gesundheit verliert aber nicht nur relativ an Bedeutung, auch der Anteil der Biologiebücher mit Gesundheitsregeln, -pflege u.ä. an allen Biologiebüchern sinkt gegenüber der Weimarer Zeit (von 15 % auf 12 %).

1946 bis 1960 liegt dieser Anteil bei knapp 9 %, obwohl hier von allen bevölkerungswissenschaftlichen Themen die Gesundheit das dominierende Thema ist vor Rassenkunde, Volksgesundheit, Sport, Sucht und Genuss sowie Rassenhygiene; andere Gegenstände sind fast ganz verschwunden.

Gesundheitserziehung und Körperhygiene finden sich auch in den Unterrichtsmaterialien für jüngere Schüler, z.B. in Fibeln.[54]

Weil der Themenkomplex „Bevölkerung" 1933 neu ins Curriculum aufgenommen worden war, haben wir für die Zeit des Nationalsozialismus als weiteres Lehrmaterial die sogenannten *Ergänzungshefte* untersucht und in verschiedene Typen eingeteilt:

Typ 1: Ergänzungshefte zu Schulbüchern, Typ 2: periodisch erscheinende Ergänzungsmaterialien, Typ 3: die Blätter für Heimabendgestaltung der Hitlerjugend (außerschulische Erziehung).

Typ 1 enthält natürlich mehr Bevölkerung als Schulbücher, jedoch keine Abschnitte zu Gesundheit, Sport oder Sucht und Genuss. Es scheint hier, dass der Nationalsozialismus zu dem schon Vorhandenen aus der Weimarer Zeit nichts hinzuzufügen hatte. Dies erscheint plausibel, da die Schulbücher mit ihren Inhalten ja teilweise im Dritten Reich fortgeführt wurden.

Aber erstaunlicherweise verhält es sich bei den Periodika (Typ 2) ähnlich. Hier kurz zwei Beispiele für Hefte, die jeweils nur ein Thema enthielten: Von 70 Heften „Schule im 3. Reich" behandeln 17 % Bevölkerung als zentralen Inhalt, davon ein „Geländesportbüchlein", eines zum „Alkohol als Volksschädling" und eines mit dem Titel „Deutsche Jugend, gesund und stark".

Von den 140 „Schriften zu Deutschlands Erneuerung" verzeichnen rund 19 % Bevölkerungsthemen, davon eines: „Unser Körper und seine Pflege" (Nr. 85).

---

53 In etwa umgekehrt verhält es sich beispielsweise mit dem Thema „Auslandsdeutsche", das bis 1918 nicht vorkommt, 1919 bis 1932 und 1933 bis 1945 häufigster Gegenstand ist und nach 1945 aus dem Deutschunterricht verschwindet.

54 Auch die Richtlinien für den Heimatkundeunterricht an Grundschulen umfassten das Verständnis „für die natürliche Gesunderhaltung des Körpers"; vgl. Scherf 1989, 219.

Die „Illustrierte Deutsche Schülerzeitung“ ist etwas anders konzipiert und enthält jeweils mehrere Themen. Zu unserem Thema begegnen uns hier Artikel nur zu Leibesübungen und Wandern.

Das Themenspektrum für die Hitlerjugend (Typ 3) umfasst alle von uns in den anderen Medien ermittelten bevölkerungswissenschaftlichen Inhalte, jedoch wenig zur Gesundheit, abgesehen von Wandern, Sommerfrische und Lager. Eine Ausnahme bilden die Hefte (vor allem Ausgabe B) aus 1939, dem Jahr, das Reichsjugendführer Baldur von Schirach zum „Jahr der Gesundheitspflicht“ ausgerufen hatte.

III.2 Textbeispiele

Zu den *konkreten inhaltlichen Ausführungen* wollen wir zunächst einen Blick auf das „Gesundheitsbüchlein – eine gemeinfaßliche Anleitung zur Gesundheitspflege“ werfen,[55] das erstmals 1894 vom Kaiserlichen Gesundheitsamt erarbeitet wird und bis 1917 17 Auflagen erfährt, 1920 in hoher Auflage als Nachdruck erscheint und 1940 nochmals – völlig neu bearbeitet – vom Reichsgesundheitsamt herausgegeben wird.[56] Das Büchlein ist breit angelegt und enthält u.a. Informationen über Kleidung, Wohnen, Verkehr, Erziehung, Beruf und Erwerb. Im Kaiserreich sollte es vor allem Vorkenntnisse vermitteln, welche das Verständnis für behördliche Maßnahmen in Gesundheitsfragen und Anordnungen von Ärzten fördern und ein Beitrag zur Volkswohlfahrt sein sollten. Eingeleitet wird es jeweils mit einer aktuellen statistischen Berichterstattung und Berechnung des Wertes der Gesundheitspflege, u.a. in Anlehnung an Pettenkofer.

1940 erhält das Gesundheitsbüchlein einen Leitspruch, ein neues Vorwort und eine neue Einleitung, die alle die Pflicht zur Gesundheitspflege betonen, die Pflicht,

> „von Jugend an durch eine gesundheitsfördernde Lebensweise und Verachtung aller gesundheitsschädigenden Genüsse Körper und Geist zu stählen, um durch höchste Leistungsfähigkeit die Zukunft von Reich und Volk zu sichern.“[57]

Die Einleitung ist jetzt nicht mehr mit dem „Wert der Gesundheitspflege“, sondern mit „Der biologische Gedanke in unserer Staatsführung“ betitelt.[58] Sie enthält auch die Vision zur Prävention, dass eines Tages der Arzt den Sinn seiner Tätigkeit

> „in der Beratung und Betreuung auch der [...] gesunden Menschen“ sieht, „die [...] er in gesunden Tagen so zu führen hat, daß sie nicht durch falsche Lebensweise oder durch falsche und übergroße Arbeitsbelastung vorzeitig Anbrüchigkeiten erfahren und dadurch auch ihrem Volk und Staat weniger erfolgreich dienen können.“ [59]

Zulasten anderer Bereiche werden nun Erb- und Rassenpflege sowie Bevölkerungsbewegung, auch Hitlerjugend, Spiel und Sport behandelt.

---

55 Das „Gesundheitsbüchlein“ ist zwar kein Schulbuch, wurde jedoch vielfach verwendet u.a. in pädagogischen Seminaren, Höheren Mädchenschulen, Lehrerbibliotheken.

56 Vgl. auch Zentralblatt 1895, 393; 1904, 608; 1918, 376.

57 Reichsgesundheitsamt 1940, V.

58 Die neue Staatsführung „sieht das Versinken wie das Neuerstehen der Staaten in enger Verbindung zwischen Gesundheit ihrer Menschen und der hierdurch sekundär bedingten Leistungen auf dem Gebiete der Wirtschaft, der Kultur und der Ethik.“ Reichsgesundheitsamt, 1940, 2.

59 Ebd., 2.

In einer älteren, ähnlich umfassenden, für den Unterricht konzipierten Schrift im *Kaiserreich* (1. Aufl. 1884) lesen wir von dem Wunsch des Verfassers,

> „daß sie sowohl durch die in ihr enthaltenen Lebensregeln zum gesundheitlichen Vorteile des Lesers, als auch durch ihren wissenschaftlichen Inhalt zur Förderung der allgemeinen Volksbildung dienlich sein möge.“[60]

Auch die in der zweiten Auflage abgedruckten Rezensionen erwähnen keinen weiteren Sinn als das Verständnis für hygienische Lehren zur Gesundheitsförderung.

Die Gesundheitslehre nimmt im Biologiebuch nach 1900 allmählich mehr Raum ein, meist in Form von Ratschlägen im Anschluss an Anatomie und Physiologie der Körperteile; Schädigungen durch Alkohol- und Tabakgenuss werden ebenso dort beschrieben.[61] Charakteristisch scheint ein Schlusssatz: „Arbeit, Mäßigkeit und Ruh schließt dem Arzt die Türe zu.“[62] Es findet sich aber auch der Ansatz, „die Willensbildung des Schülers auf gesundheitspfleglichem Gebiete zu beeinflussen“, oder die „ernste Pflicht“ für alle Jugendlichen, Tabak und Alkohol zu meiden.[63]

Die Schulbücher der Biologie zur *Weimarer Zeit* ähneln ihren Vorgängern aus der Kaiserzeit, jetzt angereichert z.B. mit Statistiken über die Schädigung von Gesundheit und Volkswirtschaft durch Alkohol und über die öffentliche Gesundheitspflege.[64] Auch hier wieder die Regel: „Mäßigkeit im Essen und Trinken sowie Regelmäßigkeit in der gesamten Lebensführung [sind] die Grundbedingungen alles Wohlbefindens.“[65] Mit „Wohlbefinden“ ist in Kaiserzeit und Weimarer Republik ein Ausdruck für individuelle, subjektive Befindlichkeit verbreitet.

Bei Schmeil verändert sich in der Zeit des *Nationalsozialismus* zu Bau und Lebenstätigkeiten des menschlichen Körpers und den damit verbundenen Gesundheitsratschlägen wenig. Hinzugefügt wird ein Unterkapitel „Der Körper als Ganzes und seine Teile“, welches sozusagen als Analogieschluss den Organismus mit dem Volk vergleicht.[66] Hingewiesen wird auch auf die Schädigung des Erbgutes durch Alkohol- und Nikotingenuss, aber gleichzeitig erläutert, dass Ergebnisse von Tierversuchen nicht unmittelbar Rückschlüsse auf den Menschen zulassen, jedoch eine ernste Warnung sind.[67]

Schauen wir uns ein Beispiel an, wie Jungen und Mädchen der ersten gymnasialen Klasse angesprochen wurden:

---

60 Schmitz 1889.

61 Vgl. z.B. Schmeil 1913 u. 1914.

62 Fischer 1905, 280.

63 Vgl. Schäffer 1918, III; Kraepelin 1918, 4.

64 Vgl. z.B. Schmeil 1929, 1933.

65 Schmeil 1929, 212.

66 „Eine [...] von den Verhältnissen des lebendigen Körpers ausgehende Staatsauffassung muß [...] die Unterordnung und harmonische Eingliederung aller Teile in das Ganze [...] verlangen [...] Es ist sicher die größte Tat der unter einer weitblickenden Führung arbeitenden Regierung, die verlorengegangene *Harmonie der Teile* wieder hergestellt zu haben. Die hiermit innig zusammenhängenden biologischen und sozialen Maßnahmen zur Gesundung und machtvollen Stärkung unseres Volkskörpers werden uns [...] besonders beschäftigen.“ Schmeil 1940, 106f. Dem neu eingebauten Abschnitt über „Allgemeinerkrankungen und öffentliche Gesundheitspflege“ erfolgt ein sehr ausführliches Kapitel (ca. 60 Seiten) über Bevölkerung im weitesten Sinne und Bevölkerungspolitik.

67 Vgl. Schmeil 1940, 143. Schmeils „Der Mensch“ wird ab 1938 nicht mehr für den Schulgebrauch zugelassen, aber weiter nachgedruckt – zur Kritik an Schmeil siehe Brohmer 1933, 61ff.

„Wie ich meinen Körper gesund und stark mache.

Zwei Jungen raufen und schlagen sich. Der Kampf wird zu einer Kraftprobe. Der Stärkere wirft seinen Gegner plötzlich mit überlegener Kraft zu Boden und verprügelt ihn. Ein dritter Junge springt hinzu und stellt Frieden her. Er ist kräftiger als die beiden andern, die ihn deshalb fürchten und achten. Der verprügelte Junge aber wird verhöhnt und verlacht.

Aus dieser Geschichte lernen wir, dass es schön und oft auch nützlich ist, wenn man gesund und stark ist. Der Schwache muß stets im Kampfe unterliegen. Den Starken aber wagt niemand anzugreifen. Seine Kraft und Leistung sichern ihm Frieden und Achtung.

Ferner wissen wir, dass es notwendig ist, gesund und stark zu sein, wenn man der Gemeinschaft, der man angehört, dienen und nicht zur Last fallen will.“[68]

Im Mittelpunkt der Gesundheitserziehung steht das 9. Schuljahr. So sollten z.B. die Gymnasiasten der Mittelstufe über den rein naturwissenschaftlichen (Biologie-) Unterricht hinaus auf enthusiastische und mitreißende Weise in das gemeinschaftliche Fühlen, Denken und Handeln eingebunden werden.

„Mit Sang und Klang zieht heute die Jugend durch alle Gaue unseres großen Vaterlandes [...] Wie schön und eindrucksvoll ist das Zelten an warmen Sommerabenden und das Erleben des Sonnenaufganges am taufrischen Morgen. Folgt ein warmer Tag, dann wird gebadet; in Licht und Wasser tummelt sich eine gesunde Jugend. Zu anderen Zeiten werden Geist und Körper auf den Sportplätzen gestählt. Kraft und Freude sind die Ausdrucksformen eines schäumenden Lebenswillens. Unbewußt trägt die Jugend das Glücksgefühl wachsender Stärke in sich.

Es genügt aber nicht, sich gesund zu fühlen, man muß auch die Wege kennen, sich gesund zu erhalten. Solche Kenntnisse können sich auch wertvoll für unsere Kameraden erweisen [...] Wer Führer unserer Jugend sein will, muß möglichst viel vom Körper der ihm anvertrauten Jugend wissen!“[69]

Ausführlich werden die Genussmittel Alkohol und Tabak medizinisch erläutert und erklärt, warum und inwieweit sich diese – vor allem bei Jugendlichen – schädlich auswirken sowohl physiologisch als auch psychisch; auch die Kosten sind statistisch untermauert.[70] Die moderne Großstadt und ihre Umwelteinfüsse (Staub, Lärm, Hektik), enge Bebauung und Wohnverhälnisse[71] werden für die Gesundheit negativ beurteilt.[72]

Die umfangreiche Erklärung „der allergrößten Bedeutung“ einer gesunden Ernährung „für den Einzelnen“ und „für unser Volk“ werden verbunden „mit drei Forderungen, die wir zum Wohle aller stellen müssen: erstens muß die Nahrung bekömmlich und gesund sein; zweitens muß sie preiswert sein; drittens muß sie bodenständig sein“.[73]

„Ein guter Teil der Krankheitsfälle ist auf eigene Schuld zurückzuführen. Gesundheit des einzelnen ist Gesundheit des ganzen Volkes; denn nur ein gesundes Volk kann Ewigkeitsbestand

68 Graf, J. 1941, 65f.

69 Steche et al. 1940, 60.

70 Eine Aufgabe hierzu lautet: „Wie verhalten sich die großen Volksführer Hitler, Mussolini und Franco zu Alkohol und Nikotin?“ Steche et al. 1940, 162.

71 „Diejenigen, die diese Häuser bauten, dachten nicht an die Gesundheit ihrer Volksgenossen und damit an das Volk überhaupt. Ihnen war es nur darum zu tun, mit den Häusern ein Geschäft zu machen. Kinder, die in solchen Verhältnissen groß wurden, konnten nicht die Freude an Spiel und Bewegung in freier, frischer Luft erleben. Wo blieben die schönen Kindheitserinnerungen?“ Meyer & Zimmermann o.J., 148.

72 Vgl. ebd., 161ff..

73 Graf 1943, 57.

> haben, damit aber wird die Gesundheit des einzelnen zu einer Angelegenheit des Volkes, sie ist nicht mehr Privatsache."[74]

Gesundheit wird funktional und unmittelbar verknüpft mit erbhygienischen Argumenten.

> „Die lebende Generation [...] ist Trägerin des Erbgutes für die kommende, und so ist die persönliche und die öffentliche Gesundheitsführung Pflege des Erbgutes [...] Die wichtigsten Aufgaben der nationalsozialistischen Gesundheitsführung liegen in bevölkerungspolitischen und rassenhygienischen Maßnahmen [...]".[75]

Die individuale Gesundheitspflege tritt dann in der Oberstufe im biologischen Unterricht zurück, der sich im 12. Schuljahr auf „Rasse und Volk" und damit auch auf bevölkerungspolitische Fragen konzentriert.[76] Als wichtigstes Ergebnis der „gesamten biologischen Arbeit" in der höheren Schule – vor allem für die Mädchen – ist die Bedeutung der „Gattenwahl" hervorgehoben und die Liste der „zehn Gebote für die Gattenwahl" abgedruckt.[77]

Die Lehrinhalte für die Jungen in diesen Jahrgangsstufen sind ähnlich aufgebaut. Hier wird gesprochen von der „heilige[n] Pflicht, das [...] schlummernde kostbare Erbgut in seiner Reinheit und Unversehrtheit zu erhalten".[78] Man möchte fast sagen, die eigene persönliche Gesundheit, die Pflicht zur Gesundheit steht ganz im Dienste des auf Zukunft gerichteten Volkes und ist diesem untergeordnet.

> „Wenn [...] zahlreiche Kulturvölker untergingen, so ist dies lediglich darauf zurückzuführen, daß sie sich gegen das oberste Gesetz von der Erhaltung des Lebens versündigten [...] man widmete alle Aufmerksamkeit dem Merkmalsbild (Erscheinungsbild) und vergaß die Pflege des Erbbildes; man begnügte sich mit der Ausbildung des vergänglichen Merkmals und übersah die Anlage, deren Erhaltung und Mehrung allein den Fortbestand des Volkes sichert."

Der Schlusssatz lautet hier: „›Völker können ewig leben, wenn sie nur wollen.‹ Fr. Burgdörfer."[79]

Noch eine kurze Anmerkung zur *Nachkriegszeit*, in der Schmeils Unterrichtswerk weitergelebt hat. In Kaiser- und Weimarerzeit trug Schmeils „Der Mensch" den Untertitel: „Menschenkunde und Gesundheitslehre", im Dritten Reich: „Menschenkunde, Gesundheitslehre, Vererbungslehre, Rassenhygiene, Familienkunde, Rassenkunde, Bevölkerungspolitik"; nach 1949: „Menschenkunde, Gesundheitslehre, Vererbungslehre, Rassenkunde". Z.B. die Auflage von 1951 enthält das Vorwort von 1936 (mit Kürzungen) mit der seinerzeitigen „Erkenntnis [...], daß nur in einem gesunden Körper ein gesunder Geist wohnen

---

74 Meyer & Zimmermann o.J., 145.

75 Ebd., 150.

76 Allerdings gab es noch die Fächer des „Frauenschaffens", darunter auch „Pflege"; vgl. Reichsmin. 1938. Zu Bevölkerungswissenschaften in Schulbüchern vgl. Cromm 2004.

77 Vgl. z.B. Meyer & Zimmermann 1943, 437ff. 1936 wird angeregt, allen Abgängern von Fortbildungs- und Berufsschulen diese „zehn Gebote" auszuhändigen; vgl. Amtsblatt 1936, 187f; die „zehn Gebote [...]" siehe Reichsausschuß 1934.

78 Graf 1942, 432.

79 Ebd., 435.

kann."[80] Die Abschnitte zur Gesundheitspflege sind weitestgehend beibehalten worden, die z.T. ja auch schon aus der Zeit vor 1933 entstammten.

IV. Schlussbemerkung

Zumindest gemessen an unseren Annahmen sind die Nationalsozialisten in der Vermittlung gesundheitlicher Aufklärung und Erziehung eher hinter ihren Vorgängern zurückgeblieben. Das Ansetzen der Verhaltensprävention hatte sich aber verbreitert, das heißt: Theorie und Praxis, Wissen und Handeln waren oder sollten zumindest enger miteinander verknüpft sein. Es überrascht jedoch nicht, dass der Einzelne und sein Wohlbefinden nicht im Vordergrund stehen. Man hätte auch erwarten können, dass Gesundheit – statt auf eine Vision, die ferne Zukunft – auf die lebende (junge) Generation fixiert gewesen wäre – insbesondere angesichts von Expansions- und Kriegsabsichten. Auch die nahe Zukunft, etwa eine Prävention in der Jugend für ihr Erwachsenenalter, stand nicht im Blickpunkt oder wurde nicht explizit formuliert. Der Jugend selbst widmete man jedoch höchstes Augenmerk und suchte, ihr ihren hohen Stellenwert für das ganze Volk und seine dauerhafte Zukunft zu vermitteln.

Literatur

Amtsblatt des Reichsministeriums für Wissenschaft, Erziehung und Volksbildung und der Unterrichtsverwaltungen der Länder 1936, Berlin.

Benze, Rudolf, in: Kanz, Heinrich.

Boehncke, Georg 1937: Die gesetzlichen Grundlagen der Bekämpfung des Tabakmißbrauches in Deutschland, Berlin-Dahlem.

Brohmer, Paul 1933: Biologieunterricht und völkische Erziehung, Frankfurt a.M.

Cromm, Jürgen 2002: Gesellschaft versus Individuum. Bevölkerungswissenschaftliche Standorte und Postulate in der Zeit vor dem Nationalsozialismus, in: Mackensen, Rainer ed. 2002: Bevölkerungslehre und Bevölkerungspolitik vor 1933, Opladen, 77-102.

Cromm, Jürgen 2004: Schrifttum und Aufklärungsstoff. Zur Transformation von Bevölkerungswissenschaft in Erziehung und Bildung, in: Mackensen, Rainer ed. 2004: Bevölkerungslehre und Bevölkerungspolitik im Dritten Reich, Opladen, 297-318.

Cromm, Jürgen; Pappert, Steffen; Stucki, Regula 2005: Zur Transformation von Bevölkerungswissenschaften sowie bevölkerungspolitischen Zielen und Inhalten in Erziehung und Bildung in Deutschland um 1870 bis 1960, in: Mackensen, Rainer; Reulecke, Jürgen eds. 2005: Das Konstrukt „Bevölkerung" vor, im und nach dem „Dritten Reich", Wiesbaden, 489-507.

Denker, Hans 1936: Schrifttum und Aufklärungsstoff zur Volksgesundheitspflege, Schriftenreihe des Reichsausschusses für Volksgesundheitsdienst, 18.

Dritte Durchführungsverordnung [des Gesetzes über die Vereinheitlichung des Gesundheitswesens v. 3. Juli 1934], in: Der öffentliche Gesundheitsdienst, Berlin, 60-101.

Ellerbrock, Dagmar 2002: Prävention in der US-Zone 1945-1949. Zielsetzung, Konzeption und Reichweite von Präventionsmaßnahmen nach dem Zweiten Weltkrieg, in: Stöckel, Sigrid; Walter, Ulla eds. 2002: Prävention im 20. Jahrhundert, Weinheim, 152-164.

[80] Schmeil 1951. Schmeil starb 1943; die erwähnte, nach seinem Tod erschienene Ausgabe war vom Kultusministerium von Nordwürttemberg-Nordbaden genehmigt und gegenüber der Auflage von 1949 erneut überprüft worden. „Der Mensch" ist von ca. 1900 bis 1968 in 111 Auflagen erschienen.

Fischer, Max 1905: Pokornys Naturgeschichte des Tierreiches, Leipzig.

Frick, Wilhelm 1933: Ansprache des Herrn Reichsministers des Innern Dr. Frick auf der ersten Sitzung des Sachverständigenbeirats für Bevölkerungs- und Rassenpolitik am 28. Juni 1933 in Berlin, in: Schriftenreihe des Reichsausschusses für Volksgesundheitsdienst, 1.

Frick, Wilhelm 1935: Ansprache bei der Gründungsversammlung des Reichsausschusses für Volksgesundheitsdienst am 20. Nebelung 1933 im Reichsministerium des Innern, in: Schriftenreihe des Reichsausschusses für Volksgesundheitsdienst, 2, 3-5

Graf, Jakob 21941: Biologie für Oberschule und Gymnasium, Bd. 1, Berlin.

Graf, Jakob 1942: Biologie für Oberschule und Gymnasium. Ausgabe für Knabenschulen, Bd. 4, Berlin.

Graf, Jakob 21943: Biologie für höhere Schulen, 3. Bd., Berlin.

Graf, O. 1941: Tabakgebrauch und Leistung, in: Reine Luft, Folge 3, 23, 115-118.

Gütt, Arthur 1935: Der öffentliche Gesundheitsdienst im Dritten Reich, in: Der öffentliche Gesundheitsdienst, Berlin, 1-31.

Gütt, Arthur 1935a, in: Schriftenreihe des Reichsausschusses für Volksgesundheitsdienst, 2, 6-10.

Gütt, Arthur 1937: Die deutsche Gesundheitsgesetzgebung, in: Pfundtner, Hans ed. 1937: Dr. Wilhelm Frick und sein Ministerium, München, 69-76.

Hitler, Adolf 1930: Mein Kampf, München.

Hoske, Hans 1936: Die Steigerung menschlicher Leistung als Staatsaufgabe, in: Harmsen, Hans; Lohse, Franz eds. 1936: Bevölkerungsfragen. Bericht des Internationalen Kongresses für Bevölkerungswissenschaft, München, 862-867.

Kanz, Heinrich 1984: Der Nationalsozialismus als pädagogisches Problem, Frankfurt a.M.

Mallwitz, A. 1930: Einführung, in: Museum für Leibesübungen e.V. ed. 1930: Das Museum für Leibesübungen, Berlin, 7-10.

Menck, Peter 1988: Anmerkungen zur Pädagogik in Deutschland zwischen 1933 und 1945, in: Geißler, Rainer; Popp, Wolfgang eds. 1988: Wissenschaft und Nationalsozialismus, Essen, 159-177.

Meyer, Erich; Zimmermann, Karl o.J.: Lebenskunde. Lehrbuch der Biologie für Höhere Schulen, Bd. 3, Erfurt.

Meyer, Erich; Zimmermann, Karl 1943: Lebenskunde. Lehrbuch der Biologie für Höhere Schulen, Bd. 4, Erfurt.

Münch, Ragnhild; Lazardzig, Jan 2002: Inszenierung von Einsicht und Überblick. Hygiene-Ausstellungen und Prävention, in: Stöckel, Sigrid; Walter, Ulla eds. 2002: Prävention im 20. Jahrhundert, Weinheim, 78-95.

Nikolow, Sybilla 2005: Statistische Bilder der Bevölkerung in den großen Hygieneausstellungen als Wissensobjekte, in: Mackensen, Rainer; Reulecke, Jürgen eds. 2005: Das Konstrukt „Bevölkerung" vor, im und nach dem „Dritten Reich", Wiesbaden, 476-488.

Osten, Philipp 2005: Hygieneausstellung. Zwischen Volksbelehrung und Vergnügungspark, in: Deutsches Ärzteblatt, 45, A3085-3088.

Pettenkofer, Max von 1873: Ueber den Werth der Gesundheit für eine Stadt, Braunschweig.

Pott, Elisabeth 2002: Gesund in der Gesellschaft – Information der Bevölkerung heute. Aufgaben und Konzepte der Bundeszentrale für gesundheitliche Aufklärung, in: Stöckel, Sigrid; Walter, Ulla eds. 2002: Prävention im 20. Jahrhundert, Weinheim, 204-217.

Proctor, Robert N. 1988: Racial Hygiene. Medicine under the Nazis, Cambridge/Massachusetts.

Proctor, Robert N. 1996: The Anti-Tobacco Campaign of the Nazis: A Little Known Aspect of Public Health in Germany, 1933-1945, in: British Medical Journal 313, 1450-1453.

Proctor, Robert N. 1999: The Nazi War on Cancer, Princeton N.J.

Proctor, Robert N. 2002: Blitzkrieg gegen den Krebs. Gesundheit und Propaganda im Dritten Reich, Stuttgart.

Reichsausschuß für Volksgesundheitsdienst ed. 1934: Zehn Gebote für die Gattenwahl, Schriftenreihe des Reichsausschusses für Volksgesundheitsdienst, Berlin.

Reichsgesundheitsamt ed. 181940: Gesundheitsbüchlein. Gemeinverständliche Anleitung zur Gesundheitspflege, Berlin.

Reichsministerium für Wissenschaft, Erziehung und Volksbildung 1938: Erziehung und Unterricht in der Höheren Schule, Berlin.

Reiter, Hans 1936: Bevölkerungswissenschaft als Hygiene, in: Harmsen, Hans; Lohse, Franz eds. 1936: Bevölkerungsfragen. Bericht des Internationalen Kongresses für Bevölkerungswissenschaft, München, 854-861.

Ruttke, Falk 1933, in: Schriftenreihe des Reichsausschusses für Volksgesundheitsdienst, 1, 2.

Schäffer, C. 1918: Karl Kraepelin. Leitfaden für den zoologischen Unterricht, Leipzig.

Scherf, Gertrud 1989: Vom deutschen Wald zum Deutschen Volk, in: Dithmar, Reinhard ed. 1989: Schule und Unterricht im Dritten Reich, Neuwied, 217-234.

Schmacke, Norbert 2002: Die Individualisierung der Prävention im Schatten der Medizin, in: Stöckel, Sigrid; Walter, Ulla eds. 2002: Prävention im 20. Jahrhundert, Weinheim, 178-189.

Schmeil, Otto 1913: Einführung in die Menschenkunde und Gesundheitslehre, Leipzig.

Schmeil, Otto 1914: Der Mensch. Ein Leitfaden für den Unterricht in den Grundzügen der Menschenkunde und Gesundheitslehre, Leipzig.

Schmeil, Otto 1929: Grundriß der Tier- und Menschenkunde, Leipzig.

Schmeil, Otto 1933: Menschenkunde und Gesundheitslehre, Leipzig.

Schmeil, Otto. 1940: Der Mensch, Leipzig.

Schmeil, Otto 1011951: Der Mensch, Heidelberg.

Schmiedebach, Heinz-Peter 2002: Gesundheit und Prävention in Abhängigkeit vom Gesellschaftsbegriff im 19. Jahrhundert, in: Stöckel, Sigrid; Walter, Ulla eds. 2002: Prävention im 20. Jahrhundert, Weinheim, 26-38.

Schmitz, L. 1889: Der Mensch und dessen Gesundheit, Freiburg i.Br.

Schott, Heinz 1993: Die Chronik der Medizin, Dortmund.

Staemmler, Martin 1936: Ueber Keimschädigung durch Genußgifte, in: Gegen die Rauschgifte!, Berlin, 9-18.

Steche, Otto; Stengel, Erich; Wagner, Maximilian 1940: Lehrbuch der Biologie für Oberschulen und Gymnasien, Bd. 3, Leipzig.

Vögele, Jörg; Woelk, Wolfgang 2002: Der „Wert des Menschen“ in den Bevölkerungswissenschaften vom ausgehenden 19. Jahrhundert bis zum Ende der Weimarer Republik. Ein Werkstattbericht, in: Mackensen, Rainer ed. 2002: Bevölkerungslehre und Bevölkerungspolitik vor 1933, Opladen, 121-133.

Walter, Ulla; Stöckel, Sigrid 2002: Prävention und ihre Gestaltung vom Kaiserreich bis zur Jahrtausendwende, in: Stöckel, Sigrid; Walter, Ulla eds. 2002: Prävention im 20. Jahrhundert, Weinheim, 273-299.

Zentralblatt für die gesamte Unterrichts-Verwaltung in Preußen 1895, 1903, 1904, 1918, 1926, 1929, Berlin.

Bevölkerungswissenschaften und -forschung 1933-1945

Agrarsoziologie und Agrarpolitik im Dritten Reich

Carsten Klingemann

I. Agrarsoziologie oder Rassenkunde?

Bei der Bestimmung der Rolle angewandter Soziologie in bestimmten Politikfeldern des NS-Regimes werden sehr unterschiedliche Positionen bezogen. Die nach wie vor vertretene Meinung, Soziologie könne es gar nicht gegeben haben, da die alles dominierende Rassenlehre keine fachwissenschaftliche Analyse sozialer Verhältnisse zugelassen habe, trifft auf die Auffassung, empirische Sozialforschung sei, wie im Fall der „Ländlichen Soziologie",[1] ein äußerst wirksames „Instrument von Kontrolle und Unterwerfung" gewesen. Joachim S. Hohmann schreibt in seinem Buch „Landvolk unterm Hakenkreuz", wegen ihrer rassenpolitischen Konformität sei sie geradezu prädestiniert, nationalsozialistische Ideologie in praktische Maßnahmen zu transformieren.

> „Freiwillig nahm sie die Rolle der ›vollziehenden Gewalt‹ auf sich, etwa indem sie weisungsgemäß dörfliche Kultur und ländliches Sozialleben in Augenschein nahm, um sogleich die beforschten Bewohner ländlicher Regionen zu denunzieren und den Verfolgungen der Rassenhygieniker und anderer Tätergruppen auszuliefern."[2]

Demnach haben sogar „mit ihrer Spürhundmentalität Soziologen umfangreiches empirisches Material erhoben, um über die rassische Abkunft der Probanden Gewißheit zu erlangen."[3] Wenn man dieser Argumentation folgt, war es die einzige Aufgabe der Agrarsoziologie, die rassischen Eigenschaften der Landbevölkerung in ihren soziokulturellen Ausdrucksformen zu ermitteln. Das erscheint auf den ersten Blick auch plausibel zu sein, wird doch der NS-Agrarpolitik nachgesagt, sie sei auf die völlig irrationale Idee der Fundierung einer deutschen Herrenrasse auf der Basis neugermanischen Bauerntums als „Neuadel aus Blut und Boden", wie der Titel eines Buches aus dem Jahr 1930 des späteren Reichslandwirtschaftsministers und Reichsbauernführers Richard Walther Darré lautet, fixiert.

---

1 Ich verwende durchgängig die Bezeichnung „Agrarsoziologie", wiewohl im Untersuchungszeitraum auch Termini wie Ländliche Soziologie, Landsoziologie und Soziologie des Dorfes gebraucht wurden.

2 Hohmann 1992, 203. Es ist bezeichnend, dass in dem Kapitel „›Ländliche Soziologie‹ als Instrument von Kontrolle und Unterwerfung", ebd., 191-207, aus dem dieses Zitat stammt, nicht ein Beispiel als Beleg für die behauptete Rolle der Ländlichen Soziologie als vollziehende Gewalt geliefert wird. Man wird aber auch an keiner anderen Stelle des Buches fündig. Das gilt insbesondere auch für das Kapitel „›Rassenbiologische‹ Untersuchungen in der Rhön", in dem (zahn-)medizinische Dissertationen, Arbeiten aus dem Reichsberufswettkampf der deutschen Studenten und von Mitarbeitern des Rassenpolitischen Amtes der NSDAP bei der Gauleitung Mainfranken referiert werden, bei denen aber kein Bezug zur Soziologie zu erkennen ist. Die beiden Bücher von Josef Müller über das Dorf Sulzthal und zur Lage des deutschen Bauerntums allgemein, bei denen das hingegen der Fall ist, werden sinnentstellend präsentiert. Müllers soziologische Position steht nämlich in diametralem Gegensatz zu rassenkundlicher Bauerntümelei, worauf noch näher eingegangen wird. Auch für Hohmanns Aufsatz, ders. 1995, der sich inhaltlich weitestgehend an die entsprechenden Passagen des Buches anlehnt, gilt das Gesagte uneingeschränkt.

3 Hohmann 1992, 206.

> „Der Begriff des ›Blut und Bodens‹ als Grundlage nationalsozialistischer Agrarpolitik stammt ebenfalls von Darré. Auch wenn schon im nationalsozialistischen Staat die von ihm vertretene, ironisch zur ›Blubo-Politik‹ verballhornte Bauerntumsideologie zu technologisch-pragmatischen Positionen in Konkurrenz treten mußte, blieb sie doch während des gesamten ›Dritten Reiches‹ als agrarpolitischer Ansatz vorherrschend [...].“[4]

Unter dieser Prämisse könnte empirische Agrarsoziologie nur als Rassenkunde existiert haben. Da aber die tatsächlich praktizierte Agrarpolitik ganz im Gegenteil dazu nicht die Umsetzung der Blut-und-Boden-Mystik darstellt, erhebt sich die Frage, inwieweit sich agrarpolitisches Handeln und Planen wie auch moderne Formen von Agrarsoziologie mit den Imperativen effektiven Wirtschaftens und sozialer Gestaltung im Agrarsektor auseinandersetzten. Die These lautet, dass auch diese realpolitische Konstellation mit dem für moderne Wissensgesellschaften allgemein geltenden Konzepts der „rekursiven Kopplung“ von Peter Weingart erfasst werden kann. Sie wiederum ist das Ergebnis zweier interdependenter Prozesse: der Verwissenschaftlichung von Politik und der Politisierung von Wissenschaft.[5] Die spezifische Ausprägung der rekursiven Kopplung während des Dritten Reichs bringt Margit Szöllösi-Janze auf den Punkt:

> „Selten ist das sowohl instrumentelle als auch legitimatorische Wechselverhältnis zwischen Politik und Wissenschaft jedoch deutlicher greifbar als im Nationalsozialismus, als die Politisierung von Wissenschaft und die Verwissenschaftlichung von Politik konvergierten.“[6]

Für die Agrarsoziologie spielte dabei der Prozess der außeruniversitären Professionalisierung eine besonders wichtige Rolle, wie noch gezeigt wird.

II. NS-Agrarpolitik: Blut-und-Boden-Ideologie versus wirtschaftliche Effizienz, Modernisierung und soziale Neuordnung

Die Politisierung der Agrarsoziologie erfolgte nicht gemäß der rückwärtsgewandten Utopie einer Reagrarisierung Deutschlands und der Beteiligung an der Kreierung eines Neuadels aus Blut und Boden. Denn so hätte zum Beispiel die Realisierung der obersten weltanschaulichen Maxime, den genetisch wertvollsten Teil der deutschen Bevölkerung repräsentiere das Landvolk (allerdings davon auch nur die rassisch-erbbiologisch Geeigneten), unter allen Umständen dazu führen müssen, den ländlichen Gen-Pool zu vergrößern. Aber genau das geschah trotz verschiedener fördernder, aber auch repressiver Maßnahmen, die Landflucht einzudämmen, nicht. Über das Ausmaß der Landflucht, die ja nicht nur die Landarbeiter betraf, liegen sehr unterschiedliche Angaben vor. Aber selbst der Staatssekretär Herbert Backe im Reichslandwirtschaftsministerium bezifferte allein den Verlust an Landarbeitern auf rund 400.000 Personen schon für den Zeitraum von 1933 bis 1938.[7] So auch Wilhelm Röpke, der allerdings darauf aufmerksam macht, dass auch arbeitende Familienmitglieder und abwandernde Landwirte mitgezählt werden müssten, um schließlich auf eine

4 Ebd. 1992, 207.
5 Vgl. Weingart 2001, 140.
6 Szöllösi-Janze 2004, 99f.
7 Vgl. Grundmann 1979, 113.

amtliche Erhebung des Reichsnährstandes vom Frühjahr 1939 zu verweisen, wonach „the total loss of fully employed agricultural workers of all kinds“ auf etwa 650.000 zu beziffern wäre.[8] Das *Statistische Jahrbuch für das Deutsche Reich* von 1939/40 gibt den Rückgang der Zahl der Landarbeiter bis Juni 1938 mit 513.000 an.[9] Josef Müller, Autor der bereits erwähnten realsoziologischen Bücher, der selbst von einem fränkischen 50 Hektar-Hof stammte, war Mitarbeiter des „Reichskuratoriums für Technik in der Landwirtschaft“, das auch 23 vollständig elektrifizierte Versuchsdörfer betrieb, schätzte den Verlust an Landarbeitern auf 800.000 und unter Einrechnung der Familienmitglieder auf eine Million.[10] Dieses Buch erschien in der Reihe „Schriften aus dem Rassenpolitischen Amt der NSDAP bei der Gauleitung Mainfranken zum Dr.-Hellmuth-Plan“ und dürfte die politisch unerwünschte Situation nicht übertrieben dargestellt haben.

Aber nicht nur die politisch unerwünschte, sondern wirtschaftlich sehr nachteilige Situation des Arbeitskräftemangels steht der gängigen Sichtweise auf das rassenidyllische „Bauernreich“ Adolf Hitlers entgegen. Bis Kriegsbeginn verringerte sich der Anteil der Land- an der Gesamtbevölkerung ebenso beträchtlich wie die Zahl der in der Land- und Forstwirtschaft Beschäftigten an der gesamten berufstätigen Bevölkerung.[11] Dafür stieg zum Beispiel die Einwohnerzahl der mitteldeutschen Städte mit vorwiegend chemischer Industrie (Magdeburg, Halle, Halberstadt, Dessau, Bitterfeld, Bernburg) von 1933 bis 1938 auf weit mehr als das Doppelte(!), wie auch die Metropolen ein stetiges Wachstum vorzuweisen hatten.[12] Auch das „Gesetz über die Neubildung deutschen Bauerntums“ von 1933 konnte diese Entwicklung nicht stoppen. Das Siedlungsprogramm wurde von Wirtschaft, Militär, Großgrundbesitzer, staatlicher Kreditpolitik und in die Höhe schnellender Bodenpreise vereitelt. „Was dabei herauskam, war das Gegenteil aller ideologischer Phantasien.“[13]

Für die anachronistisch-rassistische Zielsetzung der NS-Agrarpolitik steht an prominenter Stelle das Reichserbhofgesetz, ebenfalls aus dem Jahr 1933, in dem auch der Reichsnährstand als alle in der Landwirtschaft Tätigen organisierende Institution gegründet und die Markt- und Preisregulierungen für landwirtschaftliche Produkte eingeführt wurden. Der Reichsnährstand verlor schon bald seine politischen Einflussmöglichkeiten und hatte bei Kriegsbeginn „fast nur noch administrative Aufgaben“.[14] Zudem beschleunigten die Marktregelungen noch den Trend der Modernisierung der Landwirtschaft, indem hauptsächlich bestimmte Agrarprodukte und Betriebsgrößen bevorzugt wurden.

Kernstück der rassisch-eugenisch auszurichtenden Bauernpolitik als wichtigstem Instrument der Errichtung der NS-Volksgemeinschaft sollte das Reichserbhofgesetz sein, da das Bauerntum als „Blutsquell der Nation“ galt, oder, wie es 1933 Darré in einem Interview formulierte, dass ohne ein solches Gesetz „der biologische Bestand des deutschen Blutes nicht erhalten werden kann.“[15] Schon 1979 hat Friedrich Grundmann jedoch der Erbhofpolitik ihr „weitgehendes Scheitern“ attestiert. Es sei den nationalsozialistischen Agrarideologen nicht gelungen, den langfristigen Trend zur Entagrarisierung aufzuhalten oder gar um-

8 Röpke 1942, 146.
9 Vgl. Corni & Gies 1997, 291.
10 Müller 1940, 8.
11 Vgl. Schoenbaum 1980, 223.
12 Vgl. Ebd., 222f.
13 Ebd. 1980, 205.
14 Münkel 1996, 551.
15 Zit. nach Grundmann 1979, 39.

zukehren, die bäuerliche Wirtschafts- und Lebensform dauerhaft zu konservieren, die Abwanderung aus der Landwirtschaft zu beenden und die ländliche Geburtenrate zu erhöhen. Ursachen des Scheiterns sieht er in der unrealistischen Zielsetzung des erbhofpolitischen Konzepts, in dessen praktischem Vollzug und im Widerstand Betroffener sowie in divergierenden Interessen innerhalb des polykratischen Herrschaftssystems und in den durch die Expansionspolitik hervorgerufenen Zielkonflikten. Entscheidend sei, dass jegliche Einsicht in die Abhängigkeit des Agrarsektors von der Dynamik der kapitalistischen Industriegesellschaft gefehlt habe.[16]

Dies kann man Agrarsoziologen, denen zwar als überzeugte Anhänger des Nationalsozialismus auch bauernromantische Anwandlungen nicht ganz fremd waren, aber in das Zentrum ihrer Analyse der Lage der Landwirtschaft deren Industrialisierung stellten, nicht nachsagen. Unter deren Auswirkungen und den inadäquaten Regelungen des Erbhofgesetzes litten scheinbar privilegierte Erbhofbauern in großer Zahl, die sich, wie Grundmann schon darlegte, widerständisch gaben. Damit hat sich Daniela Münkel befasst und bei ihrer Untersuchung der praktischen Durchführung der Erbhofpolitik herausgefunden, „daß die Umsetzung des Reichserbhofgesetzes ab 1933 wenig mit den ideologisch begründeten Ziel einer rückwärtsgewandten, das Bauerntum stilisierenden Utopie gemein hatte."[17] So seien etwa kleine unrentable Erbhöfe geopfert und eine Konzentration auf mittlere und größere Betriebsgrößen vorangetrieben worden, wodurch das fast völlige Verschwinden von Kleinstbetrieben in der Nachkriegszeit im Sinne eines Modernisierungsschubs eingeleitet wurde. Die Anwendung des Reichserbhofgesetzes förderte den industriegesellschaftlich basierten Strukturwandel.

> „Aufgrund seiner pragmatischen Umsetzung nahm das Reichserbhofgesetz keine Sonderrolle mehr im Rahmen nationalsozialistischer Agrarpolitik ein, sondern paßte sich in das allgemeine Vorgehen auf diesem Sektor ein. Auch dies bewegte sich im Spannungsfeld von Ideologie und ökonomischen bzw. aufrüstungspolitischen Prämissen, wobei grundsätzlich gilt, daß letztere in der praktischen Umsetzung bei allen agrarpolitischen Maßnahmen ausschlaggebend waren."[18]

In ihrem Standardwerk über die „Ernährungswirtschaft in Deutschland unter der Diktatur Hitlers" betonen Gustavo Corni und Horst Gies nicht nur die negativen Auswirkungen der nationalsozialistischen Wirtschaftspolitik auf die bäuerliche Klein- und Kleinstbetriebe, sie stellen auch deutlich heraus, dass die Landwirtschaft überhaupt für die Wirtschaftspolitiker „nur eine zweitrangige Rolle" gespielt habe.[19] Das ist trotz proklamierter Schollenmystik und mit großem propagandistischen Aufwand inszenierter „Erzeugungsschlacht"-Kampagnen sowie gemeinschaftsstiftender Autarkie-Rhetorik nicht weiter verwunderlich, war doch der Anteil der Landwirtschaft am Bruttosozialprodukt von 12,2 % im Jahr 1927 auf 9,8 % im Jahr 1939 gesunken.[20] Das Resümee von Corni & Gies, die Agrarpolitik rangiere insbesondere auch im Hinblick auf die die Industrie und Rüstung favorisierende Politik Hermann Görings als Beauftragter für den Vierjahresplan „auf den unteren Rängen der Prioritätenskala des Regimes",[21] ist nur zu plausibel.

---

16 Vgl. ebd., 151.
17 Münkel 1996, 577.
18 Ebd., 579.
19 Corni & Gies 1997, 296.
20 Vgl. ebd., 317.
21 Ebd., 591.

Auch wenn man sich dieser Einschätzung grundsätzlich anschließt, stellt sich die Frage, inwieweit gerade im Agrarsektor dennoch Modernisierungseffekte beobachtet werden können, und wenn ja, welche Rolle die Agrarsoziologie eventuell in diesem Prozess gespielt haben mag. In den „wenigen Jahren" des Dritten Reichs haben nach Corni & Gies die Konzentration der Betriebsgrößenstruktur, die Produktions- und Produktivitätssteigerungen durch einen höheren Mechanisierungsgrad, der steigende Düngemittelverbrauch und neuartige Konservierungstechniken „Schritte in Richtung moderner Formen der Landwirtschaft" bedeutet.

> „Auch Rationalisierungs- und Standardisierungsmaßnahmen im Bereich der Verarbeitung und Vermarktung von Nahrungsmitteln machten im Staat Hitlers ebenso Fortschritte, wie damals erstmals intensive Marktforschung in der Ernährungswirtschaft stattfand."[22]

Sie heben aber hervor, dass diese Modernisierungseffekte sich „nicht dank der offiziellen Agrar- und Ernährungspolitik" einstellten, sondern „durch den immer größer werdenden Leistungsdruck" erzwungen wurden.

> „Da die vorhanden Ressourcen und Devisen zunehmend in diejenigen Sektoren der Industrie investiert wurden, die mit der forcierten Aufrüstung verbunden waren, blieb die überforderte Landwirtschaft im ganzen auf dem Weg in eine moderne technologische Agrarwirtschaft eher zurück und mußte sich mit vagen Plänen für eine unbestimmte Zukunft begnügen."[23]

Und hinsichtlich der aufklärerischen und modernisierenden Effekte des verstärkt ausgebauten landwirtschaftlichen Schulungs- und Beratungswesens müsse bedacht werden, dass es „auch für zunehmende Reglementierung und Repression der Landbevölkerung nutzbar gemacht" wurde.[24]

Der Auffassung, wonach die durchaus beachtlichen Modernisierungseffekte ausschließlich durch Leistungsdruck erzwungen wurden, kann man grundsätzlich zustimmen. Nur heißt das nicht, dass es keine strategischen Planungen zur Modernisierung gegeben hat und anachronistische Vorstellungen bewusst und öffentlich aufgegeben wurden. Auf Prof. Konrad Meyer, der in seinen gleichzeitig wahrgenommenen Rollen als Wissenschaftler, Planer und Politiker, den Typus eines Modernisierers perfekt repräsentiert, und auf die von ihm propagierte Agrarsoziologie, wird noch näher eingegangen. Hans Linde, der selbst als promovierter Agrarsoziologe im Stabsamt des Reichsbauernführers tätig war, hat in seinem Aufsatz aus dem Jahr 1939 die Auswirkungen dieser politischen Modernisierungsstrategie auf die Entwicklung der Agrarsoziologie treffend zum Ausdruck gebracht, wobei sowohl die Modernisierung der Soziologie durch Förderung der Empirischen Sozialforschung wie auch die rekursive Kopplung von Sozialwissenschaften und Politik sichtbar werden.

> „Die unmittelbare Förderung der ländlichen Soziologie durch das Reich geschieht auf Grund ihrer notwendigen inneren Verzweigung nicht durch die Einrichtung großer Institute und wissenschaftlicher Apparate, sondern durch die Finanzierung von konkreten Forschungsvorhaben, deren Bearbeiter im Forschungsdienst [Zentrale von sieben Reichsarbeitsgemeinschaften mit 130 Arbeitskreisen der Landwirtschaftswissenschaft, C.K.] und in der Reichsarbeitsgemeinschaft für

---

22 Ebd., 594. Vgl. die Zusammenfassung modernisierender und retardierender Momente im Agrarsektor bei Grundmann 1979, 157.

23 Corni & Gies 1997, 594.

24 Ebd., 595.

Raumforschung [die 51 Hochschularbeitsgemeinschaften organisierte, C.K.] zusammengeschlossen sind."[25]

Diese Form der Forschungsförderung war für das deutsche Wissenschaftssystem absolut neuartig, da hier zum ersten Mal interdisziplinär ausgerichtete Forschungsverbünde reichsweit institutionalisiert worden sind. In beiden Netzwerken waren Soziologen an forschungspolitischen Schaltstellen etabliert und an zentralen Forschungsprojekten beteiligt. Das gilt insbesondere auch für die empirische Agrarsoziologie. Dies ist erwähnenswert, wenn man dabei den Entwicklungsstand der Agrarsoziologie im Jahr 1933 bedenkt.

III. Agrarsoziologie am Ende der Weimarer Republik

In dem 1931 von Alfred Vierkandt herausgegebenen fast 700 Seiten starken „Handwörterbuch der Soziologie" ist kein Beitrag zur Agrarsoziologie enthalten. Nur Leopold von Wiese, der bereits 1928 einen Sammelband über „Das Dorf als soziales Gebilde" veröffentlicht hatte, ist mit dem vierseitigen Artikel „Ländliche Siedlungen" als Pendant zum Artikel „Städtische Siedlung" von Werner Sombart vertreten. Von Wiese möchte aber den Eindruck vermeiden, die Soziologie erhebe Anspruch auf die Etablierung einer eigenständigen Dorfsoziologie, diese gebe es nur im Sinne einer Vergleichbarkeit mit dem theoretischen Teil der amerikanischen *Rural Sociology*.[26] In seinem Aufsatz über „Ansätze zur Entwicklung einer ländlichen Soziologie in Deutschland" im „Archiv für angewandte Soziologie", ebenfalls aus dem Jahr 1931, propagiert Anton Ulrich Moeller, Vertreter der Landwirtschaftlichen Betriebs- und Landarbeitslehre, sein Modell einer Landwirtschaftswissenschaft, zu deren vier Hauptfächern auch eine dezidiert angewandte „ländliche Soziologie" gehört, die es aber noch nicht gebe. Er nennt Leopold von Wiese und Gunther Ipsen, dessen Ansatz er aber „nicht als ausgesprochen angewandt soziologisch, sondern vielleicht mehr als historisch-geographisch" bezeichnet.[27]

Wenn man bedenkt, welche gesellschaftspolitischen Dimensionen die perennierende Agrarkrise allgemein hatte, und speziell welche Bedrohung sie für die erste deutsche Demokratie darstellte, was sich zum Beispiel in der Landvolkbewegung und den überproportional hohen Stimmanteilen der Landbevölkerung für die NSDAP deutlich niederschlug, ist es erstaunlich, dass sich keine Agrarsoziologie entwickelt hat. Resümierend ist dem Befund von Heinrich Becker zur Situation am Ende der Weimarer Republik zuzustimmen: „Land- und agrarsoziologische Fragen spielten in der neuen Wissenschaft der Soziologie keine Rolle [...]."[28]

---

25 Linde 1939, 418. Lindes ergänzender Hinweis auf „zahlreiche Körperschaften, Vereinigungen, Institute und Stiftungen", die zusätzlich „ausreichende Forschungsbeihilfen" zur Verfügung stellen, macht deutlich, welche Relevanz der agrarsoziologischen Forschung beigemessen wurde. Und anschließend wird nochmals das Prinzip der rekursiven Kopplung angesprochen: „Bisher haben vor allem bevölkerungspolitische Arbeiten im Mittelpunkt der wissenschaftlichen Bemühungen gestanden, gegenwärtig im Zeichen des zweiten Vierjahresplanes sind es arbeitspolitische, dann werden es siedlungspolitische sein." Ebd.

26 Vgl. v. Wiese 1931, 526.

27 Moeller 1931, 214, (Herv. im Original).

28 Becker, Heinrich 2005, 176.

IV. Agrarsoziologie im NS-Staat

So gesehen, beginnt Hans Linde seinen bereits zitierten Aufsatz aus dem Jahr 1939 zu Recht mit der Feststellung:

> „Zwei Tatsachen sind für den gegenwärtigen Stand der Agrarsoziologie in Deutschland bezeichnend: 1. Sofern unter Agrarsoziologie zunächst nichts anderes verstanden werden soll als das wissenschaftliche Befaßtsein mit den Erscheinungsformen und den Werten ländlichen Lebens: eine Hinwendung zum Landvolk, wie sie noch vor wenigen Jahren weder zu vermuten noch zu hoffen war und 2. sofern man unter Agrarsoziologie den besonderen Zweig eines soziologischen Lehrgebäudes oder der Landwirtschaftswissenschaft erblicken möchte: ihr völliges Fehlen."[29]

Diese Aussage bestätigt scheinbar die grundsätzliche Unmöglichkeit, Soziologie als Wissenschaft und insbesondere Agrarsoziologie unter der Herrschaft des Rassenparadigmas und der mystischen Landutopie betreiben zu können.

Als Beleg wird dafür gerne angeführt, dass dem führenden NS-Rassentheoretiker Hans F. K. Günther 1935 eine „Anstalt für Rassenkunde, Völkerbiologie und ländliche Soziologie" an der Universität Berlin eingerichtet wurde. Nur war es Günther selbst, der in seiner Rede zum 126. Jahrestag der Berliner Universität am 4. November 1936 über „Aufgaben einer Ländlichen Soziologie im völkischen Staate" den bekannten Ausspruch von Adolf Hitler, „Das Dritte Reich wird entweder ein Bauernreich sein oder untergehen [...]", dahingehend kommentierte: „Damit war nicht gesagt, daß die deutsche Bevölkerung bald wieder überwiegend ländlich werden könne oder solle."[30] Selbstverständlich deklamierte Günther auch bei dieser Gelegenheit, die „ererbte Veranlagung" sei die „ausschlaggebende Macht", und immer „erzeugt sich ein Volk auf dem Lande und stirbt aus den Städten", woraus folgt, dass Abhilfe nur die „Entstädterung der Gesinnungen" bringen könne. Das Vorbild für eine „Soziologie und Biologie des deutschen Bauerntums" ist dennoch nicht seine eigene Rassenlehre:

> „Bei Begründung einer Ländlichen Soziologie in Deutschland werden wir Deutsche viele Anregungen verwerten können, die uns die nordamerikanische Rural Sociology geben kann. In Nordamerika besteht wirklich schon eine Ländliche Soziologie, zusammengefaßt in einer größeren Zahl wertvoller Lehrbücher und Einzeluntersuchungen. Es fehlt aber in den Vereinigten Staaten auch nicht an der Städtischen Soziologie und an der Ländlich-Städtischen Soziologie (Rural-Urban Sociology), die zur Erkenntnis der Lebensvorgänge, der Siebungs- und Auslesevorgänge zwischen Land und Stadt notwendig sind."[31]

In seinem 1939 erscheinenden Buch „Das Bauerntum als Lebens- und Gemeinschaftsform" setzt er sich dann ausführlich mit deutschen und amerikanischen agrarsoziologischen Ansätzen auseinander. Dabei wird zum Beispiel Gunther Ipsens Versuch, das Dorf als „echte

[29] Linde 1939, 413. Es sei darauf hingewiesen, dass der quantitative Anteil der sozialwissenschaftlichen Agrarforschung gemessen an allen anderen Varianten der Agrarwissenschaften selbstverständlich sehr gering war; vgl. Klemm 1994. Über die spezielle Variante von Agrarsoziologie, die Dorfforschungen – auch im Dritten Reich –, berichtet Planck 1974. Die zehn Seiten von Struff 1999, 69-79 über „Dorf- und Gemeindeforschung im ›Dritten Reich‹ – ein vorläufiger Überblick" bergen keinen sachlichen Gewinn.

[30] Günther 1937, 118.

[31] Ebd., 121.

Gruppe" zu erfassen, zurückgewiesen. Wenn Ipsen „als die bezeichnendste Ausprägung deutschen Bauerntums das Dorfleben in den germanischen Haufen- und Gewanndörfern auffassen" wolle, dann übersehe er, dass dieses „echteste deutsche Bauernleben" auch durch westfälische oder schweizerische Einzelhöfe repräsentiert werde.[32]

Günther hat damit tatsächlich eine für Ipsen typische voluntaristische Argumentation in dessen Konzept des Dorfs als echter Gruppe benannt: „Was wir bedürfen, ist dagegen eine Form, die ganz im Bauerntume selbst verwurzelt ist."[33] Unter dieser Prämisse konstruiert Ipsen ein Siedlungsmodell für das nördliche und mittlere Europa (der slawische Raum und die Mittelmeerregion gehören ausdrücklich nicht dazu) mit drei konzentrischen Ringen, wobei sich zwischen dem äußeren Ring mit Einzelhöfen von Irland bis in die Alpen und dem inneren Kreis der niederrheinischen Einzelhöfe sich „in wechselnder Breite das Gebiet eigentlicher dörflicher Siedlung" in der Form des Haufendorfs dehnt. „Das Haufendorf ist unser Dorf schlechthin. So wird es uns zurecht als Vorbild gelten." Diese realhistorische Sachverhalte völlig ignorierende Setzung kann nicht als legitimer Idealtypus anerkannt werden. Sie dient einzig und allein der Scheinrationalisierung von Ipsens nationaler Mission. Denn nicht nur das „flache Land und mit ihm das Dorf sind aus dem wirklichen Leben der Nation nahezu ausgeschieden." Nein, „der drohende Ausfall des flachen Landes aus unserem geschichtlichen Dasein" gefährde „das Dasein der Nation an ihrer Wurzel: wie das Bauerntum unsrer Welt wesentlich zugehört, so vermag sein Ausfall eben dieses Wesen zu vernichten."[34] Diese apokalyptische Vision erfordert aber nicht nur eine Stilisierung des Dorfes als „echter Gruppe", damit korrespondierend bedarf es auch einer eben solchen für den Bauern. Folgerichtig konstruiert Ipsen auch noch die „Gruppe Bauer", denn: „Das Dorf besteht aus Bauern."[35] Das ist soziologisch gesehen Unsinn, aber da sein „Bauer" nicht nur „Herr des Hofes", sondern auch „Eheherr, Gatte, Vater" und „ganz wesentlich Gemeinschaft mit der Erde und ihren Geschöpfen" ist, ist es konzeptionell zwingend. Ipsen präsentiert hier seine Dorfsoziologie konsequent als Ziviltheologie: „Dreieinig sind in der Gruppe Bauer Herrschaft, Familie und Gemeinschaft mit der Kreatur verschlungen."[36]

In seinem anschließenden Aufsatz über „Das Dorf in der deutschen Gegenwart" bietet Ipsen dann kontrastierend eine historisch-nüchterne bevölkerungsstatistische Darstellung der Entwicklung der deutschen Landwirtschaft. Er kommt zu der Erkenntnis, dass die „Eingliederung des Dorfes in die industrielle Gesellschaft" der einzig sinnvolle Weg ist, denn diese „selbst ist uns schicksalhaft gegeben; es steht in Niemandes Macht, sie abzulehnen."[37] Diese Eingliederung soll über das „genossenschaftliche Prinzip" im Dorf selbst und „am Markte" erfolgen, wobei die Organisation auf der „Verwaltungs- und Wirtschaftseinheit" des Kreises im Sinne seiner Erneuerung und Befestigung „als kleinste vollständige Lebenseinheit des Bauernlandes" stattzufinden habe.[38]

---

32 Günther ^{2}1941, 9.
33 Ipsen 1928/29, 28
34 Ebd., 22f.
35 Ebd., 29.
36 Ebd., 32. In diesem Stil ist auch sein Vortrag über das preußische Erbhofrecht gehalten, der 1933 unter dem Titel „Blut und Boden" veröffentlicht wird, ders. 1933c. In einer Rezension in der Zeitschrift für Sozialforschung wird abschließend treffend resümiert: „Die reale wirtschaftliche Problematik des Bauern in der kapitalistischen Wirtschaft wird von I. überhaupt nicht berührt." Marx 1935, 466.
37 Ebd. 1929/30, 240.
38 Ebd., 241.

Als Ipsen diese Lösung der Agrarkrise Ende der zwanziger Jahre publizierte, war ihm ihre Realitätsfremdheit eventuell nicht bewusst. Aber im Rahmen der seit 1931 durchgeführten „Soziologischen Dorfwochen" war er über die Verhältnisse auf dem Land durch eigene gründliche empirische Erhebungen unmittelbar informiert. In einem Bericht aus dem Jahr 1932 über die bis dahin durchgeführten fünf zehn- bis vierzehntägigen Dorfwochen stellt er mit aller gebotenen Deutlichkeit fest:

> „Es ist bekannt, daß die ländliche Gesellschaft Deutschlands etwa seit dem zweiten Drittel des vorigen Jahrhunderts in einen eigentümlichen Zustand der Erstarrung, des Stillstands, der Verkümmerung verfiel, eine Versteinerung, die um so merkwürdiger ist, wenn man den gleichzeitigen grandiosen Aufbau einer Industriegesellschaft vor allem in den großstädtischen Zentren damit vergleicht. Dieser Aufbau hat alle überschüssigen Kräfte, das gesamte Bevölkerungswachstum, die produktiven Energien an sich gezogen; hier allein schien gesellschaftliche Bewegung, Aufbau, Kampf, soziales und politisches Geschehen. Der volle Einsatz galt der industriellen Gesellschaft."[39]

Wie aussagekräftig die Erhebungen im Rahmen der „Soziologischen Dorfwochen" sind, zeigt der Bericht von Host Becker über das 1932 untersuchte alte Sorbendorf Hof in Sachsen, der 1938 veröffentlicht wurde.[40]

Vorangestellt war ihm eine Synopse von Ipsen „Über Dorfforschungen", in der er mitteilt, seit dem 19. Jahrhundert überwiege in Hof „zahlenmäßig industrielle Arbeiterschaft".[41] Er fordert im Sinne seiner Vision von der „deutschen Bauernpolitik", sie müsse „neue Formen des Gemeinlebens schaffen", sie bedürfe „der Einsicht in die haltbaren und beständigen Kräfte und Ordnungen ländlichen Gemeinschaftslebens".[42] Becker unterwirft sich Ipsens ideologisch-politischen Imperativen. Er berichtet zwar, dass die „Institutionen des Dorfes ihre bindende Wirkung nicht erfüllen", und stellt als Ergebnis der Untersuchung heraus,

> „daß von seiten der Bauernschaft tatkräftige Ansätze zu ständisch-genossenschaftlichem Zusammenschluß (hier) nicht vorliegen. Sie zeigt im ganzen eine Müdigkeit der Haltung, die deutlich genug auf das Jahr der Untersuchung verweist."

Er biegt aber die Ergebnisse im Sinne Ipsens so hin, „daß die Gruppe der Hofbauern, so klein sie zahlenmäßig auch ist und so sehr ihr ein bäuerliches Selbstbewußtsein noch abgeht, auch zu jener Zeit noch die tragende Mitte des Dorfes bildet, die auch für die Nichtbauern das Maß des Lebens setzt; sie lässt erkennen, daß in allen Schichten des Dorfes die Verbundenheit mit dem Boden und der bäuerlichen Arbeit fortbesteht", was im Wissen um die tatsächliche Situation nur in dem hilflosen Appell endet, „daß es nur not tut, den Menschen neuen Lebensglauben, Lebensmut und Lebensraum zu schaffen."[43] Allerdings wur-

---

39 Ipsen 1932, 205. 1933 erscheint auch Ipsens schmale Schrift „Das Landvolk. Ein soziologischer Versuch". Dort vertritt er dieselbe Position und betätigt sich als Kassandra: „Der Druck des Industriesystems legt sich wie ein Alp auf die ostdeutsche Agrargesellschaft und beschwört das Gespenst eines deutschen Irland." Aber nicht nur das: „Ostdeutschland wird zum Kampfplatz einer Auseinandersetzung von europäischer Bedeutung." Ders. 1933b, 73, 73f.

40 Becker, Horst 1938

41 Ipsen 1938, 249.

42 Ebd., 248.

43 Becker, Horst 1938, 283. Dass dahinter Ipsens wissenschaftlich untaugliche Idee stand, spricht Hans Linde rückblickend offen aus: „Als Beleg des Forschungsansatzes von Ipsen kann diese Arbeit [Lindes Dissertati-

den 1935 durch die Aufsiedlung der Rittergutsflur sieben Bauern- und vier Gärtnerstellen geschaffen, was die Abwanderung von 53 „landwirtschaftlichen Arbeitern“, aber nur die Zuwanderung von neun „landwirtschaftlichen Gehilfen“ zur Folge hatte. Einen echten Bevölkerungszuwachs bedeutete hingegen die Errichtung der „Motorsportschule“ des „Nationalsozialistischen Kraftfahrkorps“ mit 40 Personen Stammpersonal – eine andere Form der nationalsozialistischen Dorferneuerung.

Für den Bevölkerungssoziologen Gunther Ipsen hatte ich in Anspielung auf dessen „Gesetz vom doppelten Stellenwert“[44] das Gesetz vom doppelten Ipsen formuliert: „[D]er volkstumspolitische Schwärmer Ipsen unterliegt dem soziologischen Ipsen, wenn es darauf ankommt.“[45] Diesen doppelten Ipsen gibt es auch als irrationalen Bauerntumsromantiker und als wissenschaftlichen Agrarsoziologen. Im Abschnitt „Die ländliche Gesellschaft im Industriesystem“ des von Ipsen verfassten Artikels „Agrarverfassung: III. Landvolk. Soziale Struktur“ im Handwörterbuch des Grenz- und Auslanddeutschtums ist keine Rede von der imaginierten „echten Gruppe“ des Bauern.

> „Dagegen ist das dt. Dorf der Gegenwart weder im einzelnen noch in seiner Gesamtheit ein geschlossener Lebenszusammenhang. Nur auf Grund der gleichen Baugesetze, die immer wieder den gleichen Typus erzeugen, fassen wir es zusammen; nur gedanklich ist die ländliche Bevölkerung heute eine Einheit. In Wahrheit, das heißt im Lebenszusammenhang der gesellschaftlichen Wirklichkeit, ist sie nichts denn ein typisch gearteter, unselbständiger Teil, eine bloße S c h i c h t, wie wir begrifflich sagen.“[46]

Nach dieser durchaus zutreffenden wissenschaftstheoretischen Klarstellung gibt Ipsen auch noch eine Kostprobe realsoziologischer Einsichtsfähigkeit, indem er die sozioökonomische Stellung der Landwirtschaft illusionslos beschreibt:

> „Erstens: nicht mehr die Agrargesellschaft ist die bestimmende Macht unseres Daseins, sondern das industrielle System; seit 40 Jahren ist das Landvolk auch zahlenmäßig zur sozialen Minderheit geworden. Zweitens: die industrielle Gesellschaft ist nicht nur Mehrheit neben dem kleinern ländlichen Sektor, sondern zugleich die das Ganze beherrschende Macht, die über ihren eigensten Bereich hinaus sich auch die übrigen Bezirke des Daseins untertan macht; sie beherrscht das Ganze, sie durchdringt alle Bezirke des sozialen Lebens, sie versucht, sie sich einzuverleiben u. in ihrem Sinne umzugestalten.“[47]

Die Dominanz realsoziologischer Einsicht zeigt sich auch in Ipsens Vorschlägen für die geplante Flurbereinigung des durch Freiteilung geprägten Neckarlandes. Zwar wünscht sich Ipsen eine Steigerung der Zahl der Hofbauernstellen, aus seiner nicht ideologisch kontaminierten Analyse des Verhältnisses von Landwirtschaft und Industrie entwickelt er aber folgerichtig einen Katalog konkreter politischer Maßnahmen, die alle die Ausrichtung der

on, C.K.] jedoch nur mit Einschränkungen gelten, weil ich den gruppen- und gemeinschaftsorientierten Bezugsrahmen […] aufgegeben habe zugunsten der bis dahin nicht reflektierten historischen Dialektik Bauernschaft – Unterbäuerliche Schicht.“ Linde 1981, 107.

44 Dem Gesetz gemäß gibt jeder neue industrielle Arbeitsplatz einer zweiten Stelle für Dienstleistungen und Haushaltsversorgung Nahrung.

45 Klingemann 2004a, 201.

46 Ipsen 1933a, 44.

47 Ebd., 45

Landwirtschaft auf die strukturellen Bedürfnisse forcierter industrieller Expansion zum Ziel haben.[48]

Ipsens Texte sind im Kontext zahlreicher weiterer agrarsoziologischer Arbeiten zu diversen Einzelthemen zu lesen, die von ihm und Hans Freyer in Leipzig betreut wurden. Es handelt sich hauptsächlich um Dissertationen und Denkschriften, die in Forschungsprojekten entstanden, die von der Reichsstelle für Raumordnung (RfR), dem Reichslandwirtschaftsministerium, dem Reichnährstand und der Reichsarbeitsgemeinschaft für Raumforschung (RAG) in Auftrag gegeben worden sind. Damit standen die Leipziger Soziologen aber nicht allein. Das Institut für Sozial- und Staatswissenschaften an der Universität Heidelberg entwickelte sich unter seinem Direktor Carl Brinkmann zu einer zentralen Einrichtung für agrarsoziologische Projekte, die auch von den eben genannten Institutionen gefördert wurden und darüber hinaus von der Studiengesellschaft für Nationalökonomie, wissenschaftliche Forschungsstelle des Reichsbauernführers, und dem Reichskommissar für die Festigung deutschen Volkstums (Reichsführer SS Heinrich Himmler).[49]

Auch am Beispiel der agrarsoziologischen Projekte des Erlanger Soziologen Karl Seiler, die von der RAG in den Jahren 1937 bis 1939 großzügig gefördert wurden, so dass Seiler fünf feste Mitarbeiter einstellen konnte, lässt sich das Prinzip der rekursiven Kopplung gut demonstrieren. Die zuständigen Stellen der Landesplanungsgemeinschaft Bayern, des Reichsnährstands sowie Instanzen der staatlichen Administration und der NSDAP wirkten bei den Erhebungen mit. Der Gaubeauftragte für Siedlung und Landesplanung des Gaus Franken, der Planungsreferent des Reichstatthalters Bayern und die Zentrale der bayerischen Landesplanung in München befassten sich mit Seilers Forschungsberichten und Publikationen. Weiterhin bestanden personelle Kontakte zu administrationseigenen Forschungseinrichtungen und Planungsbehörden. Ein Mitarbeiter Seilers ging zur Studiengesellschaft für Nationalökonomie des Reichsbauernführers, bei der auch ein Heidelberger Agrarsoziologe angestellt war. Seiler nahm an Tagungen der RAG teil, die auch von zahlreichen Vertretern der Reichs- und Landesplanungsadministrationen wie der RfR und den Landesplanungsgemeinschaften besucht wurden. Der promovierte Soziologe Walter Hildebrandt, der bereits zusammen mit Karl Heinz Pfeffer die Leipziger Untersuchungen zur Landarbeiterfrage durchgeführt hatte, leitete mit Seiler die Arbeiten zur Landflucht in Franken und wurde dann Mitarbeiter in der Berliner Zentrale der RAG. Diese außeruniversitäre Professionalisierung der empirischen Soziologie führte schließlich zur Einrichtung eines Lehrstuhls für Soziologie an der Nürnberger Hochschule für Sozialwissenschaften (Hindenburg-Hochschule).[50]

Geradezu prototypisch für die reziproke Verschränkung der Verwissenschaftlichung von Politik und der Politisierung von Wissenschaft stehen der habilitierte Agrarsoziologe Herbert Morgen und sein Chef Konrad Meyer. Morgen lehrte als Dozent an der Universität

48 Vgl. Ipsen 1941. Vgl. hierzu und zum folgenden den Abschnitt „Agrarpolitik, ›Neuordnung des Ostens‹ und Agrarsoziologie" in: Klingemann 1996, 290ff; vgl. dort auch die Ausführungen zu der von Karl Heinz Pfeffer durchgängig an Fakten orientierten Agrarsoziologie.

49 Selbst Leopold von Wiese übernahm einen Forschungsauftrag des Regierungspräsidenten des Bezirks Trier zur Untersuchung der Lage des landwirtschaftlichen Nachwuchses in Dörfern des südlichen Teils des Regierungsbezirks.

50 Auch der Königsberger Soziologe Georg Weippert erstellte für die RAG Gutachten über „Eindeutschungspolitik und Landarbeiterfrage", Weippert 1940, sowie zusammen mit Erwin Scheu über „Aufnahmefähigkeit und Bevölkerungsstruktur im agrarischen Raum der neuen Ostgebiete" Scheu & Weippert 1940, deren Zwecksetzung für die Expansionspolitik evident ist.

Berlin und leitete die Abteilung Bodenordnung und ländliche Soziologie am Institut für Agrarwesen und Agrarpolitik der Universität, dessen Direktor, SS-Oberführer Prof. Dr. Konrad Meyer, gleichzeitig Leiter des Planungsamtes des Reichskommissars für die Festigung deutschen Volkstums war. Morgen hatte in verschiedenen Behörden Verwaltungserfahrung gesammelt und war als Experte für Fragen landwirtschaftlicher Strukturreformen ausgewiesen. Als Geschäftsführer des Forschungsdienstes, der dem Reichslandwirtschaftsministerium und dem Reichswissenschaftsministerium unterstand, saß er an einer Schaltstelle nationalsozialistischer Forschungspolitik. Morgen vertrat einen dezidiert soziologischen Ansatz, den er auch bei der Planung der neuen Strukturen des Agrarsektors in den eroberten Ostgebieten in den Vordergrund stellte. Als Leiter einer Kommission, die im Auftrag des Reichskommissars für die Festigung deutschen Volkstums umfassende sozioökonomische Bestandsaufnahmen in den ehemals russischen Kreisen des okkupierten Polens durchführte, entwickelte er, den gegen Juden und bestimmte andere Bevölkerungsgruppen Polens gerichteten ›volkspolitischen‹ Leitsätzen des Reichskommissars folgend, in seinem Aufsatz über „Soziologische Erwägungen bei der Erstellung dörflicher Gemeinden“ praktische planerische Vorschläge für die zukünftige ländliche Agrar- und Sozialstruktur, die jeder Bauernromantik entbehren und auf dem Grundsatz beruhen:

> „Die neuen Ostgebiete in Zukunft als reine Agrargebiete mit damit begründeter einseitiger Sozialstruktur anzusehen, wäre vollkommen abwegig.“[51]

Morgens Sachverstand wurde auch in Himmlers Planungsamt offensichtlich geschätzt. So ist er auch einer der Autoren des „Generalplans Ost“.[52]

Bevor von Agrarsoziologen Planungsinstrumente zur Umgestaltung der gesamten Sozialstruktur Deutschlands entwickelt wurden, sollten agrarsoziologische Konzepte auch als Propagandamittel auf dem XIV. Internationalen Soziologie-Kongreß, der für das Jahr 1939 in Bukarest geplant war, eingesetzt werden. Dem designierten Leiter der deutschen Delegation, Gunther Ipsen, war es sehr wichtig, die fach- aber auch außenpolitische Rolle der Agrarsoziologie gegenüber dem Reichswissenschaftsministerium herauszustellen. In diesem Sinne wurden Referate von Kleo Pleyer über „Die kapitalistische Wirtschaft im Dorf“, Helmut Haufe über „Der polnische Landkreis“ und Werner Conze über „Die ländliche Übervölkerung in Polen“ vorbereitet. Diese Arbeiten wurden zwar noch publiziert, der Kongress fiel aber wegen des Kriegsbeginns aus, so dass offen bleiben muss, ob Ipsens Strategie aufgegangen wäre, zu verhindern, „ein solches Feld der Werbung unseren politischen Feinden – Juden, Volksfrontgruppen, Liberalen und Marxisten – zu überlassen“, so Ipsen 1938 in einem Schreiben an den Reichswissenschaftsminister.[53]

Schon die genannten Referatstitel zeigen die Ausweitung der agrarsoziologischen Perspektive von der monographischen Betrachtung einzelner Dörfer zur soziographischen Erfassung von Regionen, um schließlich den „sozialen Raum“ als solchen zu erforschen. Die dabei gesammelten Erkenntnisse, so Herbert Morgen, erwiesen sich

51 Morgen 1941, 397.
52 Vgl. Rössler & Schleiermacher 1993, 24.
53 Zu Ipsens Strategie, den genannten Aufsätzen und weiteren Aktivitäten von Soziologen als Experten südosteuropäischer Agrargesellschaften, vgl. Klingemann 2002, 164ff.

> „zugleich als Erkenntnisse zur Erneuerung des Gesamtvolkes, indem der quantitative ebenso wie der qualitative Landvolkaufbau in Wechselwirkung gestellt wird zu dem quantitativen und qualitativen Gesamtvolkaufbau.“[54]

Jörg Gutberger zeichnet nach, wie dieser wissenschaftliche Perspektivenwechsel einherging mit der politischen Institutionalisierung der Raumforschung im wissenschaftlichen Sektor mit der Gründung der RAG und im staatlichen Sektor mit der gleichzeitigen Gründung der RfR, die wiederum beide in enger Kooperation mit der Deutschen Forschungsgemeinschaft sowie dem Reichsnährstand und dem Reichskommissar für die Festigung deutschen Volkstums, aber auch administrativ-planerischen Institutionen auf allen gebietskörperschaftlichen Ebenen standen.

Bei den fortgeschrittenen agrarsoziologischen Unternehmungen ging es also nicht um die rückwärtsgewandte Betrachtung untergehenden bäuerlichen Lebens, sondern – bei der Agrarstruktur ansetzend – um die analytisch-planerische Bestimmung der Sozialordnung des gesamten Reichs. Eine herausragende Stellung nimmt dabei das Anfang 1943 gegründete Soziographische Institut an der Universität Frankfurt am Main unter der Leitung von Ludwig Neundörfer ein.[55] Die Vorgeschichte seiner Gründung illustriert anschaulich das Prinzip der rekursiven Kopplung, wie es in der Schilderung des Dekans der Wirtschafts- und Sozialwissenschaftlichen prägnant zu Ausdruck kommt:

> „Im Januar 1940 wurde auf Veranlassung des Reichsnährstandes und der Reichsarbeitsgemeinschaft für Raumforschung in Zusammenarbeit mit den Planungsbehörden eine Untersuchung der Lebensgrundlagen des deutschen Landvolks begonnen. Ziel der Arbeit war, Unterlagen für die Neuordnung der landwirtschaftlichen Verhältnisse im Altreich zu schaffen. Die Untersuchung erfaßt rund 5000 Richtgemeinden mit 1,4 Millionen Haushalten und 5 Millionen Volksgenossen und wird nach der Methode von Dr. Ludwig Neundörfer durchgeführt, dem auch die Leitung der gesamten Arbeiten übertragen wurde. Die Stadt Frankfurt am Main stellte mietweise ein Haus zur Verfügung, die nötigen Mittel gibt der Reichsfinanzminister. Gleichzeitig wurde auf unseren Antrag hin mit Entschließung vom 16.7.1940 des Reichsministers für Wissenschaft, Erziehung und Volksbildung Dr. Ludwig Neundörfer beauftragt, in der Fakultät Landesplanung und Umsiedlung in Vorlesungen und Übungen zu vertreten.“[56]

Neundörfers Arbeiten repräsentieren überdies in spezifischer Weise die Verknüpfung der Neuordungsplanung im „Altreich“ mit der Siedlungsplanung in den „neuen Ostgebieten“ wie auch in Lothringen und mit der bereits vom Reichskommissar für die Festigung deutschen Volkstums geförderten Wiederaufbauplanung, die bruchlos überging in die von der amerikanischen Militärregierung in Hessen schon vor der Kapitulation Deutschlands in Auftrag gegebene Steuerung der Wohnraumlenkung. Direkt damit verbunden war die Arbeit des Instituts als einer der wichtigsten Einrichtungen der westdeutschen Flüchtlingsfor-

---

54 Zit. nach Gutberger 1996, 120. Vgl. Gutbergers Beschreibung des Perspektivenwechsels auf den Ebenen: „Vom ›Dorf‹ zur ›Region‹“, „Vom ›Bauerntum‹ zum ›Landvolk‹“ und die Abfolge „›Bäuerliche Soziologie‹ – Agrarsoziologie – ›Gesamtvölkische Soziologie‹“, ebd., 309ff.

55 Vgl. das Kapitel „Das Soziographische Institut an der Universität Frankfurt am Main“; dort auch alle Nachweise, in Klingemann 1996; zu weiteren Aspekten der Arbeit des Soziographischen Instituts und seiner Kontakte zu diversen NS-Institutionen vgl. Mai 2002.

56 Universitätsarchiv Frankfurt am Main: Der Dekan der Wirtschafts- und Sozialwissenschaftlichen Fakultät an Herrn Reichsminister für Wissenschaft, Erziehung und Volksbildung, 12.11.1942 – Universitätskuratorium (Angef. 1942, Geschl. 1950).

schung bis hin zur praktischen Organisation der Flüchtlingsunterbringung.[57] Neundörfer selbst machte nach 1945 eine außergewöhnliche Karriere als Professor, Präsident der Hochschule für Erziehung an der Universität Frankfurt, Institutsleiter und viel beschäftigter Politikberater.

Ebenso wie Neundörfers agrarsoziologisch fundierte „Reichsplanung" und seine Tätigkeit als Politikberater im Umfeld Himmlers als Reichskommissar für die Festigung deutschen Volkstums die Basis für seine Nachkriegskarriere darstellen, sind auch die agrarwissenschaftlichen Arbeiten anderer Soziologen zumindest indirekt der Ausgangspunkt ihrer bundesdeutschen Karriere, allerdings in anderen disziplinären Sparten. Joachim Ziche sieht den Grund dafür darin, dass die Land- und Agrarsoziologie neben anderen wissenschaftlichen Disziplinen einen „immensen ideellen Schaden genommen" habe.

> „Sie war desavouiert, weil sie im Dritten Reich in den Dienst der ›Blut- und Bodenideologie‹ gestellt und in enger Verbindung mit nationalsozialistischer Rassenkunde betrieben worden war. Die meisten prominenten Sozialwissenschaftler schieden deshalb, teils durch die Entnazifizierung gezwungen, teils aus persönlichen Gründen nach dem Krieg aus der in Misskredit geratenen ländlichen Soziologie aus."[58]

Es mag wohl persönliche Gründe gegeben haben, nach 1945 einen anderen Karriereweg als den der Fortsetzung als Agrarsoziologe anzustreben, einen kollektiven, durch die Entnazifizierung erwirkten Zwang halte ich aber für empirisch nicht nachweisbar. Entscheidender scheint mir zu sein, dass es nicht wie zum Beispiel im Fall der Psychologie zu einer akademischen Institutionalisierung des Faches, verursacht durch ihre außeruniversitäre Professionalisierung, gekommen ist.[59] Darauf hat Heinrich Becker aufmerksam gemacht.

> „Die Land- und Agrarsoziologie hat anders als die Agrarpolitik und auch die Agrargeschichte keinen direkten Auftrag zur Unterstützung der nationalsozialistischen Agrarpolitik und damit auch keine institutionalisierte Aufwertung durch die neue Studienordnung erfahren."[60]

Nur war es aber kein anderer als Konrad Meyer, der Soziologie in akademischer Lehre und Forschung institutionalisieren wollte. Schon in seinem Bericht über die ersten drei Jahre des 1934 gegründeten Forschungsdienstes fordert er:

> „Die künftige Agrarwissenschaft erfährt somit eine Ausweitung ihrer Lehr- und Forschungsaufgaben in einer Richtung, die nicht auf dem Gebiet der Landwirtschaftstechnik und Ökonomik liegt, sondern die die biologischen und soziologischen Grundlagen und Verhältnisse des Landvolks und deren Bedeutung und Auswirkung für Wiedergesundung und Gesunderhaltung unseres Volkskörpers betrifft."[61]

Und noch 1944 setzt er sich in seinem Aufsatz „Zur Neuordnung des agrarwissenschaftlichen Studiums" dafür ein, dass zuungunsten der hergebrachten Teilfächer Soziologie stärker berücksichtigt wird.

---

57 Zur Entstehung einer speziellen Flüchtlingssoziologie direkt nach dem Ende des NS-Regimes und der Funktion vieler Flüchtlingssoziologen als Politikberater vgl. Klingemann 2004b.

58 Ziche 2005, 113.

59 Vgl. Geuter 1984.

60 Becker, Heinrich 2005, 180

61 Meyer 1938, 1.

> „Eine Konzentration des Stoffs ist aber vor allem bei den Vorexamensfächern notwendig, um hier Raum für die Grund- und Hilfswissenschaften der Landvolklehre, nämlich allgemeine Soziologie, Erbgesundheitslehre, Volkstumskunde usw., zu gewinnen."[62]

Und die Nachfrage nach sozialwissenschaftlich geschulten Experten wäre immens gewesen. Denn die geplanten agrarpolitischen Maßnahmen sahen nämlich einen radikalen Zwangsstrukturwandel ungeahnter Dimension vor. Vom Reichskommissariat für die Festigung deutschen Volkstums wurde 1941 auf der Basis von Expertisen auch des Soziographischen Instituts vorgeschlagen, 645.000 landwirtschaftliche Betriebe aufzulösen. Im selben Jahr schätzte das Arbeitswissenschaftliche Institut der deutschen Arbeitsfront, beruhend auf Denkschriften von Max Rolfes, Leiter des Instituts für Betriebslehre und Agrarpolitik an der Universität Gießen,[63] dass die „Freisetzung von 700.000 Bauernfamilien" im Reichsgebiet möglich sei. Für Schollenromantik hatten die beteiligten Sozialwissenschaftler, aber auch die an einer effizienten Landwirtschaft interessierten Agrarpolitiker nichts übrig. Außerdem sollte die Modernisierung des Agrarsektors synchronisiert werden mit einer ebenso radikalen in Gewerbe, Handwerk und Industrie, die das Ende für 700.000 Betriebe „in einer unerwünschten Größenklasse", begleitet von einer gleichzeitigen so genannten rassen-tatsächlich aber sozialhygienischen ›Säuberung‹ des deutschen ›Volkskörpers‹, bedeutet hätte.[64]

Mit dem Untergang des Dritten Reichs ist aber nicht nur der staatlich organisierte Rassenwahn verschwunden, auch für agrarsoziologische Großplanungen gab es keinen Raum mehr. Das könnte auch ein Grund dafür gewesen sein, dass die „meisten prominenten Sozialwissenschaftler" kein Interesse mehr an ›ländlicher Soziologie‹ hatten, so dass das Fach „weithin als eine Hilfswissenschaft der Agrarökonomie betrieben" wurde.[65]

Literatur

Becker, Heinrich 2005: NS-Agrarideologie und -soziologie, in: Beetz, Stephan; Brauer, Kai; Neu, Claudia eds. 2005: Handwörterbuch zur ländlichen Gesellschaft in Deutschland, Wiesbaden, 176-184.

Becker, Horst 1938: Der Aufbau des Dorfes Hof (1932). Ein Beitrag zur Dorfforschung in Sachsen, in: Zeitschrift für Volkskunde, 47, 251-285.

Corni, Gustavo; Gies, Horst 1997: Brot – Butter – Kanonen. Die Ernährungswirtschaft in Deutschland unter der Diktatur Hitlers, Berlin.

Geuter, Ulfried 1984: Die Professionalisierung der deutschen Psychologie im Nationalsozialismus, Frankfurt am Main.

Grundmann, Friedrich 1979: Agrarpolitik im Dritten reich. Anspruch und Wirklichkeit des Reichserbhofgesetzes, Hamburg.

Günther, Hans F. K. 1937: Aufgaben einer Ländlichen Soziologie im völkischen Staate, in: Neue Jahrbücher für deutsche Wissenschaft, 13, 117-129.

---

[62] Ders. 1944, 560.

[63] Max Rolfes war auch „in die Planungen des RKF [Reichskommissariats für die Festigung deutschen Volkstums, C.K.] zum dritten GPO [Generalplan Ost, C.K.] involviert.", Gutberger 1996, 402. Ab Anfang 1951 war er zusammen mit Theodor W. Adorno wissenschaftlicher Berater der Mitarbeiter an der Darmstadt-Studie, in deren Rahmen auch agrarsoziologische Untersuchungen durchgeführt wurden. Vgl. Kötter 1952, 172 (Anhang).

[64] Vgl. Gutberger 1996, 401.

[65] Ziche 2005, 114.

Günther, Hans F. K. 21941: Das Bauerntum als Lebens- und Gemeinschaftsform, Leipzig, Berlin.
Gutberger, Jörg 1996: Volk, Raum und Sozialstruktur. Sozialstruktur- und Sozialraumforschung im „Dritten Reich", Münster.
Hohmann, Joachim S. 1992: Landvolk unterm Hakenkreuz. Agrar- und Rassenpolitik in der Rhön. Ein Beitrag zur Landesgeschichte Bayerns, Hessens und Thüringens, Frankfurt am Main u. a.
Hohmann, Joachim S. 1995: Kontrolle, Lenkung, Ausgrenzung. „Ländliche Soziologie" als politisches Instrument im Dritten Reich, in: Jahrbuch für Soziologiegeschichte 1993, Opladen 1995, 161-178.
Ipsen, Gunther 1928/29: Das Dorf als Beispiel einer echten Gruppe, in: Archiv für angewandte Soziologie, 1, 22-41.
Ipsen, Gunther 1929/30: Das Dorf in der deutschen Gegenwart, in: Archiv für angewandte Soziologie, 2, 172-184, 228-241.
Ipsen, Gunther 1932: Soziologische Dorfwochen, in: Die Volksschule. Halbmonatsschrift für Wissenschaft und Praxis, 28, 202-210.
Ipsen, Gunther 1933a: Agrarverfassung III: Das Landvolk. Soziale Struktur, in: Petersen, Carl;Scheel, Otto; Ruth, Paul Hermann; Schwalm, Hans eds. 1933: Handwörterbuch des Grenz- und Auslanddeutschtums, 1. Bd., Breslau, 37-52.
Ipsen, Gunther 1933b: Das Landvolk. Ein soziologischer Versuch, Hamburg.
Ipsen, Gunther 1933c: Blut und Boden (Das preußische Erbhofrecht), Neumünster.
Ipsen, Gunther 1938: Über Dorfforschungen, in: Zeitschrift für Volkskunde, 47, 245-250.
Klemm, Volker 1994: Agrarwissenschaften im „Dritten Reich". Aufstieg oder Sturz? (1933 – 1945), Berlin.
Klingemann, Carsten 1996: Soziologie im Dritten Reich, Baden-Baden.
Klingemann, Carsten 2002: Ostforschung und Soziologie während des Nationalsozialismus, in: Piskorski, Jan M. ed. 2002: Deutsche Ostforschung und polnische Westforschung im Spannungsfeld von Wissenschaft und Politik, Osnabrück, Poznan, 161-203.
Klingemann, Carsten 2004a: Bevölkerungssoziologie im Nationalsozialismus und in der frühen Bundesrepublik. Zur Rolle Gunther Ipsens, in: Mackensen, Rainer ed. 2004: Bevölkerungslehre und Bevölkerungspolitik im „Dritten Reich", Opladen, 183-205.
Klingemann, Carsten 2004b: Flüchtlingssoziologen als Politikberater in Westdeutschland. Die Erschließung eines Forschungsgebietes durch ehemalige „Reichssoziologen", in: Bayer, Karen; Sparing, Frank; Woelk, Wolfgang eds. 2004: Universitäten und Hochschulen im Nationalsozialismus und in der frühen Nachkriegszeit, Stuttgart, 81-123.
Kötter, Herbert 1952: Struktur und Funktion von Landgemeinden im Einflußbereich einer deutschen Mittelstadt, Darmstadt.
Linde, Hans 1939: Die ländliche Soziologie in Deutschland, in: Archiv für Bevölkerungswissenschaft und Bevölkerungspolitik, 9, 413-428.
Linde, Hans 1981: Soziologie in Leipzig 1925-1945, in: Lepsius, M. Rainer ed. 1981: Soziologie in Deutschland und Österreich 1918-1945, Opladen, 102-130.
Mai, Uwe 2002: „Rasse und Raum". Agrarpolitik, Sozial- und Raumplanung im NS-Staat, Paderborn.
Marx, Hugo 1935: Rezension von Gunther Ipsen: Blut und Boden, Neumünster 1933, in: Zeitschrift für Sozialforschung, 4, 466.
Meyer, Konrad 1938: Drei Jahre Forschungsdienst, in: Forschung für Volk und Nahrungsfreiheit, Neudamm, Berlin, 1-8.
Meyer, Konrad 1944: Zur Neuordnung des agrarwissenschaftlichen Studiums, in: Der Forschungsdienst: Organ der deutschen Landwirtschaftswissenschaft, 17, 555-560.
Moeller, Anton Ulrich 1931: Ansätze zur Entwicklung einer ländlichen Soziologie in Deutschland, in: Archiv für angewandte Soziologie, 3, 212-219.
Morgen, Herbert 1941: Soziologische Erwägungen bei der Erstellung dörflicher Gemeinden, in: Der Forschungsdienst, 12, 390-403.
Müller, Josef 1940: Deutsches Bauerntum zwischen Gestern und Morgen, Würzburg.

Münkel, Daniela 1996: Bäuerliche Interessen versus NS-Ideologie, in: Vierteljahrshefte für Zeitgeschichte, 44, 549-580.

Planck, Ulrich 1974: Dorfforschung im Deutschen Reich und in der Bundesrepublik Deutschland, in: Zeitschrift für Agrargeschichte und Agrarsoziologie, 22, 146-178.

Röpke, Wilhelm 1942: International Economic Disintegration, London et al.

Rössler, Mechthild; Schleiermacher, Sabine eds. 1993: Der „Generalplan Ost". Hauptlinien der nationalsozialistischen Planungs- und Vernichtungspolitik, Berlin.

Schoenbaum, David 1980: Die braune Revolution. Eine Sozialgeschichte des Dritten Reiches, München.

Struff, Richard 1999: Regionale Lebensverhältnisse, Teil 2: Sozialwissenschaftliche Dorf- und Gemeindestudien in Deutschland, Bonn.

Szöllösi-Janze, Margit 2004: Politisierung der Wissenschaften – Verwissenschaftlichung der Politik. Wissenschaftliche Politikberatung zwischen Kaiserreich und Nationalsozialismus, in: Fisch, Stefan; Rudloff, Wilfried eds. 2004: Experten und Politik. Wissenschaftliche Politikberatung in geschichtlicher Perspektive, Berlin, 79-100.

Ziche, Joachim 2005: Land- und Agrarsoziologie nach 1945, in: Beetz, Stephan; Brauer, Kai; Neu, Claudia eds. 2005: Handwörterbuch zur ländlichen Gesellschaft in Deutschland, Wiesbaden, 113-121.

„Rasse“ und Vererbung: Otmar von Verschuer (1896-1969) und der „wissenschaftliche Rassismus“

Hans-Peter Kröner

Die nationalsozialistische Rassenpolitik als Teil der nationalsozialistischen Bevölkerungspolitik ging von der Existenz unterschiedlich zu bewertender Menschenrassen aus, deren Vermischung als schädlich für den „Volkskörper“ und für die völkische Kultur angesehen wurde. Wissenschaftlich legitimiert wurde diese These von Wissenschaftlern, die sich für die Prozesse der qualitativen Bevölkerungsentwicklung zuständig hielten: die Erbforscher, Eugeniker, Rassenhygieniker und Anthropologen. Diese Legitimation möchte ich als „wissenschaftlichen Rassismus“ bezeichnen. Am Beispiel des Erbforschers und Rassenhygienikers Otmar von Verschuer soll dieser wissenschaftliche Argumentationsstrang nachgezeichnet werden. Auf der Grundlage von Verschuers Publikationen zwischen 1924 bis 1945 werden zunächst seine Grundbegriffe und theoretischen Voraussetzungen und die daraus resultierenden Forderungen für die Rassenpolitik dargestellt.[1] Im Vordergrund soll dabei die Frage nach der wissenschaftlichen Konsistenz der rassenanthropologischen Theoreme stehen. Anschließend wird ein Ausblick auf von Verschuers Stellung zur nationalsozialistischen Rassenideologie gegeben.

1924 definierte von Verschuer den Begriff „Rasse“ als „eine größere Gruppe von Menschen, die durch gewisse erblich übertragbare Merkmale körperlicher und geistiger Art untereinander verbunden und von anderen Gruppen unterschieden sind.“[2] Er offenbarte sich hier als Anhänger der von Eugen Fischer (1874-1967) begründeten Schule der „Rassenmorphogenetik“, welche die Unterscheidung der Menschenrassen an erbliche, nicht-pathologische, morphologische, physiologische und geistige Eigenschaften knüpfte.[3] Gründungsdokument dieser Schule war Eugen Fischers Studie über die „Rehobother Bastards“, die von von Verschuer immer wieder lobend erwähnt und zitiert wurde.[4] Diese Studie galt als erster gelungener Nachweis für die Geltung der Mendelschen Gesetze beim Menschen.[5] Danach waren Rasseeigenschaften Erbeigenschaften, die sich gemäß den Mendelschen Gesetzen frei miteinander kombinieren lassen. Durch Kreuzungen konnten keine neuen Rassen, sondern nur Hybride entstehen. Die Menschheit wurde als ein Gemisch ursprünglich reiner Rassen betrachtet, die regionalen phänotypischen Unterschiede entständen durch unterschiedliche Rassenanteile in den jeweiligen Populationen. Ein „Mongole“ und ein „Neger“ etwa, so von Verschuer, „haben nur noch die allgemeinen für die Art Mensch

---

1 Grundlage sind die von von Verschuer selbst gesammelten und in drei Bänden zusammengebundenen Arbeiten 1923-1945, die im Institut für Ethik, Geschichte und Theorie der Medizin der Universität Münster aufbewahrt werden. Die Zitierung erfolgt nach Maßgabe der dort aufgeführten Paginierung, die vom Original abweichen kann.

2 von Verschuer 1924, 2.

3 Die Bezeichnung „Rassenmorphogenetik“ für die Fischersche Schule geht auf Benoît Massin zurück. Vgl. Massin 2003, 205.

4 Fischer 1913.

5 Lösch 1997, 65ff, hat nachgewiesen, dass diese Behauptung nicht stimmt, sondern auf einer unzulässigen Analogie zu Kreuzungsversuchen in der Pflanzenzucht beruhte.

charakteristischen Eigenschaften gemeinsam."[6] Auch das deutsche Volk sei eine Mischung aus den vier europäischen Rassen, der nordischen, alpinen, dinarischen und mediterranen Rasse, wobei das nordische Rassenelement den höchsten Anteil stelle.[7]

Neben diesem anthropologischen Rassenbegriff, der es erlaubte, taxonomische Systeme der Menschenrassen aufzustellen, weshalb auch von „Systemrasse" gesprochen wurde, gab es noch ein zweites Bedeutungsfeld des Terminus „Rasse", das zunächst auch dem von Ploetz geprägten Begriff „Rassenhygiene" zugrunde gelegen hatte. Damit sei, so von Verschuer, keine bestimmte Rasse im Sinne der anthropologischen Systemrasse gemeint, sondern allgemein die Rasse als „biologische Rasse" oder „Vitalrasse", als den „sich durch die Geschlechterfolge erhaltenden Lebensstrom (Ploetz)".

> „In diesem Sinne kann man von der Rasse unseres Volkes als der Summe der erblichen Veranlagung aller deutschen Männer und Frauen reden. Die theoretischen Unterschiede zwischen der anthropologischen und biologischen Rasse verschwinden also bei der praktischen Anwendung der Rassenlehre innerhalb unseres Volkes."[8]

Die hier vorgestellte Konnotation des Rassenbegriffs kann man in etwa mit dem heute benutzten Terminus „Genpool" für die Summe aller Gene einer Population gleichsetzen. Allerdings entsprach der von von Verschuer benutzte Begriff „Volk" keineswegs dem genetischen Populationsbegriff.[9] „Rasse ist ein biologischer Begriff, etwas angeborenes, Unveräußerliches. Volk ist demgegenüber etwas historisch Gewordenes mit Gemeinsamkeit erworbener Kulturgüter", schrieb von Verschuer 1924.[10] Ein Volk sei demnach also nicht primär eine „Fortpflanzungsgemeinschaft" oder die „Bevölkerung eines Staates", sondern werde kulturell definiert. Ausschlaggebend sei das Volkstum, worunter von Verschuer, sich auf Othmar Spann (1878-1950) berufend, eine geistige Gemeinschaft verstanden wissen wollte, „die auf die Grundlagen des geistigen Lebens geht, auf die Grundfragen des Geistes, auf das geistig Lebenswesentliche." Inhalte eines solchen Geistes, so genannte Kulturinhalte, seien Sittlichkeit, Religion und Weltanschauung, Wissenschaft und Kunst. „Diese allein bestimmen in ihrer Eigenart die Volksgemeinschaft, sie allein bestimmen den Kern, Wesen und Wert jener geistigen Gemeinschaft, die das ›Volkstum‹ ist."[11]

Wie kommen nun „Rasse" und „Volk" zusammen? Das biologische Substrat eines Volkes, so von Verschuer, sind immer ganz bestimmte Rassen, die sich nicht nur durch bestimmte körperliche und physiologische, sondern auch durch geistige und psychische Eigenschaften auszeichnen. Diese sind, wie die physischen Eigenschaften, erblich.

> „Der Geist, d.h. unser menschlicher Geist, ist von der Rasse abhängig. Bedarf es überhaupt eines Beweises, dass der Geist eines Negers und eines Europäers etwas so Grundverschiedenens ist, daß alle Künste der Welt sie nicht gleichmachen können?"[12]

---

6 von Verschuer 1924, 2.

7 Je nach Standpunkt werden die europäischen Rassen noch um die fälische oder dälische und die ostbaltische Rasse ergänzt.

8 von Verschuer 1924, 9.

9 Genetiker definieren „Population" in der Regel als eine Gruppe von Individuen, die sich miteinander geschlechtlich kreuzen oder kreuzen können. Da für eine solche Gruppe die Mendelschen Regeln gelten, spricht man auch von Mendel-Population.

10 von Verschuer 1924, 6.

11 von Verschuer 1926, 1.

12 von Verschuer 1924, 6.

Von Verschuers Volksbegriff oszilliert merkwürdig zwischen einer biologischen und kulturellen Bestimmung. Staat und Rasse seien gegenüber dem Volkstum „Vorbedingungen“. Staat und Rasse könnten bestehen, ohne eine geistige Gemeinschaft zu bilden, wie das österreichische Kaiserreich gezeigt habe, das kein einheitliches Volkstum entwickelt habe; die nordische Rasse wiederum verteile sich auf verschiedene geistige Gemeinschaften. Eine „Geistige Gemeinschaft“ (Volkstum) könne auch außerhalb staatlicher Organisation oder rassischer Einheit bestehen: So seien die Deutschen über die ganze Welt verstreut, bildeten keine rassische Einheit, da sie eine Mischung aus vier Rassen darstellten, und seien dennoch eine geistige Einheit. Wenn aber der höchste Wert des Lebens im Geistigen liege, dann stehe das Volkstum über Staat und Rasse. Staat und Rasse würden nach geistiger Gemeinschaft streben, nach Volkstum. Volkstum habe sich immer nur da entfalten können, „wo bewährte rassische Zusammensetzung in festgefügter staatlicher Organisation erhalten blieb“. Der Verfall des Staates und die Entartung der Rasse würden daher zum Ende der volkstümlichen Kultur führen.[13]

Von Verschuers Dilemma ist, dass er einerseits den Geist an das Erbe und damit an das Materielle zu binden sucht, andererseits aber auch die Absolutheit des Geistes, den neohegelianischen Universalismus Spanns retten möchte. Spann, der sich eine Zeitlang sowohl den italienischen Faschisten als auch den Nationalsozialisten als Theoretiker andiente, entsprach mit seinen ständestaatlichen Vorstellungen, die durchaus biologistisch oder organizistisch konnotiert waren, den sozialdarwinistischen Entwürfen einer nach genetischer Tauglichkeit geschichteten Gesellschaft vieler Eugeniker. Sein Universalismus, der dem Ganzen eine höhere Priorität zusprach als den Teilen, wurde von den Eugenikern übersetzt in die Höherwertigkeit des „überzeitlichen Lebensstroms“, der Rasse, gegenüber den lebenden Individuen. Sie übersahen, dass Spanns idealistische Auffassung eines universalen Geistes gerade nicht biologisch, sondern kulturell gedacht war, und er daher die „materialistische“ Rasse als Grundlage der arteigenen Kultur ablehnen musste. Die Ablehnung der Rassentheorie führte dann auch zu Spanns Konflikt mit den Nationalsozialisten, die ihn 1938 verhafteten, ihm Lehrverbot erteilten und schließlich in die Emigration zwangen.

Von Verschuer versuchte den Konflikt zwischen Materialismus und Idealismus zu lösen, indem er eine gewisse Umweltplastizität der Erbanlagen in Bezug auf die Ausbildung des Phänotyps postulierte, die es erlaube, eine Hierarchie der Milieubeeinflussbarkeit aufzustellen, rangierend von „garnicht beeinflussbar“ (z.B. morphologische Eigenschaften wie Haar- oder Augenfarbe) bis „stark beeinflussbar“, was vor allem für die geistigen Eigenschaften gelte. Zwischen Erbanlage und Geistesinhalt, zwischen Rasse und Volkstum bestehe kein direktes Ursache-Wirkungsverhältnis, da sich die Umwelteinflüsse dazwischen schieben würden. Andererseits sei der Mensch bei der Geburt keine Tabula rasa und deshalb nicht nur ein Produkt seines Milieus. Der Mensch habe außerdem die Möglichkeit, seine Anlagen zu missbrauchen. Das sei ein Grund für die Entwicklung des geistigen Lebens der meisten Menschen zum Materialismus und Rationalismus. Zwar könne ein solcher Wechsel im geistigen Leben eines Volkes durch die höhere Fruchtbarkeit bestimmter geistiger Typen bewirkt werden, aber biologische Umschichtungen allein können nicht dafür verantwortlich gemacht werden: „Vielmehr glaube ich, daß das deutsche Volk nach den in seiner Erbanlage und Umwelt liegenden Bedingungen heute noch die Freiheit besitzt, sich zu geistigem Idealismus durchzuringen.“ Das sei Aufgabe des Erziehers. Der Rassenhygieniker habe darüber zu wachen, dass „wertvolles Erbgut in unserem Volke nicht mehr

---

13 von Verschuer 1928b, 721f.

wie bisher verschleudert wird“. Von Verschuer gelangt dann auch zu dem Fazit, es gebe eine „gewisse Gebundenheit des Volkstums an die Rasse, die meistens über- oder unterschätzt wird, entsprechend der durch unsere philosophische Schulung anerzogenen Unterscheidungen zwischen Determinismus und Indeterminismus, zwischen Gebundenheit und Freiheit des Willens.“ Freiheit sei immer arteigen gebunden, sei nur nach der gegebenen Voraussetzung möglich.[14]

Diese Absage an einen strikten genetischen Determinismus wurde allerdings von von Verschuer nicht stringent durchgehalten; vielmehr zeigte er selbst hier eine gewisse „Umweltplastizität“ in Abhängigkeit von seinen Publikationsorten und Adressaten. So schrieb er für das völkische Handbuch „Deutsche Politik“:

> „Das biologische Substrat eines Volkes sind aber immer ganz bestimmte Rassen, und wenn diese sich ändern, dann mag das betreffende Volk seinen Namen behalten, in seinem Wesen, seiner Seele ist es ein anderes geworden. So haben wir heute noch das Volk der Griechen, aber was hat es außer dem Namen noch mit den alten Griechen der antiken Kultur gemein? Dem deutschen Volk wird es ebenso ergehen, wenn wir nicht noch rechtzeitig das drohende Verhängnis abwenden: nach dem Kriege erlebten wir eine Einwanderung von Ostjuden zu Hunderttausenden, seit 6 Jahren haben wir eine schwarze Schmach am Rhein, schon vor dem Kriege zogen wir zahlreiche polnische Industrie- und Landarbeiter zu dauernder Niederlassung nach Deutschland. Schon heute begegnen wir in unserem geistigen Leben auf Schritt und Tritt diesen fremdrassigen Einschlägen. Verstärken sich diese immer mehr, wird wahres deutsches Wesen weiter zurückgedrängt, dann wird das, was man deutsch nennt, bald tot sein. An seiner Stelle wird dann ein neues ›Deutsch‹ stehen, das aber von dem wahren und echten nur noch den Namen hat.“[15]

Während hier die Abhängigkeit der Kultur von der Rasse, die Priorität des Erbes vor der Umwelt betont wurde – die Adressaten waren Anhänger der „völkischen Bewegung“ –, legte er an anderer Stelle, wenn etwa die Adressaten Sozialwissenschaftler waren, den Schwerpunkt auf die Gleichwertigkeit von Umwelt und Anlage für die Ausprägung menschlicher Eigenschaften.

> „Unsere Auseinandersetzung über die ursächliche Bedeutung von Umwelt und Vererbung haben ergeben, daß eine scharfe Trennung praktisch – zumal, wenn es sich um die Beeinflussung durch Maßnahmen handelt – nicht möglich ist. Keine Soziale Hygiene ohne Eugenik, keine Eugenik ohne Erziehung.“[16]

Von Verschuer war also bereit, sich aus fachopportunen Gründen an ein vorgegebenes wissenschaftliches Milieu anzupassen, wenn es der Anerkennung seiner jungen Wissenschaft, der menschlichen Erblehre, förderlich war, vor allem in Bezug auf ihre Kompetenz und Expertise auf sozialpolitischem Gebiet.

---

14 von Verschuer 1926, 3.

15 von Verschuer 1924, 6f.

16 von Verschuer 1930a, 31. Vgl. ebenso von Verschuer 1930b, 48: „Wenn also – wie die kurzen Darlegungen es klar beleuchten – Anlage und Milieu grundlegende Kräfte der Entwicklung des Menschen sind, wenn die Mehrzahl der menschlichen Eigenschaften die doppelte Bedingtheit durch Erbanlage und Umwelt erkennen läßt, so sind damit Erzieher und Arzt, ja jeder Führer der werdenden Menschen vor die Notwendigkeit gestellt, sich mit dem Problem »Anlage und Milieu« aufs tiefgehendste zu beschäftigen, um somit die Voraussetzungen zu schaffen zu einer fruchtbaren Erfüllung ihrer Aufgabe. Die bisher gezeigten und hier geschilderten Forschungsergebnisse beweisen, daß die Vererbungswissenschaft, insbesondere die Zwillingsforschung, dazu berufen ist, die Lösung des Problems herbeizuführen.“

Das Verschuersche Konzept von „Rasse und Volkstum“ hatte neben dieser Widersprüchlichkeit aber auch noch eine gewisse wissenschaftliche Unschärfe, die im paradigmatischen Zustand des Faches begründet lag. Der anthropologische Rassenbegriff, wie ihn von Verschuer in Anlehnung an Eugen Fischer lehrte, beruhte auf dem klassischen Mendelismus. Danach gab es feste Urrassen als letzte Typen, die nach den Mendelschen Regeln ein großes Glasperlenspiel von Kombinationen eingehen konnten, bei denen aber immer wieder nur Hybride und keine neuen Rassen entstehen. Die Urrassen wiederum stellten besonders gelungene Anpassungsformen an bestimmte Umwelt- und daher Auslesebedingungen dar. Reinzüchtung beziehungsweise Bewahrung der konstituierenden Rassenelemente eines Volkes lag dementsprechend im Interesse der genetischen „Tauglichkeit“ eines Volkes. Dieses Konzept war nicht unumstritten, auch wenn es sich im Nationalsozialismus zur führenden Schule in Deutschland ausformte. Vor allem populationsgenetisch orientierte Anthropologen, wie etwa Karl Saller, vertraten demgegenüber einen dynamischen Rassenbegriff, wonach sich Rassen beständig entsprechend den herrschenden Auslesebedingungen weiterentwickelten.

Die zweite Unschärfe des Konzeptes lag in der These von der Abhängigkeit der Kultur von der Rasse. Diese These beruhte auf der Lehre der Vererbung geistig-seelischer Eigenschaften und war Grundlage für die unterschiedliche Wertung verschiedener Rassen. Der Argumentationsstrang verlief folgendermaßen: Rasseeigenschaften sind Erbeigenschaften. Geistig-seelische Eigenschaften sind Erbeigenschaften und daher Rasseeigenschaften. Die geistigen Eigenschaften sind verantwortlich für die geistigen Leistungen eines Menschen. Kultur ist nichts anderes als die Summe der geistigen Leistungen einer Rasse, eines Volkes als Rassenmischung. Der Unterschied der Kulturen lag in den unterschiedlichen geistig-seelischen Eigenschaften der jeweils kulturtragenden Rassen begründet.

Problematisch war hier die Bestimmung einer „geistigen Eigenschaft“ analog einer morphophysiologischen Eigenschaft: Geistige Eigenschaften konnten z.B. nur im Vollzug, als Tätigkeit oder Leistung wahrgenommen werden. Dabei entstand das Problem der Quantifizierung, Standardisierung und Vergleichbarkeit. Von Verschuer argumentierte z.B. für die Erblichkeit und speziell für die Rassenabhängigkeit der Intelligenz mit Ergebnissen der IQ-Testung amerikanischer Rekruten mit dem Stanford-Binet-Verfahren.

> „Sehr gute Begabung findet sich nur bei den weißen Soldaten, sehr schwache Begabung ist bei den Negern siebenmal häufiger als bei den Weißen. [...] Trotzdem ist es wohl kein Zufall, daß die aus den nordwesteuropäischen Ländern stammenden Soldaten die höhere Durchschnittsbegabung aufweisen gegenüber den aus den südlichen und östlichen Ländern Europas stammenden Soldaten.“ [17]

Diese Untersuchung war aber, da Umweltfaktoren nicht ausgeschlossen worden waren, methodisch höchst problematisch. Hinzu kam, dass qualitative Unterschiede der Begabung nicht erfasst wurden.[18] Von Verschuer war sich dieses Problems durchaus bewusst:

> „Wird diese geistige Besonderheit der Menschen durch die Kombination bestimmter Erbanlagen bestimmt? Oder sind es die Einflüsse des Elternhauses, die Art des Schulunterrichts, soziale oder kulturelle Umweltverhältnisse, Stadt oder Land, tiefgreifende Erlebnisse, Schicksalsschläge, welche eine in ihrer Quantität wohl erblich angelegte Intelligenz nun noch qualitativ prägen?

---

17 von Verschuer 1928a, 183f.

18 Vgl. Gould 2000.

[...] Wir können die Frage heute noch nicht mit Sicherheit beantworten. [...] Für die innerhalb des Durchschnitts liegenden qualitativen Unterschiede der Begabung fehlen uns noch unbedingt stichhaltige Beweise [für deren Vererbung].“[19]

Schon auf dem Gebiet der normalen morphophysiologischen Eigenschaften hatten sich die menschlichen Vererbungsverhältnisse als schwieriger erwiesen, als es die Mendelschen Kreuzungsversuche vermuten ließen. Nur bei wenigen Merkmalen waren einfache Mendelsche Verhältnisse im Sinne eines dominanten oder rezessiven Erbgangs gefunden worden. Am ehesten waren solche Verhältnisse auf dem Gebiet der Erbkrankheiten nachgewiesen worden. Die Ergebnisse der Populationsgenetik, Polygenie und Heterotropie komplizierten die Verhältnisse, und Genwirkungen wurden jetzt eher unter statistischen Gesichtspunkten in Begriffen der Penetranz, Expressivität und Spezifität ausgedrückt. „Die ›Veredlung des Geistes‹“, kritisierte Georg Wolff, Abteilungsdirektor am Hauptgesundheitsamt Berlin, „ist erst recht ein heikles Problem, da unsere Einsicht in die Produkte der menschlichen Vererbung beschränkt, eine Schematisierung daher noch weniger am Platze ist.“[20] In einer Erwiderung, in der von Verschuer zunächst konzedierte, dass für Unterschiede der Begabung Erbeinflüsse nur „mitbedingt“ waren, verteidigte er den wissenschaftlichen Anspruch seines Faches gegen den Wolffschen Skeptizismus:

„Dieser Skeptizismus wird bereits durch die heute schon vorliegenden Tatsachen widerlegt. Ich erinnere nur an die Anwendung der Blutgruppenuntersuchung beim Vaterschaftsnachweis. Die Blutgruppenvererbung ist nicht minder ›exakt‹ als die Vererbung von irgendwelchen Eigenschaften bei Pflanzen und Tieren.“[21]

Tatsächlich war die Vererbung der Blutgruppen nach dem AB0-System zu diesem Zeitpunkt eines der wenigen Beispiele für die Vererbung normaler physiologischer Eigenschaften nach den Mendelschen Gesetzen und daher eher die Ausnahme, die den Wolffschen Skeptizismus bestätigte. Es kam aber noch ein weiteres Problem hinzu. Folgte man der Argumentation von Verschuers, so ließ sich dadurch im günstigsten Fall die Vielfalt, die Mannigfaltigkeit der Kulturen erklären. Für eine Rassenwertung lieferte aber diese Argumentation keine Begründung. Die unterschiedlichen Rassen und damit auch ihre Kulturen konnten als evolutionäre Anpassungen an unterschiedliche Milieus verstanden werden, waren Ergebnis der Auslese und daher eo ipso als weder hoch- noch minderwertig zu bezeichnen. Eine Hierarchie der Rassen ließ sich auf evolutionärem Wege nicht herstellen. Verschuer war sich dieser Tatsache bewusst, als er unter Rückgriff auf den völkischen Rassenhygieniker Fritz Lenz (1887-1976) schrieb:

„Wenn man der Rasse als solcher Eigenwert zuerkennt, so kann eine Rasse weder ›höher‹ noch ›tiefer‹ als eine andere stehen, weil auch solche Höhenbeziehungen die Geltung eines anderweitigen Maßstabes voraussetzen würden. Die Erde steht weder höher noch tiefer als etwa der Mars und auch nicht gleich hoch, weil die Begriffe Hoch und Tief an der Erde selbst orientiert sind. Ebenso bei der Rasse. Wenn wir unsere Rasse nicht um irgend einer Kultur, einer Lehre oder Moral willen, sondern um ihrer selbst willen lieben, so verträgt sich diese Liebe nicht mit der

---

19 von Verschuer 1928a, 199.
20 Wolff 1931, 900.
21 von Verschuer 1931, 935.

> Gleichschätzung irgend einer anderen Rasse, ohne daß wir darum unsere Rasse als höherwertig in einem objektiven Sinne ansähen.“[22]

Dieser Relativismus, der Rassenwertung als subjektive Präferenz versteht, analog anderer Präferenzen wie Heimatliebe, Hochschätzung der Muttersprache usw., wurde aber von von Verschuer nicht stringent durchgehalten, was sich vor allem an seiner Bewertung der „Rassenmischung“ zeigen lässt. So schrieb er 1924, unter Berufung auf Fischers „Bastardstudie“:

> „Daß Mischlinge minderwertiger sein sollen als Reinrassige, ist, objektiv betrachtet, nicht zutreffend. Gegenüber der höherstehenden Rasse sind sie selbstverständlich minderwertig, aber nicht gegenüber der tieferstehenden. [...] Damit soll der Rassenmischung keineswegs das Wort geredet sein, denn häufig begegnet man bei Mischlingen stark verschiedener Rassen einer Disharmonie der geistigen Anlagen, wodurch die Entwicklung einer geschlossenen Persönlichkeit unmöglich wird.“[23]

Nachdem sich von Verschuer gerade noch zum Rassenrelativismus bekannt hatte, sprach er gleich darauf wieder von „höher- und tieferstehenden“ Rassen. Tatsächlich hatte Fischers „Bastardstudie“ keinerlei Hinweise auf eine schädliche Wirkung der Rassenmischung ergeben, sondern im Gegenteil das „Mischlingsvölkchen“ als blühend und vital beschrieben. Dessen ungeachtet hatte er aber in einem Anhang über die „politische Bedeutung der Bastards“ aus reinem kolonialpolitischen Kalkül vor einer Vermischung der Bastards mit den deutschen Kolonialherren gewarnt. Da die Vererbungslehre dafür aber keine Argumente lieferte, zog Fischer die Geschichte als Zeugin heran. Diese habe gezeigt, dass Rassenmischung immer zu einem kulturellen Niedergang geführt habe.[24] Obwohl Rassenmischung nach den Regeln der klassischen Genetik zu einer Zunahme der Heterozygotie und damit zu einer Abnahme der möglichen Homozygotie schädlicher rezessiver Gene führen musste – Fischer selbst hatte vom „Luxurieren der Bastarde“ gesprochen – versuchte man „wissenschaftlich“ zu legitimieren, was man offenbar aus einem tiefen, kulturspezifischen und ethnozentrischen Reflex heraus ablehnte. Das genetische Argument war die so genannte „Disharmonie“ der Eigenschaften bei Mischlingen. Schon der der Ästhetik entlehnte Begriff der „Harmonie“ war offen für eine Fülle unterschiedlicher kulturabhängiger Wertungen. Hinzu kam, dass er in Analogie zur Tierzüchtung gesehen wurde, wo es durch artifizielle Selektion zur Herausbildung von Linien mit extremen Eigenschaften gekommen war, die bei einer Kreuzung– man denke z.B. an sehr kleine und sehr große Hunderassen – tatsächlich zu körperlichen Problemen führen konnten. Da die Genetik jedoch auf dem Gebiet der menschlichen Vererbung keinerlei Beweis für eine vergleichbare „Inkompatibilität“ körperlicher Eigenschaften bei der Mischung von Menschenrassen lieferte, mussten auch hier wieder die „geistigen Eigenschaften“ herhalten, auch wenn die Beweislage dafür nicht weniger dürftig war.

Von Verschuer fasst seine Einstellung zur Rassenmischung 1931 zusammen, und die sprachliche Vagheit und Mehrdeutigkeit demonstriert eindrucksvoll, auf welch schwankendem Grund von Verschuer sich bewegte:

---

22 von Verschuer 1924, 8f.

23 Ebd., 8.

24 Fischer 1913, 302.

„Einen gewissen Gegensatz zur Verwandtenehe stellt die Rassenmischehe dar; diese führt zur Heterocygotie vieler Erbanlagen, da rassenverschiedene Menschen durchschnittlich weniger gemeinsame Erbanlagen haben als rassengleiche.[...] Auch bei Rassenmischehen kommt es – wie bei jeder Ehe – zunächst auf die Wertigkeit der Erbanlagen an, die sich verbinden, dann ist die Harmonie, das ›Zusammenpassen‹ der betr. Erbanlagen von großer Wichtigkeit: die eine Kreuzung mag vielleicht ein günstiges, die andere ein schlechtes Resultat ergeben. Die Vielzahl der Erbanlagen des Mischlings wird einmal als willkommene ›Auffrischung‹ von ›degenerierter Inzucht‹ angesehen, ein andermal ist sie die Ursache der Auflösung hochwertiger, festgefügter Menschformen, Charakter- und Rassetypen. Man wird vor Rassemischehen warnen müssen: ein kleines rundes Gesicht mit mächtiger Adlernase, oder ein langes schmales Gesicht mit kleiner ›Stubsnase‹ (E. Fischer) haben auch ihr psychisches Analogon! Auch ist es nicht unwahrscheinlich, daß das ›Nichtzusammenpassen‹ sehr verschiedener, entgegengesetzter Anlagen krankhafte Zustände bedingen kann.“[25]

Aufgrund der mangelnden Belege für eine Disharmonie als Folge menschlicher Rassenmischung wurde in der Regel historisch gegen die Rassenmischung polemisiert. Diese auf Gobineau zurückgehende Argumentationsweise führte den Niedergang der großen Kulturvölker, vorzüglich am Beispiel der Antike, aber auch die Franzosen waren ein beliebtes Exempel, auf deren angebliche Praxis einer indiskriminierten Rassenmischung zurück, die vor allem zu einer verminderten Fruchtbarkeit der kulturtragenden Schichten geführt habe. Allerdings wurde auch hier nicht mit den Mitteln der historischen Wissenschaften argumentiert, sondern dieses Wissen wurde als unmittelbar evident vorausgesetzt und als Menetekel eines ebenfalls drohenden rassischen und daher kulturellen Niederganges perhorresziert. Beispiele für diese Argumentation finden sich bei fast allen Rassenhygienikern, so bei Fischer, von Verschuer oder Erwin Baur (1875-1933).[26]

Verschuer wird in der historiographischen Literatur zur Eugenikgeschichte in der Weimarer Zeit eher dem gemäßigten medizinischen Flügel der deutschen eugenischen Bewegung zugerechnet. Für diesen Flügel stand die *Berliner Gesellschaft für Rassenhygiene* und das *Kaiser-Wilhelm-Institut für Anthropologie, menschliche Erblehre und Eugenik*. Dass Verschuer aber durchaus auch völkischen Vorstellungen anhing, dass er für den Zusammenhang von Rasse und Kultur und damit verbunden für Rassewertungen eintrat, konnte gezeigt werden. Dennoch unterscheiden ihn vom völkischen Flügel der deutschen eugenischen Bewegung, für den etwa die *Münchener Gesellschaft für Rassenhygiene* um Fritz Lenz stand, seine zurückhaltenden Äußerungen zum Wert der nordischen Rasse. Schon in seinem Beitrag zum „Völkischen Handbuch“ 1924 ließ er verlautbaren, er sei gegen eine „Vernordung“ des deutschen Volkes, da deutsche Kultur keine reine Auswirkung der nordischen Rasse sei, „wenn ihr auch in aller schöpferischen Leistung der Hauptanteil zugesprochen werden [müsse]“.[27] Auch hier findet sich jene irritierende Ambivalenz, die im Nebensatz die Behauptung des Hauptsatzes relativiert. So schreibt er eine Seite weiter:

„Für denjenigen, der an die subjektive Höchstwertigkeit der nordischen Rasse glaubt, muß diese Rassenhygiene auch eine »nordische« sein. Pflicht jedes nordrassigen Menschen ist es, durch höchste Steigerung seiner Leistungsfähigkeit diese einzig mögliche Form der Rassenhygiene zu einer nordischen zu gestalten.“[28]

25 von Verschuer 1931, 47.
26 von Verschuer 1924;. Fischer 1913. Vgl. auch Baur 1922.
27 von Verschuer 1924, 9.
28 Ebd., 10.

Noch 1933 sprach er sich gegen eine nordische Reinzüchtung aus, trotz seiner „Überzeugung von der besonderen Wertung der nordischen Rasse". Er bemerkte dazu:

> „Ich würde es für ein Unglück halten, wenn die Einheit der deutschen Volksgemeinschaft durch derartige Bewertungen nach dem äußeren Rassenbild gestört würden. Damit ist selbstverständlich die Bedeutung der Rassenkunde für die Trennung zwischen Deutschstämmigen und Nichtdeutschstämmigen nicht im geringsten eingeschränkt."[29]

Im gleichen Jahr stellt er an anderer Stelle fest:

> „Die empirische Forschung der Erbbiologie und Anthropologie in Verbindung mit Völkerkunde, Kulturgeschichte und Vorgeschichte hat keinen Beleg erbracht, der die Kulturbegabung einzig nur der nordischen Rasse zuspricht. Doch haben die Völker mit vorwiegend nordischen Einschlag sich in besonderer Weise als geistig schöpferisch erwiesen."[30]

Da auch andere Völker nichtnordischer Rasse (Chinesen, Semiten, Inka) hohe Kulturleistungen erbracht hätten, wäre es besser, „die Rassen – miteinander verglichen – als andersartig zu bezeichnen."

Während der ganzen Zeit des „Dritten Reichs" hat sich von Verschuer nur sehr zurückhaltend zum Wert der nordischen Rasse geäußert, wohl im Bewusstsein, dass er sich hier auf ein sehr unsicheres und vor allem von nichtwissenschaftlichen Propagandisten besetztes Gebiet begab. Das hielt ihn aber nicht davon ab, sich entschieden hinter die Rassenpolitik der Nationalsozialisten zu stellen und jeden Einschlag „fremdrassigen Blutes" in die deutsche Bevölkerung abzulehnen. Von Verschuer hat den Aufstieg seiner Wissenschaft zu einer „Staatswissenschaft" par excellence freudig und engagiert mitgetragen. Seine Treuebekundungen und sein Einsatz für die nationalsozialistische Sache gehen weit über die stereotypen Loyalitätsformeln hinaus, die üblicherweise zu den Topoi wissenschaftlicher Publizistik zwischen 1933 und 1945 gehörten. So schrieb er 1934 in einem Festband zu Ehren Eugen Fischers:

> „Wir stehen in einer Zeitenwende. Der Führer Adolf Hitler setzt zum ersten Male in der Weltgeschichte die Erkenntnisse über die biologischen Grundlagen der Entwicklung der Völker – Rasse, Erbe, Auslese – in die Tat um. Es ist kein Zufall, daß Deutschland der Ort dieses Geschehens ist: Die deutsche Wissenschaft legt dem Politiker das Werkzeug in die Hand."[31]

1935 äußert er sich anlässlich der Eröffnung seines neu gegründeten *Instituts für Erbbiologie und Rassenhygiene* folgendermaßen:

> „Der Führer des deutschen Reiches ist der erste Staatsmann, der die Erkenntnisse der Erbbiologie und Rassenhygiene zu einem leitenden Prinzip in der Staatsführung gemacht hat. Damit hat sich der Wirkungsbereich unserer Wissenschaft weit über die Grenzen eines naturwissenschaftlichen Sonderfaches ausgedehnt."[32]

Höhepunkt seines staatspolitischen Engagements war seine Frankfurter Rede, die er zur Feier des „Tages der nationalen Erhebung" (30. Januar!) gehalten hatte, die in einer Homi-

---

29 von Verschuer 1933a,

30 von Verschuer 1933b.

31 von Verschuer 1934, IV.

32 von Verschuer 1935, 99.

lie auf den Führer endete und mit der Emphase des Gebetes pathetisch die „Gnade“ und das „Wunder“ seiner Epiphanie beschwor. Zuvor hatte er die Rolle seiner Wissenschaft beschrieben:

> „Der zwischenvölkische Kampf der Meinungen ist in den Fragen der Erbbiologie und Rassenhygiene ein besonders heftiger; es sind vielfache Bestrebungen im Gange, auf dem Wege über die Wissenschaft die Erb- und Rassenpflege im nationalsozialistischen Deutschland anzugreifen – das Schwert unserer Wissenschaft muß deshalb scharf geschliffen sein.“[33]

Sein von militaristischen Metaphern durchsetztes Sendungsbewusstsein zeigt sich auch in dem folgenden Zitat aus dem gleichen Jahr:

> „Deutschland ist allen Völkern in der praktischen Durchführung der Erb- und Rassenpflege wegweisend vorausgegangen. Damit fällt der deutschen Wissenschaft die Aufgabe zu, die Erb- und Rassenpflege weiter in ihren Grundlagen so zu festigen, daß sie jedem Angriff von außen gewachsen ist. Deutschland muß auch in der wissenschaftlichen Forschung auf dem Gebiet der Erbbiologie und Rassenhygiene vor anderen Völkern die Führung behalten.“[34]

Das ein solches „internationales Engagement“ kein Lippenbekenntnis war, zeigte Verschuer 1938, als er mit Blick auf den Kopenhagener Kongress für Anthropologie feststellte:

> „In dem politischen Kampf wird von gegnerischer Seite immer wieder versucht, die Grundlagen der Erb- und Rassenpflege anzugreifen. Die politische Tendenz dieser pseudowissenschaftlichen Vorträge ist auf mehreren internationalen Kongressen der letzten Jahre offen zutage getreten. Es bedurfte des tatkräftigen Einsatzes deutscher Wissenschaft, um nicht nur bei uns, sondern auch im Ausland den neuen wissenschaftlichen Erkenntnissen den Durchbruch zu verschaffen. In dem Bericht von Schade über den internationalen Anthropologen-Kongress in Kopenhagen [...] ist bereits die Tatsache hervorgehoben worden, daß Eugen Fischer, der Führer der Deutschen Delegation, es war, der das heiß umstrittene Problem »Rasse und Kultur« zum Gegenstand eines besonders beachteten Vortrags machte. Durch seine Ausführungen, die in einer lebhaften Aussprache ihre Ergänzung fanden, ist es ihm nicht nur gelungen, die gegnerischen Einwände zu widerlegen, sondern die zu einer objektiven Einstellung gewillten Zuhörer für seine Ideen zu gewinnen. [...] Die Entwicklung der Wissenschaft vollzieht sich nicht unabhängig von politischen Geschehen und Ereignissen der Welt. Immer wieder zeigt sich ein enges gegenseitiges Wechselverhältnis: Die Entwicklung der Rassenbiologie zu der Höhe, die sie heute erreicht hat, wäre ohne den Impuls, den sie durch den Nationalsozialismus empfangen hat, nicht denkbar. Ohne die durch die Wissenschaft gegebenen Voraussetzungen wäre die Durchführung der Gesetze zur Erb- und Rassenpflege unseres Volkes kaum möglich.“[35]

Von Verschuer, der sich nach seiner Berufung an das KWI für Anthropologie in der Weimarer Republik politischer Bekenntnisse eher enthalten und alle seine Bemühungen der Propagierung seiner jungen Wissenschaft gewidmet hatte, konnte diese Zurückhaltung aufgeben, nachdem der nationalsozialistische Staat selber sich zum Sachwalter der rassenhygienischen Sache gemacht hatte. Dadurch wurde der Kämpfer für die Rassenhygiene zum Kämpfer für den Nationalsozialismus, und seine Waffe war die Wissenschaft. Gewiss entsprachen Teile der nationalsozialistischen Ideologie – der Antisemitismus, der Führer-

---

33 von Verschuer 1936a, 8f.
34 von Verschuer 1936b, 93.
35 von Verschuer 1938a, 138f.

gedanke, die Ablehnung der Demokratie und das Ideal des soldatischen Menschen – von Verschuers vorwissenschaftlicher Prägung als Weltkriegsoffizier adeliger Herkunft und späterer Freikorpskämpfer gegen die Republik. Dennoch war Verschuer wegen seiner Ambivalenz den Nationalsozialisten zunächst verdächtig gewesen und stand daher unter einem besonderen Loyalitätsdruck, dem er aber freudig nachgekommen ist.[36] Reste seiner Ambivalenz blieben aber auch im Nationalsozialismus erhalten.

So waren seine beiden Beiträge für die „Forschungen zur Judenfrage“ merkwürdig blass und erschienen eher wie Pflichtübungen. Von Verschuer wusste wohl, dass er sich hier wissenschaftlich auf trügerischem Boden befand, für den er als Erbpathologe primär nicht einmal ausgewiesen war. Er wiederholte auch nur die Thesen von der Unvereinbarkeit unterschiedlicher Kulturen, die er schon in der Weimarer Republik vertreten hatte, und seine Schilderung der „Rasseneigenschaften“ der Juden hatte er bis auf den projektiven Charakter in der Darstellung bei Fritz Lenz abgeschrieben. Seine Bemühungen, ein gewisses wissenschaftliches Niveau zu wahren, ohne seine nationalsozialistischen Auftraggeber vor den Kopf zu stoßen, mündeten paradoxerweise in einer Ablehnung des nationalsozialistischen statischen Rassebegriffs, wenn er schrieb:

> „Es besitzt das Judentum eine rassische Eigenart, wie wir sie bei keiner sonstigen Gruppe von Menschen finden, und die es deshalb gerechtfertigt erscheinen läßt, von der Rasse der Juden zu sprechen.“[37]

Zwar könne man sie noch nicht als „Systemrasse“ bezeichnen, aber die Menschheit sei in ständiger Entwicklung, die zur Bildung neuer Rassen führe. Die Juden als Rasse „in statu nascendi“: Mit dieser Bemerkung war von Verschuer nicht weit entfernt von der Position Sallers, der deswegen seine Lehrbefugnis verloren hatte.

Von Verschuers alter Opportunismus brach schließlich noch deutlicher durch, als er 1944 bei seiner Antrittsrede vor der *Preußischen Akademie der Wissenschaften* erklärte:

> „[...] Erbgut und Rasse wurden vielfach zu sehr im Sinne eines materialistischen Determinismus – als einzige Quelle aller Lebensleistung, auch im Geistigen, im besonderen für Kultur und Geschichte angesehen. Die moderne Erbforschung hat die Verschiedenheit in der erblichen Bedingtheit der einzelnen Eigenschaften des Menschen erwiesen und erkannt, daß ihnen eine verschiedene Breite der Entwicklungsmöglichkeiten gegeben ist. Im Bereich des Psychischen ist die Skala der durch die Erbanlage gegebenen Reaktionsmöglichkeiten besonders groß. Für die sich verwirklichenden Eigenschaften ist dann die Erbanlage nur eine Voraussetzung, also eine von mehreren Bedingungen. Kultur und Geschichte können deshalb nicht durch die Rasse ›erklärt‹ werden. Daß wir die Bedeutung der erbbiologischen Voraussetzungen für Volk und Staat erkannt haben, ist einen bleibende Erkenntnis der Rassenbiologie. Die geistigen Bedingtheiten von Kultur und Geschichte dürfen darüber nicht vergessen werden. Das hat die moderne Erbforschung ausdrücklich bestätigt. Sie bietet dem Materialismus und dem Determinismus – einerlei welcher Form – absolut keine Stütze.“[38]

Während er vor dem erlauchten Forum der deutschen Wissenschaft die staatsoffizielle Doktrin der Bedingtheit von Rasse und Kultur mit guten wissenschaftlichen Gründen ablehnte, hielt ihn das nicht davon ab, und damit schließt sich der Kreis, sich voll hinter die

36 Vgl. Kröner 1998, 31.
37 von Verschuer 1938b, 149 (Herv. i.O.).
38 von Verschuer 1944a, 24.

rassenpolitischen Ziele der nationalsozialistischen Kriegsführung zu stellen, als er im gleichen Jahr vor nationalsozialistischen Kreisen ausführte:

> „Der jetzige Krieg wird auch als Rassekrieg bezeichnet, indem man dabei an die Auseinandersetzung mit dem Weltjudentum denkt. Ein internationales Judentum gab es schon in der Antike. [...] Mit der Emanzipation des Judentums im 19. Jahrhundert hat sich dasselbe mehr und mehr die Schlüsselstellungen im wirtschaftlichen, politischen und geistigen Leben der Völker angeeignet. [...] Da alle bisherigen Lösungsversuche der Judenfrage gescheitert sind, ist die politische Forderung der Gegenwart eine neue Gesamtlösung des Judenproblem."[39]

Die chamäleonhafte Fähigkeit, sich unterschiedlichen wissenschaftlichen Milieus anzupassen, erleichtert durch einen doch eher diffusen paradigmatischen Zustand seiner Wissenschaft, ermöglichte es ihm auch, sich unterschiedlichen staatlichen Nachfragen als Ressource anzudienen: eine Fähigkeit, die ihn auch nach 1945 wieder reüssieren ließ. Überzeugungstäter war er aber wohl nur das eine Mal, als Staat und seine Wissenschaft zusammenfielen: unter der Herrschaft des Nationalsozialismus.

Literatur

Baur, Erwin 1922: Der Untergang der Kulturvölker im Lichte der Biologie, in: Volk und Rasse 7, 65-79.

Fischer, Eugen 1913: Die Rehobother Bastards und das Bastardisierungsproblem beim Menschen, Jena.

Gould, Stephen Jay 32000: Der falsch vermessene Mensch, Frankfurt/Main.

Kröner, Hans-Peter 1998: Von der Rassenhygiene zur Humangenetik: Das Kaiser-Wilhelm-Institut für Anthropologie, menschliche Erblehre und Eugenik nach dem Kriege, Stuttgart, Jena, Lübeck, Ulm.

Lösch, Niels C. 1997: Rasse als Konstrukt, Leben und Werk Eugen Fischers, Frankfurt/Main, Berlin, Bern, New York, Paris, Wien.

Massin, Benoît 2003: Rasse und Vererbung als Beruf. Die Hauptforschungsrichtungen am Kaiser-Wilhelm-Institut für Anthropologie, menschliche Erblehre und Eugenik, in: Schmuhl, Hans-Walter ed. 2003: Rassenforschung an Kaiser-Wilhelm-Instituten vor und nach 1933, Göttingen, 190-244.

Muckermann, Hermann; von Verschuer, Otmar 1931: Eugenische Eheberatung, in: Das kommende Geschlecht 6, 37-63.

von Verschuer, Otmar 1924: Rasse, in: Behrensmann, Wilhelm; Stahlberg, Wolfgang; Koepp, Friedrich ed. 1924: Deutsche Politik, ein völkisches Handbuch. Erste Lieferung, Frankfurt/Main, 1-15.

von Verschuer, Otmar 1926: Volkstum und Rasse, in: Zeitschrift für Volksaufartung und Erbkunde, 1, 11, 1-3.

von Verschuer, Otmar 1928a: Intellektuelle Entwicklung und Vererbung, in: Just, Günther ed. 1928: Vererbung und Erziehung, Berlin, 176-207.

von Verschuer, Otmar 1928b: Sozialpolitik und Rassenhygiene, in: Nationalwirtschaft 1, 719-737.

von Verschuer, Otmar 1930a: Soziale Umwelt und Vererbung, in: Grotjahn, A.; Langstein, L.; Rott, F. ed. 1930: Ergebnisse der Sozialen Hygiene und Gesundheitsfürsorge, Bd. II, Leipzig, 1-33.

von Verschuer, Otmar 1930b: Anlage und Milieu, in: Keller, Arthur ed. 1930: Kind und Umwelt, Leipzig, Wien, 39-40.

39 von Verschuer 1944b, 1.

von Verschuer, Otmar 1931: Das Qualitätsproblem in der Bevölkerungswissenschaft, in: Die Medizinische Welt, 5, 934-935.

von Verschuer, Otmar 1933a: Eugenische Fragen. Vortrag auf der Tagung der Familienverbände der Deutschen Adelsgenossenschaft in Berlin am 24.5.1933. (Sonderdrucksammlung des KWI für Anthropologie am Institut für Ethik, Geschichte und Theorie der Medizin Münster).

von Verschuer, Otmar 1933b: Die Rasse als biologische Größe, in: Künneth, Walter; Schreiner, Helmuth eds. 1933: Die Nation vor Gott, Berlin, 24-37.

von Verschuer, Otmar 1934: Vorwort. Festband Eugen Fischer (= Zeitschrift für Morphologie und Anthropologie Bd. 34), Stuttgart.

von Verschuer, Otmar 1935: Aufgaben und Ziele des Instituts für Erbbiologie und Rassenhygiene zu Frankfurt a. M., in: Erbarzt 1, 97ff.

von Verschuer, Otmar 1936a: Rassenhygiene als Wissenschaft und Staatsaufgabe. (= Frankfurter Akademische Reden 7), Frankfurt/Main.

von Verschuer, Otmar 1936b: Das Universitäts-Institut für Erbbiologie und Rassenhygiene zu Frankfurt/M, in: Der Biologe, 3, 93-95.

von Verschuer, Otmar 1938a: Eugen Fischers Werk über die Rehobother Bastards, in: Der Erbarzt, 11, 137ff.

von Verschuer, Otmar 1938b: Rassenbiologie der Juden, in: Forschungen zur Judenfrage. Bd. 3, Hamburg, 137-151.

von Verschuer, Ottmar 1944a: Erbanlage als Schicksal und Aufgabe. (= Preussische Akademie der Wissenschaften – Vorträge und Schriften Heft 18), Berlin.

von Verschuer, Ottmar 1944b: Bevölkerungs- und Rassenfragen in Europa (Vortrag vor den Freunden der Deutschen Akademie, Berlin), in: Europäischer Wissenschafts-Dienst, 1, 1-4.

Wolff, Georg 1931: Das Qualitätsproblem in der Bevölkerungspolitik, in: Die Medizinische Welt 5, 899-901.

Gerhard Mackenroth: „Deutsches Wirtschaftsleben“ – Die Darstellung einer „Begründungskette“ zwischen Rasse und Wirtschaft

Patrick Henßler

Der Nationalökonom und Soziologe Gerhard Mackenroth gilt seit der Veröffentlichung seiner „Bevölkerungslehre“ im Jahre 1953 als maßgeblicher Konzeptor der historisch-soziologischen Bevölkerungstheorie.[1] Mit der Wiederaufnahme seiner Lehrtätigkeit an der Kieler Christian-Albrechts-Universität im Jahr 1945 hatte er sich verstärkt der Bevölkerungsthematik zugewandt. Doch bereits vor 1945 befasste sich Mackenroth unter den Bedingungen des totalitären nationalsozialistischen Regimes in Teilen seiner wissenschaftlichen Arbeit mit der Bevölkerungsthematik.

I. Die wissenschaftliche Karriere Gerhard Mackenroths zwischen 1932 und 1943

Die wissenschaftliche Laufbahn Gerhard Mackenroths begann 1932 mit einer Stelle als Privatdozent an der Universität Halle. Hier war er zunächst für Volkswirtschaftslehre, -politik und Statistik zuständig. Ab dem Sommersemester 1933 übernahm er zudem eine Vertretung an der Philipps-Universität Marburg.[2] Im November 1934 folgte der nächste Karriereschritt: Mackenroth wurde zum Extraordinarius für Theoretische Nationalökonomie, Wirtschaftspolitik und Statistik an der Rechts- und Staatswissenschaftlichen Fakultät der Christian-Albrechts-Universität in Kiel ernannt.[3] Mackenroth, zu diesem Zeitpunkt überzeugter Nationalsozialist,[4] passte in die in Kiel gerade im Entstehen begriffene geschlossene Lehr- und Forschungsgemeinschaft „junger nationalsozialistischer Dozenten“.[5] Nach einigen Jahren in Kiel, die auch von Konflikten mit nationalsozialistischen Hochschulstellen geprägt waren, nahm Mackenroth zum Wintersemester 1941/42 eine Berufung an die neu gegründete Reichsuniversität in Straßburg an. 1943 wurde er zum Wehrdienst eingezogen und seine Lehrtätigkeit ruhte. Nach dem Kriegsende im Mai 1945 und der Rückkehr aus der Gefangenschaft nach Kiel musste sich Mackenroth einem Entnazifizierungsverfah-

---

1 Mackenroth 1953.

2 In Marburg hielt Mackenroth erstmalig eine Vorlesung zur Bevölkerungsthematik mit dem Titel „Bevölkerungspolitik“ im Rahmen der Sammelvorlesung „Gegenwartsprobleme in der Politik“. Vgl. Philipps-Universität Marburg: Vorlesungsverzeichnis Sommersemester 1934.

3 Geheimes Staatsarchiv: Rep. 76 Va Sekt. 9 Tit. IV Nr. 4 Band 8, Blatt 239: Schreiben vom 30. November 1934. Der preußische Ministerpräsident „Im Auftrage gez. Neumann“ an den Minister für Wissenschaft, Kunst und Volksbildung.

4 Mackenroth war im Mai 1933 mit der Mitgliedsnummer 2761665 der NSDAP beigetreten. 1934 folgte der Eintritt in die Reiter-SA. Vgl. Bundesarchiv Berlin: Mitgliederkartei der NSDAP Mackenroth, Gerhard.

5 Landesarchiv Schleswig-Holstein: Abt. 47 Nr. 1784 Reichsförderung, Schreiben des Rektors der Universität Prof. Dr. Dahm an das Reichsstudentenwerk vom 14.10.35. Zur Umgestaltung der Christian-Albrechts-Universität in Kiel siehe auch Uhlig 1993, 118, 218; Eckert 1992, 42; Prahl 1995, 13.

ren unterziehen aus dem er am 26. April 1948 vom öffentlichen Ankläger der Entnazifizierungsausschüsse für den Stadtkreis Kiel als entlastet entlassen wurde.[6] Einer Wiederaufnahme der Lehrtätigkeit an der Christian-Albrechts-Universität in Kiel Ende 1945 stand nichts mehr im Wege.[7]

II. „Deutsches Wirtschaftsleben"

Gerhard Mackenroths Vorlesungen in den Jahren 1932-1943 zur Volkswirtschaftslehre, Statistik und Wirtschaftsgeschichte zeichnen sich durch die Vielseitigkeit der gewählten Themen aus. Die Wirtschafts- und Bevölkerungsgeschichte europäischer und außereuropäischer Staaten und Regionen war regelmäßig Gegenstand seiner Lehrveranstaltungen.[8] Immer wieder standen auch die deutsche Wirtschaft und das deutsche Volk im Mittelpunkt seiner Vorlesungen und Seminare.

Im Wintersemester 1941/42 bot Mackenroth eine Vorlesung unter dem Titel „Deutsches Wirtschaftsleben" an der Reichsuniversität Straßburg an, in der er sich u.a. darum bemühte, eine „Begründungskette" zwischen Rassenzugehörigkeit und wirtschaftlichem Erfolg zu erstellen.[9] In fünf Teilen widmete sich Mackenroth folgenden Themen: „I. Volk und Raum als Grundlagen deutschen Wirtschaftslebens", „II. Wovon lebt das deutsche Volk? – Die Produktionsstruktur der deutschen Wirtschaft", „III. Wie lebt das deutsche Volk? – Die Konsumstruktur der deutschen Wirtschaft", „IV. Wirtschaftliche und soziale Struktur der deutschen Siedlungsgebilde", „V. Ausgewählte landschaftliche Einzeldarstellungen".

In Teil I „Volk und Raum als Grundlagen deutschen Wirtschaftslebens" befasste sich Mackenroth unter Paragraph 1 mit der historischen Entwicklung des deutschen Volkes, seiner rassischen Zusammensetzung und den Auswirkungen auf die Wirtschaft.[10]

Betrachtet man die Rassen- und Stammesgliederung der Völker, so stellt sich für Mackenroth stets die Frage nach der jeweiligen Rassenmischung. Völker, die sich aus einer einheitlichen Rasse zusammensetzen, finden sich in Europa nicht. Entsprechend der Vorgaben von Hans F. K. Günther werden folgende Rassen von Mackenroth unterschieden: Nordisch, Westisch, Dinarisch und Ostisch.[11] Generell ist für Mackenroth die rassische Zusammensetzung eines Volkes ausschlaggebend für dessen wirtschaftliches „Leben und

---

6 Landesarchiv Schleswig Holstein: Abt. 460.19 Nr. 220 Mackenroth, Gerhard Entnazifizierungsausschuss Stadt Kiel.

7 Ausführlich zur Karriere siehe Henßler 2006.

8 Hierzu zählt z. B. die Vorlesung im Sommersemester 1947 unter dem Titel „Geschichte der Wirtschaft und der Wirtschaftslehre". Vgl. Christian-Albrechts-Universität Kiel: Vorlesungsverzeichnis Sommersemester 1937.

9 Erstmals hatte Mackenroth eine Vorlesung zu diesem Thema im Wintersemester 1937/38 in Kiel gehalten. Vgl. Nachlass Gerhard Mackenroth Bamberg: Vorlesung Deutsches Wirtschaftsleben, Wintersemester 1937/38. In einer zum Vortrag an der Verwaltungsakademie in Kiel gestalteten Vorlesung befasste Mackenroth sich in Teil IV mit den „Hauptproblemen der Kriegs- und Nachkriegswirtschaft". In diesem Zusammenhang wurde auch der im Falle eines deutschen Sieges bestehende „europäische Großwirtschaftsraum" erörtert. Das Manuskript der Vorlesung ist nicht erhalten. Vgl. ebd.: Vorlesung Deutsches Wirtschaftsleben, Sommersemester 1941.

10 Ebd.: Vorlesung Deutsches Wirtschaftsleben, Wintersemester 1941/42.

11 Siehe z.B. Günther 1939.

Gestalten“.[12] Zwar ist dieser kausale Zusammenhang, so gibt Mackenroth zu bedenken, nicht hinreichend erforscht, aber ohne Zweifel verfüge jede Rasse über spezielle Leistungsfähigkeiten und Begabungen. Bereits ein „oberflächlicher Blick“ auf die Politik- und Wirtschaftgeschichte bestätige diese Annahme.

Die nordische Rasse verfügt, so Mackenroth, über die vielseitigsten Begabungen. Der Schwerpunkt der Begabungen liegt jedoch auf der „organisatorischen Gestaltung großer Leistungsgebilde“ und deren „geistigen Beherrschung“. Aus den Reihen der nordischen Rasse rekrutieren sich die bedeutenden, innovativen Unternehmer der Geschichte, deren Leistungen über das bloße Verwalten von Unternehmen und Industrien hinausgehen.[13]

Ganz anders verhält es sich laut Mackenroth mit der ostischen Rasse. Zu vergleichbaren Leistungen sieht er ihre Vertreter nicht in der Lage. Die „Besten“ unter ihnen seien hervorragend geeignet, „die mittleren und unteren Verwaltungsposten innerhalb eines komplizierten Wirtschaftsgebildes“ zu übernehmen. Die Entwicklung von innovativen Ideen und Tatkraft sei bei Angehörigen der „ostischen Rasse“ hingegen nicht zu erwarten; dafür erweisen sie sich in der Mehrzahl als außerordentlich zuverlässig bei der Erfüllung der ihnen zugewiesenen Aufgaben.[14]

Für Mackenroth steht unumstößlich fest, dass das Vorwiegen bestimmter Rassenmerkmale das Maß der wirtschaftlichen Aktivität, das Wirtschaftssystem, die Ausleseprinzipien sowie den Wirtschaftsgeist bestimmt. Zwischen Rasse und Wirtschaft besteht, so Mackenroth, eine unmittelbare „Begründungskette“.[15]

Im weiteren Ablauf des Vorlesungsmanuskripts verlässt Mackenroth die allgemeine Ebene der Erörterung der Rassenfrage und befasst sich mit den Rassen- und Stammesmerkmalen des deutschen Volkes. Historisch betrachtet waren die durch rassische Merkmale begabten Individuen gleichmäßig über das deutsche Volk und seine Stämme verteilt. In den Eigentümlichkeiten der deutschen Stämme war und ist eine Mischung aus „rassischer Begabung“ und aus Eigenschaften, „die sich aus Gemeinsamkeiten des geschichtlichen Schicksal herausgebildet haben“ festzustellen. Die Rassenzusammensetzung der Völker ist jedoch nichts Unveränderbares. Durch Wanderungen sowie durch unterschiedliche Fortpflanzung, die das Ergebnis einer biologischen Auslese in „kriegerischer und nichtkriegerischer Form“ ist, seien Veränderungen der Rassen- und Stammesgliederung zu verzeichnen.[16]

Für die deutschen Stämme bzw. das deutsche Volk hat die biologische Auslese durch Kriege seit der Mitte des 17. Jahrhunderts an Bedeutung verloren. Seit dem Ende des 30-jährigen Krieges ist es vor allem „die Durchsetzung im Wirtschaftskampf“, die die Fortpflanzung und damit auch die „rassische Substanz“ des deutschen Volkes beeinflusst. Dabei ist noch nicht endgültig geklärt, ob und wie wirtschaftliche Durchsetzung bzw. der soziale Aufstieg des Individuums und der Familie zur „biologischen Durchsetzung des

12 „Die rassische Zusammensetzung des Volkes ist noch wichtiger als die zahlenmäßige Menge.“ Vgl. Nachlass Gerhard Mackenroth Bamberg: Vorlesung Bevölkerungslehre, Bevölkerungspolitik und Rasserecht, Sommersemester 1942.

13 „Die nordische Rasse stellt also die großen Unternehmer mit Fähigkeit, ferne Räume und Zeiten in Berechnungen der Gegenwart einzubeziehen und zielbewusst nach einem einmal gefassten Leitbilde wirtschaftliche Großgebilde zu gestalten.“ Vgl. Nachlass Gerhard Mackenroth Bamberg: Vorlesung Deutsches Wirtschaftsleben, Wintersemester 1941/42.

14 Ebd.

15 Ebd.

16 Ebd.

Erbguts" führt. Von Interesse für Mackenroth ist dabei in erster Linie die Frage, welche Erbgutträger sich durchsetzen. Generell scheinen die „sozialen Siebungsmaßstäbe" jedoch einem ständigen Wandel zu unterliegen.[17]

In der ständischen Ordnung des 17. und 18. Jahrhunderts kamen in jeder sozialen Schicht „Siebungskräfte" zum Tragen. Bauern, Handwerker und auch Teile des Adels wurden nach körperlicher Robustheit und Leistungsfähigkeit „gesiebt". Die hygienischen und sozialen Verhältnisse erschwerten in dieser Epoche das Überleben, die Familiengründung, die Fortpflanzung und die Möglichkeit der wirtschaftlichen Durchsetzung. Da „asoziale, körperlich, rassische minderwertige Schichten" von der Eheschließung und von einer sozial anerkannten Berufsausübung ausgeschlossen waren, pflanzten sie sich bevorzugt außerehelich fort. Die Fortpflanzung derjenigen, denen eine „wirtschaftliche Durchsetzung" gelungen war, d.h. die eine Familie gründeten und einen Beruf ausübten, war ungehemmt und trug zur „körperlich, rassischen Substanzverbesserung" bei.[18] Doch dieser Auslese standen Kräfte entgegen. Zu ihnen zählten das zur damaligen Zeit weit verbreitete Almosenwesen, das der „charitativen Erhaltung der rassisch Minderwertigen" entsprach, und das Zölibat, das einer Gegenauslese der „rassisch und geistig besonders Hochwertigen" gleichkam.[19]

Die Industrialisierung führte zu einer Ablösung der alten Volks- und Ständeordnung und zu einem Wandel der Gesellschaft und der in ihr wirkenden Kräfte. Der „kapitalistische Menschenhunger der Wirtschaft" begünstigt eine umfassende Binnenwanderungsbewegung. Die Schranken zwischen den sozialen Schichten gingen in der Folge ebenso verloren, wie die Schranken für Eheschließung und Fortpflanzung. Hieraus resultierte eine zunächst „ungehemmte Vermehrung" insbesondere der unteren sozialen Schichten. Durch die Ausweitung der Erwerbsmöglichkeiten wurden in der Folge all diejenigen „nicht lebensfähigen Elemente" erhalten, die im Rahmen der alten Standes- und Volksordnung nicht dauerhaft hätten existieren können. Gleichzeitig begann der soziale Aufstieg der „Tüchtigen" und damit für das Erbgut eines Volkes wertvollen Individuen. Doch entsprechend der „Wohlstandstheorie" übten gerade sie sich in Geburtenbeschränkung.

Folglich bedeutet im fortdauernden Zeitalter des Kapitalismus wirtschaftliche Durchsetzung nicht mehr zwangsläufig auch biologische Durchsetzung. Der Kapitalismus begünstigt eine „rassische Gegenauslese", der man, so Mackenroth, nur mit einer adäquaten Bevölkerungspolitik begegnen kann.[20] Die mit der Industrialisierung einhergehende und unvermindert anhaltende Binnenwanderung verändert das soziale Gliederungsbild; gleichzeitig begünstigt die Binnenwanderung die Vermischung der stammesmäßigen Eigentümlichkeiten und trägt so zur Vereinheitlichung des „äußeren rassischen Erscheinungsbildes" des deutschen Volkes bei.[21]

Seine Vorstellungen von einer adäquaten Bevölkerungspolitik, die einer „rassischen Gegenauslese" Einhalt gebieten soll, wird von Gerhard Mackenroth in der Vorlesung

17 Ebd.

18 Die Lebensleistung der einzelnen Träger verschiedener Erbanlagen erlaubt, so Mackenroth, Rückschlüsse auf geistige und charakterliche Eigenschaften. Vgl. Nachlass Gerhard Mackenroth Bamberg: Vorlesung Bevölkerungslehre, Bevölkerungspolitik und Rasserecht, Sommersemester 1942.

19 Ebd.: Vorlesung Deutsches Wirtschaftsleben, Wintersemester 1941/42.

20 Gefahren ergeben sich durch unterschiedliche Geburtenraten nicht nur innerhalb des deutschen Volkes, sondern auch zwischen den Rassen. So sei die Dominanz der „weißen Rasse" durch den hohen Geburtenüberschuss der „farbigen Rassen" auf Dauer gefährdet. Vgl. Nachlass Gerhard Mackenroth Bamberg: Vorlesung Bevölkerungslehre, Bevölkerungspolitik und Rasserecht, Sommersemester 1942.

21 Ebd.: Vorlesung Deutsches Wirtschaftsleben, Wintersemester 1941/42.

„Deutsches Wirtschaftsleben" nicht weiter erörtert. Stattdessen verweist er auf seine Vorlesung „Bevölkerungsstatistik, Bevölkerungslehre, Bevölkerungspolitik", die im Sommersemester 1942 erneut von ihm gehalten wurde.[22]

III. „Bevölkerungspolitik" zur Vermeidung der „rassischen Gegenauslese"

Gerhard Mackenroth trug seine Vorlesung zur Bevölkerungsthematik in den Jahren 1932-1938 über mehrere Semester hinweg inhaltlich weitgehend unverändert vor. Er machte die Zuhörer mit den bevölkerungsstatistischen Grundbegriffen vertraut, präsentierte einen historischen Abriss der Bevölkerungsentwicklung und stellte hierzu die verschiedenen theoretischen Ansätze vor. Seine sozialwissenschaftliche Analyse des Sachverhalts war weitgehend frei von politischen oder ideologischen Untertönen. Dies belegen die Vorlesungsübersichten der jeweiligen Semester.[23] Erst nach seiner Berufung an die Straßburger Reichsuniversität zum Wintersemester 1941/42 wurden im gewohnten Ablauf der Vorlesung Veränderungen vorgenommen. Die markanteste Veränderung vollzog sich dabei im dritten Teil der Vorlesung. Es ging nicht mehr um „Bevölkerungstheorie und Bevölkerungspolitik in Geschichte und Gegenwart", wie noch im Sommersemester 1938, sondern um „Bevölkerungspolitik und Rasserecht".

Mackenroth widmet sich in einem ersten Abschnitt dieses Teils den Aufgaben, Möglichkeiten und Grenzen einer politischen Lenkung der Bevölkerungsvorgänge. Im zweiten Abschnitt „Materielle Bevölkerungspolitik und Rasserecht in Deutschland" geht er auf konkrete Maßnahmen ein. Nach einer Erörterung des Verhältnisses von Bevölkerungspolitik und Rasserecht folgt die Betonung des „Primats der qualitativen Rassepolitik". Den Abschluss bildet eine formale Auflistung der „rassepolitisch bedeutsamen Rechtsregelungen", die von den Nationalsozialisten erlassen worden waren. Im letzten Abschnitt des dritten Teils bietet er noch einen geschichtlichen und international vergleichenden Überblick der Bevölkerungs- und Rassepolitik.[24]

Im Abschnitt zu den Aufgaben, Möglichkeiten und Grenzen einer politischen Lenkung der Bevölkerungsvorgänge definiert Mackenroth zunächst die Aufgaben einer allgemeinen Bevölkerungspolitik. Ihr kommen quantitative Aufgaben zu, indem sie die Bevölkerungsvermehrung anregt oder einschränkt, und qualitative Aufgaben, indem sie Überdurchschnittliches begünstigt und Unterdurchschnittliches durch Rassenhygiene ausschließt. Ziel der deutschen Bevölkerungspolitik müsse es sein, „den Bestand des deutschen Volkes und in ihm insbesondere der Träger wertvoller Erbanlagen zu erhalten und dann zu vermehren. Träger minderer oder gar kranker Erbanlagen [sind] aus dem Blutstrom des Volkes auszuschalten." Das Erreichen dieser Ziele, so stellt Mackenroth fest, sei von „entscheidender

---

22 Ebd.: Vorlesung Deutsches Wirtschaftsleben, Wintersemester 1941/42.

23 Insgesamt hielt Mackenroth zwischen 1934 und 1943 fünf Vorlesungen, die sich mit dem Thema Bevölkerung befassten. Hinzu kamen sechs Vorlesungen, die sich der Statistik widmeten. Alle weiteren angekündigten Vorlesungen, insgesamt 35 zwischen 1932 und 1943, beschäftigten sich mit nationalökonomischen bzw. volkswirtschaftlichen Themen.

24 Nachlass Gerhard Mackenroth Bamberg: Vorlesung Bevölkerungslehre, Bevölkerungspolitik und Rasserecht, Sommersemester 1942.

Bedeutung für die Zukunft des Volkes". Dieses Bewusstsein müsse alle Bereiche des staatlichen Wirkens durchdringen und allgegenwärtig sein.[25]

Im zweiten Abschnitt „Materielle Bevölkerungspolitik und Rasserecht in Deutschland" erörtert Mackenroth, teilweise protokollarisch, zunächst die „rasserechtlichen Maßnahmen zur Abgrenzung des deutschen Volkes nach außen." „Zur Ausschaltung von Blutströmen aus dem Innern des deutschen Volkes nach außen" unterscheidet er fünf, teilweise von den Nationalsozialisten gesetzlich geregelte Möglichkeiten: „Eheverbote, Absonderung, Unfruchtbarmachung, Entfernung der Keimdrüsen, Tötung: Vernichtung lebensunwerten Lebens". Zu weiten Teilen gleicht dieser Unterabschnitt einer sachlichen Auflistung der von den Nationalsozialisten verabschiedeten rechtlichen Vorgaben. An einigen Stellen finden sich aber auch Anmerkungen zu den Gesetzen, die einen Einblick in Mackenroths Sicht der Dinge bieten und deutlich werden lassen, dass Mackenroth eine negative Eugenik, im Sinne der Verhinderung der Fortpflanzung von „Minderwertigen", befürwortet.

So bezeichnet Mackenroth das „Gesetz zur Verhütung des erbkranken Nachwuchses" vom 14. Juli 1934 „zunächst einmal als einen Anfang". Aus der Anwendung des Gesetzes werden sich Erfahrungen ergeben, die einen „weiteren Ausbau" für spätere Jahre möglich erscheinen lassen. Kurzfristige Erfolge seien jedoch nicht zu erwarten; vielmehr könne man nachhaltige Veränderungen wohl erst nach 2-3 Generationen erwarten.[26]

Das erhoffte Hauptwirkungsgebiet liegt für Mackenroth bei der Gruppe der „Schwachsinnigen". Trotz aller Mängel des Gesetzes sollte es hier möglich sein, ihre weitere Verbreitung einzudämmen. Erst im Laufe der Zeit, so seine Überzeugung, wird man alle Fälle erfassen und sterilisieren können. Bei Missbildungen sieht Mackenroth hingegen die Möglichkeit von Ermessensentscheidungen. Das Gemeinschaftswerk von Alfred Kühn, Martin Staemmler und Friedrich Burgdörfer[27] zur Bevölkerungspolitik zitierend – ein Buch, das für die gesamten Ausführungen zu „Bevölkerungspolitik und Rasserecht" herangezogen wird – betont er, dass es letztlich auf den „Gesamtwert eines Menschen" ankomme. Dieser „Gesamtwert" bestimmt sich über die Feststellung, ob im weiteren Erbgang noch stärkere Missbildungen auftreten können. Bei vielen Missbildungen kann durch einen operativen Eingriff eine Heilung erreicht werden, doch oft ist dies im Sinne der Erbanlage bedeutungslos: „operierte Hasenscharte = operierte Erbkrankheit".[28]

Bei den gegebenen gesetzlichen Möglichkeiten erkennt Mackenroth eine Gefahr: Mit dem „erstmaligen staatlichen Placet für die eugenische Sterilisation" werden Geschlechtsgenuss und Fortpflanzung getrennt. Eine Gefährdung der Sozial- und Fortpflanzungsmoral im deutschen Volk könne die Folge sein. Die Aufnahme in eine Anstalt scheint Mackenroth als Alternative zur Unfruchtbarmachung denkbar, allerdings stellt sie keine sichere Maßnahme zur „Ausschaltung aus dem Blutstrom" dar. Auch Eheverbote verfügen hier nur über eine eingeschränkte Wirksamkeit. Sie wirken nach Mackenroth nur dann selektiv, wenn sie gewisse Erbanlagen von der Fortpflanzung ausschließen. Der Ökonom ist davon überzeugt, dass sich zudem gerade die „Entarteten" wenig um die Institution der Ehe kümmern, da sie

25 Ebd.: Vorlesung Bevölkerungslehre, Bevölkerungspolitik und Rasserecht, Sommersemester 1942.

26 Ebd.

27 Mackenroth verwendet eine Neuauflage des Buches von Kühn et al. 1940.

28 Nachlass Mackenroth Bamberg: Vorlesung Bevölkerungslehre, Bevölkerungspolitik und Rasserecht Sommersemester 1942. Mackenroth betont, dass auch Alkoholiker von der „Ausschaltung aus dem Blutstrom" betroffen seien. „Alkoholismus selbst (ist) schon ein Zeichen der Minderwertigkeit." Auch im verwandtschaftlichen Umkreis von Alkoholikern ließen sich zahlreiche „minderwertige Menschen" finden, „auf deren Zeugung im Interesse der Allgemeinheit verzichtet werden kann". Vgl. ebd.

ihre Nachkommenschaft weitestgehend außerehelich zeugen. Ergänzend schlägt er Maßnahmen vor, die eine Fortpflanzung der Erbgesunden begünstigen. Von zentraler Bedeutung ist dabei eine grundsätzliche Änderung der Fortpflanzungsethik, die er in der SS beispielhaft umgesetzt sieht.[29]

Auch die von den Nationalsozialisten nicht gesetzlich geregelte „Tötung" bzw. „Vernichtung lebensunwerten Lebens" wird von Mackenroth, wenn auch nur kurz, erörtert. Sie gilt ihm „als die radikalste und sicherste Form" des Vorgehens bei „der Ausschaltung von Blutströmen aus dem Innern des deutschen Volkes". Allerdings ist sie mit rassehygienischer Zielsetzung „in unserer aus christlichen Vorstellungen erwachsenen Sozialmoral noch nicht möglich" und „gesetzlich nicht statthaft".[30]

Mackenroth fährt im Manuskript der Vorlesung mit Ausführungen zum Rasserecht fort. Das Rasserecht umfasst für ihn nur einen kleinen Teil der zu treffenden Maßnahmen. Es beinhalte all die Rechtssetzungen, „durch die die Fortpflanzungsvorgänge im Volk unmittelbar beeinflusst werden". Dabei seien die eigentlichen Aufgaben des Rasserechts „das Ausscheiden des Unerwünschten aus (dem) Blutstrom (und die) Abgrenzung von erwünscht-unerwünscht". Die Wahrnehmung dieser Aufgaben sei in der momentanen Situation „unbedingt notwendig" und „vordringlich".[31]

Mackenroth setzte die Befürwortung einer negativen Eugenik auch nach dem Ende des Dritten Reiches im Jahr 1945 fort. Sowohl in seiner „Bevölkerungslehre" aus dem Jahr 1953 als auch in einer unveröffentlichten Rezension zu Hans F. K. Günthers Buch „Gattenwahl zu ehelichem Glück und erblicher Ertüchtigung"[32] verteidigte er die Maßnahmen einer negativen Eugenik als notwendig.[33]

IV. Zusammenfassung

Die Existenz von Rassenunterschieden, aus denen sich unterschiedliche Wertigkeiten ableiten lassen, besitzt für Mackenroth unzweifelhaft Gültigkeit. Charakterliche Eigenschaften und damit auch wirtschaftliche Kompetenzen sind für ihn mit der Rassenzugehörigkeit verbunden. Konkret bedeutet dies, dass nur mit der entsprechenden rassischen Zusammensetzung des deutschen Volkes wirtschaftlicher Erfolg dauerhaft sichergestellt werden kann. Der Kapitalismus begünstigt mit seinem großen Bedarf an Arbeitskräften jedoch die übermäßige Vermehrung der „minderwertigen" Elemente im Volk, während bei den „Tüchtigen" ein Rückgang der Fruchtbarkeit zu beobachten ist. Dieser Entwicklung gilt es mit einer Bevölkerungspolitik entgegenzuwirken, deren Inhalte Mackenroth in einer Vorlesung zur „Bevölkerungslehre" darlegt. Dabei gibt er sich als Befürworter einer negativen Eugenik zu erkennen, die von positiven Maßnahmen, d.h. einer Förderung der „Erbgesunden", begleitet werden soll.

29 Ebd.
30 Ebd.
31 Ebd.
32 Günther 1951.
33 Mackenroth 1953, 257ff; Boettcher 1955, 445-448.

Quellen und Literatur

Bundesarchiv Berlin: Mitgliederkartei der NSDAP Mackenroth, Gerhard.

Geheimes Staatsarchiv: Rep. 76 Va Sekt. 9 Tit. IV Nr. 4 Band 8, Blatt 239: Schreiben vom 30. November 1934. Der preußische Ministerpräsident „Im Auftrage gez. Neumann" an den Minister für Wissenschaft, Kunst und Volksbildung.

Landesarchiv Schleswig-Holstein: Abt. 47 Nr. 1784 Reichsförderung, Schreiben des Rektors der Universität Prof. Dr. Dahm an das Reichsstudentenwerk vom 14.10.35.

Landesarchiv Schleswig-Holstein: Abt. 460.19 Nr. 220 Mackenroth, Gerhard Entnazifizierungsausschuss Stadt Kiel.

Nachlass Gerhard Mackenroth Bamberg: Vorlesung Deutsches Wirtschaftsleben, Wintersemester 1937/38; Sommersemester 1941; Wintersemester 1941/42.

Nachlass Gerhard Mackenroth Bamberg: Vorlesung Bevölkerungslehre, Bevölkerungspolitik und Rasserecht Sommersemester 1942.

Boettcher, Erik 1955: Gerhard Mackenroth, in: Zeitschrift für Geopolitik, 26, 445-448.

Christian-Albrechts-Universität Kiel: Vorlesungsverzeichnis Sommersemester 1937.

Eckert, Jörn 1992: Was war die Kieler Schule?, in: Säcker, Franz Jürgen ed. 1992: Recht und Rechtslehre im Nationalsozialismus, Baden-Baden, 37-70.

Günther, Hans F. K. 161939: Rassenkunde des deutschen Volkes, München.

Günther, Hans F. K. 1951: Gattenwahl zu ehelichem Glück und erblicher Ertüchtigung, München.

Henßler, Patrick 2006: Rassenparadigma und Sozialhygiene in Gerhard Mackenroths wissenschaftlichen Vorlesungen und Arbeiten der Jahre 1933–1943, in: Ehmer, Josef; Lausecker, Werner; Pinwinkler, Alexander eds. 2006: Historische Bevölkerungskonstruktionen in konkurrierenden wissenschaftlichen Perspektiven 1920–1960, Sonderheft der Zeitschrift für Historische Sozialforschung, Köln, 101-130.

Kühn, Alfred; Staemmler, Martin; Burgdörfer, Friedrich 1940: Erbkunde, Rassenpflege, Bevölkerungspolitik, Leipzig.

Mackenroth, Gerhard 1953: Bevölkerungslehre – Theorie, Soziologie und Statistik der Bevölkerung, Berlin, Göttingen, Heidelberg.

Philipps-Universität Marburg: Vorlesungsverzeichnis Sommersemester 1934.

Prahl, Hans-Werner 1995: Die Hochschulen und der Nationalsozialismus, in: ders. ed. 1995: Uni-Formierung des Geistes. Universität Kiel im Nationalsozialismus, Kiel, 7-50.

Uhlig, Ralph 1993: Zur Vertreibung der Kieler Wissenschaftler von der Christian-Albrechts-Universität nach 1933, in: Zeitschrift der Gesellschaft für Schleswig-Holsteinische Geschichte, 118, 211-240.

Jugend und „junge Generationen" um 1930: Gerhard Mackenroths generationelle Ortsbestimmung als 30-Jähriger

Jürgen Reulecke

I. Generationelle Ortsbestimmung

Neben „Klasse" und „Rasse" gehört seit dem späten 19./frühen 20. Jahrhundert auch „Jugend" zu jenen „Fahnenwörtern", die – jeweils vielfältig mit ausgreifenden Deutungen aufgeladen und dementsprechend bei den Zeitgenossen zum Teil höchst wirkungsmächtig – diverse vorwärtsdrängende „Bewegungen" stimulierten. Dass die genannten Begriffe diese Rolle zu spielen vermochten, hing nicht zuletzt damit zusammen, dass die verschiedenen miteinander lebenden Generationen mit ihnen – je nach der Art der Verarbeitung der ihre Generationalität in den ersten Jahrzehnten des 20. Jahrhunderts prägenden Umbrucherfahrungen – in unterschiedlicher, teils ausdrücklich kontroverser Weise Sinngebungen, Handlungsperspektiven, Bedrohungsszenarien, Abgrenzungsstrategien u.ä. verbinden konnten. Mehrmals im 20. Jahrhundert, wenn der Zeitgeist zwischen massiven kollektiven Verunsicherungsgefühlen einerseits, Erlösungssehnsüchten andererseits pendelte und in diesem Kontext die unterschiedlichen Generationalitäten aufeinander stießen, hat „Jugend" als Chiffre für ein breites Ensemble von Zuschreibungen gedient. Vor allem in den für die Weichenstellungen in Richtung NS-Regime entscheidenden Jahren um 1930 war „Jugend" bzw. „junge Generation" in den Debatten um die Zukunft von Nation, Volk und Bevölkerung zwar nicht der einzige, aber doch ein Schlüsselbegriff von nicht zu unterschätzender gerade auch demagogischer Wirkung.

Die jeweiligen Ausschmückungen des Jugendmythos und die zeittypische Zelebrierung des davon angestoßenen Jugendkultes trieben in den mentalen Um- und Aufbruchzeiten des 20. Jahrhunderts wie um 1900/1910, um 1930, um 1948/50 und 1968 ganz besondere Blüten mit zum Teil erheblichen (individuellen wie kollektiven) Langfristfolgen, die zu untersuchen seit wenigen Jahren zu einem Kernziel einer neueren Kultur- und Erfahrungsgeschichtsforschung geworden ist.[1] Diese bemüht sich darum, die Bedeutung und Wirksamkeit des (hinter den bisher bei der gängigen Geschichtsbetrachtung des 20. Jahrhunderts dominierenden allgemeinen politischen und sozioökonomischen Zusammenhängen stehenden) „subjektiven Faktors" zu begreifen, indem sie die zeittypischen Befindlichkeiten der Menschen in ihrer Epoche, d.h. deren Weltsichten, Hoffnungen, Zukunftsängste, handlungsbestimmenden Vorurteile, Fixierungen usw. als geschichtsmächtige Phänomene zu analysieren begonnen hat. Zu dem diffusen und nicht leicht greifbaren, lange auch unterschätzten mentalitäts- und psychohistorischen Forschungsfeld „Jugend" und „Generationalität" liegen inzwischen diverse jüngere Studien vor, die sowohl die ideengeschichtliche Gesamtkonstellation[2] als auch Einzelfacetten des Themas quer durch das 20. Jahrhundert behandeln,[3] aber auch den seit Karl Mannheims anregender Studie „Das Problem der Gene-

---

1 Siehe dazu Daniel 2006, 330-345.
2 Siehe z.B. Stambolis 2003.
3 Reulecke 2003, Jureit & Wildt 2005.

rationen" aus dem Jahre 1928 viel heran gezogenen, inflationär benutzten und letztlich durchaus recht „frag-würdigen" Begriff „Generation" als theoriefähiges Konzept kritisch prüfen.[4]

Verbindendes Grundmotiv der seit etwa 1900 sich sprunghaft verbreitenden Beschwörungen von Jugend war *einerseits* die Vorstellung, dass im neuen Jahrhundert ein „höherer Typus Mensch" zu schaffen sei, dessen Aufgabe es dann sein sollte, in einer besseren Welt dem „Kampf ums Dasein edlere Formen zu verleihen".[5] Die schöpferischen Kräfte der künftigen jungen Generationen würden in dem heraufziehenden „Jahrhundert der Jugend" – so hoffte man – die allgemeine sittlich-moralische Krise, die insbesondere im Bildungsbürgertum beklagte geistige Stagnation des Wilhelminismus, die wachsenden, von den Großstädten ausgehenden Gefährdungen der Natur des Menschen, die alles nivellierende moderne Massenzivilisation usw. überwinden. *Andererseits* entdeckte man um 1910 ein bisher unbekanntes zukunftgefährdendes Problem, das mit dem im ersten Jahrzehnt des 20. Jahrhunderts zu beobachtenden Geburtenrückgang zusammenhing und bereits vor dem Ersten Weltkrieg, dann aber in massiver Weise in den 1920-er Jahren die öffentlichen Debatten über die Zukunft von Volk und Nation bestimmen sollte: den Verlust an „Volkskraft" durch einen stetigen Rückgang des Nachwuchses und demzufolge der Wehr- und Verteidigungsfähigkeit der Nation. Schon 1913 hieß es, dass

> „nur dasjenige Volk auf absehbare Zeiten sich den erforderlichen Platz an der Sonne sichern, seine Eigenart erhalten, anderen Mitbewohnern der Erde seinen Willen aufzwingen und Glück und Heil seinen eigenen Angehörigen (bringen könne), welches über die meisten und tüchtigsten Köpfe, Hände, Ellbogen und Körper wie sittliche Werte und schaffenden Kräfte verfügt".[6]

Das Pendel begann nun infolge solcher Vorstellungen und entsprechend ausgemalter Bedrohungsszenarien angesichts des Geburtenrückgangs – Stichwort: „Volk am Abgrund" - von einer „Übervölkerungsangst" zu einer „Entvölkerungsangst" umzuschlagen,[7] letztere bekanntermaßen von dem seit Ende der 1920-er Jahre lautstark sich äußernden Bevölkerungswissenschaftler Friedrich Burgdörfer (1890-1967) plakativ auf die Formel „Volk ohne Jugend" gebracht.[8] Burgdörfer gehörte mit einer Reihe gleichaltriger Bevölkerungswissenschaftler wie Fritz Lenz (1887-1976), Arthur Gütt (1891-1949), Hans F. K. Günther (1891-1968), Egon Frhr .von Eickstedt (1892-1965), Karl Valentin Müller (1896-1963) und Otmar Frhr. von Verschuer (1896-1969) zu jener „jungen Frontkämpfergeneration" (s.u.), die zum Teil bereits vor dem Krieg, dann in den 1920er Jahren die Vorstellungen der seit circa 1905 sich ausbreitenden, auf den Engländer Francis Galton zurückgehenden Eugenik rassenhygienisch ausformulierte, entsprechend radikalisierte[9] und an eine etwa ein Jahrzehnt jüngere Schülergeneration weitergab, deren Angehörige dann in den Jahren der Weltwirtschaftskrise ihr Studium abschlossen und in der Frühphase des NS-Regimes als engagierte Nachwuchsfachleute für Bevölkerungs- und Rassenfragen, für eine von der Rassenlehre bestimmte Medizin[10] und schließlich zum Teil auch – wie im Falle Josef Mengeles (1911-

---

4 Dazu z.B. Corsten 2001, Zinnecker 2003, Jureit 2006.
5 Key 1902, siehe auch Küenzlen 1994 und Reulecke 2002.
6 Bornträger 1913, zit. nach Weipert 2006, 71.
7 Ehmer 2004, 63ff.
8 Burgdörfer 1932, siehe auch Burgdörfer 1937.
9 Petermann 2005, 446ff.
10 Kersting 1996, siehe auch als exemplarische Studie zur Psychiatrie und Medizin an der Universität Gießen George et al. 2003.

1979), eines Schülers von Verschuer[11] – für die Durchführung von Menschenexperimenten und Selektionen in den NS-Konzentrationslagern zur Verfügung standen. Rainer Mackensen kommt das Verdienst zu, dass in den letzten beiden Jahrzehnten die damit angedeuteten Problemfelder, vor allem auch die nicht zuletzt mentalitätsgeschichtlich bedeutsamen Kontexte der unter dem Oberbegriff „Bevölkerungswissenschaften" agierenden Disziplinen durch seine wissenschaftliche Netzwerkbildung, durch eine Fülle von Forschungsimpulsen an eine jüngere an Bevölkerungsfragen interessierte Forschergeneration sowie durch eine Vielzahl einschlägiger von ihm verfasster oder herausgegebener Publikationen bei uns endlich gründlicher untersucht und bestehende Forschungsdefizite im Vergleich zur bevölkerungswissenschaftlichen Forschung im Ausland deutlich verringert worden sind.[12]

Zurück zum Thema „Jugend" und „junge Generationen" um 1930, das seit dem späten 19. Jahrhundert – wie oben angesprochen – auch die Frage nach der Bedeutung von Generationenfolgen bei den mit bevölkerungswissenschaftlichen Problemen befassten Wissenschaftlern und den von ihnen verfolgten Forschungskonzeptionen provoziert! Schließlich fordert erfahrungsgeschichtliche Recherche dazu heraus, gerade auch solchen Selbstdeutungen nachzuspüren, die von Personen stammen, die als Wissenschaftler ihren Standort in ihrer speziellen „Zeitheimat" abständig reflektiert haben, mit anderen Worten: ihre „Generationalität" thematisiert haben. Ein bemerkenswertes Beispiel dafür aus der Riege der Bevölkerungswissenschaftler mit bekannterem Namen ist Gerhard Mackenroth (1903-1955), der 1953 mit seiner „Bevölkerungslehre" die „letzte deutsch-sprachige enzyklopädische Einführung" in die „Theorie, Soziologie und Statistik der Bevölkerung" – so der Untertitel – veröffentlicht hat.[13] Ein im Rahmen des im Wesentlichen von Rainer Mackensen inspirierten DFG-Schwerpunktprogramms 1106 „Ursprünge, Arten und Folgen des Konstrukts ‚Bevölkerung' vor, im und nach dem ‚Dritten Reich'" von dem Bamberger Bevölkerungswissenschaftler Josef Schmid zusammen mit seinem Mitarbeiter Patrick Henßler durchgeführtes Projekt, das die Entstehung eines historisch-soziologischen Bevölkerungsbegriffs vor allem an Gerhard Mackenroths Bevölkerungskonzeption untersucht, hat die Stationen seiner Karriere seit dem Ende der 1920-er Jahre und seine Position während der NS-Zeit, zunächst als Professor am Kieler Institut für Weltwirtschaft, dann ab 1940 als Ordinarius für Staatswissenschaft an der „Reichsuniversität" Straßburg, detailreich analysiert.[14] In diesem Zusammenhang ist ein 1933 in schwedischer Sprache in Stockholm publizierter Text mit dem Titel „Tysklands ungdom i revolt" („Deutschlands Jugend revoltiert") von dem damals 30-jährigen Mackenroth wiederentdeckt[15] und ins Deutsche rückübersetzt worden, in dem der Verfasser seinen schwedischen Lesern – er hatte aufgrund einer Freundschaft mit dem Volkswirtschaftler Gunnar Myrdal (1898-1987) seit Ende der 1920er Jahre engere Beziehungen zu Schweden - u.a. einen ausführlichen Überblick über die gesellschaftliche Bedeutung des jugendbewegten Aufbruchs seit 1900 und die um 1930 im

11 Massin 2006, 93-140.

12 Zuletzt Mackensen 2006 und Mackensen & Reulecke 2005.

13 Mackenroth 1953, vom Brocke 1998, 431.

14 Henßler & Schmid 2007 (darin: Henßler, Patrick: Sozialwissenschaften zwischen 1933 und 1945 – im Spiegel des akademischen Werdegangs von Gerhard Mackenroth, 157-217, Kapitel 6). Siehe auch im vorliegenden Band Henßlers Beitrag! Ich danke Patrick Henßler nachdrücklich für seinen Rat und für die Zurverfügungstellung sowohl einschlägiger eigener Beiträge als auch der im Folgenden herangezogenen Schrift Mackenroths aus dem Jahre 1933.

15 Mackenroth 1933. Der Text ist die erweiterte Fassung eines Vortrags, den Mackenroth 1932 in Stockholm auf Einladung Myrdals gehalten hat, Henßler & Schmid 2007, 166 (Anm. 367). Zu Myrdal s. zuletzt Etzemüller 2006.

Deutschen Reich zu beobachtenden generationellen Konstellationen gibt. Henßler hat inzwischen in mehreren umsichtigen Beiträgen auch diese Schrift von 1933 ausgewertet, Mackenroth mit seiner darin sichtbar werdenden kritischen Haltung zur Weimarer Republik als geradezu „typischen Vertreter der *Konservativen Revolution*“[16] identifiziert und dabei zwar durchaus eine Reihe von zustimmenden Urteilen zum nationalsozialistischen Umbruch, aber auch Belege für seine anfänglich abwartende Distanz gefunden: Den „ganzen cäsarischen Kult um die Person des ‚Führers'“ hielt Mackenroth z.B. zunächst für „außerordentlich widrig“[17] und hatte sogar ein Jahr vorher in einem Brief an Myrdal Hitler als „dumm und eitel und begabt mit dem politischen Instinkt einer Kuh“ charakterisiert.[18] Den ganzen nationalistischen Rummel mit „Uniformen und Märschen und Hurrarufen“ deutete er als nichts anderes als eine „Überkompensation einer tiefergehenden Unsicherheit“.[19] Dennoch: Mackenroth hat dann in der Folgezeit zweifellos bei seiner Karriere von der nationalsozialistischen Machtergreifung profitiert. Er wurde schon im Mai 1933 NSDAP-Mitglied, trat bald darauf in die Reiter-SA ein und galt nach Urteil des damaligen Dekans, des Staatsrechtlers Ernst Rudolf Huber (1903-1990), bei seiner Berufung an die Rechts- und Staatswissenschaftliche Fakultät in Kiel als jemand, der „seiner menschlichen und politischen Haltung nach [...] vorzüglich in die einheitliche Front der Kieler Fakultät (hineinpasse)“ – einer Fakultät, die sich in kürzester Zeit durch die Hinausdrängung einer Reihe jüdischer und sonstiger missliebiger älterer Professoren von einem Durchschnittsalter von 53 Jahren auf 35 Jahre verjüngt hatte und nun den Ehrgeiz entwickelte, im NS-Sinn eine „Stoßtruppfakultät“ zu sein.[20]

II. Mackenroths Typus der „jungen Generation“

Die Frage nach der erfahrungsgeschichtlich bedeutsamen generationellen Selbstverortung aufgreifend, soll im Folgenden ein von Henßler eher nur am Rande erwähnter Argumentationszusammenhang aus Mackenroths Text von 1933 etwas ausführlicher aufgegriffen werden. Im Zusammenhang mit Mutmaßungen über eine „Veränderung des nationalen Menschentyps“, den die nachwachsenden Generationen in Deutschland hervorbringen müssten, um in Zukunft im „Lebenskampf der Völker“ zu bestehen, glaubte Mackenroth in jüngerer Zeit statt einer von den Rassenhygienikern durch deren erbbiologischen Strategien angestrebten „Aufnordung“ des Nachwuchses viel eher einen ganz anderen Trend, nämlich einen „umweltbedingten sozialen Selektionsverlauf“ hin zur Entstehung eines neuen körperlichen und geistigen Idealtyps in der jungen Generation festgestellt zu haben. Dieser Typ stelle eine deutliche Veränderung gegenüber dem in den älteren Generationen nach Mackenroths Meinung bisher vorherrschenden Typs des „alpinen Pyknikers, klein, feist und dunkel“ dar.[21] Um den schwedischen Lesern die Entstehungs- und Prägungsgeschichte dieser neuen Jugend zu erläutern, entwarf er ein Schema, das die „junge Generation“ von 1930/33 als Addition von drei Teilgenerationen, geboren von 1890 bis 1919, also den damals etwa 14- bis 40-Jährigen, vorstellte: die „jungen Frontkämpfer“ (geboren 1890 bis

[16] Henßler & Schmid 2007, 169.
[17] Mackenroth 1933, 92.
[18] Henßler & Schmid 2007, 167 (Anm. 373).
[19] Mackenroth 1933, 98; Henßler & Schmid 2007, 167.
[20] Henßler & Schmid 2007, 175f.
[21] Mackenroth 1933, 136.

1899: ca. 4,5 Millionen Menschen), die „Kriegsjugend“ (geboren 1900 bis 1909: ca. 6,25 Millionen Menschen) und die „Nachkriegsjugend“ (geboren 1910 bis 1919: ca. 5 Millionen Menschen). Diesen knapp 16 Millionen jungen Menschen ständen nur noch insgesamt 9 Millionen Menschen gegenüber, die zusammen alle älteren Generationen repräsentierten. Zwar müsse man – so Mackenroth - wohl einen beträchtlichen Teil der Frontkämpfergeneration „ideologisch“ noch zu diesen älteren Altersgruppen rechnen, aber ihre andere Hälfte gehöre mit den beiden folgenden Altersgruppen zu jenem Potential der „jungen Generation“, das zur Zeit im politischen und sozialen Leben eine deutliche Veränderung der sozialen Ordnung einfordere und massive Spannungen im aktuellen Generationengefüge hervorrufe.[22]

Reizvoll ist dieses Schema weniger als innovative Erfindung Mackenroths – er griff Argumente einer breiten, zum Teil höchst aggressiv geführten zeitgenössischen Debatte um eine „Revolution der jungen Generation“ auf, durch welche die „Herrschaft der Greise“ hinweggefegt werden müsse[23] -, sondern die Tatsache, dass der 1903 geborene Verfasser sich darin ganz offenbar (allerdings unausgesprochen) selbst verortete. Dementsprechend argumentierte er aus Eigenerfahrung als Generationsangehöriger der mittleren seiner drei Altersgruppen und fällte entsprechende Urteile. Bedeutsam ist, dass Mackenroth nicht (wie in vielen undifferenzierten Generationsmodellen und auch in der seinerzeitigen Polemik) den gesamten von im identifizierten Alterskohorten Generationsqualität zusprach, sondern stattdessen nach „repräsentativen Typen“ in ihnen suchte, von denen in besonderer Weise Wirkung auf die allgemeine Meinungsbildung auszugehen schien. Dabei richtete er, selbst von der Jugendbewegung geprägt, sein Interesse vor allem auf einen Typus, den er „Typ der Jugendbewegung“ nennt und von dem er mit Blick auf die gesellschaftliche Zukunft annahm, „dass er dabei ist sich durchzusetzen.“[24]

Es liegt nahe, die Frage, welche Erfahrungen und Einflüsse für diesen Typ innerhalb der jungen Frontkämpfergeneration besonders prägend gewesen seien, pauschal mit den Kriegs- und Schützengrabenerlebnissen zu beantworten. Doch differenziert Mackenroth hier zunächst einmal ausdrücklich zwischen jenen, die bereits „aus einem festen bürgerlichen Milieu heraus in den Krieg“ und den anderen, die ohne diese sichernde Basis, d.h. „ohne vorher in die bürgerliche Welt hineingewachsen zu sein“ oft „direkt von der Schulbank in den Schützengraben“ gezogen waren und dort sowohl die männerbündische Frontkameradschaft als ihre emotionale Heimat erlebten als auch häufig von einer „krampfhaften Suche nach einer inneren Rechtfertigung für das Sinnlose“ erfasst wurden.[25] Die Rückkehr der Überlebenden dieser Altersgruppe von der Front sei dann 1918/19 keine „Heimkehr“ gewesen, sondern eine oft bitter empfundene Eingliederung in bedrückende Alltagsverhältnisse, die bei einer Reihe von ihnen „einen Hass auf diese ganze Welt gesellschaftlicher Scheinwerte“ habe entstehen lassen.[26] Allerdings, so zeigt sich dann bei Mackenroths Darstellung der verschiedenen jugendbewegten Nachkriegsbünde von den Wandervögeln über die bündischen Pfadfinder bis zur Deutschen Freischar und den stärker rechts orientierten „Adlern und Falken“, gab es unter den Kriegsheimkehrern auch eine Anzahl sich als Führer

---

22 Ebd., 54.
23 Gründel 1932, siehe dazu Stambolis 2003 sowie Reulecke 2002.
24 Mackenroth 1933, 40. Zum „Typ der Jugendbewegung“ bei Mackenroth siehe auch Henßler & Schmid 2007, 167f.
25 Ebd., 42.
26 Ebd., 43.

anbietender junger Männer,[27] die sich zunächst zum Teil in den Freikorps engagierten und dann „eine starke Resonanz von den nächst jüngeren Altersgruppen“ erhielten.[28] Hier sei der Gedanke gereift, außerhalb der politischen Parteien nach einem eigenen Weg zu einem „sozialistischen Nationalismus“ zu suchen: Über allem erhebe sich nun in den jugendbewegten Bünden und, davon angestoßen, auch in manchen der Wehrverbände „der Wille zu völkischer Einheit und zur Überwindung der Parteiengegensätze“; man wolle „nicht bürgerlich sein, nicht proletarisch, sondern national, sozialistisch.“[29] Zu diesem Zweck seien auch von einigen Bünden bereits eigenständige Bildungseinrichtungen geschaffen worden: verschiedene Grenzlandhochschulen, Volkshochschulen, das „Boberhaus“ in Löwenberg/Schlesien als Zentrum einer neuen Volksbildung, gemeinsame Arbeitslager von jungen Arbeitern und Studenten, eine eigene musikalische Akademie in Frankfurt/Oder[30] usw. Zudem berichtet Mackenroth über eine offenbar besonders prägende bündische „Erfindung“, an der er möglicherweise selbst teilgenommen hat: Großfahrten bündischer Gruppen donauabwärts, z.T. auf selbstgezimmerten Booten, zu den sogenannten Grenz- und Auslandsdeutschen, bes. zu deutschen Sprachinseln im unteren Donaugebiet.[31]

Solche Fahrten ebenso wie die sich einbürgernden großen Zeltlager, in denen der jeweilige Bundesführer „Heerschau“ hielt, waren für die beiden nächstfolgenden jugendbewegt geprägten Altersgruppen besonders eindrückliche Erfahrungen. Der von Mackenroth „Kriegsjugend“ genannten Altersgruppe, geboren zwischen etwa 1900 und 1908/1910, die den Krieg an der „Heimatfront“, dort aber bereits sehr bewusst miterlebt hatte und in den Kriegsjahren „wie die Vögel unter dem Himmel“[32] aufgewachsen sei, habe wegen der Abwesenheit der Väter und älteren Kameraden das Erlebnis „kraftvoller Autorität“ gefehlt. Respekt vor Obrigkeiten und Autorität sei ihnen nicht mehr anerzogen worden. Der Krieg sei für sie lange Zeit eine begeisternde heroische Angelegenheit gewesen, die sie in ihren Spielen nachzuempfinden versucht habe.[33] Auch für diese zweite Altersgruppe der „jungen Generationen“ um 1930 seien dann aber das Kriegsende und die unmittelbare Nachkriegszeit mindestens ebenso prägend gewesen wie die Kriegszeit und hätten, allerdings im Vergleich zur Vorgängergeneration in recht spezifischer Weise, eine „gemeinsame Erlebnisgrundlage“ geschaffen.[34] Mackenroth listet als Beleg dafür diverse Beispiele so detailreich auf, wie es wohl nur jemand konnte, der einschlägige eigene Erfahrungen gemacht hatte: z.B. den durch die Propaganda bis fast zum Schluss geschürten Glaube an den Sieg, die völlig überraschende Niederlage, dann aber die neugierige, ideologisch nicht festgelegte Offenheit gegenüber dem vielen Neuen, die Bereitschaft, gepaart mit Abenteuerlust, bei den Ereignissen auf den Straßen mit dabei zu sein, sich auch als Jüngere z.B. den von Welt-

27 Dass der Generationenbegriff und die Identifizierung von Generationseinheiten und von Generationalität weitestgehend männlich bestimmt waren und aus männlichem Blickwinkel beurteilt wurden, ist ein Problem, das erst in jüngster Zeit kritisch befragt worden ist; siehe Reulecke 2003, XIV, und den Beitrag von Benninghaus 2005, 127-158.

28 Mackenroth 1933, 45.

29 Ebd., 63.

30 Zu all diesen Einrichtungen gibt es in den Publikationen zur Geschichte der Jugendbewegung inzwischen diverse Einzeldarstellungen, siehe z.B. Greiff 1985.

31 Mackenroth 1933, 64.

32 Ebd., 46.

33 Siehe die ganz ähnliche Beschreibung der Kriegsjugend in der Autobiographie des 1907 geborenen Sebastian Haffner. Ders. 2000, 20f.

34 Mackenroth 1933, 48.

kriegsoffizieren gegründeten Freikorps anzuschließen usw.[35] Eine besondere Lebenstauglichkeit sei – so Mackenroth – die Folge gewesen: Auf diese Weise oft von einer Erfahrung zur nächsten geworfen „wie kaum eine andere Generation“, sei die Kriegsjugend immer wieder auf die Füße gefallen, habe vielerlei Überlebensstrategien kennen gelernt, diese nüchtern praktiziert und dabei gelernt, „sich überall durchzuschlagen, selbst wenn die persönliche Moral manchmal leiden musste“,[36] wobei sie mit den jungen Frontsoldaten das intensive Erlebnis männlicher Kameradschaft verbinde. Als „typische Aktivisten“ litten zudem viele aus der „Kriegsjugendgeneration“ in keiner Weise unter irgendeiner Art von „Traditionsbelastung“, weshalb sie „ganz und gar frei von verkrampften Idealen“ fähig seien, „ohne Pathos gefährlich zu leben“.[37] Das bedeute allerdings nicht, dass die führenden Köpfe dieser Altersgruppe keine Ideale oder Leidenschaften besäßen, im Gegenteil: Diese seien nur „tief im Herzen verschlossen“, prägten aber umso stärker ihr Handeln. Der kollektive Einsatz für soziale Dinge gehöre zum Beispiel dazu; deshalb seien sie auch besonders prädestiniert, „bewusst den Weg zu etwas Neuem“ zu bahnen.[38] In diesem Kontext war es nach Mackenroth wieder die Jugendbewegung, die Pionierarbeit leistete: Sowohl ihre äußeren Stilformen als auch vor allem die in ihr diskutierten Ideale und Werte begännen nun – also um 1930 – „unser ganzes Volk zu erobern“; man ringe um „Sozialismus, Nationalismus, Bündnisromantik, Antimaterialismus, Irrationalismus, Antisemitismus, den Rassengedanken etc.“.[39] Allerdings sei es angesichts der auf den Straßen und in den Versammlungslokalen ausgetragenen „viel gröberen Formen“ der Auseinandersetzung noch keineswegs sicher, ob sich die Ideale der Jugendbewegung durchsetzen könnten, fügte er hinzu.[40]

III. Fazit

Wenn man bedenkt, dass die Kriegsjugend als zahlenmäßig stärkste Altersgruppe innerhalb der „jungen Generationen“[41] dann zwar nicht die führenden Nationalsozialisten der ersten Stunde stellte, jedoch weitestgehend das mittlere Management des Regimes, dann liefert Mackenroths zeitgenössische Insidersicht mit ihrer generationellen Ortsbestimmung eine

35 Mackenroth berichtet z.B. detailreich, geradezu begeistert über konkrete Kämpfe des „Freiwilligen Landjägerkorps“ des Generals (Georg) Maercker (1865-1924) im Zusammenhang mit dem Kapp-Putsch. Ders. 1933, 48f. In diesem Freikorps versammelte sich u.a. vor allem eine Reihe jüngerer Männer, die aus der bürgerlichen Jugendbewegung stammten.

36 Ebd., 50.

37 Ebd.

38 Ebd., 51.

39 Ebd., 55.

40 Das Verhältnis Jugendbewegung/Nationalsozialismus ist in der Vergangenheit recht kontrovers diskutiert worden. Siehe dazu Reulecke 2001, 151-176.

41 Auf die dritte Altersgruppe, die Mackenroth in zwei Untergruppen unterteilt – die bis etwa 1912 Geborenen und die von 1913 bis 1919 Geborenen – soll hier nicht näher eingegangen werden, nur so viel: Nach den Jahren des Aufwachsens in der ruhigeren Mittelepoche der Weimarer Republik, in der die Heranwachsenden vieles, um was ihre Vorgänger noch gerungen hatten, als „selbstverständlich betrachteten und selbst unproblematisch und unpolitisch wurden“, entdeckten dann auch viele Angehörige der Nachkriegsjugend, dass auch sie wie die beiden vorausgehenden Altersgruppen „enterbt“, d.h. „aus dem bürgerlich-kapitalistischen Apparat der wirtschaftlichen Ordnung“ ausgestoßen waren. Diese neue Erfahrung ließ – so Mackenroth – auch sie nun auf den Straßen „mobil“ werden. Deutschlands weiteres Schicksal hänge nun auch davon ab, ob sie mit den beiden anderen Teilen der „jungen Generation“ zusammen harte Arbeit zu leisten und Opfer zu erbringen bereit seien, statt nur lautstark die nationalen Demonstrationen auf den Straßen zu unterstützen. Mackenroth 1933, 52f.

Reihe von Schlüsselhinweisen auf Befindlichkeiten, deren Bedeutung für das weitere Funktionieren dieses Regimes bis zum Zusammenbruch höchst wirkungsmächtig war. Ohne dieses an Mackenroths Beispiel weiter verfolgen zu wollen, sei nur noch auf zwei neuere Studien hingewiesen, in denen aus dem historisch-kritischen Rückblick von heute die Mentalität der damaligen „Macher" aus der Kriegsjugendgeneration zum Teil recht ähnlich wie schon bei Mackenroth charakterisiert wird. In seiner Biographie des obersten Organisators der Gestapo, Werner Best (1903-1989), hat der Freiburger Historiker Ulrich Herbert die männlichen Angehörigen dieser Altersgruppe als Personen beschrieben, die von Kühle, Härte und Sachlichkeit geprägt gewesen seien, sich an soldatischen Idealen und männerbündischen Werten orientiert und das Fehlen eigener Fronterfahrung kompensiert hätten, indem sie ein von Kompromissen freies, radikales, dabei aber organisiertes, unspontanes, langfristig ausgerichtetes Handeln an den Tag legten.[42] Und der Hamburger Historiker Michael Wildt kam in seiner umfangreichen Studie über das Führungskorps des NS-Reichssicherheitshauptamtes, das sich zum weit überwiegenden Teil aus Angehörigen jener „Kriegsjugendgeneration" zusammensetzte, zu dem Ergebnis, dessen Mitglieder habe ein großes Misstrauen gegenüber allen Steuerungsmedien der bürgerlichen Gesellschaft ausgezeichnet, zugleich eine massive Kritik „am bürgerlichen Mummenschanz, an den hohlen Versprechungen liberaler Politiker."[43] Sie hätten stattdessen eine „neue, radikal andere Ordnung" als Gegenmodell zum Bestehenden schaffen wollen, eine Ordnung, „die ‚wahre' Gemeinschaft stiftete und dem einzelnen einen verlässliche Halt seiner selbst gab."

Abschließend, angestoßen durch Mackenroths Beispiel, nur ein kurzer Hinweis auf eine verallgemeinerbare Beobachtung, welche sich auf das Personal der sich mit Volk, Rasse und Bevölkerung beschäftigenden Disziplinen jener Zeit bezieht: Es ist bemerkenswert, wie viele jüngere, d.h. seit 1890/1900 geborene Wissenschaftler der sich mit Problemen der Bevölkerung befassenden Wissenschaftszweige jugendbewegt geprägt gewesen sind: von Gunther Ipsen über Hans Harmsen, Hans Raupach, Ernst Rudolf Huber bis hin zu Werner Conze und Theodor Schieder. Mackenroth ist nur ein Beispiel unter vielen. Es wäre reizvoll, diese Verbindung etwas genauer zu analysieren. Zwei Einzelbeispiele aus den damaligen völkischen Bemühungen um das Grenz- und Auslandsdeutschtum bzw. die deutschen Sprachinseln im Ausland zeigen bereits exemplarisch, wie stark Denkimpulse aus der Jugendbewegung, hier aus dem Wandervogel, entsprechende Forschungen angeregt haben: bei dem Germanisten und Volkskundler Georg Schmidt-Rohr (1890-1945)[44] und bei dem Volkskundler und Historiker Walter Kuhn (1903-1983)[45].

Literatur

Benninghaus, Christina 2005: Das Geschlecht der Generation. Zum Zusammenhang von Generationalität und Männlichkeit, in: Jureit & Wildt eds. 2005, 127-158.

Burgdörfer, Friedrich 1932, 31935: Volk ohne Jugend. Geburtenschwund und Überalterung des deutschen Volkskörpers, ein Problem der Volkswirtschaft, der Sozialpolitik, der deutschen Zukunft, Berlin.

Burgdörfer, Friedrich 21937: Völker am Abgrund, München, Berlin.

42 Herbert 1996, bes. 44f.
43 Wildt 2002, 847ff.
44 Simon 1986.
45 Pinwinkler 2007.

Corsten, Michael 2001: Biographie, Lebenslauf und das „Problem der Generationen“, in: BIOS, 14, 2, 32-59.
Daniel, Ute 52006: Kompendium Kulturgeschichte. Theorien, Praxis, Schlüsselwörter, Frankfurt/Main.
Ehmer, Josef 2004: Bevölkerungsgeschichte und Historische Demographie 1800-2000, München.
Etzemüller, Thomas 2006: Die Romantik des Reißbretts. Social engineering und demokratische Volksgemeinschaft in Schweden. Das Beispiel Alva und Gunnar Myrdal (1930-1960), in: Geschichte und Gesellschaft, 32, 4, 445-466.
George, Uta; Groß, Herwig; Putzke, Michael; Sahmland, Irmtraut; Vanja, Christina ed. 2003: Psychiatrie in Gießen. Facetten ihrer Geschichte zwischen Fürsorge und Ausgrenzung, Forschung und Heilung, Gießen.
Greiff, Walter 1985: Das Boberhaus in Löwenberg/Schlesien 1933-1937. Selbstbehauptung einer nonkonformen Gruppe, Sigmaringen.
Gründel, E. Günther 1932: Die Sendung der Jungen Generation. Versuch einer umfassenden revolutionären Sinndeutung der Krise, München.
Haffner, Sebastian 2000: Geschichte eines Deutschen. Die Erinnerungen 1914-1933, Stuttgart, München.
Henßler, Patrick; Schmid, Josef 2007: Bevölkerungswissenschaft im Werden. Die geistigen Grundlagen der deutschen Bevölkerungssoziologie, Wiesbaden.
Herbert, Ulrich 1996: Best. Biographische Studien über Radikalismus, Weltanschauung und Vernunft, 1903-1989, Bonn.
Jureit, Ulrike 2006: Generationenforschung, Göttingen.
Jureit, Ulrike; Wildt, Michael eds. 2005: Generationen. Zur Relevanz eines wissenschaftlichen Grundbegriffs, Hamburg.
Kersting, Franz-Werner 1996: Anstaltsärzte zwischen Kaiserreich und Bundesrepublik. Das Beispiel Westfalen, Paderborn.
Key, Ellen 1978 [1902]: Das Jahrhundert des Kindes, (Nachdruck) Königstein/Ts.
Küenzlen, Gottfried 21994: Der Neue Mensch. Zur säkularen Religionsgeschichte der Moderne, München.
Mackenroth, Gerhard 1933: Tysklands ungdom i revolt, Stockholm (hier benutzt in der Rückübersetzung aus dem Schwedischen von Anika Mackenroth, Bamberg 2003).
Mackenroth, Gerhard 1953: Bevölkerungslehre. Theorie, Soziologie und Statistik der Bevölkerung, Berlin, Göttingen, Heidelberg.
Mackensen, Rainer ed. 2006: Bevölkerungsforschung und Politik in Deutschland im 20. Jahrhundert, Wiesbaden.
Mackensen, Rainer; Reulecke, Jürgen eds. 2005: Das Konstrukt „Bevölkerung“ vor, im und nach dem „Dritten Reich“, Wiesbaden.
Massin, Benoît 2006: Mengele et le sang d'Auschwitz, in: Bonah, Christian et al. eds.: Nazisme, Science et Médicine, Paris, 93-139.
Petermann, Heike 2005: „Diese Bezeichnung kann nicht als glücklich bezeichnet werden.“ – Ein Beitrag zum Verständnis von „Eugenik“ und „Rassenhygiene“ bei Biologen und Medizinern Anfang des 20. Jahrhunderts, in: Mackensen, Rainer; Reulecke, Jürgen eds.: Das Konstrukt „Bevölkerung“ vor, im und nach den „Dritten Reich“, Wiesbaden, 433-475.
Pinwinkler, Alexander 2007: Walter Kuhn (1903-1983) und der Bielitzer „Wandervogel e.V.“: Historisch-volkskundliche „Sprachinselforschung“ zwischen nationalem Pathos und politischer Indienstnahme, in: Klippel, Diethelm ed.: Bevölkerungsfragen in Wissenschaft und Politik in Deutschland im 19. und 20. Jahrhundert (im Druck).
Reulecke, Jürgen 2001: Hat die Jugendbewegung den Nationalsozialismus vorbereitet? Zum Umgang mit einer falschen Frage, in ders.: „Ich möchte einer werden so wie die...“. Männerbünde im 20. Jahrhundert, Frankfurt/Main, 151-176.
Reulecke, Jürgen 2002: Neuer Mensch und neue Männlichkeit. Die „junge Generation“ im ersten Drittel des 20. Jahrhunderts, in: Jahrbuch des Historischen Kollegs 2001, München, 109-138.

Reulecke, Jürgen ed. 2003: Generationalität und Lebensgeschichte im 20. Jahrhundert, München.
Simon, Gerd 1986: Der Wandervogel als „Volk im Kleinen" und Volk als Sprachgemeinschaft beim frühen Georg Schmidt(-Rohr), in: Brekle, Herbert E.; Maas, Utz eds.: Sprachwissenschaft und Volkskunde. Perspektiven einer kulturanalytischen Sprachbetrachtung, Opladen, 155-183.
Stambolis, Barbara 2003: Mythos Jugend – Leitbild und Krisensymptom. Ein Aspekt der politischen Kultur im 20. Jahrhundert, Schwalbach/Ts.
vom Brocke, Bernhard 1998: Bevölkerungswissenschaft – Quo vadis? Möglichkeiten und Probleme einer Geschichte der Bevölkerungswissenschaft in Deutschland, Opladen.
Weipert, Matthias 2006: „Mehrung der Volkskraft": Die Debatte über Bevölkerung, Modernisierung und Nation 1890-1933, Paderborn.
Wildt, Michael 2002: Generation des Unbedingten. Das Führungskorps des Reichssicherheitshauptamtes, Hamburg.
Zinnecker, Jürgen 2003: „Das Problem der Generationen". Überlegungen zu Karl Mannheims kanonischem Text, in: Reulecke 2003, 33-58.

Wissenschaftsmilieus und Ethnopolitik im Rumänien der 1930/40-er Jahre[1]

Michael Wedekind

I. Comment peut-on devenir Roumain?

Das Dilemma von Identitäten am Rande Europas, die problematische Selbstverortung in der ambivalenten Gleichzeitigkeit von Bewunderung und Zweifel gegenüber dem Westen, hat der rumänischstämmige Philosoph Emil Mihai Cioran (1911-1995) in seinem Pariser Exil 1956 mit einer provokanten Frage resümiert: „*Comment peut-on être Roumain?*" Was Cioran einsam am Schreibtisch seiner bescheidenen Mansarde in der Rue de l'Odéon im Quartier Latin prägnant ansprach (viele Jahre nachdem er 1941 als überzeugter Faschist Rumänien auf Grund des gescheiterten Putschversuchs der „Eisernen Garde" verlassen hatte) – die Frage nämlich nach „nationaler Selbstfindung" und Identität –, war ein zentraler *topos* im politischen und intellektuellen Diskurs im Rumänien der Zwischenkriegszeit gewesen.

Nach dem Ersten Weltkrieg und der Entstehung Großrumäniens hatten sich dem Balkanstaat nachhaltig veränderte politische, sozio-ökonomische und kulturelle Kontexte und Optionen geöffnet, die in unterschiedlichsten Gesellschaftsbereichen des Landes einen dynamischen, ja bisweilen euphorischen Innovations- und Gestaltungswillen freisetzten. Die Frage nach der Ausformung und Konsolidierung des nun wesentlich vergrößerten, sehr heterogenen Nationalstaates betraf zunächst die Modernisierung, Reformierung und Unifizierung der regional divergierenden Wirtschafts-, Rechts- und Sozialordnungen. Der anhebende Diskurs um den Modernisierungsrückstand des stark agrarisch geprägten Landes führte im Kern eine bereits in den 1860-er Jahren von den Traditionalisten um Titu Maiorescu (1840-1917) angestoßene Richtungsdebatte fort. Sie war in der Zwischenkriegszeit maßgeblich von einem sich radikalisierenden Spannungsverhältnis getragen, das sich zwischen einer Zielorientierung an westlichen sozioökonomischen Standards und Formen staatlicher Effizienz einerseits und der Furcht vor sozialen und mentalen Verwerfungen, industriegesellschaftlicher Vermassung und Entwurzelung, vor Verlust von kultureller Identität, von tradierten Werten und Sicherheiten andererseits auflud.

Der Nationswerdungsprozess verband sich zumal bei den intellektuellen und politischen Eliten des Landes, die sich am Leitbild des westeuropäischen Modells vermeintlich „homogener Nationen" orientierten, vor allem mit dem Streben nach „Homogenisierung" der ethnisch stark gemischten Bevölkerung. Nach 1918 war mit der Verdoppelung von Staatsfläche und Einwohnerzahl des Landes der Anteil ethnischer Minderheiten an der Gesamtbevölkerung auf fast dreißig Prozent gestiegen.[2] Forciert durch den exogenen Druck nachbarstaatlicher Revisionismen und unter dem Eindruck vorhergegangener Entnationalisierungsmaßnahmen in den Anschlussgebieten, optierten die Regierungsverantwortlichen

---

1 Eine erweiterte Fassung dieses Beitrages erscheint in: Halbjahresschrift für südosteuropäische Geschichte, Literatur und Politik, 19. Jg., 1 (2007).

2 Im Jahre 1930 war die Bevölkerung des Landes auf 18 Mio. angewachsen. Darunter befanden sich 7,9 % Ungarn, 4,1 % Deutsche, 3,2 % Ukrainer und 2,3 % Russen, ferner 1,5 % Roma und 4 % Juden; siehe Institutul Central de Statistică 1938, XXIV.

des labilen, in den Dreißiger Jahren schließlich in den Autoritarismus abgleitenden parlamentarischen Politiksystems schon früh zu Gunsten des Primats staatszentralistischen Unitarismus' und minderheitenfeindlicher Normierungsstrategien. Diese richteten sich mit besonderem Druck gegen Juden und revisionistisch orientierte ethnische Minoritäten.

Vertreter der Kultur- und Sozialwissenschaften ebenso wie der Gesundheits- und Medizinalwissenschaften waren am Prozess „nationaler Selbsterkenntnis", an empirischer „Vermessung", Inventarisierung und Deskription, an Identitätsstiftung, Vergegenwärtigung und Affirmation des neuen Staatswesens führend beteiligt. Durch die Entwicklung von Leitvorstellungen und die Bereitstellung von Datengrundlagen und Realisierungsentwürfen nahmen sie Einfluss auf das Reform-, Modernisierungs- und „nationale Homogenisierungsvorhaben" im Nachkriegsrumänien. Entsprechend ihres anwendungsorientierten Wissenschaftsverständnisses verfolgten herausragende Repräsentanten dieser Disziplinen, personell und institutionell vielfach vernetzt, entschieden eine Umgestaltung der Gesellschaft.

Seine realsoziologischen, dabei interdisziplinär übergreifenden und vor allem stark bevölkerungsbiologisch orientierten Untersuchungen zum rumänischen Dorf als dominanter „sozialer Einheit" des Landes verstand Dimitrie Gusti (1880-1955), der tonangebende rumänische Soziologe der Zwischenkriegszeit und ein früher Eugenik-Vertreter, als „Wissenschaft von der Nation" (*ştiinţa naţiunii*). Die praxisbezogene Ausrichtung auf eine aktive gesellschaftliche Intervention brachte er mit der Vorstellung der *„sociologia militans"*,[3] der Ethnograph, Soziologe und Gusti-Schüler Henri H. Stahl (1901-1991) mit dem Begriff *inginerie socială* zum Ausdruck. Auch der Soziologe Anton Golopenţia (1909-1951) folgte einem aktivistischen Wissenschaftsverständnis: Die Sozialwissenschaften glaubte er in der Pflicht, den verwaltungsbürokratischen Entscheidungsprozess durch Planungsforschung informativ-gutachterlich zu begleiten und zu formen, weshalb sich an deren innen- wie außenpolitischen Handlungsoptionen Rahmen und Richtung soziologischer Forschungsstrategien zu bestimmen hätten.[4]

Vergleichbare Ansprüche reklamierten Vertreter der rumänischen Eugenik, welche im multiethnisch geprägten siebenbürgischen Klausenburg (Cluj) einen wesentlichen Schwerpunkt im Lande besaß. Sie sahen ihre Disziplin berufen, grundlegend zur Uniformierung und „Homogenisierung" der Bevölkerung beizutragen. Wie ihr akademischer Lehrer, der Mediziner Iuliu Moldovan (1882-1966), der nach einem gänzlich eugenisch fundierten Staat rief, hob auch eine jüngere Generation Klausenburger Eugeniker die „biopolitischnormative Rolle" der Anthropologie für die Gesellschaft und für die Durchsetzung „völkischer" Interessen hervor.[5] Der einflussreiche Eugeniker und Klausenburger Mediziner Iuliu Haţieganu (1885-1959) hielt den Arzt als Experten der Bio- und Sozialwissenschaften für den wichtigsten sozialen Akteur im Staate — nicht zuletzt angesichts einer angestrebten quantitativen und qualitativen Bevölkerungsmehrung (vornehmlich in stark gemischtethnischen Regionen des Landes) mit dem Ziel, dem „biologischen Druck anderer Völker standzuhalten".[6] Eine Bevölkerungssteigerung hatte auch nach Vorstellung anderer rumänischer Eugeniker, die zumeist eng in die dorfsoziologischen Arbeiten Gustis eingebunden waren, aus dem Bauerntum als „ureigenem biologischen Reservoire der Nation" heraus zu erfol-

3 Siehe Gusti 1934.
4 A. Golopenţia 1936, 193.
5 Siehe I. Făcăoaru 1938a, 276; I. Făcăoaru 1940, 81.
6 Haţieganu 1925, 588.

gen. Der Ruf von Eugenikern nach „Schutz des biologischen Kapitals“ verband sich bei vielen von ihnen mit sozio-biologisch und rassisch motivierten Exklusionsforderungen vor allem gegenüber Juden und Geisteskranken. Die Überwindung des pluralistischen Parlamentarismus und der demokratischen Zivilgesellschaft sowie die spätere Öffnung gegenüber dem Faschismus entsprachen gleichwohl der politischen Orientierung lediglich radikal-eugenischer Kreise Rumäniens.[7]

An diese bevölkerungsbiologischen Aspekte schlossen sich geopolitische Vorstellungen von Geographen wie Simion Mehedinți (1868-1962) und Ion Conea (1902-1974) oder des Soziologen Golopenția an: Mit Rekurs auf Friedrich Ratzel, Alexander Supan, Rudolf Kjellén und Karl Haushofer sahen sie den Staat als einen bodengebundenen Organismus, der sich externen „demographischen Druckquotienten“ gegenüber zu verhalten habe. Geopolitik galt Ion Conea als angewandte Geographie. Von Vorstellungen ethnischer „Homogenisierung“ leiteten schließlich auch Volkskundler wie der renommierte Klausenburger Ethnograph Romulus Vuia (1887-1963) Aufgabe und Relevanz ihres Faches ab: Vuia ging es um eine systematische Erforschung der im Bauerntum verwurzelten rumänischen Volkskultur. Diese gelte es als Zeugnis ethnischer Individualität nicht nur vor den nivellierenden Einflüssen der internationalistischen Kultur des Bürgertums zu bewahren, sondern gleichzeitig auch für den Nationalitätenkampf zu instrumentalisieren.

Wie konkretisierte sich nun die interventionistische Orientierung der geistes-, sozial- und biowissenschaftlichen Milieus Rumäniens? Welche Strategien zur „Bevölkerungshomogenisierung“ entwickelten sie? Welchen Einfluss besaßen sie auf politische Entscheidungsprozesse und speziell auf das rechte – zumal faschistische – Spektrum der Politik? Immerhin kennzeichneten sozio-biologische Kategorien nicht nur das Denken von rechten weltanschaulichen Theoretikern, sondern auch von politischen Führern wie Alexandru Constantin Cuza (1857-1944) von der ultranationalistisch-antisemitischen Liga für National-Christliche Verteidigung (*Liga Apărării Național-Creștine*) oder Octavian Goga (1881-1938), Führer der Nationalen Agrar-Partei (*Partidul Național Agrar*). Auch hatten sich herausragende Persönlichkeiten des kulturellen und politischen Lebens an der Diffusion eugenischen Gedankenguts beteiligt; darunter waren Namen, die vor allem in bildungsbürgerlichen Kreisen Klang besaßen.[8] Welche Rolle, so ist weiterhin zu fragen, spielten die genannten Wissenschaftsmilieus im Rahmen der rumänischen Minderheitenpolitik in der Zwischenkriegszeit, von der jüngere Forschungen gezeigt haben, dass die „Zwangsrumänisierung [...] zur zentralen Aufgabe der staatlichen Behörden“[9] wurde? Und welche Funktion übernahmen sie im Zuge ethnopolitischer Neuordnungen während des Zweiten Weltkrieges? Inwieweit waren Wissenschaftskreise an der Entwicklung und Bereitstellung von bevölkerungspolitisch relevantem Herrschaftswissen sowie von Leitvorstellungen, Planungen und Realisierungsbedingungen sozial-, bevölkerungs- und raumplanerischer Konzepte beteiligt, an deren Durchführung die rumänische Staatsführung zum Verdruss des deutschen Verbündeten bereits während des Krieges herantrat?

---

7 Bucur 2002, 67.

8 Darunter waren der Geograph Simion Mehedinți, der Biologe Emil Racoviță (1868-1947), der Philosoph Constantin Rădulescu-Motru (1868-1957), der Kunsthistoriker Alexandru Tzigara-Samurcas (1872-1952), der Arzt, Politiker und Publizist Alexandru Vaida-Voievod (1872-1950) und der Soziologe Dimitrie Gusti; siehe Bucur 2002, 33.

9 Hausleitner 2003, 111.

Dieser Themenkomplex hat in der Historiographie bisher kaum Beachtung und systematische Analyse erfahren.[10] Schwierigkeiten des Quellenzugangs sind *ein* Grund hierfür. Maria Bucur hat 2002 in ihrer grundlegenden Monographie „Eugenics and Modernization in Interwar Romania" darauf hingewiesen, dass beispielsweise für eine direkte Involvierung rumänischer Eugenikerkreise in die Vernichtung von Juden und Roma während des Zweiten Weltkrieges keine Hinweise vorlägen; die weitere Erforschung des Holocaust ebenso wie die Öffnung einschlägiger Archive könnten gleichwohl Anlass zur Revision dieses Befundes geben.[11]

Indes fehlen aber auch kritische disziplingeschichtliche Monographien, die jenseits der bisher vorliegenden prosopographischen und oftmals zelebrativen Darstellungen geeignet wären, das Wirken ethnopolitisch interessierter Wissenschaftszweige zu beleuchten. Größere Beachtung haben allein die rumänischen Sozialwissenschaften gefunden, die – personell und institutionell eng mit den Universitätszentren Bukarest, Klausenburg, Jassy (Iaşi) und Tschernowitz (Cernăuţi/Chernivtsi) verbunden – ganz wesentlich durch die Bukarester soziologische Schule Dimitrie Gustis beeinflusst waren.

Des Weiteren ist der Erforschungsstand zur Kriegsteilnahme Rumäniens am Zweiten Weltkrieg einschließlich der rumänischen Besatzungs- und ethnischen Vernichtungspolitik im Osten nach wie vor ein unbefriedigender. Politische Interessen haben – wenn auch unterschiedlich motiviert – vor wie nach dem Wendejahr 1989 zu Unterlassungen und Verschleppungen, zu interpretatorischen Verzerrungen und Umdeutungen auf diesem Untersuchungsfeld und zuletzt zu Versuchen der Rehabilitierung von Tätern, zur Minimierung von Verantwortlichkeiten und Opferzahlen geführt.[12]

Der vorliegende Beitrag beleuchtet Aspekte der genannten Problemstellung. Er untersucht jene wissenschaftlichen Milieus und kognitiven *pools*, die mit Identitätskonstrukten die Eingliederung, Assimilierung und politische Führung bzw. die Exklusion und Vernichtung ethnisch-sozialer Gruppen verfolgten oder mit Entwürfen zu bevölkerungspolitischen Interventionen nach Einfluss auf die Sphäre politischer Entscheidungsträger suchten.

II. Untergänge im Labor

Anfang der 1930-er Jahre nahm das Hygienische und Sozialhygienische Institut (*Institutul de igienă şi igienă socială*) der Universität Klausenburg serielle genetische Untersuchungen an ungefähr 17.000 Angehörigen verschiedener Volksgruppen in Siebenbürgen vor. Die serologischen Analysen sollten unter anderem Aufschluss über die ethnische Stellung der Szekler verleihen, einer ungarischen, vermutlich turkstämmigen Volksgruppe, die im Mittelalter zur Grenzsicherung im Dienst des ungarischen Königs in Ostsiebenbürgen angesiedelt worden war. In den Verwaltungsbezirken Ciuc, Ordohei und Trei Scaune stellten die etwa 500.000 Szekler in der Zwischenkriegszeit mehr als 80 Prozent, im benachbarten Bezirk Mureş mehr als 40 Prozent der Bevölkerung.[13]

---

10 So auch Turda 2003, 337f. und 340f.

11 Bucur 2002, 214-216 und 224f.

12 Siehe hierzu u.a. Hausleitner 1999; Hausleitner 2003, 78-81.

13 Im Jahre 1930 lag der ungarische Bevölkerungsanteil im Bezirk Ciuc bei 82,7 %, im Bezirk Odorhei bei 91,6 %, im Bezirk Trei Scaune bei 80,4 % und im Bezirk Mureş bei 42,6 %; siehe Institutul Central de Statistică 1938, 130, 316 und 476.

Abbildung *1:* Medizinische Fakultät der Universität Klausenburg (Cluj)

Diese massive Präsenz ungarischer Bevölkerungsgruppen im Zentrum Großrumäniens kontrastierte mit dem ethnisch begründeten Herrschaftsanspruch Bukarests.[14] Die rumänische Volkstumspolitik folgte einem Konzept der Differenzierung zwischen den für assimilierungsfähig erachteten Szeklern einerseits und der übrigen ungarischen Minderheitsbevölkerung andererseits. Die insgesamt wenig erfolgreiche rumänische Entnationalisierungspolitik in den Szekler-Bezirken hatte sich vor allem auf die Institutionen Schule und (unierte wie orthodoxe) Kirche gestützt. In den ungarischen Siedlungsgebieten Westrumäniens wurde hingegen ein deutlich aggressiverer minderheitenpolitischer Kurs gesteuert. Der Leiter des Statistischen Zentralinstituts (*Institutul central de statistică*), der Demograph Sabin Manuilă (1894-1964), regte 1935 Maßnahmen zur ethnischen Reinigung durch Ansiedlung von Rumänen und durch zwischenstaatlichen Bevölkerungsaustausch an. Hierdurch hätte in einem Hundert-Kilometer-Streifen entlang der rumänischen Westgrenze die „Ausrottung" (*extirparea*) der Ungarn gewährleistet werden sollen.[15]

Den wissenschaftlichen Unterbau zur Assimilierungsstrategie Bukarests im Szekler-Gebiet lieferten Geographen, Historiker und Kunsthistoriker vor allem von der Universität Klausenburg. In ihren Arbeiten formte sich ein ethnischer Identitätsentwurf, der die Szekler vor dem Hintergrund der rumänischen Kontinuitätstheorie als magyarisierte Rumänen und als ungarisches Ethnokonstrukt begriff. Es sei vor 1918 zur magyarischen Herrschaftssiche-

---

14 Darauf verweist Livezeanu 1995, 168.

15 Siehe Achim 2001b, 595.

rung in Siebenbürgen und anschließend für das Budapester Revisionsstreben instrumentalisiert worden. Der Kunsthistoriker Coriolan Petranu (1893-1945) resümierte biologistisch:

> „Chez certaines populations, comme les Sicules, les Ciangăï, les Craşoveni, ou [recte: on] a le droit de parler non seulement d'une influence roumaine mais bien du fonds roumain de leur art le plus ancien [... :] la cause en étant le fort mélange de sang roumain."[16]

Eine Flankierung dieser geistes- und geowissenschaftlichen Entwürfe zur rumänischen Herrschaftslegitimation und Ethnopolitik lieferten die Arbeiten des Klausenburger Hygiene-Instituts. Die Siebenbürger Universitätseinrichtung war 1919 maßgeblich von dem in Wien promovierten Pathologen Iuliu Moldovan gegründet worden, einem der bedeutendsten Exponenten der rumänischen Eugenik und dem ersten Lehrstuhlinhaber für öffentliche Gesundheitspflege. Dem Institut wurde 1926 unter leitender Mitwirkung des Kultur- und Volkstumsvereins „Astra"[17] eine Abteilung für Biopolitik und Eugenik angeschlossen, die über ein eigenes Publikationsorgan (*Buletin eugenic şi biopolitic*) und Mitte der Dreißiger Jahre über siebzig Mitarbeiter verfügte.

Im Auftrag des Hygiene-Instituts hatten bereits 1924 Sabin Manuilă, damals Assistent Iuliu Moldovans, und der nachherige Klausenburger Pädiatrie- und Pharmakologieprofessor Gheorghe Popoviciu (1895-1946) rassenwissenschaftliche Untersuchungen an 2.512 Rumänen, Ungarn und Angehörigen sonstiger siebenbürgischer Volksgruppen durchgeführt.[18] Manuilă und Popoviciu waren dabei einem serologischen Analyseverfahren gefolgt, das über die isoagglutinante Reaktion des Blutes eine Bestimmung der Rassenzugehörigkeit einer Bevölkerung zu ermöglichen schien. Voraussetzung dieses Verfahrens war der 1910 von Emil von Dungern (1867-1961) und Ludwik Hirszfeld (1884-1954) erbrachte Nachweis einer Vererbbarkeit der Blutgruppen, deren weitgehende Identifizierung bereits neun Jahre zuvor dem Österreicher Karl Landsteiner (1868-1943) gelungen war. Die Relation prozentualer Häufigkeitsverteilung der Blutgruppen innerhalb einer Population hatte der polnische Mediziner Ludwik Hirszfeld gemeinsam mit seiner Frau Hanna (1884-1964) als „biologischen (biochemischen) Rassenindex" definiert.

---

16 Petranu 1935-36, 320.

17 Die 1861 gegründete *Asociaţia transilvană pentru literatura şi cultura poporului român* („Siebenbürgische Gesellschaft für rumänische Literatur und Kultur") wurde von 1932 bis 1947 von Iuliu Moldovan geleitet; unter den führenden Vereinsmitgliedern war auch der Klausenburger Eugeniker Iuliu Haţieganu.

18 Siehe Manuilă & Popoviciu 1924, sowie Popovicius spätere Publikationen zur Rassenserologie: Popoviciu 1936a; Popoviciu 1936b; Popoviciu 1938; Popoviciu 1939.

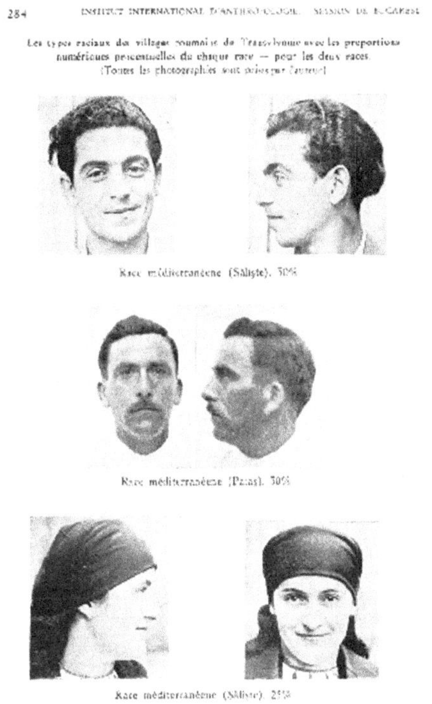

Abbildung *2:* Siebenbürgische Rassetypen noch Iordache Făcăoaru[20]

Die Forschungsstrategie der seroanthropologischen Rassendiagnostik, die einen Kausalzusammenhang zwischen Rassen und Blutgruppen zu erkennen glaubte und fundierte, war nach dem Ersten Weltkrieg auf Grund der neuen Erkenntnisse in der Vererbungslehre international zu starker Konjunktur gelangt.[19] Sie war Ausdruck eines wissenschaftlichen Paradigmenwechsels, der sich von den herkömmlichen morphologisch-metrischen hin zu einer stärker erbbiologisch interessierten Anthropologie vollzog. Dem in den biologistischen Vorstellungen der Epoche verhafteten serologischen Diagnoseverfahren ging es um eine „wissenschaftlichere" und präzisere Definition des Rassebegriffs jenseits der klassischen Anthropometrie und ihrer Vermessung und Klassifizierung von Körpermerkmalen (Konstitution, Haar- und Augenfarbe, Schädel- und Nasenindices usw.).

Die Mitarbeiter des Klausenburger Hygiene-Instituts bestimmten Hirszfelds „biochemischen Rassenindex" nun erstmals auch für Rumänen und Ungarn in Siebenbürgen. Dort wie in den übrigen rumänischen Landesteilen (vor allem Banat, Maramuresch, Moldau und Bessarabien) wurden in den folgenden Jahren weitere umfangreiche serologische Reihenuntersuchungen unter der ländlichen Bevölkerung durchgeführt, darunter auch an Juden, rumänischen Motzen (den mutmaßlichen Nachfahren der dakischen Urbevölkerung) und ethnischen Minderheiten wie Ungarn, Deutschen, Bulgaren, Slowaken und Ukrainern. Parallel zu diesen Erhebungen fanden in der Regel anthropometrische und bevölkerungsbiologische Untersuchungen statt. Analoge Studien erfolgten im Zuge von Feldforschungen des von Dimitrie Gusti geleiteten Rumänischen Sozialinstituts (*Institutul social român*) zum Teil durch Teams unter der Leitung des Bukarester Anatomie-Professors Francisc Iosif Rainer (1874-1944),[21] einem der Begründer anthropologischer Forschung in Rumänien. Insgesamt wurden dort allein bis Mitte der Dreißiger Jahre mehr als 50.000 serologische Rassendiagnosen gestellt.[22]

19 Zum internationalen Kontext siehe etwa Mazumdar 1990; Schneider 1986; Schneider 1995; Schneider 2002, 208-229; Spörri 2005.
20 (hier: 25%-30% Anteile mediterraner Rasseelemente) in: Făcăoaru, Iordache 1939.
21 Siehe Rainer 1937; Rainer 1945.
22 Siehe Popoviciu 1939, 309.

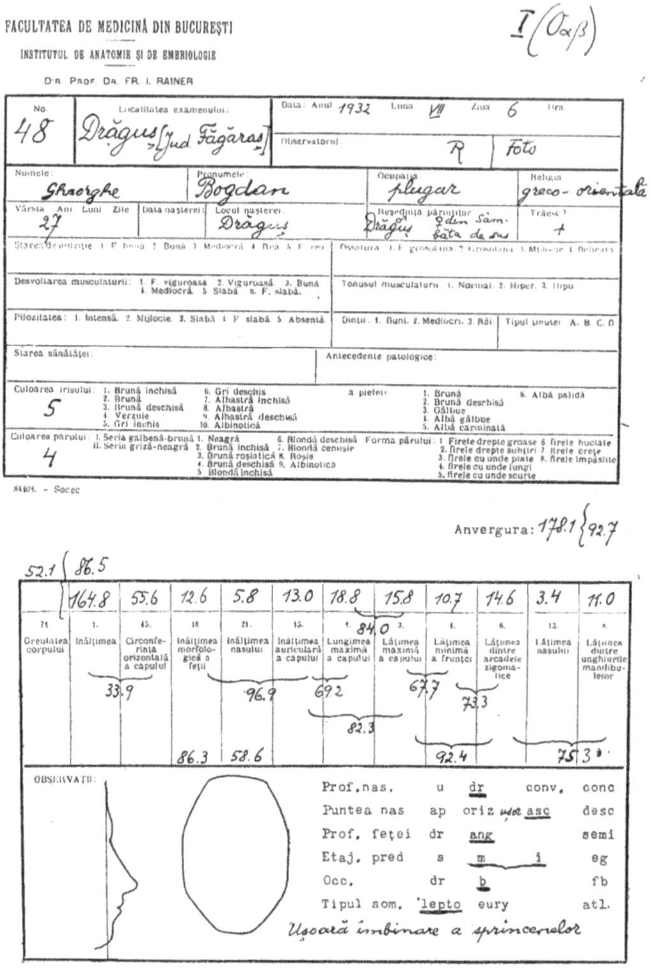
FACULTATEA DE MEDICINĂ DIN BUCUREŞTI

INSTITUTUL DE ANATOMIE ŞI DE EMBRIOLOGIE

D-R PROF. DR. FR. I. RAINER

I (Oαβ)

No. 48	Localitatea examenului: Drăguş [Jud. Făgăraş]	Data: Anul 1932 Luna VIII Ziua 6 Ora
		Observatorul: R — Foto
Numele: Gheorghe	Pronumele: Bogdan	Ocupaţia: plugar — Religia: greco-orientală
Vârsta Ani Luni Zile: 27	Data naşterei: — Locul naşterei: Drăguş	Reşedinţa părinţilor: Drăguş ♀ din Sâmbăta de sus — Trăesc? +

Starea de nutriţie: 1. F. bună 2. Bună 3. Mediocră 4. Rea 5. F. rea — Ossatura: 1. F. grosolana 2. Grosolana 3. Mijlocie 4. Delicata

Desvoltarea musculaturii: 1. F. viguroasă 2. Viguroasă 3. Bună 4. Mediocră 5. Slabă 6. F. slabă. — Tonusul musculaturii: 1. Normal 2. Hiper. 3. Hipo

Pilozitatea: 1. Intensă 2. Mijlocie 3. Slabă 4. F. slabă 5. Absentă — Dinţii: 1. Buni 2. Mediocri 3. Răi — Tipul unutei: A. B. C. D

Starea sănătăţei: — Antecedente patologice:

Culoarea irisului: 5 — 1. Brună inchisă 2. Brună 3. Brună deschisă 4. Verzuie 5. Gri inchis 6. Gri deschis 7. Albastră inchisă 8. Albastră 9. Albastră deschisă 10. Albinotică — a pielei: 1. Brună 2. Brună deschisă 3. Gălbue 4. Albă gălbue 5. Albă carminată 6. Albă palidă

Culoarea părului: 4 — I. Seria galbenă-brună II. Seria griză-neagră — 1. Neagră 2. Brună inchisă 3. Brună roşiatică 4. Brună deschisă 5. Blondă inchisă 6. Blondă deschisă 7. Blondă cenuşie 8. Roşie 9. Albinotică — Forma părului: 1. Firele drepte groase 2. firele drepte subţiri 3. firele cu unde plate 4. firele cu unde lungi 5. firele cu unde scurte 6. firele buclate 7. firele creţe 8. firele impâslite

84104. - Socec

Anvergura: 178.1 {92.7

52.1 {86.5

71 Greutatea corpului	1. Inălţimea	45. Circonferinţa orizontală a capului	18 Inălţimea morfologică a feţii	21. Inălţimea nasului	15. Inălţimea auriculară a capului	1. Lungimea maximă a capului	3. Lăţimea maximă a capului	4. Lăţimea minimă a frunţei	6. Lăţimea dintre arcadele zigomatice	13. Lăţimea nasului	8. Lăţimea dintre unghiurile mandibulelor
	164.8	55.6	12.6	5.8	13.0	18.8	15.8	10.7	14.6	3.4	11.0

84.0 — 33.9 — 96.9 — 69.2 — 67.7 — 73.3 — 82.3 — 86.3 — 58.6 — 92.4 — 75.3

OBSERVAŢII:

Prof. nas.	u	dr		conv.	conc
Puntea nas	ap	oriz	udor asc		desc
Prof. feţei	dr	ang			semi
Etaj. pred	s	m	i		eg
Occ.	dr	b			fb
Tipul som.	lepto	eury			atl.

Uşoară îmbinare a sprincenelor

Abbildung 3: „Rassenwissenschaftlicher" Erhebungsbogen[23]

Es war ein Verfahren, das die Aura wissenschaftlicher Innovation besaß und vor dem Hintergrund der strittigen Nachkriegsgrenzen und Nationalitätenfragen Ostmittel- und Südosteuropas gerade dort rasche und intensive Anwendung fand[24] — und zwar, wie der Medizinprofessor, Rassenbiologe und zeitweilige Gesundheitsminister Ion Gheorghe Banu (1889-1957), ein entschiedener Eugenik-Vertreter und Herausgeber der Bukarester „Zeitschrift für Sozialhygiene" (*Revista de igienă socială*), Mitte der Dreißiger Jahre mit Blick auf Rumänien bemerkte,[25] vor allem auf Grund des anthropologischen und speziell seroanthropologischen Interesses der nach „völkischen" Kontinuitäten forschenden Historiker, und weniger aus primär naturwissenschaftlichen Analysezusammenhängen heraus. Es war mithin – so lässt sich allgemeiner formulieren – die Inpflichtnahme für nationalistische Zielsetzungen, welcher die physische Anthropologie ihren besonderen Aufschwung in Südosteuropa verdankte.

Die Ermittlung der variierenden Verteilung von Blutgruppen als vermeintlich erbbedingtem „Rassenmerkmal" erwies sich indes als irriges und keineswegs eindeutiges Verfahren für eine Rassensystematik, da oft erhebliche serologische Divergenzen zwischen eng

23 „Rassenwissenschaftlicher" Erhebungsbogenfür die „dorfmonographischen" Arbeiten in Südsiebenbürgen 81931) durch den Bukarester Anatonom und Eugeniker Francis Iosif Rainer, in: Rainer 1937.

24 Siehe Schneider 2002, 222f.

25 Banu 1935, 17f.

verwandten Gruppen konstatiert werden mussten. Die Verfechter der Seroanthropologie bemühten sich indes weiterhin um Methoden der Rassendifferenzierung auf serologischer Grundlage. So folgten die erwähnten rassenwissenschaftlichen Untersuchungen der Szekler vom Beginn der Dreißiger Jahre mit Berufung auf einen „blutartlichen Genindex" einem weiteren, gleichfalls ungesicherten Verfahren serologischer Rassendiagnose. Es war 1928 von dem völkisch orientierten österreichischen Mathematiker und Statistiker Siegmund Wellisch (1864-1938), Mitglied des Österreichischen Bundes für Volksaufartung und Erbkunde, insbesondere in Hinblick auf die Isolierung eines spezifisch „jüdischen Blutfaktors" vorgeschlagen worden. Die als Index ausgedrückte Häufigkeit der drei serologischen Gene A, B und 0 innerhalb einer Bevölkerungsgruppe sollte Auskunft über deren Herkunftsgebiet und mithin über den Ausprägungsgrad „europäischer" bzw. „asiatischer" Rassemerkmale (p- bzw. q-Index) geben.

Die eingangs erwähnten Klausenburger Szekler-Erhebungen lagen in den Händen von Petre Râmneanțu (1902-1981), einem aus dem Banat stammenden Moldovan-Schüler, seit 1933 Leiter der Assistenzstelle für Bevölkerungspolitik und Statistik am Hygiene-Institut. Sein Forschungsinteresse richtete sich auf anthropologische, eugenische, rassen- und bevölkerungswissenschaftliche Fragen. Es war wesentlich von der Bemessung „erbbiologischer Potentiale" einzelner siebenbürgischer Ethnien bestimmt oder – anders formuliert – vom Bemühen um Definition von „Rumänität". Seinen zumeist auf bio- und anthropometrische sowie statistische Analyseverfahren gestützten Studien unterlag stets ein am sozialen und ethnischen Umbau ausgerichtetes Anwendungsinteresse. Dies galt für seine Forschungen zu Ernährungsstand und Bevölkerungsrückgang im Banat ebenso wie für die Arbeiten zur ethnischen Mischung in Siebenbürgen, in der er eine Bedrohung von Rassenreinheit, Volksgesundheit, Wehrhaftigkeit und schließlich Machtstellung der Nation erkannte. Wie die meisten seiner rumänischen Kollegen war auch Râmneanțu stark von Vertretern der deutschen Eugenik wie Alfred Ploetz (1860-1940), Alfred Grotjahn (1869-1931), Eugen Fischer (1874–1967), Theodor Mollison (1874-1952), Erwin Baur (1875-1933), Fritz Lenz (1887-1976), Egon Freiherr von Eickstedt (1892-1965) und Otmar Freiherr von Verschuer (1896-1969) geprägt, wenngleich die rumänische Eugenik angesichts abweichender sozioökonomischer Prämissen des Landes nicht nach unmittelbarer Übernahme westlicher Modelle strebte. Insgesamt nachrangig blieb der Einfluss der vor allem politisch deutlich anders orientierten US-amerikanischen Eugenik, mit der Râmneanțu wie viele weitere rumänische Fachvertreter über Vermittlung von USA-Aufenthalten der *Rockefeller Foundation* unter anderem an der Johns-Hopkins-Universität in Baltimore in Kontakt kam.[26]

Das Datenmaterial zur Szekler-Studie konnte Râmneanțu in den Dreißiger Jahren im Zuge verschiedener Feldforschungen für soziologische Dorfuntersuchungen erheben. Dabei nahm er Blutgruppenbestimmungen bei 10.600 Szeklern sowie zu Vergleichszwecken bei insgesamt 7.975 Ungarn, Siebenbürger Sachsen, Rumänen und rumänischen Motzen vor. Die Ergebnisse, welche durch komparative anthropometrische Untersuchungen sowie durch eine spätere Studie zur Korrelation zwischen „blutartlichem Genindex" und Irispigmentierung Bestätigung zu finden schienen,[27] veranlassten Râmneanțu erwartungsgemäß zu dem Urteil:

---

[26] Siehe Bucur 2002, 37 und 60-63.

[27] Râmneanțu & Făcăoaru 1939b.

„Les Séklers [...] ont dans l'ensemble la même origine ethno-anthropologique que les Roumains. Il n'existe pas de similitude entre les proportions des groupes sanguins des Séklers et celles des Hongrois, Bulgares et Finnois. [...] les Séklers sont en fait des Roumains 'siculisés' [...]. L'origine ethnique roumaine des Séklers présente une importance capitale au point de vue démographique".[28]

Die serologischen Untersuchungen der Siebenbürger Sachsen wiesen im Übrigen eine den Reichsdeutschen analoge Blutgruppenverteilung auf.

Der bereits erwähnte Klausenburger Mediziner Gheorghe Popoviciu reduzierte die Blutgruppenanalysen summarisch auf die Formel, die Bevölkerung Rumäniens zeige keineswegs ethnische, sondern lediglich geschlossen regional gebundene rassische Divergenzen. Sie manifestierten sich serologisch in einer Schwächung des Index „europäischer Rassemerkmale" an der Peripherie, welche von Migrationen und ethnischer Mischung gekennzeichnet sei.[29] Selbst die Ungarn Siebenbürgens erschienen im Lichte der Blutgruppenforschung rassenmäßig eher mit den benachbarten Rumänen als mit den Magyaren der ungarischen Tiefebene verwandt, ja mehr noch: „Les Hongrois de Roumanie sont en règle générale des Roumains magyarisés."[30] Popoviciu lieferte somit nicht weniger als eine pauschale wissenschaftliche Unterfütterung und Sanktionierung der Entnationalisierung ethnischer Minderheiten in Rumänien.

Dasselbe Verfahren vergleichender Blutgruppenuntersuchungen wandte Râmneanțu nochmals im Oktober 1942 an. Inzwischen war das benachbarte Nordsiebenbürgen, darunter eine Bevölkerungsgruppe von mehr als einer Million Rumänen, infolge des Zweiten Wiener Schiedsspruches vom 30. August 1940 an Ungarn abgetreten worden. Râmneanțus Analysen richteten sich auf die außerhalb des Karpatenbogens in Streusiedlung ansässigen ungarischen Csángós,[31] eine vorwiegend im Mittelalter in die Moldau und Bukowina zugewanderte ethnische und religiöse Minorität, die zumal in den späten Dreißiger Jahren im Bezirk Bacău mit dem Verbot des Ungarischen einer verschärften Rumänisierung ausgesetzt gewesen war. Die exemplarische Untersuchung von 2.212 Personen in sechs moldauischen Csángó-Dörfern war neuerlich – nicht zuletzt unter dem Eindruck expansiver ungarischer Bevölkerungskonzepte für den Donauraum[32] – von einem manifesten Zusammenhang zwischen rassenbiologischem Forschungs- und bevölkerungspolitischem Anwendungsinteresse bestimmt: Nach der Annexion Nordsiebenbürgens einschließlich des Szekler-Gebietes hatte Ungarn nach einem Bevölkerungsaustausch von Siebenbürger Rumänen mit moldauischen Csángós verlangt.[33] Râmneanțus Rassendiagnose erwies indes eine serologische

28 Râmneanțu 1935, 59, 53 und 57; siehe hierzu auch: Râmneanțu & David 1935; Râmneanțu 1939; Râmneanțu & Făcăoaru 1939a; Râmneanțu 1943b.

29 Popoviciu 1939, 311 und 316.

30 Popoviciu 1938, 24; siehe auch ebda., 22: „les Hongrois des régions montagneuses de Roumanie ressemblent davantage aux Roumains qui vivent à côté d'eux qu'à leurs frères de la plaine hongroise. Ces derniers d'autre part ne peuvent être considérés comme appartenant à une race spécifiquement hongroise. Ainsi, la race sanguine du centre de la Hongrie actuelle, y compris la partie transdanubienne (Pannonie), surtout dans la région de la frontière de l'Est, ressemble à celle qu'on trouve chez les Roumains de Transylvanie." Ähnlich auch Popoviciu 1936b, 182.

31 Râmneanțu 1943a; Râmneanțu 1944.

32 Siehe Korponay 1941.

33 Siehe hierzu Arens & Bein 2006. Aus der nördlichen Südbukowina wurden dagegen zwischen 1941 und Juni 1942 ungefähr 13.500 Csángós ausgesiedelt und in der inzwischen von Ungarn annektierten Batschka auf vormals serbischen Höfen angesetzt. Nach dem Zweiten Weltkrieg wurden sie anstelle vertriebener Un-

Identität zwischen den ungarischstämmigen Csángós und der orthodoxen rumänischen Mehrheitsbevölkerung. Sie bestätigte insofern wiederum die rumänische Assimilationsthese, wonach auch die Csángós als magyarisierte Rumänen zu gelten hätten.

Gewissermaßen im Labor der Universität Klausenburg vollzog sich also – wissenschaftlich sanktioniert – der Untergang „assimilierungsfähiger" Ethnien wie Szekler und Csángós. Zugleich aber fand dort auch die herrschaftslegitimierende rumänische Ethnogenese- und Kontinuitätstheorie ihre rassenwissenschaftliche „Bestätigung": Durch den Klausenburger Historiker Silviu Dragomir (1888-1962)[34] angeregte serologische Untersuchungen an exemplarischen Erhebungsorten im siebenbürgischen Bezirk Hunedoara, dem vermuteten Kerngebiet der Verbindung von dakischer Urbevölkerung mit römischen Besatzern und Kolonisten, führten Râmneanțu zu der Erkenntnis, „that the autochtone population of Transylvania, which had to support all the barbar invasions, was one with very rich european [sic] properties",[35] demnach also unmöglich ungarischer Herkunft sein konnte. Für den Eugeniker Râmneanțu stand die Wissenschaftlichkeit seiner Methode ebenso außer Frage wie die bevölkerungspolitische Relevanz des gewonnenen Datenmaterials. Die reklamierte Deutungshoheit fand ihren Niederschlag in der Neuzuschreibung ethnischer Identität und letztlich in Entwürfen zur volkstumspolitischen Reorganisation des Untersuchungsraumes.

III. Hierarchisierungen

In der Sitzung des rumänischen Ministerrats vom 7. Februar 1941 wurde erstmals in politischen Entscheidungskontexten des Landes über antiziganistische Maßnahmen beraten. Bei der damaligen Besprechung umfassender bevölkerungspolitischer Interventionen hatte Staatschef General Ion Antonescu (1882-1946) begrenzte Zwangsumsiedlungen Bukarester Roma in die Bărăgan-Steppe in Vorschlag gebracht, doch wurden diese zunächst zurückgestellt.[36] Die Deportation der Volksgruppe lief schließlich erst Anfang Juni 1942 an, knapp ein Jahr nach Kriegsbeginn und der Einnahme Transnistriens — nunmehr landesweit, nach inzwischen etablierten Selektionskriterien und aktualisierten Zahlenerhebungen durch die rumänische Polizei und Gendarmerie vom 25. Mai 1942. Von den 208.700 Roma, die bei der Volkszählung vom Frühjahr 1941 auf dem damaligen Staatsgebiet Rumäniens ermittelt worden waren, wurden vermutlich 26.000 Personen (entsprechend 12,5 %) auf Grund mündlicher Anordnungen Ion Antonescus durch das Generalinspektorat der Gendarmerie zwangsweise nach Transnistrien verbracht und dort überwiegend in zuvor teilweise geräumte ukrainische Dörfer eingewiesen. Im Einzelnen erfolgte zwischen dem 1. Juni und 15. August 1942 die Deportation von zunächst 11.441 nomadisierenden Roma. Hieran schloss sich zwischen dem 12. und 20. September des Jahres der Abschub von 13.176 ungelernten, erwerbslosen, inhaftierten, „gefährlichen und unerwünschten" sesshaften Roma an, wobei teilweise „wilde" Deportationen jenseits festgelegter Selektionskriterien vorkamen. Auch in der Folgezeit wurden bis Dezember 1943 weitere Roma deportiert, die den vorhergehenden Zwangsumsiedlungen entgangen waren oder als „unerwünscht" galten. In

garndeutscher überwiegend in den ungarischen Komitaten Tolna und Baranya angesiedelt. Zur Umsiedlung der Csángós aus der Südbukowina siehe Merk 1995.

34 Dragomir leitete von 1938 bis 1940 das Generalkommissariat für Minderheiten beim Präsidium des Ministerrats.

35 Râmneanțu 1939, 327.

36 Siehe Ciucă et. al. 1998, 181.

Transnistrien, das nach einer Vereinbarung vom 30. August 1941 zwischen dem rumänischen Großen Generalstab und dem deutschen Oberkommando des Heeres Rumänien überlassen und unter Zivilverwaltung gestellt worden war, gingen die Deportierten einem namenlosen Leid entgegen. Etwa 11.000 Roma verstarben an den Folgen vielfältiger, gezielt herbeigeführter Verelendung, an Unterernährung, Kälte und Krankheiten.[37] Wie das „Generalgouvernement" für das Dritte Reich, so wurde Transnistrien für Rumänien infolge der Deportation von Roma und Juden zur rassenpolitischen Vollzugsstätte.[38]

Einen der ersten wissenschaftlichen Beiträge zum antiziganistischen Dissimilations- und Exklusionsdiskurs in Rumänien hatte 1925 der Klausenburger Eugeniker Iuliu Moldovan mit seiner Veröffentlichung zur „Nationalhygiene" (*Igiena națiunii*)[39] geliefert. Ebenso wie später der Bukarester Anatom, Anthropologe und Eugenik-Verfechter Francisc Iosif Rainer[40] kritisierte Moldovan damals unter Bezug auf die vier Jahre zuvor begonnene minderheitenfeindliche Agrarreform, dass bei deren Durchführung eugenisch-sozialselektive Aspekte unberücksichtigt gelassen worden seien. Eine einzigartige Chance zur effizienten Disposition und Exploitation von Bevölkerungsressourcen sowie zur biologischen Erneuerung der Nation sei versäumt worden. Entsprechende künftige Interventionen hätten eine Erfassung, Wertung und kleinräumige kartographische Verzeichnung von Quantität und (physischer, intellektueller sowie moralischer) Qualität des „Volkskörpers" vorzusehen. Aus der zeittypischen Grundvorstellung einer Rationalisierung des menschlichen Körpers heraus forderte Moldovan, Mitglied der Nationalen Bauernpartei (*Partidul Național Țărănesc*), dass die Umverteilung des Bodenbesitzes und die entsprechende Umsetzung von Bevölkerungsgruppen biologischen Leistungsmerkmalen zu gehorchen und neben einer Vielzahl von „genetisch Minderwertigen" auch die Roma auszuschließen habe.

Besonders seit der zweiten Hälfte der Dreißiger Jahre lancierten auf der Grundlage rassentheoretischer Annahmen Eugeniker und Soziologen ein „Zigeunerproblem", das auf Grund der hohen Fertilitätsrate der Roma als „biopolitisch" drängend, für den „völkischen Bestand" der Rumänen als schicksalhaft bezeichnet und vor allem quantitativ umproportioniert wurde. So bezweifelte der Klausenburger Eugeniker und Moldovan-Schüler Iordache Făcăoaru, der sich als rassenwissenschaftlicher Theoretiker des rumänischen Antiziganismus profilierte, die bei der Volkszählung von 1930 überhaupt erstmalig erhobene Bevölkerungszahl der Roma. Diese sei mit 262.501 (entsprechend einem Anteil von 1,5 % an der Gesamtbevölkerung) zu niedrig gegriffen und müsse unter Einschluss von zuvor nicht erfassten Roma-Gruppen auf ca. 400.000 korrigiert werden. Der Soziologe und Volkskundler Ion Chelcea (1902-1991) ging – ebenfalls ohne Zählung der Mischlinge – von etwa 525.000 Roma in Großrumänien aus.[41]

Iordache Făcăoaru, 1897 in der südlichen Moldau geboren, hatte sich nach Philosophiestudium in Bukarest und Tätigkeit im Schuldienst schließlich 1929 an der Universität München immatrikuliert und dort Lehrveranstaltungen in Anthropologie, Pädagogik, Psychologie, „Vererbungswissenschaft" und Rassenhygiene besucht, letztere bei Fritz Lenz

---

37 Zu den Roma-Deportation siehe Achim 1997; Achim 1998, 133-152; Achim 2001a; Achim 2003; Achim 2004a; Achim 2004b; Ioanid 2000; Mihok 2001; Nastasă & Varga 2001; Petcuț 2004; Remmel 2003; Troncota 2003, passim. Kritisch zu einigen relativierenden Wertungen in den Arbeiten von Viorel Achim: Haupt 2006, 157f.

38 Zur rumänischen Besatzungspolitik in Transnistrien siehe Völkl 1998.

39 Moldovan 1925.

40 Siehe Bucur 2002, 44.

41 Chelcea 1944, 84.

(1887-1976).[42] Er promovierte 1931 mit einer von Theodor Mollison (1874-1952) und dem Erziehungswissenschaftler Aloys Fischer (1880-1937) betreuten Arbeit über „Soziale Auslese: ihre biologischen und psychologischen Grundlagen", für die er unter anderem anthropometrische Messungen an geistig Behinderten in der katholischen „Associationsanstalt" Schönbrunn bei Dachau vornahm.[43] Im Jahre 1932 trat er am Hygienischen und Sozialhygienischen Institut der Universität Klausenburg die neu geschaffene Assistenzstelle für Anthropologie und Eugenik an und nahm in den Folgejahren mit biometrischen Forschungsvorhaben (u.a. auch bei den Szeklern) an verschiedenen dorfmonographischen Unternehmungen Dimitrie Gustis und des Kultur- und Volkstumsvereins „Astra" teil. Dabei erfolgte zugleich auch die Sammlung demographisch relevanter Daten sowie die Erhebung sozial- und speziell kriminalanthropologischen Materials bei den verschiedenen Ethnien. Im Jahre 1940 wurde der faschistisch orientierte Făcăoaru, Mitglied der „Eisernen Garde" und entschiedener Befürworter der nationalsozialistischen „Erbpflege"-Gesetzgebung, in den Dienst des Statistischen Zentralinstituts in Bukarest übernommen.[44] Wenig später erfolgte seine Berufung in das Ministerium für Nationale Erziehung; hier oblag ihm als Generaldirektor für das Hochschulwesen die Überprüfung der in den vorausgegangenen zehn Jahren erfolgten Ernennungen an den Universitäten und sonstigen Hochschulen des Landes.[45]

Făcăoarus wissenschaftlichen Arbeiten lag die Frage nach einer vermuteten Korrelation zwischen „rassischen" und geistig-psychischen Divergenzen und damit nach den Beziehungen zwischen „Rassenzugehörigkeit" und sozialer Bewährung, zwischen „Rasse" und „Klasse", zwischen genetischem Material und Sozialverhalten zu Grunde — ein zentrales Forschungsanliegen des Klausenburger Hygienischen und Sozialhygienischen Instituts.[46] In Abkehr von aufklärerisch-demokratischen Egalitätsvorstellungen sah Făcăoaru die Aufgabe der Rassenwissenschaft ausdrücklich in einer Erfassung des biologischen Niveaus der Bevölkerung, in einer „Klassifizierung der Menschenformen und der Hierarchisierung ihres biologischen Wertes"[47] und schließlich in der Ermittlung eines politisch operablen rassischen Wertes des Menschen.

Im Verfolg der von Făcăoaru geforderten „Rassenreinheit" und der sozialen wie politischen Lösung des Minderheitenproblems produzierten seine Studien in der Tat bevölkerungspolitisch funktionalisierbare Taxonomien „biologischer Inferiorität", von rassischer Ungleichwertigkeit und sozialer Randständigkeit. Seine rassendiagnostischen Methoden orientierten sich weitgehend an denjenigen Mollisons und von Eickstedts. In den Dreißiger Jahren unternahm Făcăoaru – teilweise gemeinsam mit seiner deutschen Frau Tilly – anthropometrische Untersuchungen an rumänischen Roma (darunter Messungen von Schädelkapazität, Körperbau und Muskelkraft) sowie Erhebungen zu deren Intelligenz. Diese, so stellte Făcăoaru fest, liege um fünfzehn bis dreißig Punkte unter dem Intelligenzwert der

---

42 Archiv der Ludwig-Maximilians-Universität München: O-Np-SS 1931, sowie: Studenten-Kartei: Făcăoaru, Iordache.

43 I. Făcăoaru 1933.

44 Bucur 2002, 39, merkt an: „In 1940, under the short-lived legionary regime, he [i.e. Iordache Făcăoaru] held an important government position, controlling the implementation of public health measures. He became, in a sense, the ideologue of that regime in matters relating to health, biology, and race purity, using eugenics as the basis for his arguments and programs in action."

45 Siehe: Nachrichten 1941.

46 Siehe I. Făcăoaru 1937; vgl. I. Făcăoaru 1932; I. Făcăoaru 1934.

47 I. Făcăoaru 1940, 84 (im rumänischen Original: „Scopul raseologiei îl vedem în clasificarea formelor umane şi în ierarhizarea valorii lor biologice.").

rumänischen Landbevölkerung und damit im Durchschnitt auf dem Niveau geistig Behinderter.[48] Auch die Muskelkraft der Roma sei durchschnittlich geringer als jene von Ariern.[49]

Seine Forschungsergebnisse korrelierten gleichwohl nicht mit den Resultaten der seroanthropologisch arbeitenden Rassendiagnostiker, deren Studien vielmehr eine serologische Nähe sesshafter Roma zu benachbarten Ethnien nachwiesen.[50] Făcăoarus Untersuchungen gelangten damit in ein ähnliches Dilemma wie im Deutschen Reich die „Zigeunerforschungen" Robert Ritters (1901-1951) und seiner 1936 gegründeten Rassenhygienischen Forschungsstelle im Berliner Reichsgesundheitsamt. Auch die dortigen kriminalanthropologisch interessierten Roma-Untersuchungen, die gleichfalls einen Zusammenhang zwischen Rasse und Asozialität konstruierten, scheiterten in dem Bemühen um eine Rassenkonstruktion auf der Grundlage biologischer Merkmale.[51]

Im Übrigen hatten die soziologischen Dorfmonographien Gustis nicht nur die Assimilierung der Roma und deren Integration in das agrargesellschaftliche Ökonomiesystem des Landes nachgewiesen, sondern auch tendenziell konfliktfreie interethnische Sozialbeziehungen im ländlichen Milieu, obschon tradierte, auf die Zeit der Leibeigenschaft der Roma zurückgehende antiziganistische Stereotype durchaus fortbestanden. Gerade die Integration der Roma in die rumänische Gesellschaft, die Făcăoaru im Lichte der „modernen Rassenbiologie" unzeitgemäß erschien[52], riefen seine Kritik und den Gegenentwurf einer „biologischen Hierarchisierung" von Minderheiten hervor. Wie später auch Ion Chelcea[53] beklagte Făcăoaru das Fehlen jedweder restriktiver Gesetzgebung gegenüber den Roma, die Gewährung sozialstaatlicher Maßnahmen zu ihren Gunsten sowie die gesellschaftliche Akzeptanz von Promiskuität und die Öffnung gesellschaftlicher Zugänge.[54] Obwohl Făcăoaru die rassenbiologisch motivierten antiziganistischen Selektionsmaßnahmen des NS-Regimes begrüßte und wie Robert Ritter ein besonderes „biologisches Gefahrenpotential" in den assimilierten Roma ausmachte, schloss er für Rumänien analoge Interventionen gegenüber „außereuropäischen Ballastminderheiten" (*minorități balast*: Roma, Juden, Tataren, Gagausen und Türken, aber auch Russen und Ukrainer) auf Grund praktischer Durchsetzungsschwierigkeiten und ökonomischer Einbußen aus.

Im antiziganistischen Diskurs Rumäniens der Dreißiger und Vierziger Jahre verband sich nun die biologische rasch mit einer – vor allem von Ion Chelcea verstärkt eingeführten – soziologischen Taxonomie. Chelcea hatte bereits 1929 Untersuchungen zur Roma-Gruppe der *rudari* in seinem Heimatkreis Muscel in der Walachei unternommen.[55] Nach seiner Promotion 1939 an der Universität Klausenburg bei dem Ethnographen Romulus Vuia war er als Mitarbeiter des Rumänischen Sozialforschungsinstituts (*Institutul de cercetări sociale*) an dorfmonographischen Arbeiten in Zentralsiebenbürgen (*Țara Oltului*) unter Leitung des stark rassenbiologisch orientierten Faschisten, Soziologen, Anthropologen und Eugenik-Verfechters Traian Herseni (1907-1980) beteiligt. Chelcea führte dabei in 63 Dörfern Feldstudien zu verschiedenen Roma-Stämmen, zu deren Bevölkerungszahl und räum-

48 I. Făcăoaru 1938b, 37.
49 Papilian & Velluda 1939, 110.
50 Siehe Popoviciu 1938, 21. Analoge Ergebnisse hatten z.B. Blutgruppenuntersuchungen an Serben und Roma in Westserbien erbracht; siehe Promitzer 2003a, 36.
51 Siehe Zimmermann 1996, 132.
52 I. Făcăoaru 1938b, 36.
53 Chelcea 1944, 19-21.
54 I. Făcăoaru 1938a, 283.
55 Siehe Chelcea 1943a; Chelcea 1943b (deutsche Ausgabe: Chelcea 1932).

lichen Verteilung durch.[56] Bevor er im März 1943 den Volkskundelehrstuhl an der Universität Jassy übernahm, hatte er seit 1940 den volkskundlichen Forschungsbereich des Statistischen Zentralinstituts in Bukarest geleitet. In dessen Verlag erschien 1944 seine große ethnographische Studie über „Die Zigeuner in Rumänien" (*Ţiganii din România*), die bisweilen noch heute in theoretischer wie empirischer Hinsicht als Referenzwerk betrachtet wird.

An die Stelle tradierter Unterscheidungen, welche die Roma nach Berufsständen (und vormals nach ihrer damit teilweise zusammenhängenden dienstherrlichen Unterstellung als Leibeigene von Krone, Bojaren und Klöstern) gliederte, setzte Chelcea in seinen Arbeiten nunmehr eine Einteilung nach sesshaften und als „unterentwickelt" bezeichneten nomadisierenden Gruppen. In Kombination mit einer Graduierung nach sprachlicher Assimilation und damit korrelierenden Abstufungen sozioökonomischer Integration[57] unterschied Chelcea schließlich drei verschiedene Roma-Gruppen: Im Einklang mit präsumtiven somatischen und ethnischen Anlagen differenzierte er nicht assimilierbare Nomadisierende (*corturari*) von zwei unterschiedlich assimilierten und überwiegend sesshaften Gruppen (*rudari* und *ţigani de sat*), die abweichende ökonomische Nischen besetzten. Diese ethnopolitisch funktionale „Taxonomie der Lebensführung", angereichert durch Bilder rassisch-kultureller Andersartigkeit, verfolgte explizit Maßnahmen der Diskriminierung, Kriminalisierung und Exklusion.[58] Hieran gekoppelte Vorstellungen von „sozialem Ballast" und volksgesundheitlicher Schädigung lieferten die nach gesellschaftlicher Akzeptanz strebende Legitimationsgrundlage restriktiver bevölkerungspolitischer Interventionen.

Von diesen waren nach Chelcea allein die ohnehin bereits weitgehend eingegliederten *rudari* auszunehmen, die nur teilweise einer „Eliminierung [...] aus unserer Volksgemeinschaft"[59] unterworfen, ansonsten zunehmend integriert und einer politisch-sozioökonomischen Führung unterstellt werden sollten. Die übrigen sesshaften Roma-Gruppen seien auf Grund ihres biologisch und gesellschaftlich schädigenden Einflusses „in einem abgelegenen Landesteil anzusetzen, nach Transnistrien zu verbringen und gegebenenfalls zu sterilisieren".[60] Ihre Deportation habe vorrangig zu erfolgen, da sich aus ihrer stärkeren Assimilierung die Gefahr nachteiliger Blutsvermischung ergebe, auf die bereits 1922 der Klausenburger Mediziner Gheorghe Popoviciu hingewiesen hatte.[61] Auch die nomadisierenden Roma verlangte Chelcea angesichts ihrer Nicht-Integrierbarkeit und der Bedrohung, die sie für das „biologische Kapital" der rumänischen Mehrheitsbevölkerung darstellten, in ihrer übergroßen Zahl völlig von der Gesellschaft zu isolieren und nach Transnistrien oder jenseits des Bug zu deportieren.[62] Anders als im Deutschen Reich sollte

56 Siehe Chelcea 1940b. Zu den Roma in Rumänien veröffentlichte der Autor ferner: Chelcea 1933.

57 Siehe Chelcea 1940a, 80; Chelcea 1944, 39.

58 Siehe Chelcea 1944, 34.

59 Chelcea 1944, 46 (im rumänischen Original: „Suntem şi rămânem pentru eliminarea parţială a Rudarilor [...] din comunitatea noastră etnică"); siehe ferner Chelcea 1944, 99f.

60 Chelcea 1944, 101 (im rumänischen Original: „marele număr de Ţigani de sat, aşezaţi la ţară sau la oraşe mai ales, va trebui colonizat într'o parte mărginaşă a ţării, trecuţi peste Nistru, la caz, sterilizaţi".).

61 Popoviciu 1922, 226.

62 Chelcea 1944, 100, rief nach „einer völligen Isolierung der Wanderzigeuner. Einige von ihnen sollen indes [einer Einweisung] in einen Freilichtpark vorbehalten bleiben, damit Rumänien nicht eine seltene, unter uns lebende Spezies verliert. Die übrigen sind uninteressant. Sie sind kategorisch aus dem Leben unseres Volkes auszuschließen. Heutzutage könnten sie irgendwo nach Transnistrien oder jenseits des Bug umgesiedelt werden." (im rumänischen Original: „Din această cauză, suntem pentru o izolare totală faţă de Ţiganii de cort. Dintre aceştia, trebuesc însă rezervaţi o parte, pentru un parc în natură, spre a nu pierde ţara o specie

nicht eine sofortige und vollständige, sondern vielmehr eine Erfolg versprechendere sukzessive Eliminierung einzelner Roma-Gruppen vorgenommen werden, und zwar in Abhängigkeit von dem Grad ihrer jeweiligen gesellschaftlichen Integration.

Im Jahre 1940 trat auch Sabin Manuilă mit rassenbiologisch motivierten antiziganistischen Stellungnahmen hervor.[63] Eine Beseitigung des „Zigeunergeschwürs“[64] durch Vertreibung der Roma forderte 1941 ebenfalls der sozialbiologistisch orientierte, inzwischen emeritierte Bukarester Lehrstuhlinhaber für Geographie, Anthropogeographie und Ethnographie Simion Mehedinţi, eine der herausragenden Persönlichkeiten des kulturellen Lebens der Zwischenkriegszeit, Begründer der modernen Geographie in Rumänien und Verfechter einer eugenischen Sozialkontrolle. Nachdrücklicher noch als Mehedinţi, Verehrer des Faschisten-Führers Corneliu Zelea Codreanu (1899-1938) und vormaliger Bildungsminister, verlangte im selben Jahr der Rassenhygieniker Gheorghe Făcăoaru nach Exklusion der Roma:

> „Die nomadisierenden und halbnomadisierenden Zigeuner sind in Zwangsarbeitslagern zu internieren. Dort sind sie [...] zu sterilisieren. Um ihre Unterhaltskosten zu decken, sind sie zu Zwangsarbeiten heranzuziehen. Nach einer Generation werden wir uns ihrer entledigt haben. An ihre Stelle haben national gesonnene Volkselemente zu treten, die zu geordneter und kreativer Arbeit fähig sind. Die sesshaften [Zigeuner] werden vor Ort sterilisiert [...]. Dorf- und Stadtränder werden dadurch nicht länger Schandfleck und Infektionsherd für sämtliche soziale Krankheiten sein, sondern ein Bollwerk des Volkstums zum Nutzen, und nicht zum Schaden der Nation.“[65]

Die wenige Monate später unter der Militärdiktatur Ion Antonescus beginnenden Verfolgungen der Roma entsprachen ziemlich genau den Forderungen der Rassenhygieniker.

Überschaut man indes den antiziganistischen Diskurs im Rumänien der Zwischenkriegszeit, so hat dieser – anders als der antisemitische – bis zum Beginn der Vierziger Jahre und der engen außenpolitischen und ideologischen Anbindung des Landes an das Deutsche Reich eher als marginale Erscheinung zu gelten. Er blieb zunächst fast ganz auf das akademische Milieu von Eugenikern und Soziologen beschränkt und fand weder in der Presse noch in der öffentlichen Meinung oder auf dem rechten politischen Spektrum des Landes nennenswerte Resonanz. Eine „Zigeunerfrage“ war in politischen Kontexten Rumäniens bis Anfang der Vierziger Jahre nahezu unbekannt. Auch das Generalkommissariat für Minderheiten (*Comisariatul general pentru minorităţi*) beim Präsidium des Ministerrats beschäftigte sich nicht mit den Roma.[66] Die faschistische Legionärsbewegung griff die antiziganistische Komponente erst spät in der Zeit ihrer kurzen Machtbeteiligung auf.[67]

---

rară aflată printre noi. Restul nu interesează. Trebuesc înlăturaţi în mod absolut din viaţa poporului nostru. În zilele noastre ar putea fi mutaţi undeva în Transnistria sau dincolo de Bug.“).

63 Siehe Bucur 2002, 147.

64 Mehedinţi 1941, 3 (im rumänischen Original: „pecinginea ţigănească“).

65 G. Făcăoaru 1941, 17f. (im rumänischen Original: „Ţiganii nomazi şi seminomazi să fie internaţi în lagăre de muncă forţată. Acolo [...] să fie [...] sterilizaţi. Pentru a se acoperi cheltuielile cu întreţinerea lor, trebuiesc puşi la muncă forţată. Cu prima generaţie am scăpa de ei. Locul lor va fi ocupat de elementele naţionale, capabile de muncă ordonată şi creatoare. Cei stabili vor fi sterilizaţi la domiciliu [...]. În acest fel, periferiile satelor şi oraşelor nu vor mai fi o ruşine şi un focar de infecţie al tuturor bolilor sociale, ci un zid etnic folositor naţiei, şi nu dăunător.“).

66 So Remmel 2003, 9.

67 Siehe: Final Report 2004, 265-268.

Die Verfolgungen der Roma setzten erst unter der Diktatur Antonescus ein. Sie sind im Gesamtkontext der deutschen und rumänischen Judenvernichtung zu verorten, deren Modell sie folgten, auch wenn ihre rassenideologische Rahmung schwächer konturiert war. Diese tritt in den einschlägigen Erlassen Antonescus und in der Korrespondenz der eingeschalteten rumänischen Behörden und Organe kaum zutage. Der Einfluss von Rassentheoretikern wie Iordache Făcăoaru und Ion Chelcea blieb insgesamt eher ein propagandistischer, obschon den Selektionskriterien und Vernichtungsabsichten zumindest teilweise rassenpolitische Erwägungen zu Grunde lagen.

IV. Taxonomien der Entartung

Ende der 1930-er Jahre nahm der rumänische Psychiater Petru Tipărescu Untersuchungen an 2.448 geschlossen untergebrachten Patienten des Bukarester Instituts für mentale, nervöse und endokrinologische Krankheiten (*Institutul de boli mentale, nervoase şi endocrinologice din Bucureşti*) vor.[68] Die 1923 im Süden der rumänischen Hauptstadt eröffnete psychiatrische Klinik, die größte des Landes, wurde seit 1934 von Petre Tomescu (* 1890), dem Dekan der Medizinischen Fakultät der Universität Bukarest und späteren Arbeits-, Gesundheits- und Sozialminister während der Militärdiktatur Ion Antonescus, geleitet. Gegenstand der Untersuchung war die komparative statistische Quantifizierung und prozentuale Verteilung von Psychosen und Neurosen unter Rumänen und Juden in den südlichen Landesteilen Walachei und Dobrudscha.[69] Die Relation zwischen Bevölkerungszahl und Krankheitsfällen der jeweiligen Untersuchungsgruppen ermittelte Tipărescu auf je 10.000 Einwohner für die Rumänen mit 3,49 %, für Juden hingegen mit 29,90 %, während das Mittel an Erkrankungsfällen bezogen auf die Gesamtbevölkerung bei 3,85 % lag. Bei den Juden erschienen gegenüber den Rumänen die verschiedenen Formen exogener (organischer) und endogener Psychosen um das Vier- bis Dreizehnfache erhöht. Im Bereich endogener Psychosen, die als gesetzmäßig genetisch hereditär galten, machte Tipărescu bei Juden Krankheitsbilder von Schizophrenie, von affektiven Psychosen sowie schizoaffektiven Störungen sogar zwischen neun und zweiundzwanzig Mal häufiger aus. Insgesamt kamen degenerative Erscheinungen bei Juden siebenmal öfter vor als bei Rumänen.[70]

Diese Ergebnisse deutete Tipărescu im Sinne einer biologischen Divergenz zwischen den Untersuchungsgruppen und letztlich als rassische Entartung der Juden, die er primär hereditär begründet, dann aber auch als Folge von Rauschmittelintoxikationen (Alkoholismus u.a.), Infektionen und angeborenen Hirnläsionen sah. Stark anwendungsorientiert plädierte der Verfasser für eine politische Implementierung der Rassenhygiene zugunsten der als überlegen begriffenen ethnischen Eigengruppe und insbesondere für Maßnahmen negativer Eugenik gegenüber den Juden. Zwar verwies er zugleich auf die Ineffizienz des öffentlichen Gesundheitswesens und auf unzureichende Finanzressourcen als Barrieren für derartige Vorkehrungen, doch verlangte Tipărescu resümierend nach radikalen Maßnahmen des Rasseschutzes.

Der Exklusionsdiskurs Tipărescus berief sich mit Nicolae Constantin Paulescu (1869-1931) auf einen der einflussreichsten Vordenker und Propagandisten des rumänischen Na-

68 Siehe Tipărescu 1941.
69 Ich stütze mich im Folgenden auf Turda 2003.
70 Tipărescu 1941, 53 und 56f.

tionalismus und Antisemitismus der Zwischenkriegszeit. Der renommierte Professor für Physiologie an der Medizinischen Fakultät der Universität Bukarest und Erstentdecker des Insulins hatte gemeinsam mit dem seinerzeitigen Dekan der Juristischen Fakultät in Jassy, dem Wirtschaftswissenschaftler Alexandru Constantin Cuza, seit 1922 die rechtsradikal-antisemitische Halbmonatsschrift „Nationale Verteidigung" (*Apărarea Națională*) herausgegeben und ein Jahr später die Liga für National-Christliche Verteidigung[71] mitgegründet, von der sich vier Jahre später die faschistische „Legion des Erzengels Michael" (*Legiunea Arhangelului Mihail*) unter Corneliu Zelea Codreanu abspaltete. In verschiedenen Schriften, darunter in der von Tiparescu zitierten Studie zur „Entartung der jüdischen Rasse" (*Degenerarea rasei jidovești*) aus dem Jahre 1928, führte Paulescu den Nachweis einer rassischen Minderwertigkeit der Juden. Sein radikaler Antisemitismus, der auch Codreanu stark beeinflusste, speiste sich aus christlich-orthodoxen, philosophischen ebenso wie aus biologisch-rassistischen Vorstellungen.[72] Bereits 1913 hatte Paulescu gefragt:

> „Was sollen wir mit diesen ungebetenen [jüdischen] Gästen machen, die sich überraschend und plötzlich in unserem Land eingerichtet haben — oder besser gesagt: mit diesen verbrecherischen Parasiten, die zugleich Diebe und Mörder sind? Sollen wir sie vernichten, so wie man beispielsweise Wanzen tötet? Dies wäre das einfachste und bequemste Mittel, um uns rasch von ihnen zu befreien — ein Mittel, das immerhin zulässig wäre, wenn wir den Gesetzen des Talmuds folgten."[73]

Paulescu hatte diese Vorstellungen damals zugunsten einer Umerziehung der „jüdischen Rasse" verworfen. Seine Ideen fassten erst in den Dreißiger Jahren im politischen Leben des Landes Fuß,[74] teilweise unter nationalsozialistischem Vorbild. Der traditionelle, primär sozio-ökonomisch und religiös begründete Antisemitismus, der im 19. Jahrhundert in den intellektuellen Eliten Rumäniens zahlreiche Verfechter gefunden hatte, gewann nun nachdrücklicher als zuvor auch eine rassenbiologische Komponente. Zahlreiche weltanschauliche Theoretiker und *opinion leaders* der „Eisernen Garde" verschrieben sich bei der Motivierung ihrer kruden, teilweise nach physischer Eliminierung der etwa 760.000 rumänischen Juden verlangenden Maßnahmenkataloge einem biologisch argumentierenden Antisemitismus.[75] Diese Ideen verfingen auch in der Alterskohorte jener jungen intellektuellen Elite Rumäniens der Dreißiger Jahre, für welche Namen wie Mircea Eliade (1907-1986), Constantin Noica (1909-1987) und Emil Cioran stellvertretend stehen können. Sie hatte durch den charismatischen Bukarester Philosophieprofessor und Publizisten Nae (eigentl. Nicolae C.) Ionescu (1890-1940), einen zunehmend radikalen Antisemiten und einflussreichen Ideologen der politischen Rechten, nachhaltige Impulse erfahren: Viele von ihnen folgten ihrem Mentor und seiner antidemokratischen Orientierung, seinem Verständnis von Mystik, von Irrationalität in der wissenschaftlichen Erkenntnis, von der Rolle der Orthodoxie in der Politik und seiner „Loslösung vom Westen".

71 Zu deren antisemitischem Programm siehe Cuza 1935.

72 Zum Antisemitismus Paulescus: Totok 2003; Veiga 1995, 179; Volovici 1995, 48-50.

73 Paulescu 1913, 11 (im rumänischen Original: „Ce trebuie să facem cu acești oaspeți nepoftiți care, hodoronc-tronc, s-au instalat în țară – sau mai bine-zis cu acești paraziți rău-făcători cari sînt, în același timp, și hoți și asasini? Putem oare să-i exterminăm – cum bunăoară se ucid ploșnițele? Acesta ar fi mijlocul cel mai simplu și cel mai comod de a ne scăpa repede de ei – mijloc care ar fi chiar licit, dacă am urma legile Talmudului.").

74 Siehe Volovici 1995, 50.

75 Einige Hinweise hierauf bei Ioanid 2003; Ioanid 2004, 427f.

Ab 1937/38 war der völkische Antisemitismus offizielle Staatspolitik in Rumänien. Seit der kurzen Regierungszeit Ion Gigurtus (1886-1959) im Sommer 1940 wurde die staatsrechtliche Stellung der Juden über Rückgriff auf vermeintlich rassenbiologische Kategorien definiert und stark diskriminiert. Die an Schärfe zunehmenden Diffamierungs-, Marginalisierungs-, Entrechtungs-, Ausplünderungs- und Verfolgungsmaßnahmen der späten Dreißiger Jahre bildeten gewissermaßen den Vorlauf für die sich anschließende Strategie der Vernichtung während der Diktatur Marschall Antonescus. Das Regime schuf die erforderlichen Rahmenbedingungen für diese (vorrangig in ethnisch stark gemischten und umstrittenen Provinzen durchgeführten) Aktionen der „Gebietsreinigung" (*curățirea terenului*) und „Entparasitierung des rumänischen Volkes" (*deparazitarea neamului românesc*);[76] es erzeugte ein Klima der Gewalt, in dem sich das violente Potential eines aufgepeitschten Antisemitismus vielfach ungehemmt entfalten konnte; und es schuf Voraussetzungen, die den Massenmord an Juden durch weitgehend ungehindert operierende Polizeikräfte wie Truppeneinheiten ermöglichte und einen bürokratisch organisierten Exekutionsapparat erübrigte. Diese Entwicklung – so der abschließende Bericht der Internationalen Kommission über den Holocaust in Rumänien – wurde von der Mehrheit der politischen, kulturellen und kirchlichen Eliten des Landes getragen, zumindest aber toleriert.[77]

---

76 Siehe Ioanid 1998, 399.

77 Siehe: Final Report 2004, 10.

V. Homogenisierungen

Abbildung *4*: Sabin Manuilă [79]

Zur Schlüsselfigur rumänischer Ethnopolitik avancierte in den späten Dreißiger und frühen Vierziger Jahren der aus der bevölkerungsbiologischen Schule Iuliu Moldovans hervorgegangene Sabin Manuilă, der seinerzeit renommierteste rumänische Statistiker und Bevölkerungswissenschaftler.[78] Das Statistische Zentralinstitut in Bukarest entwickelte sich seit 1934 unter seiner Leitung zum führenden *think tank* rumänischer Bevölkerungspolitik und zu einem wesentlichen Organ der Politikberatung. In einer Phase umfassender territorialer Neuordnungen und Bevölkerungsverschiebungen in Südosteuropa gewann Manuilă zentralen Einfluss auf volkstumspolitische Entscheidungsprozesse der rumänischen Staatsführung.

Bereits seit 1929 hatte er seine bevölkerungspolitische Leitvorstellung einer ethnisch „geschlossenen" Gesellschaft bei verschiedenen Gelegenheiten vorgetragen und auf die Notwendigkeit eines Bevölkerungsaustausches mit den Nachbarstaaten durch Umsiedlung ethnischer Minderheiten verwiesen.[80] Unter dem Eindruck der Zerschlagung des multiethnischen Großrumänien spitzte Manuilă seine Vorstellungen weiter zu. In operablen Handlungsentwürfen der Politik unterbreitet, fanden sie seit etwa Mitte 1940 Eingang in das Kalkül politischer Entscheidungsträger.[81] In der Tat legitimierten Teile der politischen und wissenschaftlichen Elite des Landes seit 1939 und der Auflösung der bisherigen Nachkriegsordnung den territorialen *status quo* Rumäniens nicht mehr mit dem inzwischen wenig effizienten Verweis auf internationale vertragliche Vereinbarungen; vielmehr galt nunmehr das rumänische Staatsgebiet als der auf einem „Naturrecht" beruhende, historisch gewachsene Siedlungsraum der Rumänen — eine These, die zunehmend nach ethnischer Reinigung verlangte, zugleich aber auch verstärkt die auslandsrumänischen Minderheiten in das Blickfeld politischer Kalküle rücken ließ.

---

78 Näheres zu Manuilăs Wirken als Statistiker bei Trebici 1995.

79 Sabin Manuilă (*Sâmbăteni/ Banat, 1894 - † New York, 1964)

80 Siehe Manuilă 1929; Achim 2001b, 595, Anm. 7; sowie Vortrag Manuilăs vor der Rumänischen Akademie der Wissenschaften 1934: „Structura etnică a populației României rezultând din recensământul general al populației din 1930" [„Die ethnische Struktur der Bevölkerung Rumäniens laut den Ergebnissen der allgemeinen Bevölkerungszählung von 1930"], zit. in Dragomir & Dumitru 1996, 42f. – Einen prominenten Verfechter fand die Konzeption „ethnischer Homogenität" in dem chauvinistisch-xenophoben und pronazistischen Publizisten, Politiker, Dichter und Theologie-Professor Nichifor Crainic (1889-1972), Verfasser des 1938 erschienenen Werkes „Orthodoxie und Ethnokratie" (*Ortodoxie și etnocrație*).

81 Siehe z.B. die Presseäußerung des rumänischen Außenministers Mihail Manoilescu (1891-1950) vom 30.6.1940 (zit. in Achim 2001b, 596f.) sowie die Ansprachen Ion Antonescus vor dem Ministerrat vom 17.6. und 6.10.1941 (siehe Braham 1998, 16 und 21).

Mit Manuilă war seinerzeit eine Persönlichkeit an die Spitze des Statistik-Institutes am Bukarester Splaiul Unirii getreten, die ebenso über medizinisches wie demographisch-statistisches und soziologisches Expertenwissen verfügte. Am 19. Februar 1894 in Sâmbăteni im damals ungarischen Banat geboren, absolvierte Manuilă seine Gymnasialjahre zunächst in Arad, anschließend im siebenbürgischen Kronstadt (Braşov). Hieran hatte sich seit 1913 ein Medizinstudium in Budapest angeschlossen, welches er – unterbrochen durch Fronteinsatz im österreichisch-ungarischen Heer und Kriegsverletzung – im Jahre 1919 beendete.[82] Manuilă wechselte anschließend an das Hygiene-Institut der Universität Klausenburg, wo er als Assistent Iuliu Moldovans vor allem zu epidemologischen und rassenwissenschaftlichen Themen sowie zum Ausbau des öffentlichen Gesundheitswesens arbeitete. Ein durch die *Rockefeller Foundation* ermöglichter Aufenthalt an der *School of Hygiene and Public Health* der Johns-Hopkins-Universität in Baltimore 1925/26 lenkte sein Interesse nach den vorhergegangenen Blutgruppenforschungen nochmals verstärkt auf Fragen der Biometrie, Biostatistik und Demographie. Nach seiner Rückkehr 1926 war er zunächst als Dozent am Lehrstuhl Moldovans und zugleich als Generalinspektor für das öffentliche Gesundheitswesen in Siebenbürgen tätig. Anschließend, von 1927 bis 1930, leitete er die Statistische Abteilung in dem damals von Moldovan als Unterstaatssekretär geführten Ministerium für Arbeit, Gesundheit und soziale Sicherheit (*Ministerul muncii, sănătăţii şi ocrotirilor sociale*). Bis 1940 war Manuilă zudem Abteilungsleiter im Bukarester Institut für Hygiene und Volksgesundheit (*Institutul de igienă şi sănătate publică*). Seit 1929 beteiligte er sich an den soziologischen Kleinraumforschungen Dimitrie Gustis. Am Rumänischen Sozialinstitut (später: Sozialforschungsinstitut) führte er seit 1935 die Abteilung für Demographie, Anthropologie und Eugenik. Bereits zuvor hatte er Lehrtätigkeiten an verschiedenen Bukarester Hochschulen aufgenommen. In der von Gusti geleiteten Rumänischen Statistischen Gesellschaft (*Societatea română de statistică*) fungierte Manuilă seit dem Gründungsjahr 1937 als Generalsekretär.

Sein Weg an die Spitze des rumänischen Statistik-Instituts hatte sich in den Jahren der Regierungsbeteiligung der Nationalen Bauernpartei (1928-1933) gebahnt, deren Mitglied Manuilă war. Bevor er 1934 die Leitung des Instituts übernahm, hatte er zunächst die Kommission für die rumänische Volkszählung (*Comisia pentru recensământul populaţiei*) des Jahres 1930 geleitet und anschließend im Innenministerium den Vorgängereinrichtungen des Statistischen Zentralinstituts vorgestanden. Zu dessen wesentlichem Arbeitsschwerpunkt wurde in den Folgejahren das Studium ethnischer Minderheiten, insbesondere in Siebenbürgen und der Dobrudscha. Ferner rückten die auslandsrumänischen Minoritäten zunehmend in das Interessenspektrum des Instituts. Zu beiden Themengebieten verfasste und veranlasste Manuilă zahlreiche demographische Recherchen und kartographische Ausarbeitungen für verschiedene Regierungsstellen. Während des Krieges lieferte das Institut Expertisen zu Zahl und sozioökonomischer Lage von Roma und Juden im Lande. Als Rumänien 1940 infolge des deutsch-sowjetischen Freundschaftsvertrages die Annexion der Nordbukowina und Bessarabiens durch die UdSSR dulden und unter dem Druck der „Achsen"-Mächte Nordsiebenbürgen an Ungarn sowie die Süddobrudscha (*Cadrilater*) an Bulgarien abtreten musste, bemühte sich das Statistik-Institut zudem um eine Inventarisierung

[82] Archiv der Semmelweis-Universität Budapest: Egyetemi quaestura 1918, Nr. 159, sowie: Szigorlati könyv 1914-1918, Nr. 1.c.38., 1.c.70. und 1.c.102. Ich danke Frau Dr. Lívia Vasas, Generaldirektorin der Zentralbibliothek der Semmelweis-Universität, Budapest, für freundliche Auskünfte.

der rumänischen Bevölkerungs- und Vermögensverluste sowie um die wissenschaftliche Fundierung von Territorialansprüchen auf die Abtretungsgebiete.

Im Kontext dieser Entwicklung, in deren Folge Rumänien nahezu ein Drittel seiner Staatsfläche und Einwohnerzahl verlor, gewannen Manuilă und seine Konzeption einer „ethnischen Homogenisierung" zunehmenden Einfluss auf die bevölkerungspolitischen Entscheidungen der Staatsführung. Manuilă war am Entwurf rumänischer Verhandlungspositionen gegenüber Ungarn und Bulgarien beteiligt und als Fachexperte zusammen mit weiteren Mitarbeitern des Statistischen Zentralinstituts Mitglied verschiedener Unterhandlungskommissionen gewesen: In Wien musste die rumänische Delegation Ende August 1940 widerspruchslos die ungarischen Territorialforderungen und die Abweisung des von ihr vorgeschlagenen Bevölkerungsaustausches zwischen den beiden Staaten akzeptieren; die Abtretung der Süddobrudscha an Bulgarien hingegen wurde mit der Vereinbarung über einen Bevölkerungstransfer verbunden (Vertrag von Craiova, 7.9.1940). Demnach erfolgte die Umsiedlung von ungefähr 61.000 Bulgaren aus den rumänischen Schwarzmeerbezirken Tulcea und Constanţa sowie von etwa 100.000 Rumänen aus dem so genannten *Cadrilater*, darunter auch Aromunen und Meglenorumänen, die dort in den Zwanziger Jahren mit dem Ziel ethnischer Neuordnung angesiedelt worden waren.[83]

Als Teil ethnischer Homogenisierung hatten in Rumänien bereits die im Oktober 1938 begonnene Umsiedlung von Türken und Tataren aus der Süddobrudscha nach Anatolien und die im Herbst 1940 erfolgte Umsiedlung von etwa 96.000 Deutschen aus der Südbukowina, von 93.000 Bessarabien- und 14.000 Dobrudscha-Deutschen gegolten. Nach dem rumänischen Kriegseintritt gegen die Sowjetunion 1941 erlangte Manuilăs Homogenisierungskonzept jedoch in wesentlich größerem Rahmen politisch handlungsorientierende Relevanz: Am 15. Oktober 1941 – einen Tag vor der verlustreichen Einnahme Odessas durch rumänische Truppen und wenige Wochen nach Beginn der groß angelegten rumänischen Judenvertreibungen aus der zurückeroberten Nordbukowina und Bessarabien – richtete Manuilă ein bevölkerungspolitisches Memorandum an Ministerpräsident Ion Antonescu.[84] Die Expertise entwickelte Durchführungsszenarien für die „Schaffung des Rumänien von morgen" auf der Grundlage „ethnischer Homogenisierung". Sie sah eine sukzessive Vertreibung von 3,5 Millionen Angehörigen nicht-rumänischer Ethnien durch einen komplexen Bevölkerungsaustausch mit den Nachbarländern vor und sprach eine Deportation der Juden und Roma an. Manuilă nahm Bezug auf eine zuvor in Tighina im besetzten Transnistrien stattgehabte Unterredung mit Antonescu, in welcher der *Conducător* – wie bereits zuvor am 5. September des Jahres vor dem Ministerrat – seine ethnopolitischen Vorstellungen entwickelt und dabei seinerseits umfangreiche Bevölkerungstransfers ventiliert hatte.

Im Einzelnen skizzierte Manuilăs zehnseitiges Memorandum eine nahezu gänzliche Revision der 1940 gezogenen Grenzen nach ethnischen und strategischen Gesichtspunkten bei nur geringen Gebietsabtretungen Rumäniens. Hiermit sollte sich unter Ausnutzung der vorteiligen Machtkonstellationen eine vollständige Aussiedlung aller auf dem somit erweiterten rumänischen Staatsgebiet lebenden Minderheiten verbinden: Schrittweise waren 1,35

83 Siehe dazu Basciani 2001, 96-108.

84 Arhivele Naţionale Istorice Centrale, Bukarest: Fond „Sabin Manuilă", Dosar XII/211, S. 1-10: „Sabin Manuilă: Memorandum für Marschall Ion Antonescu", 15.10.1941; publiziert in und hier zitiert nach Dragomir & Dumitru 1996, 44-51; hierzu detailliert Achim 2001b; dort auch englische Übersetzung des Memorandums.

Millionen Ungarn, 991.000 Ruthenen und Russen, 199.000 Polen, Tschechen und Slowaken, 179.000 Bulgaren, 60.000 Ukrainer und 42.000 Serben in die Nachbarstaaten auszusiedeln. Das Schicksal der noch verbliebenen deutschen und türkischen Minderheit sollte einer späteren Lösung – ebenfalls durch Umsiedlung – vorbehalten bleiben. Zugleich war die „Rücksiedlung" von insgesamt 1,6 Millionen Rumänen aus der Sowjetunion (800.000), aus dem ehemaligen Jugoslawien (477.000), aus Mazedonien (200.000), Bulgarien (85.000), Ungarn (45.000) sowie aus dem vormaligen Polen und der ČSR (5.000) beabsichtigt. Hinsichtlich der gesellschaftlichen Eliminierung und Deportation von Roma und den von Manuilă eher als sozioökonomische, und weniger als „rassenbiologische" Gefahr empfundenen Juden kündigte der Verfasser eine separate Expertise an.[85] Insgesamt implizierten die Planungen Manuilăs einen komplexen Bevölkerungs- und Gebietsaustausch bzw. Annexionen und Kompensationen auch unter den einbezogenen Nachbarstaaten. Sie sahen eine Umsiedlung von insgesamt sechs Millionen Personen in Südosteuropa vor.

Dieser „rumänische Generalplan Ost" wies die Richtung künftiger volkstumspolitischer Interventionen, die durch Expertisen auch anderer Dienststellen in den Jahren 1941 bis 1943 näher geplant wurden. Vor allem gehörte hierzu die im November 1941 angeordnete Umsiedlung rumänischer Bevölkerungsgruppen aus Transnistrien und den besetzten Gebieten östlich des Bug („Reichskommissariat Ukraine"), die laut Planungen 1943 an Stelle zu vertreibender Russen und Ukrainer in der Bukowina und Bessarabien angesetzt werden sollten — in Gebieten also, in denen nach Darstellung des Historikers, liberalen Politikers und mehrfachen Ministers Ion I. Nistor (1876-1962) aus dem Jahre 1943 „die ukrainischen Minderheiten" nichts weiter „als eingesprengte fremde Volkssplitter in den alt-rumänischen Volksraum [darstellten], der sogar weit über die Dnjestergrenze hinausgreift".[86] Wie Manuilă so sah ebenfalls Anton Golopenţia in den „mutige[n] Völkerverschiebungen" und der angestrebten ethnopolitischen Raumordnung im Osten eine Lösung für bisherige Konfliktpotentiale und die Grundlage für den Aufbau eines „Bollwerkes Europas".[87] Bezeugt ist, dass auch Marschall Ion Antonescu eine völlige Umsiedlung der Ukrainer aus dem rumänischen Herrschaftsbereich befürwortete. Nach dem Widerstand einzelner deutscher Dienststellen, die hierdurch die Kollaborationsbereitschaft der Ukrainer gefährdet sahen, bemühte sich Außenminister Mihai Antonescu (1904-1946) bei Hitler am 27. November 1941 erfolgreich um Zustimmung zu den rumänischen Plänen.[88] Erhebungen über die landwirtschaftliche Nutzfläche, welche den rumänischen Neusiedlern aus dem Besitz der umzusiedelnden Slawen zugewiesen werden sollte,[89] waren bereits durch das Unterstaatssekretariat für Rumänisierung, Ansiedlung und Volkstumserhebung (*Subsecretariatul de stat al românizării, colonizării şi inventarului naţional*) durchgeführt worden. Auch Immobilien aus dem vormaligen Besitz von Juden und Deutschland-Umsiedlern aus Bessarabien, auf denen bei Kriegsende vor allem rumänische Frontkämpfer anzusetzen

[85] Keinen Hinweis enthielt das Memorandum auf eine Einbeziehung der verstreut am Balkan siedelnden Aromunen in die beabsichtigten bevölkerungspolitischen Maßnahmen. Ebenfalls fehlten die bereits bei der Pariser Friedenskonferenz 1919 erhobenen, ethnisch begründeten Ansprüche auf das serbische Banat und das Timok-Gebiet, die 1941 indes in Denkschriften gegenüber dem Deutschen Reich und Italien vorgetragen worden waren; siehe dazu Haynes 2005, 119.

[86] Nistor 1943, 57.

[87] A. Golopenţia 1941, 19.

[88] Siehe Ioanid 1998, 322f.

[89] Siehe Hausleitner 2003, 9f.

gewesen wären, wurden durch das Unterstaatssekretariat, das später dem Statistischen Zentralinstitut unterstand, verwaltet.

Nach einem Vorstoß Manuilăs bei Marschall Antonescu hatte der rumänische Ministerrat bereits im Juli und November 1941 das Bukarester Statistische Zentralinstitut mit der Durchführung einer Volkszählung in den zurückeroberten Gebieten bzw. mit Erhebungsarbeiten zur rumänischen Volksgruppe jenseits von Dnjester und Bug beauftragt.[90] Diesen Arbeiten war im April 1941 zunächst eine Bevölkerungszählung in Altrumänien vorausgegangen. Das inzwischen technisch hervorragend und sehr modern ausgestattete Statistische Zentralinstitut in Bukarest führte dabei auch eine Zählung der Juden und Erhebungen zu jüdischem Besitz durch. Die Judenerfassungen durch Manuilăs Dienststelle, deren Abschlußbericht Ende August 1942 auf den Schreibtisch Marschall Antonescus gelangte,[91] hatten bereits seit Mai des Vorjahres zu einer Zusammenarbeit zwischen SS-Obersturmführer Gustav Richter (1913-1982?), dem Eichmann-Emissär in Bukarest, und dem rumänischen Statistik-Institut geführt.[92]

Im August 1941 erfolgte dann die Bevölkerungszählung in den Annexionsgebieten Nordbukowina und Bessarabien, woran sich zwischen Dezember 1941 und Januar 1942 die Bevölkerungserhebung in Transnistrien anschloss. Erst nach Zustimmung der deutschen Besatzungsdienststellen war diese dann auch zwischen Ende August 1942 und August 1943 in den jenseits des Bug gelegenen südukrainischen Bezirken bis zum Donetzbecken möglich, wo die rumänische Bevölkerung auf verschiedene Emigrationswellen aus der Zeit zwischen 1750 und 1830 zurückging.

Abbildung *5:* Anton Golopenţia[93]

Die Bevölkerungserfassung im Osten lag maßgeblich in Händen von wissenschaftlichem Personal des Statistischen Zentralinstitutes, das sich aus der soziologischen Schule Dimitrie Gustis rekrutierte: Sabin Manuilă und der stellvertretende Institutsdirektor Dumitru C. Georgescu (1904-1974) leiteten die Volkszählung in der Nordbukowina und in Bessarabien, während im Bereich der ehemaligen Moldauischen Autonomen Sozialistischen Sowjetrepublik und den übrigen Gebieten zwischen Dnjester und Bug („Transnistrien") der Ethnograph und Soziologe Henri H. Stahl die „Volkstumserfassung" übernahm. Anton Golopenţia,[94] ein langjähriger Mitarbeiter Gustis,

---

90 Siehe: Ştefan Popescu: Declaraţie – Institutul Central de Statistică - Echipa de identificare a românilor de dincolo de Bug - Mihail Levente [Ştefan Popescu: Erklärung – Statistisches Zentralinstitut - Arbeitsgruppe zur Erhebung rumänischer Bevölkerungsgruppen jenseits des Bug - Mihail Levente], 6.1.1953, in: S. Golopenţia 2001, 625-630, bes. 627.

91 Siehe Ioanid 1998, 380f.

92 Siehe: Evreii 1996, 264.

93 Anton Golopenţia (*Prigor / Banat, 1909 - † New York, 1964)

94 Golopenţia, 1909 im Bezirk Caraş (Banat) geboren, hatte in Bukarest einen Studienabschluss an der Juristischen sowie an der Philosophischen Fakultät erworben und anschließend, seit 1933, seine Studien in Berlin, Hamburg und Leipzig fortgesetzt. Dort promovierte er 1936 bei dem Philosophen Arnold Gehlen (1904-1976) und dem Soziologen Hans Freyer (1887-1969) mit einer von Gusti angeregten Arbeit über „Die Information der Staatsführung und die überlieferte Soziologie" (siehe A. Golopenţia 1937). Golopenţia, der Anfang der Dreißiger Jahre an den Feldforschungen des Rumänischen Sozialinstituts teilgenommen hatte

kam in den besetzten Territorien östlich des Bug zum Einsatz. Im Rahmen des Ost-Einsatzes registrierte dessen fünfzehnköpfige Kommission – darunter auch der Soziologe und Volkskundler Ion Chelcea – bis August 1943 etwa 120.000 ethnische Rumänen,[95] zugleich führte sie an der Dorfsoziologie Gustis ausgerichtete anthropogeographische, sozialpsychologische, sozio-ökonomische, sprachwissenschaftliche und volkskundliche Recherchen durch. Mitarbeiter des Statistischen Zentralinstituts waren zeitweilig auch der im Oktober 1942 eingesetzten Kommission für die Rückführung der Rumänen aus den Gebieten jenseits des Bug (*Comisia pentru repatrierea românilor de peste Bug*) beigeordnet, welche die technische Abwicklung der Umsiedlungsaktion im Osten durchführte und dem Unterstaatssekretariat für Rumänisierung, Ansiedlung und Volkstumserhebung zugeordnet war.

Mit den Statistikern rückten einzelne Rassenexperten des Regimes in die besetzten Gebiete nach: In Transnistrien unternahm Iordache Făcăoaru mit Mitteln des zuständigen Chefs der Zivilverwaltung umfangreiche Feldforschungen, über die er später Manuilă Bericht erstattete. Die Untersuchungen sollten über groß angelegte serielle biometrische Verfahren die Rassenzugehörigkeit der Bevölkerung im Besatzungsgebiet erheben und den territorialen Ansprüchen Rumäniens eine wissenschaftliche Rechtfertigung liefern.[96]

Auf Grund der militärischen Misserfolge an der Ostfront wurden die Umsiedlungsvorhaben indes von Marschall Antonescu schließlich bis Kriegsende zurückgestellt, obwohl die rumänische Regierung noch 1943 eine detaillierte Planung zur ethnischen Neuordnung im Raum Bukowina-Bessarabien-Donaumündung sowie in Transnistrien und den östlich des Bug gelegenen Gebieten veranlasst hatte.[97] Zur Umsiedlung gelangten lediglich etwa 8.000 Rumänen aus dem Raum Kuban und einige hundert Familien aus dem Raum Odessa. Für das Statistische Zentralinstitut verwies Golopenţia indes im Mai 1943 in einem Memorandum[98] auf die Gunst des historischen Zeitpunktes für einen fundamentalen Bevölkerungsumbau in Bessarabien und für die „ethnische Homogenisierung eines unumstößlich rumänischen Gebietes“ durch Deportation von etwa 100.000 (teilweise bereits erfassten) Ukrainern und Russen – insbesondere aus Südbessarabien (Bez. Cetatea Albă/Akkerman) – in die Südukraine.[99] Nach den bereits zuvor erfolgten Umsiedlungen von Deutschen und

und später dessen Direktor wurde, wirkte in den folgenden Jahren als politischer Sekretär und wissenschaftlicher Assistent Gustis. Neben statistischen, demographischen, bevölkerungsgeschichtlichen, soziologischen und geopolitischen Fragen richtete sich Golopenţias Interesse insbesondere auf die Problematik ethnischer Minderheiten. Im April 1940 trat der sozialdemokratisch orientierte Golopenţia dann in den Dienst des Statistischen Zentralinstituts, wo er seit 1942 die Leitung der Forschungsabteilung (*Oficiul de studii*) innehatte. – Weitere biographische Hinweise zu Golopenţia bei: Costea 1995; Costea & Ürményi 1973; A. Golopenţia 1999; Şt. Golopenţia 1999, 7-38; Gutberger 1996, 537, dort auch (passim.) zu Golopenţia und der deutschen Soziologie in den Dreißiger und Vierziger Jahren.

95 Siehe Niederschrift Anton Golopenţias: „Lucrările de înscriere a moldovenilor efectuate peste Bug de Institutul Central de Statistică în 1941-1943“ [„Die in den Jahren 1941 bis 1943 vom Statistischen Zentralinstitut jenseits des Bug durchgeführte Erfassung der Moldauer“], 21.1.1950, in S. Golopenţia 2001, 6-10, bes. 9.

96 Siehe Bucur 2002, 39 und 215.

97 Achim 2001b, 594.

98 Anton Golopenţia: „Notă despre stadiul actual al problemei repatrierii românilor de peste Bug“ [„Notiz betreffend den gegenwärtigen Stand der Frage der Rückführung der rumänischen Bevölkerung aus den Gebieten jenseits des Bug“], Mai 1943, in: S. Golopenţia 2001, 449-452.

99 Bericht der Staatsanwaltschaft im Verfahren gegen Anton Golopenţia: Procuror Gh[eorghe] Diaconescu – Referat, 26.8.1952, in: S. Golopenţia 2001, 606-610, bes. 607.

Bulgaren, so Golopenția, sei „ein zweiter Schritt zur [ethnischen] Konsolidierung des Donaumündungsraumes“[100] zu unternehmen.

Ion Antonescu ließ jedoch unter dem Eindruck der militärischen Entwicklung schließlich nicht nur die Umsiedlungsaktionen im Osten verschieben, sondern im Oktober 1942 – vor allem wohl wegen zunehmender Spannungen mit dem deutschen Verbündeten – auch die Deportation von 272.409 Juden aus dem Gebiet des rumänischen Altreichs und Südsiebenbürgens in das Konzentrationslager Bełżec.[101]

VI. „Wie konnte ich der sein, der ich war?“

Die „Mathematisierung“ von Bevölkerung, die Produktion von Taxonomien des Menschen, gestützt auf präsumtiv seriös und exakt gewonnene naturwissenschaftliche Daten, der Rekurs auf die Wirkungsmacht der Zahl waren Charakteristika, die auch in Rumänien den am Wissens- und Interventionsobjekt „Bevölkerung“ interessierten Disziplinen eigneten. Getragen vom Willen zu soziopolitischer Umgestaltung, entwarfen diese zumeist ethnozentrisch ausgerichteten Wissenschaftsmilieus Skalen biologisch-sozialer Wertigkeiten. Über diese Messverfahren ließen sich sozio-ethnische Diversität oder Homogenität markieren und gewissermaßen ablesen. Davon abgeleitete Exklusions- und Assimilierungsprozesse gewannen somit Operationabilität und den Anstrich von Rationalität und Plausibilität.

Vorstellungen von einer „Homogenisierung“ der Nation im Verbund mit biologistisch-modernisierenden Gesellschaftsentwürfen, tradierte und radikalisierte soziokulturelle Feindbilder sowie das Streben nach Verdrängung fremdethnischer Eliten in den peripheren Anschlussgebieten waren das Movens rassenwissenschaftlicher Entwürfe in Rumänien. Jenseits der Abwehr fremder revisionistischer Ansprüche waren sie vor allem die Reaktion auf eine von ethnisch-kultureller und religiöser Vielfalt geprägten Realität, die als Devianz gegenüber dem leitenden westeuropäischen Nationsmodell verstanden wurde. Der Diversität stellte man exklusivistische, antimodernistische Entwürfe von Identität entgegen.

Wenn auch in einer anderen Dimension als im nationalsozialistischen Deutschland, so bestand auch in Rumänien zwischen „Rassenwissenschaft“ und Politik ein enger Konnex: In den Dreißiger Jahren übernahmen Iuliu Moldovan und Ion Gheorghe Banu ministerielle Verantwortung im Bereich des Gesundheitswesens, wobei sie die politische Implementierung eugenischer Konzepte verfolgten. Für die Zusammenarbeit mit Eugenikerkreisen und die (schließlich nachlassende) Förderung ihrer Vorstellungen durch die autoritären Regime ab 1938 kann wiederum der Name Moldovans, mehr aber noch jener seines Schülers Iordache Făcăoaru stehen, der für die national-legionäre Regierung gearbeitet hatte und später politikberatende Funktionen unter dem Regime Antonescus übernahm. Gleichwohl ist eine Involvierung rumänischer Rassenwissenschaftler in die rumänische Vernichtung von Juden und Roma nach heutigem Kenntnisstand nicht nachweisbar, ebenso wenig aber auszu-

---

100 Anton Golopenția: „Notă etc.“, Mai 1941 (wie Anm. 94), in: S. Golopenția 2001, 450 (im rumänischen Original: „în favorul omogenizării etnice a unui teritoriu definitiv românesc“; „un al doilea pas pentru consolidarea gurilor Dunării“).

101 Die Aktion war am 26.7.1942 zwischen dem rumänischen Außenminister und stellvertretenden Ministerpräsidenten Mihai Antonescu sowie SS-Obersturmführer Gustav Richter, dem deutschen „Berater für jüdische Fragen“ in Bukarest, vereinbart und später mit dem rumänischen Kommissar für Judenfragen (*Împuternicitul guvernului pentru reglementarea regimului evreilor din România*), Radu Lecca (1902-1980), geplant worden.

schließen. Erst die Öffnung einschlägiger Archive wird erweisen, ob im Falle Rumäniens „Rassenpolitik" ihren Vollzug unabhängig von aktiver rassenwissenschaftlicher Unterstützung gefunden hat.[102] Dessen unbeschadet bleibt hervorzuheben, dass Vertreter dieser Disziplin biologistische Denkschemen und Exklusionsdiskurse in die Gesellschaft hineintrugen und z.B. über den Volkstumsverein „Astra" popularisierten; sie haben die Marginalisierung, ja selbst die Vernichtung ethnisch-soziokultureller Minderheiten vorgedacht, ihr gesellschaftliche Akzeptanz und ein rationales Verständnis zu verschaffen gesucht, dem Holocaust schließlich Rechtfertigungsgrundlagen geboten.

Enger als Rassenwissenschaftler standen hingegen Kreise statistischer Wissenserzeugung in Beziehung zum interventionistischen „Bevölkerungsmanagement" in Rumänien. Das Bukarester Statistische Zentralinstitut, und hier insbesondere Sabin Manuilă und Anton Golopenţia, plante und flankierte das ethnische „Homogenisierungsprogramm" Antonescus. Dessen bevölkerungspolitische Vorhaben wurden durch den in biologistischen Kategorien denkenden Manuilă stark beeinflusst.[103] Auch lieferte das Institut im Zuge seiner Politikberatung Datengrundlagen und Materialen, die im Ermöglichungszusammenhang ethnischer Vernichtungspolitik stehen. Durch ihren Einsatz in den besetzten und annektierten Ostgebieten waren die zumeist aus der soziologischen Schule Gustis und der eugenisch-biopolitischen Schule Iuliu Moldovans hervorgegangenen Mitarbeiter des Statistik-Instituts teilweise direkt in Maßnahmen ethnisch-sozialer Neuordnungsinitiativen involviert.[104]

Die Frage „Wie konnte ich der sein, der ich war?", die sich Cioran, der im Pariser Exil politisch Gewandelte, rückblickend auf seine faschistische Vergangenheit vorlegte, ist im sozialistischen Nachkriegsrumänien unbeantwortet geblieben — in einem Land, aus dem Manuilă nach anfänglicher Fortführung seiner Funktionen 1948 in die USA emigrierte, in dem Golopenţia 1951 als politischer Häftling im Gefängnis von Jilava 42jährig verstarb und in dem Râmneanţu eine ungehinderte akademische Karriere absolvieren konnte. Aber auch das postsozialistische Rumänien tut sich schwer mit der Aufarbeitung seiner faschistischen und faschistoiden Vergangenheit. Dieser Problematik liegen Defizite in der politischen Kultur des Landes zu Grunde, die nicht zuletzt auf die hier behandelte Epoche zurückgehen.

Literatur

Achim, Viorel 1997: Ţiganii din România în timpul celui de-al doilea război mondial [Die rumänischen Roma in der Zeit des Zweiten Weltkrieges], in: Revista istorică, 8, Nr. 1-2, 53-59.

Achim, Viorel 1998: Ţiganii în istoria României [Die Roma in der Geschichte Rumäniens], Bucureşti.

Achim, Viorel 2001a: Die Deportation der Roma nach Transnistrien, in: Hausleitner, Mariana; Mihok, Brigitte; Wetzel, Juliane eds.: Rumänien und der Holocaust. Zu den Massenverbrechen in Transnistrien 1941-1944, Berlin, 101-111.

Achim, Viorel 2001b: The Romanian Population Exchange Project Elaborated by Sabin Manuilă in October 1941, in: Annali dell'Istituto Storico Italo-Germanico in Trento, 28, 593-617.

102 So Promitzer 2003b, 389.

103 Siehe Achim 2005, 139-142.

104 Seit Ende 1944 war Manuilă gemeinsam mit Golopenţia an der listenmäßigen Erfassung von Siebenbürger Sachsen befasst, die zur Zwangsarbeit in die UdSSR deportiert werden sollten, sowie mit der Zusammenstellung von Materialien, welche der Stützung rumänischer Ansprüche auf Nordsiebenbürgen bei der Pariser Friedenskonferenz zu dienen hatten; siehe Hausleitner 2003, 107.

Achim, Viorel 2003: The Antonescu Government's Policy towards the Gypsies, in: Ionescu, Mihail E.; Rotman, Liviu eds.: The Holocaust in Romania. History and Contemporary Significance, Bucureşti, 55-60.

Achim, Viorel 2004a: Atitudinea contemporanilor faţă de deportarea ţiganilor în Transnistria [Die Haltung von Zeitgenossen zur Roma-Deportation nach Transnistrien], in: Achim, Viorel; Iordachi, Constantin eds.: România şi Transnistria: problema holocaustului [Rumänien und Transnistrien: das Holocaust-Problem], Bucureşti, 201-233.

Achim, Viorel ed. 2004b: Documente privind deportarea ţiganilor în Transnistria / Documents concerning the Deportation of Gypsies to Transnistria. 2 Bände, Bucureşti.

Achim, Viorel 2005: Romanian-German Collaboration in Ethnopolitics: the Case of Sabin Manuilă, in: Haar, Ingo; Fahlbusch, Michael eds.: German Scholars and Ethnic Cleansing (1920-1945), New York, Oxford, 139-154.

Arens, Meinolf; Bein, Daniel 2006: Die Moldauer Ungarn (Tschangos) im Rahmen der rumänisch-ungarisch-deutschen Beziehungen zwischen 1940 und 1944: Eine vornational strukturierte ethnische Gruppe im Spannungsfeld totalitärer Volkstumspolitik, in: Hausleitner, Mariana; Roth, Harald eds.: Der Einfluss von Faschismus und Nationalsozialismus auf Minderheiten in Ostmittel- und Südosteuropa, München, 265-315.

Banu, G[heorghe] 1935: Sănătatea poporului român [Die rumänische Volksgesundheit], Bucureşti.

Basciani, Alberto 2001: Un conflitto balcanico. La contesa fra Bulgaria e Romania in Dobrugia del Sud, 1918-1940, Cosenza 2001.

Braham, Randolph L. 1998: Romanian Nationalists and the Holocaust: the Political Exploitation of Unfounded Rescue Accounts, [New York].

Bucur, Maria 2002: Eugenics and Modernization in Interwar Romania, Pittsburgh.

Chelcea, Ion 1932: Ein ethnographisches „Rätsel“: die Stangenmacher, Bucureşti.

Chelcea, Ion 1933: Colonia ţiganilor [Zigeunersiedlungen], in: Societatea de mâine, 10, Nr. 3 und 4.

Chelcea, Ion 1940a: Neam şi ţară: pagini de etnografie şi folclor [Volk und Land: Bemerkungen zur Ethnographie und Folklore], Bucureşti.

Chelcea, Ion 1940b: Plan pentru cercetarea Ţiganilor şi în special a Rudarilor sau Băeşilor. Indicaţiuni teoretice şi de metodă [Konzept für die Erforschung der Zigeuner und speziell der „rudari“ und „băeşi“. Theoretische und methodische Hinweise], in: Gusti, Dimitrie; Herseni, Traian eds.: Îndrumari pentru monografiile sociologice, redactate sub direcţia ştiinţifică a d-lui prof. Dimitrie Gusti şi conducerea tehnică a d-lui Traian Herseni de Biroul cercetărilor sociologice din Institutul de ştiinţe sociale al României [Anleitungen für soziologische Monographien, verfasst unter der wissenschaftlichen Leitung von Prof. Dimitrie Gusti und der technischen Durchführung Traian Hersenis von der Abteilung für Soziologische Forschung des Rumänischen Instituts für Sozialwissenschaften], Bucureşti, 397-405.

Chelcea, Ion 1943a: Les Rudari de Muscel: contribution à l'étude des Tziganes, in: Archives pour la science et la réforme sociales, 16, 81-130.

Chelcea, Ion 1943b: Rudarii. Contribuţii la o „enigmă” etnografică [Die Stangenmacher. Beiträge zu einem ethnographischen „Rätsel“], Bucureşti.

Chelcea, Ion 1944: Ţiganii din România. Monografie etnografică [Die Zigeuner in Rumänien. Eine ethnographische Monographie], Bucureşti.

Ciucă, Marcel-Dumitru; Teodorescu, Aurelian; Popovici, Bogdan Florin eds. 1998: Stenogramele şedinţelor Consiliului de Miniştri: Guvernarea Ion Antonescu [Die Stenogramme der Ministerratssitzungen: Regierung Ion Antonescu]. Band 2, Bucureşti.

Costea, Ştefan ed. 1995: Anton Golopenţia. Restituiri [Anton Golopenţia. Wiedergutmachungen], Bucureşti.

Costea, Ştefan; Ürményi, Francisc 1973: Un sociolog pasionat: Anton Golopenţia, 1909-1951 [Ein leidenschaftlicher Soziologe: Anton Golopenţia, 1909-1951], in: Viitorul social, 2, Nr. 4, 825-837.

Cuza, Alexandru Constantin 1935: Das jüdische Problem in Rumänien und die Doktrin der „völkisch-christlichen Verteidigung“, in: Krebs, Hans; Engelhardt, Eugen Freiherr von eds.: Die Weltfront. Stimmen zur Judenfrage. Erste Folge, Berlin, Leipzig, 55-59.

[Dragomir, Adrian / Dumitru, Adrian Alexandru] 1996: Unele aspecte etno-demografice ale României: Dr. Sabin Manuilă [Einige ethnische und demographische Aspekte Rumäniens: Dr. Sabin Manuilă], in: Sociologie românească, 7 (Neue Reihe), Nr. 1-2, 33-51.

Evreii 1996: Evreii din România între anii 1940-1944 [Die Juden in Rumänien zwischen 1940 und 1944]. Band 2: Problema evreiască în stenogramele Consiliului de Miniştri [Die Judenfrage in den Stenogrammen des Ministerrates]. Herausgegeben von Zigu Ornea für die Federaţia comunităţilor evreieşti din România [Vereinigung der Jüdischen Gemeinden Rumäniens] / Centrul pentru studiul istoriei evreilor din România [Zentrum für die Erforschung der Geschichte der Juden Rumäniens], Bucureşti.

Făcăoaru, Gheorghe o.J. [1941]: Câteva date în jurul familiei şi statului biopolitic [Einige Mitteilungen zur Familienpolitik und zum biopolitisch ausgerichteten Staat], Bucureşti.

Făcăoaru, Iordache 1932: Instrucţiuni pentru examinarea inteligenţei după metoda Binet-Simon-Bobertag [Anleitungen zum Intelligenztest nach dem Binet-Simon-Bobertag-Verfahren], Bucureşti: Tipografia Penitenciarului Văcăreşti [Druckerei der Strafanstalt Văcăreşti].

Făcăoaru, Iordache 1933: Soziale Auslese: ihre biologischen und psychologischen Grundlagen, Cluj.

Făcăoaru, Iordache o.J. [1934?]: Elemente de antropologie: somatometrie, somatoscopie, cefalometrie [Grundbegriffe der Anthropologie: Somatometrie, Somatoskopie, Kephalometrie], Cluj.

Făcăoaru, Iordache 1937: Die „Ganzheitsanthropologie“ und das Studium des Menschen in Rumänien, in: Zeitschrift für Rassenkunde und die gesamte Forschung am Menschen, Bd. 6, 248-250.

Făcăoaru, Iordache 1938a: Amestecul rasial şi etnic în România [Rassische und ethnische Mischung in Rumänien], in: Buletin eugenic şi biopolitic, Bd. 9, Nr. 9-10, 276-287.

Făcăoaru, Iordache 1938b: Antropologia în stat ca ştiinţă şi ca obiect de învăţământ [Die Anthropologie im Staate als Wissenschaft und Unterrichtsgegenstand], Cluj.

Făcăoaru, Iordache 1940: Problemele sociologiei biologice [Probleme der Biosoziologie], in: Gusti, Dimitrie; Herseni, Traian eds.: Îndrumări pentru monografiile sociologice, redactate sub direcţia ştiinţifică a d-lui prof. Dimitrie Gusti şi conducerea tehnică a d-lui Traian Herseni de Biroul cercetărilor sociologice din Institutul de ştiinţe sociale al României [Anleitungen für soziologische Monographien, verfasst unter der wissenschaftlichen Leitung von Prof. Dimitrie Gusti und der technischen Durchführung Traian Hersenis von der Abteilung für Soziologische Forschung des Rumänischen Instituts für Sozialwissenschaften], Bucureşti, 81-90.

Final Report 2004: Final Report of the International Commission on the Holocaust in Romania [lead by Elie Wiesel], presented to [the] Romanian President Ion Iliescu. Edited by the International Commission on the Holocaust in Romania, Bucureşti, 11. November 2004.

Golopenţia, Anton 1936: Contribuţia ştiinţelor sociale la conducerea politicii externe [Der Beitrag der Sozialwissenschaften zur Gestaltung der Außenpolitik], in: Sociologie românească, 2, 193-196.

Golopenţia, Anton o.J. [1937]: Die Information der Staatsführung und die überlieferte Soziologie. Inaugural-Dissertation, Universität Leipzig, Braşov.

Golopenţia, Anton 1941: Die Bevölkerung der im Jahre 1940 abgetretenen rumänischen Gebiete, Bucureşti.

Golopenţia, Anton 1999: Opere complete. Vol. 2: Statistică, demografie şi geopolitică [Gesammelte Werke. Bd. 2: Statistik, Demographie und Geopolitik], Bucureşti.

Golopenţia, Sanda ed. 2001: Ultima carte. Text integral al declaraţiilor în anchetă ale lui Anton Golopenţia aflate în Arhivele S[erviciului] R[omân de] I[nformaţii] [Das letzte Buch. Ungekürzter Text der in den Archiven des Rumänischen Geheimdienstes verwahrten Aussagen im Untersuchungsverfahren gegen Anton Golopenţia], Bucureşti.

Golopenţia, Ştefania ed. 1999: Anton Golopenţia – ceasul misiunilor reale [Anton Golopenţia – die Stunde realer Missionen], Bucureşti.

Gusti, Dimitrie 1934: Sociologia militans. Introducere în sociologia politică [Sociologia militans. Einführung in die politische Soziologie], Bucureşti.

Gutberger, Jörg 1996: Volk, Raum und Sozialstruktur. Sozialstruktur- und Sozialraumforschung im „Dritten Reich", Münster.

Hațieganu, Iuliu 1925: Rolul social al medicului în opera de consolidare a statului național [Die soziale Funktion des Arztes bei der Konsolidierung des Nationalstaates], in: Transilvania, 54, 587-591.

Haupt, Gernot 2006: Antiziganismus und Sozialarbeit: Elemente einer wissenschaftlichen Grundlegung, gezeigt an Beispielen aus Europa mit dem Schwerpunkt Rumänien, Berlin.

Hausleitner, Mariana 1999: War Antonescu ein Kriegsverbrecher? Zur aktuellen Diskussion über den Nationalismus in Rumänien, in: Jahrbuch für Antisemitismusforschung, 8, 312-328.

Hausleitner, Mariana 2003: Auf dem Weg zur „Ethnokratie" – Rumänien in den Jahren des Zweiten Weltkrieges, in: Dieckmann, Christoph ed.: Kooperation und Verbrechen: Formen der „Kollaboration" im östlichen Europa 1939-1945, Göttingen, 78-112.

Haynes, Rebecca Ann 2005: "A New Greater Romania"? Romanian Claims to the Serbian Banat in 1941, in: Central Europe, Bd. 3, Nr. 2, 99-120.

Institutul Central de Statistică ed. 1938: Recensământul general al populației României din 29 decembrie 1930. Volumul II: Neam, limbă maternă, religie [Die rumänische Volkszählung vom 29. Dezember 1930. Band II: Volk, Muttersprache, Religion], București.

Ioanid, Radu 1998: Evreii sub regimul Antonescu [Die Juden unter dem Antonescu-Regime], București.

Ioanid, Radu 2000: The Holocaust in Romania: the Destruction of Jews and Gypsies under the Antonescu Regime (1940-1944), Chicago.

Ioanid, Radu 2003: The Romanian Press: Preparing the Ground for the Holocaust and Reporting on its Implementation, in: Shapiro, Robert Moses ed.: Why didn't the Press Shout? American and International Journalism during the Holocaust, [New York], 391-408.

Ioanid, Radu 2004: The Sacralised Politics of the Romanian Iron Guard, in: Totalitarian Movements and Political Religions, 5, Nr. 3, 419-453.

Korponay, András 1941: Húszmillió magyart! [Zwanzig Millionen Ungarn!], Budapest.

Livezeanu, Irina 1995: Cultură și naționalism în România Mare 1918-1930 [Kultur und Nationalismus in Großrumänien], București.

Manuilă, Sabin 1929: Evoluția demografică a orașelor și minorităților etnice din Transilvania [Die demographische Entwicklung von Städten und ethnischen Minderheiten in Siebenbürgen], in: Revista pentru știința și reforma socială, 8, 1-3.

Manuilă, Sabin; Popoviciu, Gheorghe 1924: Recherches sur les races roumaine et hongroise en Roumanie par l'isohémagglutination, in: Comptes rendus hebdomadaires des séances et mémoires de la Société de Biologie et des ses filiales, Bd. 90, 542-543.

Mazumdar, Pauline M. H. 1990: Blood and Soil: The Serology of the Aryan Racial State, in: Bulletin of the History of Medicine, 64, Nr. 2, 187-219.

Mehedinți, Simion 1941: Ethnos, in: Ethnos. Revistă de grai, studiu și creație românească, 1, Nr. 1, 3.

Merk, Zsuzsa 1995: A bukovinai székelyek Bácskába telepítése az egyházi források tükrében, 1941-1944 [Die Ansiedlung von Bukowina-Szeklern in der Batschka im Spiegel kirchlicher Quellen, 1941-1944], in: Bárth, János ed.: Dunáninnen – Tiszáninnen: a Duna-Tisza közén élő népcsoportok hagyományait számbavevő Nemzetközi Néprajzi Tudományos Konferencia előadásai Baja, 1993. július 8.-9. [Jenseits der Donau – jenseits der Theiß: Vorträge auf der internationalen Ethnographentagung in Baja am 8. und 9. Juli 1993 über die Traditionen der Volksgruppen im Donau-Theiß-Gebiet], Kecskemét, 57-66.

Mihok, Brigitte 2001: Die Verfolgung der Roma. Ein verdrängtes Kapitel der rumänischen Geschichte, in: Hausleitner, Mariana; Mihok, Brigitte; Wetzel, Juliane eds.: Rumänien und der Holocaust. Zu den Massenverbrechen in Transnistrien 1941-1944, Berlin, 25-32.

Moldovan, Iuliu 1925: Igiena națiunii [Die Nationalhygiene], Cluj.

Nachrichten 1941: „Nachrichten – Rumänien", in: Zeitschrift für Rassenkunde und die gesamte Forschung am Menschen, Bd. 12, 135.

Nastasă, Lucian; Varga, Andrea eds. 2001: Minorităţi etnoculturale. Mărturii documentare: Ţiganii din România (1919-1944) [Ethnische und kulturelle Minderheiten. Dokumentarische Zeugnisse: Die Zigeuner in Rumänien, 1919-1944], Cluj.

Nistor, Ion I. 1943: Die Herkunft der im rumänischen Bodenraum ansässigen Ukrainer, Bucureşti.

Papilian, Victor; Velluda, Constantin C. 1939: L'historique de l'anthropologie en Roumanie, in: XVIIe Congrès international d'anthropologie et d'archéologie préhistorique / VIIe Assemblée générale de l'Institut International d'Anthropologie, Bucarest, 1-8 septembre 1937, Bucureşti, 103-122.

Paulescu, Nicolae Constantin 1913: Fiziologia filozofică: Talmudul, Cahalul, francmasoneria [Philosophische Physiologie: Talmud, Kahal, Freimaurertum], Bucureşti.

Petcuţ, Petre 2004: Samudaripenul (Holocaustul) rromilor în România [Der Roma-Genozid in Rumänien], in: Studia hebraica, [Bucureşti], 4, 225-229.

Petranu, Coriolan 1935-36: Influence de l'art populaire des Roumains sur les autres peuples de Roumanie et sur les peuples voisins, in: Revue de Transylvanie, Bd. 2-3, 278-321.

Popoviciu, Gheorghe 1922: Diferenţe şi asemănări în structura biologică de rasă a popoarelor României [Unterschiede und Ähnlichkeiten in der biologischen Rassestruktur bei den Völkern Rumäniens], Cluj.

Popoviciu, Gheorghe 1936a: Comparaison entre les groupes sanguins des roumains et ceux des autres peuples de la Roumanie, in: Revue anthropologique, 46, 184-189.

Popoviciu, Gheorghe 1936b: Nouvelles contributions à l'étude des isohémagglutinines en Roumanie, in: Revue anthropologique, 46, 181-183.

Popoviciu, Gheorghe 1938: Le problème des populations de la Roumanie vu à la lumière des recherches sur les races d'après le sang, in: Revue de Transylvanie, Nr. 1-2, 14-27.

Popoviciu, Gheorghe 1939: Les races sanguines en Roumanie, in: XVIIe Congrès international d'anthropologie et d'archéologie préhistorique / VIIe Assemblée générale de l'Institut International d'Anthropologie, Bucarest, 1-8 septembre 1937, Bucureşti, 309-316.

Promitzer, Christian 2003a: The Body of the Other: "Racial Science" and Ethnic Minorities in the Balkans, in: Jahrbücher für Geschichte und Kultur Südosteuropas, 5, 27-40.

Promitzer, Christian 2003b: Vermessene Körper: „Rassenkundliche" Grenzziehungen im südöstlichen Europa, in: Kaser, Karl; Gramshammer-Hohl, Dagmar; Pichler, Robert eds.: Europa und die Grenzen im Kopf, Klagenfurt, 365-393.

Rainer, Francisc Iosif 1937: Enquêtes anthropologiques dans trois villages roumains des Carpathes, Bucureşti.

Rainer, Francisc Iosif 1945: Drăguş, un sat din Ţara Oltului (Făgăraş): cadrul biologic, tipul antropologic [Drăguş – ein Dorf in der Ţara Oltului, Bezirk Făgăraş: sein biologisches Erscheinungsbild und sein anthropologischer Charakter], Bucureşti.

Râmneanţu, Pierre [sic] 1935: Origine ethnique des Séklers de Transylvanie, in: Revue de Transylvanie, Bd. 2, Nr. 1, 45-59.

Râmneanţu, Petre 1939: The Classical Blood Groups and the M, N and MN Properties in the Nations from Transylvania, in: XVIIe Congrès international d'anthropologie et d'archéologie préhistorique / VIIe Assemblée générale de l'Institut International d'Anthropologie, Bucarest, 1-8 septembre 1937, Bucureşti, 325-332.

Râmneanţu, Petre 1943a: Grupele de sânge la Ciangăi din Moldova [Blutgruppen der Csángós in der Moldau], in: Buletin eugenic şi biopolitic, Nr. 1-2.

Râmneanţu, Petre 1943b: La méthode biotypologique dans l'étude du village, in: Archives pour la science et la réforme sociales, 16, 172-177.

Râmneanţu, Petre 1944: Die Abstammung der Tschangos, Sibiu.

Râmneanţu, Petre; David, Petre 1935: Cercetări asupra originii etnice a populaţiei din sud-estul Transilvaniei pe baza compoziţiei serologice a sângelui [Untersuchungen zur ethnischen Herkunft der Bevölkerung Südostsiebenbürgens auf Grund der serologischen Blutzusammensetzung], in: Buletin eugenic şi biopolitic, 6, Nr. 1-3, 36-66.

Râmneanțu, Petre; Făcăoaru, Iordache 1939a: The Blood Groups and the Facial Index in the Population from Transylvania, in: XVIIe Congrès international d'anthropologie et d'archéologie préhistorique / VIIe Assemblée générale de l'Institut International d'Anthropologie, Bucarest, 1-8 septembre 1937, București, 333-337.

Râmneanțu, Petre; Făcăoaru, Iordache 1939b: The Blood Groups and the Pigmentation of the Iris in the Population from Transylvania, in: XVIIe Congrès international d'anthropologie et d'archéologie préhistorique / VIIe Assemblée générale de l'Institut International d'Anthropologie, Bucarest, 1-8 septembre 1937, București, 323-325.

Remmel, Franz 2003: Nackte Füße auf steinigen Straßen: Zur Leidensgeschichte der rumänischen Roma, Brașov.

Schneider, William H. 1986: The Rise and Fall of Sero-Anthropology, in: Schadewaldt, Hans; Leven, Karl-Heinz eds.: Actes du XXXe Congrès international d'histoire de la médecine, Düsseldorf, 31.8.-5.9.1986, Düsseldorf, 719-727.

Schneider, William H. 1995: Blood Group Research in Great Britain, France, and the United States between the World Wars, in: American Journal of Physical Anthropology, 98, Nr. 4, 87-114.

Schneider, William H. 2002: Quality and Quantity: the Quest for Biological Regeneration in Twentieth-Century France. Zweite Auflage, Cambridge u.a.

Spörri, Myriam 2005: „Reines Blut", „gemischtes Blut": Blutgruppen und Rassen zwischen 1900 und 1933, in: Lauper, Anja ed.: Transfusionen. Blut-Bilder und Bio-Politik in der Neuzeit, Berlin, Zürich, 211-225.

Tipărescu, Petru 1941: Rasa și degenerare, cu un studiu statistic asupra jidanilor [Rasse und Entartung, mit einer statistischen Studie über Juden], București.

Totok, William 2003: Nicolae Constantin Paulescu – schița biografică [Nicolae Constantin Paulescu: eine biographische Skizze], in: Revista 22. Săptămânal independent de analiză politică și actualitate culturală, 709 (7.-13.10.2003) und 710 (14.-20.10.2003).

Trebici, Vladimir 1995: Dr. Sabin Manuilă – organizatorul statisticii științifice în România [Dr. Sabin Manuilă und der Aufbau der wissenschaftlichen Statistik in Rumänien], in: Bolovan, Sorina; Bolovan, Ioan eds.: Sabin Manuilă: istorie și demografie. Studii privind societatea românească între secolele XVI-XX [Sabin Manuilă: Geschichte und Demographie: Studien zur rumänischen Gesellschaft vom 16. bis zum 20. Jahrhundert], Cluj, 7-25.

Troncota, Cristian 2003: Glorie și tragedii: momente din istoria Serviciilor de Informații și Contrainformații române pe Frontul de Est 1941-1944 [Ruhm und Tragödien: Aus der Geschichte der rumänischen Nachrichten- und Gegenspionagedienste an der Ostfront 1941-1944], București.

Turda, Marius 2003: Fantasies of Degeneration: Some Remarks on Racial Anti-Semitism in Interwar Romania, in: Studia hebraica, [București], 3, 336-348.

Veiga, Francisco 1995: Istoria Gărzii de Fier, 1919-1941: mistica ultranaționalismului [Geschichte der Eisernen Garde, 1919-1941: Die Mystik des Ultranationalismus]. Zweite Auflage, București.

Völkl, Ekkehard 1998: Das rumänische Besatzungsgebiet „Transnistria" (1941-1944), in: Zach, Krista ed.: Rumänien im Brennpunkt. Sprache und Politik, Identität und Ideologie im Wandel, München, 67-82.

Volovici, Leon 1995: Ideologia naționalistă și „problema evreiască" în România anilor '30 [Die Ideologie des Nationalismus und das „Judenproblem" im Rumänien der Dreißiger Jahre], București.

Zimmermann, Michael 1996: Rassenutopie und Genozid: die nationalsozialistische „Lösung der Zigeunerfrage", Hamburg.

Herausforderungen in den Bevölkerungswissenschaften nach 1945

„Bevölkerungsbilanzen“ und „Vertreibungsverluste“. Zur Wissenschaftsgeschichte der deutschen Opferangaben aus Flucht und Vertreibung

Ingo Haar

Mit Ende des Zweiten Weltkriegs setzte die „Bilanz“ des Grauens ein. Sowohl die deutsche als auch die polnische Seite lasteten sich nach 1945 gegenseitig überhöhte Opferzahlen an. Doch seit den neunziger Jahren diskutieren polnische Historiker die Zahl der Opfer aus dem Zweiten Weltkrieg neu. Das betrifft zum einen die große Gruppe der von deutschen Stellen aus politischen oder rassistischen Gründen ermordeten Polen; zum anderen geht es um Teile der Bevölkerung aus Ostpolen, das sich nach 1945 die Sowjetunion einverleibte. Ein weiteres Problem lag in den Opferzahlen der von den Sowjets Verschleppten. Die alten Bilanzen standen zur Disposition, weil die Zahl der ethnischen Polen, die im Zweiten Weltkrieg den Tod fanden, auf Kosten der jüdischen Opfer übertrieben wurde.[1] Außerdem erschien die Zahl der Opfer aus dem östlichen Teil Polens im Lichte neuer Forschung unseriös. Ihre Zahl war deutlich niedriger als bislang angeben. Viele Polen kamen während der sowjetischen Besatzungsherrschaft von 1939 bis 1941 ums Leben. Offenbar übernahm eine Gruppe der Bewohner Ostpolens, das die Sowjetunion annektierte, deren Staatsangehörigkeit an.[2] Es deutet einiges darauf hin, dass diese statistischen Verluste an Staatsbürgern den Gewaltopfern der NS-Okkupation zugeschlagen wurden. Das große Leid und die hohe Zahl der Opfer aus dem Zweiten Weltkrieg sollten die Westverschiebung Polens rechtfertigen und die neue Staatskonstruktion der polnischen Volksrepublik stützen.[3]

Ohne Zweifel zeigt die Diskussion um die polnischen Opferzahlen, dass das Verfahren der Bevölkerungsbilanz fragwürdig ist. Diese Zahlen scheinen wenig dazu geeignet, um daraus Erkenntnisse über die Strukturen und Abläufe, das Ausmaß und die Bedeutungen der ostmitteleuropäischen Migrations- und Verbrechensgeschichte für die Zeit des 20. Jahrhunderts zu ziehen. In Polen griffen höchste Regierungsstellen das Problem der polnischen und jüdischen Opferzahlen aus der deutschen Besetzung bereits auf. Anlässlich seiner Bonner Rede zum 8. Mai 1945 korrigierte der damalige polnische Außenminister Władisław Bartoszewski die Anzahl der nichtjüdischen Opfer auf zwei Millionen nach unten. Die Anzahl der im Zweiten Weltkrieg getöteten Polen wird gegenwärtig nicht mehr auf sechs, sondern auf rund fünf Millionen Personen geschätzt – mit der Tendenz der Korrektur der Zahl der ethnischen Polen nach unten.[4]

Im deutschen Fall gibt es zwar eine ähnliche Diskussion, aber die Zweifel der Zeithistoriker an der Bilanz von zwei Millionen Toten der Vertreibung drangen nicht durch. Anlässlich seiner Rede zum „Tag der Heimat“ in Berlin legte sich Bundespräsident Horst Köhler 2006 auf zwei Millionen Vertreibungsopfer fest. Allerdings führte er die Todesursache der Opfer differenziert auf vielfältige Ursachen, und nicht allein auf polnische Gräuel-

---

1 Tych 2004, 91 und Dobroszycki 1993, 46.
2 Kersten 1994; Gurjanow 1994.
3 Siehe Friedrich 2007, 185ff.
4 Madajczyk 2004, 96.

taten zurück.[5] Rüdiger Overman hatte bereits 1994 die deutsche Opferbilanz in Zweifel gezogen, wobei er die Gesamtanzahl der möglichen Gewalt- und Todesopfer der Vertreibung in Polen mit rund 500.000 angab.[6] Ein anderer Artikel, der als kritische Reaktion auf die Renaissance der Erinnerungspolitik der Vertriebenen geschrieben worden war, fand nur als Graudruck den Zugang zur Diskussion. Darin widerlegte Klaus-Peter Friedrich die Behauptung, dass die Deutschen aus Ostmitteleuropa nicht Opfer einer polnischen oder tschechischen Genozidpolitik waren, sondern aufgrund von Kriegseinwirkungen, unzureichend vorbereiteter Flucht und letztlich auch als Folge der Zwangsmigration zu Tode kamen.[7] Die Studien beider Autoren konnten offensichtlich nur in polnischen Zeitschriften erscheinen. Deutsche Zeithistoriker geben immer noch die bilanzierte Zahl von zwei Millionen deutschen Vertreibungstoten an.[8] Einige differenzieren zwar zwischen Fluchtverlusten und Vertreibungsopfern, stellen aber diese Verlustzahl selbst nicht in Frage.[9] Andere äußern Zweifel an den überhöhten Angaben unseriöser Autoren, meiden aber die Alternative, die Verlust- und Opfergruppen jeweils regional differenziert dem historischen Kontext von Krieg, Flucht und Vertreibung zuzuordnen.[10]

Warum die Bevölkerungsbilanz sich mit der Angabe viel zu hoher Opferzahlen in der Nachkriegszeit der Bundesrepublik Deutschland gegenüber genaueren Erhebungsmodellen durchsetzte, welche politischen Einflüsse die Auswahl dieses Verfahrens bestimmte und welche gegenwärtigen Probleme sich daraus ergeben, ist ein Desiderat der Bevölkerungsgeschichtsforschung, das hier am Beispiel der „Dokumentation der Vertreibung der Deutschen aus Ost-Mitteleuropa“ erörtert wird, um den Nutzen dieses von Rainer Mackensen auf den Weg gebrachten Forschungszweiges auch für die Revision der „Bilanz“ der Weltkriegsopfer zu verdeutlichen. Nach Frank Rutger Hausmann ist das zentrale Anliegen der Wissenschaftsgeschichte, alte Forschungsprogramme zu evaluieren, um ihre dogmatischen Grenzen aufzuzeigen. Diese Studie knüpft daran an, macht aber darüber hinaus noch Vorschläge, das Desiderat der Forschung zu schließen.

I. „Bevölkerungsbilanz“ und die „Dokumentation der Vertreibung“

Die Initiative, die Vertreibungsverluste zu registrieren und Gewalttaten zu dokumentieren, ging auf die drei Ministerpräsidenten der westlichen Besatzungszonen vom 5. August 1949 zurück.[11] Am 21. Februar 1951 stimmte der Deutsche Bundestag dem Projekt zu. Der parlamentarische Auftrag lautete, die Vereinten Nationen auf das „Schicksal der Zivilvermißten“ aufmerksam zu machen. Der erste Bundesvertriebenenminister Hans Lukaschek (CDU) wollte nahtlos an die Revisionspolitik der Zwischenkriegszeit anknüpfen. Lukaschek gehörte zwar dem Widerstand gegen Hitler an, aber als ehemaliger Landrat in Ober-

---

5 Seine Rede vom 2. September 2006 (http://www.bundespraesident.de/-,2.632658/Rede-von-Bundespraesident-Horst.html.)

6 Overman 1994, 61.

7 Friedrich 1998.

8 Rusinek 2004.

9 Benz 1993, 381. Benz geht von 100.000 bis 250.000 Gewaltopfern aus.

10 Broszat [2]1987.

11 Deutsches Büro für Friedensfragen (in Überleitung) an das Ministerium für die Angelegenheiten der Vertriebenen vom 13. Juni 1950; BArch, B 150, 4188/1.

schlesien war er offenbar der Ansicht, dass die 1945/46 erfolgte Vertreibung ebenso ungerecht war wie der Versailler Vertrag nach dem Ersten Weltkrieg.[12] Das Dokumentationsprojekt diente ihm lediglich als Mittel zum Zweck, das Potsdamer Abkommen anfechten zu wollen, falls es zu Friedensverhandlungen käme.[13] Lukaschek berief eine erste Arbeitsgruppe ein. Sie wurde von Hans von Spaeth-Meyken und Friedrich Valjavec geleitet. Spaeth-Meyken übernahm die Gebiete jenseits der Oder-Neiße-Grenze, Valjavec den „Südostraum“. Ihre Aufgabe umfasste den Aufbau einer Ortskartei, quasi ein Ersatz für die verlorenen Meldeunterlagen. Durch sie sollte die Anzahl der Vertriebenen und ihre Todesopfer geprüft werden.[14]

Spaeth-Meykens vertrat die Überzeugung, dass die Vertreibung der Deutschen mit der Umsiedlungs- und Vernichtungspolitik Hitlers ursächlich zusammenhing. Deshalb plante er die ethnischen Säuberungen im Wartheland unter Gauleiter Arthur Greiser thematisch ebenso einzubeziehen wie die deutsche Vernichtungspolitik im Generalgouvernement. Sein Projektziel war so differenziert, dass die Kriegsverluste, die 1944/45 durch Evakuierung und Flucht eintraten, von den Vertreibungsverlusten getrennt wurden. Auch die Toten des „Volkssturms“, die im „Endkampf“ umgekommen waren, und die Zivilopfer, die durch nicht oder zu spät erteilte Räumungsbefehle oder im Zuge der Kampfhandlungen zwischen die Fronten gerieten, wollte er gesondert aufführen. Für diesen Zweck erstellte Spaeth-Meyken einen Fragebogen, den die Landsmannschaften nur an ausgesuchte Vertriebene weitergaben. Lediglich die eindrucksvollsten Aussagen sollten dokumentarisch berücksichtigt werden.[15] Friedrich Valjavec, der die Sammlung von Interviews für die Ungarn- und Jugoslawien-, den Rumänien- und Slowakeideutschen leitete,[16] baute mit dem Honorar aus den Erhebungen das Südostdeutsche Kulturwerk der Vertriebenen mit auf.[17] Bereits die erste Redaktionsgruppe nahm eine Änderung des Auftrags hin. Nicht mehr die geplante kreisgenaue Registrierung der Opferzahlen, sondern die qualitative Befragung der nach Westdeutschland geflüchteten Personen stand im Vordergrund. Die Ergebnisse aus dieser Befragung sollten die Basis für eine „Dokumentation der Unmenschlichkeit“ bilden. Allerdings behielt sich das Vertriebenenministerium gegenüber der ersten Redaktionsgruppe das Recht vor, das Material selbst auszuwerten. Die erste Forschergruppe sollte nur das „Rohmaterial“ zusammentragen.

Bereits 1951 sandte Valjavec, unterstützt von bayrischen Vertriebenenverbänden, speziell von ihm geschulte Vernehmungsspezialisten aus, wobei sowohl die Kontaktanbahnung als auch die Auswahl der Interviewten allein von den Landsmannschaften bestimmt wurde.[18] Um die Betroffenen zum Reden zu bringen, setzte er sie „Vernehmungsgruppen“ in der Stärke von drei Personen aus. Die Praxis, wie er im Ausland „Kronzeugen“ ausfindig

---

12 Roon 1968; Abmeier 1968.

13 Hans Lukaschek an den Bundesinnenminister Robert Lehr vom 20. August 1951; BArch, B 150, 4188/2.

14 Vermerk Hans von Spaeth-Meykens über die Dokumentation der Vertreibung, der Plan einer Gesamterhebung der vertriebenen Bevölkerung und die Ermittlung der Austreibungsverluste; BArch, B 150, 4188, H. 2, Bl. 9.

15 Spaeth-Meyken, Mahnung. Eine Denkschrift zum gegenwärtigen Stand der Dokumentation der Vertreibung der Deutschen aus Ost-Mitteleuropa, Anlage 1 und 2; BArch, N 1228, 116.

16 Arbeitsgemeinschaft der südostdeutschen Landsmannschaften Bayern an das Bundesvertriebenenministerium vom 4. 12. 1950; BArch, B 150, 4193.

17 Liste der Leistungen des Bundesvertriebenenministeriums an Valjavec vom 10. April 1959; BArch, B 150, 4193.

18 Bundesvertriebenenministerium an Irma Steinisch vom 8. Januar 1951, und Valjavec an das Bundesvertriebenenministerium vom 3. Dezember 1950; BArch, B 150, 4193/1.

machte, war undurchsichtig. Darüber klärte er das Bundesvertriebenenministerium nur mündlich auf.[19] Letztendlich gab es von Anfang an Probleme mit der Materialerfassung. Erstens traten Valjavecs Interviewer in Südosteuropa im Auftrag deutscher Amtsstellen auf, ohne ihre Erkenntnisziele mitzuteilen, zweitens suchten sie intensiv nach Zeugen von Massakern, weil es sie nur selten gab, und drittens nahm die Bereitschaft der Deutschen in Südosteuropa kontinuierlich ab, überhaupt Bericht zu leisten. Aus der neuen politischen Situation Südosteuropas wuchsen Valjavec zudem unerwartete Probleme zu. In Rumänien und Ungarn, wo es zwar bereits von Hitler eingefädelte Vertragsaussiedlungen, aber – im Gegensatz zu Jugoslawien – keine Mordexzesse gab, wollten die Angehörigen der deutschen Minderheit unbehelligt vom „Reich" bleiben. Außerdem teilte Valjavec seinem Bonner Auftraggeber mit, dass von einer Vertreibung der Deutschen aus Südosteuropa nur sehr eingeschränkt gesprochen werden könnte. Dort waren seinen Angaben nach über 800.000 Volksdeutsche verblieben. Sie wurden von den kommunistischen Regimes inzwischen zum Dableiben aufgefordert.[20] Deshalb wollte Valjavec einen Nachrichtendienst für die Erkundung der Minderheitenpolitik südosteuropäischer Staaten aufbauen statt Interviews zu führen. Dieser Plan wurde abgelehnt, weil Valjavec offenbar suspekt war. Valjavec hatte im NS-Regime eng mit dem Reichssicherheitshauptamtes kooperiert. Neue Forschungen zeigen sogar, dass er als SD-Agent Mitglied des „Einsatzkommandos D" war, das die Czernowitzer Juden getötet hatte.[21] Als Walter Hoffmann, der Jugoslawienspezialist der Regierung Adenauer, im Juli 1953 das wiedereingestellte Personal der deutschen Ostforschung überprüfte, stellte er bereits damals Valjavec das Zeugnis aus, dass er „sowohl politisch als auch wissenschaftlich schwierig zu verkraften" sei.[22] So sammelte Valjavec zwar Protokolle für das Vertriebenenministerium, blieb aber politisch isoliert. Bis 1951 gab er 600 Berichte durch. Eine Prüfung der Qualität der Interviews fand erst später statt.[23]

Die geplante Dokumentation bekam bereits vor ihrer Drucklegung starke Konkurrenz: 1951 legte die sudetendeutsche Landsmannschaft ein eigenes Weißbuch vor. Normalerweise erschienen solche Weiß- oder Schwarzbücher in Kriegszeiten, um die Kriegsverbrechen des Gegners bloßzustellen. Die Sudetendeutschen stellten ihre Vertreibung als „Völkermord (Genozid)" dar.[24] Damit hatte sich eine Interpretation etabliert, hinter die das Ministerium nicht zurückfallen wollte. Dem Vertriebenenministerium ging es jetzt um eine Dokumentation der „Vertreibung, Entrechtung und Vernichtung" der deutschen Minderheiten.[25] Das Projekt verlor auf diese Weise sein ursprünglich differenziert angelegtes Konzept. In dem genannten Ziel wurde er zunächst von Theodor Schieder bestärkt, der dem Bundesinnenminister am 1. Oktober 1951 das Konzept eines regierungseigenen Weißbuches vorlegte: Die Vertreibung der Deutschen sollte der amerikanischen Öffentlichkeit unvermittelt als Verbrechen vorgestellt werden können, falls

---

19 Valjavec an das Bundesvertriebenenministerium vom 6. Februar 1951; BArch, B 150, 4193/1.
20 Valjavec an das Bundesvertriebenenministerium vom 14. März 1951; BArch, B 150, 4193/1.
21 Vgl. Angrick 2005, 339.
22 Walter Hoffmann: Memorandum betreffs Ostforschung vom 9. Juli 1953; BArch, R 150, 3402/1.
23 Valjavec an das Bundesvertriebenenministerium vom 14. März 1951; BArch, B 150, 4193/1.
24 Arbeitsgemeinschaft zur Wahrung sudetendeutscher Interessen ^{2}1951.
25 Valjavec an das Bundesvertriebenenministerium vom 31. August 1952; BArch, B 150, 4193/1.

> „im Falle von Friedensverhandlungen die Notwendigkeit für die deutsche Politik entsteht, nachweisen zu müssen, dass die Vertreibung nicht ›human und in ordnungsgemäßen Formen‹ im Sinne des Potsdamer Abkommens erfolgt [sei].“[26]

Schieder wollte erstens am „Heimatrecht der Deutschen“ festhalten, zweitens die „These von einer seit langem im Gang befindlichen freiwilligen Abwanderung der Deutschen“ widerlegen und drittens das westliche Ausland davon überzeugen, dass das Zusammenleben der Völker bedroht sei, falls die Vertreibung hingenommen werde. Ihm ging es allein um den Beweis einer „bolschewistische[n] Herkunft“ der Vertreibung.[27] Die Einseitigkeit dieses Konzeptes wurde früh erkannt. Gotthold Rhode, der die erste Bilanz der Vertreibungsverluste von 3,14 Mio. Opfern vorgelegt hatte,[28] sprach sich gegen ein Weißbuch aus: Bereits Joseph Goebbels habe zu diesem Mittel gegriffen, um mit dem Hinweis auf die Ermordung der Deutschen die eigenen Kriegsverbrechen zu rechtfertigen. Rhodes Einschätzung nach war dem NS-Buntbuch die internationale Anerkennung versagt geblieben, weil Goebbels die Zahl der 16.000 nach dem Angriff auf Polen ermordeten Deutschen willkürlich mit 54.000 ansetzte.[29] Im Raum stand so die Frage, wie das neue Projekt von dieser Tradition abgehoben werden konnte.

In der Folge wurde die ursprüngliche Idee, das Bundesvertriebenenministerium könnte selbst ein Weißbuch herausgeben, fallengelassen und eine „Dokumentation der Vertreibung” gefordert, die wissenschaftlichen Standards entsprach. Am 29. April 1952 wurde Theodor Schieder, dessen Verankerung an der Universität Köln gezielt genutzt werden sollte, das Dokumentationsprojekt übertragen:

> „Dadurch wird die Glaubwürdigkeit der Publikation erhöht, die wissenschaftliche, verwaltungsmäßige und haushaltsrechtliche Verantwortung klargestellt.“[30]

Schieder bezog drei weitere Experten in die Herausgabe ein: Hans Rothfels, seinen Königsberger Lehrer, der inzwischen aus dem amerikanischen Exil zurückgekehrt war,[31] den Göttinger Historiker Peter Rassow und Rudolf Laun, einen Völkerrechtler. Die Symbolkraft, die von Rothfels ausging, war beträchtlich. Noch während des Exils in den USA hatte er sich für den Marshallplan eingesetzt. Außerdem war er der erste ernstzunehmende Historiker, der die Vertreibung der Deutschen aus Osteuropa mit dem Völkermord an den europäischen Juden auf eine Stufe stellte und das Potsdamer Abkommen als einen Frieden bezeichnete, den auch Hitler nicht schlechter gemacht haben könnte.[32] Insgesamt plante diese Redaktion die Erstellung von sechs Dokumentationsbänden: der erste Band diente der Einleitung, der zweite befasste sich mit der Vertreibung der Deutschen aus den Gebieten jenseits der Oder-Neiße-Linie, gefolgt von einem Tschechoslowakei-, Ungarn-, Rumänien- und Jugoslawienband.

---

26 Theodor Schieder, Gutachten über eine Dokumentation der Vertreibung der Deutschen aus den Ostgebieten für das Bundesministerium für die Angelegenheiten der Vertriebenen; BArch, B 106, 27733.

27 Ebd.

28 Rhode 1953, 387. Er war Vorsitzender der Historisch-Landeskundlichen Kommission für Posen und das Deutschtum in Polen.

29 Rhode an Staatssekretär Schreiber im Vertriebenenministerium vom 8. Juni 1953; BArch, N 1188, 3076.

30 Vermerk des Bundesvertriebenenministers zur Entwicklung der Dokumentation, 23.2.1953; BArch, B 150, 4193/ 2.

31 Vgl. Iggers 2006, 8; Haar 2005 und Ritter 2006.

32 Rothfels 1946, vgl. Roth 2003, 67.

Nachdem Schieders Redaktion eingesetzt war, sprach das Vertriebenenministerium der alten Arbeitsgruppe unter Spaeth-Meyken und Valjavec das Recht ab, sich an der Herausgabe der Dokumentation der Vertreibung zu beteiligen. Die neue Gruppe prüfte zunächst die Authentizität des Materials, das die Vertriebenenverbände erhoben hatten. Dabei stellte sich heraus, dass die Berichte von Valjavec grobe Übertreibungen und Fälschungen enthielten. Auch wussten viele der vernommen „Kronzeugen" nicht, dass sie für amtliche Zwecke ausgesagt hatten. Einige Protokolle trugen Unterschriften, deren Urheber nicht zu verifizieren waren. Eine Reihe von Aussagen über vermeintliche Verbrechen war frei erfunden. Nur wenige Augenzeugenberichte konnte die Kommission als authentisch verifizieren.[33] Offenbar hatte Hans-Ulrich Wehler, der später die Prüfung und Edition des Jugoslawienbandes übernahm, hier seine ersten Erfahrungen mit „Oral History" gemacht. Valjavec erhielt trotz fachlicher Bedenken aber neue Interviewaufträge. Er selbst hatte die hohe Zahl an Fälschungen auf die anfängliche Praxis des Vertriebenenministeriums zurückgeführt, die Meldung von Mordtaten und Vergewaltigungen durch Extrahonorare abzugelten.[34]

Ein weiterer schwerwiegender Eingriff erfolgte, als der Plan aufgegeben wurde, in einem Einleitungsband explizit und differenziert auf die Ursachen der Vertreibung der Deutschen einzugehen, nämlich auf die deutsche Umsiedlungs- und Vernichtungspolitik vor 1945. Dieser erste Band sollte nun erst zum Schluss veröffentlicht werden.[35] Um von vornherein den Eindruck zu vermeiden, dass in den Dokumentationsbänden nur ein grausamer Fall an den nächsten gereiht wurde, sollte die Edition der amtlichen Dokumente und Zeitzeugenaussagen durch „Anmerkungen, Register, Regesten oder statistische Hinweise" ergänzt werden.[36] So räumte die Kommission das größte Problem aus, das der deutschen Vertriebenenpolitik drohte: die Schmälerung der bundesdeutschen Verhandlungsbasis durch eine zu geringe Wirkung einer auf Einzelfällen beruhenden Dokumentation. Ferner wurde für die Ursache der Vertreibung Stalin verantwortlich gemacht, ohne dass die Verbrechen Hitlers angesprochen wurden. Auf diese Weise ritt das Dokumentationsprojekt auf der Welle der Entrüstung, die nach dem Koreakrieg die westliche Welt gegen die Sowjetunion einnahm. Auf der bundesdeutschen Agenda standen die Wiederherstellung der staatlichen Souveränität, die Wiederbewaffnung und Friedensverhandlungen, durch die Deutschland in den Grenzen von 1937 wiederhergestellt werden sollte. Das ursprüngliche Vorhaben, die Auszählung und Prüfung der Vermissten durch die von Spaeth-Meyken initiierte Gemeindezählung abzuwarten, wurde fallengelassen, obwohl die Kommission zuvor festgestellt hatte, „dass das subjektive Berichtsmaterial nicht für die Darstellung eines schlüssigen und wissenschaftlich fundierten Bildes der Ereignisse" ausreiche.[37]

Immerhin klärten die Gemeindelisten, die noch kurz vor dem Erscheinen der ersten Dokumentationsbände eine Vollständigkeit von 52,2 Prozent erreicht hatten, über das Einzelschicksal der Vertriebenen und ihrer Gemeinden viel genauer auf als die bis dahin gängige Praxis des Abgleichs von Volkszählungsergebnissen aus der Zeit vor und nach 1945.

---

33 Bericht über die Auswertung der von Valjavec geleiteten Sammelaktion zum Schicksal der Deutschen in Rumänien vom 31. Juli 1956; BArch, N 1228, 111.

34 Vermerk der Besprechung vom 12. Januar 1952; BArch, N 1228, 114.

35 Besprechung vom 28. Februar 1953 in der Universität Köln; BArch, B 150, 4193, Heft 2.

36 Ergebnis der Kommissionssitzung vom 12. Juli 1952; BArch, N 1228, 114.

37 Vgl. Spaeth-Meyken: Referat zum Stand der Gemeindekarteien vom 26. Februar 1953; BArch, N 1228, 116.

Ostpreußen lag mit der Erfassungsquote von 66,6 Prozent an der Spitze. Die niedrigste Aufklärungsziffer erzielte Oberschlesien (23,6), Posen (18,6) und Kongresspolen (22,6).[38]

Am 16. September 1953 stellte Hans Lukaschek, der als Bundesvertriebenminister kurz vor seinem Abschied stand, die ersten Bände der „Dokumentation der Vertriebenen aus Ost-Mitteleuropa“ der Presse vor. Er unterstrich die Wissenschaftlichkeit der Dokumentation. Die Erlebnisberichte, die nun in Form der zeitgeschichtlichen Edition vorlagen, wies er als „die einzigen Dokumente“ aus, die der Nachwelt erhalten geblieben seien. Lukaschek bilanzierte zwölf Millionen Vertriebene, einschließlich zwei Millionen Todesopfer, für die er ausschließlich die Sowjetunion verantwortlich machte. Die Presse bilanzierte, dass „das deutsch-russische Verhältnis und das zu den Satellitenstaaten“ durch die Vertreibung und die Ermordung der Deutschen nachhaltig zerstört worden sei. Es könne erst rückgängig gemacht werden, wenn die Rote Armee den deutschen Boden freigebe.[39] Die Opferbilanz, die die Historikerkommission vorlegte, war umfassend und eindrucksvoll: Ausgehend vom Bevölkerungsstand von 1939, der um einen statistisch zu erwartenden Bevölkerungszuwachs ergänzt wurde, lebten in Ostpreußen 2,619 Mio. und Ostpommern 1,985 Mio., in Ostbrandenburg 659.000 und Schlesien 4,824 Mio. Deutsche. Somit existierten vor der Vertreibung in den verlorenen Ostgebieten 10,087 Mio., denen in Westdeutschland und in der DDR 7,085 Mio. registrierte Flüchtlinge gegenüberstanden. Von der Differenz von 3,002 Mio. Personen wurden 835.000 Fälle abgezogen, deren Herkunft nicht näher spezifiziert wurde. Insgesamt kam die Dokumentationsgruppe auf 2,167 Mio. „Verluste durch Kriegseinwirkung und Vertreibung“. Von ihnen wurden 500.000 Wehrmachtstote und 50.000 Luftkriegsopfer abgezogen, womit die Verlustbilanz auf rund 1,6 Mio. Tote kam.[40]

Nicht nur die demographische Konstruktion der „Vertreibungsverluste“, auch die Interpretation der edierten Erlebnisberichte wurde umgehend bezweifelt. Der im englischen Exil lebende polnische Publizist Kazimierz Smogorzewski teilte dem neuen Vertriebenenminister Theodor Oberländer persönlich mit, das Werk würde in Polen Ängste schüren, die Deutschen schmiedeten – ähnlich wie nach 1918 – Revisionspläne. Offenbar hatten die Regierungserklärung Adenauers vom 7. September 1953, in der Adenauer sich für eine friedliche Wiedervereinigung einsetzte, und das einen Tag später erfolgte Interview für AP, wo er sich für die Unterstellung der deutschen Gebiete jenseits von Oder-Neiße-Grenze unter ein deutsch-polnisches Condominium oder den Vereinten Nationen aussprach, großes Befremden ausgelöst.[41] Smogorzewski ging davon aus, dass die auch von ihm gewünschte Wiedervereinigung beider deutscher Staaten nur dann eintrete, wenn dies im europäischen Verbund und im Einverständnis mit den von der Sowjetunion besetzten Völkern geschehe. Die „Dokumentation“ sei nicht geeignet, das Vertrauen der „Völker östlich des eisernen Vorhangs“ zu erwecken. In einer umfassenden Darstellung bezweifelte er sowohl die Vertriebenenzahlen als auch die vermeintlichen Verluste. Er hielt die Ausgangszahl von rund elf Millionen vertriebenen Deutschen für unseriös, weil dieser Summe 1,011.7 Mio. Personen slawischer Nationalität, 825.000 Luftkriegsevakuierte und 475.000 „Volksdeutsche“ aus der Sowjetunion zugeschlagen wurden. Zudem monierte Smogorzewski, dass die „Volksdeutschen“ aus den baltischen Staaten von Hitler als demographische Grundlage für

38 Stand der Arbeiten an der systematischen Erforschung des Schicksals aller Gemeinden ostwärts der Oder/Neiße vom 15. Februar 1953; BArch, N 1228, 116.

39 Das deutsche Leid, in: Bremer Nachrichten, 18. September 1953; BArch, N 1228, 113.

40 Bundesministerium für Vertriebene 2004a, 158E.

41 Kazimierz Smogorzewski an Theodor Oberländer vom 6. Mai 1954; BArch, N 1188, 3071; Regierungserklärung Konrad Adenauers vom 20. Oktober 1953; BArch, B 150, 1439, Bd. 2, S. 32f.

die Neubesiedlung der polnischen Siedlungsgebiete herangezogen wurden, um die zuvor von Polen und Juden ethnisch gesäuberten Gebiete zu besetzten und abzusichern. Ferner stellte er die Frage, ob die Vertreibung nicht eine andere Wende genommen hätte, wenn der NS-Staat mit der Evakuierung der Ostgebiete rechtzeitig begonnen hätte. Abschließend bemängelte Smogorzewski, dass die Ursachen der Vertreibung der Deutschen, die Vernichtung der sechs Millionen europäischen Juden, die Massaker an den polnischen Eliten und die Zwangsrekrutierung von Polen zur Sklavenarbeit verschwiegen werde. Der einzige Erfolg der Dokumentation liege in ihrer Wirkung, die Tschechen und Polen in die Arme ihrer sowjetischen Besatzer zu treiben, weil diese sich vor den Deutschen fürchten würden.[42] Auch das westliche Ausland nahm die Dokumentation nicht als wissenschaftliches, sondern als Propagandawerk wahr.[43]

Tatsächlich war die statistische Grundlage des Oder-Neiße-Bandes fragwürdig, wie ein internes Gutachten des Statistischen Bundesamtes zeigt. Auch den Statistikern erschien die Verlustbilanz des Oder-Neiße-Bandes nicht nachvollziehbar. Auf der anderen Seite stimmten die amtlichen Statistiker der Redaktion Schieders zu, dass die Zahlen aus der Individualprüfung Spaeth-Meykens „in jedem Fall zu niedrig" seien, weil sie nur „zu politisch unerwünschten Schlüssen in Teilen des Auslandes" führen würden. Um den Wunsch nach hohen Opferzahlen und das Bedürfnis nach statistischer Glaubwürdigkeit gleichzeitig zu bedienen, schlug das Statistische Bundesamt das Verfahren der „Bevölkerungsbilanz" vor. Danach wird der Ausgangsbestand einer Bevölkerungsgruppe mit dem späteren Endbestand verglichen, wobei durch die Berücksichtung so unterschiedlicher Faktoren wie Geburten und Sterbefälle, Ab- und Zuwanderung die Zahl der Opfer nach unten oder aber nach oben korrigiert werden konnte, ohne dass Einzelfälle genau geprüft werden mussten. In der Folge favorisierte das Amt Rhodes Angabe von 3,1 Mio. Opfern. Aber es räumte ein, dass ihr Verfahren nur rechnerische Verluste, keine realen Opferzahlen auswies.

Wie flexibel die rechnerischen Verluste unter Wahrung der Regeln der statistischen Bilanz gehandhabt werden konnten, demonstrierte das Statistische Bundesamt anhand der Sudetendeutschen. Rhode nannte 450.000 Opfer, die amtliche Statistik 350.000. Die amtlichen Statistiker machten darauf aufmerksam, dass Friedrich Burgdörfer 1952 auf nur 250.000 Opfer kam. Um Rhodes Angaben statistisch durchzusetzen, schlug das Statistische Bundesamt vor, zu Burgdörfers Zahlen einfach einen Sterbefallüberschuss von 0,1 Mio. hinzuzurechnen. Burgdörfer wollten die Statistiker dazu bewegen, künftig höhere Zahlen auszuweisen. Um keine Verwirrung zu stiften, rieten diese dem Vertriebenenministerium von der Veröffentlichung eines amtlichen Ergebnisses ab.[44] Letztlich setzte sich aber das professionelle Gewissen durch. Der 1953 erschienene Tschechoslowakeiband wies genau 225.600 als Mordopfer aus.[45] Erst 1958 bezifferte das Statistische Bundesamt die deutschen Vertreibungsverluste für die deutschen Ostgebiete in den Grenzen von 1937 auf 1,39 Mio. Personen. Diese Zahl wurde gegenüber den Angaben aus dem ersten Band der Oder-Neiße-

---

42 Kazimierz Smogorzewski, Deutschlands zukünftige Rolle in Europa, in: The Fortnightly, Mai 1954; BArch, N 1188, 3071.

43 Ginsburg 1960; Vidalenc 1960.

44 Statistisches Bundesamt: Zwischenbericht über die Arbeiten zur zahlenmäßigen Feststellung der Verluste der Zivilbevölkerung durch Flucht und Vertreibung aus dem deutschen Reichsgebiet (Gebietsstand 31.12.37) östlich der Oder-Neiße und aus den übrigen deutschen Siedlungsgebieten Ost- und Südosteuropas vom 15. Juni 1954; BArch, N 1188, 3071.

45 Bundesministerium für Vertriebene 2004b, 135.

Dokumentation von 1,6 Mio. um 210.000 Personen nach unter korrigiert. Entsprechend dem Tschechoslowakeiband der Dokumentation gab das Amt 1958 225.000 Verluste an.[46]

II. Die Professionalisierung des wissenschaftlichen Arbeitsstabes und zum Verschwinden des Abschlussbandes

Als Theodor Oberländer am 20. Oktober 1953 von Konrad Adenauer zum Vertriebenenminister berufen wurde, sah Theodor Schieder das als „guten Stern für die Sache“ der Dokumentation an.[47] Schieders positive Reaktion auf die Ernennung fußte auf alter Verbundenheit aus gemeinsamer Zeit in Ostpreußen, wo beide sich 1934 in „nationalpolitischer“ Mission betätigten: Schieder in der wissenschaftlichen Dokumentation und Oberländer im operativen Geschäft. Während Oberländer 1938 bei Erich Koch in Ungnade gefallen war, weshalb er zu General Gehlen in die Wehrmachtsabwehr wechselte, arbeitete Schieder an den wissenschaftlichen Grundlagen der Umsiedlungs- und Vernichtungspolitik in Polen mit. Im Oktober 1939 verfasste er eine Denkschrift, in der er sich für die „Entjudung“ polnischer Marktflecken und für die „klare Abgrenzung von polnischem und deutschem Volkstum“ einsetzte.[48] Offenbar wirkten sich die guten Beziehungen zwischen Oberländer und Schieder auch in den fünfziger Jahren in Bonn für die gemeinsame Arbeit produktiv aus. Das jedenfalls zeigt der Fall der Verbeamtung von Gerhard Wolfrum, Oberländers persönlicher Referent.[49] Schieder stellte ihm das entsprechende Gutachten aus, und machte aus ihm einen Schüler von Hans Rothfels, der im NS-Regime seine wissenschaftliche Karriere als Historiker aufgeben musste, weil sein Lehrer als Jude diffamiert worden war. Tatsächlich hatte Wolfrum bei Rothfels gelernt, aber bei Schieder promoviert. Schieder stellte ihm für seine Mitarbeit in der „Landesstelle für Nachkriegsgeschichte“ ein exzellentes Zeugnis aus, verschwieg aber, dass Wolfrum 1938 von sich aus in die Politik gegangen war, um in der SS Karriere zu machen.[50]

Die Königsberger Seilschaft brachte der Dokumentationsgruppe nur Vorteile: Sie erreichten eine größere Unabhängigkeit sowohl vom Ministerium als auch gegenüber den Vertriebenenverbänden, wovon aber nur die Bände für Ungarn, Rumänien und Jugoslawien profitierten. Außerdem erhielt Schieder beträchtliche Finanzmittel, um einen Stab von Nachwuchshistorikern einzustellen: Hans Booms, Martin Broszat und Hans-Ulrich Wehler. Sie gingen über die reine Überprüfung der Quellen hinaus, indem sie eigene Forschungen anstellten. Die Nachwuchshistoriker gingen sehr professionell und reflektiert vor. Martin Broszat und Hans-Ulrich Wehler griffen beispielsweise nicht mehr auf das Mittel der Bilanz zurück, wenn sie die Vertreibungsverluste bezifferten. Beide hatten erkannt, dass der Vertreibungsverlust im Oder-Neiße-Band und in der „Bevölkerungsbilanz“ des Statistischen Bundesamtes unter anderem deshalb so hoch war, weil zwei hochproblematische Bilanzposten mitgezählt wurden. Bislang wurde sowohl die deutschsprachige jüdische Bevölkerung aus den deutschen Ostgebieten von 1939, die aber bis 1942/43 zwangsvertrieben oder ermordet worden war, als auch die slawischen Staatsangehörigkeitswechsler, die

46 Statistisches Bundesamt 1958, 37, 355.
47 Schieder an Oberländer vom 20. Oktober 1953; BArch, N 1188, 3071.
48 Vgl. Ebbinghaus & Roth 1992, 73.
49 Vertriebenenministerium an Schieder vom 6. Dezember 1954; BArch, N 1188, 3076.
50 Gutachten von Schieder für Wolfrum vom 14. Dezember 1954; BArch, N 1188, 3076.

1939/40 im Volkslistenverfahren zwar für Hitler, aber nach 1945 für Polen optierten, statistisch den Deutschen zugeschlagen. Broszat wies dagegen für den Rumänienband nur die 20.000 verbürgten deutschen Opfer aus. Hans-Ulrich Wehler, der den Jugoslawienband edierte, distanzierte sich 1961 noch viel deutlicher von dem Zählverfahren der „Bilanz". Er sah das bisherige Verfahren, zu „den 490.000 Volksdeutschen" zusätzlich 10.000 jüdische Religionsangehörige hinzuzuzählen, als Vertuschung der „planmäßige[n] Vernichtung der Juden durch die deutschen Besatzer".[51] Von den insgesamt 481.850 Jugoslawiendeutschen, die er zählte, überlebten 409.500 Personen.[52] Die Differenz zwischen dem Bevölkerungsstand von 1944 bis 1951 lag bei 72.350. Seine Angaben mussten erst 1994 geringfügig korrigiert werden, als die Landsmannschaft der Jugoslawiendeutschen ihre Verluste auswies. Sie kam auf 68.664 Tote.[53]

Die Innovation, die Wehler und Broszat erzielten, zeigt sich nicht nur in der Objektivierung der Vertreibungsstatistik, sondern auch in der Arbeit am historischen Kontext. Hitlers Vertragsumsiedlungen, die ab 1939 zur Leerung fast sämtlicher deutscher Siedlungsgebiete in Ost- und Südosteuropa geführt hatte, wurden ebenso beim Namen genannt wie der Umstand, dass die Deutschen aus Bessarabien oder der Bukowina im besetzten Polen in von Juden und Polen ethnisch gesäuberten Gebieten wiederangesiedelt wurden. Nur die Auswahl der Zeitzeugeninterviews im Jugoslawienband wirkt ebenso selektiv zusammengestellt wie die einseitige Schilderung von Gewalttaten in den Oder-Neiße- und Tschechoslowakeibänden. So werden die Vertreibungsverluste dokumentarisch einseitig der Verbrechensgeschichte der Roten Armee und der Partisanen Titos zugewiesen, ohne die Differenz zwischen Kriegs- und Vertreibungsopfern zu berücksichtigen.

Allein es bleibt festzuhalten, dass die Dokumentationsgruppe mit dem Jugoslawienband die Zählung individueller Verluste der „Bilanz" ungeklärter Fälle den Vorzug gab. Das alte Verfahren, das unter den jungen Nachwuchshistorikern umstritten war, kam nicht mehr zur Anwendung. Damit war aber noch nicht das Problem aus der Welt geschaffen, dass sowohl die „Dokumentation der Vertreibung" als auch die Bilanz des Statistischen Bundesamtes für die Hauptbände zum Oder-Neiße-Komplex und zur Tschechoslowakei falsche Zahlen ausgab. Eine Korrektur der „Bilanz" der Vertreibungsverluste sollte erst 1969 erfolgen, als das Bundesarchiv im Auftrag der Großen Koalition die Opferangaben prüfte. Die Verluste für die Gebiete östlich der Oder-Neiße-Linie wurden nun für jedes Opfer individuell nachvollzogen. Die deutsche Seite wollte strafverfolgungsfähiges Material gegen polnische Täter ermitteln. Diese Studie zählt für die Gebiete jenseits der Oder-Neiße-Linie nicht mehr 1,6 Mio., sondern 400.000 Gewaltopfer, für die Deutschen aus der ehemaligen ČSR 100.000, und nicht 250.000.[54] Zudem wurde hier hervorgehoben, dass die Bilanz nicht tatsächliche Opfer angab, sondern nur die Posten der ungeklärten Fälle.[55] Mit anderen Worten: Die „Bilanz" des Statistischen Bundesamtes trennte nicht scharf genug

---

51 Bundesministerium für Vertriebene 2004c, 120E .

52 Ebd., 125f.

53 Weber 1994, 985.

54 Kulturstiftung der deutschen Vertriebenen 1989, 47.

55 Ebd., 18. Dazu hieß es konkret: „Unter Berufung auf das Statistische Bundesamt war z. B. in der Fragestunde im Bundestag am 25. Okt. 1967 das Ausmaß der deutschen Opfer durch Verbrechen allein im Zuge der Austreibung mit mehr als 2 Millionen Menschen beziffert worden. Diese Zahl betrifft aber in der vom Statistischen Bundesamt veröffentlichten Bevölkerungsbilanz für die Vertreibungsgebiete die ungeklärten Fälle, die dort zwar als Nachkriegsverluste bezeichnet werden, jedoch nicht ausschließlich Opfer völkerrechtswidriger Verbrechen umfassen."

zwischen Kriegstoten, die Opfer von Bombenangriffen, Evakuierungen oder freundlichen wie feindlichen Feuers waren, und den Vertreibungstoten, die Opfer ethnischer Säuberung waren. Diese mangelnde Trennschärfe entsprach allerdings dem außenpolitischen Bedürfnis der jungen Bundesrepublik Deutschland, überhöhte Verlustzahlen auszuweisen, um damit ein außenpolitisches Pfand für die damals – zumindest verbal – angestrebte Rückkehr der verlorenen Ostgebiete in den Händen zu halten. Tatsächlich weist die Bevölkerungsbilanz des statistischen Bundesamtes erhebliche Fehlbuchungen auf, die nicht allein mit dem Hinweis auf handwerkliche Fehler zu erklären sind. Während die entsprechende Fachautorin der Bevölkerungszahlen Danzigs den Posten der 83.200 ungeklärten Fälle ausdrücklich als Opfer des Endkampfes um die Stadt gegen die Rote Armee ausweist, rechnet der Abschlussbericht diesen Posten unisono den Vertreibungstoten zu.[56]

III. Schluss

Das Verfahren, sich bei der Auszählung von Vertreibungsverlusten nur auf verbürgte Opfer zu konzentrieren, sollte sich spätestens mit der 1974 erstellten, aber erst 1989 publizierten Studie des Bundesarchivs durchgesetzt haben. Doch obwohl die Individualzählung deutscher Gewaltopfer seit langem öffentlich zugänglich ist, nicht zuletzt auch durch die Zahlen des Kirchlichen Suchdienstes, der die Zahl der Gesamtopfer gewaltsamer und indirekter Gewalteinwirkung auf nicht mehr als 473.013 Tote angibt, die „bei und als Folge der Vertreibung“ verstorben waren,[57] beziffern die Vertriebenenverbände die Todesfälle durch Vertreibung inzwischen wieder auf zwei Millionen Opfer. Sie machen allein 914.000 Opfer für die Ostprovinzen des Deutschen Reiches geltend, zuzüglich der 83.000 Danziger, die bereits in der Bilanz fälschlich den Gewaltopfern der Vertreibung zugerechnet worden waren, und 238.000 Sudetendeutsche. Sie stützen sich dabei auf die im November 2004 neu aufgelegte „Dokumentation der Vertreibung“. Michael Stürmer, der diese veraltete Studie rezensierte, will darin wieder einen Genozid an den Deutschen in Jugoslawien herausgelesen haben.[58] Der *Bund der Vertriebenen* (BdV) weist dieser neuen Druckausgabe im inliegenden Beipackzettel sogar die Funktion einer „Passionsgeschichte“ der Deutschen zu.

Fest steht lediglich, dass die Bedeutung, die einer Revision der Verlustzahlen in der europäischen Geschichte zukommt, von der deutschen Zeitgeschichtsforschung bislang unterschätzt wird. Der Versuch, die Geschichte des 20. Jahrhunderts als eine Abfolge von ethnischen Säuberungen und Genoziden zu betrachten, ist jedenfalls nicht aus dem Ablauf der Vertreibung und der Zahl ihrer Opfer abzuleiten. Tatsächlich beruht der gegenwärtig zu verzeichnende Versuch, die Vertreibung sowohl qualitativ als auch quantitativ auf die Vergleichsebene mit dem Holocaustverbrechen der Deutschen und dem Armeniermord zu heben, auf einer falschen Auslegung der Bilanz und der unhaltbaren Übertragung des Genozidbegriffs auf diesen Fall der Zwangsmigration. Dort wird die Zahl der ungeklärten Fälle mit der Zahl der eigentlichen Gewaltopfer gleichgesetzt. Zudem wird Polen und Tschechien eine Vernichtungsabsicht gegenüber den Deutschen unterstellt.[59] Nach wie vor

---

56 Statistisches Bundesamt 1958, vgl. auf S. 45 den Einzelfall in der Gesamterhebung und auf S. 266 der gegenläufige Befund.
57 Zentralstelle des Kirchlichen Suchdienstes 1965, Bd. 1, 30.
58 Stürmer 2005.
59 Nawratil 1988, 30.

gilt hier der Kommentar Martin Broszats, es handle sich um „polemische Traktate“ nationalistischer Provenienz, die das „Ausmaß der ›Vertreibungsverbrechen‹ in absurder Weise ausweiten“.[60]

Allerdings kann der Stellenwert von Flucht, Vertreibung und Neubeginn in der europäischen Geschichte neu verortet werden, wenn polnische und deutsche Historiker die Geschichte der Kriegsfolgen des Zweiten Weltkriegs nicht mehr der Begründung und Verteidigung ihrer nationalen Ansprüche unterordnen, sondern als Chance für den Ausgleich zwischen West und Ost begreifen. Die zu schließende Forschungslücke beinhaltet mindestens drei Punkte: Die Anzahl der ungeklärten Fälle der deutschen Bevölkerungsverluste müsste erstens allein schon deshalb aufgeklärt werden, um Verlauf, Folgen und Ausmaß der Migrationsgeschichte nach 1945 genauer auszumessen. Nach Rüdiger Overman enthalten die hohen Opferzahlen der ungeklärten Fälle ein Großteil der vermissten oder getöteten Soldaten der Wehrmacht und des Volkssturms. In den letzten Kriegsjahren 1944/45 verstarben noch einmal doppelt so viele Soldaten wie zwischen 1939 bis 1943. Aber der NS-Staat führte nur unvollständig Statistik über Wehrmachtstote, so dass diese Verluste unerkannt blieben.[61] Bislang hat nur die deutsch-tschechische Historikerkommission diese Problematik aufgegriffen, indem sie die Vertreibungsopfer von 225.000 auf eine Zahl zwischen 16.000 und 30.000 Toten korrigierte.[62] Das Problem dieser notwendigen Neueinschätzung liegt aber darin, dass die Verluste vor dem Hintergrund der neuesten Forschung zwar nach bestem Gewissen und Dafürhalten minimiert, aber nicht historisch-kritisch neu vermessen wurden.

Außerdem ist zweitens die Frage offen, in welchem zahlenmäßigen Verhältnis die Kriegsopfer zu den Zivilopfern der Vertreibung stehen. Flucht und Vertreibung sind zwar, wie bekannt, ineinander übergegangen, aber der polnischen Seite historiographisch einseitig die Verluste aus den von den Nationalsozialisten teilweise gewaltsam, aber viel zu spät in Gang gesetzten und mitunter auch tragisch endenden Fluchtbewegungen anzulasten, ist eine Zumutung, die noch heute das deutsch-polnische Verhältnis belastet.

Eine dritte Frage betrifft die Anzahl der deutschen Staatsangehörigkeitswechsler in Polen und Tschechien. Diese sind vermutlich ähnlich wie im polnischen Fall der sowjetischen Annexion für Tod erklärt, und dem damaligen Feindeskonto zugeordnet worden. Bisherige Forschungen gingen einseitig davon aus, dass die Nationalisierung der Grenzen gleichzeitig mit einer Bereinigung der sie umgebenen Bevölkerung einherging. Dieser Auffassung widerspricht allein schon der Umstand, dass die nicht unbedeutende Anzahl von Personen, die 1940/41 unter deutscher Besatzung im Volkslistenverfahren der Wertungskategorie 3 und 4 zugewiesen worden waren, nach 1945 von den Polen als Staatbürger übernommen wurden.[63] Die Kategorien 3 und 4 der Deutschen Volksliste enthielten zwar Integrationswillige, aber diese galten den Nationalsozialisten zugleich als unzuverlässig. Einen Anhaltspunkt für dieses Problem bietet die falsche Zuordnung der Volksliste als Exklusionsverfahren, das die nationalpolnische Geschichtsschreibung in den Umlauf setzte und das deutsche Historiker unhinterfragt übernommen haben.[64] Wahrscheinlicher ist, dass sowohl die deutschen als auch die polnischen Dienststellen den Zugriff auf ein und dieselbe

60 Broszat 1987, 302.
61 Overman 1989, 861f.
62 Erklärung der Deutsch-tschechischen Historikerkommission 2001.
63 Vgl. Naimark 2004, 165f.
64 Ein Beispiel hierfür liefert Heinemann 2003, 267, 278, 282ff.

Bevölkerungsgruppe nahmen, nur unter jeweils anderem staatspolitischen Vorzeichen. Es dürfte sich lohnen, zumindest für eine der ehemaligen Ostprovinzen des Deutschen Reiches wie Schlesien, Teile Westpreußens oder Ostpreußens durchzuspielen, wie der Nationalitätenwechsel erfolgte, wer daran teilnahm und wie diese Bevölkerungsgruppen in der Erinnerungspolitik der kompetitiv aufeinanderbezogen Regime statistisch und soziokulturell neu konstruiert wurden. Allein die Einbeziehung dieser drei analytischen Ebenen wird die nationalistisch verengte Erzählung vom großen Opfergang der Deutschen aus den Jahren 1945 bis 1946 an entscheidenden Stellen korrigieren und um eine transnationale Sichtweise erweitern. Ein solches Projekt kann schlechterdings nur multilateral auf den Weg gebracht werden.

Literatur

Abmeier, Hans-Ludwig 1968: Hans Lukaschek, in: Historische Kommission für Schlesien ed.: Schlesier des 15. bis 20. Jahrhunderts, Würzburg, 228ff.

Angrick, Andrej 2005: Im Wechselspiel der Kräfte. Impressionen zur deutschen Einflußnahme bei der deutschen Volkstumspolitik in Czernowitz vor „Barbarossa“ und nach Beginn des Überfalls auf die Sowjetunion, in: Gottwald, Alfred; Kampe, Norbert; Klein, Peter eds.: NS-Gewaltherrschaft - Beiträge zur historischen Forschung und juristischen Aufarbeitung, Berlin, 318-355.

Arbeitsgemeinschaft zur Wahrung sudetendeutscher Interessen ed. [2]1951: Dokumente zur Austreibung der Sudetendeutschen, München.

Benz, Wolfgang 1993: Fremde in der Heimat: Flucht – Vertreibung – Integration, in: Bade, Klaus ed.: Deutsche im Ausland – Fremde in Deutschland, München, 374-386.

Broszat, Martin [2]1987: „Vertreibungsverbrechen“ – ein mißverständlicher Begriff, in: Graml, Hermann ed.: Nach Hitler. Der schwierige Umgang mit unserer Geschichte, München, 301-303.

Bundesministerium für Vertriebene ed. 2004: Dokumentation der Vertreibung der Deutschen aus Ost-Mitteleuropa, 8 Bde., München.

Bundesministerium für Vertriebene ed. 2004a: Die Vertreibung der deutschen Bevölkerung aus den Gebieten östlich der Oder-Neiße, Bd. 1/1, München.

Bundesministerium für Vertriebene ed. 2004b: Die Vertreibung der deutschen Bevölkerung aus der Tschechoslowakei, Bd. 4/1, München.

Bundesministerium für Vertriebene ed. 2004c: Das Schicksal der Deutschen in Jugoslawien, Bd. 5, München (Nachdruck nach dem Original von 1961).

Dobroszycki, Lucjan 1993: Polish Historiography on the Annihilation of the Jews of Poland in World War II: A critical Evaluation, in: East European Affairs, 23, 39-49.

Dokumentation der Vertreibung der Deutschen aus Ost-Mitteleuropa, Bd. IV/1: Die Vertreibung der deutschen Bevölkerung aus der Tschechoslowakei, München 2004.

Ebbinghaus, Angelika; Roth, Karl-Heinz 1992: Vorläufer des Generalplans Ost. Eine Dokumentation über Theodor Schieders Polendenkschrift vom 7. Oktober 1939. In: 1999. Zeitschrift für die Sozialgeschichte des 20. und 21. Jahrhunderts, 7, 1, 62-94.

Erklärung der Deutsch-tschechischen Historikerkommission 2001, in: Hoensch, Jörg K.; Lemberg, Hans eds.: Begegnung und Konflikt. Schlaglichter auf das Verhältnis von Tschechen, Slowaken und Deutschen 1815-1989, Essen, 245-247.

Friedrich, Klaus Peter 1998: Vertreibung: Ein deutscher Geschichtsmythos. Irrige Vorstellungen über Ursachen, Begleitumstände und Verlauf der Zwangsaussiedlungen von Deutschen belasten weiterhin das Verhältnis zu den östlichen Nachbarn, Marburg (Graudruck). (Polnische Fassung 1997, „Więź“, 153-164.)

Friedrich, Klaus-Peter 2007: Erinnerungspolitische Legitimierung des Opferstatus: Zur Instrumentalisierung fragwürdiger Opferzahlen in Geschichtsbildern vom Zweiten Weltkrieg in Polen und

Deutschland, in: Bingen, Dieter; Loew, Peter O.; Wóycicky, Kazimierz eds.: Die Destruktion des Dialogs. Zur innenpolitischen Instrumentalisierung negativer Fremd- und Feindbilder. Polen, Tschechien, Deutschland und die Niederlande im Vergleich, 1900 bis heute, Wiesbaden, 176-191.

Ginsburg, George 1960: Documents on the Expulsion of the German from Eastern-Central-Europe, in: American Journal of International Law, 54, 441- 442.

Gurjanow, Aleksander 1994: Cztery deportaje 1940-1941, in: Karta, 12, 114-136.

Haar, Ingo 2005: Anpassung und Versuchung. Hans Rothfels und der Nationalsozialismus, in: Hürter, Johannes ed.: Hans Rothfels und die deutsche Zeitgeschichte, München, 63-81.

Heinemann, Isabell 2003: „Rasse, Siedlung, deutsches Blut". Das Rassen- & und Siedlungshauptamt der SS und die rassenpolitische Neuordnung Europas, Göttingen.

Iggers, Georg G. 2006: Refugee Historians from Nazi Germany, unter: http://www.ushmm.org/-research/center/publications/occasional/2006-02/paper.pdf.

Kersten, Krystina 1994: Szacunek strat osobowych w Polsce Wschodniej, in: Dzieje Najnowsze, 26, 41-50.

Köhler, Horst 2006: Rede vom 2.9.2006, unter: http://www.bundespraesident.de/-,2.632658/Rede-von-Bundespraesident-Horst.html

Kulturstiftung der deutschen Vertriebenen ed. 1989: Vertreibung und Vertreibungsverbrechen 1945-1948. Bericht des Bundesarchivs vom 28. Mai 1974. Archivalien und ausgewählte Erlebnisberichte, Koblenz.

Madajczyk, Piotr 2004: Die polnische Erinnerung an die deutsche und sowjetische Besatzungspolitik während des Zweiten Weltkriegs, in: Benz, Wolfgang ed.: Wann ziehen wir endlich den Schlußstrich. Von der Notwendigkeit öffentlicher Erinnerung in Deutschland, Polen und Tschechien, Berlin, 95-112.

Nawratil, Heinz 1988: Die deutschen Nachkriegsverluste unter Vertriebenen, Gefangenen und Verschleppten, Berlin.

Naimark, Norman 2004: Flammender Hass. Ethnische Säuberungen im 20 Jahrhundert, München.

Overman, Rüdiger 1989: Die Toten des Zweiten Weltkriegs in Deutschland. Bilanz der Forschung unter besonderer Berücksichtigung der Wehrmachts- und Vertreibungsverluste, in: Michalka, Wolfgang ed.: Der Zweite Weltkrieg. Analysen, Grundzüge, Forschungsbilanz, Zürich, 858-873.

Overman, Rüdiger 1994: Personelle Verluste der deutschen Bevölkerung durch Flucht und Vertreibung, in: Dzieje Najnowsze Rocznik, 16, 51-63.

Rhode, Gotthold 1953: Die Deutschen im Osten nach 1945, in: Zeitschrift für Ostforschung, 2, 371-388.

Ritter, Gerhard A. 2006: Akademischer Lehrer und emigrierter Schüler. Briefe und Aufzeichnungen 1910-1977, München.

Roon, Ger van 1968: Neuordnung im Widerstand. Der Kreisauer Kreis innerhalb der deutschen Widerstandsbewegung, München.

Roth, Karl-Heinz 2003: Der Geschichtspolitiker Hans Rothfels, in: Sozial.Geschichte. Zeitschrift für historische Analysen des 20. und 21. Jahrhunderts, 18, 41-71.

Rothfels, Hans 1946: Frontiers and Mass Migrations in Eastern Central Europe, in: The Review of Politics, 8, 37-67.

Rusinek, Bernd A. 2004: Ende des Zweitens Weltkriegs: lokal, regional und international. Forschungsstand und Perspektiven, in: Rusinek, Bernd A. ed.: Kriegsende 1945. Verbrechen, Katastrophen, Befreiungen in nationaler und internationaler Perspektive, Göttingen, 7-26.

Statistisches Bundesamt ed. 1958: Die deutschen Vertreibungsverluste. Bevölkerungsbilanzen für die deutschen Vertreibungsgebiete 1939/50, Wiesbaden.

Stürmer, Michael 2005: Rezension der Neuauflage der Dokumentation der Vertreibung der Deutschen aus Ost-Mitteleuropa von 2004, in: Deutschlandradio Berlin, 28. Januar 2005.

Tych, Feliks 2004: Polish Society´s Attitudes towards the Holocaust, in: Kosmala, Beate; Tych, Feliks eds.: Facing the Nazi genocide: non-Jews and Jews in Europe, Berlin, 87-105.

Vidalenc, Jean 1960: L’expulsion des Allemands dEurope orientale, in: Revue d’histoire de la Deuxième Guerre mondiale, 88-90.

Weber, Karl 1994: Menschenverluste- Namen und Zahlen zu Verbrechen an den Deutschen durch das Tito-Regime in der Zeit von 1944-1948, München.

Zentralstelle des Kirchlichen Suchdienstes ed. 1965: Gesamterhebung zur Klärung des Schicksals der deutschen Bevölkerung in den Vertreibungsgebieten, Bd. 1-3, München.

„Bevölkerungsgeschichte" in der „Deutschen Gesellschaft für Bevölkerungswissenschaft" (1952 bis ca. 1970)

Alexander Pinwinkler

Die „Deutsche Gesellschaft für Bevölkerungswissenschaft e.V." (DGBW) wurde am 1. Oktober 1952 in München ins Leben gerufen. Die DGBW bildete einen Zusammenschluss von Ärzten, Statistikern, Soziologen, Historikern und hohen Beamten, die schon in der Weimarer Republik und im Nationalsozialismus in den Bereichen Rassenhygiene, Bevölkerungsstatistik oder Bevölkerungsgeschichte aktiv gewesen waren.[1] Sie sollte „Bevölkerungsfragen und ihre Beziehungen zu der gegenwärtigen wirtschaftlichen, sozialen und politischen Situation in Deutschland und im Ausland" wissenschaftlich bearbeiten und „die Forschungsergebnisse den Kreisen des öffentlichen Lebens, der Wissenschaft und Verwaltung zur Verfügung" stellen.[2] Die „Deutsche Akademie für Bevölkerungswissenschaft an der Universität Hamburg" (DABW), die ein halbes Jahr später ergänzend zur DGBW gegründet wurde, verstand sich hingegen als Koordinationszentrum universitärer Forschungsprojekte zu bevölkerungswissenschaftlichen Fragen.[3] Hans Harmsen (1899-1989), Professor für Allgemeine und Soziale Hygiene an der Universität Hamburg, nahm als Gründungsmitglied und Vorsitzender der DGBW und als Präsident der DABW in beiden Institutionen eine führende Rolle ein.[4]

Im Folgenden sollen thematische und methodische Ausprägungen historisch orientierter Bevölkerungsforschungen innerhalb der DGBW näher untersucht werden, wobei ich mich auf ihre frühe Phase bis ca. 1970 konzentrieren. Ich verfolge die These, dass derartige Forschungen eine gewisse thematische Bandbreite aufwiesen, die es Bevölkerungsforschern aus unterschiedlichen Disziplinen ermöglichten, Bevölkerungsfragen aus ihrer jeweiligen fachlichen Sicht historisch zu bearbeiten. Das Anliegen meiner vorliegenden Fallstudie ist, die teils erstaunliche personelle und thematische Kontinuität historisch orientierter Bevölkerungsstudien innerhalb der DGBW aufzeigen. Darüber hinaus soll sie verdeutlichen, dass die deutsche „Bevölkerungsgeschichte", insoweit sie innerhalb der DGBW eine Rolle spielte, weitgehend national begrenzt war und international nur wenig Beachtung fand.

Dabei sollte darauf hingewiesen werden, dass „Bevölkerung" im methodischen Kanon bundesdeutscher Geschichtswissenschaften an sich keine herausragende Rolle spielte.

---

1 Schleiermacher 2004, 225; zur DGBW vgl. ferner Kaupen-Haas 1984; Weß 1995, 103-108. Die Darstellung von Kornrumpf 1981, der für sich in Anspruch nimmt, einen „Beitrag zur Vorgeschichte" der DGBW zu liefern, beschränkt sich indes auf einige Hinweise des Autors zu Praktiken der Vertriebenenforschung in den Jahren nach 1945. – Bei Sonja Schnitzler bedanke ich mich herzlich für ihre kritische Lektüre des vorliegenden Artikels.

2 J. G. Herder-Institut Marburg/L. (HIM), DSHI 100 Keyser 74, Entwurf zur Begründung einer Deutschen Gesellschaft für Bevölkerungswissenschaft e.V. [undat., um 1952].

3 Vgl. Weß 1995, 104. Die DABW hatte 24 ordentliche Gründungsmitglieder, darunter u.a. Friedrich Burgdörfer, Hans Harmsen, Gunther Ipsen, Erich Keyser, Siegfried Koller, Gerhard Mackenroth, Hermann Schubnell und Othmar Frhr. v. Verschuer. (Statistisches Bundesamt, Archiv (Wiesbaden), DABW, Protokoll der Gründungssitzung der DABW, 23.2.1953).

4 Zu den Gründen für Harmsens Erfolg als Organisator bevölkerungswissenschaftlicher Forschungen nach 1945 vgl. Schleiermacher 2004; ferner dies. 1998.

Gleichwohl gab es einige historiografische Richtungen, die dieses Thema bearbeiteten: Landes- und Städtegeschichte, historische Siedlungs-, Migrations- und Raumforschung, historische Genealogie und Familienforschung untersuchten, wenngleich in unterschiedlichem Ausmaß und häufig in Verbindung mit anderen Fragestellungen, Entwicklung und Zusammensetzung der Bevölkerung. Methodische Innovationen erfolgten in diesem Forschungsfeld hingegen vorwiegend in Frankreich und England.[5] Im Unterschied zu diesen Ländern[6] gab es in der Bundesrepublik keine ausschließlich diesem Zweck gewidmete Arbeitsgruppe oder Koordinationsstelle, die es Historikern(innen) ermöglicht hätte, sich über bevölkerungsgeschichtliche Arbeiten auszutauschen. Mit Erich Keyser (1893-1968) saß im ersten DGBW-Vorstand allerdings ein Historiker, der diesen Themenbereich innerhalb der DGBW maßgeblich verantwortete. Er veranstaltete in den Jahren 1956, 1958 und 1961 in Marburg/Lahn drei „Arbeitstagungen für Bevölkerungsgeschichte" der DGBW.

Trotz vergleichsweise ungünstiger institutioneller Rahmenbedingungen arbeiteten die in diesem Fachgebiet tätigen Gelehrten nicht voneinander isoliert. Dieser Umstand fand nicht zuletzt im damaligen Trend zur Errichtung historischer Forschungsinstitute und inhaltlich ausgerichteter Arbeitskreise einen wissenschaftsgeschichtlichen Hintergrund.[7] Auch die DGBW erwartete von ihren Mitgliedern, möglichst arbeitsteilige Forschungen anzustreben. Von der Gründung einer „Akademie" erhoffte sich Harmsen, „einen entsprechenden Träger für Forschungsarbeit und Forschungsmittel" zu schaffen. Diese sollten die Mitfinanzierung einer neuen bevölkerungswissenschaftlichen Zeitschrift ermöglichen, die an das 1944 eingestellte „Archiv für Bevölkerungswissenschaft und Bevölkerungspolitik" anknüpfen sollte.[8] Die DABW sollte nach amerikanischem Vorbild eingerichtet werden. Damit sollten die „Aussichten auf finanzielle Hilfen von [den] USA (Ford-Foundation)" gesteigert werden: Die amerikanischen Wissenschaftler legten nämlich

> „Wert auf team-work, das legt den Gedanken einer überörtlichen Akademie nahe [...], so etwa wie Professor Heberle an der Louisiana State University ein Research-Department für Bevölkerungswissenschaft hat."[9]

Ob dieser Plan tatsächlich so aufging, wie Harmsen sich das vorgestellt haben mag, kann hier im Einzelnen nicht weiter verfolgt werden. Es steht jedoch fest, dass die DABW aus den USA wenigstens punktuell finanziell gefördert wurde. Die Beträge dürften nicht allzu groß gewesen sein. So empfing die DABW 1957 von der Universität Chicago 833,80 DM an Zuwendungen.[10] Von den damaligen westdeutschen Demografen verfügte Harmsen un-

5 Vgl. hierzu u.a. Ehmer 2004, 57-62; Rosental 1997; Sieglerschmidt 2004; Pinwinkler 2007.

6 Ich verweise insbesondere auf das französische „Institut national d'études démographiques" (INED) und die britische „Cambridge Group for the History of Population and Social Structure".

7 Vgl. hierzu Schulze 1993, 228f.

8 HIM, DSHI 100 Keyser 74, Harmsen an die Mitglieder des DGBW-Vorstands, 6.12.1952. Nach freundlicher Auskunft von Sonja Schnitzler konnte zumindest noch das Heft 1/2 1944 des „Archivs für Bevölkerungswissenschaft und Bevölkerungspolitik" im Druck erscheinen.

9 Schulze 1993, 228f. HIM, DSHI 100 Keyser 74, Sitzung des vorläufigen Vorstands der Deutschen Gesellschaft für Bevölkerungswissenschaft in Hannover am 3. November 1952, Protokoll. Ein Anspruch auf arbeitsteilig vernetzte Forschungsarbeit war – freilich unter dem ideologischen Postulat der Einheit „völkischer" Wissenschaften – schon im „Dritten Reich" erhoben worden. Vgl. u.a. Fahlbusch 1999. Zu Rudolf Heberle (1896-1991) vgl. dessen Selbstbiografie: Heberle 1976.

10 Größter Geldgeber der DABW war in diesem Jahr das deutsche *Bundesministerium des Innern* (1.200,- DM), gefolgt von einem „Verein zur Förderung der Wiedervereinigung" mit einem Betrag von 450,- DM. HIM, DSHI 100 Keyser 76, DABW, Interne Mitteilung Nr. 20 (1958).

zweifelhaft über die besten Verbindungen ins westliche Ausland. Unter seinen Kollegen galt er vor allem als Wissenschaftsorganisator, eine Zuschreibung, die ihm retrospektiv zu Lasten seiner fachlichen Qualifikationen angekreidet werden konnte.[11] Keyser eilte gar, folgt man der Sichtweise eines seiner Historiker-Kollegen, der Ruf eines „Großorganisators" voraus.[12] Seine Aktivitäten bei der institutionellen Wiederetablierung der deutschen „Ostforschung" und „Städtegeschichte" im Umfeld des Johann Gottfried Herder-Instituts in Marburg/Lahn, dessen Direktor er von 1950 bis 1959 war, erforderten unzweifelhaft ein hohes Maß an organisatorischen Arbeitsleistungen.[13]

Wenn sich Keyser über die Weiterentwicklung der Bevölkerungsforschung äußerte, betonte er zwar häufig, dass internationale Kooperationen notwendig seien. Wie oberflächlich dieses Desiderat aber blieb, lässt sich z.B. anhand seiner unveröffentlichten Denkschrift über „Die gegenwärtigen Aufgaben der Bevölkerungswissenschaft in Deutschland" belegen. Dieses Memorandum bildete die Grundlage für ein Referat, das Keyser am 6. Juni 1952 bei einer Tagung der „Deutschen Gesellschaft für Anthropologie" in Frankfurt/Main vortrug.[14] Er rief darin die Demografen auf, eine deutsche „Gesellschaft für Bevölkerungswissenschaft" zu begründen. Keyser lehnte es ab, für „Bevölkerungswissenschaft" nach internationalem Vorbild das Äquivalent „Demographie" zu gebrauchen.[15] Die deutsche Bevölkerungsforschung sollte dennoch „grundsätzlich international" eingestellt sein, denn die weltweite Migration würde einen Vergleich über die Ländergrenzen hinaus unentbehrlich machen. Dieser werde die „Sonderstellung" der Bevölkerungsforschung „über den einzelnen Fächern erweisen und wirkungsvoll bekunden können". Es ging ihm also nicht in erster Linie um einen Transfer von Methoden und Theorien, der die internationale Randständigkeit der deutschen Bevölkerungsforschung günstigstenfalls verringert hätte, sondern bloß um eine Aufwertung der Bevölkerungswissenschaften innerhalb des akademischen Fächerkanons. Gleichzeitig versuchte Keyser, die vom Nationalsozialismus in Deutschland hervorgerufene politische und moralische Katastrophe in ein breiteres geschichtliches Umfeld zu stellen und diese damit zu relativieren. „Geburtenrückgang", „Kinderarmut und Vergreisung", „Überschwemmung Deutschlands [...] mit fremdvölkischen Arbeitskräften", „Geburt von Mischlingen", wie sie aus seiner Sicht aus Paarbeziehungen zwischen deutschen Frauen und westlichen Besatzungssoldaten resultierten, reflektierten demnach eine tiefer gehende gesellschaftliche Krise. Die von ihm behauptete „Zersetzung" und „Umwandlung" des deutschen „Volkskörpers" betrachtete Keyser so als ein Phänomen, das überwiegend nicht seinerseits auf die nationalsozialistische Politik zurückzuführen sei, sondern als eine kumulierte Folge der „Moderne".[16] Zugleich nützte er diese von ihm beklagten Umwandlungsprozesse, um historische Bevölkerungsforschungen neuerlich politisch zu legitimieren: Denn angesichts der demografischen Krise, in der sich Deutschland

---

11 „In den Augen von denen, die ich aus heutiger Sicht als Bevölkerungswissenschaftler ansehe, war er [=Harmsen] kein Bevölkerungswissenschaftler. Er hat organisiert." Mackensen ed. 1998, 183, mündliche Stellungnahme von Prof. Dr. Charlotte Höhn.

12 Mit aller Sentimentalität hier [=in Marburg] aufgenommen als Flüchtling, ist er [=Keyser] längst wieder der Großorganisator von einst." H. Heimpel verwendete dieses Wort in Bezug auf Keyser nicht ohne einen gewissen pejorativen Beigeschmack. Heimpel an W. Schlesinger, um 1950. Zit. n. Nagel 2005, 111.

13 Zur wissenschaftlichen Laufbahn Keysers vor, im und nach dem „Dritten Reich" vgl. Pinwinkler 2005.

14 Vgl. Keyser 1952.

15 „In deutschem Munde" könnte dieser Begriff nämlich missverständlich als „Volksbeschreibung" aufgefasst werden. HIM, DSHI 100 Keyser 74, Denkschrift Keyser, 16. Zur Geschichte des Begriffs Demographie vgl. Mackensen 2000.

16 Ebd. (Denkschrift Keyser).

gegenwärtig befinde, sei es jetzt umso mehr erforderlich, die Bevölkerung sowohl „anthropologisch", als auch „historisch" zu erforschen.[17]

Keysers Ausführungen bei dem Frankfurter Anthropologentreffen trugen wesentlich dazu bei, dass sich ein Ausschuss bildete, der die Begründung der DGBW vorbereiten sollte.[18] Die enge Verzahnung von Bevölkerungsforschung und Anthropologie, wie sie Keyser favorisierte, setzte sich in diesem Kreis allerdings nicht durch. Harmsen hielt sie „nicht für geschickt"; „Bonn" habe „gegen diese Verbindung" opponiert.[19] Harmsen befürwortete stattdessen eine „sozialhygienische" Konzeption der Bevölkerungswissenschaften. Er arbeitete dabei mit Hermann Muckermann (1877-1962) zusammen, dem ehemaligen Leiter der Abteilung Eugenik im „Kaiser Wilhelm-Institut für menschliche Erblehre und Eugenik". Im Rahmen der für 1956 vorgesehenen Jahrestagung der DGBW sollten „eugenische Fragen" besprochen werden. Dieses Ansinnen rief indes Widerspruch hervor. Elisabeth Pfeil (1901-1975), Mitglied des Vorstands der DGBW, äußerte „Bedenken wegen einer zu starken Betonung rassenhygienischer Probleme". Harmsen beharrte auf seiner Position und lud den Humangenetiker und früheren prominenten NS-Rassentheoretiker Othmar Freiherr von Verschuer (1896-1969) für 1958 zur Jahrestagung der DGBW ein.[20] Er verband damit die Erwartung, „endlich einen Ansatz" zu finden, „einmal die humangenetischen Probleme wieder in ein stärkeres öffentliches Interesse zu stellen".[21] Internen Widerspruch erregte auch sein Beharren auf einem Verständnis von „Bevölkerungswissenschaft", das die von ihm so bezeichnete „Wissenschaft der Bevölkerungspolitik" normativ mit einschloss. So stießen die sogenannten „Marburger Thesen", die ein Arbeitskreis der DGBW 1954 aus Anlass einer „Arbeitstagung über Familienlastenausgleich und familiengerechte Besteuerung" unter maßgeblicher Beteiligung des Statistikers Friedrich Burgdörfer (1890-1967) erarbeitet hatte, auf entschiedene Gegnerschaft des DGBW-Mitglieds Rudolf Gunzert, des Direktors des Statistischen Amtes der Stadt Frankfurt/Main. Keyser schloss sich diesem Votum übrigens an: Die DGBW gingen nämlich „rein politische Fragen grundsätzlich nichts an".[22]

In einzelnen Sachfragen mochten Harmsen und Keyser zwar unterschiedliche Standpunkte vertreten. Das hinderte sie aber nicht daran, kontinuierlich zusammenzuarbeiten. Harmsen trat für Keyser, aber auch für Burgdörfer ein, als diesen beiden „wegen ihrer Glorifizierung der Nazipolitik" von der „International Union for the Scientific Study of Population" (IUSSP) die Zuwahl in das deutsche Nationale Komitee verweigert wurde. Hintergrund war ein laut Harmsen „sehr unerfreuliche[s] Memorandum" des IUSSP-Präsidenten Frank Lorimer, in dem dieser Keysers „Bevölkerungsgeschichte Deutschlands" als in großen Zügen rassistisch verurteilte. Diese Veröffentlichung hatte im „Dritten Reich" drei

---

17 HIM, DSHI 100 Keyser 74, Denkschrift Keyser, 6.

18 HIM, DSHI 100 Keyser 74, Keyser an Harmsen, 11.11.1952; DGBW, erste ord. Mitgliederversammlung, 8.10.1953, Protokoll.

19 HIM, DSHI 100 Keyser 74, Gründung der deutschen Gruppe der Internationalen Union für Bevölkerungsfragen in Kassel am 19. Juli 1952, Protokoll.

20 HIM, DSHI 100 Keyser 74, Niederschrift über die Vorstandssitzung, 2.3.1956. Zur tiefen Verstrickung Verschuers in die NS-Rassenforschung vgl. Ash 1995, hier 915-918.

21 HIM, DSHI 100 Keyser 74, Harmsen an von Verschuer, 3.6.1957.

22 HIM, DSHI 100 Keyser 74, Gunzert an K. V. Müller, 7.4.1954; Keyser an Harmsen, 4.5.1954; DGBW, „Marburger Thesen", Rundschreiben an die Mitglieder des Vorstands, 11.5.1954. Vgl. zum Hintergrund Kuller 2004, 85f.

Auflagen erlebt.[23] Harmsen konnte die IUSSP nicht dazu bewegen, ihre Vorbehalte gegen Keyser fallen zu lassen.[24] Dieser gestand zwar ein, dass seine „Bevölkerungsgeschichte" antisemitische Passagen enthielt. Er gab diese aber als ein Zugeständnis an die damaligen Machthaber aus, das es erst ermöglicht hätte, sein Buch zu veröffentlichen.[25] Obgleich es von völkisch-rassistischen Geschichtsdeutungen durchzogen war, wurde es von westlichen Historikern und Demografen wiederholt als Referenzwerk zitiert, wobei sich diese mit Keysers Darstellung und methodischer Herangehensweise kaum jemals kritisch auseinander setzten.[26] Auch dem belgischen Jesuiten und Historiker Roger Mols (1909-1986) waren die Arbeiten des Marburger Kollegen durchaus bekannt. Keyser würdigte seinerseits dessen dreibändiges Werk „Introduction à la démographie historique des villes d'Europe du XIVe au XVIIIe siècle". Er bemängelte aber an dieser Studie, dass sie die „Bevölkerungsart" vernachlässigen würde. Diese Kritik erinnerte an Keysers Bewertung der „Bevölkerungslehre" von Paul Mombert (1876-1938), an der er 1931 in vergleichbarer Weise aus „völkischer" Sicht beanstandet hatte, sie würde zwar die „Bevölkerungsstatistik" verarbeiten, daneben aber „die Geschichte der Bevölkerungsgruppen, der Familien, Stämme, Stände und Nationen" weniger beachten.[27]

Historisch interessierte Bevölkerungsforscher unterschiedlicher Fachrichtungen, die der DGBW beitraten, erreichten ihre Aufnahme meist über eine entsprechende Empfehlung Keysers. Die meisten von ihnen hatten ihre akademische Laufbahn im „Dritten Reich" begonnen oder damals weiter entwickelt. Abgesehen von Keyser selbst galt dies in jeweils individuell unterschiedlichem Ausmaß etwa für folgende Wissenschaftler, die sich mit „bevölkerungsgeschichtlichen" Fragen befassten: den Mediziner Hermann Arnold (1912-2005), den Historiker Günther Franz (1902-1992), den Wirtschaftshistoriker Hans Mauersberg (1910-1989), den Soziologen und Sozialtheoretiker Dietrich von Oppen (1912-2006), den Siedlungsgeografen und -historiker Kurt Scharlau (1906-1965) und den Historiker Erich Woehlkens (1909-1987).[28] Ihre partielle Mitverantwortung für die Involvierung der Bevölkerungsforschung in den Nationalsozialismus dürften sie weitgehend verdrängt haben:

> „Eben das aber wurde nach 1945 zur generalisierenden Apologie: Man habe, was man tat, ja auch schon vorher getan; ergo könne es nicht nationalsozialistisch gewesen sein."[29]

Von den Historikern, die seit den 1950-er Jahren der DGBW angehörten, begannen nur Ernst W. Buchholz (*1923) und Wolfgang Köllmann (1925-1997) ihre Karriere erst nach 1945: Sie hatten bei Werner Conze (1910-1986) promoviert, der selbst der DGBW als Mit-

---

23 HIM, DSHI 100 Keyser 23, Keyser an Harmsen, 5.3.1953; 2.6.1953; Harmsen an Keyser, 9.6.1953; Keyser 1938; ²1941; ³1943. Nach 1945 kam es zu keiner weiteren Auflage, obgleich der Verlag Quelle & Meyer sich interessiert zeigte, „eine neue Darstellung der Bevölkerungsgeschichte Deutschlands" aus der Feder Keysers zu publizieren. HIM, DSHI 100 Keyser 76, Keyser an Harmsen, 23.5.1960.

24 Außer Harmsen waren 1951 Kurt Horstmann, Muckermann und Pfeil in dem Nationalen Komitee vertreten. Höhn 1989, 249; 252; HIM, DSHI 100 Keyser 74, Harmsen an Keyser, 6.12.1952; 13.2.1953.

25 HIM, DSHI 100 Keyser 74, Keyser an Harmsen, 7.6.1953.

26 Vgl. hierzu u.a. Helleiner 1965, 81, Anm. 14; Reinhard et al. 1968, 77; 127; 172; 239; 376; Dollinger 1972, 113, Anm. 2.

27 Mols,1954-57; Keyser 1957, 106; Keyser 1931, 614f.

28 Vgl. hierzu Pinwinkler 2006.

29 Herbert 2004, 26.

glied angehörte, und waren beide seit 1954 DGBW-Mitglieder.[30] Aufgrund ihrer Beiträge zum „Bevölkerungs-Ploetz" erhielten sie 1962 die „Alfred-Grotjahn-Medaille der Akademie für Bevölkerungswissenschaft" verliehen.[31] Keyser zog sich selbst 1957 aus gesundheitlichen Gründen aus dem Vorstand der DGBW zurück. An seiner Stelle wurde Buchholz gewählt, der die von Keyser angeregten, 1956 erstmals erschienenen „Mitteilungen für die Mitglieder und Freunde der Gesellschaft" in eine bevölkerungswissenschaftliche Zeitschrift umwandeln sollte und zu diesem Zweck alsbald in Verlagsverhandlungen eintrat.[32] Vor allem Köllmann konnte indessen sein Ansehen als Bevölkerungsforscher seit Mitte der 1960-er Jahre national und international zunehmend steigern. Er, der sich anfänglich auf stadt- und regionalgeschichtliche Studien zur Geschichte von Westfalen und des Rheinlands konzentriert hatte und diese Forschungen auch später nie ganz aufgab, war seit 1964 Ordinarius für Wirtschafts- und Sozialgeschichte an der Ruhr-Universität Bochum. Vorzugsweise Conzes Heidelberger „Arbeitskreis für moderne Sozialgeschichte" bot Köllmann eine Bühne, auf der er seine bevölkerungsgeschichtlichen Konzepte und Ideen zur Diskussion stellte.[33] Binnenmigrationen und Urbanisierung im 19. Jahrhundert, in Köllmanns Arbeit zunehmend wichtiger werdende Forschungsthemen, brachte er daneben auch in der DGBW zur Sprache.[34]

„Bevölkerungsgeschichtliche" Fragen wurden innerhalb der DGBW in einzelnen Vorträgen, vor allem aber im Rahmen der hier bereits erwähnten „Arbeitstagungen für Bevölkerungsgeschichte" besprochen. An diesen Tagungen nahmen fast ausschließlich westdeutsche Gelehrte teil. Neben Mols war Philippe Dollinger (1904-1999) der einzige nichtdeutsche Referent. Dollinger, der seit 1945 einen Lehrstuhl für elsässische Geschichte an der Universität Straßburg innehatte, war ein Straßburger Schüler der Annales-Historiker Lucien Febvre (1878-1956) und Marc Bloch (1886-1944). Er war zweisprachig aufgewachsen und arbeitete als Historiker zeitlebens an einer Verknüpfung französischer und deutscher Geschichte.[35] Die vermutlich erste derartige Veranstaltung fand 1956 in Marburg/Lahn statt.[36] Es gab u.a. Vorträge von Kurt Scharlau über die Beziehungen zwischen Wüstungsforschung, Agrar- und Bevölkerungsgeschichte und von Erich Woehlkens über Probleme der historischen Pestforschung.[37]

Aus heutiger Sicht erscheint Scharlaus Ansatz einer historisch-geographischen Wüstungsforschung in statischer Weise auf den Zustand der Wüstung begrenzt, ohne dass derselbe prozesshaft verstanden und in einem ausreichenden Maß in politische, wirtschaftliche, soziale und bevölkerungsgeschichtliche „Prozesse, die hinter diesen Regressionsvorgängen standen", eingebettet wurde.[38] Woehlkens' statistisch-topographische Studie über die Pest (und Ruhr) in Ülzen, die zwei Jahre vor der Marburger Arbeitstagung erschienen war, er-

30 HIM, DSHI 100 Keyser 74, DGBW, ordentliche Mitgliederversammlung vom 19.10.1954, Protokoll; vgl. Buchholz 1966; Köllmann 1960. Ebd., Mitgliederverzeichnis der DGBW.

31 HIM, DSHI 100 Keyser 74, DABW/DGBW, Jahreshauptversammlung und Arbeitstagung 1956, Rundschreiben.

32 Deutsche Gesellschaft für Bevölkerungswissenschaft e.V. 1956. HIM, DSHI 100 Keyser 75, 76, Keyser an Harmsen, 8.11.1957; 23.5.1960.

33 Vgl. Mackensen ed. 1998, 205, mündliche Stellungnahme von Prof. Dr. Jürgen Reulecke.

34 Vgl. u.a. Köllmann 1962.

35 Vgl. Graßmann 2001.

36 Diese Tagung förderte das *Bundesministerium des Innern* mit 2.000,- DM. HIM, DSHI 100 Keyser 75. Protokoll der Vorstandssitzung der DGBW, 2.3.1956.

37 Vgl. Scharlau 1956, 518f.; Woehlkens 1956, 512.

38 Denecke 2005, 60.

hält hingegen noch heute in einem Forschungsbericht über die Entwicklung der deutschen Pestforschung die Attribute „wegweisend“ und „akribisch“. Diese Arbeit widmete sich, hierin überlieferten Konventionen deutscher Forschungen zu dieser Thematik folgend, vor allem demographischen und medizingeschichtlichen Fragestellungen. In gegenwärtigen Untersuchungen werden hingegen kultur-, alltags- und sozialgeschichtliche Dimensionen der Pest stärker berücksichtigt.[39]

Im Herbst 1958 fand in Marburg/Lahn die zweite derartige „Arbeitstagung“ mit elf Vorträgen statt. Tagungsräume stellte die Marburger „Deutsche Burse“ zur Verfügung. Diese leitete der Deutschtumsforscher Johann Wilhelm Mannhardt (1883-1969), ein ehemaliger „Bursenkamerad“ Harmsens.[40] Keyser referierte über „Umvolkung in Westpreußen nach dem Ersten Weltkrieg“. Er bezog sich damit auf Studien, die er in den 1940-er Jahren zusammen mit Max Aschkewitz (1901-1972) an seiner „Forschungsstelle für westpreußische Landesgeschichte“ in Danzig-Oliva betrieben hatte. Keyser versuchte den „Deutschtumsverlust“ in Westpreußen anhand eines Vergleichs zwischen „Sesshaftigkeit“, „Abwanderung“ und „Umvolkung“ zu schätzen. Diese Variablen bildeten die Grundlage für eine Berechnung des zahlenmäßigen Zu- und Abflusses zu, von und zwischen den „Volkstümern“. Demnach sollen etwa 100.000 Personen, die die reichsdeutsche Volkszählung 1910 als Deutschsprechende auswies, in den Jahren nach dem Ersten Weltkrieg „umgevolkt“ worden sein.[41] Köllmann sprach über „Binnenwanderung und soziale Frage als Beitrag zur Geschichte der Entstehung der Industriegroßstädte“. Mols referierte über die „Bevölkerung der westdeutschen Städte im Mittelalter“, Dollinger über „Die Bevölkerung Frankreichs im Mittelalter“.[42]

Bei der dritten Arbeitstagung zur „Bevölkerungs- und Sozialgeschichte“ der DGBW im Oktober 1961 wurden neun Vorträge gehalten.[43] Wolfgang Schöningh schilderte die Einwanderung aus Westfalen nach Emden und Ostfriesland im 16. bis 18. Jahrhundert. Hans Mauersberg beleuchtete Wechselwirkungen zwischen „Bevölkerungszahl und Wirtschaftspotential“. Hermann Arnold, der Leiter des Gesundheitsamtes der Stadt Landau/Pfalz, referierte über „Asoziale“ und „Zigeuner“. Er untersuchte die Frage „Wer ist Zigeuner?“ und berichtete über eine ethnografische Feldstudie in Griechenland, wo er die konnubiale „Vermischung“ regionaler „Zigeunermischlingsgruppen“ studiert hatte.[44] Die normative Feststellung, wer denn „Zigeuner“ sei, machte der Landauer „Zigeunerforscher“ von bestimmten sozio-kulturellen Verhaltensmustern abhängig, die sich auf dichotom aufeinander bezogene Kategorien von „Sesshaftigkeit“ versus Mobilität und „planmäßiger“ versus „unstetiger“ Erwerbsweise stützten. Seine Ergebnisse fasste er so zusammen:

> „Die Bastardisierung der Zigeuner [...] wird durch soziale Motive auf eine negativ ausgelesene Sozialgruppe der seßhaften Population beschränkt. Das geringe soziale Leistungsvermögen der

---

39 Ulbricht 2004, 34, 36f.; Woehlkens 1954.

40 HIM, DSHI Keyser 75, DABW, Interne Mitteilung Nr. 15, 1958. Vgl. Riedl 1985/86, 110.

41 HIM, Dokumentesammlung, DSH/100, Erich Keyser; Max Aschkewitz, Die Volksgruppen im Reichsgau Danzig-Westpreußen und ihre Veränderung in den Jahren 1910-1940, Herder-Institut Marburg, DSHI Westpr. 31 (II A 27), Bll. 1-286, hier bes. 22f. HIM, DSHI Keyser 169, Bevölkerungsgeschichte Westpreußens 1920-39/45.

42 HIM, DSHI Keyser 75, DABW, Interne Mitteilung Nr. 15, 1958.

43 Zum Programm vgl. HIM, DSHI Keyser 76, DABW, Mitteilungen für die Mitglieder und Freunde der Gesellschaft, 23. Folge (1961), 41f.

44 Vgl. Schöningh 1967; Mauersberg 1962; Arnold 1962, 115f. Vgl. auch Arnold 1965.

> Mischlinge geht nicht zu Lasten der Rassenmischung an sich, sondern des sozialen Siebungsvorganges, der die Partner liefert.“[45]

Arnolds stark kriminalbiologisch geprägte Variante der „Zigeunerforschung“ ging mit der DABW eine enge institutionelle Verbindung ein. Seine „Dokumentationsstelle für die Probleme nichtsesshafter Familien“, die seit 1968 bestand, konnte er dieser organisatorisch angliedern. Die „Dokumentationsstelle“ sammelte „in enger Verbindung mit Polizei- und Meldebehörden Daten über ‚Zigeuner‘“ und fertigte „Stammbäume ›nichtseßhafter Sippen‹“ an.[46]

Im Resümee zu der Tagung bekräftigte Keyser neuerlich seine immer wieder vertretene Auffassung der historischen Bevölkerungsforschung: „Sippen“, „Stämme“, „Stände“ und „Völker“ bildeten als „Ursprungsgemeinschaften“ (im Unterschied zu den „Willensgemeinschaften“, die die Soziologie untersuchen sollte) den Gegenstand der historischen Bevölkerungsforschung. Neben ihrer räumlichen Ausbreitung und zahlenmäßigen Entwicklung sollte ihre „körperliche, geistige und seelische Beschaffenheit und Befähigung“ untersucht werden.[47] Er bekannte sich damit zu einer spezifischen Spielart der Bevölkerungsgeschichte, die soziale Einheiten einerseits essenzialistisch auf vorgebliche Abstammungsgruppen bezog und die andererseits gesellschaftlichen Wandel nicht mit der vertikalen Mobilität sozialer Schichten, sondern mit eugenischen Theoremen zu verknüpfen suchte.

Die Marburger „Arbeitstagungen“ verwiesen durchaus auf das bestehende breite *thematische* Spektrum westdeutscher „bevölkerungsgeschichtlicher“ Forschungen. Die Bandbreite reichte von siedlungs- und agrargeschichtlich inspirierten Arbeiten über anthropologische und epidemiologische Studien bis hin zu historischen Migrations- und linguistischen Herkunftsforschungen. Dabei wirkten vielfach „volksgeschichtliche“ und eugenisch-erbbiologische Traditionslinien weiter, die schon vor 1945 einen wesentlichen ideologischen Rahmen der Bevölkerungsgeschichte in Deutschland gebildet hatten. Hingegen fanden internationale *theoretische und methodische* Entwicklungen der Historischen Demografie, die seit den 1950-er Jahren einen erkennbaren Aufschwung genommen hatte,[48] bei den Marburger Tagungen keinen Niederschlag.

Die Forschergruppe um Harmsen hielt sich bis gegen Ende der 1960-er Jahre an der Spitze der DGBW.[49] In den beiden voran gegangenen Dekaden hatte sich diese überwiegend um Wissenschaftler ergänzt – wie z.B. Arnold, Mauersberg, von Oppen oder den Anthropologen Hans W. Jürgens (*1932) –, die ihr wenigstens teilweise ideologisch nahe standen. Jürgen Reuleckes These einer „Gleichgerichtetheit“ des Denkens, die die Wortführer aus der „Frontgeneration des Ersten Weltkriegs, meist geboren im letzten Jahrzehnt des 19. Jahrhunderts“, mit „der nachfolgenden Generation der zwischen ca. 1902 und 1913 Geborenen mit bemerkenswerten historischen Folgen“[50] miteinander verband, kann somit anhand der Geschichte der DGBW anschaulich belegt werden. Harmsen selbst trat mit fachlichen Beiträgen nicht besonders hervor. Einige jüngere Wissenschaftler dürften seine wissenschaftlichen Positionierungen schon in den 1960-er Jahren kritisch eingeschätzt

45 Ebd., 132; 134.

46 Hohmann 1995, 47.

47 Vgl. Arnold 1962; HIM, DSHI Keyser 75, DABW, Bemerkungen von Prof. Keyser zu den Vorträgen und zur Aussprache.

48 Vgl. hierzu u.a. Rosental 1997.

49 Vgl. Schleiermacher 2004, 229. Zur Theorie des Generationswechsels vgl. Schulz & Grebner eds. 2003.

50 Reulecke 2002, 356.

haben. Rainer Mackensen wies in diesem Zusammenhang allerdings darauf hin, dass er sich damals nicht dazu veranlasst gefühlt hätte, „selbst hinter eindeutig regimeorientierten Äußerungen inkriminierende Verhaltensweisen zu vermuten.“ „Zwischen der wissenschaftlichen Substanz von Äußerungen, welche mich allein interessierten, und einem politischen Engagement derselben Personen, welche mich überhaupt nicht interessieren“, wollte er unterschieden wissen. Mackensen, der der DGBW etwa seit 1958 angehörte, kam dennoch offenbar nicht umhin, sich mit der Person Harmsens auseinander zu setzen. Wie Köllmann und Buchholz fand er diesen als

> „zu betulich, in sozialdarwinistischen Vorstellungen und entsprechenden Politikinteressen befangen; vor allem störte uns seine Einseitigkeit, seine sture Beharrlichkeit – und die Selbstverständlichkeit, mit der er seine kontinuierliche Wiederwahl zelebrierte.“[51]

Mackensen war (und ist) seit den 1980-er Jahren jedenfalls einer jener deutschen Demographen und Soziologen, die sich am nachhaltigsten für eine kritische Aufarbeitung der Geschichte der deutschen Bevölkerungswissenschaften einsetzen.[52]

Im Jahr 1971 geriet Harmsen erstmals wegen seiner wissenschaftlichen Ansichten unter Druck. Gegenstand öffentlicher Kritik waren einige seiner in der Presse kolportierten Äußerungen, in denen er u.a. dafür eingetreten war, dass die Behörden die demografischen Strukturen der Zuwanderer „vollständig“ und „gesondert“ erfassen sollten. Der Statistiker Hermann Schubnell (1910-1996), selbst ein Gründungsmitglied beider bevölkerungswissenschaftlicher Vereinigungen, exponierte sich öffentlich als Harmsen-Kritiker. Offenbar begünstigt durch die mediale Aufmerksamkeit, die seine Auseinandersetzung mit Harmsen hervorgerufen hatte, soll er auf eine Auflösung der DABW, deren Präsident Harmsen nach wie vor war, gedrängt haben.[53] Offiziell erfolgte diese am 30. Juni 1975. Bereits zwei Jahre zuvor war in Wiesbaden ein „Bundesinstitut für Bevölkerungsforschung“ (BiB) eingerichtet worden, das zunächst 1973/74 kommissarisch von Schubnell und schließlich 1974-79 von Jürgens geleitet wurde.[54] Die DGBW bestand hingegen weiterhin, ehe sie im Jahr 2002 mit der Johann Peter Süßmilch-Gesellschaft (JPSG) vereinigt wurde. Dieser Fachverband bundesdeutscher Bevölkerungsforschung nennt sich „Deutsche Gesellschaft für Demographie e. V.“ (DGD) und hat seinen Sitz in Berlin.

Literaturverzeichnis

Arnold, Hermann 1962: Wer ist Zigeuner? In: Zeitschrift für Ethnologie, 87, 115-134.
Arnold, Hermann 1965: Die Zigeuner – Herkunft und Leben der Stämme im deutschen Sprachgebiet, Olten/Freiburg/Br.

---

51 Mackensen ed. 1998, mündliche Stellungnahme von Prof. Dr. Rainer Mackensen, 228; 224f. Mackensen war übrigens von 1986-1990 selbst Vorsitzender der DGBW.

52 So z.B. in seiner Eigenschaft als DGBW-Vorsitzender (1986-1990), als er 1987 eine Tagung in Berlin durchführte, die die Geschichte der Bevölkerungsforschung mit berücksichtigte. Vgl. Rainer Mackensen et al. (eds.) 1989.

53 So jedenfalls die Version von Arnold 1996, 13-17. Zu Schubnells Bemühungen, anstelle von Harmsen Buchholz zum DGBW-Vorsitzenden wählen zu lassen, vgl. ferner Mackensen ed. 1998, Stellungnahme R. Mackensen, 225.

54 Vgl. ebd. (Mackensen), 258.

Arnold, Hermann 1996: Bevölkerungswissenschaft 1952-1995. Vom Niedergang einer politiknahen Disziplin, Landau.

Ash, Mitchell G. 1995: Verordnete Umbrüche – Konstruierte Kontinuitäten: Zur Entnazifizierung von Wissenschaftlern und Wissenschaften nach 1945, in: Zeitschrift für Geschichtswissenschaft, 10, 903-923.

Buchholz, Ernst Wolfgang 1966: Ländliche Bevölkerung an der Schwelle des Industriezeitalters. Der Raum Braunschweig als Beispiel, Stuttgart (=Quellen und Forschungen zur Agrargeschichte; 11) [Zugl.: Göttingen, phil. Diss., 1952, u. d. T. „Die Bevölkerung des Raumes Braunschweig im 19. Jahrhundert"].

Denecke, Dietrich 2005: Wege der Historischen Geographie und Kulturlandschaftsforschung, Stuttgart.

Deutsche Gesellschaft für Bevölkerungswissenschaft e.V., Februar 1956: Mitteilungen für die Mitglieder und Freunde der Gesellschaft, 1. Folge, 1.

Dollinger, Philippe 1972: Les recherches de démographie historique sur les villes allemandes au moyen age, in: La Démographie médiévale. Sources et méthodes, Monaco, 113-120.

Herbert, Ulrich 2004: Wer waren die Nationalsozialisten? Typologien des politischen Verhaltens im NS-Staat, in: Hirschfeld, Gerhard; Jersak, Tobias eds. 2004: Karrieren im Nationalsozialismus. Funktionseliten zwischen Mitwirkung und Distanz, Frankfurt/New York, 17-42.

Höhn, Charlotte 1989: Grundsatzfragen in der Entstehungsgeschichte der Internationalen Union für Bevölkerungswissenschaft (IUSSP/IUSIPP), in: Mackensen, Rainer; Thill-Thouet, Lydia; Stark, Ulrich eds. 1989: Bevölkerungsentwicklung und Bevölkerungstheorie in Geschichte und Gegenwart. Deutsche Gesellschaft für Bevölkerungswissenschaft, 21. Arbeitstagung, Frankfurt/New York, 233-254.

Ehmer, Josef 2004: Bevölkerungsgeschichte und Historische Demographie 1800-2000, München (=Enzyklopädie deutscher Geschichte; 71).

Fahlbusch, Michael 1999: Wissenschaft im Dienste der nationalsozialistischen Politik? Die „Volksdeutschen Forschungsgemeinschaften" von 1931-1945, Baden-Baden.

Graßmann, Antjekathrin 2001: Philippe Dollinger (1904-1999), in: Hansische Geschichtsblätter, 119, 1-3.

Heberle, Rudolf 1976: Soziologische Lehr- und Wanderjahre, in: Kölner Zeitschrift für Soziologie und Sozialpsychologie, 28, 197-211.

Helleiner, Karl F. 1965: The Vital Revolution Reconsidered, in: Glass, D. V.; Eversley, D. E. C. eds. 1965: Population in History. Essays in Historical Demography, London, 79-86.

Hohmann, Joachim S. 1995: Die Forschungen des „Zigeunerexperten" Hermann Arnold, in: 1999. Zeitschrift für Sozialgeschichte des 20. und 21. Jahrhunderts, 10, 35-49.

Kaupen-Haas, Heidrun 1984: Eine deutsche Biographie – der Bevölkerungspolitiker Hans Harmsen, in: Ebbinghaus, Angelika ed. 1984: Heilen und Vernichten im Mustergau Hamburg, Hamburg, 41-44.

Keyser, Erich 1931: Besprechung Paul Mombert, Bevölkerungslehre, Jena 1929, in: Historische Zeitschrift, 143, 614-615.

Keyser, Erich 1938; 21941; 31943: Bevölkerungsgeschichte Deutschlands, Leipzig.

Keyser, Erich 1952: Die gegenwärtigen Aufgaben der Bevölkerungswissenschaft in Deutschland, in: Homo. Internationale Zeitschrift für die vergleichende Biologie der Menschen, 3, 179.

Keyser, Erich 1957: Besprechung Roger Mols, Introduction [...], in: Hansische Geschichtsblätter, 75, 105-111.

Köllmann, Wolfgang 1960: Sozialgeschichte der Stadt Barmen im 19. Jahrhundert, Tübingen (=Soziale Forschung und Praxis, hg. von der Sozialforschungsstelle an der Universität Münster; 21). [Zugl.: Göttingen, phil. Diss., 1950, u. d. T. Entwicklung der Stadt Barmen von 1808 bis 1871].

Köllmann, Wolfgang 1962: Die deutsche Bevölkerung im Industriezeitalter, in: Mitteilungen der Deutschen Gesellschaft für Bevölkerungswissenschaft e. V., 27. Folge, Nov. 1962, 56-69. [Wieder abgedr. in ders. 1974: Bevölkerung in der industriellen Revolution, Göttingen, 35-46.]

Kornrumpf, Martin 1981: Erste bevölkerungswissenschaftliche Untersuchungen nach der bedingungslosen Kapitulation des Deutschen Reichs 1945. Ein Beitrag zur Vorgeschichte der Deutschen Gesellschaft für Bevölkerungswissenschaft, in: Schubnell, Hermann ed. 1981: Alte und neue Themen der Bevölkerungswissenschaft. Festschrift für Hans Harmsen, Wiesbaden, 141-149.

Kuller, Christiane 2004: Familienpolitik im föderativen Sozialstaat. Die Formierung eines Politikfeldes in der Bundesrepublik 1949-1975, München (=Studien zur Zeitgeschichte; 67).

Mackensen, Rainer; Thill-Thouet, Lydia; Stark, Ulrich eds. 1989: Bevölkerungsentwicklung und Bevölkerungstheorie in Geschichte und Gegenwart. Deutsche Gesellschaft für Bevölkerungswissenschaft, 21. Arbeitstagung, Frankfurt/New York.

Mackensen, Rainer ed. 1998: Bevölkerungsfragen auf Abwegen der Wissenschaften. Zur Geschichte der Bevölkerungswissenschaft in Deutschland im 20. Jahrhundert, Opladen.

Mackensen, Rainer 2000: Vergangenheit und Zukunft der Demographie als Wissenschaft, in: Zeitschrift für Bevölkerungswissenschaft, 25, 399-429.

Mauersberg, Hans 1962: Bevölkerungszahl und Wirtschaftspotential in historischer Sicht, in: Mitteilungen der Deutschen Gesellschaft für Bevölkerungswissenschaft, 18-31.

Mols, Roger 1954-57: Introduction à la démographie historique des villes d'Europe du XIVe au XVIIe siècle. Vol. 1: Les problèmes (1954). Vol. 2: Les résultats (1955). Vol. 3: Annexes (1956), Louvain.

Nagel, Anne Christine 2005: Im Schatten des Dritten Reiches. Mittelalterforschung in der Bundesrepublik Deutschland 1945-1970, Göttingen.

Pinwinkler, Alexander 2005: Volk, Bevölkerung, Rasse, and Raum: Erich Keyser´s Ambiguous Concept of a German History of Population, ca. 1918-1955, in: Haar, Ingo; Fahlbusch, Michael eds. 2005: German Scholars and Ethnic Cleansing 1920-1945, New York-Oxford, 86-99.

Pinwinkler, Alexander 2006: „Bevölkerungsgeschichte“ in der frühen Bundesrepublik Deutschland: Konzeptionelle und institutionengeschichtliche Aspekte. Erich Keyser und Wolfgang Köllmann im Vergleich, in: Ehmer, Josef; Lausecker, Werner; ders. eds. 2006: Historical Social Research/Historische Sozialforschung, Vol. 31, Sonderheft Bevölkerungskonstruktionen in Geschichte, Sozialwissenschaften und Politiken des 20. Jahrhunderts. Transdisziplinäre und internationale Perspektiven, Köln, 64-100.

Pinwinkler, Alexander 2007: Figurationen des Peripheren: „Bevölkerungsgeschichte“ in der frühen Bundesrepublik Deutschland im internationalen Kontext, in: Tel Aviver Jahrbuch für deutsche Geschichte 34, 164-182.

Reinhard, Marcel R; Armengaud, André; Dupâquier, Jacques 1968: Histoire générale de la population mondiale, Paris.

Reulecke, Jürgen 2002: Generationalität und die West-/Ostforschung im „Dritten Reich“ – ein Interpretationsversuch, in: vom Bruch, Rüdiger; Kaderas, Brigitte eds. 2002: Wissenschaften und Wissenschaftspolitik, Wiesbaden, 354-360.

Riedl, Franz Hieronymus 1985/86: Die Deutsche Burse zu Marburg und ihre Ausstrahlung besonders nach Südosteuropa, in: Südostdeutsches Archiv, 28/29, 104-116.

Rosental, Paul-André 1997: Thirteen Years of Debate: From population history to French historical demography (1945-1958), in: Population, 9, 215-242.

Scharlau, Kurt 1956: Der Beitrag der Wüstungsforschung zur Bevölkerungsgeschichte, in: Studium generale, 9, 516-519.

Schleiermacher, Sabine 1998: Sozialethik im Spannungsfeld von Sozial- und Rassenhygiene. Der Mediziner Hans Harmsen im Centralausschuß für die Innere Mission, Husum.

Schleiermacher, Sabine 2004: Experte und Lobbyist für Bevölkerungspolitik. Hans Harmsen in Weimarer Republik, Nationalsozialismus und Bundesrepublik, in: Fisch, Stefan; Rudloff, Wilfried eds. 2004: Experten und Politik: Wissenschaftliche Politikberatung in geschichtlicher Perspektive, Berlin, 211-238.

Schöningh, Wolfgang 1967: Westfälische Einwanderer in Ostfriesland 1433-1744, in: Westfälische Forschungen, 20, 5-57.

Schubnell, Hermann 1959: Die Entwicklung der Demographie in Deutschland, ihr gegenwärtiger Stand und ihre Aufgaben, in: Studium generale, 12, 255-273.

Schulz, Andreas; Grebner, Gundula eds. 2003: Generationswechsel und historischer Wandel, München.

Schulze, Winfried 1993: Deutsche Geschichtswissenschaft nach 1945, München.

Sieglerschmidt, Jörn 2004: Bevölkerungsgeschichte, in: Schulz, Günther; Buchheim, Christoph; Fouquet, Gerhard et al. eds. 2004: Sozial- und Wirtschaftsgeschichte. Arbeitsgebiete – Probleme – Perspektiven. 100 Jahre Vierteljahrschrift für Sozial- und Wirtschaftsgeschichte, Stuttgart, 249-282.

Ulbricht, Otto 2004: Einleitung: Die Allgegenwärtigkeit der Pest in der Frühen Neuzeit und ihre Vernachlässigung in der Geschichtswissenschaft, in: ders. ed. 2004: Die leidige Seuche. Pest-Fälle in der Frühen Neuzeit, Köln-Weimar-Wien.

Weß, Ludger 1995: Das Bundesinstitut für Bevölkerungsforschung – Politikberatung mit Tradition, in: 1999. Zeitschrift für Sozialgeschichte des 20. und 21. Jahrhunderts, 101-114.

Woehlkens, Erich 1954: Pest und Ruhr im 16. und 17. Jahrhundert. Grundlagen einer statistisch-topographischen Beschreibung der großen Seuchen, insbesondere in der Stadt Uelzen, Uelzen.

Woehlkens, Erich 1956: Das Wesen der Pest, in: Studium generale, 9, 1956, 507-512.

Realsoziologische Expertise der Sozialforschungsstelle an der Universität Münster in Dortmund – Elisabeth Pfeil und die Studie zum Bergarbeiterwohnungsbau

Sonja Schnitzler

I. Einführung

Im Mai 1951 wandte sich Gunther Ipsen mit der Bitte an Elisabeth Pfeil, als „Gruppenleiterin Grossstadt"[1] und „[w]enn Sie wollen, zugleich als meine Stellvertreterin"[2] in seine Abteilung in der Dortmunder Sozialforschungsstelle (SFSt) zu kommen.[3] Sie begann ihre Tätigkeit am 1. Februar 1952, zunächst aufgrund eines dreimonatigen Werkvertrages.[4] Der entsprechende Forschungsauftrag galt dem Projekt „Bergarbeiterwohnungsbau", oder auch „Bergarbeiterwohnungsbauprogramm". Zum 1. Juli 1952 erhielt Pfeil eine unbefristete Anstellung an der SFSt.[5] „Wegen des Aufgabengebietes bestand Übereinstimmung darin, dass ausser der Mitwirkung an der Großstadtuntersuchung in Dortmund das Spezialgebiet von Frau Dr. Pfeil, die Untersuchung der Flüchtlingsprobleme ist."[6] Sie übernahm die Gesamtleitung der Forschungsgruppe zu den mehrjährigen separaten, in der Dortmunder Nordstadt durchgeführten „Studien zur Realsoziologie der industriellen Großstadt",[7] den „Großstadtstudien" oder Studien zur „Sozialstruktur Dortmunds".

Bis Elisabeth Pfeil zum 1. April 1956 kündigte,[8] um an die Akademie für Gemeinwirtschaft in Hamburg, die spätere Hochschule für Wirtschaft und Politik,[9] zu wechseln, führte sie drei große Projekte durch: die Untersuchung zum „Bergarbeiterwohnungsbauprogramm" (1952), das Projekt zur „Eingliederung der Heimatvertriebenen und Sowjetzonenflüchtlinge" (1953) und die Studien zur „Sozialstruktur Dortmunds" (1952-1955).[10] Das Projekt „Berufstätige Mutter und Familie", das auf eine Anregung Helmut Schelskys von

---

1 Gunther Ipsen an Elisabeth Pfeil, 11.5.1951 (Durchschlag), Archiv der Sozialforschungsstelle Dortmund (im Folgenden: ASFS), Nachlass (im Folgenden: NL) Ipsen, Akte 17, Bl. 74. Da die Archivalien nicht einheitlich geordnet vorliegen, variiert die Form der Quellenangaben. Wenn Karton-Nummer und Aktentitel angegeben sind, verweist dies darauf, dass die Akte keine Nummerierung besitzt. Die angegebenen Quellennachweise sind aufgrund der Fülle des Materials in den meisten Fällen nur beispielhaft gewählt.

2 Gunther Ipsen an Elisabeth Pfeil, 26.5.1951 (Durchschlag), ASFS, NL Ipsen, Akte 17, Bl. 72.

3 Ipsen war seit dem 1. April desselben Jahres Abteilungsleiter in der SFSt. Die für ihn neu geschaffene Abteilung trug zu dem Zeitpunkt den Namen „Soziographie und Sozialstatistik", Gunther Ipsen an Elisabeth Pfeil, 26.05.1951 (Durchschlag), ASFS, NL Ipsen, Akte 17, Bl. 74.

4 Werkvertrag vom 1.2.1952, ASFS, PA Elisabeth Pfeil (o.P.).

5 Anstellungsvertrag vom 15.3.1954, ASFS, PA Elisabeth Pfeil (o.P.).

6 Vermerk über eine Unterredung mit Frau Dr. Pfeil am 10.5.1952, 19.5.52, ASFS, NL Verwaltung, Karton 4/31, Akte Schriftwechsel wiss. Mitarbeiter A-S, ca. 1952-55 (o.P.).

7 Mackensen et al. 1959, V.

8 Vgl. Elisabeth Pfeil an Dr. Ostrop, 2.2.1956, ASFS, PA Elisabeth Pfeil (o.P.).

9 Seit dem 1.4.2005 als Department Wirtschaft und Politik der Universität Hamburg, Fakultät für Wirtschafts- und Sozialwissenschaften, angegliedert.

10 Sie startete noch „Nachbarschaft und Verkehrskreis", ein Nachfolgeprojekt der Großstadtstudien.

1955 zurückgeht[11] und das sie in Dortmund nicht als Kooperationsprojekt etablieren konnte, war der Auslöser für ihren Wechsel nach Hamburg zu Carl Jantke.[12]

Die 1946 gegründete und der Universität Münster angegliederte SFSt war eines der wichtigen sozialwissenschaftlichen Forschungsinstitute der frühen BRD. Die formelle Spezifik dieser „Sozialforschungsstelle mit ungewöhnlicher Konzeption“ hebt Johannes Weyer hervor:

> „Die Form der institutionellen Verbindung einer freien sozialwissenschaftlichen Forschungsstelle mit einer Universität bildet ein besonderes Charakteristikum der Organisationsstruktur der SFSD.“[13]

Sie stellte – trotz anfänglicher finanzieller Schwierigkeiten – in den fünfziger Jahren „die soziologische Institution der Bundesrepublik dar, von der entscheidende Impulse für die Entwicklung der bundesdeutschen Soziologie ausgingen.“[14] Auch Mario Rainer Lepsius betont die damalige Entwicklung zu einem „bedeutenden soziologischen Forschungsinstitut“,[15] laut Stefan Goch wurde sie zur „bedeutendsten außeruniversitären Institution der westdeutschen Soziologie bzw. Sozialforschung.“[16] Ihrem späteren Leiter Schelsky zufolge war sie sogar „in den 50er und 60er Jahren ihrer personalen Bedeutung, ihrem finanziellen Haushalt und ihrer Zahl der Forschungsprojekte nach die größte Sozialforschungsstelle Europas“.[17] Gerade bzgl. der Sozialstrukturanalyse war die SFSt der Deutschen Gesellschaft für Soziologie thematisch „bis zu fünf Jahre[.] voraus“.[18]

Das Projekt „Bergarbeiterwohnungsbau“ wird von Carsten Klingemann als „nächste große Untersuchung der Sozialforschungsstelle“ nach der die SFSt finanziell rehabilitierenden Studie „Bergmann und Zeche“ benannt[19] und ist laut ihres ehemaligen langjährigen Leiters Otto Neuloh die erste zur Stadt- und Gemeindesoziologie.[20] Die Konzentration auf realsoziologische Expertise, auf die „angewandte“ Sozialforschung, ist das wesentliche Merkmal der Arbeit der Dortmunder Sozialforschungsstelle,[21] durch die diese die Konstituierung der westdeutschen Nachkriegssoziologie maßgeblich gefördert hat. So formuliert Heinrich Popitz im Hinblick auf die Methodik des Projektes:

> „Denn die Sozialforschung ist nicht nur in der Weise ihres Vorgehens ›praktisch‹, sondern sie will und muß es auch in ihrem Ertrag sein: ihre Ergebnisse sollen eine praktische Folge haben.“[22]

---

11 Betr.: Forschungsvorhaben: Berufstätige Mutter und Familie, 3.12.1955, ASFS, NL Ipsen, Akte 24, Bl. 202.

12 Auch Jantke kam von der SFSt, wo er allerdings zuletzt als Abteilungsleiter war.

13 Weyer 1984, 208.

14 Ebd., 236.

15 Lepsius 1979, 34.

16 Goch 2001, 162f.

17 Zitiert nach Schellhase 1982, 24 (Hervorh. im Original).

18 Weyer 1984, 303.

19 Klingemann 2004a, 95.

20 Neuloh et al. 1983, 157.

21 Zur Methodik des Projekts Bergarbeiterwohnungsbau siehe Popitz 1953. Zur Realsoziologie an der SFSt vgl. Weyer 1984, 243-269; zur Realsoziologie Neulohs Güdelhöfer 1989; zur Realsoziologie Ipsens, auch vor 1945, Klingemann 2004b; zur Realsoziologie allgemein, auch im Hinblick auf die Raumforschung, siehe Gutberger 1999, insbes. 89-123.

22 Popitz 1953, 306.

Ernst Wolfgang Buchholz zufolge handelte es sich hier außerdem um eine „Verbindung empirisch-soziologischer Methoden mit den Verfahrensweisen der Bevölkerungswissenschaft."[23] Anhand der Studie „Bergarbeitswohnungsbau" soll die real(bevölkerungs)soziologische Vorgehensweise im Folgenden exemplifiziert werden.

II. Das Projekt Bergarbeiterwohnungsbau[24]

II.1 Die Rahmenbedingungen

Das Projekt bzw. Gutachten „zur soziologischen Erhebung für das Bergarbeiterwohnungsbauprogramm",[25] durch das zwischen den späteren Wohnungsinhabern und den Bauplanern von neuen Zechensiedlungen vermittelt werden sollte, stand „im unmittelbaren Kontext tagespolitischer Fragen."[26] Man begann mit den Arbeiten am 28. Januar 1952, als der Abteilung Gunther Ipsens zusammen mit dem Institut für Siedlungs- und Wohnungswesen an der Universität Münster der Auftrag der für die Umsetzung des Marshallplans zuständigen amerikanischen „Economic Cooperation Administration" (ECA), der späteren „Mutual Security Agency. Special Mission to Germany for Economic Cooperation" (MSA), in Aussicht gestellt wurde,[27] die das Forschungsvorhaben bis zum 31. Mai 1952 finanzierte. Deren Auftrag wiederum lautete, „die Produktivität in Europa zu steigern. Wir erhielten folgende Instruktionen: veranlasst, daß Häuser gebaut werden, schafft bessere Häuser für weniger Geld, veranlasst die Ortsansässigen auf dieses gemeinsame Ziel hinzuarbeiten."[28]

> „Der Auftrag wurde hierher [SFSt; S.S.] vergeben, weil die Großstadtstudien und ähnliche andere laufende Untersuchungen bereits die erforderlichen Voraussetzungen geschaffen hatten und weil umgekehrt die Erfahrungen aus der Stoßuntersuchung [Bergarbeiterwohnungsbau-Projekt; S.S.] den Großstadtstudien zugute kommen konnten und sollten."[29]

In den acht[30] für den ECA/MSA-Wohnungsbau vorgesehenen Zechenstandorten sollten „die Wohnungswünsche und der echte Wohnbedarf" wohnungssuchender Bergleute erfragt werden.[31] „Die Ergebnisse sollten der technischen Planung als Unterlage dienen."[32] Die

---

23 Buchholz 1952, 49.

24 Es ist nicht möglich, in diesem Rahmen in der angemessenen Ausführlichkeit sämtliche Aspekte des Projekts zu behandeln, bspw. die Bedeutung der Studie für die Flüchtlingssoziologie. Hierzu vgl. Klingemann 2004a. Für die Zusammenfassung der Forschungsergebnisse vgl. Pfeil 1954, für einzelne Teilaspekte die in Fußnote 56 dieses Beitrages angegebene Literatur.

25 Sozialforschungsstelle Dortmund in Verbindung mit der Forschungsstelle für Siedlungs- und Wohnungswesen: Soziologische Erhebung zum Bergarbeiterwohnungsbauprogramm. Schlussbericht (im Folgenden: Schlussbericht), ASFS, Bestand Projekt 7, Kartons 15/16, 1.

26 Neuloh et al. 1983, 157.

27 Bericht über den Ablauf und Stand der Studien zur industriellen Großstadt (im Folgenden: Bericht), 9.10.1957, ASFS, NL Ipsen, Akte 24, Bl. 75-89, Bl. 77; Die Sozialforschungsstelle an der Universität Münster Dortmund, Bericht, 4; Schlussbericht, ASFS, Bestand Projekt 7, Kartons 15/16, 1.

28 Zweiter Bericht über den Fortschritt d. Arbeit, 17.10.1952, ASFS, Bestand Projekt 7, Kartons 15/16, Akte „2. Bericht" (o.P.).

29 Bericht, 9.10.1957, ASFS, NL Ipsen, Akte 24, Bl. 75-89, Bl. 77.

30 Recklinghausen, Alsdorf, Kamen-Bergkamen, Marl, Bochum-Herne, Walsum-Hamborn, Gladbeck/Gelsenkirchen-Horst und Essen-Katernberg.

31 Die Sozialforschungsstelle an der Universität Münster Dortmund, Bericht, 4. Vgl. auch Schlussbericht, ASFS, Bestand Projekt 7, Kartons 15/16, 1.

Auftraggeber, die die Ergebnisse für die drängende Bauplanung benötigten, hatten lediglich einzelne Fragen, die von Seiten der SFSt so erweitert wurden, „daß eine geschlossene soziologische Erhebung entstand",[33] die über die dreimonatige Finanzierungszeit durch E-CA/MSA-Mittel hinausging.[34] Man arbeitete zunächst eng mit dem von Hans Jürgen Seraphim geleiteten Institut für Siedlungs- und Wohnungswesen zusammen.[35]

Auf der Basis von Erfahrungen parallel laufender Untersuchungen beider Institute wurden zwei Erhebungsbögen erstellt, „[u]m den Ermittlern eine gleichmässig bindende Anleitung zur Gesprächslenkung zu geben".[36] Erhebungsbogen A sollte die Wohnwünsche und den Wohnbedarf ermitteln. Dieser war der zentrale.[37] Außerdem sollten via einen Erhebungsbogen B „die Erfahrungen von Wohnungsinhabern mit ihren jetzigen Wohnungen und Hausformen ermittelt" werden. Erhebungsbogen A wurde ob der kurzen Zeit, die bis zum Veröffentlichungstermin der beiden ersten Vorgutachten am 5. März – knapp einen Monat nach Projektbeginn – blieb, zunächst auf 33 Fragen einschließlich der Angaben zu den Personalien reduziert, so dass Kurzbefragungen, die den Vorgutachten zu Grunde gelegt wurden, gemacht werden konnten. Gleichzeitig mit den beiden ersten Vorberichten sollten „grundsätzliche Überlegungen zur Sozialplanung", die nicht von Seiten der Auftraggeber erwartet wurden, sondern eine zusätzliche Leistung der Sozialforschungsstelle darstellten, eingereicht werden.[38] So schreibt Pfeil zur Auftragserteilung:

> „Aber Wissenschaftler haben ihren eigenen Kopf, und gibt man ihnen einen Auftrag, so stellen sie sich die Aufgabe auf ihre Weise, nicht immer zur ungeteilten Freude der Auftraggeber. Die Wissenschaft darf nicht bei Einzelfragen stehen bleiben. Ihr Ansatz muß tiefer liegen. Die objektivierte Bedarfsermittlung wird zu einer geschlossenen soziologischen Erhebung, in der nicht Einzelfragen interessieren, sondern das komplexe Wunschbild des Wohnens, eingefügt in die Leitbilder bergmännischen Lebens überhaupt. Erst wenn dies ermittelt wurde, konnten Schlüsse weitgehender Art gezogen werden. Was wir heute bauen, wirkt sich auf den Lebensstil von Generationen. Man muß schon weit ausholen und eindringen, ehe man dazu Stellung nehmen kann."[39]

Deshalb wurden für den Schlussbericht Langbefragungen gemacht, um

> „die in K [=Kurzbefragungen; S.S.] gestellten Fragen in grösseren Zusammenhängen, auch mit der Sozialplanung, zu sehen. Erst dadurch wird die endgültige Empfehlung das breite Fundament erhalten, ohne das sie nicht auskommen kann, wenn sie wissenschaftlich stichhaltig sein soll. Eine nur auf Kurzbefragungen gründende Empfehlung könnte von uns nicht verantwortet werden."[40]

---

32 Ebd.

33 Die Sozialforschungsstelle an der Universität Münster Dortmund, Bericht, 4.

34 Sozialforschungsstelle an der Universität Münster Dortmund, 1946, 29: „Über die ursprünglich begrenzte Fragestellung hinaus wurde im Laufe der nächsten beiden Jahre das Erhebungsmaterial vervollständigt und sorgfältig analysiert; die einschlägige Literatur wurde in stärkerem Umfange herangezogen".

35 Ebd.

36 Schlussbericht, ASFS, Bestand Projekt 7, Kartons 15/16, 1.

37 Gutachten der Sozialforschungsstelle in Verbindung mit dem Institut für Wohnungs- und Siedlungswesen an der Universität Münster zum Bergarbeiter-Wohnungsbauprogramm, Arbeitsplan (im Folgenden: Arbeitsplan), ASFS, Bestand Projekt 7, Karton 11, Akte Fragebogenvorbereitung + Hinweise (o.P.).

38 Ebd.

39 Pfeil 1954, 8f. (Hervorh. im Original).

40 Arbeitsplan, ASFS, Bestand Projekt 7, Karton 11, Akte Fragebogenvorbereitung + Hinweise (o.P.) (Hervorh. im Original).

Es gab eine Stichprobe aus 1396 Wunschbefragungen, vier Rundgesprächen mit 66 Paaren zu Wohnvorstellungen und 331 Erfahrungsbefragungen.[41] Es wurden insgesamt also rund 1700 standardisierte Interviews gemacht[42] und anschließend eine Faktorenanalyse,[43] die erst nach der „Schnellauswertung"[44] extra für den Schlussbericht durchgeführt wurde. Popitz stellt die Methodik zur Diskussion mit der Begründung, dass „keine Pedanterie in Interpretationsfragen so groß sein" könne, „daß sie sich besonders rechtfertigen müßte."[45] Verantwortet wurde das Projekt von Gunther Ipsen. An der Feldarbeit und deren Aufsicht waren beteiligt die Soziologen Elisabeth Pfeil und Heinrich Popitz, der Sozialhistoriker Wolfgang Köllmann, der Architekt Wolfgang Schütte und die Soziologen Wolfgang Buchholz, Hans-Paul Bahrdt und Dietrich von Oppen. Leonhard Lowinski vom Institut für Siedlungs- und Wohnungswesen besaß die Aufgabe, „die wirtschaftlichen Gesichtspunkte geltend zu machen".[46] Verantwortlich für die technische Aufbereitung des Schlussberichtes war Wilhelm Kleiber.[47] Für die „Fragen der Sozialplanung der künftigen Siedlung" unternahm Kurt Utermann Sondererhebungen, „die auf Grund langjähriger Vertrautheit einiger wissenschaftlicher Mitarbeiter mit dem Gegenstand [...] zuverlässige und rasch erzielbare Ergebnisse versprachen."[48] Insgesamt waren es 45 Mitarbeiter, darunter 13 Soziologen (inklusive Ipsen), 22 Hilfswissenschaftler und zehn technische Kräfte. Die Mitarbeiter arbeiteten wochenlang 14 Stunden pro Tag.[49]

Von März bis April 1952 wurden die acht Vorgutachten vorgelegt.[50] Der zusammenfassende Schlussbericht von Gunther Ipsen, Elisabeth Pfeil und Heinrich Popitz,[51] der auf den Langbefragungen des Bogens A (Wünsche und Bedarf) und dem Bogen B (Erfahrungen) basierte[52] und für den „ein umfangreiches Korrelationsprogramm durchgeführt [wurde], das weit über den Rahmen des Schlussberichtes übergreifen mußte: nur durch dieses Übergreifen konnten die für den Schlussbericht wichtigen wissenschaftlichen Ergebnisse gesichert werden",[53] erschien am 10. Mai 1952. Er wurde allein in den Jahren 1952 und 1953 350 Mal an verschiedene Stellen, die in den Wohnungsbau einbezogen waren (Architekten, Wohnungsbaugesellschaften, Stadtplaner etc.), aber auch interessierte Wissenschaftler verschickt „ohne dem Bedarf entfernt genügen zu können."[54] Es verhält sich so, dass sich der Bericht „vor allem aber durch Nachforderungen und Wünsche der verschiedensten

41 Schlussbericht, ASFS, Bestand Projekt 7, Kartons 15/16, 3.

42 Ebd., 1.

43 Vgl. Akte Tabellenprogramm WoWü, ASFS, Bestand Projekt 7, Karton 11, darin insbesondere das Dokument „Tabellen-Programm für das Hauptgutachten".

44 Pfeil 1954, IX.

45 Popitz 1953, 306.

46 Schlussbericht, ASFS, Bestand Projekt 7, Kartons 15/16, 1.

47 Ebd.

48 Ebd., 2.

49 Ebd.

50 Verfasst von Elisabeth Pfeil, Heinrich Popitz, Hans-Paul Bahrdt, Wolfgang Köllmann und Ernst W. Buchholz, vgl. Veröffentlichungen und Arbeiten der Abt. Professor Dr. G. Ipsen vom 16.12.1952, ASFS, NL Ipsen, Akte Sozialforschungsstelle I, Bl. 291.

51 Ferner Leonhard Lowinski, Kurt Utermann, Helmuth Croon, Wolfgang Schütte und Wolfgang Köllmann als Verfasser von Anlagen, dem Stichwortverzeichnis und der Zusammenfassung, vgl. Schlussbericht, ASFS, Bestand Projekt 7, Kartons 15/16, 3.

52 Arbeitsplan, ASFS, Bestand Projekt 7, Karton 11, Akte Fragebogenvorbereitung + Hinweise (o.P.).

53 Schlussbericht, ASFS, Bestand Projekt 7, Kartons 15/16, 3.

54 Gunther Ipsen an Hans Siebeck vom 8.5.1954 (Durchschlag), ASFS, NL Ipsen, Akte Schriftwechsel Stoßuntersuchung 1952, 1.11.1952- [richtig: 11.1.1952-7.9.1955] (o.P.).

Abnehmer“ verteilte.[55] Von 1952 bis 1955 erschienen zusätzlich acht Zeitschriftenartikel aus dem Background der Studie, und zwar von Elisabeth Pfeil, Ernst W. Buchholz, Hans-Paul Bahrdt, Heinrich Popitz und Leonhard Lowinski zusammen mit Jürgen Heuer.[56] „Die bergmännische Eigenwirtschaft“ von Buchholz ist dabei eine eigene Sonderuntersuchung, die sich an das Projekt anschloss.[57] Die Zusammenarbeit der Sozialforschungsstelle mit den verschiedenen interessierten Stellen zum Thema Bergarbeiter-Wohnungsbau setzte sich bis ins Jahr 1955 fort.[58] Die abschließende und offizielle wissenschaftliche Auswertung und Zusammenfassung der Forschungsergebnisse oblag Elisabeth Pfeil.[59] Die Veröffentlichung erschien 1954 unter dem Titel „Die Wohnwünsche der Bergarbeiter“[60] mit einer zunächst geplanten Auflagenstärke von 1500 Exemplaren.[61] Da Pfeil – neben ihrer betreuenden und redigierenden Tätigkeit bei den Vorberichten – eine der drei Verfasser(innen) des Schlussberichts war und mit ihrer Publikation die abschließende Ergebnisdiskussion übernahm, kann man sie als die zentrale Verantwortliche, abgesehen von der Gesamtleitung durch Ipsen, für das Projekt Bergarbeiter-Wohnungsbauprogramm bezeichnen.

Die einzelnen Berichte wie die Publikation wurden auch von einigen ehemaligen NS-Wissenschaftlern positiv aufgenommen. Die Publikation wurde zunächst an 16 Personen und eine Stelle innerhalb der SFSt verschickt.[62] Da die Dortmunder Sozialforschungsstelle viele ehemalige NS-Wissenschaftler aufnahm,[63] verwundert es nicht, dass sich darunter einige befinden, inkl. Elisabeth Pfeil selbst, die bereits vor 1945 tätig waren, so Walther G. Hoffmann, Otto Neuloh, Gunther Ipsen, Helmuth Croon und Wilhelm Brepohl. Hinzu kommen diejenigen, die im „Dritten Reich“ ihre Ausbildung machten, wie Heinrich Popitz, Ernst W. Buchholz und Hans-Paul Bahrdt. Unter den 40 Einzelpersonen und Stellen außerhalb der SFSt, an die das Buch nach Erscheinen verschickt wurde, befinden sich – neben 12 offiziellen Stellen – Hans Freyer, Wilhelm Emil Mühlmann, Karl Valentin Müller, Helmut Schelsky, Gerhard Mackenroth, Arnold Gehlen, Hans Raupach und Alfred Müller-Armack, die bekanntlich ebenfalls bereits vor 1945 in Deutschland aktiv Soziologie betrieben haben.[64] Darüber hinaus stand Ipsen in privatem Kontakt zu Walter Gross,[65] außerdem zu

55 Gunther Ipsen an Elisabeth Pfeil vom 6.6.1952 (Durchschlag), ASFS, NL Ipsen, Akte 17, Bl. 63.

56 Pfeil 1952; Buchholz 1952; Buchholz 1954; Bahrdt 1952a; Bahrdt 1952b; Bahrdt 1954; Popitz 1953; Heuer & Lowinski 1952.

57 Sozialforschungsstelle an der Universität Münster Dortmund, 1946, 29.

58 Bericht, 9.10.1957, ASFS, NL Ipsen, Akte 24, Bl. 75-89, Bl. 77. Vgl. auch Drittes Rundgespräch, 2.11.1953, ASFS, Bestand Projekt 7, Karton 11, Akte Wohnwünsche der Bergarbeiter, Verschiedenes (o.P.).

59 Gunther Ipsen an Staatssekretär Wandersleb, 22.7.1954 (Durchschlag), ASFS, Bestand Projekt 7, Karton 14, Akte Schriftwechsel Stoßuntersuchung 1952, 1.11.1952- [richtig: 11.1.1952-7.9.1955] (o.P.).

60 Pfeil 1954.

61 Hans Siebeck an Gunther Ipsen vom 11.5.1954, ASFS, Bestand Projekt 7, Karton 11, Akte Wohnwünsche der Bergarbeiter, Verschiedenes (o.P.).

62 Vgl. [o. Vornamen] Weydemann an Elisabeth Pfeil, 31.7.1954 und Die Wohnwünsche der Bergarbeiter [Empfängerliste; S.S.], beide ASFS, Bestand Projekt 7, Karton 11, Akte Stoßuntersuchung „Kölner Gespräch“, ECA (o.P.). Auch Pfeil pflegte nach wie vor einen engen persönlichen Kontakt zu Harmsen und Burgdörfer, vgl. beispielhaft Elisabeth Pfeil an Gunther Ipsen, 20.5.1952, ASFS, NL Ipsen, Akte 17, Bl. 65.

63 Sie gilt deswegen als „Waschanlage“ für politisch Belastete, vgl. Ahlheim 2001, Fall.

64 Vgl. Klingemann 1996.

65 Prof. Dr. med. Walter Gross (1904-1945) war seit 1933 im Stab des „Stellvertreter des Führers“ (Rudolf Heß), 1933-45 Gründer und Leiter des „Aufklärungsamtes für Bevölkerungspolitik und Rassenpflege“, 1934 in „Rassenpolitisches Amt der NSDAP“ (im Folgenden: RPA) umbenannt, und wurde 1938 Honorarprofessor für Rassenkunde an der Universität Berlin. Er war Mitglied des Reichsausschusses zum Schutze des deutschen Blutes, des Sachverständigenbeirates für Bevölkerungs- und Rassenpolitik und Propagandist für die Sterilisation aller „Mischlinge“ und den „jüdischen Volkstod“ als sog. Endlösung, Brocke 1998, Bevöl-

Friedrich Burgdörfer und Hans Harmsen, drei Herausgebern des „Archiv für Bevölkerungswissenschaft und Bevölkerungspolitik“.[66] Während Hans Harmsen die Untersuchung „wertvoll“ fand und Pfeil eine Veröffentlichung in der Zeitschrift „Städtehygiene“ ermöglichte,[67] hatte Friedrich Burgdörfer sie „mit großem Interesse und reichem Gewinn studiert“.[68] Karl Valentin Müller war nach eigener Aussage „selten so begeistert von einer Arbeit und ihren Ergebnissen und weiß schon jetzt, daß sie auch für unsere gegenwärtigen Arbeiten sehr viel bedeutet.“[69]

II.2 Die realsoziologische Methodik

Elisabeth Pfeil schickt ihrer Veröffentlichung vorweg: „[k]aum jemand wird bezweifeln, daß es nötig und daß es möglich ist, die objektiv gegebenen Daten, die den Wohnbedarf bestimmen, zu erheben.“[70] So unterschied man auf der Theorie- bzw. Konzeptionsebene „subjektiven und objektiven Bedarf“[71] der Bergleute. Diese Scheidung korrespondiert mit der Annahme, dass es „berechtigte“ und unberechtigte Wünsche gibt:

> „Indem wir [...] das Wort ›berechtigt‹ gebrauchen, erweist es sich schon, daß es in einer solchen Untersuchung ohne Werten nicht abgeht.“[72]

Auch Heinrich Popitz formuliert in einem Rundgespräch vom November 1953 mit Vertretern der Stadt, von Baubehörden und Verbänden, außerdem Architekten und sieben Angehörigen der Sozialforschungsstelle: „[E]s geht uns auch nicht um das subjektive Urteil der Leute. Notwendig ist die Scheidung von Illusion und Fundiertem.“[73] Aus diesem Grund „erschien es nötig, die herkömmlichen und gängigen Urteile über das, was Bergleute brauchten, zu überprüfen.“[74] Die Sozialforscher verstanden sich also sowohl als „Anwalt“[75] der Bergleute, als auch als Korrektiv gegenüber nicht realisierbaren Wohnvorstellungen.

Die praktische Differenzierung in subjektiven und objektiven Bedarf stellt sich zunächst als unmöglich dar, denn anhand welcher Maßstäbe soll man unterscheiden können,

kerungswissenschaft, 421 (hier „Groß“ geschrieben). Er veröffentlichte zahlreiche völkische, rassistische und antisemitische Hetz-Schriften, vgl. Uhle 1999. Zu Gross' Tätigkeit im RPA ebd. Zu seiner Rolle in der deutschen Rassenhygiene und Eugenik vgl. Weingart et al. 1992, passim.

66 Vgl. Schnitzler 2006.

67 Hans Harmsen an Gunther Ipsen, 8.4.1952, ASFS, Bestand Projekt 7, Karton 14, Akte Stoßuntersuchung zum Bergarbeiterwohnungsbauprogramm, Stimmen und Kritiken (o.P.); vgl. Pfeil 1952.

68 Friedrich Burgdörfer an Gunther Ipsen, 4.7.1952, ASFS, Bestand Projekt 7, Karton 14, Akte Stoßuntersuchung zum Bergarbeiterwohnungsbauprogramm, Stimmen und Kritiken (o.P.).

69 Karl Valentin Müller an Gunther Ipsen, 17.5.1952, ASFS, Bestand Projekt 7, Karton 14, Akte Stoßuntersuchung zum Bergarbeiterwohnungsbauprogramm, Stimmen und Kritiken (o.P.).

70 Pfeil 1954, 9 (Hervorh. im Original).

71 Ebd., 5.

72 Ebd., 17 (Hervorh. im Original). Diese Unterscheidung wird allerdings als „Wagnis“ bezeichnet, ebd.

73 Schriftstück Drittes Rundgespräch, 2.11.1953, ASFS, Bestand Projekt 7, Karton 11, Akte Wohnwünsche der Bergarbeiter, Verschiedenes (o.P.) (Hervorh. S.S.).

74 Pfeil 1954, Wohnwünsche, 8.

75 Ebd., 18. Kapitel I des ersten Teils („Das Mitspracherecht des Soziologen“) von Pfeils Schrift lautet „Die Wohnungssuchenden sollten gehört werden“, ebd., 3. Kapitel II ist fast gleich lautend, die Ansicht noch einmal bekräftigend betitelt mit „Ein Auftrag an die Soziologen: Die Wohnungssuchenden sollen *wirklich* einmal gehört werden“, ebd., 6 (Hervorh. S.S.). Man könnte auf die Idee kommen, es handele sich hier um die Beteuerung einer eben überhaupt nicht selbstverständlichen Angelegenheit.

was „übertriebene" Wohnvorstellungen und unvermittelt „realer" Bedarf sind? Während es sich bei (Wohn-)*Wünschen* um einen notwendig subjektiv bestimmten Bedarf handelt, der jederzeit empirisch zu ermitteln ist, erscheint der abstrakte Begriff des „echten" *Bedarfs* als (beinah schon tendenziös) konstruiert, denn Bedarf und Wunsch sind auf der Subjektebene identisch.[76] Damit wäre der Begriff nicht operationalisierbar, es könnten keine Indikatoren festgelegt werden. Diese Einschätzung ändert sich allerdings dadurch, dass Pfeil die gesellschaftlichen Verhältnisse, die gesellschaftliche „Wirklichkeit" zum Maßstab nimmt:

> „Wir sind umso mehr verpflichtet, diesen Schritt [der Wertung, was berechtigt ist und was nicht; S.S.] zu versuchen, je mehr wir die Dinge im Zusammenhängen sehen: den Menschen in seinen Besonderungen und Gruppierungen, eingespannt in ein Netzwerk von sozialen Beziehungen, gehörig zu größeren Gebilden. Aus dieser Sicht heraus vermag man die Wünsche kritisch zu betrachten und zu werten."[77]

Sie schlägt deshalb vor:

> „Es wäre also in der Empfehlung zu unterscheiden zwischen dem vermeinten Bedarf, dem wohlverstandenen Bedarf und endlich einem wahren Bedarf, wie er sich daraus ergibt, daß die einzelne Gruppe in ein größeres Gemeinwesen eingeordnet ist, und daß ihre Probleme aus dem Aspekt eines Volkes, einer Kultur beurteilt werden müssen. ›Die Wissenschaft transzendiert das vorgebrachte Wunschbild‹ (G. Ipsen), indem sie es in größere Zusammenhänge stellt."[78]

Der Soziologe als Sprachrohr „meldet die Ansprüche der Menschen um eine Sinngebung an. Nicht, daß er sich ihnen unbesehen verschriebe, sondern indem er die Ansprüche an die Entfaltung der einzelnen Personen und Familien abwägt gegen die Ansprüche der Allgemeinheit."[79] Realsoziologisch betrachtet lässt sich also durchaus das, was hier unter objektivem Bedarf verstanden wird, ermitteln: Soziale/Soziokulturelle Normen und die von den Investoren bereitgestellten finanziellen Mittel für das Bauprojekt („Das Housing Department plante, Einfamilien-Reihenhäuser zu Eigentum zu bauen mit kleinen Gärten (wie man uns in der Besprechung sagte, nur 70qm, ohne Stall); man wollte hören, ob diese Wohnform willkommen sei (man hoffte wohl, daß sie willkommen sei)"[80]) sind eine Folie, anhand derer die Realisierbarkeit („Angemessenheit") der Wohnwünsche beurteilt werden kann. Diese Folie besitzt objektiven Charakter, d.h. sie gibt den wohnungssuchenden Befragten vor, in welchem Rahmen sich ihre Wünsche bewegen dürfen. Statt um den realen *Bedarf* handelt es sich also eher um die realen *Möglichkeiten*. Pfeil zeigt selbst, dass der an den Befragten ermittelte „reale Bedarf" nichts anderes ist als die an den schlechteren (und besseren[81]) Bedingungen der Wirklichkeit abgeschliffenen Wünsche (= der viel beschworene „Realitätssinn", s.u.), dass also die konzeptionelle Trennung von Wünschen und Bedarf (nur) auf der realsoziologischen Ebene aufrecht zu erhalten ist:

---

76 „Verlangen schließt Bedürfnis ein; es ist der Appetit des Geistes, und so natürlich wie Hunger für den Körper ... die meisten Dinge haben ihren Wert daher, dass sie Bedürfnisse des Geistes befriedigen." Nicolas Barbon zitiert nach Marx 1993, 49.

77 Pfeil 1954, 17.

78 Ebd., 18.

79 Ebd.

80 Ebd., 8.

81 Ebd., 17f: „Es könnte sein, daß der Betrachter im wohlverstandenen Interesse der Befragten gelegentlich besser wünschen müßte als die Befragten selbst".

„Die Frage danach, wie man wohnen möchte, aber ist niemals die Frage nach einer Meinung, denn es gibt keinen Menschen, der nicht Wohnerfahrungen mitbrächte. [...] Der Bergmann ist sehr wohl imstande zu sagen, was er real nötig hat, und die jungen Bergleute wissen in kürzester Zeit Bescheid über das, was ein Bergmann braucht [...]. Auch erwies es sich, daß die Wohnungsuchenden über die Neubauten am Ort wohlorientiert waren. Sie wußten durchaus Bescheid über das, was eine moderne Wohnung zu bieten vermag. [...] Damit erledigt sich auch der Einwand, daß wir keine realisierbaren Wunschbilder zu hören bekommen hätten, sondern die Befragten ermutigt hätten, Luftschlösser zu bauen, und daß wir unerfüllbare Wünsche hochgetrieben hätten. Es wäre allerdings eine vernichtende Kritik, wenn sie zu Recht bestünde. Mehrmals, wenn man von unserem Vorhaben hörte, hat man eingewendet: ›Ja, wenn Sie die Leute fragen, wie sie wohnen wollen, dann will natürlich jeder eine Villa!‹ Oder: ›Wenn Sie die Alternative stellen, ob Reihenhaus oder Einzelhaus, dann zieht natürlich jeder ein Einzelhaus vor!‹ Nun, was wir taten, war, den Befragten zu veranlassen, sich darüber zu äußern, was für eine Form des Wohnens er sich vorgestellt habe. Dabei wurde die Unterhaltung so gelenkt, daß sie an höchst realen Vorgegebenheiten wie Baukosten und Mietpreisen nicht vorbeigehen konnte. Fast aber wären diese Sicherungen nicht nötig gewesen – die Nüchternheit, der Realitätssinn der bergmännischen Bevölkerung sind von sich aus groß genug, um vor einem Hochfliegen der Wünsche zu bewahren. Die Wohnungsuchenden zeigten sich fast ängstlich bemüht, alle unnötigen Nebenausgaben zu vermeiden. Immer wieder kamen Bescheidenheit und Anpassungswilligkeit in den Gesprächen zum Ausdruck, freilich wurden auch die Grenzen des Zumutbaren deutlich.“[82]

An anderer Stelle, zwei Jahre zuvor, hielt sie gleichermaßen fest:

„Man hat gegen ein solches Verfahren eingewendet, daß es ohne großen praktischen Wert sei, denn, wenn man die Leute nach ihren Wünschen frage, so wolle ›natürlich jeder eine Villa‹; die Verhältnisse seien aber so, daß man froh sein müsse, wenn man den Menschen eine kleine Wohnung verschaffe. Wir würden, so hielt man uns entgegen, mit der Befragung nur unerfüllbare Wünsche großziehen. In Wirklichkeit sah es jedoch ganz anders aus. Einmal waren die Befrager darin geschult, keine falschen Hoffnungen zu wecken und auf Schwierigkeiten den heutigen Wohnungsbaus nachdrücklich hinzuweisen, dann war auch der Erhebungsbogen so angelegt, daß kein Gespräch an höchst realen Vorbegebenheiten vorbeigehen konnte: so wurden etwa die Mietbereitschaft oder die Abzahlungsbedingungen erörtert. Es wurde nicht nur die erste Angabe des Befragten festgehalten, sondern weitergefragt, ob er, wenn eine Wohnung zu dem genannten Preis nicht zu haben sei, bereit sei zuzulegen. 70% der Befragten waren dazu bereit, 5 DM oder seltener 10 DM im Monat mehr zu bezahlen als ursprünglich vorgesehen. [...] Und wenn wir am Ende des Gesprächs fragten, ob sie sich von der Befragung eine Wirkung versprächen, so kam erstaunlich oft die für uns zunächst überraschende Antwort: ja, schon, denn sie hätten ja nichts Unbilliges verlangt oder sie hätten ja keine Extrawünsche hervorgebracht, sondern nur das, was allgemein gewünscht werde (und also wohl berechtigt sei!)“.[83]

Die auf ein gesellschaftlich bzw. gemeinschaftlich und sozioökonomisch verträgliches Maß, also auf hegemoniale Vorstellungen von dem, was sein soll, heruntergebrochenen Ideale sind eine Art desillusionierter,[84] angepasster Bedarf, der im Subjekt verankert ist

82 Ebd., 12f. (1. Hervorh. im Original, 2. Hervorh. S.S.).

83 Pfeil 1952, 281 (Hervorh. S.S.).

84 Vgl. die Trennung zwischen „Illusion“ und „Fundiertem“ bei Popitz. Allerdings würde eine tatsächliche Desillusionierung voraussetzen, dass „eigentlich“ etwas anderes gewünscht wird.

(„Bescheidenheit“, „Nüchternheit“, „Anpassungswilligkeit“). Die Instanz, die für Pfeil die Vermittlung zwischen Wünschen und Bedarf bzw. Realität(sprinzip) herstellt, ist die „Wohnerfahrung“, die der Bergmann mitbringt, weswegen diese über den Fragebogen B ermittelt werden soll. „Erfahrung“ bedeutet hier, dass die Bergleute gelernt haben, dass sie mehr nicht zu erwarten haben, und das aufgrund des Determinismus sowohl sozialer Normen als auch finanzieller Faktoren. Deshalb war lediglich eine „Lenkung“ der Einstellungen der Bergleute vonnöten.

Durch die individuelle Internalisierung dessen, „was allgemein gewünscht werde“, wäre es falsch, von offener Einflussnahme seitens der Sozialforscher auszugehen. Aus diesem Grund empört sich auch Gunther Ipsen gegenüber dem Architekten Horst Loy, der den SFSt-Mitarbeiter Siegfried Dryander unverblümt um „Einwirkung auf die für diese Bauten sozusagen bestimmten Bewohner in der Weise, dass sie dem Ergebnis zustimmen, Bedenken zurückstellen, zu Neuerungen überzeugt werden und so fort“, gebeten hatte.[85] Damit versteht Loy in den Augen Ipsens die Tätigkeit des Sozialforschers als eine nicht über die des „Zubringerdienstes“ hinausgehende.[86] Ipsen antwortet ihm, er

> „glaube nicht, dass Sie aus dem Gespräch mit Herrn Dryander und aus dem Einblick in Fragebogen (die nur für einen Fachmann der soziologischen Feldarbeit bestimmt und verständlich sind) eine hinreichende Vorstellung von unserer Untersuchung gewonnen haben können. Es ist darum im Augenblick auch wahrscheinlich nicht sinnvoll, auf Einzelheiten einzugehen.“[87]

Ipsen ist stattdessen der Ansicht, dass es

> „[u]nsere Aufgabe und unser Auftrag war und ist, die Wohnwünsche der Bergarbeiter zu ermitteln und aus diesen Wünschen Anhaltspunkte für den wirklichen Wohnbedarf zu gewinnen. Diese Aufgabe setzt ein Eingehen auf den Kumpel und ein Vertrauen des Kumpels voraus – Bedingungen, die allein schon jegliche Einwirkung unsererseits verbieten. [...] Zum Ausgangspunkt möchte ich aber ausdrücklich aussprechen, dass es für uns eine unangreifbare lex lata ohne zwingende Verhältnisse nicht gibt und geben darf, sondern dass zu unserer Aufgabe geradezu gehört, de lege ferenda zu denken, wenn die lex lata falsch ist; und Vorschläge zur Änderung der Verhältnisse zu machen, wenn diese Verhältnisse unheilvoll wirken.“[88]

Deshalb stellt er an anderer Stelle auch fest: „theoretisch zielt eine solche Wunschbefragung ins Blaue, in Wirklichkeit ist das aber anders. Der Bergmann denkt viel zu real.“[89]

II.3 Ausblick

Das Stichwort „Angemessenheit“ ist bereits gefallen. Die Frage danach ist bei der Festlegung der Höhe von Sozialleistungen eine grundsätzliche. Was ist „angemessener Wohnraum“, für den Wohngeld beantragt werden kann, was „notwendiger Bedarf“, der darüber entscheidet, welche Leistungen Asylbewerbern zustehen? Die realsoziologische Expertise

---

85 Gunther Ipsen an Horst Loy, 30.4.1952 (Durchschlag), ASFS, Bestand Projekt 7, Karton 14, Akte Schriftwechsel Stoßuntersuchung 1952, 11.1.1952-31.11.1952 [richtig: 11.1.1952-7.9.1955] (o.P.).

86 Ebd.

87 Ebd.

88 Ebd.

89 Drittes Rundgespräch, 2.11.1953, ASFS, Bestand Projekt 7, Karton 11, Akte Wohnwünsche der Bergarbeiter, Verschiedenes (o.P.).

seitens der SFSt bzgl. des Bergarbeiterwohnungsbau-Projekts besitzt also durchaus Aktualität in ihrer Auseinandersetzung mit dieser Frage.

Das Bundessozialhilfegesetz[90] sieht im Fall der „Übersteigung" des „der Besonderheit des Einzelfalles angemessenen Umfang[s]" der Aufwendungen für die Unterkunft nach spätestens sechs Monaten einen Umzug vor. Bzgl. des neuen Wohnraums gilt dann:

> „Sind die Aufwendungen für die neue Unterkunft unangemessen hoch, ist der Träger der Sozialhilfe nur zur Übernahme angemessener Aufwendungen verpflichtet, es sei denn, er hat den darüber hinausgehenden Aufwendungen vorher zugestimmt."[91]

Für den Fall, dass „auf dem örtlichen Wohnungsmarkt hinreichend angemessener freier Wohnraum verfügbar [...] ist", kann der Träger der Sozialhilfe „die Leistungen für die Unterkunft durch eine monatliche Pauschale abgelten." „Bei der Bemessung der Pauschale sind die tatsächlichen Gegebenheiten des örtlichen Wohnungsmarkts, der örtliche Mietspiegel sowie die familiären Verhältnisse der Leistungsberechtigten zu berücksichtigen."[92] Dadurch, dass die objektiven Verhältnisse in Fragen der Mietobergrenze durch den örtlichen Mietspiegel numerisch symbolisiert werden können, wird eine allgemein verbindliche Handhabe ermöglicht. Was den „unbestimmten Rechtsbegriff der angemessenen [Wohnungs-]Größe" angeht, so existieren allerdings keine exakten Richtlinien. So kritisierte das Bundessozialgericht kürzlich die Beliebigkeit der Gesetzgebung bei dem Begriff „angemessener Wohnraum".[93]

Literaturverzeichnis

Ahlheim, Klaus 2001: Der Fall Dietrich von Oppen und die Dortmunder „Waschanlage", in: Jahrbuch für Soziologiegeschichte 1997/1998, Opladen, 311-323.

Bahrdt, Hans-Paul 1952a: Wie leben die Bewohner neuer Stadtteile und wie wollen sie eigentlich leben?, in: Baukunst und Werkform, 3, 6/7, 56-63.

Bahrdt, Hans-Paul 1952b: Zwischen Bergmannskotten und Siedlungshaus. Wie Bergleute wohnen, wohnen wollen und wohnen sollen, in: Frankfurter Hefte, 7., 9, 679-687.

Bahrdt, Hans-Paul 1954: Die Soziologie als Helferin beim Wiederaufbau der Städte, in: Soziale Welt, 5, 1, 72-78.

Brocke, Bernhard vom 1998: Bevölkerungswissenschaften Quo vadis? Möglichkeiten und Probleme einer Geschichte der Bevölkerungswissenschaft in Deutschland, Opladen.

Buchholz, Ernst W. 1952: Der Bergarbeiterwohnungsbau als planerische und sozialpolitische Aufgabe, in: Soziale Welt, 4, 1, 38-50.

Buchholz, Ernst W. 1954: Die bergmännische Eigenwirtschaft. Ein Beitrag zur soziologischen Grundlagenforschung für die künftige Ruhrsiedlungs-Politik, in: Zeitschrift für die gesamte Staatswissenschaft, 110, 1, 140-161.

Die Sozialforschungsstelle an der Universität Münster Dortmund (o.J.): Bericht für die Zeit vom 1. Januar 1951 bis zum 31. März 1953, o.O.

---

90 SGB XII § 29 (1).

91 http://www.sozialgesetzbuch-bundessozialhilfegesetz.de/buch/sgbxii/29.html.

92 SGB XII § 29 (2).

93 Vgl. den Artikel „Mehr Rechte für Hartz-IV-Empfänger" von Joachim F. Tornau in der Frankfurter Rundschau vom 8.11.2006, 1.

Goch, Stefan 2001: Wege und Abwege der Sozialwissenschaft: Wilhelm Brepohls industrielle Volkskunde, in: Mitteilungsblatt des Instituts für soziale Bewegungen. Forschungen und Forschungsberichte, 26, 139-176.

Güdelhöfer, Christoph 1989: Otto Neulohs Konzept einer Realsoziologie (mit einem Verzeichnis seiner Schriften) (unveröff. Diplomarbeit), Göttingen.

Gutberger, Jörg 1999: Volk, Raum und Sozialstruktur. Sozialstruktur- und Sozialraumforschung im „Dritten Reich", Münster.

Klingemann, Carsten 1996: Soziologie im Dritten Reich, Baden-Baden.

Klingemann, Carsten 2004a: Flüchtlingssoziologen als Politikberater in Westdeutschland. Die Erschliessung eines Forschungsgebietes durch ehemalige „Reichssoziologen", in: Bayer, Karen; Sparing, Frank; Woelk, Wolfgang eds. 2004: Universitäten und Hochschulen im Nationalsozialismus und in der frühen Nachkriegszeit, Stuttgart, 81-123.

Klingemann, Carsten 2004b: Bevölkerungssoziologie im Nationalsozialismus und in der frühen Bundesrepublik. Zur Rolle Gunther Ipsens, in: Mackensen, Rainer ed. 2004: Bevölkerungslehre und Bevölkerungspolitik im „Dritten Reich", Opladen, 183-205.

Lepsius, M. Rainer 1979: Die Entwicklung der Soziologie nach dem Zweiten Weltkrieg 1945 bis 1967, in: Lüschen, Günther ed. 1979: Deutsche Soziologie seit 1945. Entwicklungsrichtungen und Praxisbezug, Opladen, 25-70.

Lowinski, Leonhard; Heuer, Jürgen 1952: Um die Gestaltung des Bergarbeiterwohnungsbaues, in: Gemeinnütziges Wohnungswesen. Organ des Gesamtverbandes gemeinnütziger Wohnungsunternehmen, 5, 10, 529-534.

Mackensen, Rainer; Papalekas, Johannes Chr.; Pfeil, Elisabeth; Schütte, Wolfgang; Burckhard, Lucius 1959: Daseinsformen der Großstadt. Typische Formen sozialer Existenz in Stadtmitte, Vorstadt und Gürtel der industriellen Großstadt, Tübingen.

Marx, Karl 341993: Das Kapital. Kritik der politischen Ökonomie. Bd. 1, Berlin.

Neuloh, Otto; Pardey, Roland; Bettinger, Norbert; Schwerin, Hans-Alexander Graf von 1983: Sozialforschung aus gesellschaftlicher Verantwortung. Entstehungs- und Leistungsgeschichte der Sozialforschungsstelle Dortmund, Opladen.

Pfeil, Elisabeth 1952: Die Wohnvorstellungen der Bergarbeiter, in: Städtehygiene, 3, 10, 280-285.

Pfeil, Elisabeth 1954: Die Wohnwünsche der Bergarbeiter. Soziologische Erhebung, Deutung und Kritik der Wohnvorstellungen eines Berufes. In Verbindung mit Gunther Ipsen und Heinrich Popitz bearbeitet, Tübingen.

Popitz, Heinrich 1953: Struktur und Merkmal. Zur Auswertung und Interpretation soziologischer Erhebungen, in: Zeitschrift für die gesamte Staatswissenschaft, 109, 2, 306-325.

Schellhase, Rolf 1982: Die industrie- und betriebssoziologischen Untersuchungen der Sozialforschungsstelle an der Universität Münster (Sitz Dortmund) in den fünfziger Jahren. Ein Beitrag zur Geschichte der institutionalisierten Sozialforschung in der Bundesrepublik Deutschland, Münster.

Schnitzler, Sonja 2006: Elisabeth Pfeil und das „Blaue Archiv". Aspekte einer Bevölkerungssoziologie im Nationalsozialismus, in: Mackensen, Rainer ed.: Bevölkerungsforschung und Politik in Deutschland im 20. Jahrhundert, Wiesbaden, 203-219.

Sozialforschungsstelle an der Universität Münster Dortmund (o.J.): 1946 – 1956, o.O.

Tornau, Joachim F. 2006: Mehr Rechte für Hartz-IV-Empfänger, in: Frankfurter Rundschau, 8.11.2006.

Uhle, Roger 1999: Neues Volk und reine Rasse. Walter Gross und das Rassenpolitische Amt der NSDAP (RPA) 1934-1945, Diss., Aachen.

Weingart, Peter et al. 1992: Rasse, Blut und Gene. Geschichte der Eugenik und Rassenhygiene in Deutschland, Frankfurt/M.

Weyer, Johannes 1984: Westdeutsche Soziologie 1945-1960. Deutsche Kontinuitäten und nordamerikanischer Einfluss, Berlin.

Gab es eine demographische Theorie in der DDR?

Rainer Karlsch

I. Bremsklötze

Die Voraussetzungen für die Ausbildung demographischer Theorien waren in der DDR alles andere als günstig. Dies hing zum einem mit dem Selbstverständnis der Demographie zusammen, die zumeist als Spezialdisziplin der Statistik, d.h. als Bevölkerungsstatistik, verstanden wurde, und zum anderen mit der Fixierung auf die Marxsche Theorie.

Seit den Zeiten von William Petty (1623-1687) und Johann Peter Süßmilch (1707-1767) ist die Bevölkerungsstatistik in den Rang einer mehr oder weniger eigenständigen Teildisziplin der Statistik erhoben worden. Das Neue an ihren Arbeiten im 17./18. Jahrhundert waren weniger die Methoden der Datenerhebung, sondern der Versuch, den Zahlen bestimmte Gesetzmäßigkeiten zu entlocken, wie Süssmilch unter anderem bei den Geburtenrelationen von Knaben und Mädchen demonstrierte. Theoretische Erklärungsansätze finden sich in ihren Arbeiten kaum.

Als eigentlicher Stammvater der Bevölkerungstheorie gilt Thomas Robert Malthus (1766-1834). Er veröffentlichte seine Bevölkerungstheorie erstmals 1789 im Buch „Essay on the Principle of Population". Im Zentrum seiner Überlegungen stand die Überbevölkerung als Problem einer sich entwickelnden Ökonomie und Gesellschaft. Malthus ging davon aus, dass das Bevölkerungswachstum exponentiell steige, die Nahrungsmittelproduktion in derselben Zeit aber nur linear („Malthusianisches Gesetz"). Seine Theorie hatte großen Einfluss auf die Sozialwissenschaften, stellte sich aber letztlich, zumindest für die heutigen industrialisierten Gesellschaften, als falsch heraus. Trotz der Widerlegung seiner Hauptannahmen wurde und wird in der wissenschaftlichen Diskussion seine Theorie immer wieder aufgegriffen, da sie zum ersten Mal die grundlegenden bis heute ungelösten Fragen im Kontext der globalen Grenzen des Wachstums und der begrenzten Tragfähigkeit der Erde thematisiert hat.

Beginnend mit Malthus entwickelte sich die Demographie zur Lehre von den Gesetzmäßigkeiten der Bevölkerungsbewegung in der Welt. Diese Gegenstandsbestimmung geht über die reine Datenerfassung der Bevölkerungsstatistik hinaus, und gibt bis heute Anlass zu Kontroversen, da die Demographie ihren Platz im Gefüge der Sozial- und Wirtschaftswissenschaften noch immer nicht gefunden hat.

Karl Marx (1818-1883) bedachte die Theorie von Malthus mit beißendem Spott. Seine Kritik sollte später, unter den Bedingungen der DDR, wie ein Felsbrocken auf jeder Art von theoretischer Beschäftigung mit den Bevölkerungsproblemen lasten. Wer sich dieser Probleme annahm und die demographische Frage gleichgewichtig zur sozialen Frage behandeln wollte, lief Gefahr, als „Malthusianer" ins Abseits gestellt zu werden.

Noch ein weiterer Aspekt ist zu beachten: es gab nach 1945 auf dem Gebiet der SBZ/DDR kaum noch Bevölkerungswissenschaftler. Der Aderlass infolge der NS-Diktatur, der Elitenflucht nach Kriegsende und der Hochschulreform von 1945/46 war so groß, das die Bevölkerungswissenschaften schon allein auf Grund der personellen Malaise nur noch eine Randexistenz führen konnte.[1]

II. Bevölkerungsstatistik = Demographie?

Unter den genannten Bedingungen – Dominanz der Marxschen Theorie, völlige Diskreditierung der bevölkerungswissenschaftlichen Theorien durch NS-Ideologen sowie des weitgehenden personellen Bruchs – wurde zweieinhalb Jahrzehnte lang keine nennenswerte bevölkerungstheoretische Forschung betrieben.

Die Bevölkerungsstatistik konnte hingegen auf professionellem Niveau gehalten werden. Prägend in diesem Sinne wirkte vor allem der Statistiker Felix Burkhardt von der Leipziger Universität.[2] Er war der einzige Statistiker von internationalem Ruf, der in den fünfziger Jahren in der DDR tätig war. Intensiver als andere Statistiker verfolgte er einen international vergleichenden Ansatz.

Für Burkhardt waren Bevölkerungsstatistik und Demographie praktisch ein und dasselbe. Das vermittelte er auch seinen zahlreichen Schülern, die später überwiegend in leitende Positionen in der Zentralverwaltung für Statistik und an den Universitäten aufstiegen.

Die unter Statistikern gängige Gleichsetzung von Bevölkerungsstatistik und Demographie widerspiegelte sich u.a. in dem 1976 von Erhard Förster und Peter Giersdorf publizierten Lehrbuch unter dem eher irreführenden Titel „Grundlagen der Demographie". Tatsächlich handelte es sich um eine Zusammenstellung von statistischen Methoden zur Erfassung des Bevölkerungsstandes und der Bevölkerungsbewegung. Als Untersuchungseinheit stand ausschließlich die Wohnbevölkerung der DDR zur Debatte.

Der Gegenstand der Demographie wurde wie folgt definiert:

> „Gegenstand der Demographie sind die Erfassung, Beschreibung und Untersuchung von bestimmten, vorwiegend massenhaften Zuständen und Vorgängen in einer Bevölkerungsgesamtheit zwecks Aufdeckung der sie beherrschenden Gesetzmäßigkeiten sowie die Ausnutzung dieser Gesetzmäßigkeiten zur Beeinflussung von bestimmten Zuständen und Vorgängen in einer Bevölkerung und für die Prognose von demographischen Erscheinungen und Prozessen."[3]

Mit dieser Definition wurden eher der Gegenstand der Bevölkerungsstatistik und der aktiven Bevölkerungspolitik umrissen, als die Aufgaben der Demographie. De facto setzten auch der Statistiker Förster und der Mediziner Giersdorf zwischen Bevölkerungsstatistik und Demographie ein Gleichheitszeichen. Theoretische Angebote sucht man bei ihnen vergebens.

Ganz den praktischen Bedürfnissen folgend, waren es nicht zuletzt Mediziner, die sich der Bevölkerungsstatistik zuwandten (Säuglingssterblichkeit, Schwangerschaftsabbrüche, Alters- und Geschlechtsproportionen usw.). Dies hing sowohl mit den Traditionen der von Alfred Grotjahn in Berlin noch vor dem Ersten Weltkrieg begründeten Sozialhygiene zusammen, als auch mit dem Anspruch, ein fortschrittliches Gesundheitswesen aufzubauen.[4] Protagonisten dieser Entwicklung waren Kurt Winter in Berlin und Karl-Heinz Mehlan in

---

1 Vgl. Karlsch 2006.
2 Zur Biographie von Felix Burkhardt siehe Otto 1972; ders. 2000.
3 Förster & Giersdorf 1976, 12.
4 Vgl. Tutzke 1979.

Rostock.[5] Die wohl bedeutendste Arbeit Kurt Winters war die Herausgabe des „Lehrbuchs der Sozialhygiene". Sein Untersuchungsfeld war die Bevölkerung der DDR oder präziser gesagt, einzelne Bevölkerungsgruppen bzw. Altersschichten. Eine Theorie der Demographie stand für ihn nicht zur Diskussion. Er ließ sich von der Frage leiten, wie können wissenschaftliche Erkenntnisse zur Verbesserung der gesundheitlichen Situation der Bevölkerung in der DDR beitragen.

Winter ordnete die Demographie den Methoden der Sozialhygiene zu:

> „Demographie heißt Beschreibung des Volkes. Es ist die Wissenschaft, die alle quantitativen Bewegungen einer Bevölkerung in sozialer und wirtschaftlicher Hinsicht zu erfassen versucht und die Gesetzmäßigkeiten ihrer Entwicklung erforscht."[6]

Auch diese Definition zeigt: die Demographie blieb für die Mediziner kaum mehr als eine Hilfswissenschaft, die sich unter ihnen allerdings einer erstaunlichen Popularität erfreute.

Außer von Statistikern, Historikern und Medizinern wurden bevölkerungswissenschaftliche Fragen auch von Geographen aufgegriffen. Dies führte schließlich in den siebziger Jahren an der Universität Greifswald zur Herausbildung der Bevölkerungsgeographie als einer eigenständigen Teildisziplin der Geographie. Als Begründer der Bevölkerungsgeographie in der DDR kann Egon Weber gelten.[7] Er definierte den Gegenstand der Bevölkerungsgeographie wie folgt:

> „Die Bevölkerungsgeographie ist eine Teildisziplin der ökonomischen Geographie, welche die Bevölkerung von Wirtschafts- (und Lebens-)räumen im Prozess der Reproduktion der Gesellschaft mit dem Ziel untersucht, einen wesentlichen Beitrag zur Optimierung von Wirtschaftsräumen im Hinblick auf die bestmögliche Gestaltung der menschlichen Grunddaseinsfunktionen (Arbeiten, Wohnen, Erholen u.a.) zu leisten."[8]

Weber versuchte außerdem, die Bevölkerungsgeographie von der Demographie abzugrenzen, wobei er unter „Demographie" streng genommen nur die „Bevölkerungsstatistik" subsumierte. Weber wollte so einen Beitrag zur Erarbeitung einer marxistischen Theorie der Bevölkerungsgeographie leisten. Dabei kam er über Ansätze nicht hinaus, zumal er seinen Lehrstuhl zunehmend in den Dienst der Planungsbehörden stellte. Er untersuchte hauptsächlich Unterschiede in der geographischen Bevölkerungsverteilung und die Binnenwanderung.

Zur Arbeit der Statistiker, Mediziner und Geographen bleibt festzuhalten: Ihr Interesse konzentrierte sich ganz überwiegend auf die Bevölkerungsstatistik der DDR bzw. einzelner Regionen und/oder Bevölkerungs- und Altersgruppen. Forschungen mit einem internationalen Ansatz waren die Ausnahme und blieben eher Außenseitern wie Kurt Witthauer in Gotha vorbehalten.[9] Fragen der Bevölkerungstheorie wurden in den Fachzeitschriften der Statistiker, Mediziner und Geographen kaum behandelt. Es ist daher nicht übertrieben, die

---

5 Zur Biographie von Kurt Winter siehe Bundesarchiv (BArch) Berlin-Lichterfelde, NY 4519, Nr. 6 (Nachlass Kurt Winter); Müller-Enbergs et al. 2001, 921f. Zur Biographie von Karl-Heinz Mehlan siehe Nachruf im Der Spiegel 45/2003 und in den Mitteilungen der Deutschen Gesellschaft für Demographie 2004.

6 Winter 1969, 37.

7 Zur Biographie von Egon Weber siehe Karlsch 2006.

8 Vgl. Weber 1970, 781.

9 Zur Biographie von Kurt Witthauer siehe Universitätsarchiv Jena, Bestand D, Nr. 2644: Lebenslauf Dr. Kurt Witthauer; sowie den Nachruf in Petermanns Geographische Mitteilungen 1996.

Demographie in der DDR bis Anfang der siebziger Jahre als einer Teildisziplin der Statistik ohne theoretischen Anspruch zu charakterisieren.

III. Die Institutionalisierung der Demographie in den siebziger Jahren

Abgesehen von den erstaunlich erfolgreichen Versuchen der Mediziner zur Fortsetzung sozialhygienischer Forschungen, in die immer auch bevölkerungsstatistische Analysen einbezogen wurden, und der Ausbildung einer Bevölkerungsgeographie, gab es in der DDR bis Anfang der siebziger Jahre keine Arbeiten zur demographischen Theorie. Dafür mussten erst einmal die institutionellen und personellen Voraussetzungen geschaffen werden.

Von Diskussionen in sowjetischen Fachzeitschriften und von der Weltbevölkerungskonferenz 1965 in Belgrad waren erste Impulse in Richtung der Wiederbelebung der Demographie ausgegangen.[10] Diese wirkten nicht ad hoc, doch einige renommierte Sozialwissenschaftler begannen sich für eine eigenständige demographische Forschung einzusetzen. So betonte Hans Mottek, neben Jürgen Kuczynski wohl der renommierteste Wirtschaftshistoriker der DDR, dass eine Beschränkung auf die Bevölkerungsstatistik nicht mehr genüge:

> „Die Demographie ist eine eigene wissenschaftlich theoretische Disziplin geworden. Sie darf nicht von der bürgerlichen Wissenschaft monopolisiert werden. Dabei gibt es natürlich keine marxistische Bevölkerungstheorie nur für die DDR, genau so wenig, wie es eine Politische Ökonomie nur für die DDR gibt."[11]

Ähnlich der Soziologie hatte die Demographie bis dahin in der Sowjetunion und der DDR zu den „vergessenen Wissenschaften" gehört. Zwar wurde der Begriff „Demographie" nach der Weltbevölkerungskonferenz in Belgrad wieder salonfähig, doch dies bedeutete noch nicht, dass er auch inhaltlich ausgefüllt wurde. Die Demographie galt nach wie vor als eine Spezialdisziplin der Bevölkerungsstatistik und nach dem Willen der meisten Verantwortlichen sollte sie dies auch bleiben.

Es bedurfte eines nochmaligen Anstoßes. Dieser kam im Dezember 1972 in Gestalt eines von Jürgen Kuczynski in der „Weltbühne" verfassten Artikels. Kuczynski forderte von den Demographen, dass sie ein System von Bevölkerungsgesetzen entwickeln sollten:

> „Eine Aufgabe, die sie [die Demographen – R.K.] schnell erfüllen müssen, denn gerade die Entwicklung der Nachkriegsjahre hat uns überall die Notwendigkeit einer wissenschaftlich basierten Bevölkerungspolitik klargemacht. Auch wurde noch niemals die Welt von Bevölkerungsbewegungen so überrascht wie die Menschheit im letzten Vierteljahrhundert."

An den Schluss seines Artikels stellte Kuczynski ein Arbeitsprogramm:

> „Die marxistischen Gesellschaftswissenschaftler haben wahrlich eine ernste und dringende Verpflichtung, die Demographie zu einer Theorie, zu einem System von Gesetzen zu entwickeln!"[12]

---

10 Vgl. Statistisches Bundesamt 1965.

11 Vgl. Mottek 1969.

12 Kuczynski 1972.

Wissenschaftsintern war Kuczynskis Vorstoß zweifellos wichtig. Die entscheidenden Weichenstellungen zugunsten des Ausbaus der demographischen Forschung kamen jedoch von der Politik und hatten wenig mit akademischen Debatten, dafür umso mehr mit der Legitimierung einer aktiven Bevölkerungspolitik zu tun.[13]

Nach der Freigabe der Schwangerschaftsunterbrechung kam es ab 1972 zu einem regelrechten Geburteneinbruch. Dies warf auf lange Sicht nicht nur Schwierigkeiten für die Arbeitskräfteplanung auf, sondern passte ganz und gar nicht zur der von der SED postulierten Einheit von Wirtschafts- und Sozialpolitik, die ja gerade optimistische Zukunftserwartungen wecken sollte. Die Politik reagierte mit der Bildung einer Sonderkommission.[14] Sie sollte dem ZK der SED Vorschläge für „die Entwicklung und Koordinierung der Arbeit auf dem Gebiet der demographischen Forschung zur Planung der Bevölkerungsentwicklung" unterbreiten. In der Hauptsache sollte die demographische Forschung der Legitimierung der Bevölkerungspolitik der SED und der dafür notwendigen Ausarbeitung von sozial- und familienpolitischen Konzepten dienen. Einzig auf diese Ziele war die Arbeit des 1974 gegründeten „Wissenschaftlichen Rates für Fragen der Sozialpolitik und Demographie" gerichtet.

Von einer demographischen Lehre und Forschung im modernen Sinne kann man in der DDR ab 1972, d.h. mit der Gründung des Lehrstuhls für Demographie an der Humboldt-Universität zu Berlin sprechen.[15] Die Suche nach bevölkerungspolitischen Konzepten führte in den nächsten Jahren zum Ausbau von Forschungsstrukturen. Zu den personell gut ausgestatteten Lehrstühlen an der Humboldt-Universität zu Berlin (HUB) und der Hochschule für Ökonomie (HfÖ) kam mit dem Bereich Bevölkerungsentwicklung am Institut für Soziologie und Sozialpolitik (ISS) der Akademie der Wissenschaften noch ein drittes Forschungszentrum hinzu. In der Folgezeit entwickelte sich der Bereich „Bevölkerungsentwicklung" des ISS zur personell am besten ausgestatteten demographischen Forschungsstätte der DDR.

Das Forschungsprofil der Demographen sollte sich nach dem Willen der für die Wissenschaftspolitik Verantwortlichen ganz auf DDR-spezifische Probleme ausrichten. Diese Vorgabe führte zu einer scharfen Gegenstandsdebatte. Im Ergebnis wurde ein mehrdimensionaler Forschungsansatz geduldet und eine Arbeitsteilung zwischen den verschiedenen Forschungseinrichtungen verabredet. Die Jahre zwischen 1976 und 1985 waren die wissenschaftlich produktivsten der DDR-Demographen.

IV. Die Theorie der demographischen Transition

In etwa diese Zeit fallen auch die Auseinandersetzungen um theoretische Grundsatzpositionen. Darüber setzte 1974 ein mit zunehmender Heftigkeit geführter Streit ein. Im Kern ging es um die Formulierung von Bevölkerungsgesetzten und die Transitionstheorie.

Solche Auseinandersetzungen waren im reglementierten Wissenschaftsbetrieb der DDR selten und wenn es doch einmal dazu kam, endete dies in der Regel mit politischen

13 Vgl. Karlsch 2003, 23-47.

14 Vgl. BArch Berlin-Lichterfelde, DY 30, J IV 2/2a, Nr. 1727: Vorlage für das Politbüro des ZK der SED „Vorschlag für die Entwicklung und Koordinierung der Arbeit auf dem Gebiet der demographischen Forschung zur Planung der Bevölkerungsentwicklung" vom 13. September 1973.

15 Vgl. Karlsch 2005.

Durchgriffen. Über die Grenzen ihrer Fachdisziplinen hinaus wurden ansonsten nur die Diskussionen über das Wertgesetz 1956/57 und über die Grundlagen der Marxschen Philosophie 1963/64 wahrgenommen. In beiden Fällen – untrennbar verknüpft mit dem Wirken des Ökonomen Fritz Behrens und des Philosophen Robert Havemann – sah sich die SED-Führung in ihrem Herrschaftsanspruch bedroht. Sie unterdrückte nach kurzer Zeit die Diskussionen und maßregelte die Wortführer.

Etwas anders verhielt es sich im Falle des Streits unter den Demographen. Für den Herrschaftsanspruch der SED waren die Debatten um das sozialistische Bevölkerungsgesetz und die Transitionstheorie nicht unmittelbar bedrohlich. Nicht zuletzt aus diesem Grund konnten die Gegensätze in den Auffassungen über mehrere Jahre in wissenschaftlichen Zeitschriften und auf Konferenzen offen ausgetragen werden. So unerfreulich und persönlich belastend die Auseinandersetzungen auch waren, sie führten dazu, dass die Ausarbeitung der Transitionstheorie durch Parviz Khalatbari, seit 1972 Leiter des Lehrstuhls für Demographie an der HUB, entscheidend vorankam.

Die Transitionstheorie war bereits in den zwanziger Jahren des vergangenen Jahrhunderts zunächst als deskriptives Ordnungsmodell zur Beschreibung und Analyse der natürlichen Bevölkerungsentwicklung entstanden.[16] Mittels der Betrachtung der Komponenten der natürlichen Bevölkerungsbewegung – Geburtenrate, Sterberate, Wachstumsrate – zu bestimmten Zeitpunkten erfolgt eine Zuordnung und Gruppierung einzelner Länder entsprechend dem erreichten Niveau dieser Kennziffern in Bezug auf eine angenommene Entwicklung von ausgeglichenen (hohen) Geburten- und Sterberaten und damit marginalem Bevölkerungswachstum (Ausgangsphase) hin zu wiederum ausgeglichenem Saldo dieser Ziffern auf wesentlich niedrigerem Niveau mit ebenso niedrigem Zuwachs der Bevölkerung (Endphase). Je nach Autor und Betrachtungsweise gliedert sich die zwischen den beiden Phasen liegende Transitions- oder Übergangsphase in drei bis fünf Etappen und ist von mehr oder weniger heftigem Bevölkerungswachstum gekennzeichnet. Dabei wird davon ausgegangen, dass dieser oft auch als „demographische Revolution" bezeichnete Übergangsprozess in der demographischen Geschichte von einem stabilen System der Bevölkerungsreproduktion zu einem ebenso stabilen Typ führt und somit eine Unterbrechung der ansonsten langfristig vorherrschenden Kontinuität demographischer Entwicklung ist.

Diesen Ansatz griff Parviz Khalatbari auf und entwickelte ihn weiter. Gemäß Khalatbari lassen sich drei stabile Haupttypen der Reproduktion bestimmen: der Urtyp, der traditionelle und der (noch nicht voll entfaltete) moderne Typ. Gemeinsam haben diese Typen zunächst folgende Charakteristika:

1. In der langfristigen Betrachtung existieren ausgeglichene Verhältnisse der Determinanten der Bevölkerungsbewegung. Dies zeigt sich in der Anpassung des Geburtenniveaus an das der Sterblichkeit.
2. Daraus folgend gibt es ein nur sehr moderates Bevölkerungswachstum am Rande der einfachen Reproduktion (einschließlich einer stationären Bevölkerung).
3. Es besteht ein gleichgewichtiges Verhältnis von Tragfähigkeit der Wirtschaft und Bevölkerungsgröße.

Aus der Logik der Existenz und Entwicklung der Reproduktionstypen ergibt sich, dass bei grundlegenden Veränderungen der (ökonomischen) Basis des jeweiligen Reproduktions-

---

16 Vgl. Kautsky 1910; Spencer o. J.; Rabinowicz 1929; Landry 1934; Pearl 1936; Notestein 1945.

typs ein revolutionärer Prozess in Gang gesetzt wird, die demographische Transition, welche letztendlich zur Herausbildung eines neuen Typs der demographischen Reproduktion führt.

> „Wo immer diese Revolution auftritt, wird die bestehende Kontinuität der Bevölkerungsbewegung unterbrochen und die Grundlage des bis dahin bestehenden Typs der Reproduktion erschüttert. Das lang anhaltende gleichgewichtige Verhältnis zwischen den Determinanten der Bevölkerungsbewegung wird zerstört, und die Bevölkerung wächst explosionsartig. [...] die Struktur der Bevölkerung macht in dieser Periode sukzessive Wandlungen durch. Auch die territoriale Verteilung der Bevölkerung ist einer radikalen Veränderung unterworfen."[17]

In der Folge entwickelte Khalatbari ein 3-Stufen-System von Gesetzen zur Bevölkerungsentwicklung. Danach existieren verschiedene Typen von Gesetzen, die in ihrer Gesamtheit die Bevölkerungsentwicklung in einer historisch konkreten Gesellschaft bestimmen, wobei den Ausgangspunkt das allgemeine Gesetz der Vermehrung in der Natur bildet:

- Gesetze, die in allen Produktionsweisen wirksam sind (allgemeine Gesetze der Bevölkerungsbewegung);
- Gesetze, die nur in einigen, nicht in allen Produktionsweisen wirken;
- Gesetze, die nur für eine Produktionsweise Gültigkeit besitzen.

Demnach hat jede Gattung in der Natur die Tendenz, sich unbegrenzt zu vermehren. Da die Vermehrung jedoch bei jeder Gattung innerhalb eines für sie spezifischen und begrenzten Milieus stattfindet, entspricht die Populationsgröße dem jeweiligen Milieu.

Anders der Mensch: als einzige Gattung hat sein spezifisches Milieu neben den allgemeinen natürlichen Bedingungen eine soziale Qualität. Diese ergibt sich aus der besonderen Art und Weise des Stoffwechsels des Menschen mit der Natur. Im Gegensatz zum Stoffwechsel aller anderen Gattungen, die sich die Natur so aneignen wie sie sie vorfinden, wird dieser Prozess beim Menschen durch die Arbeit, die Herstellung von Gebrauchswerten realisiert.

Somit bilden auf jeder gesellschaftlichen Entwicklungsstufe der Entwicklungsstand der Produktivkräfte, die Dynamik der Bedürfnisse und das Wachstum der Bevölkerung eine Einheit, was Khalatbari (vorsichtig) als das „allgemeine Gesetz der Bevölkerungsbewegung" formuliert:

> „Bedingt durch die spezifische Weise des Stoffwechsels zwischen Mensch und Natur tragen die Grenzen für die Realisierung der exponentiellen Tendenz des Vermehrungsprozesses beim Menschen einen variablen Charakter. Das tendenzielle Wachstum der Bevölkerung scheint daher die allgemeine Gesetzmäßigkeit für die menschliche Bevölkerungsbewegung zu sein." [18]

In Präzisierung des „allgemeinen Gesetzes der Bevölkerungsbewegung" und in Ausgestaltung seines Systems von Bevölkerungsgesetzen unterschiedlicher Reichweite nimmt Khalatbari eine Periodisierung der Bevölkerungsentwicklung vor, die von den „Grundtypen" der Entwicklung der Produktivkräfte ausgeht. Darauf aufbauend wird die demographische Transition als längere und relativ seltene Übergangsperiode zwischen den Reproduktionstypen mit gleicher ökonomischer Grundlage definiert, die nur dann eintritt, wenn es zu

---

[17] Khalatbari 1989, 35.
[18] Khalatbari 1979, 1445.

grundsätzlichen und qualitativen Umwälzungen in den Produktivkräften und der Technologie kommt.[19]

Khalatbaris Überlegungen sind insofern grundsätzlicher als die von Kautsky und Spencer, als das er die Transition nicht einfach nur als einen Übergangsprozess ansieht. Er, so würdigte Rainer Mackensen Khalatbaris theoretischen Ansatz

> „ [...] sucht darüber hinaus den Widerspruch zwischen biologischen und sozialwissenschaftlichen Auffassungen zu überbrücken, indem er einen elementaren und langfristigen biologischen – gar: ökologischen – Prozess als sozialökonomisch überformt deutet."[20]

Das ermöglicht es ihm, mittels dieser Theorie sehr viel weiterreichende Aussagen über die Entwicklung der Bevölkerung sowohl im globalen Rahmen (einschließlich prognostischer Möglichkeiten) als auch in der Geschichte zu treffen. Nochmals sei dazu Mackensen zitiert:

> „Khalatbari hat damit – 1980 und früher! – eine (human-) ökologische Bevölkerungstheorie vorgelegt, die dem gegenwärtigen Diskussionsstand (1997!) der Evolutionstheorien sowohl in der Biologie und der Ökologie als auch in der Soziologie vollkommen gerecht wird."[21]

Mit den Arbeiten von Khalatbari, die kurzzeitig auch vom Biologen Werner Mohrig[22] flankiert wurden, tauchte erstmals in der DDR ein ambitionierter theoretischer Ansatz auf, der weit über das bisher vorherrschende Verständnis von der Demographie als bloße (theorielose) Hilfswissenschaft hinausging. Dieser neue Ansatz löste sichtliche Verstörungen unter den Bevölkerungswissenschaftlern aus, die ihre Aufgabe hauptsächlich in der Legitimierung einer aktiven Bevölkerungspolitik und dem Sammeln von Daten sahen.

V. Ideologie statt Theorie

Khalatbaris Transitionstheorie lässt keinen Raum für die Beschreibung eines besonderen, „sozialistischen" Typs der Reproduktion bzw. subsumiert einen etwa existierenden unter den modernen Typ der Reproduktion. Aus diesem Grunde musste ein Festhalten an dieser Theorie zwangsläufig zu einer Kollision mit „orthodoxen" Auffassungen der Bevölkerungswissenschaft in der DDR, vertreten von der Mehrzahl der Wissenschaftler, führen. Sie gingen in ihren Arbeiten von einem zentralen Theorem des Marxismus, der gesetzmäßigen Aufeinanderfolge der ökonomischen Gesellschaftsformationen mit konkreten Eigentumsverhältnissen und daraus resultierenden spezifischen gesellschaftlichen Verhältnissen aus und leiteten daraus den Zusammenhang von gesellschaftlichem System und Bevölkerungssystem ab. Thomas Büttner und andere schrieben dazu:

> „Jede Gesellschaftsformation erzeugt auf der Grundlage der für sie spezifischen Produktionsweise und der dieser eigenen materiellen gesellschaftlichen Verhältnisse adäquate demografische Verhältnisse; d.h. eine geschichtlich bestimmte Bevölkerung mit einer bestimmten Art und

19 Vgl. Khalatbari 1981.
20 Vgl. Mackensen 1999, 19.
21 Ebd., 24.
22 Vgl. Mohrig 1974.

Weise ihrer Reproduktion, mit bestimmten Reproduktionsbedingungen und -erfordernissen, einem bestimmten Reproduktionsverhalten und ähnlichem."[23]

Damit wurde die Existenz eines eigenständigen „sozialistischen Typs" der Reproduktion nicht allein in den Rang einer unumstößlichen wissenschaftlichen These erhoben, sondern gleichzeitig zum Ausgangspunkt aller weiteren diesbezüglichen demographischen Forschungen deklariert. Dieser per Definition gesetzte „sozialistische" Reproduktionstypus führte in der Folgezeit dazu, dass sich ein Großteil der Bevölkerungswissenschaftler damit befasste, empirische Belege für dessen Existenz aufzufinden. Was allerdings nicht gelingen konnte.[24]

Gleichzeitig entwickelte sich in diesem Spannungsfeld in den achtziger Jahren der einzige echte inhaltliche Diskurs in der Demographie der DDR. Die Auseinandersetzung bewegte sich im Kern um zwei miteinander verbundene, sich gegenseitig bedingende Themenkomplexe: Biologisches und Soziales in der Demographie (Methodologie) und die Periodisierung der Bevölkerungsentwicklung in der Geschichte (Transitionstheorie). Letztlich ging es um die Formulierung von Bevölkerungsgesetzen unterschiedlicher Reichweite.

Khalatbari wandte sich schon 1974 gegen die direkte Ableitung demographischer Gesetzmäßigkeiten aus den so genannten Produktionsweisen:

> „Ein Beispiel für solche eiligen Schlussfolgerungen bieten vielleicht die üblichen Formulierungen des Bevölkerungsgesetzes im Kapitalismus und im Sozialismus. Wir haben oft das von Marx formulierte allgemeine Gesetz der Akkumulation im Kapitalismus und die Überzähligmachung der Arbeitsbevölkerung einseitig und nicht exakt interpretiert [...]. Das war aber nicht alles. Wir haben die einfache Umkehrung dieses von Marx formulierten Gesetzes für den Kapitalismus als Bevölkerungsgesetz des Sozialismus deklariert. [...] Gestützt auf den raschen Geburtenzuwachs der Nachkriegsperiode in den sozialistischen Ländern wurde auch seinerzeit das stürmische Wachstum der Bevölkerung zum Bevölkerungsgesetz des Sozialismus deklariert."[25]

Solche Einschätzungen deuteten die Demographen der Hochschule für Ökonomie als „Frontalangriff".[26] Von ihnen wurde der demographische Reproduktionsprozess als ein rein gesellschaftliches Verhältnis postuliert und jede abweichende Auffassung (Khalatbari) als Biologismus denunziert:

> „Jede Gesellschaftsformation erzeugt auf der Grundlage der für sie spezifischen Produktionsweise und der dieser eigenen materiellen gesellschaftlichen Verhältnisse adäquate demografische Verhältnisse, das heißt eine geschichtlich bestimmte Bevölkerung mit einer bestimmten Art und Weise ihrer Reproduktion, mit bestimmten Reproduktionsbedingungen und -erfordernissen, einem bestimmten Reproduktionsverhalten u. ä."[27]

Das sich hieraus für die demographische Forschung ergebende Paradigma sollte bis zum Ende in der Auseinandersetzung seine Bedeutung behalten:

> „Die Gesetzmäßigkeiten des gesellschaftlichen Lebens der Menschen, das in den Produktivkräften und Produktionsverhältnissen seine besondere materielle Grundlage besitzt, verbieten u. E.

23 Vgl. Büttner et al. 1981b, 1192.
24 Vgl. Dorbritz 1992.
25 Khalatbari 1974, 15.
26 Vgl. Büttner et al. 1981a.
27 Ebd., 8.

> die Interpretation gesellschaftlicher Entwicklungen und der Bevölkerungsentwicklung mit naturwissenschaftlich-biologischen Theorien und Begriffen."[28]

Interessanterweise veröffentlichten die gleichen Autoren im Herbst 1981 einen Artikel zum gleichen Thema in der „Wirtschaftswissenschaft", in dem die Angriffe entschärft und einige Vorwürfe (Biologismus) ganz zurückgenommen wurden.[29]

Die Richtung der Kritik verlagerte sich in dem Zeitschriftenartikel vor allem auf die Fragen der bevölkerungspolitischen Anwendbarkeit der Forschungsergebnisse. Es geht um die

> „[...] konkreten Schlussfolgerungen, die aus ihm gezogen werden können. Das Modell endet im Grunde dort, wo es für die praktische Bevölkerungspolitik der sozialistischen Gesellschaft interessant zu werden beginnt, [...]."[30]

Hier deutet sich ein Aspekt der Auseinandersetzung an, der ursächlich und für die gesamte Zeit der Konfrontation von maßgeblicher Bedeutung gewesen ist: die Legitimation der demographischen Forschung in der DDR durch die Lieferung systemkonformer Informationen und Erkenntnisse. Rückblickend stellte Jürgen Dorbritz dazu fest:

> „Im Spannungsfeld der aus Überzeugung gewollten und ideologisch motivierten Systemkonformität und bestehenden politischen Zwängen ist eine Situation entstanden, die neben einer realistischen Beurteilung der demographischen Situation und der zu erwartenden Trends auch eine Vielzahl von Fehleinschätzungen hervorbrachte."[31]

Im Gegensatz zu den oben genannten Autoren nahm Wulfram Speigner, Leiter des Bereiches „Bevölkerung" am ISS, eine etwas moderatere Position ein, die ohne die Diffamierung der wissenschaftlichen Opponenten auskam. In Anerkennung der Theorie der demographischen Transition als Erklärungsmodell der demographischen Prozesse auf einem bestimmten „vereinfachten" Niveau, versuchte er eine „Versöhnung" des klassischen Transitionsmodells Khalatbaris mit den „orthodoxen" Auffassungen seiner Kollegen.

Speigner gestand 1982 wenigstens ein, dass es bis dahin nicht gelungen war, ein sozialistisches Bevölkerungsgesetz zu formulieren.[32] Er hielt allerdings noch bis Mitte der achtziger Jahre daran fest, dass es möglich sein müsse, ein solches Gesetz zu finden. Die gesellschaftlichen Bedingungen der Bevölkerungsreproduktion seien in der DDR insbesondere durch folgende Umstände charakterisiert: soziale Sicherheit für alle; eine Politik, die frei von Zukunftsängsten ist; Gleichberechtigung, Freigabe des Schwangerschaftsabbruchs; Ehe- und Scheidungsrecht sind so entwickelt, dass die Ehe keine Zweckgemeinschaft mehr ist.[33] Diesen Punkten entsprach das theoretische Konzept von der sozialistischen Lebensweise. Das „demographische Verhalten" galt als ein Teil der Lebensweise der Gesellschaft.[34]

---

28 Ebd., 10.
29 Vgl. Büttner et al. 1981b, 1191-1205.
30 Ebd., 1205.
31 Vgl. Dorbritz 1992.
32 Vgl. Speigner 1982, 1487.
33 Speigner & Strohbach 1883, 39ff.
34 Vgl. Cromm 1998, 301.

Kernpunkt des Konzepts der Lebensweise war eine postulierte annähernde Interessenidentität zwischen Gesellschaft und Individuum. Speigner ging davon aus, dass die sozialistische Gesellschaft versuchen müsse, die demographischen Verhältnisse planmäßig zu steuern. Dies könne vor allem durch die Gestaltung der sozialen Rahmenbedingungen für die Bevölkerungsreproduktion erreicht werden. Ein Ausdruck der sozialistischen Lebensweise sei bspw., dass die Frau als Folge des gesellschaftlichen Fortschritts Berufstätigkeit und Mutterschaft vereinbaren könne. Mit der Lösung dieser Probleme werde die Geburtenentwicklung sozial gelenkt.[35] Damit entstehe ein durch Bewusstheit, Rationalität und Planmäßigkeit charakterisierter Typ der Bevölkerungsreproduktion. Letztlich hatte Speigners soziologisch angelegtes Konzept keinen langen Bestand.

Spätestens ab Mitte der achtziger Jahre verschoben sich die Arbeitsschwerpunkte des ISS immer mehr in Richtung der theoretischen Fundierung einer aktiven Bevölkerungspolitik. Speigners Institut konnte für sich in Ansprach nehmen, zu diesen Fragen die wissenschaftliche Leitinstitution zu sein. Das „demographische Klima“ in der DDR wurde gründlich untersucht und als günstig charakterisiert.[36] Einen direkten Einfluss der sozialpolitischen Maßnahmen auf den Kinderwunsch konnten die Wissenschaftler nicht nachweisen. Sie konstatierten einen „moralischen Verschleiß“ dieser Maßnahmen.

Zu den verdienstvollen Arbeiten des ISS gehörten auch Sekundäranalysen über die soziale Lage in der DDR, die mit den Jahren kritischer ausfielen.[37] Von einer weiteren Beschäftigung mit der Theorie der Demographie hatte sich das Speigner Institut indes verabschiedet.

Selbstkritisch gab Speigner 1991 zu Protokoll: „Wir haben Prozesse falsch eingeschätzt – wir haben Schlüsse gezogen, weil wir Ergebnisse zu bringen hatten – z.B. bei der Formulierung eines sozialistischen Typs der Reproduktion der Bevölkerung.“ In den achtziger Jahren sei klar geworden,

> „dass ein spezifisches Bevölkerungsgesetz der sozialistischen Gesellschaft in den entwickelten Ländern nur dann existieren könnte, wenn diese Gesellschaft eine völlig andere wäre als sie tatsächlich war – die Position, die Parviz Khalatbari dazu vertrat, erwies sich als richtig.“[38]

Als Hauptursachen vergangener Fehleinschätzungen kennzeichnete Speigner eine überzogene Ausrichtung der demographischen Forschung in der DDR auf die Rolle der Produktionsverhältnisse, vorurteilsbehaftete Betrachtung der demographischen (und anderen) Verhältnisse in den westlichen Ländern und mangelnde bzw. überhaupt nicht vorhandene empirische Befunde zu den zu untersuchenden Themenbereichen. Er gab auch zu,

> „dass es ungerechtfertigte Vorwürfe und Anschuldigungen gegeben hat, dass auch versucht wurde, Standpunkte mit den Methoden ideologischer Indoktrination durchzusetzen.“[39]

---

35 Vgl. Speigner 1985, 246.
36 Vgl. Dorbritz & Speigner, 1989.
37 Vgl. ISS Berlin 1989.
38 Speigner 1991, 32.
39 Ebd., 27.

VI. Schluss

Eine Theoriebildung in der Demographie setzte in der DDR Anfang der siebziger Jahre an der HUB ein. Dieser Prozess wurde ein Jahrzehnt heftig bekämpft, weil die Mehrheit der Demographen davon überzeugt war, dass ihre Disziplin sich auf ganz praktische Bedürfnisse, nämlich die Analyse der Bevölkerungsentwicklung der DDR zu konzentrieren habe. Dem Konzept der Transition wurde, in einseitiger Auslegung eines Marx-Zitates, das Postulat vom „sozialistischen Bevölkerungsgesetz" entgegengehalten. Das Erstaunlichste an der über Jahre geführten Debatte war, dass sie überhaupt öffentlich stattfand. Über kurz oder lang musste sich erweisen, dass die Theorie vom „sozialistischen Bevölkerungsgesetz" substanzlos war und eher an das Märchen von des Kaisers neuen Kleidern als an einen ernsthaften Forschungsansatz erinnerte.

Die am Lehrstuhl von Parviz Khalatbari geleistete theoretische Arbeit fand de facto in einer Nische statt und stellte eine „Störgröße" im ansonsten recht monotonen Wissenschaftsbetrieb dar. Während inzwischen über die Theorie vom „sozialistischen Bevölkerungsgesetz" längst der Mantel des Schweigens gedeckt wurde, bietet die Transitionstheorie nach wie vor Diskussionsstoff.

Literatur

Bundesarchiv (BArch) Berlin-Lichterfelde: DY 30, J IV 2/2a, Nr. 1727 – Vorlage für das Politbüro des ZK der SED „Vorschlag für die Entwicklung und Koordinierung der Arbeit auf dem Gebiet der demographischen Forschung zur Planung der Bevölkerungsentwicklung" vom 13. September 1973.

Bundesarchiv (BArch) Berlin-Lichterfelde: NY 4519, Nr. 6 (Nachlass Kurt Winter).

Büttner, Thomas; Ledenig, Wolfgang; Lungwitz, Kurt; Strohbach, Erich 1981a: Zur historischen Typisierung der demografischen Reproduktion, in: Protokolle und Informationen, Wissenschaftlicher Rat für Sozialpolitik und Demographie beim Wissenschaftlichen Rat für die wirtschaftswissenschaftliche Forschung der Akademie der Wissenschaften der DDR ed., Berlin, 1-23.

Büttner, Thomas; Ledenig, Wolfgang; Lungwitz, Kurt; Strohbach, Erich 1981b: Zur historischen Typisierung der demografischen Reproduktion, in: Wirtschaftswissenschaft, 10, 29, 1131-1205.

Cromm, Jürgen 1998: Familienbildung in Deutschland, Wiesbaden.

Dorbritz, Jürgen 1992: Die Situation der Bevölkerungswissenschaft in der ehemaligen DDR und die Probleme der Prognose demographischer Prozesse, in: Berliner Journal für Soziologie, 3, 4, 431-444.

Dorbritz, Jürgen; Speigner Wulfram, Wirkungsweise und Wirkungsform der auf die Geburtenentwicklung gerichteten Bevölkerungspolitik in der DDR seit 1970, Berlin 1989.

Förster, Erhard; Giersdorf, Peter 1976: Grundlagen der Demographie. (= Schriftenreihe der Akademie für Ärztliche Fortbildung der DDR, Bd. 50), Berlin.

Institut für Soziologie und Sozialpolitik (ISS) ed. 1989: Hauptrichtungen der sozialen Entwicklung – Aufgaben einzelner sozialpolitischer Bereiche.

Karlsch, Rainer 2003: Chancen, Kontroversen und Grenzen der demographischen Forschung in der DDR – ein Rückblick, in: Sitzungsberichte der Leibniz-Sozietät, 62, 6, 23-47.

Karlsch, Rainer 2005: Die Demographie als Streitobjekt an der Humboldt-Universität zu Berlin 1972-92, Manuskript Berlin 2005.

Karlsch, Rainer 2006: Die Geschichte der demographischen Forschung in der DDR, Manuskript Berlin 2006.

Kautsky, Karl 1910: Vermehrung und Entwicklung in Natur und Gesellschaft, Stuttgart 1910.

Khalatbari, Parviz 1974: Zu einigen Problemen der Methodologie der Bevölkerungsforschung, in: Zu Problemen der Demographie, Berlin, 13-30.

Khalatbari, Parviz 1979: Das allgemeine Gesetz der Bevölkerungsbewegung, in: Wirtschaftswissenschaft, 27, 12, 1436-1447 .

Khalatbari, Parviz 1981: Die demographische Transition – der Prozess der Unterbrechung der Kontinuität in der Bevölkerungsbewegung, in: Wirtschaftswissenschaft, 29, 2, 153-166.

Khalatbari, Parviz 1989: Demographische Transition, in: Handbuch der Demographie, Manuskript Berlin.

Kuczynski, Jürgen 1972: Demographie, in: Weltbühne vom 19.12.1972.

Landry, Adolphe 1934: La révolution démographique, Paris.

Mackensen, Rainer 1999: Theoretische Notizen zum Konzept der Transition, in: Zeitschrift für Bevölkerungswissenschaft, 24, 5-28.

Mohrig, Werner 1974: Populationskinetik und der menschlichen Bevölkerungsentwicklung, in: Deutsche Zeitschrift für Philosophie, 22, 7, 878-887.

Mottek, Hans 1969: Gutachten, Archiv der Humboldt-Universität zu Berlin, PA Parviz Khalatbari.

Müller-Enbergs, Helmut; Wieghols, Jan; Hoffmann, Dieter eds. 2001: Wer war wer in der DDR? Ein biographisches Lexikon, Bonn.

Nachruf – Kurt Witthauer, in: Petermanns Geographische Mitteilungen, 140 (1996), 3.

Nachruf – Karl-Heinz Mehlan, in: Der Spiegel, 45 (2003), 242.

Nachruf – Karl-Heinz Mehlan, in: Mitteilungen der Deutschen Gesellschaft für Demographie e.V., 5 (2004), 1.

Notestein, Frank 1945: Population – The Long View, in: Schultz, Th. W. ed.: Food for the world, Chicago.

Otto, Carl 1972: Felix Burkhardt – 85 Jahre, in: Wissenschaftliche Zeitschrift der Humboldt-Universität, Gesellschafts- und Sprachwissenschaftliche Reihe, 11, 6, 80.

Otto, Carl 2000: Felix Burkhardt: Ein Leben für die Wissenschaft, in: Müller, Eva; Richter, Horst; Tesch, Joachim eds. 2000: Werk und Wirken von Felix Burkhardt, Leipzig, 7-17.

Pearl, Raymond 1936: Natural History of Population, London.

Rabinowicz, Leon 1929: Le Problème de la Population en France, Paris.

Speigner, Wulfram 1985: Die Bevölkerungsreproduktion, Bestandteil des gesellschaftlichen Reproduktionsprozesses, in: Jahrbuch für Soziologie und Sozialpolitik, Berlin, 233-256.

Speigner, Wulfram 1982: Vom kapitalistischen zum sozialistischen Typ der Bevölkerungsreproduktion, Wirtschaftswissenschaft, 10, 1480-1492.

Speigner, Wulfram; Strohbach, Erich 1983: Zur natürlichen Reproduktion (Standpunkte, Argumente, Probleme, Ergebnisse und konzeptionelle Überlegungen aus der gemeinsamen Forschung), Berlin.

Speigner, Wulfram 1991: Konsequenzen aus der Neubewertung der marxistischen Ideologie und Praxis für die Demographie (Zur Theorie des Übergangs), in: Parviz Khalatbari ed. 1991: Zur Entwicklung der Demographie in der DDR, Gesellschaft für Demographie e.V., 28, 24-41.

Spencer, Herbert o.J.: Prinzip der Biologie, Stuttgart.

Statistisches Bundesamt 1965: Bericht über die Weltbevölkerungskonferenz 1965 in Belgrad, Wiesbaden.

Tutzke, Dietrich 1979: Alfred Grotjahn, Leipzig.

Universitätsarchiv Jena, Bestand D, Nr. 2644: Lebenslauf Dr. Kurt Witthauer.

Weber, Egon 1970: Gegenstand, Stellung und Aufgaben der Bevölkerungsgeographie, in: Wissenschaftliche Zeitschrift der Friedrich-Schiller-Universität Jena, (Math.-Naturwiss., Reihe, 19), 5-6, 780-792.

Winter, Kurt 1969: Lehrbuch der Sozialhygiene, Berlin.

Der individuelle und kollektive Nutzen von Kindern

Bernhard Nauck

Ein Thema, das jahrzehntelang ein Nischendasein geführt hat, erreicht plötzlich die Öffentlichkeit: *der demografische Übergang*. Was Demographen seit mehr als 30 Jahren auch für Deutschland beschrieben haben, wird nunmehr auch außerhalb von demographischen und familiensoziologischen Fachzirkeln diskutiert, nämlich die Konsequenzen des Geburtenrückganges und wachsender Lebenserwartung für moderne Gesellschaften. Tatsächlich sind für den hier interessierenden Geburtenrückgang die Tatsachen seit langem wohlbekannt:

- In Deutschland lagen die zusammengefassten Geburtenziffern bereits nach dem Ersten Weltkrieg erstmals unter dem Bestandserhaltungsniveau; bezogen auf die endgültigen Kinderzahlen haben die um 1880 geborenen Frauen letztmalig das Bestandserhaltungsniveau erreicht.[1]
- Bei der seit drei Dekaden um einen Wert von 1.4 oszillierenden zusammengefassten Geburtenziffer und bei einem Bestandserhaltungsniveau von 2.1 für die deutsche Gesellschaft ergibt sich, dass in jeder Generation etwa ein Drittel Geburten für die Bestandserhaltung fehlen. Ausdrücklich betont sei hierbei, dass es sich beim Bestandserhaltungsniveau keineswegs um eine „natürliche" Zielgröße im Kontext sozial- oder bevölkerungspolitischer Diskussionen handelt.

Die genannte Lücke nachhaltig über Bevölkerungsimporte schließen zu wollen, weckt nicht nur adverse Reaktionen in der Bevölkerung; dieser stellt vielmehr große Herausforderungen an die Sozialintegration, die keinesfalls kostenfrei zu haben ist, und er resultiert in weiteren drastischen Veränderungen des Altersaufbaus der Wohnbevölkerung, der keineswegs einen Ausgleich des Geburtenrückgangs bedeutet.[2] Schließlich dürfte eine solche Vorstellung auch zunehmend mit Machbarkeitsproblemen konfrontiert sein, da die gleiche demographische Entwicklung alle europäischen Gesellschaften erfasst hat, von Norwegen bis insbesondere Italien, von Portugal bis Russland, und inzwischen sogar von Irland bis zur Türkei. Derzeit ist die Türkei das einzige Land Europas, das mit einer zusammengefassten Geburtenziffer von 2.3 noch knapp über dem Bestandserhaltungsniveau liegt, während insbesondere die süd- und osteuropäischen Länder z.T. drastisch darunter liegen. Entsprechend ist für die nahe Zukunft eine harte Konkurrenz auf dem europäischen Arbeitsmarkt zu erwarten, der sich vermutlich auf junge Arbeitskräfte mit *hoher* Humankapitalausstattung konzentrieren wird. In diesem Bevölkerungssegment steigen damit die Risiken einer merklichen *Ab*wanderung aus Deutschland, wodurch sich die bestehenden Probleme im Bevölkerungsaufbau eher noch verschärfen werden.

Allein dieser Zusammenhang macht deutlich, dass die familien- und sozialpolitische Konzentration auf die reine Bevölkerungsgröße am eigentlichen Problem vorbeigeht. Vielmehr geht es bei Geburten und bei Migration vor allem um die Zusammensetzung der Bevölkerung, d.h. um die „Qualität" des Bevölkerungsaufbaus. Insofern ist das „Problem", so wie es in der Öffentlichkeit momentan wahrgenommen wird, nämlich die bevölkerungspo-

---

1 Schwarz 1991.

2 Lesthaeghe et al. 1991.

litisch motivierte Frage nach dem quantitativen Umfang der nachwachsenden Generation, eine möglicherweise verhängnisvolle Verkürzung. Diese führt zu falschen Antworten auf die Frage, mit welchen Maßnahmen die Neigung, Kinder zu bekommen, gesteigert werden kann, und zu familienpolitischen Irrwegen.

Die alarmierenden Ergebnisse der international vergleichenden Studie zum Bildungserfolg von Schülern[3] sind entsprechend nicht nur darin zu sehen, dass die Schüler deutscher Schulen darin vergleichsweise schlecht abschneiden und damit auf gravierende Probleme in der Humanvermögensbildung aufmerksam machen. Mindestens ebenso bedeutsam ist, dass Deutschland nur in einer Hinsicht „Spitze“ ist, nämlich in der intergenerativen Transmission von Bildungsstatus: In keinem anderen Land bestehen so große Unterschiede zwischen den Kindern aus Familien des unteren und oberen Quartils der Sozialschicht hinsichtlich der Lesekompetenzen, und in keinem anderen Land (außer Mexiko) ist der Zusammenhang zwischen Bildungsniveau der Mutter und dem Schulerfolg des Kindes so eng wie in Deutschland. Umso verhängnisvoller ist es, dass die Befunde von PISA und TIMMS[4] in Deutschland ausschließlich bildungspolitisch diskutiert werden, wohingegen eine sozialpolitische Diskussion über die Bedingungen der Produktion von Humanvermögen bzw. eine familiensoziologische Diskussion der intergenerativen Transmission von kulturellem Kapital weitgehend fehlt. Wenn diese Zusammenhänge zwischen den Bedingungen im Elternhaus und dem Bildungserfolg der Kinder sowie den daraus resultierenden sozialen Chancen in Deutschland enger als in anderen Gesellschaften sind, dann sind solche Befunde umso mehr Anlass, die Frage nach den Bedingungen elterlicher Investitionen in ihre Kinder nachdrücklich zu stellen. In einem zweiten Schritt ist dann zu prüfen, unter welchen Bedingungen das individuelle Interesse der Eltern an ihren Kindern mit dem gesamtgesellschaftlichen Interesse an der Reproduktion des Humanvermögens, so wie es stellvertretend in der bevölkerungspolitischen Diskussion zum Ausdruck gebracht wird, konvergiert oder nicht.

Für diese Betrachtungsweise ist es durchaus gerechtfertigt, die (potenziellen) Eltern zum analytischen Ausgangspunkt zu wählen. Wenn es nämlich um generative Entscheidungen und die Stiftung von Generationenbeziehungen geht, ist dies dadurch gerechtfertigt, dass sie „unbedingte“ Entscheidungen sind, die von den Eltern – wenn auch in zuweilen durchaus komplizierten Aushandlungsprozessen miteinander – von diesen höchst privat und individuell getroffen werden: Eltern (allein) entscheiden, „ob“ und „wann“ Generationenbeziehungen gestiftet werden. Kinder können sich weder wehren, geboren zu werden, noch können sie selbst diesen Umstand befördern. Sind die Kinder jedoch erst einmal da, verwandeln sich alle weiteren Entscheidungen über die Ausgestaltung der Generationenbeziehungen zunehmend in „bedingte“ Entscheidungen, mit den Kindern als eigenständigen Akteuren und ihren Interessen, Rechten und Pflichten. Entsprechend gilt, dass eine konzeptionell geschlossene Sozialpolitik die Kinder als Akteure mit ihren legitimen Eigeninteressen nicht ausblenden und sich nicht einseitig auf die Anreizstrukturen für die Eltern konzentrieren sollte.

Dass dies und wie dies bislang geschehen ist, hängt vor allem mit dem großen Durchsetzungserfolg der *New Home Economics* in der familienpolitischen Diskussion zusammen.[5] Die Neue Haushaltsökonomie ist in diesem Forschungsgebiet zum dominanten Erklärungsparadigma geworden, während „soziologische“ oder „psychologische” Modelle

---

3 Deutsches PISA-Konsortium 2001.
4 Mullis et al. 2001; Martin et al. 2001.
5 Krüsselberg et al. 1986.

stetig an Bedeutung eingebüßt haben.[6] Sie hat insbesondere für die Erklärung des Geburtenrückgangs in Wohlstandsgesellschaften faszinierende Einsichten eröffnet, jedoch zugleich eine Einseitigkeit in die familienpolitische Diskussion gebracht, die wesentlich auf die Unvollständigkeit des zugrunde liegenden Erklärungsmodells zurückzuführen ist.

Gary S. Becker, der Begründer und prominenteste Vertreter der Neuen Haushaltsökonomie, hat die Familientheorie insbesondere um zwei wesentliche Aspekte bereichert:[7] Anders als austauschtheoretische Ansätze z.B. fasst er Familienhaushalte nicht ausschließlich als Verteilungs- und *Konsum*einheiten von marktmäßig erwerbbaren Gütern, sondern vielmehr auch als *Produktions*einheiten, in denen nicht-marktmäßig erwerbbare „commodities" erst einmal hervorgebracht werden müssen. Zu solchen „commodities" zählen Liebe, Zuneigung, Unterstützung, Dienstleistungen und ebenso gemeinsame Kinder. Haushalte optimieren ihr Verhalten entsprechend dem Preis des jeweiligen Gutes, d.h. den damit verbundenen direkten Kosten, Zeitinvestitionen und Opportunitätskosten. Die Nutzenproduktion des Haushalts wird von zwei Restriktionen begrenzt:

- Es ist nur ein beschränktes Budget vorhanden (z.B. Haushaltseinkommen) und
- steht nur eine bestimmte Zeitmenge zur Verfügung.

Quantität und Qualität – d.h. Humanvermögen als Resultat der elterlichen Investitionen in Bildung und Erziehung – von Kindern stehen in einer inversen Beziehung zueinander, da beide von Budgetrestriktionen betroffen sind.[8] Die Kinderzahl hängt somit zum einen vom Familieneinkommen, zum anderen von den Schattenpreisen der Kinder und den anderer Güter und Dienstleistungen ab. Diese Schattenpreise sind, entsprechend den jeweiligen Opportunitätskosten z.B. durch den entgangenen Lohn aus eigener Erwerbstätigkeit, individuell variabel.

Viele soziale Prozesse im Zusammenhang mit generativem Verhalten können vergleichsweise elegant mit der Neuen Haushaltsökonomie modelliert werden: Sie erklärt z.B. zureichend, warum gut ausgebildete Frauen mit größerer Wahrscheinlichkeit auf Kinder verzichten als schlecht ausgebildete: Erstere haben höhere Opportunitätskosten aus entgangenem Nutzen eigener Erwerbstätigkeit, d.h. der Schattenpreis der Kinder steigt bei ihnen stärker als bei weniger qualifizierten Müttern. Zudem hält die Neue Haushaltsökonomie auch eine Antwort auf die Frage bereit, warum mit steigendem Wohlstand zwar die Konsumtion anderer Verbrauchsgüter zunimmt, die Kinderzahl dagegen abnimmt: Da Kinder zeitintensiver sind, steigt der relative Preis von Kindern, wenn der Preis der Zeit für die Haushaltsmitglieder steigt.

Mit diesem Modell kann auch eine ganze Reihe von familien- und sozialpolitischen Maßnahmen recht genau analysiert werden. So erklärt die ökonomische Theorie der Familie z.B., warum die Erhöhung von Kindergeld um konstante Raten zu adversen Effekten führt: Eine solche Maßnahme bietet nur kostensenkende Anreize für diejenigen Haushalte bzw. Frauen, bei denen das Kindergeld über dem individuellen Schattenpreis (jetzt und zukünftig erwarteter) liegt. Entsprechend ist dies bei Haushalten mit niedrigem Erwerbsstatus jeweils früher der Fall als bei Haushalten mit hohem Erwerbseinkommen. Spielten allein die Kosten von Kindern die entscheidende Rolle für generative Entscheidungen, so wie dies in der ökonomischen Theorie der Familie (und weithin in der Familienpolitik)

[6] Ebd.
[7] Becker 1991.
[8] Becker & Lewis 1973.

angenommen wird, hätte eine solche Maßnahme den Effekt stark selektiver Anreizwirkung auf das generative Verhalten zugunsten einkommensniedriger Haushalte. Ebenso erklärt die Neue Haushaltsökonomie, warum das derzeit bestehende Sozialversicherungssystem, d.h. die Renten- und Pflegeversicherung, und – mehr noch – ein kapitalfinanziertes Sozialversicherungssystem starke Anreize für „free riding" in Bezug auf Investitionen in das Humanvermögen der nachwachsenden Generation beinhaltet: Während private Investitionen in Finanz- und Sachkapital auch zu privaten Erträgen führen, werden die Erträge der Humankapitalinvestitionen zu einem Großteil kollektiviert, indem die nächste Generation die Rentenansprüche aus der gesetzlichen Rentenversicherung und die Pensionsansprüche der öffentlich Bediensteten einzulösen hat. Die Höhe der Rentenansprüche basiert auf Leistungen an die vorherige, nicht auf Leistungen an die nachfolgende Generation. Dadurch entstehen externe Effekte der Kindererziehung, die ein entsprechendes „Free-rider-Verhalten" nahe legen. Verzichtet man auf private Leistungen an Kinder und erwirbt hohe Ansprüche im Rentensystem, die dann von der nächsten Generation beglichen werden, deren Humanvermögensbildungskosten jedoch von anderen Gesellschaftsmitgliedern getragen wurden, ist dies zwar ein systemgerechtes Verhalten, das jedoch faktisch eine Umverteilung zu Lasten der Kindererziehenden bedeutet. [9]

Entsprechend wenig verwunderlich ist, dass „Kinderlosigkeit" bei gleichzeitiger Vollerwerbstätigkeit als optimale Strategie der Investition in eigene Ansprüche an das Sozialversicherungssystem kontinuierlich zunimmt (im Westen Deutschlands) bzw. sich rasch angleicht (im Osten): Nach den Berechnungen des Statistischen Bundesamtes ist der Anteil der Frauen in Westdeutschland, die im Alter von 35 kinderlos sind, von 7 % beim Geburtsjahrgang 1935 auf 31 % beim Geburtsjahrgang 1965 angestiegen; in Ostdeutschland betrug bis zum Geburtsjahrgang 1959 der Anteil durchweg unter 10 %, steigt jedoch bis zum Geburtsjahrgang 1965 rasch auf über 25 % an. Gut erklärlich ist dann auch, warum der Anteil der dauerhaft Kinderlosen unter den Frauen mit höheren Bildungsabschlüssen jeweils überdurchschnittlich hoch ist.

Gleichwohl müssen diese haushaltsökonomischen Erklärungen als unvollständig gelten. Diese Unvollständigkeit ergibt sich daraus, dass die abgeleiteten Fertilitätsmodelle ausschließlich *preistheoretisch* fundiert sind,[10] indem sie sich auf die individuell variablen, insbesondere aber auf die in Wohlstandsgesellschaften generell ansteigenden *Kosten* von Kindern beziehen. Dagegen werden die variablen Bedingungen dessen, was Kindern ihren Eltern „bieten" können, d.h. die Angebotsseite bzw. der *Nutzen*, nicht thematisiert oder als Konstante behandelt. So tritt in der engeren, bevölkerungspolitisch motivierten familien- und sozialpolitischen Diskussion auch der „Kinderwunsch" als „anthropologische Konstante" auf, der allen Menschen eigentlich zu eigen ist und allenfalls durch widrige Umstände (insbesondere: hohe Kinderkosten) „verschüttet" wird. Entsprechend verlässt sich die familienpolitische Diskussion gern darauf, dass der Kinderwunsch dann realisiert wird, wenn entsprechende Veränderungen auf der Kostenseite eintreten würden. Bevölkerungspolitische Fragen erscheinen ausschließlich als ein Kostenproblem.

Einen Ansatzpunkt, diese Erklärungslücke zu schließen, bietet die Forschungstradition des *Value-of-children-approach*, der hier nachfolgend beschrieben werden soll.[11] Der *Value-of-children-approach* war in den 1970er Jahren ursprünglich konzipiert worden, um für

---

9 Ott 2002, 20.

10 Braun 2000.

11 Nauck 2001.

interkulturell vergleichende Analysen ein handlungstheoretisches Modell zu entwickeln, mit dem sich maßgebliche Einflüsse auf die Fertilitätsentscheidungen der Eltern und generatives Verhalten analysieren lassen.[12] Kinder werden hier nicht von vornherein als „consumer durables" mit immanentem Wert für (potenzielle) Eltern konzeptualisiert, sondern vielmehr auch als Investivgüter betrachtet, die selbst zur Produktion von „commodities" beitragen können – und tun dies in der Mehrzahl der Gegenwartsgesellschaften auch nach wie vor. Damit lässt sich das Erklärungsmodell vervollständigen, indem Kosten und Nutzen von Kindern (für potenzielle Eltern) simultan behandelt werden.

Für die Beantwortung der allgemeinen Frage „Warum überhaupt Kinder?" ist ein ebenso allgemeiner theoretischer Ausgangspunkt notwendig. Diesen bietet die *Theorie sozialer Produktionsfunktionen* und die durch Adam Smith begründete Theorietradition, wonach menschliche Akteure „mindestens zwei Dinge maximieren wollen: soziale Wertschätzung und physisches Wohlbefinden".[13] Beide Grundbedürfnisse können nun nicht von Akteuren direkt befriedigt werden, sondern nur über verschiedene Produktionsfaktoren, die ihrerseits erst zur Verfügung gestellt werden müssen. Diese Produktionsfaktoren sind – im Gegensatz zu den beiden Grundbedürfnissen – nicht universell, sondern situations- und kontextspezifisch. Das Erklärungsprogramm der *Value-of-children* (VOC) heißt entsprechend danach zu fragen, in welcher Weise und unter welchen Voraussetzungen Kinder als Zwischengüter in die soziale Produktionsfunktion bei (potenziellen) Eltern zur Optimierung ihrer sozialen Anerkennung und ihrem physischen Wohlbefinden eingehen. Fertilitätsentscheidungen werden entsprechend unter den Gesichtspunkten der Maximierung des subjektiven Nutzens potenzieller Eltern untersucht und erklärt: Stellen eigene Kinder wichtige Zwischengüter dar, für die es sich „lohnt", sie zu bekommen, sie aufzuziehen und zu pflegen, in sie in jeder erdenklichen Weise zu investieren?

Für die Klärung des Zusammenhangs zwischen dem „Wert von Kindern" und den sozialen Produktionsfunktionen können *kurzfristige* von *langfristigen* Aspekten unterschieden werden:

- Kinder können dann zur Steigerung des materiellen Wohlbefindens von Eltern beitragen, wenn sie einen eigenen Beitrag zur Haushaltsproduktion leisten. Dies kann einerseits durch Beiträge eigener Wohlfahrtsproduktion zum elterlichen Haushalt und andererseits durch Beisteuerung marktmäßig erworbenen Erwerbseinkommens geschehen. Außerdem kann es sich kurzfristig auf die (frühe) Mitwirkung im elterlichen Familienhaushalt und langfristig auf die (spätere) Mitwirkung bei der Absicherung gegen die Risiken des Lebens der Eltern beziehen. Besonders prägnante Beispiele für die Heranziehung von Kindern zur Wohlfahrtsproduktion des Familienhaushaltes sind in der Kinderarbeit in der agrarischen Subsistenzwirtschaft, in der Mithilfe in Familienbetrieben des Handwerkes und der Dienstleistung, sowie in der Mithilfe (von Mädchen) bei der Haushaltsführung und der Versorgung von (jüngeren) Kindern zu sehen. Typischerweise ist dieser Nutzen dann besonders offenkundig, wenn Ausbildungsinvestitionen relativ gering sind und damit Kinder schon in relativ frühen Jahren zur Kinderarbeit herangezogen werden können. Dieser Nutzen basiert also zumeist auf einer vergleichsweise kurzfristigen Perspektive.
- Hinsichtlich der Absicherung gegen die Risiken des Lebens, sei es auf Grund von Krankheit, Katastrophen, Arbeitslosigkeit oder Altersschwäche, durch die Familie und

[12] Fawcett 1976; Huinink 2000.
[13] Lindenberg 1990, 271.

ggf. durch die Verwandtschaft gibt es in vielen Gesellschaften keine institutionellen Alternativen. Intergenerative Absicherung gegen die Risiken des Lebens basiert somit auf einer die gesamte Lebensspanne umfassenden Perspektive, an die dann auch entsprechende Gerechtigkeitsvorstellungen und Reziprozitätserwartungen geknüpft werden. Insgesamt besteht der Nutzen von Kindern für die Optimierung des physischen Wohlbefindens somit in einem möglichen *Einkommensnutzen* und *Versicherungsnutzen*.

Kinder können sowohl mittelbar als auch unmittelbar zur Optimierung von sozialer Anerkennung der Eltern beitragen. Mittelbar geschieht dies dadurch, dass Kinder (zusätzliche) Beziehungen zu Dritten stiften oder bestehende Beziehungen intensivieren und ihre Qualität erweitern. So können durch Kinder Kontakte zu anderen Eltern entstehen und durch die Gemeinsamkeit der Elternrolle Vergemeinschaftungsprozesse einsetzen und damit eine stärkere soziale Integration (von Müttern) erfolgen. Ebenso wird durch die Elternschaft die Qualität der Ehegattenbeziehung und die Beziehung zu den Eltern und Schwiegereltern verändert.

Schließlich können Kinder selbst im jeweiligen Kontext ein Statusmerkmal darstellen, mit dem soziale Anerkennung unmittelbar „produziert“ werden kann. Dieser Statusgewinn kann ein Schwellenwert sein (durch die Geburt eines ersten Kindes oder eines Kindes mit einem bestimmten Geschlecht) oder kumulativ mit der Anzahl der geborenen Kinder steigen. Typischerweise stellt sich dieser Nutzen von Kindern bereits in einer kurzfristigen Perspektive ein.

Darüber hinaus tragen Kinder jedoch in genuiner Weise auch zur unmittelbaren Optimierung von sozialer Anerkennung bei. Durch Kinder wird nämlich eine „ursprüngliche“, enge, intime, emotionale, lebenslange, durch hohe Selbstbindung getragene soziale Beziehung geschaffen, die damit in hohem Maße „identitätsstiftend“ zur persönlichen Fundierung und Selbstvergewisserung beiträgt.

Generationsbeziehungen sind in besonderer Weise durch dialogische Interaktion gekennzeichnet.[14] Da in funktional differenzierten Gesellschaften die Verhaltensbestätigung durch signifikante Andere immer spezifischer wird, sind Generationsbeziehungen als authentische, auf Dauer angelegte Zuwendung, durch die die personale Identität erlebt wird, von zunehmender Bedeutung. Insgesamt besteht der Nutzen von Kindern für die Optimierung der sozialen Anerkennung somit in einem möglichen sozialen Nutzens des *Zugewinns an Status* und einem *dialogisch-emotionalen Nutzen* der Qualität der Eltern-Kind-Beziehung selbst.

---

[14] Huinink 1995, 116ff.

	physisches Wohlbefinden	soziale Anerkennung
kurzfristig	Arbeitsnutzen	Statuszugewinn
langfristig	Versicherungsnutzen	dialogisch-emotionaler Nutzen

Tabelle 1: Value-of-Children in der sozialen Produktionsfunktion.

Grundsätzlich ist somit davon auszugehen, dass sich der Wert von Kindern daraus ergibt, inwiefern sie multifunktionale Zwischengüter zur Erfüllung der Grundbedürfnisse ihrer Eltern sind.

Je nachdem, ob generatives Verhalten primär im Hinblick auf den Einkommens- und Versicherungsnutzen oder im Hinblick auf emotionalen und sozialen Nutzen hin optimiert wird, hat dies Implikationen für die Anzahl der Kinder, mit der dies effizient erreicht wird:[15]

- Wenn der Arbeitsnutzen von Kindern hoch bewertet wird, dann ist das Anstreben von Kinder-„reichtum" eine effiziente Strategie, da jedes zusätzliche Kind den Arbeitsnutzen steigert, es als zusätzliche Ressource das Familieneinkommen durch (frühe) Mitarbeit steigert bzw. die in der Familienwirtschaft anfallenden Arbeiten auf weitere Schultern verteilt. Begrenzt wird diese Strategie durch die sehr stark vom jeweiligen Kontext abhängigen Anfangsinvestitionskosten in Kinder und die darin verfügbaren Gelegenheiten für unqualifizierte Arbeit. Da aber die *Unit-costs* der Kinder mit ihrer Anzahl sinken, wird die Ratio mit steigender Kinderzahl immer günstiger.
- Wenn der Versicherungsnutzen von Kindern hoch bewertet wird, dann sind viele Kinder ebenfalls eine effiziente Strategie, da dadurch die Lasten der Versorgung der Eltern auf möglichst viele Schultern verteilt werden. Entsprechend ist unter einem institutionellen Regime, das nicht auf einem indirekten „Kohorten"-, sondern auf einem direkten „Generationen"-vertragssystem der Alterssicherung basiert, nicht nur das Interesse von (potenziellen) Eltern an vielen Nachkommen groß, da dies die Alterssicherung *sicherer* macht, sondern auch das Interesse der Kinder an vielen Geschwistern, da dies ihre individuellen Lasten *senkt.*
- Wenn die Stiftung von zusätzlichen sozialen Beziehungen durch Kinder hoch bewertet wird, dann ist es keine effiziente Strategie, möglichst viele Kinder zu haben, da die Anzahl zusätzlicher Sozialbeziehungen nicht linear mit der Anzahl der Kinder ansteigt, sondern relativ rasch ein Sättigungspunkt erreicht wird, so dass diesbezüglich die Ratio bei niedriger Kinderzahl günstig, dagegen ungünstig bei Kinderlosigkeit und hoher Kinderzahl ist. Ebenso ist davon auszugehen, dass die Stabilisierung von bestehenden Sozialbeziehungen (insbesondere zum Ehegatten und zu den Herkunftsfamilien) nicht linear-additiv mit der Kinderzahl steigt, so dass auch diesbezüglich durch hohe Kinderzahlen kein Effizienzgewinn zu erwarten ist und die Ratio bei niedriger Kinderzahl günstig, dagegen ungünstig bei Kinderlosigkeit und bei hoher Kinderzahl ist.
- Wenn der dialogisch-emotionale Nutzen von Kindern hoch bewertet wird, dann ist es ebenfalls keine effiziente Strategie, viele Kinder zu haben, da emotionaler Nutzen

[15] Kagitcibasi 1982; Nauck 1997.

nicht in gleicher Weise kumuliert werden kann wie der Arbeits- und Versicherungsnutzen: Ein oder zwei Kinder können genauso viel psychische Befriedigung schaffen wie vier oder mehr Kinder. Gleichzeitig steigen aber die absoluten (ökonomischen und wahrscheinlich auch psychischen) Kosten, so dass die Ratio bei niedriger Kinderzahl günstig, dagegen ungünstig bei Kinderlosigkeit und bei hoher Kinderzahl ist. Hierbei dürfte ein sich selbst verstärkender Prozess zur Beschränkung des generativen Verhaltens darin bestehen, dass Kinder in ihren emotionalen Beziehungen zu ihren Eltern konkurrieren. Entsprechend ist ihr Interesse an (zusätzlichen) Geschwistern umso geringer, je mehr sie ihnen in ihren Eigenschaften (z.B. Geschlecht und Alter) ähneln. Da dies nicht ohne Rückwirkungen auf die emotionale Qualität der Eltern-Kind-Beziehung bleiben wird, sinken entsprechend auch dadurch die Anreize für die Eltern, den dialogisch-emotionalen Nutzen durch weitere Kinder zu optimieren.

Die grundlegende Unterscheidung zwischen Arbeits- und Versicherungsnutzen und dialogisch-emotionalem Nutzen ist in einer Reihe von Folgeuntersuchungen aufgegriffen worden.[16] Es gibt hinsichtlich dieser beiden VOC nicht nur eine außerordentlich große Streuung zwischen verschiedenen Gesellschaften, sondern auch für intragesellschaftliche Vergleiche in Gesellschaften mit raschem demographischen Wandel: In der Türkei betragen die Differenzen zwischen den Regionen mit dem höchsten bzw. niedrigsten Entwicklungsstand und Arbeits- und Versicherungsnutzen bzw. sozialem und psychologischem Nutzen jeweils ca. 40 %.[17] In Taiwan betragen die Differenzen zwischen Frauen mit dem geringsten Bildungsniveau (kein Schulabschluss) und höchstem Bildungsniveau (College/Universität) bei Indikatoren für Arbeits- und Versicherungsnutzen über 70 %, für sozialen und psychologischen Nutzen über 20 %.[18] Das wesentliche zusammenfassende Ergebnis dieser empirischen Befunde für den diskutierten Zusammenhang ist, dass es keine Gesellschaft zu geben scheint (und keine größere Teilpopulation innerhalb einer Gesellschaft), in der die Geburtenrate dauerhaft oberhalb des Reproduktionsniveaus liegt, in der nicht zugleich der Arbeits- und Versicherungsnutzen von Nachkommen ein wesentlicher Faktor in der sozialen Produktionsfunktion der (potenziellen) Eltern ist.

Die Erklärung von generativem Verhalten im Kontext sozialer Produktionsfunktionen verdeutlicht einerseits, warum in Armutsgesellschaften hohe Kinderzahlen wahrscheinlich sind. Das besondere Verdienst der in dieser Tradition durchgeführten Studien ist es, einen Begründungszusammenhang dafür entwickelt zu haben, warum hohe Kinderzahlen weder das Resultat „blinden“ Festhaltens an überkommenen „kulturellen“ Traditionen noch das Resultat mangelnder Kenntnisse über effektive Methoden der Geburtenkontrolle sind. Vielmehr haben die empirischen Resultate eindrücklich verdeutlicht, dass unter solchen Konstellationen von Kontextopportunitäten und individuellen Ressourcen (potenzielle) Eltern ein großes „vernünftiges“ Interesse an vielen Nachkommen haben müssen. Entsprechend ist die Sorge, nicht genügend Nachkommen bekommen oder durch die ersten Lebensjahre hindurch bringen zu können, weitaus verbreiteter als der Wunsch nach Verhinderung zusätzlicher Geburten.[19] Diese Theorie hat aber auch die Bedingungen benannt, an die diese Ausprägung der Generationenbeziehungen und des generativen Verhaltens gebunden

16 Zuletzt Trommsdorff & Nauck 2005.
17 Kagitcibasi 1982; Nauck 1997.
18 Thornton et al. 1994.
19 Ebd.

sind, nämlich an ein niedriges Wohlfahrtsniveau und hohe Risiken des Lebens bei gleichzeitigem Fehlen von außerfamiliären Sicherungssystemen, wodurch es dann zu deszendenzverwandtschaftlich organisierten Solidargemeinschaften keine realistischen Alternativen gibt. Für Armutsgesellschaften ist offensichtlich, dass *eigene* Kinder in der sozialen Produktionsfunktion äußerst effiziente, alternativlose Zwischengüter sind, wenn es darum geht, das physische Wohlbefinden zu erhalten oder zu steigern, wobei durch die Kurzfristigkeit des Planungshorizonts der Arbeitsnutzen von Kindern Vorrang vor dem späteren Versicherungsnutzen hat.

Die Theorie macht aber auch in kulturvergleichender Perspektive verständlich, dass das in Deutschland und ähnlichen Gesellschaften mit großer kultureller Legitimität versehene und in großer struktureller Homogenität gelebte Muster der Generationenbeziehungen weltweit gesehen ein sehr spezielles ist. Es ist ein weithin akzeptiertes Regime der privatisierten, exklusiven Gattenfamilie, verbunden mit einem großen Vertrauen in staatlich organisierte Sicherungssysteme gegen die Risiken des Lebens und einem allgemein hohen Wohlfahrtsniveau, das sich in den individuellen Ressourcen der (potenziellen) Eltern niederschlägt. Für Deutschland ist offensichtlich, dass *eigene* Kinder in der sozialen Produktionsfunktion keine effizienten Zwischengüter sind, wenn es darum geht, das elterliche physische Wohlbefinden zu erhalten oder zu steigern: Kinder tragen weder durch Arbeit noch durch Einkommen wesentlich zum elterlichen Haushalt bei. Eine Versicherung gegen die Risiken des Lebens durch eigene Kinder entspricht weitgehend einem umgekehrten Subsidiaritätsprinzip: Sie greift erst dann, wenn alle anderen Sicherungssysteme versagen. Ein differenzierteres Bild ergibt sich hinsichtlich des Zwischengutes ›Kind‹ im Hinblick auf den Erhalt oder die Steigerung der sozialen Anerkennung. Einerseits ist davon auszugehen, dass wegen der hohen Exklusivität der familiären Gruppe der Statusnutzen von Kindern außerordentlich gering ist und solche sozialen Kontexte, in denen Kinderlosigkeit prämiert wird, zunehmen, so dass die Anzahl der Personen, für die Kinder neue soziale Kontakte stiften, gegenüber solchen, bei denen Kinder soziale Kontakte verhindern, wahrscheinlich sinkt. Andererseits ist die Effizienz von Generationenbeziehungen für die Optimierung von dialogisch-emotionalem Nutzen außerordentlich groß. Sie dürften insbesondere für solche Personengruppen alternativlos sein, deren Erwerbsleben durch hochformalisierte, spezifische Tätigkeiten und durch hohe Mobilität gekennzeichnet ist. Es kann deshalb nicht überraschen, dass diese Nutzendimension von Generationenbeziehungen besonders hohe Sichtbarkeit und kulturelle Legitimierung erfährt. Allerdings wird mit der Tertiärisierung der Wirtschaft der Personenkreis größer, für den die Optimierungs-Alternativen zunehmen: In „sozialen" Berufen mit komplexen interpersonalen Beziehungen ist der Anreiz zur Elternschaft aus diesen Gründen geringer als in Berufen mit spezifischen, formalisierten Aufgaben. Dies wird zur weiteren Polarisierung der Bevölkerung in einen familiären Sektor, der um das Optimum von zwei Kindern für den dialogisch-emotionalen Nutzen oszilliert, und einen nichtfamiliären Sektor (Kinderlosigkeit) beitragen.

Aus den genannten Gründen trägt eine Theorie, die generatives Verhalten im Kontext sozialer Produktionsfunktionen zu begreifen versucht, zur Tiefenerklärung der Zeitdiagnosen des generativen Verhaltens in Deutschland bei.[20] Sie verdeutlicht aber vor allem, dass eine ausschließliche Konzentration auf die (Kinder-)Kosten in der Neuen Haushaltsökonomie für das Verständnis des Geburtenrückgangs nicht ausreicht, sondern durch eine angemessene Modellierung des individuellen Wertes von Generationenbeziehungen für poten-

20 Kaufmann 1995; Huinink 1995; Strohmeier & Schulze 1995.

zielle Eltern zu ergänzen ist. Diese theoretischen Überlegungen werden übrigens auch durch empirische Befunde bestätigt: Für generative Entscheidungen erwiesen sich nicht die entstehenden Kinderkosten, sondern ausschließlich der antizipierte individuelle Nutzen der Stiftung von Generationenbeziehungen als bedeutsam, d.h. der Wert von Kindern für ihre Eltern.[21]

Literatur

Becker, Gary S. 21991: A Treatise on the Family, Cambridge, London.

Becker, Gary S.; Lewis, H. Gregg 1973: „On the Interaction between Quantity and Quality of Children“, in: Journal of Political Economy, 81, 279-288.

Braun, Norman 2000: „Ökonomische Theorien in der Bevölkerungswissenschaft“, in: Mueller, Ulrich; Nauck, Bernhard; Diekmann, Andreas ed. 2000: Handbuch der Demographie, Band 1 (Modelle und Methoden), Berlin, Heidelberg, New York, 298-338.

Darroch, Russell K., Meyer, Paul A.; Singarimbun, Masri 1981: Two are not Enough: the Value of Children to Javanese and Sundanese Parents, Honolulu.

Deutsches PISA-Konsortium ed. 2001: PISA 2000. Basiskompetenzen von Schülerinnen und Schülern im internationalen Vergleich, Opladen.

Fawcett, James T. 1976: The Value and Cost of Children: Converging Theory and Research, in: Ruzicka, Lado T. ed. 1976: The Economic and Social Supports for High Fertility, Bd. 2, Canberra, 91-114.

Huinink, Johannes 1995: Warum noch Familie? Zur Attraktivität von Partnerschaft und Elternschaft in unserer Gesellschaft, Frankfurt/Main, New York.

Huinink, Johannes 2000: Soziologische Ansätze zur Bevölkerungsentwicklung, in: Mueller, U.; Nauck, B.; Diekmann, A. ed.. 2000: Handbuch der Demographie. Bd. 1: Modelle und Methoden, Berlin et al., 338-386.

Kagitcibasi, Cigdem 1982: The Changing Value of Children in Turke, Honolulu.

Kaufmann, Franz X. 21995: Zukunft der Familie im vereinten Deutschland. Gesellschaftliche und politische Bedingungen, München.

Klein, Thomas; Eckhard, Jan 2005: Bildungsbezogene Unterschiede des Kinderwunsches und des generativen Verhaltens. Eine kritische Analyse der Opportunitätskostenhypothese, in: Steinbach, Anja ed. 2005: Generatives Verhalten und Generationenbeziehungen, Wiesbaden, 151-174.

Krüsselberg, Hans G.; Auge, Michael; Hilzenbecher, Manfred 1986: Verhaltenshypothesen und Familienzeitbudgets – Die Ansatzpunkte der „Neuen Haushaltsökonomik“ für Familienpolitik, Stuttgart, Berlin, Köln.

Lesthaeghe, Ron; Page, Hillary; Surkyn, Johan 1991: Sind Einwanderer ein Ersatz für Geburten?, in: Zeitschrift für Bevölkerungswissenschaft, 17, 281-314.

Lindenberg, Siegwart 1990: Rationalität und Kultur. Die verhaltenstheoretische Basis des Einflusses von Kultur auf Transaktionen, in: Haferkamp, Hans ed. 1990: Sozialstruktur und Kultur, Frankfurt/Main, 249-287.

Martin, Michael O.; Mullis, I. V. S.; Gonzalez, E. J.; Gregory, K. D.; Smith, T. A.; Chrostowski, S. J.; Garden, R. A.; O'Connor, K. M. 2001: TIMMS 1999 science benchmarking report, eighth grade: Achievement results for U.S. states and districts in an international context, Chestnut Hill.

Mullis, Ina V. S.; Martin, Michael O.; Gonzalez, E. J.; Gregory, K. D.; Garden, R. A.; O'Connor, K. M.; Chrostowski, S. J.; Smith, T. A. 2001: TIMMS 1999 mathematics benchmarking report, eighth grade: Achievement results for U.S. states and districts in an international context, Chestnut Hill.

21 Klein & Eckhard 2005.

Nauck, Bernhard 1997: Sozialer Wandel, Migration und Familienbildung bei türkischen Frauen, in: Nauck, Bernhard; Schönpflug, Ute ed. 1997: Familien in verschiedenen Kulturen, Stuttgart, 162-199.

Nauck, Bernhard 2001: Der Wert von Kindern für ihre Eltern. ›Value of Children‹ als spezielle Handlungstheorie des generativen Verhaltens und von Generationenbeziehungen im interkulturellen Vergleich, in: Kölner Zeitschrift für Soziologie und Sozialpsychologie, 53, 407-435.

Ott, Notburga 2002: Luxusgut Kind zwischen Privatinteresse und gesellschaftlicher Verpflichtung – Zu den Kontroversen in der familienpolitischen Debatte, in: Vierteljahreshefte zur Wirtschaftsforschung, 71,11-25.

Schwarz, Karl 1991: Kinderzahl der Frauen der Geburtsjahrgänge 1865 – 1955, in: Zeitschrift für Bevölkerungswissenschaft, 17, 149-158.

Strohmeier, Klaus P.; Schulze, Hans J. 1995: Die Familienentwicklung der achtziger Jahre in Ost- und Westdeutschland im europäischen Kontext, in: Nauck, Bernhard; Schneider, Norbert; Tölke, Angelika ed. 1995: Familie und Lebensverlauf im gesellschaftlichen Umbruch, Stuttgart, 26-38.

Thornton, Arland; Yang, Li S.; Fricke, Thomas 1994: Weakening the Linkage between the Ancestors, the Living, and Future Generations, in: Thornton, Arland; Lin, Hui S. ed. 1994: Social Change and the Family in Taiwan, Chicago, London, 359-395.

Trommsdorff, Gisela, Nauck, Bernhard ed. 2005: The Value of Children in Cross-cultural Perspective. Case Studies from Eight Societies, Lengerich.

van de Kaa, Dirk J. 1997: Verankerte Geschichten: Ein halbes Jahrhundert Forschung über die Determinanten der Fertilität – Die Geschichte und Ergebnisse, in: Zeitschrift für Bevölkerungswissenschaft, 22, 3-57.

Paul Mombert und die ›Vordenker der Vernichtung‹. Eine Skizze zu Fragen nach Zusammenhängen von ›Bevölkerungs‹konstruktionen und *Social Engineering* im Nationalsozialismus

Werner Lausecker

I. Problemaufriss

1929 veröffentlichte Paul Mombert, damals Ordinarius für Nationalökonomie in Gießen, seine „Bevölkerungslehre". Das Buch fand über die Fachgrenzen hinaus in und außerhalb Deutschlands Anerkennung als Standardwerk zu Bevölkerungsgeschichte und Bevölkerungstheorie. Auf der Grundlage der Darstellung „der geschichtlichen Entwicklung der Beziehungen von Wirtschaft und Bevölkerung und von den Anschauungen [...], denen wir in der Literatur über diese Frage begegnen" im ersten Teil der Arbeit wird im zweiten Teil eine „systematisch-theoretische Betrachtung" der Beziehungen von Wirtschaft und Bevölkerung entwickelt. Mit der geschichtlichen Betrachtung sollte aufgezeigt werden, „wie eng diese Beziehungen sind und in wie sehr verschiedenen Formen sie auftreten."[1] Der folgende „systematisch-theoretische" Teil eröffnet mit einigen Seiten über das so genannte „Bevölkerungsoptimum". Mit Bezug auf das ›Gesetz vom sinkenden Bodenertrag‹[2] versteht Mombert unter Bevölkerungsoptimum jene

> „Volkszahl [...], bei der die Gaben eines Landes mit dem größten Erfolg bei einer bestimmten Stufe der Wirtschaft ausgenutzt werden können und unter Über- und Untervölkerung die von diesem Optimum möglichen Abweichungen".[3]

Momberts Werk besticht auch heute in der Gesamtsicht durch die breite Kenntnis und Rezeption älterer und damals neuerer Literatur sowie durch vielfach differenzierende Argumentationen. Momberts Ausführungen zum Bevölkerungsoptimum in den damals konventionellen Termini von ›Volkszahl‹ und ›Nahrungsspielraum‹ scheinen aus heutiger wissenschaftsgeschichtlicher Sicht allerdings nicht zu den interessantesten Teilen seiner Darlegungen zu zählen. Aber auch in diesem Zusammenhang werden vielfach differenzierende Modi der Darstellung lesbar: „Der Begriff des Bevölkerungsoptimums hat natürlich nur ideellen Wert" – schreibt Mombert.

> „Wir sind nicht in der Lage, festzustellen, ob ein solches Optimum in einer bestimmten Zeit und in einem bestimmten Lande vorhanden ist; denn wir können uns keine Vorstellung davon ma-

---

1 Mombert 1929, 239.

2 „Geht [...] die Bevölkerung über dieses optimale Maß hinaus, so wird infolge des Bodengesetzes die Ergiebigkeit der menschlichen Arbeit geringer sein, als es diesem idealen Zustand entsprechen würde, ist die Volkszahl dagegen geringer, als es dieser optimale Zustand verlangt, so fehlen die Voraussetzungen , um aus den natürlichen Gaben des Landes das herauszuholen, was herausgeholt werden kann." Ebd. 1929, 241.

3 Ebd., 243.

chen, wie sich der Nahrungsspielraum eines Landes, namentlich bei steigender Volkszahl, weiter zu entwickeln vermag."[4]

Das Bevölkerungsoptimum wird als Element von Bevölkerungsplanungen in Frage gestellt. In Verbindung damit hebt Mombert hervor, dass das Bevölkerungsoptimum einem permanenten historischen Wandel unterworfen ist:

„[...] die engsten Beziehungen zwischen Wirtschaft und Bevölkerung liegen in den Wechselwirkungen beider [...]. Mit den dargelegten Gründen hängt es zusammen, dass auch der Begriff des Bevölkerungsoptimums dauernd einem geschichtlichen Wandel unterworfen ist; das gleiche gilt auch von den Erscheinungen, die man als Über- und Untervölkerung eines Landes bezeichnet."[5]

Im Weiteren handelt Mombert dann auch die Themen ›Unter-‹ und ›Übervölkerung‹ entsprechend dem Forschungsstand seiner Zeit ab. Auch dabei wird ein Merkmal lesbar, das signifikant für Momberts gesamte „Bevölkerungslehre" ist. Nur selten wird eine Sichtweise absolut gesetzt, viel öfter werden unterschiedliche Perspektiven verschiedener Autoren zitiert, gegenübergestellt und diskutiert.

„Gibt es zu viele von ihnen? Oder: Der Abfall des wirtschaftlichen Fortschritts" – unter dieser Kapitelüberschrift beschreibt Zygmunt Bauman in seinem 2005 auf Deutsch erschienenen Buch „Verworfenes Leben" Modernisierungsprozesse, in denen Menschen im Zuge von wirtschaftlicher Entwicklung und Fortschritt zu Überflüssigen gemacht wurden.

„›Überbevölkerung‹ ist eine Fiktion von Aktuaren: ein Codename für das Auftauchen einer bestimmten Zahl von Leuten, die nicht das reibungslose Funktionieren der Wirtschaft befördern, sondern das Erreichen – vom Anwachsen ganz zu schweigen – von Indizes, mit denen funktionierende Abläufe ermittelt und bewertet werden, allzusehr erschweren. Die Zahl dieser Menschen scheint unkontrollierbar anzuwachsen, was fortwährend zu weiteren Kosten führt, denen keine Einnahmen gegenüberstehen."[6]

Baumans Perspektive nach ist die

„Produktion ›menschlichen Abfalls‹ – konkreter ausgedrückt: nutzloser Menschen (womit der ›überschüssige‹ und ›überzählige‹ Teil der Bevölkerung gemeint ist [...]) [...] ein unvermeidliches Ergebnis der Modernisierung und eine untrennbare Begleiterscheinung der Moderne. Sie ist ein unvermeidlicher Nebeneffekt des Aufbaus einer gesellschaftlichen Ordnung [...] und des wirtschaftlichen Fortschritts." [7]

Der wirtschaftliche Fortschritt kann sich demnach nicht weiterentwickeln, ohne vormals effektive Erwerbsarten herabzustufen und Menschen damit ihre Existenzgrundlage zu entziehen. Der weitreichende Erklärungsanspruch von Baumans Argumentation lässt Differenzierungen vermissen: Es ist wohl unbestritten, dass Modernisierung und wirtschaftlicher Fortschritt auch Existenzgrundlagen für Menschen geschaffen haben. Doch darum soll es hier nicht gehen. Greift man Begriffe von Baumans Modernisierungstheorie auf, stellt sich die Frage, ob Paul Mombert diesen ›Aktuaren‹ zuzurechnen ist, die mit ihren ›Fiktionen‹

4 Ebd., 242.
5 Ebd., 243 (Herv. im Original).
6 Bauman 2005, 57.
7 Ebd., 12f (Herv. im Original).

von ›Überbevölkerung‹ dazu beigetragen haben, Menschen als ›menschlichen Abfall‹ erscheinen zu lassen.

II. Über(be)völkerung, Moderne und Holocaust

Zygmunt Bauman unterscheidet zwischen ›überschüssiger Bevölkerung‹ einerseits und – mit Bezug auf Giorgio Agambens Buch[8] – den ›homines sacri‹ andererseits:

> „Die ›überschüssige Bevölkerung‹ ist eine weitere Variante des menschlichen Abfalls. Anders als die homines sacri, die ›Leben, die zu leben sich nicht lohnt‹, die Opfer der ordnungsstiftenden Planung, sind diese Überzähligen keine ›legitimen Ziele‹, die auf Geheiß des Souveräns vom Schutz durch das Gesetz ausgenommen bleiben. Sie sind die eher unbeabsichtigten und ungeplanten ›Kollateralverluste‹ des wirtschaftlichen Fortschritts."[9]

Diese Unterscheidung verweist auch auf frühere Arbeiten Baumans. In seinem Buch „Dialektik der Ordnung", in dem er Zusammenhänge von Moderne und Holocaust untersucht, werden ordnungsstiftenden Planungen entscheidende Bedeutungen für moderne Massenmorde zugeschrieben. Der Genozid als modernes Phänomen ist dieser Perspektive nach „ein Element des *Social Engineerings*, mit dem eine soziale Ordnung realisiert werden soll, die dem Entwurf einer perfekten Gesellschaft entspricht."[10] Bauman sieht stalinistische wie auch nationalsozialistische Massenmorde darin begründet, dass die jeweiligen Opfer nicht in die Bilder perfekter Gesellschaften passten. Der Massenmord war demnach „kein Werk der Zerstörung, sondern ein schöpferisches Werk." Die Vernichtung sollte der Herstellung einer „besseren Welt" in Gestalt des Kommunismus oder der angestrebten rassisch reinen Welt im Nationalsozialismus dienen. Diese „bessere Welt" sollte effizienter, moralischer, schöner, harmonisch, konfliktfrei, leicht zu lenken, geordnet und kontrollierbar sein.[11] Götz Aly und Susanne Heim weisen in ihrer Auseinandersetzung mit den so genannten Vordenkern der Vernichtung im Nationalsozialismus darauf hin, dass sie und Zygmunt Bauman im Rahmen von gänzlich unterschiedlich angelegten Untersuchungen zu ähnlichen Ergebnissen gelangt seien. Mit Bezug auf Baumans Kritik des *Social Engineerings* stellen beide fest:

> „In ihren Zukunftsentwürfen sahen die Planer Verkehrsadern, Rohstoffreserven, Gebiete und Menschen als gleichrangige ›Faktoren‹. Transportprobleme, ›Ernährungsengpässe‹ und die Beseitigung der ›Überbevölkerung‹ stellten aus ihrer Perspektive gleichermaßen Sachzwänge dar, die mit den Mitteln moderner rationaler Planung und Verwaltung zu bewältigen seien. Die bürokratische und wissenschaftliche Versachlichung des Massenmords ließ moralische Skrupel gar nicht erst aufkommen."[12]

---

8 Agamben 2002.
9 Bauman 2005, 58 (Herv. im Original).
10 Bauman 1994, 106.
11 Ebd., 107.
12 Aly & Heim 1993, 484. Dies. beziehen sich hier auf Bauman 1989, 66.

III. Die ›Mombertsche Formel‹

Paul Mombert beschäftigt sich in seiner „Bevölkerungslehre" ausführlich mit Konzepten der Übervölkerung. Götz Aly und Susanne Heim haben aufgezeigt, dass Wissenschaftler im Nationalsozialismus, die sie den ›Vordenkern der Vernichtung‹ zurechnen, sich auch auf Mombert berufen haben, wenn sie von ›Bevölkerungsoptimum‹ und ›Übervölkerung‹ schrieben, so beispielsweise Theodor Oberländer und Helmut Meinhold. Beide weisen in dem Zusammenhang darauf hin, dass Mombert im Nationalsozialismus als ›Nichtarier‹ zwangspensioniert wurde und im Dezember 1938 starb, nachdem er zuvor von der Gestapo für kurze Zeit inhaftiert worden war. Sie betonen explizit, dass es nicht Momberts „Intentionen" entsprochen habe, ein Missverhältnis zwischen ›Nahrungsspielraum‹ und ›Volkszahl‹ von der ›Bevölkerungsseite‹ her zu lösen, so wie das Wissenschaftler im Nationalsozialismus vorgeschlagen haben. Mombert habe sich vielmehr schon 1926 entschieden dagegen ausgesprochen.[13] Aly und Heim erwähnen auch, dass die ›Theorie des Bevölkerungsoptimums‹ bereits zu Beginn des Jahrhunderts von Nationalökonomen formuliert und international diskutiert und weiterentwickelt worden war.[14]

Nach der Darstellung von Aly und Heim hat Theodor Oberländer schon in seinem Buch „Die agrarische Überbevölkerung Polens" aus dem Jahre 1935 die Ansicht vertreten, dass „eine Abweichung vom Bevölkerungsoptimum [...] notwendig zu ›sozialökonomischen Krankheitserscheinungen‹" führe.[15] Oberländer habe die ›Mombertsche Formel‹ als „unumstößlich" übernommen und sich in seinen „Überbevölkerungsberechnungen" immer wieder darauf berufen. Laut Aly und Heim ist die ›Mombertsche Formel‹ eine von diesem entwickelte

> „mathematische Gleichung, mit der sich das Verhältnis zwischen Bevölkerung und ökonomischen Ressourcen – ›Volkszahl‹ und ›Nahrungsspielraum‹, wie sich Mombert ausdrückte – berechnen ließ. Danach war ›Nahrungsspielraum gleich Volkszahl mal Lebenshaltung‹ – in Kurzform: N = V x L."[16]

Exemplarisch für die weitere Anwendung der ›Mombertschen Formel‹ im Nationalsozialismus wird von Aly und Heim Helmut Meinhold angeführt, der ab 1941 – damals 28 Jahre alt – als Ökonom am *Institut für Deutsche Ostarbeit* im besetzten Krakau arbeitete. Die an diesem Institut entwickelten Expertisen fanden laut Aly und Heim binnen kürzester Zeit Eingang in die wirtschaftspolitische Praxis. „Um die ›Überbevölkerung‹ zu berechnen, übernahm er [Meinhold] von Oberländer nicht nur die Mombertsche Formel, sondern auch die Kriterien, nach denen der ›Bevölkerungsüberschuß‹ zu bemessen sei."[17]

---

13 Aly & Heim 1993, 104-114; hier 107f. Aly und Heim verweisen auf Mombert 1926, 170. Hinweise zur Biografie Momberts im Nationalsozialismus in Lausecker 2005 und ders. 2006.

14 Aly & Heim 1993, 105 u. 483. Vgl. Cohn 1934.

15 Aly & Heim 1993, 105. Beide zitieren als Beleg Oberländer 1935, 9 vgl. wo es heisst: „Diese Dehnbarkeit der Subsistenzmittel und die wirtschaftliche Verflechtung dünn und dicht besiedelter Länder zeigt schon, ›daß es eine absolute Überbevölkerung weder früher gegeben hat noch heute gibt‹ [Schmoller, Grundzüge der allgemeinen Volkswirtschaftslehre. Leipzig 1919. Bd. 1, S. 189 – Anm. Theodor Oberländer] Wohl aber gibt es Abweichungen von einer gedachten Normalbevölkerung, dem Bevölkerungsoptimum, nach oben oder nach unten, die zu sozialökonomischen Krankheitserscheinungen führen können." Ebd. (Herv. W.L.).

16 Aly & Heim 1993, 105f. An anderer Stelle wird Mombert als „Erfinder dieser Bevölkerungsgleichung" bezeichnet. Ebd. 107.

17 Ebd., 109.

Die Funktion der ›Mombertschen Formel‹ lag im Rahmen der Anwendung durch Oberländer laut Aly und Heim

> „in der Reduktion komplexer sozialer Vorgänge und Gegensätze auf mathematische Kürzel. Die Reduktion erlaubte den planerischen, ›logisch‹ erscheinenden Zugriff auf die widersprüchliche Realität. In eine Gleichung gesetzt, multiplizierbar und dividierbar gemacht, legte die Formel nahe, soziale Konflikte und Krisen der industriellen Entwicklung rechnerisch in ein Bevölkerungsproblem umzuwandeln."[18]

Theodor Oberländer bezieht sich in seinen während dem Nationalsozialismus verfassten Texten zu Fragen einer angeblichen „Überbevölkerung" Polens und „Ostmitteleuropas" auf eine so genannte Mombertsche Formel in dem Sinn, wie Aly und Heim es beschrieben haben. Oberländer bleibt bei seinen Verweisen auf Mombert in den Seitenangaben unpräzise. In dem Aufsatz „Die agrarische Überbevölkerung Ostmitteleuropas" fehlen Anmerkungen gänzlich.[19] In dem „Die Überbevölkerung im allgemeinen" betitelten ersten Kapitel des Buches von 1935 wird Momberts „Bevölkerungslehre" vier Mal mit den immer gleichen Seitenangaben – „S. 344ff." – zitiert. Bevor Oberländer die angeblich von Mombert „in der Formel N = VL" zum Ausdruck gebrachte „Beziehung der drei Faktoren: Nahrungsspielraum, Volkszahl und Lebenshaltung" beschreibt, legt er mit Bezug auf Mombert ein „Bevölkerungsoptimum" folgendermaßen fest:

> „Den Begriff des Bevölkerungsoptimums definiert Mombert als ›ein Größenverhältnis zwischen Volkszahl und Nahrungsspielraum, bei dem die erstere genügend groß ist, um mit ihrer Arbeitskraft unter den in einer bestimmten Zeit gegebenen wirtschaftlichen und technischen Voraussetzungen alle Gaben der Natur und des Landes in einem Maße auszunutzen, daß damit der Ertrag der Arbeit und die Größe des Nahrungsspielraumes ihren unter bestimmten Voraussetzungen größtmöglichen Ertrag erreichen›."[20]

Paul Mombert liefert in seiner „Bevölkerungslehre" mehrere ähnliche Definitionen eines „Bevölkerungsoptimums." Die von Oberländer wiedergegebene Definition findet sich in Momberts Buch auf Seite 240. Eine weitere bei Mombert auf Seite 478. Die möglicherweise kleinlich erscheinende Seitenzählerei gewinnt insofern Bedeutung, als sie helfen kann, die ›Mombertsche Formel‹ in der Anwendung durch Theodor Oberländer als radikal ver-

---

18 Ebd., 106. Die kritische Auseinandersetzung mit der Mombert zugeschriebenen Formel „Nahrungsspielraum = Volkszahl mal Lebenshaltung oder in Kurzform: N = V x L" wurde 1996 von Susanne Heim und Ulrike Schaz noch weiter zugespitzt: „Indem man die Formel zur ›Bevölkerungsseite‹ hin auflöst, kann jedes Mißverhältnis zwischen Ressourcen und gesellschaftlichen Bedürfnissen auch als ein Problem der Bevölkerungszahl ausgedrückt werden. Ebenso erscheinen die Methoden als beliebig, mit deren Hilfe das Gleichgewicht hergestellt wird: Der Nahrungsspielraum ›N‹ kann mit Hilfe einer Produktivitätssteigerung ebenso ausgeweitet werden wie mittels militärischer Expansion, und für die Stimmigkeit der Formel ist es egal, ob ›V‹ mit Hilfe von Geburtenkontrolle, Umsiedlung oder gewaltsamen Tod verringert wird." Dies. 1996, 27f. An anderer Stelle des Buches ist folgender Hinweis: Während Paul Mombert „1933 zwangspensioniert wurde und rassistischer Verfolgung ausgesetzt war, machte die nach ihm benannte Bevölkerungsformel in den folgenden Jahren Wissenschaftsgeschichte." Ebd., 47.

19 Oberländer 1943. Dort folgende Fußnote: „Infolge Einberufung zur Wehrmacht hat der Verfasser auf Schrifttumshinweise und Anmerkungen verzichten müssen. Der Aufsatz wurde zu Beginn des Jahres 1941 abgeschlossen." Ebd., 416. Es erscheint zumindest als bemerkenswert, dass sich Oberländer 1941 in einem Sammelband zur „Ostforschung" explizit auf den als Juden verfolgten Paul Mombert bezieht.

20 Oberländer 1935, 9.

kürzende Form der Rezeption zu erkennen.[21] Mehr als zweihundert Seiten differenzierender systematisch-theoretischer Argumentation in Momberts Buch werden in Oberländers Darstellung auf eine Formel und die Definition eines „Begriffe[es] des Bevölkerungsoptimums" reduziert. Weiterführend kann hier der Hinweis sein, dass Mombert bei der von Oberländer zitierten Definitionen eines „Bevölkerungsoptimums" nicht von einem Begriff spricht. Auf Seite 240 beschreibt Mombert das „Bevölkerungsoptimum" als „Idee und als wünschenswerten Zustand", auf Seite 478 als „Ideal". Mombert grenzt sich dabei entschieden gegenüber einer „Reduktion komplexer sozialer Vorgänge und Gegensätze auf mathematische Kürzel" – wie Aly und Heim das bezeichnet haben – ab. Stattdessen vertritt Mombert einen historisierenden Standpunkt, der die Reduktion auf vereinfachende Formeln und Gesetzmäßigkeiten ausschließt:

> „Perioden, in denen in dieser Weise die Ergiebigkeit der menschlichen Arbeit stärker zunimmt als die Volkszahl, sind ebenso sehr historisch bedingte Erscheinungen, wie die Perioden, in denen das umgekehrte stattfindet [...]. Weder aus der einen noch aus der anderen Art, in der sich das Größenverhältnis zwischen Volkswachstum und Entwicklung des Nahrungsspielraums gestalten kann, darf man dauernde Gesetzmäßigkeiten ableiten, wie es auf der einen Seite Malthus, dann aber auf der anderen Seite auch seine optimistischen Gegner getan haben. Das Größenverhältnis zwischen Volkszahl und Nahrungsspielraum ist keine ewige Kategorie, sondern ist von bestimmten historisch wandelbaren Voraussetzungen abhängig."[22]

Auch an anderen Stellen spricht sich Mombert immer wieder gegen statische und simplifizierende Auffassungen der Zusammenhänge von Bevölkerung und Wirtschaft aus. Bei der Diskussion möglicher Maßnahmen gegen den zeitgenössischen Geburtenrückgang betont er, dass „man das Problem nicht zu mechanisch auffassen und aus dem Kreis der ganzen volkswirtschaftlichen Zusammenhänge loslösen" dürfe.[23] In Bezug auf Fragen der Produktionsvorgänge betont er, dass es auf die

> „tatsächliche Gestaltung, auf die Dynamik, nicht auf die Zusammenhänge in der Statik [ankommt], wenn man die Frage aufwirft, welcher Ausweitung der Nahrungsspielraum bei wachsender Volkszahl fähig ist."[24]

IV. Resümee

In der hier entwickelten Skizze konnte eine weiter ausholende Auseinandersetzung mit den Arbeiten Momberts und Oberländers nicht geleistet werden. Exemplarisch sollten weiterführende Fragen nach angeblichen Kontinuitäten von Paul Momberts „Bevölkerungslehre" und Arbeiten späterer ›Vordenker der Vernichtung‹ im Nationalsozialismus aufgeworfen werden. Anhand der Beschäftigung mit ›Bevölkerungs‹konzeptionen Paul Momberts er-

---

21 Umfassende und differenzierte neuere wissenschaftsgeschichtliche Forschungsarbeiten zu den bevölkerungsgeschichtlichen und bevölkerungstheoretischen Arbeiten Paul Momberts fehlen bisher. Die hier gemachten Feststellungen können deshalb nur als vorläufig gelten. Gleiches gilt für neuere Forschungen zur Mombert-Rezeption. Wie aus den differenzierend argumentierenden Arbeiten Momberts in der Rezeption die so genannte ›Mombertsche Formel‹ wurde, bedarf noch der näheren Untersuchung.

22 Mombert 1929, 472 (Herv. im Original).

23 Ebd., 335.

24 Ebd., 364 (Herv. im Original).

scheint mehr als fragwürdig, dass jede Anwendung von Konzepten wie ›Über(be)völkerung‹ oder ›Bevölkerungsoptimum‹ für eine direkte Linie von Wissenschaften in der Moderne hin zur Entwertung von Menschen als „Abfall" oder zu Politiken des Genozids steht. Paul Momberts Arbeiten können als Ausdruck eines wissenschaftlichen Bestrebens gelesen werden, Zusammenhänge von Bevölkerung und Wirtschaft historisch und theoretisch zu beschreiben. Momberts Konzepte von ›Bevölkerung‹, ›Übervölkerung‹ usw. unterscheiden sich dabei grundlegend von solchen, die völkisch und rassistisch orientierte Wissenschaftler im Nationalsozialismus zur Anwendung gebracht haben.[25] Die Grenzüberschreitung hin zu Praktiken, die als *Social Engineering* beschrieben werden können, erfolgte erst in der Rezeption der Arbeiten Momberts – so die hier vertretene These – und durch die Reduktion von Momberts abwägenden ökonomischen und historischen Perspektiven hin zu einer isolierten Anwendung der ›Mombertschen Formel‹.

Momberts Darstellungen ergänzen in mancher Hinsicht auch die Perspektiven Zygmunt Baumans. Wenn Bauman – wie bereits zitiert – davon schreibt, dass die „Produktion ›menschlichen Abfalls‹ [...] ein unvermeidliches Ergebnis der Modernisierung und eine untrennbare Begleiterscheinung der Moderne" bzw. „unvermeidlicher Nebeneffekt des Aufbaus einer gesellschaftlichen Ordnung [...] und des wirtschaftlichen Fortschritts"[26] sei, scheint demgegenüber Momberts Perspektive adäquater:

> „Der Übergang zur Industrie, in der [...] kein so düsteres Ertragsgesetz herrscht, wie in der Landwirtschaft, in der vielmehr unter gewissen Voraussetzungen und innerhalb gewisser Grenzen der Mehrverwendung von Kapital und Arbeit steigende Erträge entsprechen, hat damit den Nahrungsspielraum der europäischen Volkswirtschaften stark erweitern helfen."[27]

An anderer Stelle schreibt Bauman: Die Ära der Moderne ist demnach eine Zeit großer Wanderungsbewegungen, in der Menschen

> „aufs Ganze gesehen [...] aus den ›entwickelteren‹ (intensiver modernisierenden) Teilen der Erde in die ›unterentwickelten‹ aus[wanderten] (die von den Auswirkungen der Modernisierung noch nicht aus dem sozioökonomischen Gleichgewicht gebracht worden waren)."[28]

Diese Perspektive erscheint nicht nur aus migrationsgeschichtlicher Sicht überaus vereinfachend. Das Bild eines angeblichen vormodernen „sozioökonomischen Gleichgewichts", das erst durch Effekte der Modernisierung aus der Ordnung gebracht worden sei, erinnert zudem an bevölkerungsgeschichtliche Konstruktionen, wie sie nicht zuletzt von Gunther Ipsen, Werner Conze und Wolfgang Köllmann während und nach dem Nationalsozialismus vertreten wurden.[29]

Literatur

Agamben, Giorgio 2002: Homo sacer. Die souveräne Macht und das nackte Leben, Frankfurt/Main.

25 Vgl. dazu: Lausecker 2005; ders. 2006.
26 Baumann 2005, 12f (Herv. im Original); vgl. FN 7 im Text.
27 Mombert 1929, 190. Mombert betont in diesem Zusammenhang auch, dass „diese günstige Entwicklung immer wieder durch Ausnahmen unterbrochen worden" sei.
28 Bauman 2005, 54f.
29 Zu historischen ›Übervölkerungs‹konstruktionen bei Ipsen, Conze und Köllmann siehe Lausecker 2006.

Aly, Götz; Heim, Susanne 1993: Vordenker der Vernichtung. Auschwitz und die deutschen Pläne für eine neue europäische Ordnung, Frankfurt/Main.

Bauman, Zygmunt 1989: Modernity and the Holocaust, Ithaca, New York.

Bauman, Zygmunt 21994: Dialektik der Ordnung. Die Moderne und der Holocaust, Hamburg.

Bauman, Zygmunt 2005: Verworfenes Leben. Die Ausgegrenzten der Moderne, Hamburg.

Cohn, Selig Sigmund 1934: Die Theorie des Bevölkerungsoptimums (Rechts- und staatswissenschaftliche Dissertation), Marburg.

Heim, Susanne; Schaz, Ulrike 1996: Berechnung und Beschwörung. Überbevölkerung – Kritik einer Debatte, Berlin.

Lausecker, Werner 2005: „Bevölkerung“, „Innovation“, Geschichtswissenschaften, in: Rainer Mackensen ed.: Das Konstrukt ›Bevölkerung‹ vor, im und nach dem ›Dritten Reich‹, Wiesbaden, 201-235.

Lausecker, Werner 2006: „Übervölkerungs“konstruktionen in der deutschen Bevölkerungsgeschichte und Paul Momberts Kritik 1933. Eine Fallstudie zur Produktion und Dekonstruktion wissenschaftlicher Mythen 1929-1976, in: Ehmer, Josef; Lausecker, Werner; Pinwinkler, Alexander eds.: Bevölkerungskonstruktionen in Geschichte, Sozialwissenschaft und Politiken des 20. Jahrhunderts. Transdisziplinäre und internationale Perspektiven (=Historical Social Research/Historische Sozialforschung, 31/4 – Sonderheft), Köln, 131-147.

Mombert, Paul 1926: Übervölkerungserscheinungen in Westeuropa, in: Boese, Franz ed.: Krisis der Weltwirtschaft. Übervölkerung Westeuropas. Steuerüberwälzung (= Verhandlungen des Vereins für Sozialpolitik in Wien 1926), München, 1926, 161-178.

Mombert, Paul 1929: Bevölkerungslehre (= Grundrisse zum Studium der Nationalökonomie, ed. ders. Diehl, Karl, Bd. 15), Jena.

Oberländer, Theodor 1935: Die agrarische Überbevölkerung Polens, Berlin.

Oberländer, Theodor 1943: Die agrarische Überbevölkerung Ostmitteleuropas, in: Aubin, Hermann; Brunner, Otto; Kothe, Wolfgang; Papritz, Johannes eds.: Deutsche Ostforschung. Ergebnisse und Aufgaben seit dem ersten Weltkrieg, Bd. 2 (= Deutschland und der Osten Bd. 21), Leipzig, 416-427.

Statistik und Genozid in Ruanda: Wechselbeziehungen[1]

Facil Tesfaye

Die These einer Beziehung zwischen Bevölkerungsstatistik und Genozid erscheint außergewöhnlich, gewagt und sogar provozierend. Dessen ungeachtet, bei allen Völkermorden der Gegenwart, sei es im Nazideutschland, der Türkei der Ottomanen oder in Kambodscha, benutzten die Täter effizient statistische Methoden von Volkszählungen zur Selektion der Opfer, weil diese Daten die Opfer sichtbarer und damit fassbarer machen. Dieser Beitrag geht genauer auf die Umstände des ruandischen Völkermordes ein und analysiert das Geschehen anhand bevölkerungsstatistischer Daten. Dabei baut er auf die relativ zahlreichen Volkszählungen in der Geschichte Ruandas auf. Volkszählungen eignen sich zur Untersuchung von Zusammenhängen mit dem Genozid weil die Verfahren sowohl eine Informationsbasis als auch Kategorisierungen ausarbeiten. Außerdem bietet die vergleichsweise lange Geschichte der Volkszählungen in Ruanda eine relativ vollständige Dokumentation. Zunächst behandelt der Artikel allgemeine Probleme der Demografie und Volkszählungen in Afrika, die unleugbar auch auf Ruanda zutreffen. Danach folgt eine nähere chronologische Betrachtung der Geschichte der ruandischen Bevölkerungserhebungen, um sowohl Informationen sowohl über Anzahl als auch über die Zusammensetzung der Einwohner des Gebietes zu erhalten. Mit so einem Vorgehen lassen sich die möglichen und tatsächlichen Auswirkungen auf die Darstellung der Struktur der ruandischen Gesellschaft beschreiben. Abschließend geht der Beitrag auf relevante Zusammenhänge von Statistik und Genozid in Ruanda ein.

Am Abend des 6. April 1994 stürzte das Flugzeug des ruandischen Präsidenten Juvénal Habyarimana unter mysteriösen Umständen ab, als es sich auf dem Landeanflug zum Flughafen der ruandischen Hauptstadt Kigali befand. Im Verlauf weniger Stunden erfasste ein grausamer Genozid das Land, der in nur drei Monaten zwischen 800.000 und einer Million Opfer fordern sollte. Die meisten Getöteten gehörten der ethnischen Bevölkerungsgruppe der Tutsi an. Brauman ging davon aus, dass alles in allem mehr als die Hälfte der Tutsibevölkerung massakriert worden war.[2] Zweifellos handelt es sich bei diesem Genozid wegen seiner schwindelerregenden Schnelligkeit[3] und der verwendeten Tötungsmethoden – die meisten Opfer wurden mit Macheten umgebracht – um einen der grausamsten Akte von „ethnischer Säuberung“ der modernen Geschichte. Michael Mann schätzt die Rate der Opfer während der drei Monate auf 300 Tote pro Stunde.[4]

Darüber hinaus offenbarte der Völkermord in Ruanda die Machtlosigkeit der internationalen Gemeinschaft.[5] Die Vereinten Nationen erwiesen sich als unfähig, ihre Schlichterrolle zu erfüllen, geschweige denn, ihre Aufgabe für die Regelung internationaler Konflikte wahrzunehmen; sogar ihre Nützlichkeit, den Weltfrieden zu sichern, wurde infrage gestellt. Die Ohnmacht der Vereinten Nationen während des Genozids in Ruanda stellten daher

1 Übersetzung aus dem Französischen von Dr. Peter Ay (Berlin).
2 Brauman 1994, 7.
3 Jennings 2000, 98.
4 Mann 2005, 430.
5 Brauman 1994, 7.

nicht nur die Effektivität dieser Organisation, sondern auch ihre ethisch-moralischen Grundlagen auf den Prüfstand. Entsprechend setzten sich mehrere Autoren mit dieser heiklen Frage immer wieder auseinander.[6]

I. Demografie und Volkszählungen in Afrika und in Ruanda

Ihren Essay zur Geschichte der Demographie in der Elfenbeinküste begann Danielle Domergue mit dem von Alfred Sauvy stammenden Motto: „Aus dem Unexakten das Ungefähre ableiten."[7] Dieser Satz – kein bloßes Wortspiel – spiegelt die traurige Wahrheit über den Zustand dieser Disziplin auf dem afrikanischen Kontinent wider. Tatsächlich offenbaren Bevölkerungsstudien zu afrikanischen Gesellschaften auf allen Ebenen entscheidende Mängel. Bereits die Basisdaten sind unvollständig und, wo vorhanden, ungenau. Jede darauf aufbauende Analyse kann nur Annäherungsergebnisse liefern. Im Grunde ist diese Disziplin also ein großes Übungsfeld für forschungsmäßige Schätzungen und Improvisation. Das drückte auch Bruce Fetter aus, als er seine Studie zu diesem Thema *Demography from Scanty Evidence*[8] nannte. Domergue ergänzte dazu, dass die Probleme auch durch die Art und Weise der Verwendung statistischer Methoden entstehen. Konsequenterweise fragt man sich daher, ob die ersten Bevölkerungserhebungen in Afrika methodisch überhaupt den Begriff ›Volkszählung‹ verdienen.[9] Sie sind eher als Zwischending oder sogar als Kombination von Zensus, Zählung und Schätzung einzuordnen. Diese Ansicht teilt auch Jean Stengers. Er stellt fest, dass die unterschiedlichen Ergebnisse der Bemühungen um Informationen in den einzelnen Ländern je nach angewandter Methode variieren und die Unterschiede nicht allein durch tatsächliche Veränderungen der Bevölkerungszahl zwischen den Zählungen zustande kommen.[10] Im Grunde ergeben sich vor allem Zweifel an den statistischen Daten der frühen Periode und die Frage bleibt, ab wann und ab welcher Erhebung die Daten für Analysen ausreichend vertrauenswürdig sind.

Was Qualität, Ergebnisse und methodische Probleme angeht, unterscheidet sich die ruandische Geschichte der Demographie nicht grundlegend von anderen Ländern Afrikas. Jedoch, was den Umfang der Informationsbasen betrifft, ist Ruanda eine der wenigen Ausnahmen.[11] In der langen Tradition der Datensammlung gelang es, trotz der methodischen Defizite, eine ziemlich vollständige Informationsbasis zu schaffen. Das bestätigen Berichte der belgischen Kolonialverwaltung vom Anfang des 20. Jahrhunderts.[12] Neben den offiziellen Volkszählungen gibt es noch weitere Quellen für Informationen über die ruandische Bevölkerung, vor allem die Heirats- und Geburtenregister, die seit Beginn des 20. Jahrhunderts sowohl von Kirchen wie von unterschiedlichen Verwaltungsstellen geführt wurden.[13] Die Register hatten eine doppelte Funktion. Sie dienten sowohl als Grundlage für die Orga-

---

6 Vgl. Erikkson 1996; Kabunduguru 1999; Laegreid 1999; Mpungwe 1999; Connaughton 2001.

7 „Faire avec l'inexact de l'à peu près." Domergue 1981, 295.

8 Fetter 1990.

9 Domergue 1981, 295.

10 Stengers 1990.

11 Südafrika mit seinem Apartheidregime gehört auch zu diesen Ausnahmen. Siehe hierzu Zuberi & Khalfani 1999; dies. 1999a.

12 Nessen 1953; ders. 1953a. Der erste Text ist vom methodischen Vorgehen her sehr interessant, denn er spricht sich für die Übernahme einer neuen und für diese Zeit innovativen Methode aus. Der zweite Text gibt eine Hochrechnung wider, die auf den Resultaten aufbaut, die mit der neuen Methode erzielt wurden.

13 Feltz 1990.

nisation der jeweiligen Volkszählungen als auch zur Aktualisierung der früheren Ergebnisse der Zählungen.[14] Basierend auf diesen Quellen wird im Folgenden versucht, die Geschichte der ruandischen Volkszählungen chronologisch nachzuzeichnen.

II. „Volkszählungen in Ruanda“: Chronologischer Abriss

II.1 Die deutsche Kolonialverwaltung

Deutschland war die erste Kolonialmacht, die die Region Ruanda-Urundi besetzte, und versuchte, sich Erkenntnisse über die Bewohner des gerade übernommenen Gebietes zu verschaffen.[15] Die ersten Versuche machte ein gewisser Oberst Berthe schon Ende des 19. Jahrhunderts.[16] Wie Tabelle 1 zeigt, haben danach auch andere Mitglieder der Kolonialverwaltung, sowie Fachleute für Bevölkerungsfragen versucht, Schätzungen über die Zahl der Einwohner der Region zu machen. Die Schätzungen entstammen kleinräumigen hochgerechneten Zählungen und divergieren je nach ausführender Person. Die von Forschern als am realistischsten eingestufte Schätzung machte der deutsche Ethnograf Jan Czekanowski (1882-1965) (1,5 Millionen Einwohner).[17] Sie zeichnet sich nicht nur durch ihre „zurückhaltende“ Schätzung aus, sondern auch durch die penible Darstellung der Methoden, mit denen die Daten erhoben wurden. Z.B. bestimmte er durch Zählungen der Bewohner einer Auswahl von Hütten die durchschnittliche Einwohnerzahl, um sie für eine Gesamtschätzung zu verwenden.[18]

Zeit	**Ausführende**	**Gebiet**	**Typ**	**Methode**	**Ergebnis (in Mio.)**
Ende 19. Jahrh.	Berthe	Ruanda	Schätzung	Hochrechnung kleinräumiger Zählungen	2
1907	Czekanowski	Ruanda	Schätzung	Zählung von Hütten	1,5
1913	Hans Meyer	Ruanda-Urundi	Schätzung	Hochr. kleinr. Zählungen	5
1913	Fuchs	Ruanda-Urundi	Schätzung	Hochr. kleinr. Zählungen	4
1913	Todl	Ruanda	Schätzung	Hochr. kleinr. Zählungen	3
1913	Czekanowski	Ruanda	Schätzung	Hochr. kleinr. Zählungen	1,5-1,7

Tabelle 1: Schätzungen der Einwohnerzahlen während der deutschen Kolonialverwaltung.

14 Ebd.; Nyambariza 1990; Ministère des Affaires Africaines 1921-1939; Cornevin 1969.
15 Louis 1963.
16 Uvin 2002, 149, geht weder auf den vollen Namen noch auf die genauen Funktionen dieser Personen ein.
17 Ebd.; Louis 1963; Cornevon 1969.
18 Uvin 2002; Louis 1963, 108f.

II.2 Die belgische Kolonialverwaltung

Die Frage nach der Anzahl der Einwohner beschäftigte auch die belgischen Kolonialverwalter, die Ruanda 1916 von den Deutschen übernommen hatten.[19] Das Interesse richtete sich vor allem darauf, das Potenzial der Besteuerung zu erheben. Sie setzten zunächst ein neues Kategorienschema für die Erfassung der Einwohner ein, das sie offensichtlich aus Südafrika übernommen hatten.[20]

Als Schwäche dieser Einteilung stellte sich heraus, dass sie für die Aufschlüsselung der Kategorie „Einheimische“ in Ruanda völlig unbrauchbar war. Tatsächlich erfuhren die Belgier damit mehr über Kategorie „Fremde“ als über die tatsächlichen Einwohner der Region.[21]

	Weiße	**Mulatten**		**Asiaten und Farbige**	**Schwarze**	
		N/B[22]	**As/N**[23]		**Fremde**[24]	**Eingeborene**
1925-Ende 1930	um die 1.000	1921: 24			1921 : 5.000	„Unter-zählung“[25]
1936-1945		1935: 79				
1945-1961	8.900	1947: 267			1947: 59.000	
		1957: 367	1960: 891	1960: 2-3.000		

Tabelle 2: Volkszählungen und Erhebungskategorien während der belgischen Kolonialregierung 1925-1961.

Konfrontiert mit dem Misstrauen der Bevölkerung, sich überhaupt erfassen zu lassen, wurden die Schätzungen demgemäß immer ungenauer, was die belgischen Kolonialverwalter zu stärkeren Anstrengungen veranlasste, um endlich ein klareres Bild über die ihnen entgleitende Kategorie der Einheimischen zu erhalten. Neben der Einführung von administrativen Verfahren, die die lokalen Bezirke und Unterbezirke („chefferies“) verpflichteten, Daten über Anzahl und Zusammensetzung der Bevölkerung zu sammeln, zogen sie auch Fachleute für umfassende Zählungen heran. Das wird auch daraus deutlich, dass sich 1926 unter den 101 Beschäftigten der Kolonialverwaltung sechs Kartografen befanden.[26]

Was die Methoden bis 1945 betrifft, so beziehen sich die jährlichen Schätzungen der Bevölkerungszahl auf die Zählung von Hütten, so wie es bereits die Deutsche gemacht hatten. Nach dem Zweiten Weltkrieg führten die Belgier jedoch Hochrechnungen von Zählun-

19 Rumiya 1992.

20 Zu den Kategorisierungen in Südafrika siehe Zuberi & Khalfani 1999; dies. 1999a.

21 Uvin 2002, 149.

22 N/B= Noir et Blanc (Schwarze und Weiße).

23 As/N= Asiatique et Noir (Asiaten und Schwarze).

24 Fremde = Alle Personen, die nicht in einem Verwaltungsbezirk mit traditionellem Chef wohnen.

25 Uvin 2002, 149, spricht hier von „undercounted“ (Unterzählung), um die Probleme mit dieser Kategorie zu kennzeichnen.

26 Uvin 2002, 151.

gen in Teilbereichen ein. Sie machten auch Stichproben, die jedes Jahr wiederholt wurden. Dies wurde im weiteren Verlauf durch die administrativen Zählungen ersetzt, wozu sie Geburten und Eheregister auswerteten. [27]

II.3 Die Einführung von Personalausweisen und die ethnische Identität in Ruanda

In der aktuellen Literatur zu Ruanda wird eine umfangreiche Debatte über die ethnische Identität und deren Vorbereitung durch die Kolonisation geführt.[28] Die Forscher sind sich über die Frage uneinig, inwieweit die ethnischen Identitäten, die heute Anlässe von Konflikten sind, durch die Verfahren der kolonialen Administration konstruiert wurden oder ob die Kolonialbeamten die von ihnen vorgefundene tatsächliche Realität darstellten.

Im Jahr 1930 führte die Kolonialverwaltung erstmals Personal-Identitätskarten für Ruanda ein. Die Ausweise enthielten verbindliche Angaben über die „rassische" Herkunft und gehörten zu den administrativen Maßnahmen zur Erlangung eines klareren Überblicks über die Zusammensetzung der „einheimischen Massen". Dieser Verwaltungsakt ist deshalb von Bedeutung, weil er die vorherige „flexible" Kategorisierung durch eine vereinfachte starre Einordnung ablöste.[29] Die bis zu diesem Zeitpunkt durch Eigeneinschätzung gemachte ethnische Einteilung, erhielt jetzt eine wissenschaftliche Dimension, zu der Anthropologie und andere damals als nützlich erachteten Disziplinen beitrugen. Hier ist anzumerken, dass in dieser Periode die Wissenschaft allgemein „Rassen" (wieder) entdeckte und versuchte die „rassischen" Unterschiede „wissenschaftlich" zu belegen. In einer Studie über die Denkweise der kolonialen Volkszähler stellte Charles Hirschman fest, dass die Verwaltungsmacht eine rassische Kategorisierung anwandte, die Ende des 19. und Anfang des 20. Jahrhunderts durchaus üblich war.[30] Sie setzte sie allerdings auch dort ein, wo sie offensichtlich nicht funktionierte.[31]

---

27 Ebd., 152.

28 Vgl.Paternostre de La Mairueu 1972; Rumiya 1992; Guichaoua 1995; Chrétien 1997; Lugan 1997; Sindayingaya 1998.

29 Uvin 2002, 156.

30 Hirschman 1987.

31 Anderson 2002, ließ sich im übrigen beim Verfassen des Kapitels über Volkszählungen stark von der o.g. Arbeit Hirschmans anregen.

Zeit	Einordnung in Kategorien durch	Methode	Ergebnis	Erläuterung
1910-1919	Selbsteinordnung	„Hut count" Haushaltserhebung	95% Hutu 4% Tutsi ~1% Twa	
1930	Selbsteinordnung	„Hut count" Haushaltserhebung Hochrechnung	85% Hutu 14% Tutsi 1% Twa	1. Ethnien als „Rassen" definiert 2. Einführung persönlicher Ausweispapiere
Nach 1945	Systematisch[32]	Teilerhebung Hochrechnung	90% Hutu 9% Tutsi ~1% Twa	
1957	Systematisch	Jährliche Stichproben, hochgerechnet	84 %Hutu 15 % Tutsi 1% Twa	Einziger Bericht mit Informationen über ethnische Zugehörigkeit nach Provinz
1958-1962	Systematisch	Verwaltungserhebungen	Idem	Ebene der Unterbezirke, [wo Ehe- und Geburtenregister geführt werden]

Tabelle 3: Zusammensetzung der ruandischen Gesellschaft unter belgischer Verwaltung.[33]

Die Feststellung der „Rassen" in amtlichen Dokumenten löste für die belgischen Kolonialbeamten gleich mehrere Probleme.[34] Nicht nur, dass das Verfahren ein immer schwieriger werdendes Verständnis der Sozialstruktur vereinfachte, es machte diese Struktur auch sichtbarer und „verwaltbarer". Dass Aufnehmen der „rassischen" Kategorien in die Erhebungsbogen für die Volkszählung und das Einführen der Ausweispapiere von 1930 erscheint, so betrachtet, als eine simple Umsetzung von Verwaltungsroutinen. Jedoch, sowohl für die Belgier als auch für die Einwohner des Gebiets, wurden die Ausweispapiere ein nicht widerrufbarer Nachweis der Zugehörigkeit des Inhabers zu den „Rassen" der Tutsi, Hutu oder Twa.[35]

II.4 Die nachkoloniale Periode

Beim Ablauf der Zählungen gab es nach der Unabhängigkeit, zumindest am Anfang, wenig Veränderungen. Die neue Regierung Ruandas, führte nach dem Abzug der Belgier die administrativen Erhebungen weiter, und nutzte dazu die umfangreichen Informationen auf der Ebene der Unterbezirke. Eine größere Veränderung gab es erst 1978 mit der Organisation einer umfassenden Volkszählung, dem ersten offiziellen Zensus Ruandas. Es handelte sich um einen echten Zensus, denn zum ersten Mal gingen die Erheber im ganzen Land von Tür zu Tür. Tabelle 4 gibt einen Überblick der ruandischen Volkszählungen von 1962 bis 2002.

32 Abgeleitet von Pierre Gourou (Karten zu Agronomie), Jean Hiernaux (anthropometrische Grunddaten 1954) und Jacques Maquet (Ethnografische Erhebungen 1961).

33 Uvin 2002.

34 Ebd., 157.

35 Vgl. ebd., 159 und Mann 2005, 433f.

Jahr	Art	Kategorien	Erläuterung
1962	Erhebung durch die Verwaltungsstellen	Rassen/Ethnien	Datenerhebung auf der Ebene der Unterbezirke [Ausführer von Ehe und Geburtenregistern]
1970	Stichprobenerhebung „Sample Survey“	Ethnien	
1978	Haushaltserhebung „Door-to-door survey“	Ethnien	Erster offizieller Zensus
1991	Haushaltserhebung „Door-to-door survey“	Ethnien	Zweiter offizieller Zensus [unvollständig aufgrund des Bürgerkrieges]
2002	Haushaltserhebung „Door-to-door survey“	Ohne Angaben zur ethnischen Zugehörigkeit	Dritter offizieller Zensus Erster nach dem Genozid

Tabelle 4: Nachkoloniale Volkszählungen.[36]

Peter Uvin stellt zum Beispiel fest, dass die Einwohner während der Zählung für 24 Stunden ihre Häuser nicht verlassen durften und dass 36 Variablen für die Erhebung formuliert worden waren.[37] Der zweite offizielle Zensus war für 1991 geplant. Er blieb aber unvollständig, denn einige Regionen waren aufgrund des seit Oktober 1990 ablaufenden Bürgerkrieges noch immer unzugänglich. Zu den besonderen Merkmalen des dritten Zensus von 2002 gehört, dass nicht mehr nach der ethnischen Zugehörigkeit gefragt wurde. Bemerkenswert ist auch, dass die neuen Ausweispapiere keine Auskunft mehr über die ethnische Zugehörigkeit des Inhabers geben.

III. Die Zusammenhänge

III.1 Instrumentalisierung bevölkerungsstatistischer Daten im politischen Diskurs nach 1994

Wie viele Opfer der ruandische Genozid von 1994 wirklich gefordert haben könnte, entwickelte sich zu einer kontroversen Frage unter der Bevölkerung Ruandas und unter Forschern, die sich damit auseinander setzten. Je nach Analyse und Positionierung, interpretierten sie die Schuldfrage im Sinne von antagonistischen Gruppen. Unstimmigkeit gibt es vor allem bei der Frage, ob der Genozid von 1994 von der damaligen Regierung geplant und organisiert wurde, oder ob es sich um ein spontanes Ereignis, einer Art „dynamische öffentliche Panik“ handelte.

Unter diesen Voraussetzungen erhielten die Statistiken, oder besser die Schätzungen zur Anzahl der Opfer, eine heikle Bedeutung, denn beide Lager versuchten, sie jeweils zu

[36] Uvin 2002

[37] Ebd., 153.

ihrem Vorteil einzusetzen. Antrieb waren die Deutlichkeit und die Überzeugungskraft, die sich mit der Sprache der Zahlen ausdrücken ließ.[38]

So ging die eine Gruppe davon aus, dass die Zahl der Opfer mindestens 1,5 Millionen betragen habe. Das vertritt z.B. auch die gegenwärtige ruandische Regierung, die mit diesen Zahlen offensichtlich die Grausamkeit des Völkermordes unterstreichen möchte. Diese Argumentation wird sowohl von ruandischen als auch ausländischen Forschern geteilt. Sie illustrieren, dass es mit Sicherheit einen durchgreifenden Plan gegeben haben muss, um 1,5 Millionen Menschen in nur 90 Tagen zu töten.[39] Nach dieser Argumentation war der Genozid von 1994 das Ergebnis einer langen und minutiösen Vorbereitung und Organisation zur Vernichtung der Tutsi, um sich derjenigen zu entledigen, die das Machtmonopol der damaligen herrschenden Gruppen bedrohten. Es sei daran erinnert, dass seit der Unabhängigkeit, die Regierungsmacht von Angehörigen der Hutu ausgeübt worden war. Zurück zu den Daten, diese Rechtfertigung verfestigte sich umso stärker, je höher die Zahlen der Opfer angegeben wurden. Es handelt sich hier also sowohl um die Beschreibung eines Anlasses wie um eine Legitimation, die es der aktuellen Regierung erlaubte, die Macht unter Vorherrschaft der Tutsi zu übernehmen.[40]

Die zweite Orientierung übernimmt eine Vermittlerrolle: Sie begann die Zahl der Opfer unter den Tutsi zu überprüfen und insoweit zu korrigieren, dass sie das Augenmerk auf die Zahl der getöteten Hutu als neue Dimension lenkten.[41] Diese Position wird im Grunde von allen oppositionellen Gruppen geteilt, denen auch die Mitglieder der vorherigen Regierung angehören. Dieser Sichtweise folgen jedoch auch einige ausländische Fachleute, wie der Kanadier Robin Philpot oder der Kameruner Charles Onana. Sie halten die These eines geplanten und organisierten Genozids für absurd und nicht vertretbar. Sie gehen vielmehr davon aus, dass es sich bei den Ereignissen von 1994 um eine Panik der Hutu Bevölkerung handelte, die sich von eindringenden „fremden" Tutsi bedroht fühlte; und die zudem gerade ihren Präsidenten unter mysteriösen Umständen verloren hatte.[42] Auch in ihrer Darlegung spielen Zahlen eine vorherrschende Rolle für die Konstruktion der Argumentation.

III.2 Herabsetzung der statistischen Daten

Die statistischen Grunddaten sind in der Tat sehr eigentümlich, denn je nach Art der Verwendung können sie jeweils für einen Teil der Bevölkerung von Vorteil oder lebensgefährlich sein.[43] Es gibt in der Geschichte des 20. Jahrhunderts viele Beispiele, in denen Teile der Bevölkerung mit der Art der Nutzung von Informationen diskriminiert wurden.[44]

38 Hier ist anzumerken, dass sich das Land in einer schwierigen Umbruchperiode befand, nämlich von einer Diktatur (Einparteiensystem, monoethnische Zusammensetzung der Regierung) zu einer Demokratie (Mehrparteiensystem ohne Diskriminierung von Ethnien). Siehe hierzu Bertrand 2000.

39 Die meisten Texte, die sich mit diesem Thema auseinandersetzen drehen sich um diesen Fall. Darunter Braeckman 1994; Prunier 1995; Chrétien 1997; Scherrer 2002.

40 Vergleiche dazu die interessante Analyse von Mann 2005, 428-474.

41 Siehe Mbonimpa 2000; Onana & Mushayidi 2002; Philpot 2003; N'Gbanda Nzambo-ko-Atumba 2004; Booh 2005.

42 Mbonimpa 2000, 24.

43 Zu der unterschiedlichen politischen Verwendung von Bevölkerungsdaten siehe Rallu & Piché 2004.

44 Vgl. u.a. Müller-Hill 1989; Aly & Roth 2000.

Ort	Periode	Vorgesehene Opfer	Verwendete Datensysteme	Art der Daten	Menschenrechtsverletzung	Quelle
Deutschland	1933-45	Juden, Zigeuner und andere	Zahlreiche Datenquellen	Makro und Mikro	Genozid	Seltzer 1998
Polen	1933-1945	Juden	Hauptsächlich besondere Zähllungen	Makro und Mikro	Genozid, Menschenrechtsverletzungen	Seltzer 1998
Frankreich	1940-1944	Juden	Meldedaten und spezielle Zählungen		Genozid, Menscherechtsverletzungen	Rémond 1996 Seltzer 1998
Niederlande	1940-1944	Juden, Zigeuner	Meldedaten	Makro Meso Mikro	Genozid, Menschenrechtsverletzungen	Seltzer 1998
Norwegen	1942-1944	Juden	Spezielle Zählungen, Vorschlag von Registrierungen	Makro Mikro	Genozid, Menschenrechtsverletzungen	Seltzer 1998 Søbye 1998
Rumänien	1941-1948	Juden, Zigeuner	Volkszählung von 1941	Makro Mikro	Genozid, Menschenrechtsverletzungen	Black 2001
USA	19. Jahrhundert	Eingeborene Amerikaner	Spezielle Zählungen, Melderegister	Makro Mikro	Zwangsumsiedlungen und andere schwere Verbrechen	Seltzer 1999
USA	1941-1945	Japanstämmige Amerikaner	Volkszählung von 1940	Makro Meso	Zwangsumsiedlung, Internierung, Enteignung	Seltzer& Anderson 2000
Sowjetunion	1919-1939	Minderheiten unter der Bevölkerung	Unterschiedliche Volkszählungen	Makro Mikro	Zwangsumsiedlung und andere schwere Verbrechen	Blum 2000
Ruanda	1994	Tutsi	Melderegister	Mikro	Genozid, Verbrechen gegen die Menschlichkeit	Des Forges 1999

Tabelle 5: Missbrauch von statistischen Daten und Menschenrechtsverletzungen.[45]

[45] Ebd., 487.

Tabelle 5 ist aus der Veröffentlichung von William Seltzer entnommen und zeigt zahlreiche Beispiele der Verwendung statistischer Informationen zur vielschichtigen Diskriminierung.[46] Am häufigsten wurden die Informationen zur Identifikation und zur Aussonderung eingesetzt.

Seltzer zeigt auch eine Abwertung statistischer Basisdaten während des Genozid 1994 in Ruanda. Er präzisiert, dass so genannte „Mesodaten“ als Orientierung für den Genozid verwendet wurden.[47] Als „Mesodaten“ bezeichnet er Informationen, die auf geografisch kleine Räume zugeschnitten werden, um auf lokaler Ebene als Handlungsanweisung dienen zu können. Allerdings lassen sich nirgends konkrete Spuren für bewusste Datenmanipulationen finden. Jedoch ist eine systematische Verwendung von Aussehensmerkmalen zur Bestimmung der Identität belegt. Die Schriften über den Genozid verweisen außerdem häufig auf Listen[48] und Personenverzeichnisse, die die Täter zur Selektion derjenigen, die eliminiert werden sollten, heranzogen.[49] Auch wurden Opfer, die nicht durch ihr anthropomorphes Erscheindungsbild als Tutsi eingeordnet werden konnten, anhand ihrer Ausweispapiere identifiziert. Wie Linda Melvern bezeugt, haben die Soldaten, die in die ersten Tötungen in der Nacht des 6. April in Kigali verwickelt waren, wenige Stunden nach Flugzeugabsturz und Tod von Präsident Habyarimanya, den Befehl erhalten, alle zu töten, deren Papiere sie als Tutsi auswiesen.[50]

IV. Schlussfolgerung

Es wurde deutlich, dass die Kategorien für die Einordnung in Bevölkerungsgruppen auf unvollkommenen Definitionen bei der Zählung der ruandischen Bevölkerung aufbauten. Im Verlauf der unterschiedlichen Zensen wurden die Kategorien „verwissenschaftlicht“ und besonders durch die Einführung der Ausweispapiere während der belgischen Kolonialverwaltung verfestigt. Auch die Volkszählungen nach der Unabhängigkeit bis zur Zeit des Genozid, verwendeten die gleichen Kategorien: Hutu, Tutsi und Twa. Auch wenn sie die unterschiedlichen Merkmale nicht mehr als „Rassen“ sondern als „Ethnien“ bezeichneten, veränderte das nicht die Auswirkungen der Unterscheidungen, da sie weiterhin den vorher begründeten „rassischen“ Merkmalen entsprachen. Diese Kategorien spalteten 1994 die Gesellschaft Ruandas und bestimmten während des Genozids die Entscheidung über Leben und Tod. So waren die Kategorien nicht der Grund für den Völkermord, aber sie wurden zum Werkzeug seiner Ausführung.

Dieser Beitrag hat es „gewagt“, nach einem Zusammenhang von Volkszählungen und Genozid im Falle des Völkermordes in Ruanda zu suchen. Fest steht, dass die statistischen Verfahren nicht ohne Auswirkung waren. Zunächst veranlassten sie eine Konstruktion

---

46 Seltzer & Anderson 2001, 487.

47 “We define mesodata as statistical results presented at such a fine level of geographic disaggregation, whether in tabular or graphic form, that the results may be used in conducting field operations at the local level.” Seltzer & Anderson 2001, 485.

48 Die Frage der Listen wäre weiter untersuchenswert, denn es zirkulierten viele davon im ganzen Land.

49 Siehe Braeckman 1994, 168; Melvern 2004, 22; Semujanga 1998, 8f.

50 Wie Melvern 2004, 145, bezeugt, haben die Soldaten, die in die ersten Tötungen in der Nacht des 6. April in Kigali verwickelt waren, wenige Stunden nachdem das Flugzeug von Präsident Habyarimanya anscheinend abgeschossen worden war den Befehl erhalten, alle zu töten, deren Papiere sie als Tutsi auswiesen. Vgl. Rallu & Piché 2004, 487.

ethnischer Identitäten, in der Folge wurden diese Wesensmerkmale für die Selektion der Opfer benutzt, und schließlich bestimmten die Bevölkerungsdaten nach dem Genozid von 1994 die politischen Diskurse. Die Statistiken übernahmen hier also mehr oder weniger die Rolle eines „Komplizen wider Willen" und wurden gleichermaßen selbst, durch den Missbrauch ihrer Verwendung, zum Opfer.

Literatur

Ministère des Affaires Africaines 1921-1939: Rapport présenté par le Gouvernement belge au sujet de l'administration du Ruanda-Urundi, Bruxelles. Office de l'information et des relations publiques pour le Congo belge et le Ruanda-Urundi.

Aly, Götz; Roth, Karl Heinz 2000: Die restlose Erfassung. Volkszählen, Identifizieren, Aussondern im Nationalsozialismus, Frankfurt am Main.

Anderson, Benedict 2002: L'imaginaire national. Réflexions sur l'origine et l'essor du nationalisme, Paris.

Barnett, Michael N. 2002: Eyewitness to a Genocide: the United Nations and Rwanda, Ithaca, N.Y.; London.

Bertrand, Jordane 2000: Rwanda, le piège de l'histoire. L'opposition démocratique avant le génocide (1990-1994), Paris.

Booh, Jacques-Rogers 2005: Le patron de Dallaire parle: révélations sur les dérives d'un général de l'ONU au Rwanda, Paris.

Braeckman, Colette 1994: Rwanda. Histoire d'un Génocide, Paris.

Brauman, Rony 1994: Devant le mal. Rwanda: un génocide en direct, Paris.

Chrétien, Jean-Pierre 1997: Le défi de l'ethnisme: Rwanda et Burundi: 1990-1996, Paris.

Connaughton, Richard M. 2001: Military Intervention and Peacekeeping. The Reality, Aldershot.

Cornevin, Robert 1969: Histoire de la colonisation allemande, Paris.

Domergue, Danielle 1981: La Côte d'Ivoire: essai de démographie historique (1905-1945), in: African Historical Demography: Proceedings of a Seminar Held in the Centre of African Studies, University of Edinburgh, Edinburgh, Centre of African Studies, 295-330.

Erikkson, John. 1996: The International Response to the Conflict and Genocide: Lessons from the Rwanda Experience. Steering Committee of the joint Evaluation of Emergency Assistance to Rwanda, http://www.reliefweb.int/library/nordic/book5/pb025.html: (13.10.06).

Feltz, Gaëton. 1990: Catholic Missions, Mentalités, and Quantitative History in Burundi, ca. 1900-1962, in: Fetter ed. 1990, 113-132.

Fetter, Bruce ed.: 1990: Demography from Scanty Evidence. Central Africa in the Colonial Era, London.

Gourevitch, Philip 1998: We wish to inform you that tomorrow we will be killed with our families. Stories from Rwanda, New York.

Guichaoua, André 1995: Burundi, Rwanda: Des ethnies inventées? in: Amselle, J.-L.; Bosch, A.; Delannoi, G.; Dubreuil, R.; Gourdon, H. 1995: Nations et Nationalismes, Paris, 115-119.

Hirschman, Charles 1987: The Meaning and Measurement of Ethnicity in Malaysia: An Analysis of Census Classifications, in: The Journal of Asian Studies, 46, 3, 555-582.

Jennings, Christian 2000: Across the Red River: Rwanda, Burundi and the Heart of Darkness, London.

Kabunduguru, Mathias 1999: Peacekeeping and the UN: Lessons from Rwanda, http://eprints.anu.edu.au/ archive/00000225/00/cem99-3.pdf: (13.10.06).

Laegreid, Turid 1999: UN Peacekeeping in Rwanda, in: Howard, A.; A.S. ed. 1999: The Path of a Genocide. The Rwanda Crisis from Uganda to Zaire, New Jersey, Transaction Publishers.

Louis, William Roger 1963: Ruanda-Urundi, 1884-1919, Oxford.

Lugan, Bernard 1997: Histoire du Rwanda. De la préhistoire à nos jours, Bartillat.

Mann, Michael 2005: The Dark Side of Democracy: Explaining Ethnic Cleansing, New York, NY, Cambridge.
Mbonimpa, Melchior 2000: La pax americana en Afrique des Grands Lacs, Hull, Québec.
Melvern, Linda 2004: Conspiracy to Murder. The Rwandan Genocide, London/New York.
Mpungwe, Ami 1999: Crisis and Response in Rwanda. Whither Peacekeeping in Africa, http://www.iss.co.za/Pubs/Monographs/No36/Contents.html: (13.10.06).
Müller-Hill, Benno 1989: Détection, ségrégation et extermination, in: Science nazie, science de mort, Paris, 5-96.
Neesen, Victor 1953: Le premier recensement par échantillonnage au Ruanda-Urundi, in: Zaire, 469-488.
Neesen, Victor 1953: Quelques données démographiques sur la population du Rwanda-Urundi, in: Zaire, 1011-1025.
N'Gbanda Nzambo-ko-Atumba, H. 2004: Crimes organisés en Afrique centrale: révélations sur les réseaux rwandais et occidentaux, Paris.
Nyambariza, Daniel 1990: A demographic Approach to Colonial Burundi, from Administrative Documents, in: Fetter ed. 1990, 101-112.
Onana, Charles; Mushayidi, Déo 2002: Les secrets du génocide rwandais: enquête sur les mystères d'un président, Paris.
Paternostre de La Mairieu, Baudoüin 1972: Le Rwanda: Son effort de développement, antécédents historiques et conquêtes de la révolution rwandaise, Bruxelles.
Philpot, Robin 2003: Ça ne s'est pas passé comme ça à Kigali. Montréal, Les Éditions des Intouchables.
Prunier, Gerard 1995: The Rwandan Crisis 1959-1994. History of a Genocide, London.
Rallu, Jean-Louis; Piché, Victor et al. 2004: Démographie et ethnicité: une relation ambiguë, in: Caselli, Graziella; Vallin, Jacques; Wunsch, Guillaume eds. 2004: Démographie: analyse et synthèse. Population et société, Paris, Éditions de l'Institut National d'Études Démographiques, VI, 481-515.
Rumiya, Jean 1992: Le Rwanda sous le régime du mandat Belge (1916-1931), Paris.
Scherrer, Christian 2002: Genocide and Crisis in Central Africa. Conflict Roots, Mass Violence and Regional War, Westport.
Seltzer, William; Anderson, Margo 2001: The Dark Side of Numbers. The Role of Population Data Systems in Human Rights Abuses, in: Social Research, 68, 2, 481-513.
Semujanga, Josias 1998: Récits fondateurs du drame rwandais. Discours social, idéologies et stéréotypes, Paris.
Sindayingaya, J.-M. 1998: Grands Lacs: Démocratie ou Ethnocratie, Paris.
Stengers, Jean 1990: Some Methodological Reflections, in: Fetter 1990, 25-29.
Uvin, Peter 2002: On Counting, Categorizing and Violence in Burundi and Rwanda, in: Kertzer, D.; Arel, D. eds. 2002: Census and Identity. The Politics of Race, Ethnicity, and Language in National Censuses, Cambridge, 148-175.
Zuberi, Tukufu; Khalfani, Akil K. 1999: Racial Classification and Colonial Population Enumeration in South Africa, in: ACAP Working Paper No. 6, 1-31.
Zuberi, Tukufu; Khalfani, Akil K. 1999: Racial Classification and the Census in South Africa, 1911-1996, in: ACAP Working Paper, 7, 27-57.

Index

A

B

C

D

E

F

G

H

I

J

K

L

M

Q

R

S

T

U

V

W

Y

Z

Kolibri 360 GmbH
Ferdinand-Jühlke-Straße 7
99095 Erfurt, Deutschland
produktsicherheit@kolibri360.de